材料科学与工程著作系列
HEP Series in Materials Science and Engineering

HEP
MSE

材料科学与工程基础（下册）

主编　刘国权
参编　毛卫民　杨　平　强文江　杨王玥
　　　曾燕屏　郑裕东　孙静远

CAILIAO KEXUE YU GONGCHENG JICHU

高等教育出版社·北京

内容简介

本书遵循材料类和机械类专业厚基础、重应用、宽口径的特点与要求，既侧重材料科学基础与材料工程基础内容，同时又适当反映材料学科领域的最新进展及协同创新理念，高度重视基本概念与原理在材料的合成制备、加工处理、组织结构、性能效能与材料应用等方面“全链条”式的融会贯通。

全书分为材料结构基础、相图与显微组织、钢铁材料学、其他金属材料、非金属材料学共5篇。包括原子结构与结合键、晶体结构、晶体缺陷、固态扩散、材料结构衍射分析；相图、材料的凝固、固态相变、材料的形变与再结晶；铁碳合金、钢中合金元素、钢的力学性能及优化、钢铁热处理原理、钢铁热处理工艺、常用钢铁材料、钢铁制备加工与应用技术；有色金属材料、金属功能材料、新型金属材料；无机非金属材料学基础、无机非金属材料、高分子材料学基础、合成高分子材料；共23章。每章后附总结、中英文对照重要术语及练习和思考题。

全书分为上、下册，均由高等教育出版社出版。本书为下册，包括第三篇(第10章至第16章)、第四篇(第17章至第19章)及第五篇(第20章至第23章)。书末所附中英文对照的综合索引同时覆盖上册和下册，使读者可以方便地交叉检索上、下册中材料科学与工程的不同研究领域、不同材料种类的内容。

本书既可作为普通高等学校本科材料类与机械类等专业的教材，亦可供研究生及科研人员学习参考，以及作为材料生产和材料应用领域的科技与管理人员的案头备查之书。

图书在版编目（CIP）数据

材料科学与工程基础. 下册/刘国权主编. -- 北京：高等教育出版社，2015.12
(材料科学与工程著作系列)
ISBN 978-7-04-042232-0

Ⅰ. ①材… Ⅱ. ①刘… Ⅲ. ①材料科学-高等学校-教材 Ⅳ. ①TB3

中国版本图书馆CIP数据核字(2015)第040754号

策划编辑 李文婷　责任编辑 李文婷　封面设计 姜　磊　版式设计 童　丹
插图绘制 杜晓丹　责任校对 殷　然　责任印制 韩　刚

出版发行 高等教育出版社
社　　址 北京市西城区德外大街4号
邮政编码 100120
印　　刷 涿州市星河印刷有限公司
开　　本 787mm×1092mm 1/16
印　　张 31.25
字　　数 770千字
购书热线 010-58581118
咨询电话 400-810-0598
网　　址 http://www.hep.edu.cn
http://www.hep.com.cn
网上订购 http://www.landraco.com
http://www.landraco.com.cn
版　　次 2015年12月第1版
印　　次 2015年12月第1次印刷
定　　价 48.20元

物 料 号 42232-00

前言

材料是用于制造有用物件或其他产品的物质，是人类赖以生存和发展的物质基础，其发展水平始终是时代进步和社会文明的标志。材料科学技术是国民经济发展的重要支撑，是信息、能源、生物工程、航天、航空、国防以及各工业领域等高新技术进步的必要基础。

材料科学与工程既是我国学位授予和人才培养学科目录中的学科名称，也是国际通用的学科名称。我国材料类本科专业包括材料科学与工程、材料物理、材料化学、冶金工程、金属材料工程、无机非金属材料工程、高分子材料与工程、复合材料与工程专业，以及粉体材料科学与工程、宝石及材料工艺学、焊接技术与工程、功能材料、纳米材料与技术、新能源材料与器件等材料类特设专业。机械类本科专业则包括机械工程、机械设计制造及其自动化、材料成型及控制工程、机械电子工程、工业设计、过程装备与控制工程、车辆工程、汽车服务工程专业以及若干机械类特设专业。这些专业以及其他相关专业的学生，大都需要具备足够的材料科学与工程的基础知识。为满足这些专业本科教学的需求，北京科技大学材料学北京市优秀教学团队和国家教学团队基于该校数十年来的教学经验传承与资料积累而组织编写了本书，编写中尤其注意满足厚基础、重应用、宽口径的工科专业特点。本书的章节目录可同时作为读者自学或复习提纲使用，各章的总结、重要术语、练习与思考题等则有助于读者掌握学习重点，并对所学内容予以扩展，书末附有化学元素周期表和术语索引。不同专业的读者使用本书时，可视具体需求和教学学时安排选择书中的相关篇章及内容。

本书分为材料结构基础、相图与显微组织、钢铁材料学、其他金属材料(含有色金属材料、金属功能材料、新型金属材料)、非金属材料学(含无机非金属材料和高分子材料)共5篇，依次分别由杨平、杜振民、刘国权、强文江和毛卫民组织编写。全书共分23章，第1、18、19章由强文江编写(其中第19.1节由孙静远编写)，第2、3、5、17、20、21、22章由毛卫民编写，第4、7、9章由杨平编写，第6、8、10、16章由刘国权编写，第11、15章由孙静远、刘国权等编写，第12章由杨王玥编写；第13、14章由曾燕屏编写(其中晶粒度评测等内容由刘国权编写)，第23章由郑裕东编写。陈冷为第8章提供了部分参考资料，李长荣在材料热力学表达方面提出了一些重要建议，王浩、郭翠萍、薛维华、高志玉等帮助整理了部分章节的相关内容，北京科技大学材料学系其他老师亦对本书编写做出了诸多贡献。全书由刘国权负责内容设计、统稿并担任主编，由北京航空航天大学谢希文教授和北京科技大学吴承建教授审阅。在此，对本书的全体编写人员和审稿专家表示衷心感谢。本书还获得了材料学国家教学团队建设项目和北京科技大学教材建设项目的支持和资助，在此一并表示感谢。

本书引用和借鉴了大量国内外有关文献、教材、手册和标准，在此，请允许本书编者对本书引用、借鉴的文献资料的原始贡献者表示最衷心的感谢！

全书分为上、下册，均由高等教育出版社出版。本书为下册，包括第三篇（第 10 章至第 16 章）、第四篇（第 17 章至第 19 章）及第五篇（第 20 章至第 23 章）。

另外，特别推荐如下教师参考用书和学生扩展自学资源：

（1） 毛卫民. 材料的晶体结构原理. 北京：冶金工业出版社，2007.

（2） 余永宁. 材料科学基础. 2 版. 北京：高等教育出版社，2012.

（3） 余永宁. 金属学原理. 2 版. 北京：冶金工业出版社，2013.

（4） 吴承建，陈国良，强文江，等. 金属材料学. 2 版. 北京：冶金工业出版社，2009.

（5） 杨王玥，强文江. 材料力学行为. 北京：化学工业出版社，2009.

（6） 王岚，杨平，李长荣. 金相实验技术. 2 版. 北京：冶金工业出版社，2010.

（7） 董建新. 材料分析方法. 北京：高等教育出版社，2014.

（8） 杨平. 材料科学名人典故与经典文献. 北京：高等教育出版社，2012.

（9） 毛卫民. 材料与人类社会——材料科学与工程入门. 北京：高等教育出版社，2014.

（10） 材料科学技术名词审定委员会. 材料科学技术名词. 北京：科学出版社，2010.

（11） 海峡两岸材料科学技术名词工作委员会. 海峡两岸材料科学技术名词. 北京：科学出版社，2014.

（12） 刘国权，毛卫民，赵海雷，等. 中国大学精品开放课程（视频公开课）：材料类专业导论（1~8 讲）. http://sns. icourses. cn/viewVCourse. action? courseCode = 10008V001.

（13） 北京科技大学，中国钢研科技集团有限公司. 国家材料科学数据共享网. 黑色金属材料数据共享资源中心. http://steeldata. ustb. edu. cn/.

（14） 杨平（负责人）. 中国大学精品开放课程（资源共享课）：材料科学基础. http://www. icourses. cn/coursestatic/course_3640. html.

本书同时面向材料类和机械类等本科及研究生，涵盖了不同的材料类别。由于编者水平有限，书中内容难免存在以偏概全以及错误不当之处，敬请读者给予批评、指正，尤其欢迎提出修改完善的具体建议，以便修订再版时完善和改正。

刘国权

2014 年 3 月

于北京科技大学

目 录

第三篇 钢铁材料学

第四篇 其他金属材料

第五篇 非金属材料学

第三篇 钢铁材料学

本篇由第 10 章至第 16 章组成，包括铁碳合金、钢中合金元素、钢的力学性能及优化、钢铁热处理原理与工艺、钢铁材料、钢铁制备加工与应用技术等内容。

钢铁材料又称为黑色金属材料，是以铁为基的结构材料，在人类文明发展和现代科技进步的过程中及国民经济与国防等诸多领域一直发挥着极为重要的作用。本篇第 10、11、12 章介绍了铁碳相图、钢中合金元素与作用、钢的力学性能与测试方法、钢的强韧化方法等钢铁材料学基础知识。第 13、14 章介绍了如何通过热处理来改变和优化钢的组织与性能，包括钢中固态相变原理以及退火、正火、淬火、回火和化学热处理等常见热处理工艺。第 15 章介绍了结构钢、工具钢、不锈钢、耐热钢、铸铁等常用钢铁材料及其特性与应用。第 16 章则扼要介绍了钢铁材料的全生命周期基本概念、钢铁生产工艺技术与钢材质量、钢铁制件成形、焊接、机械加工等材料工艺学内容。

通过本篇的学习，读者可对钢铁材料学有一个相对系统全面的初步了解，为进一步熟悉钢铁材料设计、生产、加工、热处理与选择应用奠定必要的知识基础。其中若干内容(例如材料力学性能及其优化、材料热处理、材料全生命周期概念、材料工艺学等)，还可扩展应用于第四篇中介绍的有色金属材料、金属功能材料等领域。

10 铁碳合金

铁基金属材料(ferrous materials,钢铁材料)是最为重要的金属材料种类之一。铁(Fe)和碳(C)是绝大多数钢铁材料中的基本组成元素，从而，以铁和碳为组元的常压下的铁碳二元相图是分析讨论平衡条件下或接近平衡条件下钢铁材料的基本相组成和显微组织的最为重要的工具。若钢铁材料中含有其他元素时，则还需要在铁碳相图的基础上进一步考虑其他元素的影响，或采用其他二元或多元的铁基合金相图。

根据其碳含量不同，钢铁材料一般分为(工业)纯铁、钢和铸铁。工业纯铁、钢和铸铁对应的碳含量范围，还会受到其所含其他元素的影响(此时它们大多相当于组元数目大于2的多元系合金,甚至碳也可能不再是其中的必要组成元素)。

固态纯铁在不同温度范围内分别呈现为α-Fe、γ-Fe和δ-Fe，碳钢中的基本相则为铁素体(ferrite,α固溶体相)、奥氏体(austenite,γ固溶体相)和渗碳体(cementite,Fe_3C)，绝大多数铸铁中则还会出现石墨(graphite)相。这些相或为基体相、析出相，或作为共晶和共析等组织组成物的组成相。例如珠光体由铁素体与渗碳体两相组成，以铁素体为连续基体；莱氏体由奥氏体与渗碳体组成，以渗碳体为连续基体。由于渗碳体可以在钢铁材料中长时间亚稳定存在而不转变成在热力学上更稳定的石墨，故人们常采用Fe-Fe_3C相图分析讨论在平衡条件下或缓冷条件下钢铁材料中的相变规律，以其作为设计和控制显微组织的基本依据。

当铸铁中有石墨出现时，需要用到Fe-石墨与Fe-Fe_3C复线相图。当含有有意添加的合金元素或非有意添加的残留元素时，钢铁材料中还可能会出现金属间化合物、氮化物、碳氮化物、硫化物、硼化物等(将在第11章讨论)。当冷却速度过高、远离稳定平衡的条件下，钢铁材料中还会出现其他非平衡相或非平衡组织(如马氏体、贝氏体等,这部分内容将在第13章中讨论)。

本章仅基于Fe-Fe_3C相图和Fe-石墨相图讨论铁碳二元合金，不考虑合金元素或杂质元素的作用。

10.1 Fe-Fe_3C 相图

钢铁材料是铁基金属材料，Fe是元素周期表中第26个元素，原子量为55.85，密度是

7.87 kg/cm^3，属于过渡族元素。Fe 在固态具有 3 种同素异构体(allotrope, allotropic form)，由室温到高温依次为 α-Fe(体心立方点阵)，γ-Fe(面心立方点阵)和 δ-Fe(体心立方点阵)，见图 10-1。

图 10-2 所示为常压下的 Fe-Fe_3C 型铁碳二元相图，其横坐标为碳的质量分数，纵坐标为温度。图中各重要点对应的温度(℃)和碳的质量分数(w_C/%)列于表 10-1。

根据恒压二元系的相律 $f=3-p$，铁碳相图中两相平衡的自由度为 1，三相平衡的自由度为 0。该二元相图左侧的温度轴又相当于铁的单元系恒压相图(图 6-4b)，其相律应为 $f=2-p$。由此，我们可以进一步分析该相图中的点、线、面的物理意义。

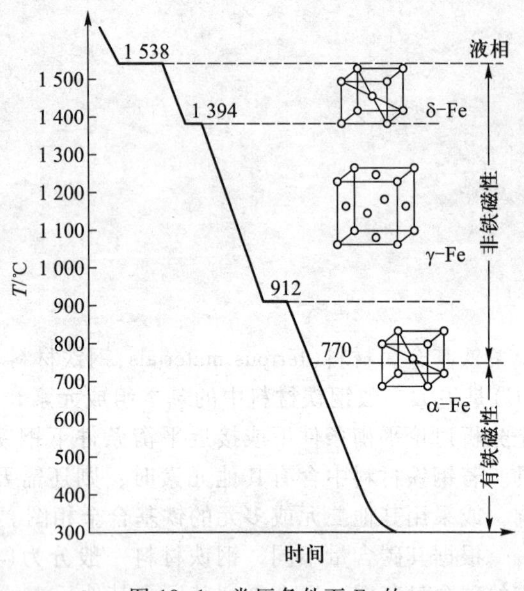

图 10-1 常压条件下 Fe 的冷却曲线及其多形性转变

10.1.1 Fe-Fe_3C 相图中的“点”

在 Fe-Fe_3C 相图中，每个坐标点均对应于特定的化学成分和温度。为便于理解和记忆，图 10-2 和表 10-1 中一些重要的坐标点可以分成如下几组：

(1) ***A*，*N*，*G***：仅涉及纯组元 Fe，与碳含量无关。注意到铁碳相图的温度轴又相当于铁的单元系恒压相图，其相律应为 $f=2-p$。共存相的个数为 2 时，自由度为 0。从而，*A*、*N*、*G* 点分别对应于 Fe 的熔点(1 538 ℃)、δ-Fe 与γ-Fe 的相互转变温度(1 394 ℃)和 γ-Fe 与α-Fe 的相互转变温度(912 ℃)。而图 10-2 中直线 *AN*、*NG* 分别对应于铁的一元系中 δ-Fe、γ-Fe 稳定存在的相区，自由度为 1。

(2) ***B*，*H*，*J***：分别对应于 Fe-Fe_3C 相图中 1 495 ℃包晶反应中三个相的平衡成分点，即**直线 *BHJ*** 为包晶反应线，其上 δ、γ 与液相三相平衡共存，自由度为 0，低于该温度则液相完全消失。

(3) ***E*，*C*，*F***：分别对应于 Fe-Fe_3C 相图中 1 148 ℃共晶反应中三个相的平衡成分点，其中 *C* 点常称为**共晶点**。即**直线 *ECF*** 为共晶反应线，其上 γ 与液相和 Fe_3C 三相平衡共存，自由度为 0，低于该温度则液相完全消失。

E 点对应于奥氏体的最大固溶碳量，常用于区分钢(其碳含量低于 *E* 点碳含量)与铸铁(其碳含量高于 *E* 点碳含量)。

(4) ***P*，*S*，*K***：分别对应于 Fe-Fe_3C 相图中 727 ℃共析反应中三个相的平衡成分点，其中 *S* 点常称为**共析点**。在**直线 *PSK*** 上 α、γ 和 Fe_3C 三相平衡共存，自由度为 0，低于该温度则奥氏体相(γ 相)完全消失。

P 点对应于铁素体的最大固溶碳量，常用于区分工业纯铁(其碳含量低于 *P* 点碳含量)与钢(其碳含量高于 *P* 点碳含量)。

(5) ***D***：渗碳体的熔点。

(6) ***Q***：温度低于 300 ℃铁素体在热力学平衡状态下可以固溶的碳含量（w_C<0.001%，远低于 *P* 点所示碳含量）。

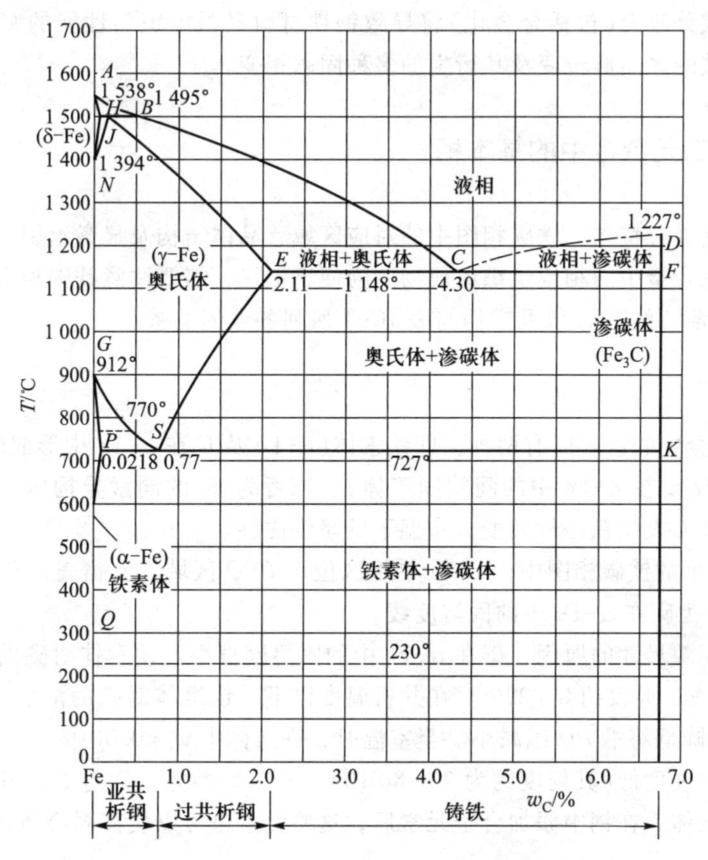

图 10-2 Fe-Fe_3C 相图

表 10-1 Fe-Fe_3C 相图中各点对应的温度和碳含量

点的符号	温度/℃	w_C/%	点的符号	温度/℃	w_C/%
A	1 538	0	*F*	1 148	6.69
B	1 495	0.53	*D*	1 227	6.69
H	1 495	0.09	*G*	912	0
J	1 495	0.17	*P*	727	0.021 8
N	1 394	0	*Q*	300 ℃以下	<0.001
E	1 148	2.11	*S*	727	0.77
C	1 148	4.30	*K*	727	6.69

图 10-1 和图 10-2 中的 4 个相变临界温度，即 727 ℃、770 ℃、912 ℃和 1 394 ℃，依次称为**临界点 A_1、A_2、A_3和 A_4**。其中，A_1、A_3、A_4对应的均为一级相变，涉及形核长大过程和晶体结构变化；而 A_2对应于铁磁性转变，不改变 α-Fe 的晶体结构类型，属于二级相变，本章中不予进一步讨论。

A_3和A_4临界点的出现，表明固态 Fe 在不同温度范围内具有不同的晶体结构类型，即多晶形或同素异构现象。A_1为共析转变温度，即冷却时珠光体的平衡形成温度。

铁的同素异构转变(或其固溶体的多形性转变)具有极其重要的实际意义。热处理、热加工等工艺变化和成分改变(包括合金化)将导致钢铁材料显微组织与性能的多样性变化，而其可能性主要源于铁的多晶形转变及其衍生的多种固态相变。

10.1.2 Fe-C 二元合金中的基本相

本节主要从其成分特点、铁碳相图中的对应区域、晶体结构及显微组织、性能特点等方面扼要介绍铁碳二元合金中的相或组织组成物。为便于记忆，需要注意铁碳相图中各相对应的区域(“面”)及其边界(“线”)，以及它们与表 10-1 所列各点的关系。

10.1.2.1 铁素体

Fe-C 二元合金中的铁素体有两种，即铁素体(α-Fe 及 C 在 α-Fe 中形成的间隙固溶体)和δ-铁素体(δ-Fe 及 C 在 δ-Fe 中的间隙固溶体)。二者为 Fe 的同素异构体，均为体心立方点阵。铁素体在 770 ℃发生铁磁性转变，室温下的呈铁磁性。

在图 10-2 所示的铁碳相图中，α-Fe 单相区位于 *GPQ* 区域，其覆盖面积远远小于奥氏体单相区。曲线 *PQ* 为碳在 α-Fe 中的固溶度线。

由于其点阵间隙尺寸的原因，碳在 α-Fe 中的固溶度很小。铁素体对碳的溶解度在共析温度 727 ℃时最大，w_C 亦仅约 0.022%。在共析温度以下，铁素体对碳的溶解度(与渗碳体保持平衡时)随着温度降低将沿 *PQ* 线减小。至室温时，铁素体中 $w_C<0.001\%$。

铁素体强度和硬度低(其硬度约为 70~80HB)，塑、韧性好。通过细化其晶粒，可以进一步强化和韧化铁素体。在钢中添加合金元素后，这些元素也可以使其固溶强化。

10.1.2.2 奥氏体

奥氏体即 γ-Fe，为 Fe 的非铁磁性同素异构体之一，为面心立方点阵。除无碳 γ-Fe 外，奥氏体可以固溶质量分数高达 2.11%的碳，故又常定义为 C 在 γ-Fe 中形成的固溶体相。

无碳 γ-Fe 的单相稳定存在温度范围为临界点 A_3和A_4之间(即 912 ℃和 1 394 ℃之间)。随碳含量增加，铁碳二元合金的A_3温度单调下降，最低至共析反应温度A_1(727 ℃)；A_4则单调上升，最高至包晶反应温度(1 495 ℃)。在图 10-2 所示常压下的铁碳相图中，奥氏体单相区表示为由点 *G*、*S*、*E*、*J*、*N*、*G* 围成的面积，其中 *GS* 线称为A_3线(常称作亚共析钢的上临界温度)，*SE* 线称为A_{cm}线(碳在 γ-Fe 中的固溶度线)。A_3线与A_1之间、A_{cm}线与A_1之间分别为奥氏体与铁素体和奥氏体与渗碳体的两相共存区域。从而，A_1和A_3线、A_{cm}线是确定钢热处理工艺的合适温度参数值的主要依据。

奥氏体最大固溶碳量与铁素体最大固溶碳量之间存在巨大差别(比较图 10-2 中 *P*、*E*、*H* 三点对应的碳含量即可知)，且具有重要的实际意义，这是点阵类型差异引起的后果。奥氏体具有面心立方点阵，最大固溶碳量 w_C 高达 2.11%，即使钢中 w_C 高达 1.0%以上时亦可通过加热将硬脆相渗碳体溶解于内。该相硬度低、滑移临界分切应力较铁素体的小，从而塑韧性好，变形抗力小，尤其适合热变形加工。另一方面，固溶有较多甚至大量碳的高温奥氏体(γ 相)非平衡冷却转变为 α 相时，过饱和 α 相中亦可能在适当的条件下析出细小弥散碳化物而发生析出强化。钢的热加工和热处理正是利用了这些特点，钢的组织性能特点和多样的变化也大多有赖于此。

实际钢铁材料中的单相奥氏体为多晶体组织，其平均晶粒尺寸与其在奥氏体单相区加热的温度和时间有关，对奥氏体在冷却过程中的相变及相变产物的组织性能会有重要影响(进一步的讨论见第 13 章)。若为合金钢，其奥氏体的成分与晶粒尺寸还要受到合金元素的影响。换言之，即使是取自同一种钢的样品，同样加热到 Fe-Fe_3C 相图中的单相奥氏体温度区内，亦可能具有平均晶粒尺寸非常不同的奥氏体组织(但仅能作为合金体系的热力学图示的铁碳相图反映不出这一重要现象)，导致其冷却转变后的室温组织的细化程度以及对应的力学性能等亦非常不同。

10.1.2.3 渗碳体

当钢中碳含量超过其在铁中的溶解度时，多余的碳将以碳化物的形式存在。铁和碳可以形成一系列碳化物，在 Fe-C 合金中最重要的碳化物是渗碳体(又称为 θ 碳化物)。

渗碳体的化学分子式为 Fe_3C，$w_C=6.69\%$，但不同研究者所报道的关于渗碳体成分和点阵常数的数值有所不同。根据理论计算的结果，渗碳体的熔点为 1 227 ℃(D 点)。渗碳体在低温时略有铁磁性，铁磁性在 210 ℃(又称为 A_0临界点)以上会消失。在图 10-2 所示的铁碳相图中，单相渗碳体区表现为 $w_C=6.69\%$处的一条竖线，D、F、K 三点位于其上。

渗碳体是一种具有复杂晶体点阵的间隙化合物，属于正交晶系，具有金属特性(导电性、金属光泽等)。在钢中添加合金元素后，渗碳体能溶解其他一些元素形成固溶体(合金渗碳体)。在形成固溶体时小原子(如氮)处于渗碳体点阵中 C 原子的位置，金属原子则处于 Fe 原子的位置。

渗碳体的硬度很高(约为 800 HB)，可以很容易地刻划玻璃，但塑性很差，特别是在游离状态下，塑性几乎等于零。但是，在特殊的条件下，例如当它被塑性良好的基体所包围时，在三向压缩应力的作用下，仍可表现出一定的塑性。

人们还在 Fe-C 合金中发现另外两种碳化物，即 ε 碳化物和 χ 碳化物，它们均属于亚稳碳化物相。χ 碳化物又称 Hägg 碳化物，一般用化学式 $Fe_{2.2}C$ 或 Fe_5C_2表示，具有底心单斜点阵。ε 碳化物的成分约在 $Fe_{2.4}C$ 附近变化，其理论分子式至今尚未最终确定，具有密集六角点阵。当过饱和的 α-Fe 在 250 ℃以下加热(回火或时效)时，发现有 ε 碳化物从 α-Fe 固溶体中沉淀析出。

有实验指出，在较低温度下，χ 碳化物的热力学稳定性要比渗碳体的高；而在较高温度，渗碳体则比 χ 碳化物更稳定，即渗碳体在某个温度以下有可能转变为 χ 碳化物，但其转变速度很慢。故在 Fe-Fe_3C 相图的许多版本中，一般忽略渗碳体向 χ 碳化物的转变。

如上所述，在较高温度，渗碳体的热力学稳定性比 ε 碳化物和 χ 碳化物的都高。在温度和时间许可的情况下，ε 碳化物和 χ 碳化物将转变为渗碳体。然而，相对于石墨，渗碳体在 Fe-C 合金中也是一种亚稳相。实验指出，在较高温度长时间保温的条件下，渗碳体会按照反应 $Fe_3C \rightarrow 3Fe + C$(石墨)发生分解，形成石墨。

总之，铁中的碳可以和铁形成一系列稳定性不同的相。在同一温度，这些稳定性不同的相各自在铁中的溶解度理应不同。相的热力学稳定性愈低，它在铁中的溶解度将愈高。铁的固溶体与热力学稳定性不同的碳化物相之间分别存在着不同的平衡关系并构成不同的相平衡图。这里最常用并具有重要实用价值的是 **Fe-Fe$_3$C 相图和 Fe-石墨相图**。

10.2 铁碳合金的平衡凝固与组织

根据铁碳相图，δ-铁素体(后文也简称为 δ 相)、奥氏体(γ-固溶体)和渗碳体(Fe$_3$C)3 种单相可以穿过液相线 *AB*、液相线 *BC* 和液相线 *CD* 从液相中直接结晶生成。

δ-铁素体、奥氏体和渗碳体 3 种相又可通过包晶反应和共晶反应，以包晶产物或共晶产物形式从液相中结晶生成。其中，奥氏体和渗碳体共晶生成的产物称为**莱氏体**。

与包晶反应和共晶反应相对应的部分相图及热分析曲线定性示于图 10-3。其中，包晶反应发生在 1 495 ℃(恒温线 *HJB*)：

$$\delta_{w_C=0.09\%}+L_{w_C=0.53\%}\rightleftharpoons\gamma_{w_C=0.17\%}$$

共晶反应则发生于 1 148 ℃(恒温线 *ECF*)：

$$L_{w_C=4.3\%}\rightleftharpoons\gamma_{w_C=2.11\%}+Fe_3C(\text{莱氏体})$$

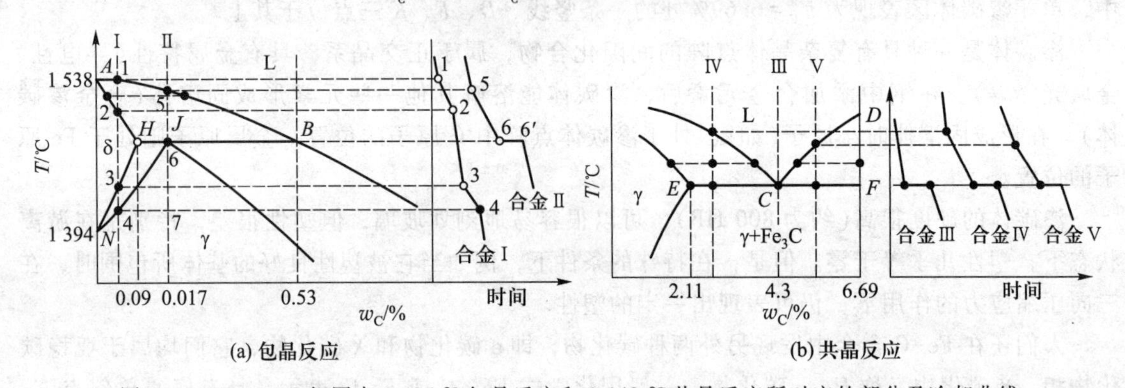

图 10-3 Fe-Fe$_3$C 相图中 1 495 ℃包晶反应和 1 148 ℃共晶反应所对应的部分及冷却曲线

10.2.1 凝固初生相为 δ-铁素体的合金

10.2.1.1 不发生包晶反应的合金

不发生包晶反应的 Fe-C 合金以图 10-3a 所示的合金 I 为代表，其碳含量 w_C 均小于 *H* 点对应的碳含量 0.09%。

合金 I 的结晶过程：沿冷却曲线缓慢冷却到点 1 后，开始从液相中通过形核长大方式析出 δ-铁素体，至点 2 时全部液相转变成为单相 δ-铁素体，结晶完毕。结晶过程中，δ-铁素体的成分沿相图中的固相线 *AH* 连续变化，液相的成分则沿液相线 *AB* 变化。包括合金 I 在内，不发生包晶反应的 Fe-C 合金的初生结晶组织均是体心立方点阵的单相 δ-铁素体。

合金Ⅰ结晶组织的固态相变：在温度沿冷却曲线由点 2 降低到点 3 的阶段，对应于 δ-铁素体稳定存在的单相区，无相变。而后经点 3 进入(δ+γ)两相区，发生 δ-铁素体向奥氏体 γ 的固态转变，奥氏体在单相 δ-铁素体晶界处优先形核长大。进一步冷却到点 4 后，全部 δ-铁素体转变成为单相奥氏体 γ。在图 10-3a 中合金Ⅰ的冷却曲线上，如曲线的斜率所示，线段 12(δ 生成阶段)和线段 34(γ 生成阶段)对应的温度降低速度均有所减缓，均系相变潜热释放所致。

10.2.1.2 包晶成分的合金

图 10-3a 所示的合金Ⅱ，其成分恰好为包晶成分 $w_C=0.17\%$。结晶时，首先由液相结晶出 δ-铁素体。冷却至包晶温度，由 $w_C=0.53\%$(B 点成分)的液相和 $w_C=0.09\%$(H 点成分)的 δ-铁素体两种相作为母相发生包晶反应，生成 $w_C=0.17\%$的新相奥氏体(γ)。因包晶反应的自由度为 0，冷却曲线上出现与其对应的 1 个平台，即水平线段 66′。包晶反应进行时，新相 γ 沿着液相与 δ 相的相界面形核，并向液相和 δ 相两个方向长大。包晶反应终了时(冷却曲线上平台的终点 6′)，δ 相与液相同时耗尽，合金转变成为单相奥氏体，结晶完毕。

图 10-4 为合金Ⅱ结晶过程的组织示意图。

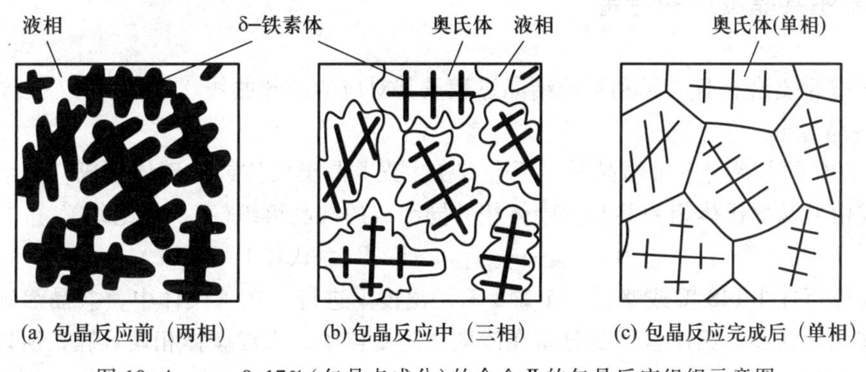

图 10-4 $w_C=0.17\%$(包晶点成分)的合金Ⅱ的包晶反应组织示意图

10.2.1.3 其他与包晶反应有关的合金

如图 10-3a 所示，除了合金Ⅱ外，对于 w_C 在 0.09%～0.53%之间的其他成分的合金，结晶时也均会发生包晶反应，但包晶反应结束时 δ 相与液相不能同时耗尽。

其中，w_C 在 0.09%～0.17%之间的合金在包晶反应结束时液相全部耗尽，但将残留一部分 δ 相。这些残留 δ 相将在随后的冷却过程中通过多形性转变成为奥氏体，至相图中 JN 线处 δ 相才完全耗尽，获得单相奥氏体组织。而 w_C 在 0.17%～0.53%之间的合金，在包晶反应结束时仍将残留一定数量的液相，这些未能耗尽的液相中继而结晶出奥氏体，直至固相线 JE 处，液相耗尽，同样获得了单相奥氏体组织。

总之，碳含量低于 0.53%的合金，结晶初生相均是 δ-铁素体。但依合金碳含量的不同，这些初生 δ-铁素体或者通过多形性转变、或者通过包晶反应、或者通过包晶反应后其剩余部分再通过多形性转变，最终均会全部转变成奥氏体。

δ-铁素体的形成和转变以及因包晶反应而造成的元素严重偏析对某些钢的显微组织与性质有显著的影响，而某些低碳钢钢锭和铸件的热裂可能与 δ 向 γ 的转变有关。有人认为，在初生 δ 晶粒之间仍有液相存在的初生凝固层中发生包晶反应时，由于 δ 向 γ 的转变伴随着比容变化而引起的内应力有可能导致裂纹。

10.2.2 凝固初生相为奥氏体的合金

（1）w_C 在 0.53%～2.11%之间的 Fe-C 合金

此类合金在结晶过程中，首先进入 $Fe-Fe_3C$ 相图中液相与奥氏体共存的两相区，且既不发生包晶反应也不发生共晶反应，直至获得奥氏体单相组织。在奥氏体生成过程中，奥氏体和液相的成分将分别沿图 10-2 中固相线 *JE*(部分)和液相线 *BC*(部分)连续变化，直至液相完全耗尽。

（2）w_C 在 2.11%～4.30%之间的 Fe-C 合金

以图 10-3b 所示合金Ⅳ为代表。它们既是初生相为奥氏体的合金，又属于发生共晶反应的合金，其结晶过程以及对应冷却曲线的分析见下文。

10.2.3 发生共晶反应的合金

图 10-3b 示出合金Ⅲ、Ⅳ和Ⅴ的结晶过程及其对应的冷却曲线。

（1）共晶合金

w_C=4.30%的共晶合金Ⅲ结晶时，不会有初生先共晶奥氏体或渗碳体生成，只会发生共晶反应，生成由共晶奥氏体相和共晶渗碳体相共同组成的共晶组织(莱氏体组织)。

$$L_{w_C=4.3\%} \rightarrow \gamma_{w_C=2.11\%} + Fe_3C(\text{莱氏体})$$

这一反应可在 1 148 ℃或略低于 1 148 ℃的温度下进行。在莱氏体中，共晶渗碳体是连续分布的基体相，共晶奥氏体呈粒状分布在渗碳体的基体中。因渗碳体相硬且脆，所以莱氏体是一类塑性很差的组织。

（2）亚共晶合金和过共晶合金

如前述，亚共晶合金和过共晶合金(分别以合金Ⅳ和Ⅴ为代表)结晶时，在发生共晶反应前先形成初生奥氏体或一次渗碳体。在初生奥氏体或一次渗碳体的生成过程中，未凝固的液相的碳含量分别沿液相线 *BC* 和 *DC* 连续变化，待温度降至共晶温度 1 148 ℃时，剩余液相的碳含量上升为或降低为共晶碳含量 4.30%，进而发生共晶反应。

据以上关于 Fe-C 合金结晶过程的讨论，可以得出以下结论：w_C 小于 2.11%的合金，在平衡结晶和经过一些固态转变之后，均可变成单相奥氏体；而所有 w_C 超过 2.11%的合金，平衡结晶后其组织中总会含有一定数量的莱氏体。

合金在高温时组织上的上述差异，造成了合金在工艺性能和力学性能方面的极大不同。w_C 小于 2.11%的铁碳合金，高温时处于塑性很好的单相奥氏体状态，因而使得合金能够接受锻造、轧制或其他热加工变形，这类合金称为钢。而 w_C 超过 2.11%的合金，结晶组织中有莱氏体存在，合金的塑性较差，热加工变形困难。但其熔点较低，合金的铸造性能好，这类合金中的许多种类成为优良的铸造材料，称为铸铁。又见图 10-2 所示 $Fe-Fe_3C$ 相图及其标注。

本节所介绍的 Fe-C 合金的结晶组织，随温度的进一步降低还会发生固态相变，最后形成合金的室温组织，下节将对此予以介绍。

10.3 铁碳合金的平衡固态相变与室温平衡组织

在工程上，按照图 10-2 所示 $Fe-Fe_3C$ 相图上以下 5 个点对应的碳含量，即 P(0.0218%)、S(0.77%)、E(2.11%)、C(4.30%)和 F(6.69%)，把铁碳二元合金划分为 7 类，其合金名称、碳含量范围和室温平衡组织如表 10-2 所示。另一种根据碳含量的不同对钢的分类方法则大致是：**低碳钢**($w_C \leqslant 0.25\%$)和**中碳钢**($0.25\% \leqslant w_C \leqslant 0.6\%$)属于亚共析钢，**高碳钢**($w_C >$ 0.6%)则在大多数情况下属于过共析钢。

表 10-2 铁碳二元合金根据碳含量的分类

总类	分类名称	碳含量范围 w_C/%	室温平衡组织
铁	工业纯铁①	<0.021 8	铁素体，或者铁素体+三次渗碳体
钢	亚共析钢	0.021 8~0.77	先共析铁素体+珠光体
	共析钢	0.77	珠光体
	过共析钢	0.77~2.11	先共析二次渗碳体+珠光体
铸铁	亚共晶铸铁	2.11~4.30	珠光体+二次渗碳体+莱氏体
	共晶铸铁	4.30	莱氏体
	过共晶铸铁	4.30~6.69	一次渗碳体+莱氏体

注：① 有时把工业纯铁也归于钢类。

铁碳合金的室温组织是液固相变与各种固态相变过程的综合结果。在讨论了其结晶过程后，再分别介绍各类铁碳合金从高温缓慢冷却时所发生的固态相变以及所得到的室温显微组织。

由铁碳相图知道，固态的铸铁在较高温度下为奥氏体与渗碳体的混合组织，固态的钢和纯铁在较高温度下则呈单相多晶奥氏体组织。这些组织既可以在合金结晶后的冷却过程中获得，亦可以通过将合金由室温加热至铁碳相图中的相应相区内而获得。

本节的如下固态相变讨论中，假定纯铁和钢的初始组织均为单相奥氏体，铸铁的初始组织均为共晶反应结束后的奥氏体与渗碳体的混合组织，分析讨论时一律借助于 $Fe-Fe_3C$ 相图。至于铸铁中出现石墨的情况，将在 10.4 节借助铁碳复线相图另行讨论。

10.3.1 纯铁

图 10-5a 给出铁碳相图的左下角部分和工业纯铁的转变热分析冷却曲线。工业纯铁由高温奥氏体(γ 相)状态缓冷的过程中，当温度降至低于 *GS* 线(A_3线)时进入(γ+α)两相区，发生γ→α 转变。当温度降至低于 *GP* 线后，奥氏体耗尽，全部转变为 α-Fe。继续降温达到固溶线 *PQ* 以前，工业纯铁处于 α-Fe 单相区，保持着 α-Fe 的稳定状态而不发生任何相变。温度低于 *PQ* 线后，铁素体变成过饱和固溶体，于是从其中脱溶析出三次渗碳体，以区别于从液相中析出的一次渗碳体和从奥氏体中析出的二次渗碳体。

工业纯铁的显微组织如图 10-5b 所示，为形状不规则的铁素体晶粒。因三次渗碳体数量非常少，在该照片中未能发现。

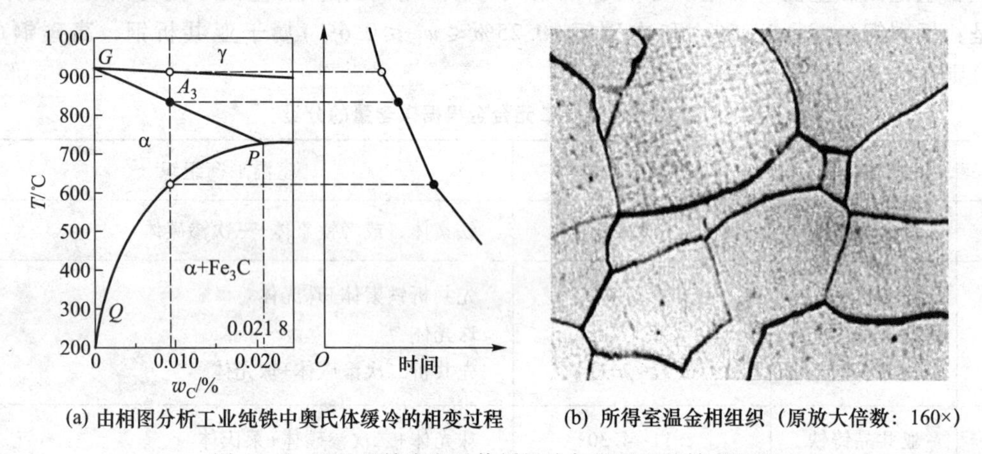

(a) 由相图分析工业纯铁中奥氏体缓冷的相变过程　　(b) 所得室温金相组织（原放大倍数：160×）

图 10-5　工业纯铁中奥氏体缓慢冷却至室温的转变过程

10.3.2 钢

图 10-6 给出 3 种钢(共析钢、亚共析钢与过共析钢)由单相奥氏体缓慢冷却过程中相变分析所用相图与热分析曲线图。3 种钢缓慢冷却过程中均发生共析反应，主要区别在于在共析反应前是否由奥氏体中先行析出先共析铁素体或先共析渗碳体。

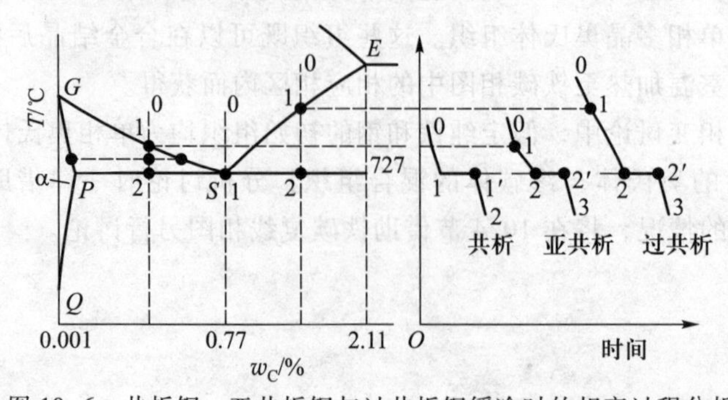

图 10-6　共析钢、亚共析钢与过共析钢缓冷时的相变过程分析

10.3.2.1 共析钢

当从单相奥氏体态冷却到相图上 S 点温度($A_1=727$ ℃)以前，共析成分($w_C=0.77\%$)的钢(简称共析碳钢)中不发生相变。到达或略低于共析温度 A_1，奥氏体通过共析反应分解为 $\alpha+Fe_3C$两相。

$$\gamma_{w_C=0.77\%} \rightarrow \alpha_{w_C=0.0218\%} + Fe_3C(\text{珠光体})$$

共析转变后的产物称为**珠光体**，是共析铁素体和共析渗碳体的两相混合物，其生成过程中的组织变化特点示意性地绘于图 10-7。珠光体的常见金相组织形态是片层状渗碳体分布在铁素体基体上，见图 10-8。根据杠杆定律，可以估计出珠光体中渗碳体片层厚度与片间距约为 1∶8(珠光体中的共析铁素体约占 88%,共析渗碳体约占 12%,质量分数)。但是，在放大倍数较低的情况下，渗碳体片层无法分辨，则珠光体组织整体上将呈暗灰色区域。如图 10-7 所示，一个原奥氏体晶粒内可以获得多个**珠光体团**(同一个珠光体团内的渗碳体片基本上相互平行)。

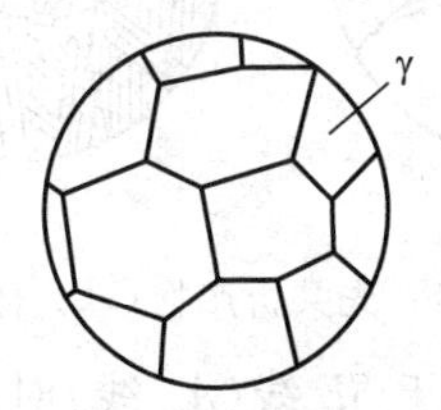

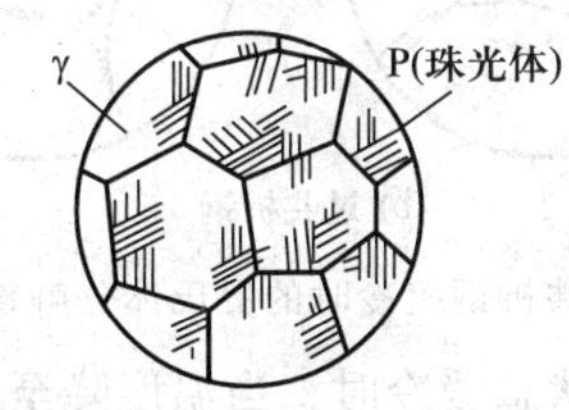

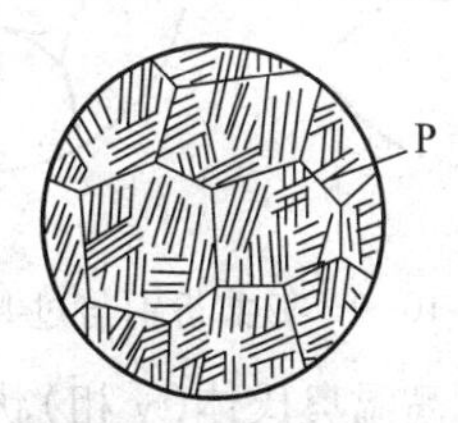

图 10-7 共析钢中奥氏体向珠光体的转变过程示意图

每一个珠光体团都是由共析铁素体相和共析渗碳体相协同长大而成的。对珠光体团及其生成过程的三维观测结果可参见 M. De Graef，M. V. Kral 与 M. Hillert 合作的论文(2006 December,JOM)。

在接近共析温度 A_1时，珠光体中铁素体的 w_C 约为 0.022%。在随后的冷却过程中，铁素体对碳的溶解度(与渗碳体平衡时)不断沿 PQ 线而降低，于是从珠光体中的铁素体相中不断有三次渗碳体析出，并附加到原先的渗碳体片上，但因其数量很少，并不影响珠光体的基本形貌。

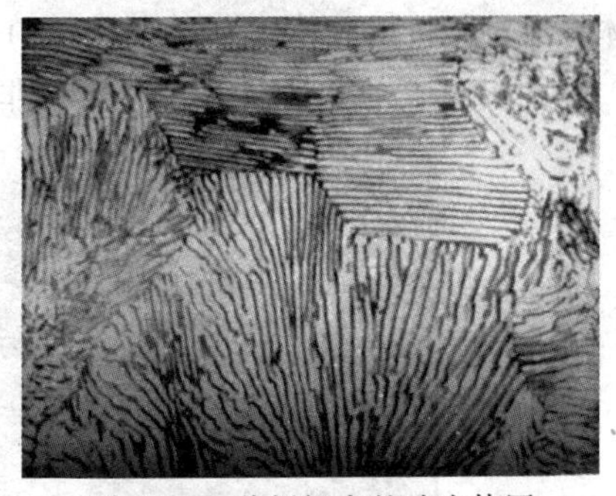

图 10-8 共析钢中的珠光体团与片层状珠光体

10.3.2.2 亚共析钢

亚共析钢在缓慢冷却发生奥氏体分解时，共析反应前会析出先共析铁素体，见图 10-9a。

过共析钢由高温奥氏体(γ 相)状态缓冷时，当温度降至低于 GS 线(A_3线)时进入($\gamma+\alpha$)两相区，发生 $\gamma\rightarrow\alpha$ 先共析铁素体析出(脱溶)转变。当温度降至低于 PS 线(A_1线)，剩余的奥氏体将通过共析反应转变为由($\alpha+Fe_3C$)两种共析相组成的珠光体组织。

10.3.2.3 过共析钢

过共析钢在缓慢冷却发生奥氏体分解时，共析反应前会析出先共析渗碳体，见图 10-9b。

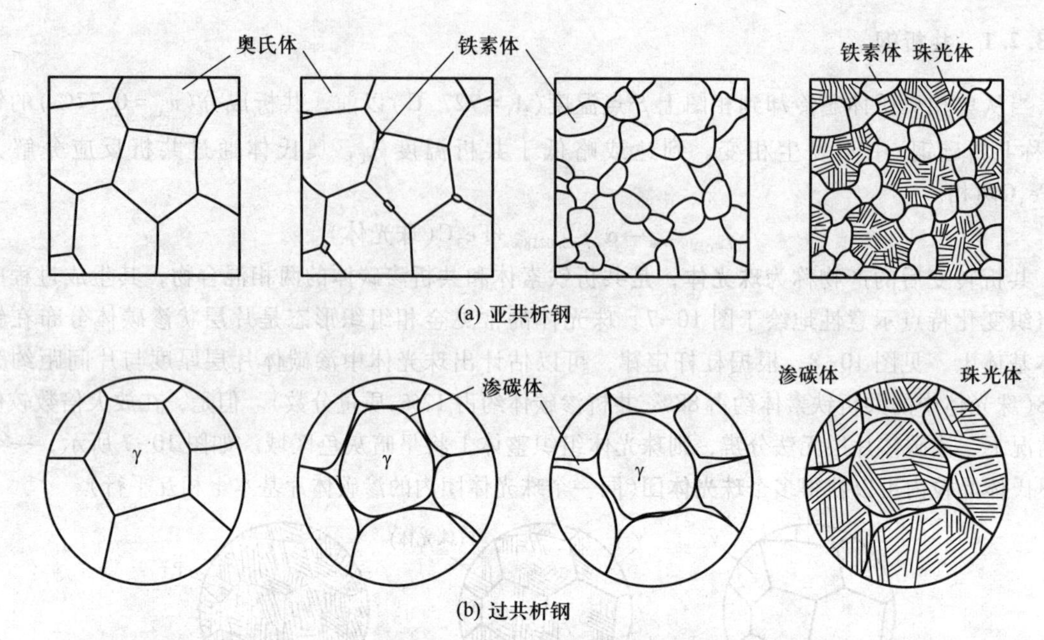

(a) 亚共析钢

(b) 过共析钢

图 10-9 亚共析钢与过共析钢缓冷时的奥氏体分解转变：先共析产物+珠光体

亚共析钢由高温奥氏体（γ 相）状态缓冷时，当温度降至低于 *SE* 线（A_{cm}线）时进入（$\gamma+Fe_3C$）两相区，发生 $\gamma\rightarrow Fe_3C_{II}$二次渗碳体析出（脱溶）转变。当温度降至低于 *PS* 线（A_1线），剩余的奥氏体将通过共析反应转变为由（$\alpha+Fe_3C$）两种共析相组成的珠光体组织。

图 10-10 给出了具有代表性的非合金钢的一些金相组织照片。

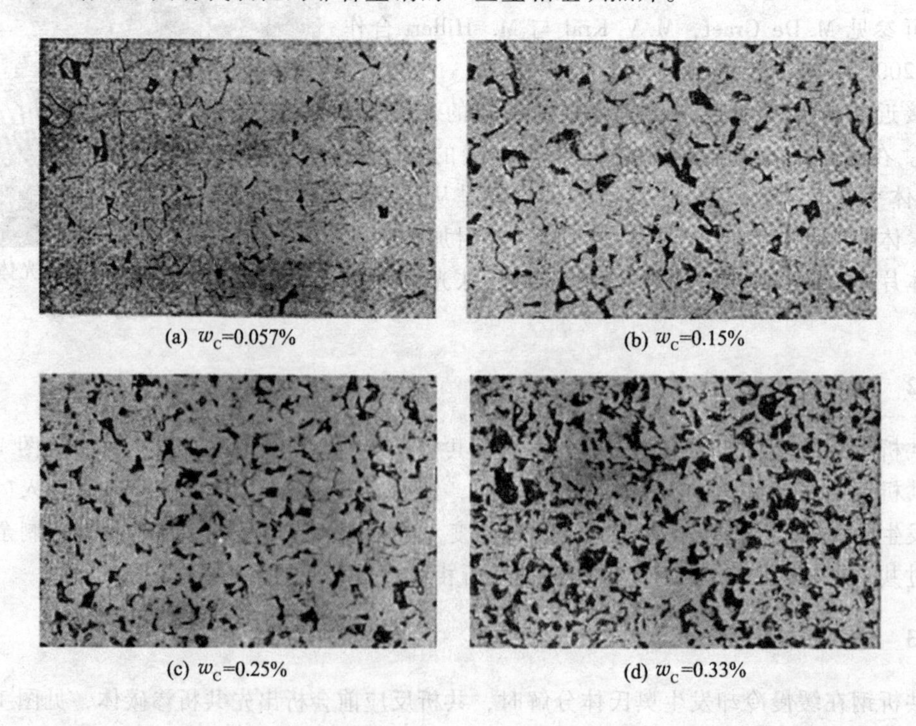
(a) w_C=0.057%　(b) w_C=0.15%

(c) w_C=0.25%　(d) w_C=0.33%

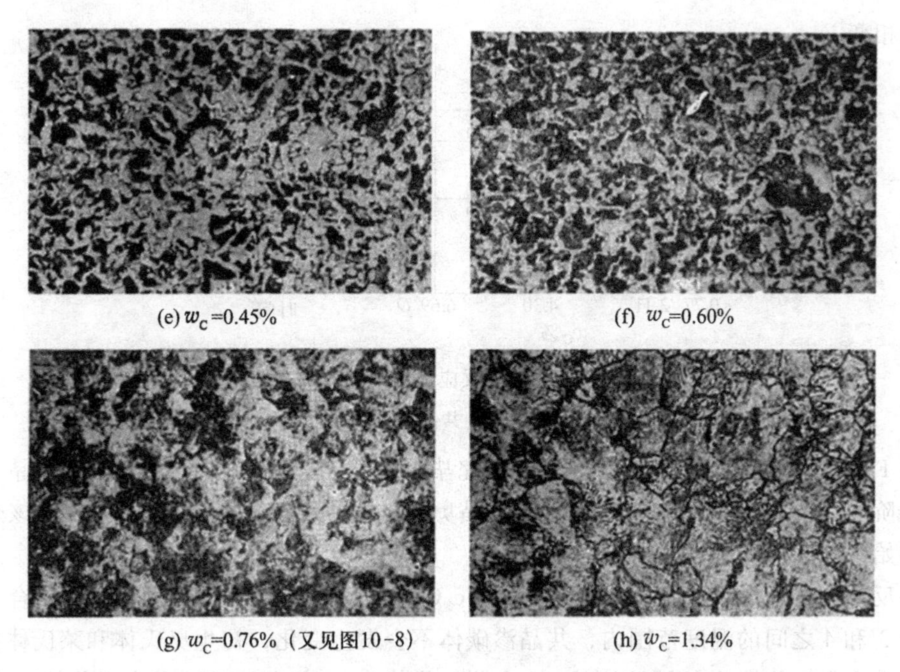

(e) w_C=0.45% (f) w_C=0.60%

(g) w_C=0.76%（又见图10-8） (h) w_C=1.34%

图 10-10 非合金钢由单相奥氏体空冷后的显微组织(原放大倍数:200×)

10.3.3 亚共晶、共晶、过共晶白口铸铁

已知亚共晶、共晶、过共晶铸铁的碳含量位于2.11%~6.69%范围内。已结合图10-3b分析讨论了亚共晶、共晶、过共晶铸铁的凝固过程，液相耗尽后均获得奥氏体与渗碳体的两相混合组织(先共晶产物加共晶奥氏体和共晶渗碳体)。对于亚共晶合金，此时的高温组织为初生奥氏体加莱氏体；对于过共晶合金，此时的高温组织为一次渗碳体加莱氏体；对于w_C=4.30%的共晶合金，则高温组织为100%的莱氏体。

本节仅考虑铸铁凝固完成后继续冷却发生的固态相变以及对应生成的缓冷显微组织，但不考虑稳定相石墨。无石墨相的铸铁称为**白口铸铁**，以其断口多呈银白色而得名。Fe-Fe_3C相图中并不考虑石墨相，故Fe-Fe_3C相图中的铸铁属于白口铸铁。

由于共晶渗碳体和一次渗碳体在整个冷却过程中均不再发生相变，故亚共晶、共晶、过共晶白口铸铁3类合金在共晶反应结束后继续缓慢冷却过程中发生的相变仅限于高温奥氏体的冷却转变：二次渗碳体Fe_3C_{II}由过饱和奥氏体$\gamma_{过饱和}$中脱溶析出：

$$\gamma_{过饱和} \rightarrow \gamma_{饱和} + Fe_3C_{II}$$

以及共析转变：

$$\gamma_{w_C=0.77\%} \rightarrow \alpha_{w_C=0.0218\%} + Fe_3C(珠光体)$$

据图10-11或图10-2所示Fe-Fe_3C相图可知，亚共晶、共晶、过共晶铸铁在共晶反应结束后继续缓慢冷却，均会发生二次渗碳体的脱溶析出和共析反应，即共晶合金、过共晶合金的固态转变与亚共晶合金的基本类同。

以下仅以亚共晶白口铸铁为例，结合图10-11讨论其共晶反应完成后继续缓慢冷却过程中的固态相变。

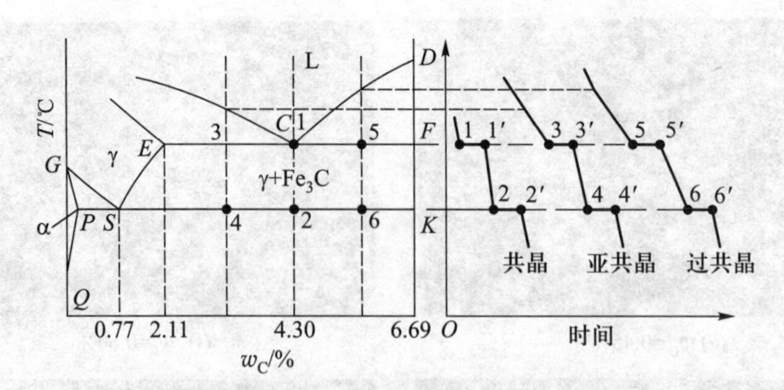

图 10-11 略去包晶反应部分的 $Fe-Fe_3C$ 相图，以及亚共晶、共晶、过共晶白口铸铁的冷却曲线

根据 $Fe-Fe_3C$ 相图，当亚共晶铸铁结晶完毕时，合金已经历了初生奥氏体结晶、莱氏体生成两大阶段，结晶产物由初生奥氏体+(共晶奥氏体+共晶渗碳体)组成。以此为该合金固态相变的初始组织状态。

共晶反应完成后继续冷却，合金进入 γ+Fe_3C 两相区。在图 10-11 所示亚共晶合金冷却曲线中的点 3′和 4 之间的温度范围内，共晶渗碳体不会发生变化，初生奥氏体和莱氏体中的共晶奥氏体的碳含量沿相图中的固溶度线 *ES* 变化，最终在 A_1温度(727 ℃)达到共析碳含量 w_C = 0.77%，在此过程中奥氏体也因变得过饱和而不断析出二次渗碳体。生成的二次渗碳体的数量可以利用杠杆定律计算得到。在共析温度 A_1或略低，奥氏体发生共析分解(对应于图 10-11 所示亚共晶合金冷却曲线中的平台 4-4′)，形成珠光体(共析铁素体+共析渗碳体)。继续冷却过程中，珠光体中的共析铁素体变得过饱和，则会可能析出三次渗碳体，直至室温。

通过以上固态转变，高温奥氏体(包括初生奥氏体和共晶奥氏体)转变为室温下的珠光体，高温莱氏体转变为室温下的**变态莱氏体**(transformed ledeburite)。室温下的变态莱氏体与共晶反应生成的高温莱氏体的主要区别在于：后者中的共晶奥氏体析出二次渗碳体后碳含量不断降低，至共析碳含量后通过共析反应转变成了珠光体。

图 10-12 为亚共晶、共晶、过共晶白口铸铁的缓冷室温组织的金相照片。虽然经过固态转变后形成的室温组织与高温组织已不再完全相同，但莱氏体与先共晶组织的基本形貌尚可清楚辨

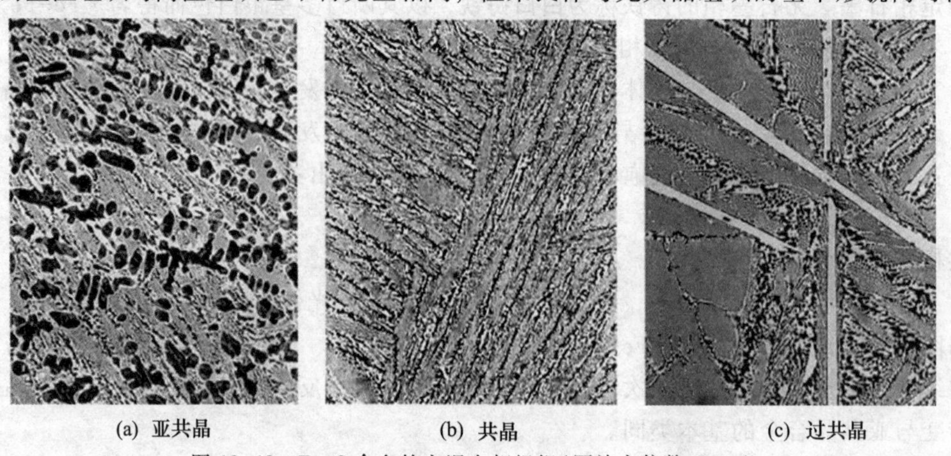

(a) 亚共晶　(b) 共晶　(c) 过共晶

图 10-12 Fe-C 合金的室温金相组织(原放大倍数:100×)

别。照片中深色区域对应于原高温奥氏体(室温下已转变为珠光体),白色区域对应于共晶渗碳体(连续基体相)或一次渗碳体(过共晶合金中的长条状物)。图 10-12b 所示为共晶莱氏体(室温下已成为变态莱氏体),图 10-12a、c 中除莱氏体之外的组织,则为合金中的先共晶凝固产物(由液相中直接结晶出的初生奥氏体或一次渗碳体)缓慢冷却至室温下形成的显微组织。

10.3.4 铁碳二元合金中的组织组成物

10.3.4.1 室温平衡组织随碳含量的变化规律

在研究了钢、铸铁及工业纯铁的结晶及固态相变之后,基于 $Fe-Fe_3C$ 相图并借助于杠杆定律,可以进而计算出热力学平衡条件下不同碳含量的铁碳合金的室温组织及其组成物的相对数量,见图 10-13。因其相对数量很小,该图中有意未对三次渗碳体进行计算与标注。另外,图中的 Ld′为变态莱氏体,并且将高温莱氏体冷却时由共析反应生成的珠光体视作变态莱氏体的组成部分,而不是归入珠光体 P 的总量中。类似地,过共晶合金中的共晶莱氏体冷却时发生脱溶反应生成的二次渗碳体也直接归入变态莱氏体中。

前已述及,铁素体强度和硬度低但塑、韧性好,渗碳体硬度高但非常脆。由图 10-13 可以推知,随碳含量增加,钢或铸铁中的铁素体数量减少、渗碳体数量增加,钢或铸铁的硬度随之升高,但其塑、韧性将随之降低。

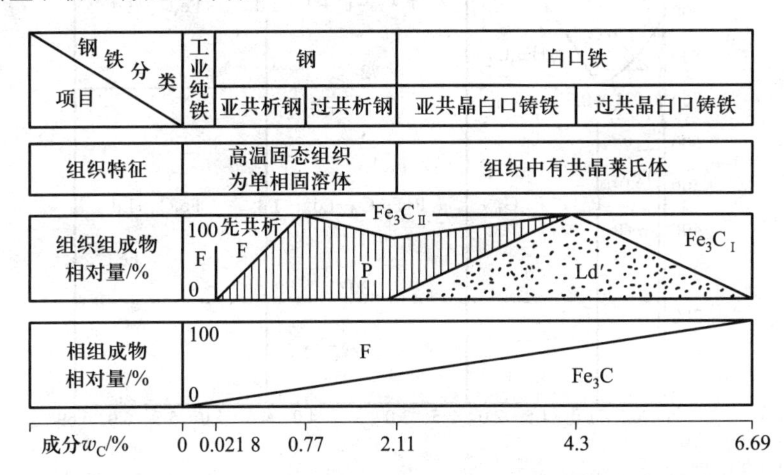

图 10-13 铁碳二元合金中的室温平衡相与组织组成物的相对量随合金碳含量的变化规律

10.3.4.2 铁碳二元合金的显微组织图

图 10-14 为各区域内标注相与组织组成物后的 $Fe-Fe_3C$ 相图,又称为显微组织图。与图 10-13 相比,图 10-14 同时显示出铁碳二元合金显微组织的组成物种类随碳含量与温度的变化规律,或者说,提供了在不同给定温度下不同碳含量合金显微组织的组成物信息。

将图 10-14 与图 10-2 对照使用,还可以容易地辨识铁碳二元合金中相与组织组成物的对应关系。例如,原 $Fe-Fe_3C$ 相图中的(奥氏体+渗碳体)两相区,在图 10-14 中被进而划分为($\gamma+Fe_3C_{II}$)、($\gamma+Fe_3C_{II}$+Ld)、Ld、(Fe_3C_I+Ld)4 个区,分别表示(奥氏体+二次渗碳体)区、

(奥氏体+二次渗碳体+莱氏体)区、100%莱氏体区、(一次渗碳体+莱氏体)区。显然，莱氏体中包含共晶奥氏体和共晶渗碳体两相，而一次渗碳体 $Fe_3C_Ⅰ$、二次渗碳体 $Fe_3C_Ⅱ$ 和莱氏体中的共晶渗碳体均为渗碳体相，但其形成过程各不相同。在亚共晶合金的奥氏体相中同时包括初生奥氏体和共晶奥氏体，过共晶合金的奥氏体相中则仅有共晶奥氏体。

又如，原 Fe-Fe_3C 相图中的(铁素体+渗碳体)两相区，在图 10-14 中被进而划分为 α+$Fe_3C_Ⅲ$、α+P、P、P+$Fe_3C_Ⅱ$、P+$Fe_3C_Ⅱ$+Ld′、Ld′、$Fe_3C_Ⅰ$+Ld′区。其中 Ld′为变态莱氏体，其内的高温奥氏体已共析转变为珠光体 P。$Fe_3C_Ⅲ$ 为从铁素体中析出的三次渗碳体，其数量极少，一般情况下可以忽略不计。

将图 10-14 与图 10-13 对照分析，则可以在图 10-14 定性分析不同组织组成物的基础上，进一步建立组织组成物所在区域与数量间的对应关系。

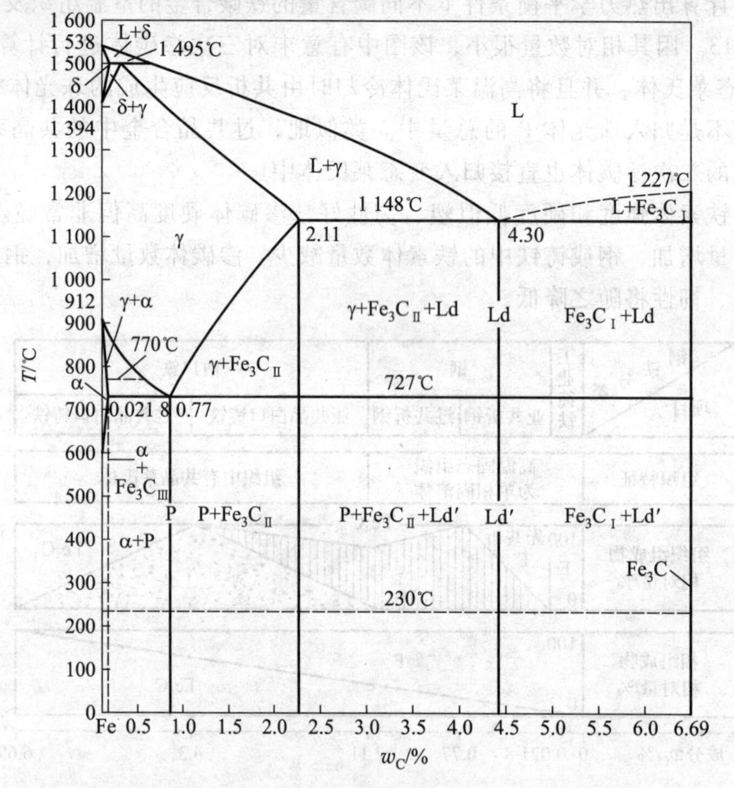

图 10-14 标注相与组织组成物的 Fe-Fe_3C 相图

10.4 Fe-Fe_3C 与 Fe-石墨复线相图

根据热力学平衡判据可知，由铁和石墨碳组成的 Fe-石墨相图才是铁碳二元合金系统的稳定平衡相图，而 Fe-Fe_3C 相图仅为铁碳二元合金系统的亚稳平衡相图，因为 Fe_3C 相为亚稳相而非热力学稳定相。只要铸铁中有石墨相出现，无论石墨呈何种形态以及数量多少，均必须基于 Fe-石墨平衡相图来讨论石墨相与铸铁显微组织的形成过程。

通常情况下，工业铸铁中的石墨化过程并不能按照热力学平衡预测的那样完全实现，总是仍有渗碳体出现在铸铁显微组织中。从而，人们将 Fe-石墨相图与 $Fe-Fe_3C$ 相图叠加在一起，画成铁碳二元系的复线相图，如图 10-15 所示。

铁碳复线相图更适合于石墨和渗碳体同时出现在铸铁中的相平衡和相变的情况分析。

在图 10-15 所示铁碳复线相图中，$Fe-Fe_3C$ 为亚稳定平衡系统(实线)，Fe-石墨为热力学稳定平衡系统(虚线)。可以看到，与亚稳定相渗碳体比较，稳定相石墨在液相、奥氏体及铁素体中的溶解度要小一些，奥氏体-石墨共晶温度比奥氏体-渗碳体共晶温度高，铁素体-石墨共析温度比铁素体-渗碳体共析温度高，这完全符合材料热力学中的**亚稳相溶解度定律**。即，如果某一溶质组元可以形成几种不同的化合物或处于几种不同的状态，那么它在固溶体中的固溶度必将随这些化合物或所处状态的稳定性不同而变化——稳定性大者其固溶度必小。这与第 8 章中介绍的 Al-Cu 二元合金系中 θ 相、θ′相、θ″相及 GP 区固溶度线的位置关系的道理是一样的(图 8-19)。

关于铁碳复线相图的进一步讨论和在工业铸铁材料领域的应用，将在第 15 章 15.6 节作进一步讨论。

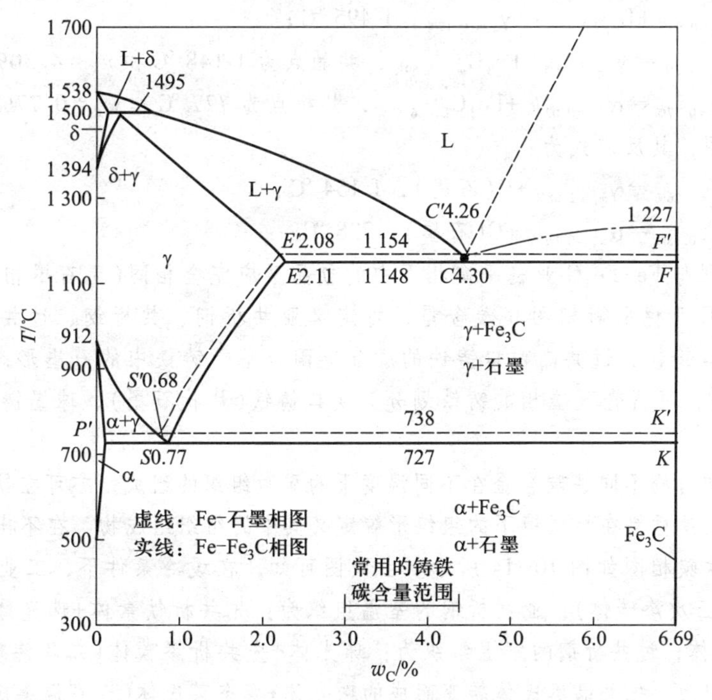

图 10-15　$Fe-Fe_3C$ 与 Fe-石墨复线相图

总　结

铁基金属材料(钢铁材料)是应用量最大的一类金属材料，包括工业纯铁、钢(非合金钢、

合金钢、含碳的钢、超低碳钢甚至完全不含碳的钢)和铸铁(白口铸铁、含石墨相的铸铁、合金铸铁等)。本章仅介绍铁碳二元系相图、材料及其显微组织等。

铁碳相图一般为富铁端的常压部分相图。碳在铁碳二元系材料中有3种存在形式：进入间隙固溶体相(如铁素体和奥氏体)、形成复杂晶体结构的化学计量中间化合物渗碳体相(Fe_3C)、形成石墨相(纯碳)。从而，铁碳相图有 Fe-Fe_3C 亚稳平衡相图(图 10-2)和铁-石墨相图两种形式，亦可叠绘为复线相图(图 10-15)。

钢铁材料的相组成和显微组织具有多变性，为研发和制备具有不同组织和性能的材料提供了丰富的选择。铁具有同素异构转变(图 10-1)，常压下的同素异构体为 α-Fe(BCC 结构)、γ-Fe(FCC 结构)和 δ-Fe(BCC 结构)，并在铁碳二元合金中扩展为固溶体相 α-铁素体、γ-奥氏体和 δ-铁素体。缓冷条件下，铁碳二元合金由高温下的奥氏体(或其与渗碳体、石墨的组合)转变为 α-铁素体和渗碳体(Fe_3C)或石墨组成的各种室温金相组织。

在铁碳相图中，可以读出如下相变临界温度的值(随碳含量而变)：A_1，A_3，A_4，A_{cm}。同时，铁碳二元系中存在自由度为0的、相变温度及相成分均确定不变的3类二元三相平衡。对于 Fe-Fe_3C 亚稳平衡相图，其反应式依次为(不同书中给出的相成分会有少许差别)：

包晶反应 $\delta_{w_C=0.09\%}+L_{w_C=0.53\%}\rightleftharpoons\gamma_{w_C=0.17\%}$，1 495 ℃；

共晶反应 $L_{w_C=4.3\%}\rightleftharpoons\gamma_{w_C=2.11\%}+Fe_3C_{w_C=6.69\%}$，共晶点为 1 148 ℃和 $w_C=4.30\%$；

共析反应 $\gamma_{w_C=0.77\%}\rightleftharpoons\alpha_{w_C=0.022\%}+Fe_3C_{w_C=6.69\%}$，共析点为 727 ℃和 $w_C=0.77\%$。

对于 Fe-石墨相图，其反应式为：

共晶反应 $L_{w_C=4.26\%}\rightleftharpoons\gamma_{w_C=2.08\%}+C$(石墨)，1 154 ℃；

共析反应 $\gamma_{w_C=0.68\%}\rightleftharpoons\alpha_{w_C=0.022\%}+C$(石墨)，738 ℃；

其包晶反应则与 Fe-Fe_3C 亚稳平衡相图中的包晶反应完全相同(无石墨相参与反应)。

基于 Fe-Fe_3C 亚稳平衡相图和碳含量，可定义亚共析钢、共析钢、过共析钢、亚共晶白口铸铁、共晶白口铸铁、过共晶白口铸铁的成分范围。基于铸铁中的石墨形态(此时铸铁中可能含有其他元素)，可将含石墨相的铸铁划分为灰口铸铁(片状石墨)、球墨铸铁(球形石墨)和可锻铸铁等。

另外，为方便讨论不同铁碳合金在不同温度下的显微组织的组成，亦可在铁碳相图中标注出组织组成物，以钢铁材料在显微镜下的组织形貌定义其中的组织组成物。在不出现石墨相的情况下，如此标注的铁碳相图如图 10-14 所示。由该图可知，在缓冷条件下，工业纯铁的室温组织为：α-铁素体(+三次渗碳体)；亚共析钢的室温组织为：先共析铁素体+珠光体；共析钢的室温组织为100%珠光体；过共析钢的室温组织为：珠光体+先共析渗碳体(二次渗碳体)；亚共晶白口铸铁的室温组织为：先共晶奥氏体转变而成的珠光体+变态莱氏体(由高温莱氏体经过共析转变而来)；共晶白口铸铁的室温组织为100%变态莱氏体；过共晶白口铸铁的室温组织为：初生(一次)渗碳体+变态莱氏体。根据其形成过程不同，铁素体相有先共析铁素体和共析铁素体之区别，渗碳体相则有一次渗碳体、共晶渗碳体、二次渗碳体、共析渗碳体和三次渗碳体之区别。在缓冷条件下，过共析钢中的二次渗碳体多表现为沿原奥氏体晶界析出形成的网状渗碳体。

在出现石墨相的铸铁中，由于合金成分与生产工艺的不同，除形态各异的石墨外，其基体可以是铁素体、珠光体、铁素体+珠光体等不同类型。由于在工业铸铁中常常是石墨相与渗碳体共存，使用铁碳复线相图分析讨论铸铁中的相平衡与相变更为方便。渗碳体和石墨在奥氏体等固溶体中的固溶度符合亚稳相溶解度定律。

铁碳相图是分析讨论钢铁材料在接近平衡条件下或缓冷条件下相平衡关系和相变规律、设计和控制显微组织的基本依据，但铁碳相图也有一定的局限性。例如，铁碳相图可以告诉我们铁碳二元合金向平衡方向的变化趋势，但仅靠铁碳相图无法确定达到平衡的速度和可能出现的非稳定平衡相。而且，大量钢铁材料是含有合金元素或杂质元素的系统，铁碳相图本身不能预测这些元素进入材料后导致的变化。为此，本书后面几章还要进一步介绍铁基合金相变的动力学规律(第 13 章)和合金化原理(第 11 章)。

重要术语

铁基材料(ferrous materials)
钢铁材料(iron and steels)
α-铁
γ-铁
δ-铁
奥氏体(austenite)
α-铁素体(α-ferrite)
δ-铁素体(δ-ferrite)
碳化物(carbide)
渗碳体(cementite)
石墨(graphite)
$Fe-Fe_3C$ 相图($Fe-Fe_3C$ phase diagram)
亚稳平衡相图(metastable equilibrium phase diagram)
铁-石墨相图(iron-graphite phase diagram)
临界温度 A_1(critical temperature A_1)
临界温度 A_3(critical temperature A_3)
临界温度 A_4(critical temperature A_4)
临界温度 A_{cm}(critical temperature A_{cm})
共析点(eutectoid point)
组织组成物(microconstituent)
先共析铁素体(proeutectoid ferrite)
共析铁素体(eutectoid ferrite)
初生(一次)渗碳体(primary cementite)
共晶渗碳体(eutectic cementite)
二次渗碳体(secondary cementite)
先共析渗碳体(proeutectoid cementite)
共析渗碳体(eutectoid cementite)
三次渗碳体(tertiary cementite)
共析组织(eutectoid structure)
珠光体(pearlite)
珠光体团(pearlite colony)
片层状珠光体(lamellar pearlite)
协同长大(cooperative growth)
共晶组织(eutectic structure)
莱氏体(ledeburite)
变态莱氏体(transformed ledeburite)
纯铁(pure iron)
钢(steel)
非合金钢(unalloyed steel)
低碳钢(low carbon steel)
中碳钢(medium carbon steel)
高碳钢(high carbon steel)
亚共析钢(hypo-eutectoid steel)
共析钢(eutectoid steel)
过共析钢(hyper-eutectoid steel)
铸铁(cast iron)
白口铸铁(white cast iron)
石墨化(graphitization)
初生(一次)石墨(primary graphite)
共晶石墨(eutectic graphite)
二次石墨(secondary graphite)

共析石墨(eutectoid graphite)
可锻铸铁(玛钢)(malleable cast iron)
灰口铸铁(grey cast iron)
球墨铸铁(nodular iron)

练习与思考

10-1 铁有哪些同素异构转变？试画出纯铁常压下的单元系相图、冷却曲线和晶体结构变化图。进而讨论 Fe-C 合金中铁基固溶体的多形性转变。

10-2 何谓铁素体、奥氏体、渗碳体、珠光体、莱氏体、变态莱氏体？它们的相组成、可能的组织形态、性能等各有何特点？它们是一个相还是由多于一个相组成的组织组成物？其常用的英文缩写是什么？

10-3 何谓 δ-铁素体、α-铁素体、共析铁素体和先共析铁素体？它们的晶体结构和最可能的组织形态是什么？

10-4 何谓一次渗碳体、共晶渗碳体和二次渗碳体、先共析渗碳体、共析渗碳体、三次渗碳体？它们的碳含量和最可能的组织形态是什么？

10-5 结合铁碳复线相图，采用类似于一次渗碳体、共晶渗碳体、二次渗碳体和共析渗碳体的类似分析方式，讨论在热力学平衡条件下一次石墨、共晶石墨和二次石墨、共析石墨的形成过程(假定动力学因素不限制石墨相的生成)。

10-6 (1)徒手绘制 $Fe-Fe_3C$ 相图，并标出各相区的相组成物和组织组成物。说明临界温度 A_1, A_3, A_{cm} 的含义。

(2) 试将铁-石墨相图叠加到 $Fe-Fe_3C$ 相图上，生成铁碳复线相图。

(3) 试用亚稳相固溶度定律解释铁碳复线相图。

10-7 参照 $Fe-Fe_3C$ 相图，分别详述 $w_C=0.40\%$ 和 $w_C=4.0\%$ 的合金的结晶与固态转变的全过程(缓慢冷却条件,要求绘制其冷却曲线)。

10-8 利用杠杆定则，分别计算 $w_C=0.20\%$、0.45%、0.77%、1.2% 的铁碳二元合金的室温平衡组织中组织组成物(珠光体和先共析产物)的相对量。

10-9 将“组织组成物”改成“相”，重复题 10-8。

10-10 写出铁碳合金中工业纯铁、钢与铸铁的碳含量范围(w_C)。讨论钢与白口铸铁的化学成分、显微组织和性能的主要差别。

10-11 某厂积压两种不知化学成分的非合金钢钢材，其室温金相组织分别为 60%铁素体+40%珠光体、93%珠光体+网状渗碳体，均为质量分数。假定这些组织均可近似视作平衡组织，问此两种钢的碳含量(w_C)分别为多少？

10-12 根据 $Fe-Fe_3C$ 相图，试说明产生下列现象的原因：

(1) $w_C=1.0\%$ 的钢比 $w_C=0.5\%$ 的钢硬度高。

(2) 在室温下，$w_C=0.8\%$ 的钢其强度比 $w_C=1.2\%$ 的钢高。

(3) 变态莱氏体的塑性比珠光体的塑性差。

(4) 一般要把钢材加热到高温(约 1 000~1 250 ℃)下进行热轧或锻造。

(5) 钢适宜通过压力加工成形，而铸铁适宜于通过铸造成形。

10-13 简述 $Fe-Fe_3C$ 相图中三个基本反应：包晶反应、共晶反应及共析反应，写出反应式，注出碳含量及温度。

10-14 铁碳二元相图(包括 $Fe-Fe_3C$ 相图、Fe-石墨相图、铁碳复线相图)在工业生产中应用时，有哪些局限性？

10-15 中国台湾地区对铁碳合金中各相与组织组成物的中文名称与本书所用有所不同。试对照本题附图 10-1 与图 10-2 以及图 10-14，熟悉我国不同地区对铁碳合金中各相与组织组成物的不同中文称呼以及对应的英文名称。

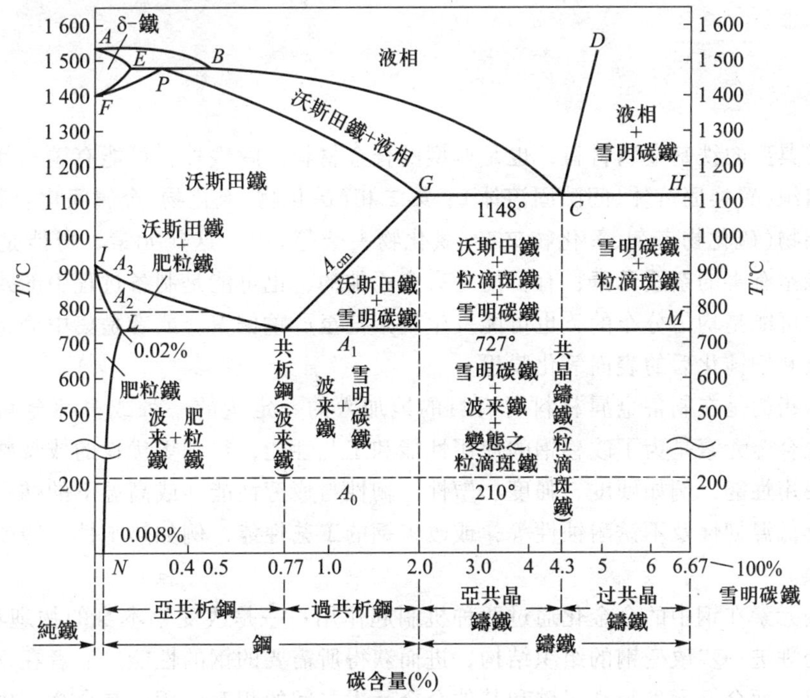

附图 10-1 铁碳相图的另一种标注方式

(说明：本图中纯铁的成分范围与表 10-2 不一致，应以表 10-2 为准)

参考文献

[1] 宋维锡. 金属学. 北京：冶金工业出版社，1980.

[2] 宋维锡. 金属学. 2 版. 北京：冶金工业出版社，1989.

[3] 吴承建，陈国良，强文江，等. 金属材料学. 北京：冶金工业出版社，2000.

[4] 吴承建，陈国良，强文江，等. 金属材料学. 2 版. 北京：冶金工业出版社，2009.

[5] 海峡两岸材料科学技术名词工作委员会. 海峡两岸材料科学技术名词. 北京：科学出版社，2014.

[6] CALLISTER WD, RETHWISCH DG. Materials Science and Engineering: An Introduction. 7th ed. New York: John Wiley & Sons Inc., 2007.

11 钢中合金元素

钢是一类典型的铁基金属材料，也是典型的合金材料。除铁外，可能有碳和其他元素存在于钢的基体组织(置换固溶体、间隙固溶体)、第二相(碳化物、氮化物、金属间化合物等)甚至无机非金属夹杂物(硫化物夹杂、氧化物夹杂、氮化物夹杂等)中。这些元素，可能是有益的**合金元素**，也可能是有害的**杂质元素**；有可能是有意添加的，也可能是制备过程中的**残留元素**。钢中元素在钢中可能是均匀分布的，也可能发生偏聚甚至严重偏聚，或者是集中分布在化学热处理获得的渗层和钢钝化后的表面氧化膜里。

合金元素指的是在制备金属材料时有目的地加入的一定量的一种或多种金属或非金属元素。钢中加入合金元素是为了改善钢的使用性能和工艺性能，得到更优良的或特殊的性能。包括改善钢的**使用性能**，例如硬度、强度、塑性、韧性与疲劳性能，或高温下的蠕变强度、硬度及抗氧化性及低温韧性及不锈耐蚀性等；或改善钢的**工艺性能**，例如热塑性、冷变形性、淬透性和焊接性等。

各种合金元素在钢中的合金化通过两种机制起作用：一是改变钢本身的物理和化学性能；二是通过热处理进一步改变钢的组织结构，进而获得所需要的钢的性能。后者在钢的合金化作用中更为重要。而合金元素与铁、碳和其他合金元素之间的相互作用，是合金钢内部组织和结构发生变化的基础。钢中这些元素之间在原子结构、原子尺寸和各元素晶体点阵之间的差异，则是产生这些变化的根源。

一般根据钢中合金元素的加入量，合金化程度分为三级，质量分数低于 5% 的是**低合金钢**，5%~10%的是**中合金钢**，高于 10% 的是**高合金钢**。目前合金钢钢种门类齐全，常用的有上千种合金钢牌号，其产量约为钢总产量的 10%，是不可缺少的、常常具有高附加值的一大类钢铁材料。

目前钢中的常见合金元素有十几个，分属化学元素周期表中的不同周期。例如：

第二周期　B、C、N

第三周期　Al、Si、P、S

第四周期　Ti、V、Cr、Mn、Co、Ni、Cu

第五周期　Y、Zr、Nb、Mo

第六周期　La 族稀土元素、Ta、W

钢中常见的有害杂质元素有 P、S、H、N、O 等。这些元素在一般情况下对钢的性能起有害作用，但其中有的元素在特定的条件下，也能起有益的作用，成为加入的合金元素（如硫、磷被适量加入钢中可以改善切削加工性能，磷被适量加入钢中可以改善耐大气腐蚀性能，氮被适量加入微合金钢中可获得所期望的氮化物或碳氮化物，或加入不锈钢中以达到替代价高的奥氏体稳定元素镍等特定目的）。

而碳在某些情况下也可能成为钢中的有害元素。例如，在需要避免晶间腐蚀的奥氏体不锈钢、马氏体时效超高强度钢、无间隙原子（IF）钢中，碳就不一定是必要的，甚至是有害的。

11.1 钢中的合金相

11.1.1 合金固溶体

纯铁具有多形性转变，常压下在不同温度范围具有体心立方和面心立方两种晶体结构。体心立方点阵：α-Fe（低于 A_3 温度时）和 δ-Fe（高于 A_4 温度时）；面心立方点阵：γ-Fe（A_4 与 A_3 温度之间）。

α-Fe 是钢中纯铁、非合金钢、低合金钢和中合金钢和若干高合金钢中最为常见的室温相。δ- Fe 可能会出现在某些种类的不锈钢等高合金钢室温组织中。在某些高合金钢中，γ-Fe 可能是钢室温组织中的稳定相或亚稳相。

产生这一现象的原因是钢中含有 C 或其他元素，这些元素对于铁的同素异构体 α-Fe、γ-Fe 和 δ- Fe 的相对稳定性及多形性转变温度 A_3（912 ℃）和 A_4（1394 ℃）都有影响。

合金元素对铁碳相图中 γ 相区和 α 相区的作用可以分为两大类四小类，从而有奥氏体稳定元素、铁素体稳定元素之区分。

11.1.1.1 奥氏体稳定元素

第一类是使 A_3 温度下降，A_4 温度升高，称为**奥氏体稳定元素**（又称奥氏体形成元素）。

其中，镍、钴、锰与 γ-Fe 无限固溶，使 α 和 δ 相区缩小，其二元相图见图 11-1a。而碳、氮、铜虽然使 γ 相区扩大，但在 γ 相中有限溶解，其二元相图见图 11-1b。

11.1.1.2 铁素体稳定元素

第二类是使 A_3 温度升高，A_4 温度下降，称为**铁素体稳定元素**（又称铁素体形成元素）。

其中，钒、铬、钛、钼、钨、铝、磷等这些元素使 A_3 温度上升、A_4 温度下降并在一定浓度汇合，在相图上形成一个 γ 圈，如图 11-1c 所示。其中钒和铬与 α-Fe 无限固溶，其余都与 α-Fe 有限固溶。

还有一些元素也属这一类，但由于出现了金属间化合物，破坏了 γ 圈，如铌、钽、锆、硼、铈、硫等，如图 11-1d 所示。这些元素中只有碳、氮和硼与铁形成间隙固溶体，其余元素与铁都形成代位固溶体。

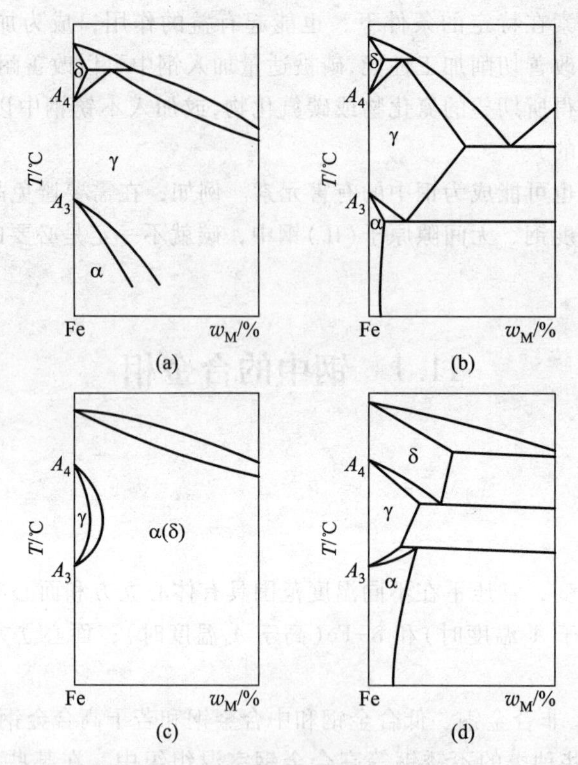

图 11-1 扩大 γ 相区与缩小 γ 相区的 Fe-M 相图(示意图,M 代表合金元素)
(a)、(b) 显示扩大 γ 相区的 Fe-M 相图
(c)、(d) 显示缩小 γ 相区的 Fe-M 相图

11.1.1.3 合金元素的固溶度

这些与铁形成代位固溶体的合金元素，它们扩大或缩小 γ 相区的作用与该元素在周期表中的位置有关。凡是扩大 γ 相区的合金元素，本身就具有面心立方点阵或在其多形性转变中有一种面心立方点阵。以元素周期表中第四周期元素为例，其中过渡族元素由 Ti 到 Cu，随着原子序数增大，各元素的晶体点阵由体心立方向面心立方转变，其中 Ti、V、Cr 具有体心立方点阵，Mn、Fe 和 Co 在其多形性转变中都存在面心立方点阵，而 Ni 和 Cu 只有单一的面心立方点阵。它们与 Fe 的原子尺寸相近，电负性相近，所以 Mn、Co、Ni 和 Cu 都是扩大 γ 相区的合金元素。而 Ti、V 和 Cr 都是缩小 γ 相区的合金元素。

合金元素在铁中的固溶度与该元素属于哪一族、元素的晶体点阵类型、该元素与铁的电负性和原子尺寸差别有关。

Mn、Co、Ni 的电负性和原子尺寸与铁均相近，且有面心立方点阵，故与 γ-Fe 可无限固溶。而铬和钒的电负性和原子尺寸与铁的也相近，但其有体心立方点阵，故与 α-Fe 可无限固溶。

原子的尺寸因素对固溶度有重要作用。Ti、Nb、Mo、W 等元素由于原子尺寸较大，在铁中的固溶度较小，它们与铁形成尺寸因素化合物拉弗斯相(AB_2相)。C、N、B 原子尺寸较小，它们在铁中的固溶度主要受畸变能影响，C、N 与 Fe 能形成间隙固溶体，γ-Fe 中八面体间隙比 α-Fe 中的间隙大，所以它们在 γ-Fe 中的溶解所引起的畸变能较小，故在 γ-Fe 中有较大的固溶度，成为扩大 γ 相区的元素，而其在 α-Fe 中只有很小的固溶度。B 的原子尺寸大于 C 和 N，B 与 Fe 的原子半径之比为 0.73。B 原子无论是与 Fe 形成间隙固溶体或代位固溶体，都会引起晶体点阵的较大畸变，故硼在 γ-Fe 和 α-Fe 中的固溶度都很小。

合金元素在铁中的固溶度见表 11-1。尤其应注意到，代位固溶类元素 Co、Ni、Mn 在 γ-Fe 中无限固溶，Cr、V 在 α-Fe 中无限固溶；间隙固溶类元素 C、N 在 α-Fe 中的固溶度极小，而 B 在 α-Fe、γ-Fe 中的固溶度均极小。

表 11-1 合金元素在铁中的溶解度(质量分数)

元素	溶解度/%		元素	溶解度/%	
	α-Fe	γ-Fe		α-Fe	γ-Fe
Co	76	无限	W	33(1 540 ℃)，4.5(700 ℃)	3.2
Ni	10	无限	Al	36	1.1
Mn	约 3	无限	Si	18.5	约 2
Cu	1(700 ℃)，0.2(室温)	8.5	Ti	约 7(1 340 ℃)，约 2.5(600 ℃)	0.68
C	0.02	2.11	P	2.8	约 0.2
N	0.095	2.8	Nb	1.8	2.0
Cr	无限	12.8	Zr	约 0.3	0.7
V	无限	约 1.4	B	约 0.008	0.018~0.026
Mo	37.5(1 450 ℃)，约 4(室温)	约 3			

11.1.2 溶质原子的偏聚

第 3 章已经介绍了溶质原子与位错及层错交互作用形成的科氏气团、史诺克气团和铃木气团以及溶质原子的晶界平衡偏聚等基本概念。本节将进而讨论科氏气团和晶界偏聚等在工程合金中可能导致的一些具体现象，例如，低碳钢的上、下屈服点现象与无间隙原子钢的研究开发、硼在奥氏体晶界的偏聚抑制先共析铁素体的晶界处非均匀形核从而提高钢的淬透性(硼钢提高淬透性的重要机理)、合金调质钢的高温回火脆性(可逆回火脆性)及其消除或避免等一系列工程问题。

11.1.2.1 溶质原子的位错偏聚

位错偏聚，是钢中溶质原子和位错应力场交互作用所导致的溶质原子偏聚于刃型位错线附近的现象，即“**科氏气团**”。其出现的原因，是溶质原子偏聚于刃型位错线附近可以导致总的系统吉布斯自由能的降低。

位错偏聚现象可能会对材料的力学性能和钢材的质量产生重要影响。例如，钢的上、下屈服点现象和低碳钢薄板在冲压加工时钢板表面出现的吕德斯带，即是由溶质原子和位错交互作用所引起的。为此，为避免上述问题，专门开发了无间隙原子钢(IF 钢——interstitial-free steel)。

11.1.2.2 溶质原子的晶界偏聚

合金元素溶于多晶体铁后，将与晶界产生相互作用，在晶界区有很高的富集浓度，称为溶质原子的**晶界偏聚或晶界内吸附**。溶质原子在钢中虽然含量极微，但由于发生晶界偏聚而在晶界形成高浓度的富集，它将对钢的组织和与晶界有关的性能产生巨大的影响，如晶界迁移、相变时晶界形核、晶界脆性、晶界强化、晶间腐蚀等。

产生溶质原子晶界偏聚的主要原因是溶质原子与基体原子的弹性作用。由于溶质原子在尺寸上与铁原子有差别，使铁原子完整晶体中产生点阵畸变时需要极高的能量。如把 α-Fe 点阵向各方向弹性地扩张 10%，所需应力为 15 450 MPa，相应的畸变能为 62. 8 kJ/mol，这将引起体系的内能升高。为了减少体系的内能，较铁原子尺寸大的代位固溶体原子趋向于晶界区受膨胀的点阵，较铁原子尺寸小的代位固溶体原子趋向于晶界区受压缩的点阵，间隙溶质原子趋向于晶界区膨胀的间隙位置，这样可以使点阵畸变松弛，所以这种晶界偏聚过程是自发进行的。

溶质原子晶界偏聚的晶界浓度可由麦克林(McLean)恒温晶界偏聚方程表示：

$$C_g = C_0 \exp(E/RT)$$

式中：C_g为溶质原子在晶界的平衡偏聚浓度；C_0为溶质原子在基体内的平均浓度；E 为 1 mol 溶质原子在晶界和晶内的内能之差，E 为正值，E 值越大，该元素的晶界偏聚驱动力也越大，其晶界偏聚富集系数也越高。溶质元素的**晶界偏聚系数** $\beta = C_g/C_0$，这表示溶质元素的晶界偏聚倾向。

实际钢种是多元系合金，各溶质元素之间的交互作用必然会影响溶质元素的晶界偏聚。当两种溶质元素之间发生强相互作用，则会在晶界发生**共偏聚**作用，如合金元素镍、锰、铬与磷、锡、锑在晶界发生共偏聚而**促进合金调质钢的高温回火脆性的发生。**

当两种溶质元素的结合力很强时，可阻止晶界偏聚的发生，如含钼的 NiCr 调质钢中钼和磷强结合阻止磷向晶界偏聚，**消除高温回火脆性**。另外，将稀土元素镧加入 NiCr 调质钢中，镧和磷强结合形成 LaP 在晶内沉淀，阻止磷的晶界偏聚，消除了高温回火脆性。

在钢中添加微量的硼，并有意识地使其偏聚于淬火前的原奥氏体晶界，可以抑制 γ(奥氏体)→α(先共析铁素体)相变时的晶界非均匀形核，从而显著提高钢的淬透性。

在 Fe-I(元素)二元系中产生晶界偏聚倾向强烈的元素见表 11-2。

表 11-2 在铁中产生晶界偏聚强烈的元素

周期	14 族	15 族	16 族	周期	14 族	15 族	16 族
第二周期	碳	氮	氧	第五周期	锡	锑	碲
第三周期	硅	磷	硫	第六周期		铋	
第四周期	锗	砷	硒				

11. 1. 3 钢中碳化物的种类、 稳定性与晶体结构

碳化物是钢中重要的组成相，由钢中过渡族金属与碳结合而成，其类型、成分、数量、颗粒尺寸、性质及分布对钢的性能有极其重要的影响。钢中的碳化物，除渗碳体 Fe_3C 外，还可能会出现合金渗碳体、特殊碳化物、复合碳化物，甚至从淬火马氏体中脱溶生成过渡碳化物等。

11.1.3.1 钢中碳化物的稳定性

碳化物具有高硬度、高弹性模量和脆性，并具有高熔点。这表明碳化物有强的内聚力，在很大程度上是由碳原子的 p 电子和金属原子的 d 电子间形成的共价键所造成的。过渡族金属与碳形成二元合金碳化物时有高的生成热($-\Delta H$)，其绝对值越高，在钢中的稳定性也越大。这些碳化物的生成热数据见图 11-2，其中钛、锆、铪的碳化物生成热最高，其次是钒、铌、钽，再次是钨、钼、铬，最低是锰和铁。根据它们与碳相互作用的强弱和在钢中的稳定性，可分为三类：① **强碳化物形成元素**，如钛、锆、钒、铌和钽。② **中强碳化物形成元素**，如钨、钼和铬。③ **弱碳化物形成元素**，如锰和铁。碳化物越稳定，它们在钢中的固溶度越小。

钢中碳化物的相对稳定性对钢中的组织转变有重要影响。强碳化物较稳定，在钢加热时溶解速度慢，溶解温度高，从钢中析出后聚集长大速度慢，保持弥散分布，形成钢中的强化相，如 NbC、VC、TiC 等。中强碳化物如 W_2C、Mo_2C 稳定性稍低，可作 500~600 ℃范围的强化相。铬和锰的碳化物稳定性差，不能作为钢中的强化相。

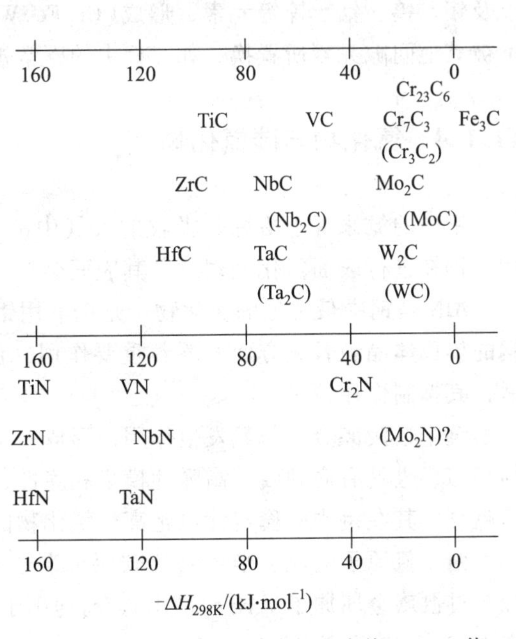

图 11-2 碳化物和氮化物的生成热 $-\Delta H_{298\,K}$ 值

强碳化物形成元素也可以部分溶于较弱的碳化物并提高其在钢中的稳定性，如钒、钨、钼、铬可部分溶入 Fe_3C，形成合金渗碳体$(Fe,M)_3C$。合金渗碳体具有比 Fe_3C 更高的稳定性，在钢加热时溶入奥氏体的速度减慢。反之，弱碳化物形成元素存在时也会降低强碳化物的稳定性，如在钒钢中加入 $w_{Mn} \geq 1.45\%$的 Mn，可使 VC 大量溶入奥氏体的温度从 1 100 ℃降低到900 ℃，可以改变钒钢的热处理工艺制度。

11.1.3.2 钢中碳化物的晶体结构特点

碳化物的晶体结构是由金属原子和碳原子相互作用排列成密排或稍有畸变的密排结构，形成由金属原子亚点阵和碳原子亚点阵组成的间隙结构。由过渡族金属原子半径 r_M 和碳原子半径 r_C 的比值 r_C/r_M 决定是形成简单密排结构还是复杂结构。

当 $r_C/r_M<0.59$ 时形成简单密排结构的碳化物，如钛族元素(钛、锆)和钒族元素(钒、铌、钽)形成面心立方点阵(NaCl 型)的 MC 型碳化物 TiC、ZrC、VC、NbC、TaC。当这类碳化物中碳原子达到饱和值时，金属原子与碳原子数的比达到化学剂量比，但通常碳元素有缺位，小于化学剂量值，如 VC 因碳有缺位出现 V_4C_3。而钨、钼与碳形成六方点阵的碳化物，其中 MC 型的碳化物有 WC 和 MoC，M_2C 型的有 W_2C 和 Mo_2C。

当 $r_C/r_M>0.59$ 时形成复杂结构的碳化物，其中复杂立方 $M_{23}C_6$型的碳化物有 $Cr_{23}C_6$和 $Mn_{23}C_6$；复杂六方 M_7C_3型碳化物有 Cr_7C_3和 Mn_7C_3；正交晶系的 M_3C 型碳化物有 Fe_3C 和 Mn_3C。

钢中还形成三元碳化物，具有复杂立方结构的M_6C型碳化物，如Fe_3W_3C和Fe_3Mo_3C；具有复杂六方结构的$M_{23}C_6$型碳化物，如$Fe_{21}W_2C_6$和$Fe_{21}Mo_2C_6$。

11.1.3.3 钢中的复合碳化物

钢中若同时存在多种碳化物形成元素，就会形成多种碳化物形成元素的**复合碳化物**。各种碳化物之间可以完全互溶或部分溶解。当满足碳化物点阵类型、电化因素和尺寸因素三条件时，其中的金属原子可以相互置换，如TiC-VC系形成(Ti,V)C、VC-NbC系形成(Nb,V)C等。否则就是有限溶解，如渗碳体Fe_3C中可部分溶解的元素的质量分数分别为$w_{Cr}=28\%$，$w_{Mo}\leqslant 14\%$，$w_W=2\%$，$w_V\leqslant 3\%$，形成合金渗碳体$(Fe,Cr)_3C$等。$Cr_{23}C_6$中可溶解铁($w_{Fe}=25\%$)以及钼、钨、锰、镍等元素，形成$(Cr,Fe,W,Mo,Mn)_{23}C_6$复合碳化物。碳化物中的碳原子也可被其他间隙元素所置换，如TiC中的碳常被氮和氧所置换，形成Ti(C,O,N)。

11.1.4 氮化物与碳氮化物

钢中的氮来源于冶炼时吸收的大气中的氮或用含氮合金进行合金化，因此钢中存在氮化物。钢在进行表面氮化处理时，其表面会渗入氮，形成氮化物。

AlN是钢中最常见的氮化物，是钢液用铝脱氧时生成的，属于正常价化合物。AlN在抑制钢的奥氏体晶粒长大方面发挥着重要作用，但当加热温度过高导致AlN溶解到奥氏体中去以后，其抑制作用消失。

钢中过渡族金属与氮发生作用，形成一系列氮化物。这些氮化物属于间隙化合物，与碳化物相似，也具有高硬度、高弹性模量和脆性，并且有高熔点、高生成热。氮化物生成热的绝对值越高，其在钢中的稳定性也越高，氮化物的生成热见图11-2。

由于氮原子的原子半径r_N比碳原子半径r_C小，$r_N=0.71$ Å，而$r_C=0.77$ Å，所以氮原子半径与过渡族金属原子半径r_M之比r_N/r_M均小于0.59，故氮化物都属于简单密排结构。属于面心立方点阵的有TiN、ZrN、VN、NbN、W_2N、Mo_2N、CrN、MnN、γ'-Fe_4N；属于六方点阵的有TaN、Nb_2N、WN、MoN、Cr_2N、MnN、ε-$Fe_{2-3}N$。

钢中氮化物的稳定性对钢的显微组织和性能有很大影响。钢中的**强氮化物形成元素**是钛、锆、钒、铌，**中强氮化物形成元素**是钨和钼，**弱氮化物形成元素**是铬、锰、铁。其中，铬、锰和铁的氮化物在高温下可溶于钢中，在低温下可重新析出。而VN、NbN只有在更高温度下才部分溶于奥氏体，在微合金钢中可用来细化奥氏体晶粒，在低温下析出可产生弥散强化。在钢表面进行氮化处理时，钢表面形成的合金氮化物起弥散强化作用，提高表面硬度、耐磨性和疲劳强度。

氮化物之间也可以互相溶解，形成完全互溶或有限溶解的复合氮化物，如TiN-VN、γ'-Fe_4N、ε-Mn_4N等完全互溶。

氮化物和碳化物之间也可以互相溶解，形成**碳氮化物**，其中的氮浓度和碳浓度随外界条件(如温度)变化而变化。在微合金钢中，微合金元素形成的碳氮化物相当常见，如Nb(C,N)、V(C,N)、(Nb,V)(C,N)、$(Cr,Fe)_{23}(C,N)_6$等。

11.1.5 金属间化合物

钢中的过渡族金属元素之间相互作用析出一系列金属间化合物，其中比较重要的金属间化合物有 σ 相、AB_2相(拉弗斯相)和 A_3B 相(有序相)。

11.1.5.1 σ 相

σ 相属于正方晶系，单位晶胞中有 30 个原子，其点阵常数 $a=b\neq c$。在不锈钢、耐热钢和耐热合金中，伴随 σ 相析出，钢和合金的塑性、韧性显著下降，脆性增加。

在二元合金系中形成 σ 相的条件是：①原子尺寸差别不大，尺寸差别最大的 W-Co 系 σ 相，其原子半径差为 12%。②其中一组元为体心立方点阵(配位数为 8)，另一组元为面心立方或密排六方点阵(配位数为 12)。③ 钢和合金的“平均族数”（s+d 层电子浓度）在 5.7~7.6 范围。二元合金中 σ 相存在的区域见表 11-3。

表 11-3 二元合金中 σ 相的存在区域

合金系	第 5 族或第 6 族金属含量/%(原子分数)	每个原子拥有 s+d 层电子数
V-Mn	24.3% V	6.5
V-Fe	37%~57% V	6.9~7.3
V-Co	40%~54.9% V	6.8~7.4
V-Ni	55%~65% V	6.7~7.2
Cr-Mn	19%~24% Cr(800 ℃)	6.78~6.84
Cr-Fe	43.5%~49% Cr(600 ℃)	7.0~7.1
Cr-Co	56.6%~61% Cr	7.2~7.3
Mo-Fe	47%~50% Mo(1400 ℃)	7.17~7.23
Mo-Co	59%~61% Mo(1500 ℃)	7.0~7.4

11.1.5.2 拉弗斯相(AB_2 相)

在二元系中，**拉弗斯相**是化学式为 AB_2型的金属间化合物。拉弗斯相出现在复杂成分的耐热钢和合金中，是现代耐热钢的一个强化相。

AB_2相是尺寸因素起主导作用的化合物，其组元 A 的原子直径 d_A和第二组元 B 的原子直径 d_B之比 d_A/d_B为 1.2。拉弗斯相的晶体结构有三种类型：① $MgCu_2$型复杂立方系。② $MgZn_2$型复杂六方系。③ $MgNi_2$型复杂六方系。周期表中任何两族金属元素只要符号原子尺寸 $d_A/d_B=1.2$ 时都能形成 AB_2相。过渡族金属元素之间形成 AB_2相时具有哪一种晶系则受电子浓度的影响，此时 B 组元原子族数的增高，AB_2相的晶体结构发生由立方→六方→立方的转变。过渡族金属的 AB_2相的“平均族数”均不超过 8，其最高值为 $TaCo_2$的 $7\frac{2}{3}$。在合金钢中，AB_2相是具有复杂立方点阵的 $MgZn_2$型，例如 $MoFe_2$、WFe_2、$NbFe_2$、$TiFe_2$。在多元合金钢中，原子尺寸小的合金元素锰、铬和镍可取代 AB_2相中铁原子的位置，原子尺寸较大的合金元素钨、钼、铌和钛处于 A 的位置，形成化学式为(W,Mo,Nb)(Fe,Ni,Mn,Cr)$_2$的复合拉弗斯相。

11.1.5.3 有序相 A_3B

A_3B 相是一类原子有序排列一直可以保持到熔点的有序金属间化合物，如 Ni_3Al、Ni_3Ti、Ni_3Nb 等。γ'-Ni_3Al 为面心立方点阵，η-Ni_3Ti 为密排六方点阵，δ-Ni_3Nb 属于菱方点阵。

作为一类非常强的强化相，A_3B 有序相在时效硬化超高强度结构钢和不锈钢、耐热钢和耐热合金中均有着广泛的应用。

在复杂成分的耐热钢和耐热合金(例如镍基高温合金和镍-铁基高温合金)中，面心立方有序的 γ'-A_3B 相的数量、尺寸和分布对合金的高温强度有着极为重要的影响。γ'-Ni_3Al 中可以溶解多种合金元素，电负性和原子半径与镍相近的钴和铜可大量置换镍原子。Ni_3Al 的点阵常数随溶入不同元素而变化，其点阵常数在 3.56~3.60 Å 范围。电负性和原子半径与铝相近的元素可置换铝原子，如钛、铌、钨。原子半径较大的钛和铌溶入后，点阵常数增大。钛可置换 Ni_3Al 中 60%的铝原子，铌可置换 40%的铝原子，形成 Ni_3(Al、Ti、Nb)相，如此 γ'相中 Al/Ti 和 Al/Nb 比值则对合金的持久强度有很大的影响。另外，耐热合金中还出现富铌的亚稳相 γ''相，γ''-Ni_3(Nb、Ti、Al)具有体心立方点阵，也是一种强化相。

另外一些元素如铁、铬、钼，其电负性与镍有一定差别，在镍的二元合金中形成有序固溶体 Ni_3Fe、Ni_3Cr、Ni_3Mo。它们既可置换镍，又可置换铝。而钒、锰、硅等与镍的电负性差较大，与铝接近，与镍形成有序固溶体 Ni_3V、Ni_3Mn、Ni_3Si，在 Ni_3Al 中置换铝。

A_3B 型化合物在超导材料领域中也有重要应用，例如 Nb_3Sn、V_3Ga、V_3Si、Nb_3Al、Nb_3Ga 和 Nb_3Ge 等化合物超导体。

11.2 合金元素对共析温度和碳含量的影响

合金元素对钢的固态相变临界温度、钢在加热和冷却过程中的组织转变都有着强烈的影响。合金元素对钢的重要影响，首先是改变相变临界温度 A_3、A_4、A_1 和共析碳含量等。

前已述及，钢中奥氏体稳定元素(例如镍、锰等)使 A_3 温度和共析温度 A_1 下降，铁素体稳定元素(例如钛、钼、钨、铬、硅等)则使 A_3 和 A_1 温度升高。图 11-3 示出一些元素在钢中的含量对共析温度 A_1 的影响。

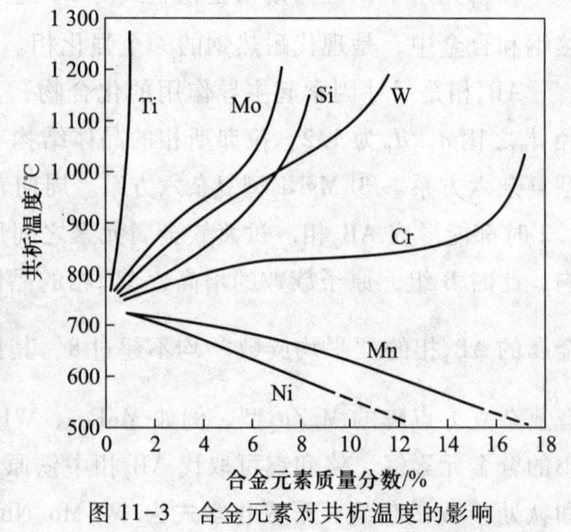

图 11-3 合金元素对共析温度的影响

合金元素对共析点 S 的碳含量的影响规律见图 11-4。钛、硅、镍、锰使共析碳含量减小，而铬、钼、钨含量较低时使共析碳含量降低，到一定量后又使共析碳含量上升。这主要是共析碳化物由渗碳体改变为合金碳化物造

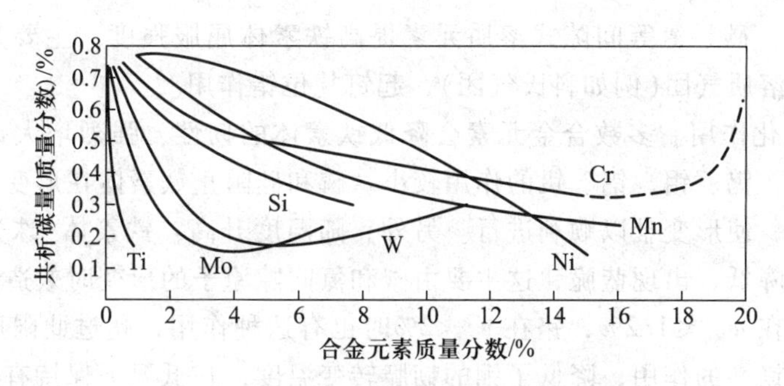

图 11-4 合金元素对共析碳含量的影响

成的。

以奥氏体稳定元素锰为例，图 11-5 以另外一种形式表示了合金元素对共析温度和共析碳含量的影响规律。图中绘出了不同锰含量的情况下，A_3线和 A_{cm} 线在 $Fe-Fe_3C$ 二元相图上的投影。可以看出，图 11-5 和图 11-4 中所表达的锰对共析温度和共析碳含量的影响规律是完全一致的。对于钢中其他元素，必要时也可以通过实验测绘或者计算预测，获得类似于图 11-4 所示的数据曲线图或图 11-5 所示的恒压三元相图垂直截面的投影图。

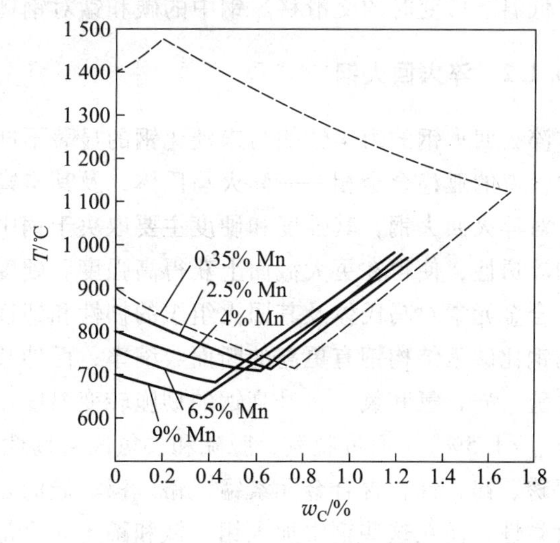

图 11-5 锰对奥氏体相区的影响规律

11.3 合金元素对钢性能的影响

11.3.1 对钢力学性能的影响

钢的力学性能取决于钢的显微组织，即基体和第二相的类型、相对量和分布状态，以及钢的冶金质量。本节仅讨论结构钢。

根据钢的基体，可将结构钢分为未硬化钢和淬火回火钢。

11.3.1.1 未硬化钢

未硬化钢一般经过退火，获得由铁素体加碳化物两相组成的显微组织。合金元素主要通过铁素体来影响未硬化钢的力学性能，其作用有：

（1）固溶强化作用。溶于铁素体的代位式溶质元素起着原子尺度的障碍作用，其固溶强化效应以磷、硅和锰最显著，镍、钼、钒、钨、铬较小。

（2）钉扎作用。碳、氮等间隙式溶质元素提高铁素体屈服强度，主要是碳、氮原子围绕位错线偏聚，形成溶质气团(例如科氏气团)，起钉扎位错作用。

（3）脆化和韧化作用。多数合金元素会降低铁素体的韧性，强烈增大铁素体脆化倾向的元素为磷、硅和氢，钨、钼、铝、钒的作用较小。磷和硅阻止铁素体在形变时的交滑移，更多依靠孪生进行形变，使形变难以顺利进行。另外，随温度升高，铁素体-珠光体组织的合金钢在 300 ℃左右韧性降低，出现蓝脆，这主要由碳和氮间隙原子的形变时效造成。提高铁素体韧性的元素有镍，锰在 $w_{Mn} \leq 1.2\%$，铬在 $w_{Cr}<2\%$时也有这种作用，超过此限度又将降低铁素体的韧性。这种有利韧性的作用，降低了钢的韧脆转变温度，在低温下保持有高的滑移系统，增加了低温下形变时的交滑移。钢中的碳和锰对钢韧脆转变的影响又见于下章(图 12-30)。

11.3.1.2 淬火回火钢

淬火回火钢的力学性能与未硬化钢的显著不同，主要在于淬火回火钢中出现了铁碳平衡相图中没有的亚稳合金相——淬火马氏体，及其丰富多彩的回火产物。

对淬火回火钢，其强度和硬度主要取决于钢中的碳含量。合金元素的主要作用，则是提高钢的淬透性，使得在更大截面上获得高强度和硬度。

合金元素对马氏体及其回火组织的韧性和塑性有显著影响。在相同的强度和硬度下，合金结构钢比碳素结构钢有更高的断面收缩率，而伸长率相当。对淬火回火钢的韧性有害的元素有磷、硫、硅、氢和氧等，升高钢的韧脆转变温度。改善韧性、降低韧脆转变温度的元素有镍和锰($w_{Mn}<1.5\%$)。通过脱氧、脱硫和去氢改善韧性的元素有少量铝和稀土金属。若含有害杂质元素磷、锡、锑，含合金元素锰、铬、镍、硅的合金结构钢还可能会出现低温回火脆性和高温回火脆性，而在这些钢中加入钼、钛和稀土元素都可以改善淬火钢的高温回火脆性。

11.3.1.3 非金属夹杂物的危害

钢中的有害杂质元素磷、硫、氮、氧等，常常存在于非金属夹杂物中。

钢中的非金属夹杂物破坏了钢的金属基体的连续性，引起应力集中，促成裂纹提早形成。一般来讲，非金属夹杂物对钢的屈服强度和抗拉强度的影响较小，而对伸长率、断面收缩率等与断裂有关的各种性能有很大影响。特别是粗大的延伸很长的条带状塑性夹杂物和点链状沿轧向延伸的脆性夹杂物危害最大，如塑性硫化锰(MnS)、点链状刚玉(Al_2O_3)和尖晶石氧化物($MgO \cdot Al_2O_3$)等，使横向和 Z 向的塑性显著恶化。条带状塑性夹杂物降低了钢的冲击韧性。通过降低钢的硫含量，喷吹钙或加入稀土元素作为变质剂，形成不变形的小颗粒硫化钙(CaS)、稀土硫化物(RE_2S_3)和硫氧化物(RE_2O_2S)，可改善横向和 Z 向塑性和韧性。

非金属夹杂物也可以发挥有益作用，例如可以用来改善未硬化钢的切削加工性，这些非金属夹杂物在热轧时沿轧向伸长，呈条状或纺锤状，破坏了钢基体的连续性，减少切削时对刀具的磨耗，并使金属屑易于折断。

11.3.2 对钢耐腐蚀性能的影响

电化学腐蚀和高温氧化是钢受腐蚀的两种主要类型。

11.3.2.1 电化学腐蚀性能

钢在酸、碱、盐等电解质溶液中将发生电化学腐蚀，这种腐蚀是由于腐蚀微电池引起的。钢在这种电解质溶液中由于微观上化学成分、组织和应力的不均匀，导致微区间电极电位的差异，形成了阳极区和阴极区，构成微电池。它发生阳极过程和阴极过程，包括三个环节：① 阳极过程：铁变成离子进入溶液，同时留下电子在阳极。② 电子由阳极流到阴极。③ 阴极过程：溶液中去极化剂吸收流来的电子。控制其中任一环节都可控制或抑制腐蚀。

铬是改善钢电化学腐蚀的基本合金元素。随着钢中铬含量增加钢的腐蚀速度下降，当 w_{Cr} =10%~12%时，有一个跃变，此时钢在含氧的电解质溶液中生成致密的富铬氧化膜。这种保护膜很稳定，使阳极过程受到阻滞，钢表面达到**钝化**状态，此时钢具有不锈性，此类氧化膜又称为**钝化膜**。许多合金元素都能提高铬钢在多种介质中的钝化膜的稳定性和钢的钝化能力，如镍和钼在非氧化性酸(如稀硫酸)和有机酸(如醋酸)中，锰在有机酸中，硅在非氧化性酸中，少量元素铜、铂在非氧化性酸中的作用都是如此。

11.3.2.2 高温氧化性能

钢在干燥大气中在高温下将发生氧化，最表层为 Fe_2O_3，中间是 Fe_3O_4，这一过程由于在 570 ℃以上时表面出现 FeO 而显著加剧。

钢中加入合金元素铬、铝、硅等可提高 FeO 出现的温度，而且能形成合金的氧化膜，使氧化膜结构致密，铁离子和氧离子的扩散就困难，从而提高了表面膜的化学稳定性。在铬、铝、硅含量较高时，钢可以在 800~1 200 ℃温度范围内不出现 FeO。

铬、铝、硅化学性比铁活泼，在高温下优先氧化，形成含这些元素占优势的氧化膜。含高铬或高铝的钢，其表面将形成致密的 Cr_2O_3或 Al_2O_3膜，有良好的保护作用。一般情况下，钢的表面形成致密的尖晶石类型氧化物 $FeO \cdot Cr_2O_3$或 $FeO \cdot Al_2O_3$膜。在抗温度剧变方面，含 Cr_2O_3层比含 Al_2O_3层要优越。硅作为抗氧化的合金元素，只能作辅加元素而不能作主加元素，钢中含硅的氧化膜主要由铁的硅酸盐 Fe_2SiO_4所组成。

合金元素对钢氧化速度的影响见图 11-6。

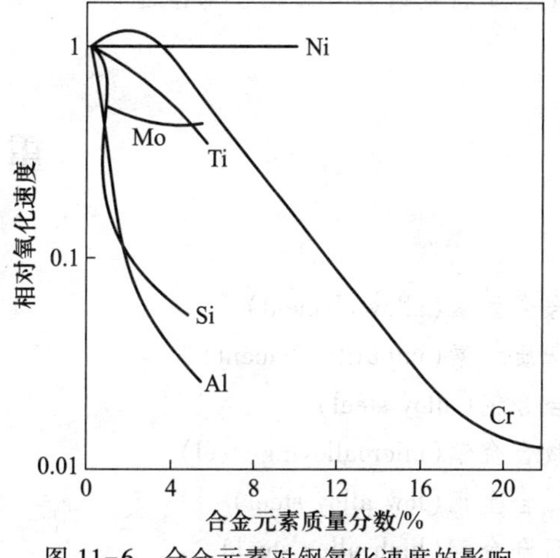

图 11-6 合金元素对钢氧化速度的影响

总　结

除铁外，钢中可能存在碳和其他元素，它们可能是冶炼时残留或是有意添加的。这些元素可以存在于钢的基体组织、第二相甚至无机非金属夹杂物中，呈均匀或不均匀分布。钢中元素对钢可能有益，也可能有害，应当注意趋利避害。

钢中常用的合金元素有十几种。有意加入合金元素以生产合金钢，目的是改善钢的使用性能和工艺性能，或得到某些特殊性能(例如不锈耐蚀、耐热或耐低温、抗软化、耐磨等)。合金元素与铁、碳和其他合金元素之间的相互作用，以及相关的相变规律是合金钢内部组织和结构发生变化的基础。

固溶于钢基体的合金元素分为奥氏体稳定元素和铁素体稳定元素，主要根据元素对临界点 A_3 和 A_4 的影响加以区分，它们同时对钢的共析温度 A_1 和共析碳含量也会产生重要影响。合金元素在钢中形成碳化物和氮化物的能力有强、中强、弱之分。在高合金钢中，有可能出现 σ 相、拉弗斯相、A_3B 有序相等金属间化合物会对钢的性能产生重要影响。

合金元素对未硬化钢和淬火回火钢的力学性能有着不同的影响规律。代位式溶质元素和间隙式溶质元素会通过不同机制对未硬化钢予以强化。碳与多数合金元素降低铁素体的韧性，镍和适量的锰、铬则可改善铁素体的韧性。对于淬火回火钢，合金元素的主要作用是提高钢的淬透性，并对淬火及回火组织的韧性和塑性产生显著影响。

通过形成致密的表面钝化膜等，铬等合金元素能够有效提高钢的耐电化学腐蚀性。通过形成致密的表面合金氧化物层，铬、铝、硅等是提高钢抗高温氧化性能的重要合金元素。

合金元素对钢的奥氏体化与奥氏体晶粒控制、过冷奥氏体转变与淬透性、回火组织转变以及相应的回火脆性及次生硬化等现象的影响规律，将在第13章及其后本篇各章中结合钢的热处理原理与钢的合金化技术作进一步讨论。

重要术语

合金元素(alloy element)
杂质元素(impurity element)
合金钢(alloy steel)
微合金钢(microalloying steel)
低合金钢(low alloy steel)
高合金钢(high alloy steel)
使用性能(performance)
工艺性能(processing property)
合金相(alloy phase)
合金固溶体(alloy solid solution)
合金碳化物(alloy carbide)
奥氏体稳定元素(austenite stabilized element)
铁素体稳定元素(ferrite stabilized element)
共偏聚(co-segregation)
合金渗碳体(alloyed cementite)
特殊碳化物(special carbide)
复合碳化物(complex carbide)
碳化物形成元素(carbide forming element)
强碳化物形成元素(strong carbide forming element)
弱碳化物形成元素(weak carbide forming element)
氮化物(nitride)
碳氮化物(carbonitride)
氮化物形成元素(nitride forming element)
金属间化合物(intermetallic compound)
σ 相(σ phase)

AB_2相（拉弗斯相）（Laves phase）
A_3B 相（有序相）（A_3B ordered phase）
非金属夹杂物（nonmetallic inclusion）
硫化物（sulfide）
氧化物（oxide）
钝化（passivation）
钝化膜（passive film）

练习与思考

11-1 思考：合金钢中经常加入的合金元素有哪些？如何对钢中元素进行合理分类？（在学完全书后还可以再次重新考虑和回答该题）

11-2 思考：如何辩证地区分钢中的有益元素与有害元素？如何充分发挥元素的有益作用并抑制其有害作用？试举几个元素作为实例。（在学习本书的不同阶段可以多次回答该题）

11-3 思考：钢中元素在钢中有哪些可能的空间分布方式？这些分布方式与发挥元素的作用有何关系？这些分布方式是可以人为控制的吗？

11-4 思考：与非合金钢比较，合金钢有何优点与缺点？为什么许多情况下必须选用合金钢？

11-5 思考：试述合金元素对共析温度 A_1 和共析碳含量的影响规律，对钢的相变临界点 A_3 和 A_4 的影响规律，对碳在奥氏体最大可能固溶量的影响规律。

11-6 试述合金钢中合金元素与铁、合金元素与碳、合金元素与合金元素之间的相互作用。

11-7 改善钢电化学腐蚀的基本合金元素是什么？有无最低含量要求？试述其改善钢电化学腐蚀性能的基本原理。

11-8 改善钢高温氧化性能的合金元素有哪几种？试述其改善钢高温氧化性能的基本原理。

11-9 学完本章后，试用简表等方法，系统性地总结本章所学钢中各元素的作用与作用规律。

参 考 文 献

[1] 章守华．金属热处理．北京：中国工业出版社，1961.
[2] COLLINS BE. Functions of the Alloying Elements in Steel. Chicago：ASM，1939
[3] 冶金工业部钢铁研究院．合金钢手册：上册第一分册. 北京：中国工业出版社，1971.
[4] 章守华．合金钢．北京：冶金工业出版社，1981.

[5] 章守华，吴承建．钢铁材料学．北京：冶金工业出版社，1992.
[6] SINHA AK，WU Chengjian，LIU Guoquan. Steels Nomenclature. In：TOTTEN GE. Steel Heat Treatment Handbook，2nd ed. New York：CRC，2007.
[7] 吴承建，陈国良，强文江，等. 金属材料学. 2 版. 北京：冶金工业出版社，2009.

12 钢的力学性能及优化

人们需要对材料进行强度和断裂设计，或者说工程应用的结构材料要具有一定的强度与韧性的结合。使用材料制造结构构件时应当在保证材料构件的安全可靠性的前提下，尽量减轻构件的质量、节省材料，在最大限度地发挥材料承载能力的同时，还必须考虑它的工艺性能，即加工成形性。另一方面，选用结构材料时，不但要了解材料的成本因素、制造方法、是否为绿色制造和可利用资源情况等，同时必须尽可能地全面、准确了解材料的力学性能以及不同材料的性能特点，比较它们在不同服役条件下的力学因素。

几乎所有的金属材料，包括钢铁材料，都可以通过合金化改变其成分，通过热处理改变其微观结构，从而使其强度和韧性等力学性能在较大范围内进行调节。因而，人们在掌握了钢铁材料制备、微观组织结构的控制方法的知识基础上，结合影响材料性能宏观规律性的微观机理的研究，就可以对它的性能进行控制和改进，选取合理的成分，制订适当的工艺，得到性能进一步优化的材料。

为此，本章将首先简要地考察一下钢铁材料常用的拉伸、缺口冲击、硬度以及断裂韧度等力学性能试验，了解材料在上述试验中的变形和断裂特性以及强度、塑性和韧性等性能指标。然后，讨论钢铁材料的强度与强化、韧性与韧化、塑性与高塑性化、机械疲劳性能及其改进等内容。

12.1 材料力学性能试验与性能指标

力学性能描述的是材料承受载荷作用时表现出来的行为。换句话说，就是材料在给定环境条件下承受应力作用时状态的变化，即发生所谓弹性变形、塑性变形乃至断裂的行为。工程应用对于结构材料的要求中，基本的要求包括刚度、强度、断裂安全等。所谓的刚度要求，是指材料构件在实际应用中所限定的载荷作用范围内，其弹性变形量不得超过某个限定数值；强度要求是指材料构件在限定上限的载荷作用下能够避免发生永久性的塑性变形；断裂安全性要求是指材料构件在实际应用中的载荷作用下不得在某个局部或者整体发生断裂。

材料力学性能试验是在特定的加载条件下测定材料的强度、塑性和断裂行为等特性，确定材料在各种受载条件下的力学行为。通过材料力学行为和材料内部组织结构变化的关联，研究改变材料力学性能的基本原理，为高性能合金的研制以及钢铁材料性能的优化提供指导。

12.1.1 拉伸试验

拉伸试验是最基本的、应用最广的材料力学性能试验方法，用于测定结构材料的一些主要力学性能，如材料在单向静拉伸力作用下强度与塑性指标。由拉伸试验测定的强度、塑性等力学性能指标，可以作为工程设计、评定材料和优选工艺的依据，具有重要的工程实际意义。另外，拉伸试验可以揭示材料的基本力学行为规律，是一种研究材料力学性能的基本试验方法。历史上，这种试验是为金属材料建立起来并进行标准化的(例如 GB/T 228.1—2010)，而同样的原则也适用于聚合物、陶瓷和复合材料。然而，对于不同类型的材料，其具体程序有些差别。这里主要讨论金属材料的拉伸试验。

图 12-1 所示的两种试样几何形状尺寸常用于进行金属拉伸试验，详细规定可查阅相应国家标准。试样的几何形状和尺寸的选择往往取决于使用该材料所制造的产品形状，或者可以获得的材料的数量。当最终产品是薄板或薄片状时，优先选用平板试样。而对于挤压棒、锻造和铸造构件等产品，应优先选用圆形横截面的试样。

图 12-2 所示为圆柱形试样，其原始横截面积为 A_0，原始长度为 l_0，承受轴向力 F。定义其工程应力 R 和工程应变 e 如下：

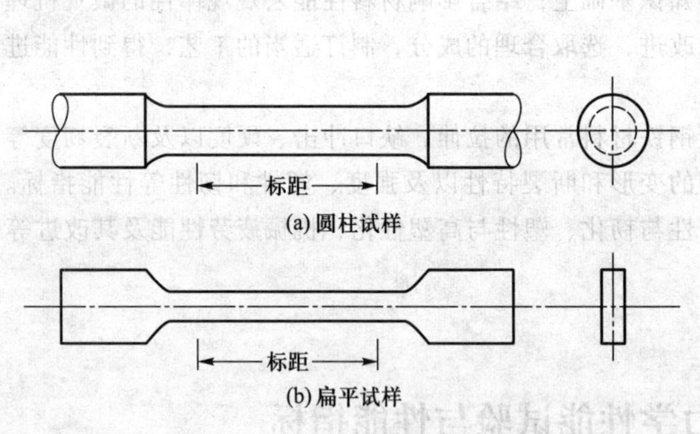

图 12-1 拉伸试样的几何形状举例

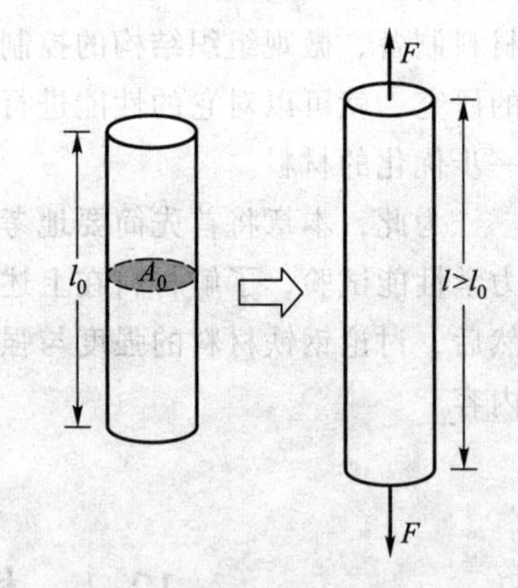

图 12-2 原始横截面面积为 A_0、长度为 l_0 的圆柱形试样对拉力 F 的响应

$$R=\frac{F}{A_0} \tag{12-1}$$

$$e=\frac{\Delta l}{l_0}=\frac{l-l_0}{l_0} \tag{12-2}$$

式中，l 为圆棒受力时的长度。

如图 12-3a 所示，试样的一端被夹紧在固定于拉伸试验机静止端上的夹具上，其另一端

紧固在试验机的作动筒(运动部分)上，试验机加载轴线和试样轴线重合。作动筒通常以固定不变的速率移动并给试样施加载荷，应力和应变同步，试验通常持续进行到试样断裂为止。

在试验过程中，作用于试样上的载荷用名为“载荷传感器”的测力传感器来测定。应变通过直接连接到试样标距上的引伸计(测量试样长度变化的仪器)来测量。载荷和伸长量可以用计算机以数字形式或者用 X-Y 记录仪以模拟信号形式记录下来。可以由载荷-伸长量的测定结果直接获得工程应力-应变关系曲线。

图 12-3b 所示是由金属拉伸试验获得的典型应力-应变(R-e)曲线，其应力和应变分别用工程应力 R 和工程应变 e 表示，故该曲线又被称为工程应力-工程应变曲线。曲线记载着材料力学行为的基本特征，显示了材料从弹性变形、屈服、塑性变形直至断裂的过程。材料开始发生宏观塑性变形时所需的应力称为**屈服强度**，相应的应变称为**屈服点延伸率**。在试验中达到的最大工程应力称为**抗拉强度** R_m，相对应的应变称为**最大力塑性延伸率(又称均匀应变)**，因为直到这点之前，标距区域中发生的应变是均匀的，而自该点以后出现所谓的颈缩，即应变仅局限在试样的小区域内进行。也就是说，应变只在颈缩区域中增加并且是不均匀的，如图 12-3c 所示。

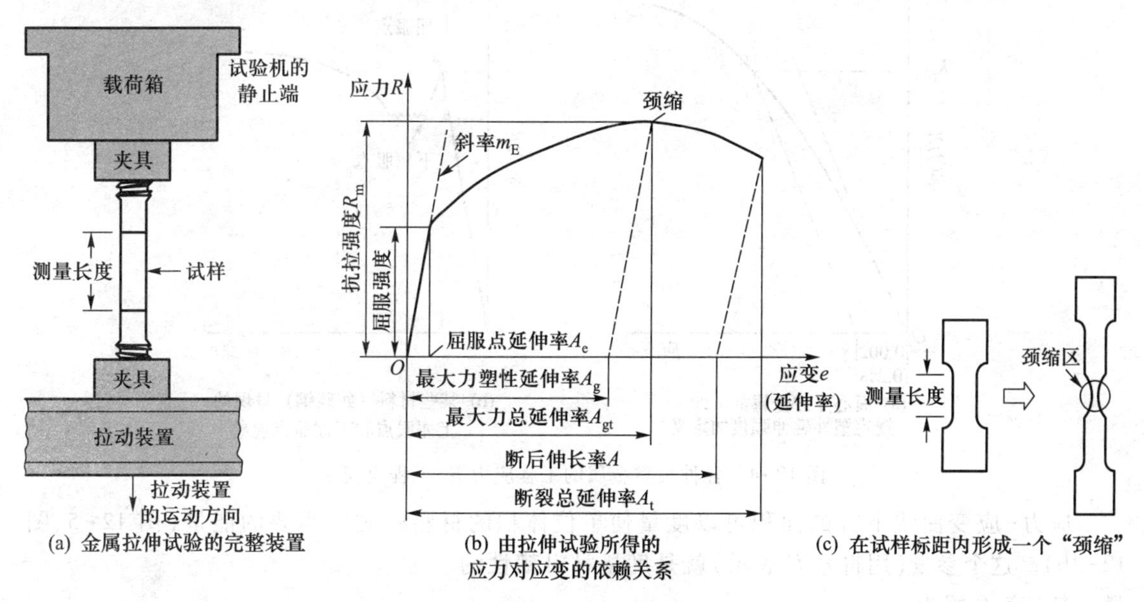

(a) 金属拉伸试验的完整装置　(b) 由拉伸试验所得的应力对应变的依赖关系　(c) 在试样标距内形成一个“颈缩”

图 12-3　材料的拉伸试验

(其中图 b 系基于 GB/T 228.1—2010 中的图 1 改绘)

根据拉伸试验，可以判定材料呈现宏观脆性还是塑性以及塑性的高低，材料对弹性变形和塑性变形的抗力以及应变强化能力的大小等。此外，还可以反映断裂过程的某些特点。在工程上，拉伸试验被广泛用来测定材料的常规力学性能指标，为合理评定、鉴别和选用材料提供依据。其中，**强度指标**包括抗拉强度 R_m 和屈服强度(上屈服强度 R_{eH}，下屈服强度 R_{eL}，规定塑性延伸强度 R_p)；**塑性(对应英文为 ducltility)指标**包括断后伸长率 A 和断面收缩率 Z。

工程断裂应变通常以伸长量的百分率表示，这个参量也称为试件的**断后伸长率**。报告断后伸长率 A(其旧符号为 δ)时，通常规定试样的原始标距，因为 A 取决于试件的长径(标距与直径)比。长径比越高，A 值越小。

另一个塑性指标为**断面收缩率 Z**(其旧符号为 ψ，或记为 $\%RA$)。采用断面收缩率的优点是其不依赖于试件的长径比，其计算公式为：

$$Z=(A_0-A_f)/A_0\times100 \tag{12-3}$$

式中：A_0为初始横截面面积，A_f是颈缩区的最终横截面积。

像铜和铝这样的面心立方金属，其屈服点不易确定(图 12-4a)。这类材料屈服强度的实用定义是对应于塑性变形为 0.2%时的应力。这个称为**规定塑性延伸强度 $R_{p0.2}$** 的数值按照如图 12-4a 所示的方法来确定。通过应变轴上的点(0.002,0)，画一条 $R-e$ 曲线的起始直线段的平行直线，该平行线与应力-应变曲线相交点的应力坐标值就是 $R_{p0.2}$。

包括碳钢在内的一些材料呈现复杂的屈服行为，如图 12-4b 所示。从弹性变形到塑性变形的转变是突然发生的，并伴随着应力的降低。若继续变形，应力水平先保持恒定，然后才开始上升。应力下降的原因是位错摆脱与间隙原子(即钢中的碳)相关的应变场的钉扎作用而突然运动。此时材料的**屈服强度**定义为产生塑性变形时的最低应力，并标示为下屈服强度 R_{eL}。上屈服强度 R_{eH} 所表征的是材料开始塑性变形时的应力。

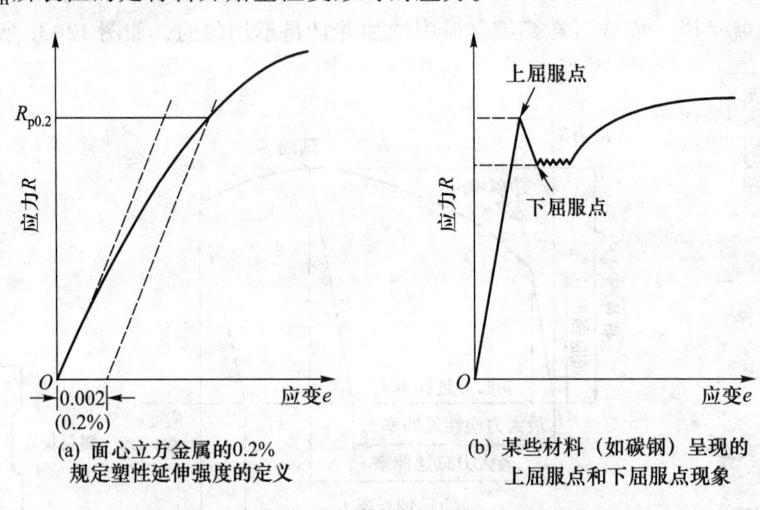

图 12-4　各种类型金属的工程应力 R-工程应变 e

应力-应变曲线下方的面积可以度量使单位体积的材料断裂所需要的能量(图 12-5、图 12-3b)。这个参量(用符号 U 表示)就是度量材料**韧性**的量，其计算公式为：

$$U=\int_0^A R\mathrm{d}e \tag{12-4}$$

参量 U 的单位是：(单位面积上的力)×(单位长度的伸长量)=(力×长度)/单位体积=能量/单位体积。

上面已讨论了工程应力与工程应变。这两个参量是以原始试样的尺寸为基础确定的，没有考虑拉伸试验过程中试样本身尺寸发生变化这个事实。能反映试样尺寸变化的相应的量，称为**真应力和真应变**。在变形量很小的情况下，工程应力与真应力之间以及工程应变与真应变之间的差别可以放心地忽略掉。随着变形量增大，特

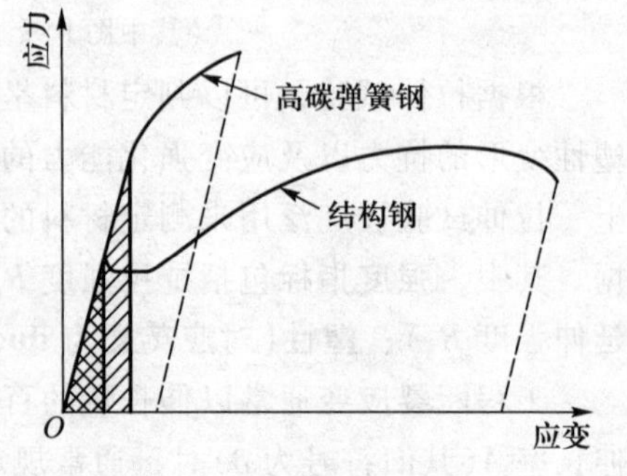

图 12-5　度量材料韧性
(强塑积)的示意图

别是出现颈缩时，如果还需要精确的定量关系，建议采用真应力和真应变。

真应力 σ 定义为载荷 F 除以试样的瞬间横截面积 A_i：

$$\sigma = \frac{F}{A_i} \tag{12-5}$$

真应变 ε 涉及试样长度的微分变量（dl）与其瞬间长度 l 之比值，其计算式为：

$$\varepsilon = \int_{l_0}^{l} \frac{dl}{l} = \ln\left(\frac{l}{l_0}\right) \tag{12-6}$$

在发生颈缩之前，以下的真应力、真应变与工程应力 R 和工程应变 e 之间的关系成立：

$$\varepsilon = \ln(1 + e) \tag{12-7}$$

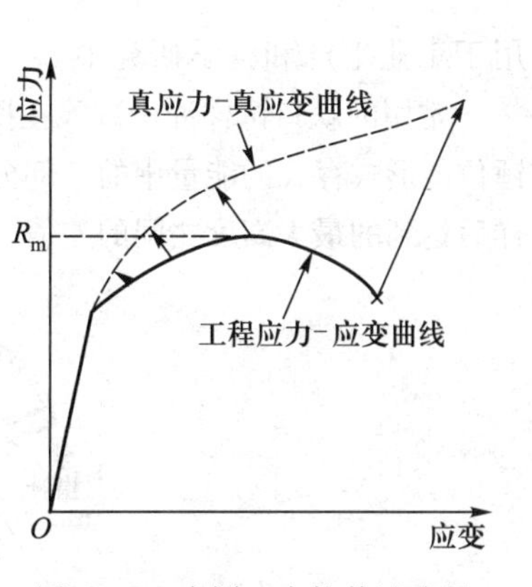

图 12-6　由同一个拉伸试验得到的工程应力-应变曲线与真应力-真应变曲线示意图

及

$$\sigma = \frac{R}{1 + e} \tag{12-8}$$

另一个有用的关系式是断裂真应变 ε_f 与断面收缩率 Z 之间的关系式，为

$$\varepsilon_f = \ln\left(\frac{100}{100 - Z}\right) \tag{12-9}$$

图 12-6 所示为典型的工程应力-工程应变曲线图和相应的真应力-真应变曲线示意图。

许多金属材料中真应力与塑性真应变之间的关系可以表达为

$$\sigma = K\varepsilon^n \tag{12-10}$$

式中：K 为强度系数（应力单位）；n 为应变硬化指数；ε 是塑性真应变。这个关系式可以用来比较金属的塑性行为。

12.1.2　缺口冲击试验

大部分工程结构或零件都含有如键槽、油孔、螺纹以及截面变化等表面几何不连续因素，其作用与缺口相当。由于存在缺口，加载时导致缺口根部产生三向应力状态，对材料的屈服和塑性变形起到约束作用。不论何种金属材料，缺口总是使其塑性降低，即增大脆性倾向，是一种致脆因素。金属材料因存在缺口造成三向应力状态和应力应变集中而变脆的倾向，称为缺口敏感性。为了评价不同材料的缺口敏感性，需要进行缺口试样力学性能试验，分为静载荷下缺口试样力学性能试验和冲击载荷下缺口试样力学性能试验。冲击载荷与静载荷的主要区别在于加载速度的不同。在冲击载荷下，由于加载速度的提高，塑性变形在短时间内得不到充分发展，所以将缺口试样在冲击载荷下进行试验更能灵敏地反应材料的变脆倾向。

冲击试验是检验产品或试件承受冲击载荷能力的试验，如缺口冲击试验、落锤试验、拉伸冲击试验、动态撕裂试验等。冲击试验可以敏感地显示冶金因素对材料造成的损伤，如回火脆性、过热等，而静载试验方法对此却是无能为力的。长期以来，冲击试验作为检验材料品质、内部缺陷及热加工工艺质量的试验方法被保留下来，它是一种简单、廉价的试验方法，广泛应用于工业生产和科学研究中。

常用的缺口试样冲击试验在摆锤式冲击机上进行，如图 12-7 所示。其工作原理是，原先以摆锤位能形式存在的能量中的一部分被试样在发生断裂的过程中所吸收。摆锤的起始高度与它冲断试样后达到的最大高度之间的差值(图 12-7 中的 $h-h'$)可以直接转换成试样断裂所消耗的能量。

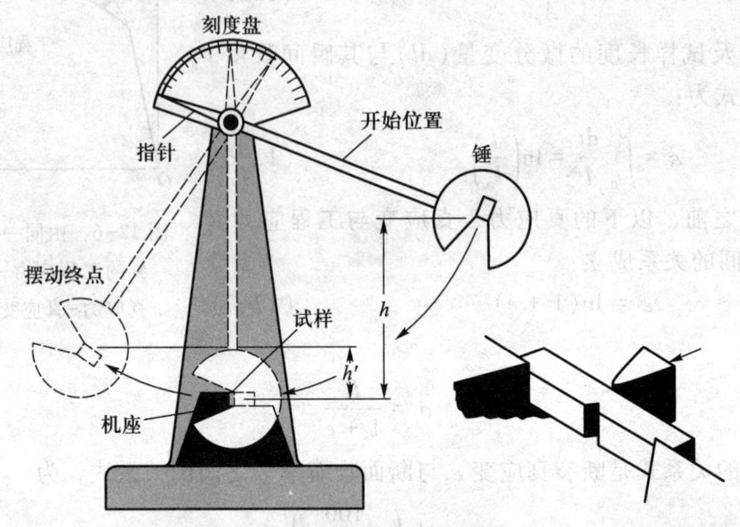

图 12-7　摆锤冲击试验装置[2]

国家标准(GB/T 229)规定夏比摆锤冲击试验标准试样为尺寸为 10×10×55 mm 的 V 形缺口和 U 形缺口试样，在摆锤刀刃下的冲击吸收能量则分别采用符号 *KV* 和 *KU* 表示(单位为 J)。测量球铁或工具钢等脆性材料的冲击吸收能量则常采用同样尺寸的无缺口冲击试样。

工程上的脆性断裂事故多发生在气温较低的情况下，因此人们非常关注温度对材料性能的影响。包括铁素体钢在内的体心立方金属，在一个有限的温度范围内，发生断裂时吸收的能量会发生很大的变化，这个现象称为韧脆转变。这些材料的断裂行为在高温时表现为韧性而在低温时呈脆性。发生脆性转变的温度称为韧脆转变温度，韧脆转变温度是金属材料的一个很重要的性能指标。工程构件的工作温度必须在其韧脆转变温度以上，以防止脆性断裂的发生。

评定材料韧脆转变行为的最简便的方法就是系列冲击试验(图 12-8)。该试验采用标准夏比冲击试样，在从高温到低温的一系列温度下进行冲击试验，测定材料冲击吸收能量随温度的变化规律，揭示材料的韧脆转变现象。图 12-8 示意性地给出了韧脆转变现象，同时也给出了其中的不同区域。吸收能量位于上层水平区域的温度高于转变温度上限，相应的下层水平区域的温度低于转变温度的下限。中间区域称为转变区。脆性区和韧性区各占 50% 时的温度称为**韧脆转变温度(DBTT)**，就是由韧性断裂向脆性断裂转变的临界温度，低于该温度时材料韧性急剧降低。

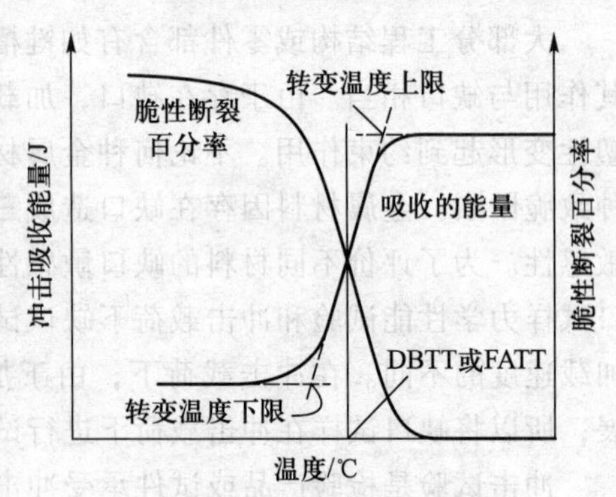

图 12-8　BCC 结构金属韧脆转变行为曲线示意图

为了确定钢的 DBTT，可以在宽泛的温度范围内对多个冲击试样进行系列冲击试验。进行试验前，将试样浸在液氮、干冰或冰水中，可以获得低温区的试验数据。而将试样在沸水或热油中加热则可以获得高温区的试验数据。

工程构件的工作温度必须在其韧脆转变温度以上，以防止脆性断裂的发生。这个温度在设计低温条件下工作的构件时具有重要意义。例如，在设计那些应用于寒冷气候条件下的设备时必须要考虑脆性断裂。在阿拉斯加，1989 年的冬季十分严酷，在那年大量汽车发生了轴断裂事故。在设计北冰洋中的海上钻井平台时也必须要考虑使用材料的 DBTT。这些平台全部用钢建造，其中有大量的焊接件。因此，人们希望其最低工作温度位于上层水平区域，此时即使在提供较高能量的情况下引发的也是韧性断裂。同样，在寒冷的海水中航行的船舶也存在着风险，除非它们是用韧脆转变温度较低的钢材制造的。而泰坦尼克号客轮可能就是在与冰山相撞时船身发生了脆性断裂而沉没的。

通过系列冲击试验，可确定不同材料能够安全可靠工作的温度范围。如图 12-9 所示，A 材料虽在室温下显示较高的冲击吸收能量，但是韧脆转变温度比 B 材料的高，这时应该选择韧脆转变温度低的材料 B，其在室温下使用才比较安全。

产生这种转变的温度区间与材料的化学成分及显微组织结构有关。然而，应当注意的是，不是所有的材料在常见温度变化范围内都能看到这一韧脆转变现象。在晶态陶瓷、聚合物、复合材料或 FCC 结构的金属中通常观察不到这样的转变。在图 12-10 所示温度范围内，FCC 结构的金属、高强度的金属合金和某些陶瓷中没有显示出韧脆转变现象(实际上是可以认为它们或处于整个曲线的上平台区域或者处于下平台区域,即使有 DBTT,在图中也未能显示)。

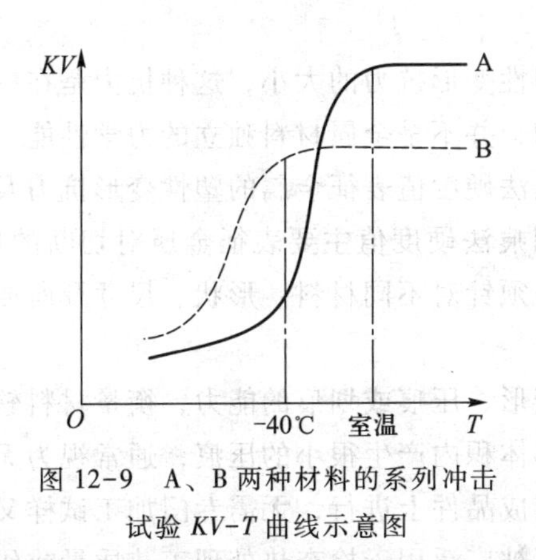

图 12-9 A、B 两种材料的系列冲击试验 KV-T 曲线示意图

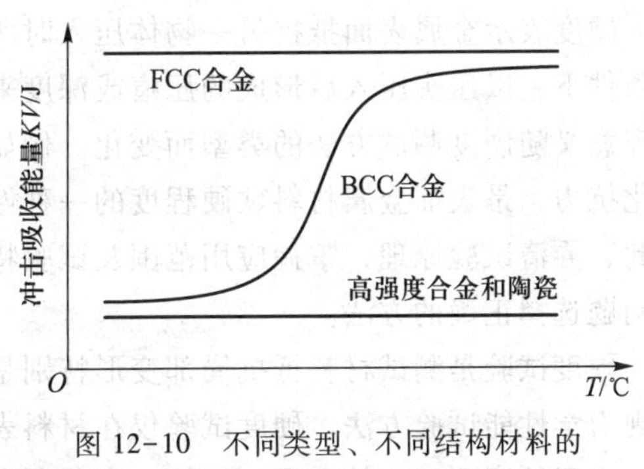

图 12-10 不同类型、不同结构材料的系列冲击试验结果示意图

同样要指出的是，并不是所有的 BCC 结构合金都会显示图 12-10 中所示的结果。以碳钢为例，仅有当碳含量比较低时(中、低强度)，在系列冲击试验的某一温度才显示出冲击吸收能量的突然下降，低碳钢才具有明显的韧脆转变现象。随着碳含量的不断提高及合金强度的提高，韧脆转变温度相应地不断提高，转变温度区间越来越宽，碳钢的韧脆转变现象变得越发不明显。

图 12-11 所示为不同温度下经摆锤冲击试验后的试样。脆性断裂表面外表平整，没有剪切唇(即与主断裂表面成近似 45°并位于试样边沿上的凸脊)。随着温度升高，延展性增强，剪切唇部分的面积增大，脆性断裂面积减小。当断口表面上平整区达到 50%时，相应的温度称为断裂形貌转变温度(FATT)。在大多数情况下，DBTT 与 FATT 几乎相等。

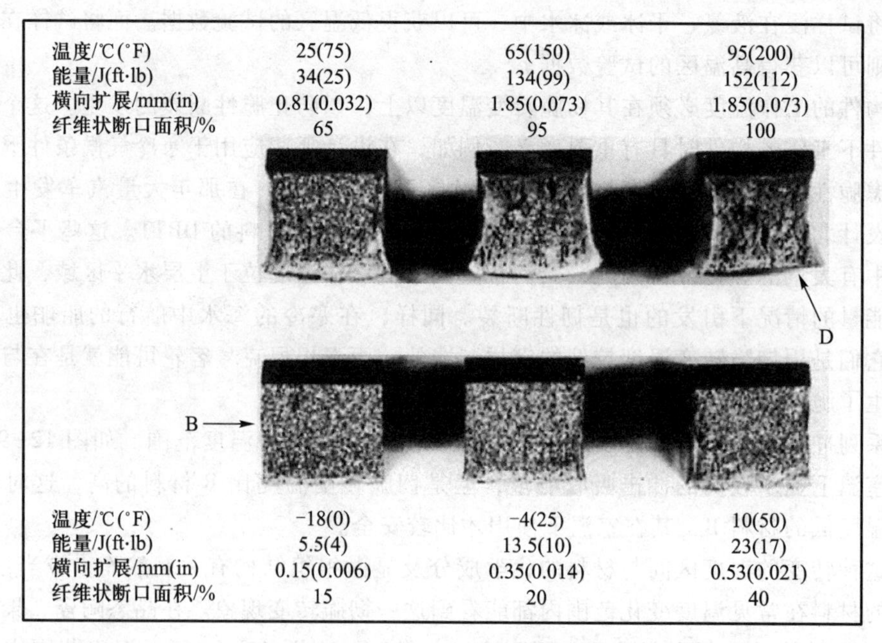

图 12-11 系列冲击试验试样宏观断口形貌(D 和 B 分别表示韧性和脆性断口)[5]

12.1.3 硬度试验

硬度表示金属表面抵抗另一物体压入时所产生塑性变形抗力的大小，这种抗力是在一定加载条件下，以压头压入后形成的压痕或深度来计算的，并不是金属材料独立的力学性能。它的物理意义随硬度测试方法的类型而变化。例如，压入法硬度值表征金属的塑性变形抗力及应变硬化抗力，是表征金属材料软硬程度的一种性能；划痕法硬度值主要表征金属对切断的抗力。因此，弄清试验原理，掌握应用范围及试验特点，必须针对不同材料、形状、尺寸及所要研究的问题选择正确的方法。

硬度试验是测试材料抵抗局部变形特别是塑性变形、压痕或划痕的能力，衡量材料软硬的常规力学性能试验方法。硬度试验仅在材料表面局部体积内产生很小的压痕，通常视为无损检测。由于硬度测定比较方便、快捷，有些研究可以在成品件上进行，无需专门加工试样又能敏感地反映出材料的化学成分、组织结构的差异，因而被广泛用于检查热处理工艺质量或研究热处理相变过程及材料组织结构的变化。硬度试验也常用于检查金属表面组织结构的变化(如脱碳)、表面淬火和化学热处理后的表面性能等。硬度试验特别是压入法硬度试验在生产实践和科学研究中得到了广泛的应用。

生产上最常用的是静载压入法硬度试验。这种试验方法的应力状态软性系数比单向压缩的还要大，在这样的应力状态下，几乎所有的金属材料都能产生局部塑性变形。因此，这种试验方法不仅可以测定金属材料的硬度，也可测定硬质合金甚至陶瓷等脆性材料的硬度。由于测量硬度时所施加的载荷可以在很宽的范围内进行选择，因而具有灵活性。如布氏硬度(HB)试验(图 12-12a)，其硬度值是基于球形探测压头压入基体表面的压痕直径来进行计算的。从表面硬化钢到诸如退火铝或铜这些软的 FCC 结构金属，都可以用布氏硬度进行计量，特别适用于测定灰铸铁、轴承合金等材料的硬度。布氏硬度值(BHN)通过下面公式进行计算：

$$BHN = \frac{2P}{\pi D(D - \sqrt{D^2 - d^2})} \tag{12-11}$$

式中：P 为所施加的载荷，单位为 kg；D 为探测压头的直径(=10 mm)；d 是在试样表面上测得的压痕直径，单位为 mm。标准的载荷在 500~3 000 kg 之间。图 12-12b 给出了碳钢的布氏硬度值 BHN 与其抗拉强度之间的关系。

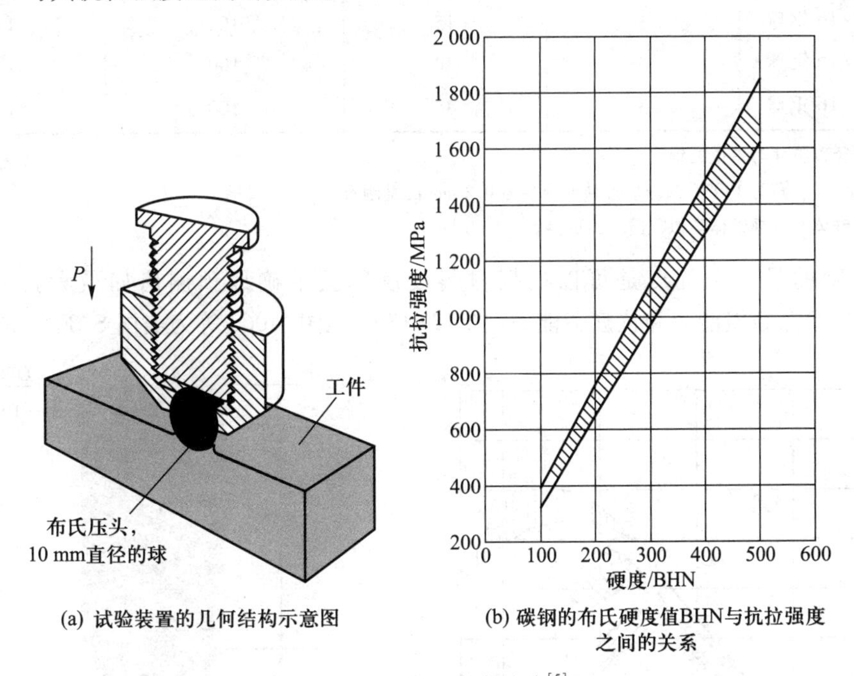

(a) 试验装置的几何结构示意图　(b) 碳钢的布氏硬度值BHN与抗拉强度之间的关系

图 12-12　布氏硬度试验[5]

洛氏硬度(HR)值是基于压痕的深度 Δt 来确定的，而不是像布氏硬度测试方法那样基于压痕的直径进行计算。洛氏硬度试验的压头有两种，一种是圆锥角 $\alpha = 120°$ 的金刚石圆锥体，另一种是一定直径的小淬火钢球。不同类型的材料采用不同洛氏硬度标尺，例如 HRA、HRB、HRC、HR15N、HR15T 等(GB/T 230.1)。表 12-1 列出了对应的洛氏硬度探测压头信息。

表 12-1　洛氏硬度试验的载荷水平和探测压头尺寸

代号，探测压头		辅助(预加)载荷/kg	主载荷(总计)/kg	$R = C_1 - C_2\Delta t$ 中系数	
				C_1	C_2/mm^{-1}
常规等级	R_B 1/16 钢球①	10	100	130	500
	R_C 锥体②	10	150	100	500
	R_A 锥体	10	60	100	500
	R_D 锥体	10	100	100	500
	R_E 1/8 钢球	10	100	130	500
	R_F 1/16 钢球	10	60	130	500

续表

代号，探测压头		辅助(预加)载荷/kg	主载荷(总计)/kg	$R = C_1 - C_2\Delta t$ 中系数	
				C_1	C_2/mm^{-1}
R_G 1/16 钢球		10	150	130	500
浅压痕等级	R_{15N} 锥体[3]	3	15	100	1 000
	R_{30N} 锥体	3	30	100	1 000
	R_{45N} 锥体	3	45	100	1 000
	R_{15T} 1/16 钢球	3	15	100	1 000
	R_{30T} 1/16 钢球	3	30	100	1 000
	R_{45T} 1/16 钢球	3	45	100	1 000

注：① 直径以英寸为单位的钢球。

② 常规锥体是夹角为 120°、圆球形锥顶的半径为 0.2 mm 的金刚石。

③ 浅压痕锥体与常规锥体类似，但不能更换。

硬度试验的另一个优点是可以根据材料硬度数据准确地预测诸如最大拉伸强度(图 12-12b)、抗摩擦磨损能力和抗疲劳能力(图 12-13)。图中 4063 等为美国 SAE 标准钢号。

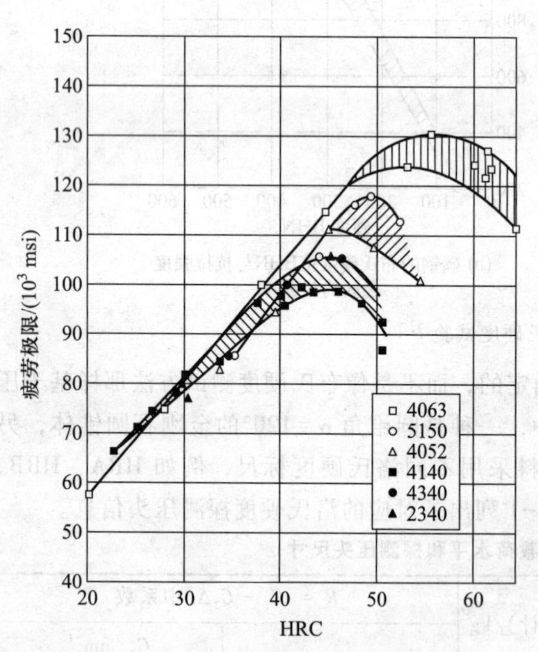

图 12-13 疲劳极限与硬度之间的关系[5]

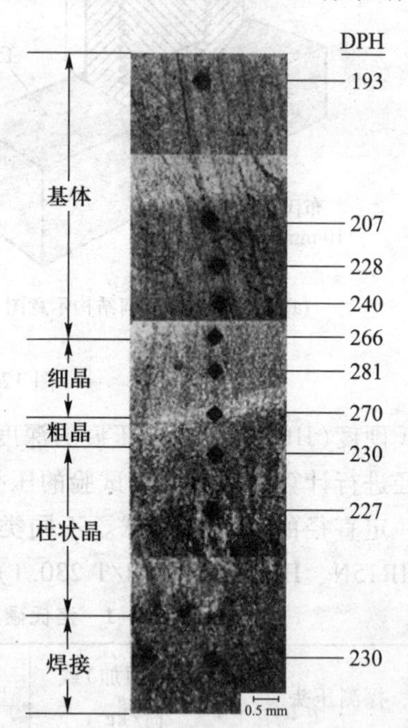

图 12-14 9Cr1Mo 钢焊接件的显微硬度随着位置变化的情况，黑暗的方块形区域是硬度试验压痕[5](请注意穿过熔融线发生的组织结构变化及相应的硬度变化)

在需要研究某一不超过晶粒尺寸范围的局部的硬度时，一般采用维氏显微硬度(HV)试验。这种试验常用于研究测试样品中不同区域的性能或组织结构的变化。例如，在焊接时，从基体金属到熔融区域的硬度通常要发生变化。图 12-14 显示了 9Cr1Mo 钢焊接件的显微硬度从基体金属通过热影响区到熔融区域的变化。

12.1.4 断裂韧度 K_{IC}的试验测定

K_{IC}是一个具有重要工程意义的材料参数，是材料抵抗裂纹扩展能力的表征。断裂韧度原理在工程上的应用包括两方面：其一是用于断裂分析，确定含裂纹体的最大承载能力(σ_c)，估算构件中所容许的最大裂纹尺寸(c_{max})；另外可用于评定及正确选择材料。

将应力强度因子(K_I 因子)理论或 K_{IC}判据用于断裂分析的例子很多，往往从断裂判据中得到解决问题的方法。在研究构件中宏观裂纹扩展断裂时，首先需要搞清构件中裂纹出现的位置、形状及尺寸。估算裂纹体危险部位的最大裂纹尺寸 c_{max}，进而计算其应力强度因子 K_I，作为断裂设计依据；同时要准确可靠测出该材料的平面应变断裂韧度 K_{IC}。

对于特定的材料，K_{IC}是一定的，是材料常数，可以通过试验测定。由于 I 型加载是最危险的形式，试验测定往往通过 I 型加载方式得到平面应变条件下裂纹扩展临界应力强度因子，这个临界值就是 K_{IC}。

测定断裂韧度 K_{IC}的方法可参照有关标准(GB/T 4161)，常用三点弯曲或紧凑拉伸试样(图 12-15)，其中三点弯曲试样较为简单，使用较多。三点弯曲试验装置示意图如图 12-16 所示。由于 K_{IC}是裂纹体应力强度因子 K_I的临界值，因此试样尺寸必须保证裂纹尖端处于平面应变和小范围屈服状态。

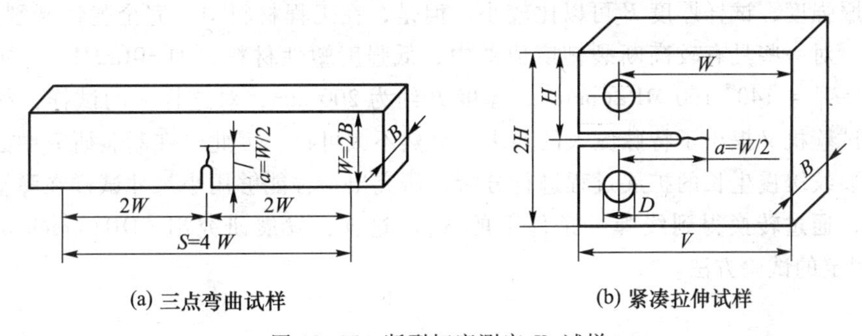

图 12-15 断裂韧度测定 K_{IC}试样

材料的断裂韧度随板厚或构件截面尺寸的增加而减小，最终趋于一个稳定的最低值，即稳定的平面应变断裂韧度 K_{IC}，如图 12-17 所示。板厚 B 对断裂韧度的影响反映了板厚对裂纹尖端塑性变形约束的影响。随板厚增加，裂纹尖端应力状态变硬，试样由平面应力状态向平面应变状态过渡。图 12-17 示意性地表明了断口形态的相应变化。断口形态由薄板的斜断口向厚板的平断口过渡，介于上述两者之间，形成混合断口。断口形态反映了断裂过程特点和材料的韧性水平，斜断口占断口总面积的比例越高，断裂过程中吸收的塑性变形功越多，材料的韧性水平越高，只有在全部形成平断口时，才能得到平面应变断裂韧度 K_{IC}。

为了测得真正的断裂韧度 K_{IC}，对三点弯曲试样厚度 B、裂纹尺寸 a 及韧带宽度($W-a$)规定如下：

$$B, a, (W-a) \geqslant 2.5\left[\frac{K_{IC}}{R_{p0.2}}\right]^2 \tag{12-12}$$

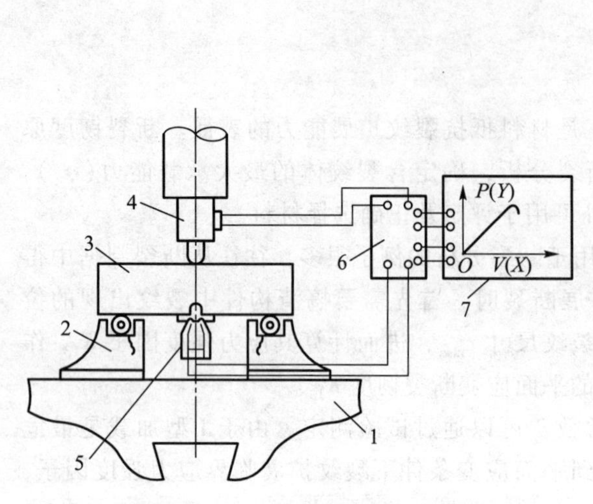

图 12-16 三点弯曲试验装置示意图

1—试验机活动横梁；2—支座；3—试样；4—载荷传感器；5—引伸仪；6—动态应变仪；7—X-Y 记录仪

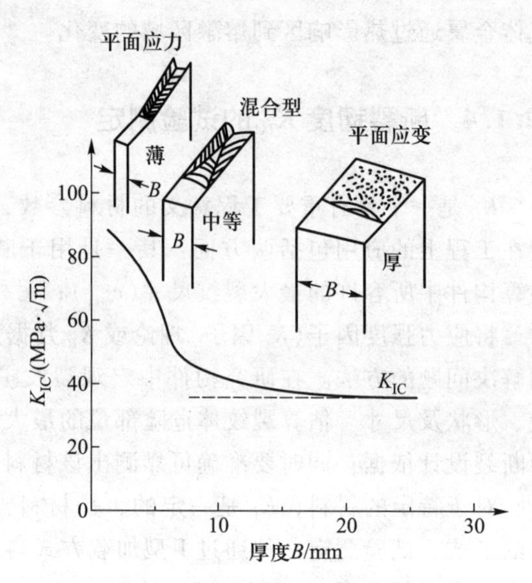

图 12-17 试样厚度对临界应力强度因子和断口形貌的影响

K_{IC}量纲与 K 相同，为 $MPa(m)^{1/2}$。

上式表明了测定 K_{IC} 结果有效的试样厚度 B 必须满足的条件。对一些高强度材料，一般具有较高的屈服强度，试样厚度 B 可以比较小。但是，在工程材料中，完全脆性断裂(K_{IC}适用)的情况很少，对一些具有较高断裂韧度值的中、低强度塑性材料，如 30Cr2MoV，屈服强度等于 594 MPa，K_{IC} = 140~160 $MPa(m)^{1/2}$，厚度 B 约为 200 mm，对这样大的试样，材料及加工费用高，对试验机又提出了特殊庞大的要求，显然不太可行。因此，在断裂研究中必须要发展一种方法对裂纹缓慢生长的扩展过程进行分析，研究出一种能够用小尺寸试样在弹塑性条件下测定的数据，通过转换得到线弹性条件下的 K_{IC}。这样，发展研究出 COD(crack opening displacement)测定的试验方法。

12.2 钢铁材料的强度与强化

纯铁的强度比较低，不利于其在工程实际中作为结构材料的经济使用。加入碳元素以及其他合金元素使其成为钢铁合金，通过碳及其他合金元素的作用，会造成其微观组织结构的不均匀性。许多情况下还要进行热处理，通过热处理和变形控制微观组织，从而增加位错移动的阻力来提高其强度，这就是所谓的**强化**。强化通常就是用增加点缺陷(固溶强化)、线缺陷(应变硬化或位错强化)、面缺陷(细晶强化或细化组织强化)或者体缺陷(弥散强化)以限制位错的移动。这些强化机制影响金属的大多数性能，包括强度、塑性和韧性。其中，可以是单个机制的作用，也可能是多项机制叠加或交互作用的综合效果。

12.2.1 固溶强化

溶质原子在固溶体中的分布是不均匀的，这种不均匀分布在能量上是有利的，任何使这种不均匀过程遭到破坏的过程都是使系统能量提高的过程。当外力使固溶体发生变形时，晶体中萌生大量位错并在其中作各种形式的运动，除了溶质原子的应力场与位错的交互作用对位错运动的阻碍以外，这种行为本身就破坏了固溶体内原有的低能状态。使固溶体变形比使纯金属变形需要更大的外力，引起强化。宏观力学规律的表现为合金的流变应力及应力-应变曲线向高应力方向提升。

向纯铁中加入合金元素形成的固溶体有代位固溶体和间隙固溶体两类。这些固溶原子与位错之间的交互作用引起的强化称为固溶强化。

向 BCC 结构的纯铁中加入碳原子后，形成称为铁素体（α-Fe）的间隙固溶体。位错滑动所需要的应力（即流变应力）要比在纯铁中的大。碳原子作为间隙原子，占据 BCC 结构中的四面体间隙位置时具有最强的强化效果。

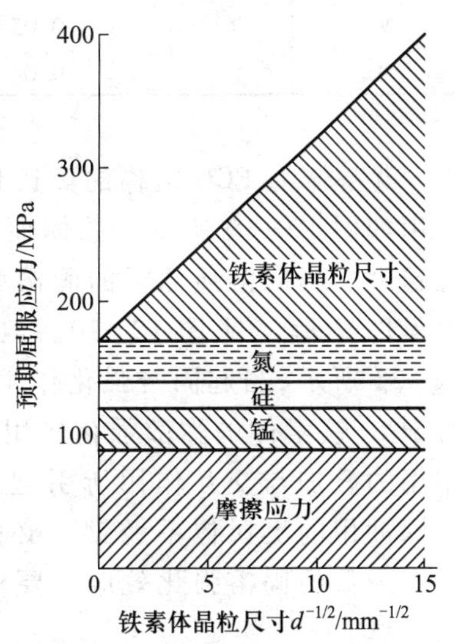

图 12-18 铁素体晶粒尺寸及各种固溶强化元素对正火态 0.20C-1.0Mn-0.20Si-0.010N（质量分数/%）钢屈服应力的影响[4]

在铁素体-珠光体钢中，主要利用碳、氮、硅、锰、磷、铜等元素溶入铁素体基体来提高其强度。有研究表明，在多边形铁素体（α-Fe）显微组织中，固溶强化常与原子浓度的平方根有关联。对浓度较低的情况而言，固溶强化与合金元素的质量百分比呈线性的依赖关系，即强化增量 $\sigma_{固溶}=A$（合金元素质量%）。表 12-2 给出一些合金元素对 A（固溶强化系数）的影响，A 值随溶剂和溶质间原子尺寸的差异增加而增加。图 12-18 显示铁素体晶粒尺寸及各种固溶强化元素对正火态 $w_C=0.2\%$ 钢的屈服应力的贡献。

表 12-2 各种元素对铁素体固溶强化系数的影响[4]

元素	质量分数增加 1%导致的 A/MPa	元素	质量分数增加 1%导致的 A/MPa
Mn	37	Cu	38
Si	83	Mo	11
Ni	33	Sn	120
P	680	C 与 N	5 000

在碳含量较低的冷成形钢中，必须具备一定的工艺性能即可加工性，固溶强化对于实际工业成形过程中的行为，如一定应变条件下的流变应力 σ_f、加工硬化速率 $d\sigma/d\varepsilon$ 及加工硬化指数 n 值的影响是不可忽视的。如固溶强化会大大提高流变应力[式(12-13)]，降低加工硬化指数 n 值（表 12-3）等。

$$\sigma_{f(A=0.2)}=246+45w_{Mn}+138w_{Si}+920w_P+120w_{Sn}$$

$$+3\,750w_{N_{自由}}+4.2w_{珠光体}+15.0d^{-1/2} \quad (12-13)$$

式中：d 为铁素体晶粒尺寸，元素含量取质量分数，珠光体取体积分数。

表 12-3 代位固溶强化元素对 n 值的作用[4]

元素	质量分数增加 1%导致 n 的变化	元素	质量分数增加 1%导致 n 的变化
Cu	-0.06	Ni	-0.04
Si	-0.06	Co	-0.04
Mo	-0.05	Cr	-0.02
Mn	-0.04		

就基体为 FCC 结构的奥氏体不锈钢而言，间隙原子与代位原子对溶质的固溶强化作用如图 12-19 所示。总体而言，溶质和溶剂间的原子直径相差越大，固溶强化系数就越大。不同溶质原子的固溶强化作用与其在改变奥氏体点阵参数的作用之间的关系中得以显示，见图 12-20。但是，有一个有趣的问题必须引起足够的重视。如图 12-21 所示，当起固溶强化作用的铬超过某一含量时，发生奥氏体向 δ-铁素体的转变，由于 δ-铁素体的弥散强化作用，进一步细化了奥氏体晶粒（细晶强化），上述几种强化作用的叠加与交互作用所引起的强化效应，远远超过了固溶强化作用本身。因而，对于深冲用的奥氏体不锈钢，必须尽量避免上述现象的发生。为利于深冲成形加工，应具有最低的固溶强化效应，要求奥氏体有良好的稳定性，在形变过程中不可诱发形成马氏体。

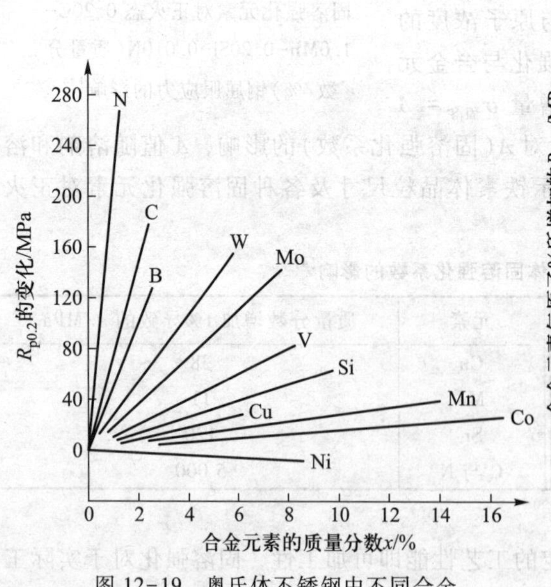

图 12-19 奥氏体不锈钢中不同合金元素对固溶强化作用的影响[4]

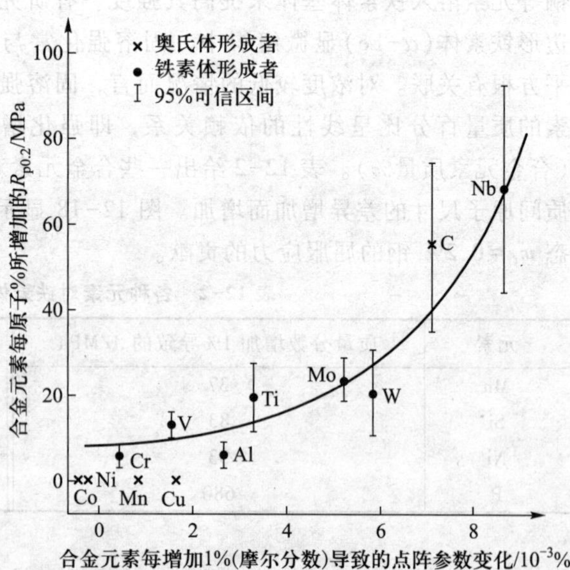

图 12-20 奥氏体不锈钢 0.2%工程屈服应力的增加与不同固溶强化的合金元素所引起的奥氏体点阵参数变化之间的关系[4]

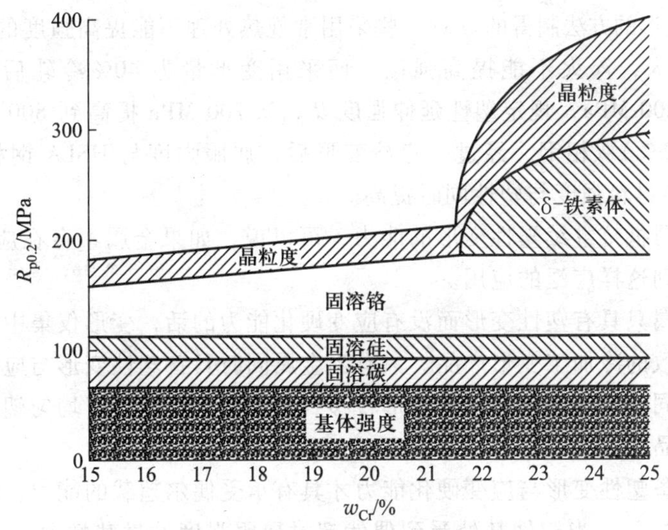

图 12-21 铬含量对奥氏体不锈钢强化机制的影响[4]

12.2.2 位错强化

恰如提高间隙原子和代位原子浓度会提高合金的流变应力一样，增加位错密度也同样会提高钢铁材料的强度。这种强化作用的理由是非常简单的——要使一个位错在具有其他位错交互作用应力场的晶体中运动，必须提高应力，或者说要做额外的功。

为了使流变应力与位错的贡献定量化，人们定义了位错密度 ρ_{disl}，其定义为

$$\rho_{disl}=\text{位错长度}/\text{材料体积} \tag{12-14}$$

其中，位错长度单位为 cm，材料体积单位为 cm^3。未变形材料的位错密度的典型值是 $10^6 \sim 10^8/cm^2$的数量级，而经严重变形材料的位错密度为 $10^{12}/cm^2$数量级。图 12-22 是经拉伸变形 10%的奥氏体不锈钢中的位错分布形貌。

对于很多金属，流变应力 τ_{flow}与位错密度 ρ_{disl}之间的关系如下：

$$\tau_{flow}=\tau_0+k\sqrt{\rho_{disl}} \tag{12-15}$$

式中，对于给定材料而言，τ_0和 k 是常数。

位错强化，也就是应变强化或加工硬化(第 9 章已结合材料的形变讨论过此类概念)。这是由塑性变形导致流变应力增加的方法，是对金属合金常用的一种强化方法，是一种重要的工艺手段。对于不再经受热处理并且使用温度远低于材料再结晶温度的金属材料，经常使用冷加工手段使金属或合金通过应变强化来提高强度。

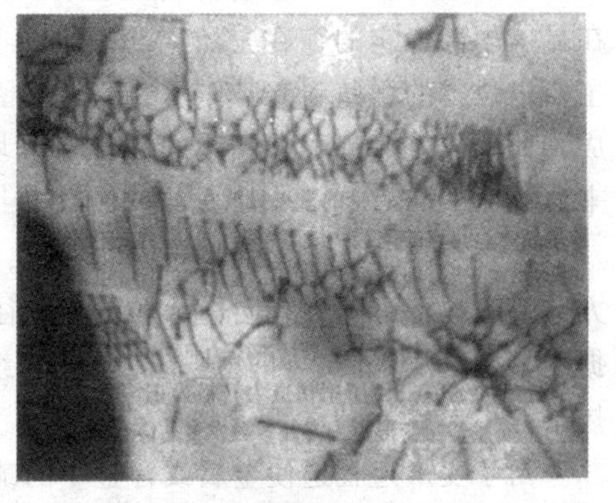

图 12-22 经拉伸变形 10%的奥氏体不锈钢中的位错分布形貌

当然，钢铁材料也不例外，如冷轧薄板、冷拔钢丝、表面喷丸等。高强度冷拔钢丝是工程结构材料中强度最高的钢铁制品之一，其抗拉强度可达到 4 000 MPa 左右，

它就是采用强烈冷变形的方法制得的。对一些采用常规热处理不能提高强度的材料，如 18-8 不锈钢，其 γ 相区很大，淬火不能提高强度，而采用变形量为 40%冷轧后，抗拉强度 R_m 从 588 MPa 提高到 1 200 MPa，规定塑性延伸强度 $R_{p0.2}$ 从 200 MPa 提高到 800 MPa。又如，铁素体/马氏体(10%~15%)双相钢，经过一定冷变形后，屈服强度与 HSLA 钢相当，伸长率 A 为 HSLA 钢的两倍，使材料强度与塑性同时提高。

应变硬化是金属抵抗继续塑性变形的能力，可以说，如果金属不存在应变硬化这一性质，金属材料不可能得到这样广泛的应用。

首先，如果金属只具有塑性变形而没有应变硬化能力的话，变形仅集中在某一局部，不可能得到截面均匀一致的冷加工变形产品。只有当金属同时具备塑性变形与应变硬化能力，互相配合才可能在变形同时发生硬化，又将变形转移到其他部位，才具有均匀塑性变形能力，才能得到截面均匀的产品。

其次，同时具备塑性变形与应变硬化能力才具有承受偶尔超载的能力，使构件安全得到保证(如起重机的吊钩等)。当构件某处受到偶然超过屈服强度的过载情况，局部便产生塑性变形，如果金属只发生塑性变形而不产生应变硬化，局部塑性变形将继续下去，截面积不断减小，过载应力势必越来越大，导致该处产生裂纹断裂。正因为金属具有应变硬化能力，因此这种超过屈服强度的偶然过载引起的塑性变形到一定程度就会停止，保证构件安全运行。

一般来说，经过冷加工的金属或合金，随冷变形变形量的增加，屈服强度与抗拉强度 R_m 同时得到提高，而与塑性相关的伸长率 A 和断面收缩率 Z 下降(图 12-23)。

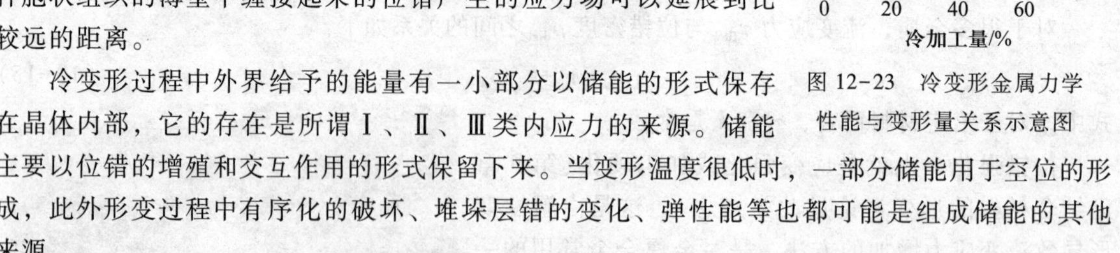

图 12-23 冷变形金属力学性能与变形量关系示意图

经过中等或强烈冷变形的金属和合金，往往位错密度高，残余应力高，并产生冷变形织构及带状组织等。

这种位错密度很高的组态并不是均匀分布的(图 12-22)，它往往以一种网络的形式表现出来，网络上含有相当密度的位错，但其内部则是比较松散的位错群，形成了所谓的“胞状组织”。这种胞状组织的薄壁中缠接起来的位错产生的应力场可以延展到比较远的距离。

冷变形过程中外界给予的能量有一小部分以储能的形式保存在晶体内部，它的存在是所谓Ⅰ、Ⅱ、Ⅲ类内应力的来源。储能主要以位错的增殖和交互作用的形式保留下来。当变形温度很低时，一部分储能用于空位的形成，此外形变过程中有序化的破坏、堆垛层错的变化、弹性能等也都可能是组成储能的其他来源。

大多数冷加工过程都是有方向性的，它使被加工工件在一维或二维方向受到压缩而在其他方向上被拉伸，这种有向性的加工工艺往往造成金属与合金组织的有向性和性能的方向性。根据变形方法的不同，可以把择优取向的组织分为两类，即轧制过程中形成的“板织构”和拉拔过程中形成的“丝织构”。

由于变形过程迫使金属或合金中的疏松、偏析、夹杂物、晶界以及第二相等沿着变形方向延伸，常称这样的组织为“带状组织”。这样的各向异性常见于锻件和板材之中，对钢材制品来说，它是引起性能方向性的又一主要原因。

12.2.3 细化组织强化

细化组织强化，就是增加面缺陷数目引起的强化。面缺陷包含自由表面、晶界、堆垛层错、小角度晶界以及孪晶界等。对于钢铁材料，组织细化可能是铁素体及奥氏体晶粒细化、贝氏体组织细化、珠光体片层间距减小的细化、马氏体板条束减小等。所有上述结构的界面都具有高能量的特征，它们是优先发生化学反应的地方，同时也是位错移动的障碍，从而起到强化材料的作用。其中，晶界尤其是大角度晶界具有较强的强化效果。

因为晶界是位错移动的有效障碍，又因为小晶粒材料每单位体积中有更高的晶界密度，因而，多晶合金的屈服应力(屈服强度)一般随晶粒尺寸的减小而增加。这一关系可以用霍尔-佩奇(Hall -Petch)公式表示

$$\sigma_y = \sigma_0 + \frac{k'}{\sqrt{d}} \tag{12-16}$$

式中：σ_0(晶内阻力或晶格摩擦力)和 k'均是材料常数，后者取决于材料的晶格类型、弹性模量、位错分布及位错被钉扎程度等；d 是多晶体的平均晶粒尺寸(即晶粒平均截距,可以用定量金相或材料体视学方法试验测定,详见 13.1.4.2 节)。注意到这一公式即第 9 章中已经出现的式(9-5)，亦与式(12-15)的形式类似。在式(12-15)和式(12-16)两个式子中，都有一个位错移动的禀性阻力(σ_0和 τ_0)，强化项都是由晶体缺陷存在引起的($k\sqrt{\rho_{disl}}$ 或 $k'/\sqrt{d}$)。

由于晶界对滑移的阻碍作用及晶界在变形连续性方面的要求，晶界强化效果在性能上反映在强化与韧化两个方面。常用的有晶粒细化和晶界强化两种途径，前者通过增加界面达到强韧化目的；后者则利用微量元素，如 Mg、Zr、B 等在晶界上吸附降低晶界脆性。

如式(12-16)所描述的那样，细化晶粒主要增大了 Hall-Petch 公式中 $k'd^{-1/2}$ 这一项，因此细化晶粒对不同材料来说效果是不一样的，要看 $k'd^{-1/2}$在 σ_y中所作贡献的大小。

对于高强度材料，如室温下 $R_m \geq 1\,400$ MPa 的高强结构钢及工具钢，它的主要作用是韧化；而对一些未经强化的塑性材料而言，如低碳钢，则主要是以提高材料强度为主。

高强度钢往往都已采用了固溶强化(如低合金超高强度钢中的固溶合金元素)、弥散强化(如马氏体时效钢中金属间化合物的弥散相析出)及应变强化(如冷拔钢丝)等手段提高了位错运动的内摩擦阻力，即式(12-16)中的 σ_0项，达到提高强度的目的。由于 σ_0在对强度的贡献中所占的比例较高，而晶粒尺寸($k'd^{-1/2}$)减少对所产生的强化效果就不明显了。因此，在这类高强度材料的最终热处理中规定的对晶粒尺寸不能大于某一规定值的要求(如 $d<d_0$)是为了降低脆性，满足同时提高强度与韧性的要求。应该说，晶粒细化是使高强度材料强韧化的有效手段。

由于晶粒越细小，组织内不同晶粒之间、晶粒内不同部位之间的变形就越均匀，加上细晶材料的流变应力比较高，因而塑性变形过程中消耗的能量就比较大，从图 12-24 中流变曲线下所围的面积大小不同应该能够定性地看出这一点。不仅如此，对于强度高而脆性倾向又比较大的材料，晶粒尺寸的变化会带来断裂模式的变化。细小的晶粒尺寸对塑性“韧窝”断裂的发展较为有利；相反，粗大的高碳马氏体板条断裂时，往往形成解理或准解理断口，显然断裂过程中消耗的能量就会不同。还有一点需要指出，由于晶界在结构和能量上与晶体内部有差别，细化晶粒降低了晶界上平均吸附夹杂的数量，提高材料塑性。由于晶界上具有高的畸变

能，因而能吸附微量元素 Mg 等溶质原子或第二相夹杂粒子。晶界的这种内吸附作用包括两个方面：其一是强化晶界，一些微量元素 Mg、B 等吸附在晶界上提高了晶界结合能，晶界的塑性变形抗力增加；其二是增加脆性，一旦晶界吸附了一些脆性相，如碳化物或硫化物，这使晶界变弱，较易产生裂纹，即材料较脆。细化晶粒增加了晶界面积，那么单位面积的夹杂含量减少。从强化晶界这个角度出发，总的效果不变，因为界面增加了。从脆性角度出发，单位面积脆性相减少，产生裂纹的几率减小，脆性降低，韧性提高。

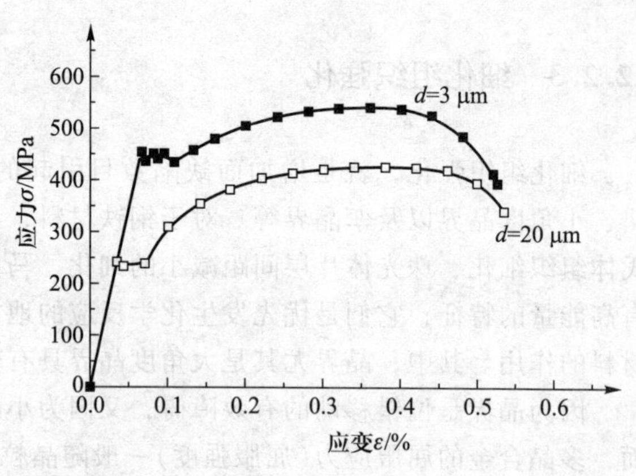

图 12-24 晶粒大小对 Q235 级别低碳钢应力—应变曲线的影响[6]

不仅如此，还能使缺口敏感性、韧脆转变温度等韧性指标得到改善。

所谓塑性材料，就是未被强化过的材料，如低碳钢，其流变应力及强度较低。用 Hall-Petch 公式表示，σ_0较小，即位错运动的内摩擦力较低。此时，$k'd^{-1/2}$的值在整个强度中所占的比例较高，因此对于这种材料说，晶粒细化对提高强度的效果比较明显。生产上比较典型的例子是低碳钢通过微合金化及热机械处理(表 12-4)或者形变过程动态相变等方法获得细晶或超细晶(图 12-24)，在维持原塑性水平的情况下可获得高得多的强度。

表 12-4 不同晶粒尺寸对 10Ni5CrMoV 钢力学性能的影响[1]

处理工艺	平均晶粒尺寸/μm	$R_{p0.2}$ /MPa	R_m /MPa	A /%	Z /%	KV /J
774 ℃加热一次淬火+ 205 ℃回火	~15	1 071	1 274	18	67.6	93.6
以 9 ℃/s 的速度加热到 774 ℃后淬火(反复 5 次)+205 ℃回火	~3	1 407	1 463	16	63.9	81.9

12.2.4 时效强化与弥散强化

合金组织中如果含有一定数量的分散的异相粒子，它的强度往往会有很大的提高，最常见的例子就是钢中碳化物对钢性能的影响。随着碳含量(质量分数)从 0.10 %提高到 0.8 %，热轧钢材的抗拉强度从 300 MPa 提高到 800 MPa。组织中的第二相以细小粒子形式分布在塑性基体中，异相粒子周围点阵畸变的弹性应力场阻碍位错移动，使其流变应力提高，这种由第二相分散质点造成的强化过程统称为分散强化。

分散强化又可以分为时效强化和弥散强化两类，它们的强化机理并不一定相同。

时效强化是通过热机械处理工艺，利用合金中的相变来产生第二相，如合金中过饱和固溶体的时效过程或冷却过程中产生的析出相引起的强化。例如应用 Nb、Ti、V 微合金化的微合金钢，Nb(CN)、Ti(CN)、V(CN)等在过冷奥氏体状态以及奥氏体向铁素体转变过程中的析出产生沉淀强化作用。这些约 10 nm 的细小粒子在高温奥氏体中析出，会延迟奥氏体再结晶并抑制晶粒长大；在奥氏体向铁素体转变过程的相间析出则起到强化铁素体基体的作用。

在时效过程的不同阶段，强化机理是有区别的。在时效过程前期，过饱和固溶体中由于原子偏聚引起强化；当析出相刚形成时，新相和母相间的共格畸变能使强度提高；新相长大以后就形成了分散粒子的强化。上述各阶段各个机制不是同时发生的，而是在时效的各个阶段中先后起作用的。最后阶段的强化机制才是和弥散强化相同的机制。

而**弥散强化**往往采用粉末冶金的方法人为地加入分散的稳定的化合物(如基体金属的氧化物、氮化物或金属间化合物)引起强化。在弥散强化合金中，弥散相和基体相没有共格关系，两者之间的互溶能力也很差。因此，借助于弥散强化达到高强度的材料往往是热稳定的。但时效强化合金往往不是这样，因为时效产生的强化相可能是稳定相也可能是亚稳过渡相。显然，由于这些析出相不具备热力学稳定性，这类合金是不能够在温度很高的情况下使用的。

12.2.5 相变强化

所谓“相变强化”，往往是几种强化机制的综合作用，而不是某种基本的强化机理单独作用的结果。

铁合金中因马氏体相变而产生的高强度就是好几种强化过程综合作用的例子之一。尽管在很多金属和合金中都能发生马氏体型相变，但并不是所有的马氏体都具有高强度。由图 12-25 可以看出，不同碳含量的铁合金经过淬火之后其强度性能是如何超越铁素体加珠光体混合组织的。作为例子，分别对铁-镍和铁-镍-碳合金马氏体的强度进行讨论，它们分别代表铁的代位固溶体和间隙固溶体的马氏体的两种情形。含碳(氮)的铁合金马氏体都显示最强烈的硬化效应。

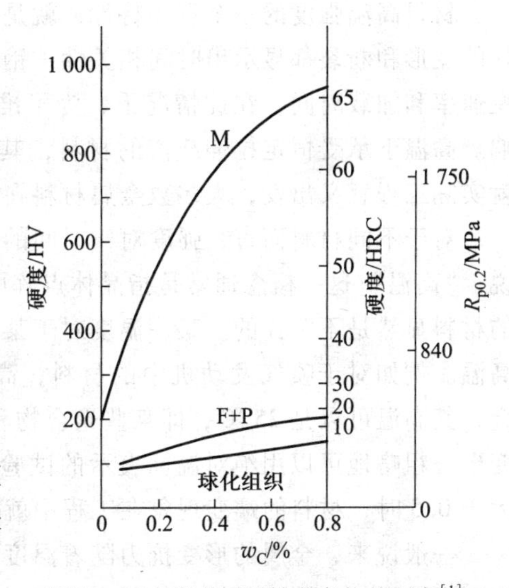

图 12-25　钢中不同转变产物的硬度[1]

铁-镍合金分别在淬火和再结晶状态下的流变应力与镍含量的关系曲线如图 12-26 所示。试验结果表明，在一般情况下，纯铁的流变应力约为 70 MPa，这个强度值就是纯铁本身的强度 σ_0 加上多晶体晶界的贡献 σ_1。当铁中溶入镍时，再结晶后的合金的流变应力随镍含量的提高而增加，其增量 σ_2 就是镍固溶强化的效果。镍含量较低时，铁-镍马氏体的强度 σ_3 变化趋势大致和再结晶后的合金相同，即随镍含量的增加而增加。σ_2 和 σ_3 两根曲线之间有一个强度差距，这是由于精细结构引起的强化，其中包括位错密度、马氏体晶体的界面、胞壁或孪晶界等引起的对强化的影响。

又如试验用钢采用热循环的方法，在奥氏体区加热后淬火发生马氏体相变，然后升温到奥氏体相区再淬火，如此反复循环的相变使晶粒组织细化，使其力学性能产生变化(表 12-4)。

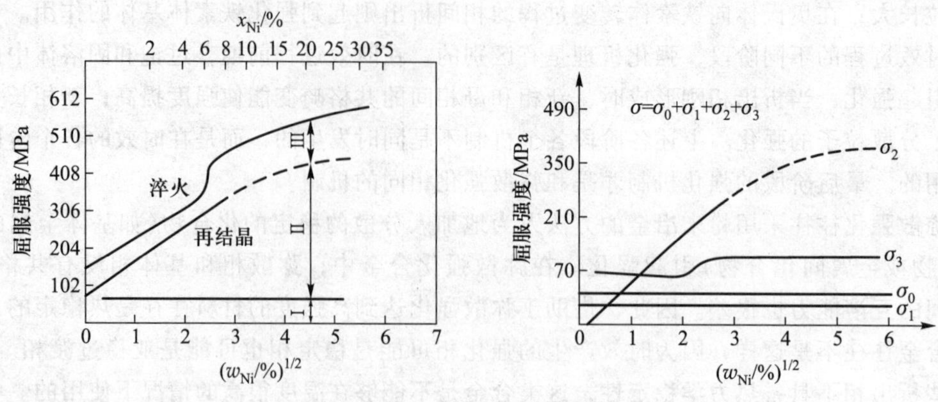

图 12-26 铁-镍合金在马氏体状态下和再结晶状态下的强度[1]

Ⅰ—纯铁多晶体的强度；Ⅱ—镍的固溶强化效果；Ⅲ—精细结构的影响

12.2.6 高温力学性能与强化

材料高温强度的一个重要特性，就是必须始终相对于某一时刻来表征。在高温条件下，材料的变形和断裂都显示出时间相关性，钢铁材料也不例外，即高温强度在很大程度上取决于应变速率和加载时间。在此情况下，为了准确描述材料的力学响应，就必须考虑加载速率的影响。高温下承受恒定拉伸载荷的材料，其长度会随加载时间伸长，这一现象被称为“**蠕变**”。就实际工程意义出发，大多数金属材料在室温下的拉伸强度与保持时间无关。

对于不同材料而言，强度对于时间的强烈依存关系是在不同的温度范围才显现的。也就是说，“高温”这一概念通常是指晶体点阵中原子具有较大热运动能力的温度环境，这对于不同的材料显然是不一样的。某一温度对于某一种材料而言是高温，而对另一种材料也许就算不上高温。例如对于喷气发动机中的材料，高温可以是 800℃以上，而对于聚合物和锡铅焊料合金，其高温可以是 25 ℃，即某些聚合物和低熔点金属(如铅)在室温下就表现出与时间相关的变形。粗略地可以用绝对温标表示的试验(使用)温度与熔点的比值作为界限来表示。当比值大于 0.5 时，材料的蠕变现象在工程中就不能忽略了，这时可以认为构件处于高温工作状态。

一般说来，金属的形变抗力随着温度的升高而下降。这是由于原子的活动能力随温度的提高而迅速增加，因此受扩散控制的过程对高温下材料的力学行为可能产生十分重要的影响。高温使一些位错运动的障碍减弱，以至于丧失其对运动位错的阻滞能力(例如 Cottrell 气团对位错的钉扎作用)。高温会使位错通过攀移机制或交滑移的方式越过障碍，同时空位的平衡浓度也会随温度而提高。在温度提高时新的变形机制可能要起作用。在某些金属中滑移系统会发生改变，或者由于温度的升高引入了新的滑移系统。除此以外，晶界参与变形的可能性也是不可忽略的。

另一个要考虑的重要因素是材料长期暴露在高温下对其组织稳定性的影响，如室温或较低温度下采用加工硬化及沉淀硬化等手段对金属材料进行强化，在高温下由于冷变形金属组织的回复、再结晶，以及时效硬化合金的第二相粗化等原因导致强度的迅速下降。还有，高温下金属与其周围环境的交互作用，如高温下材料和气体、液体介质相接触时，氧化、腐蚀、冲蚀等往往和变形、断裂等力学行为互相促进，造成零件的失效。

因此，和室温下单纯的受力状态相比较，材料在高温下的力学行为显得更为复杂，牵涉到材料内部组织的变化和外部因素的作用更多一些，必须同时考虑温度与时间两个因素对它的影响。

由蠕变变形和断裂机理可知，提高蠕变极限和持久强度的主要途径是增加位错移动阻力、抑制晶界的滑动和空位的扩散，这与合金化学成分、冶炼工艺、热处理工艺等因素密切相关。

12.2.6.1 合金化学成分的影响

位错越过障碍所需的激活能(即蠕变激活能)越高的金属，越难产生蠕变变形。图 12-27 表明，高温下纯金属的蠕变激活能大体上与其自扩散激活能相近。因此，耐热钢及合金的基体材料一般选用熔点高、自扩散激活能大或层错能低的金属及合金。这是因为在一定温度下，熔点越高的金属自扩散激活能越大，因而自扩散越慢。如果熔点相同但晶体结构不同，则自扩散激活能越高者扩散越慢。层错能越低的金属越易产生扩展位错，使位错难以产生割阶、交滑移及攀移，这些都有利于降低蠕变速率。大多数面心立方结构的金属，其高温强度比体心立方结构的高，这是一个重要原因。

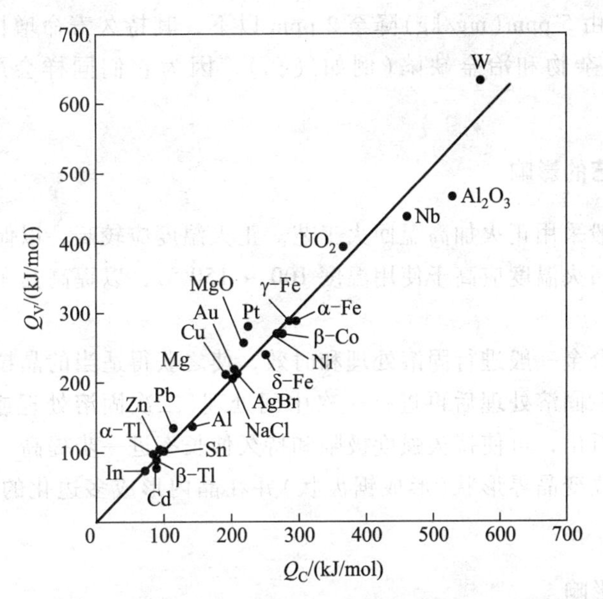

图 12-27 高温蠕变激活能 Q_V 和自扩散激活能 Q_C 的关系[2]

在基体金属中加入铬、钼、钨、铌等合金元素形成单相固溶体，除产生固溶强化作用外，还因为合金元素使层错能降低，易形成扩展位错，且溶质原子与溶剂原子的结合力较强，增大了扩散激活能，从而提高了蠕变极限。一般来说，固溶元素的熔点越高，其原子半径与溶剂原子半径相差越大，对提高热强性越有利。

合金中如果含有能形成弥散相的合金元素，则由于弥散相能强烈阻碍位错的滑移，因而是提高蠕变强度更有效的方法。弥散相粒子硬度越高，弥散度越大，稳定性越高，则强化作用越好。对于时效强化合金，加入的合金元素原子百分数相同时，通常多种元素要比单一元素的强化效果好。在耐热钢中，VC、TiC、NbC 和 $Cr_{23}C_6$等碳化物在蠕变前热处理或蠕变变形期间从位错处择优析出，同样起到提高蠕变强度和降低蠕变变形的作用。但是，对合金中的第二相也有很多要求，最重要的是它的热力学稳定性，即在高温使用期间不应发生组织变化。对于时效强化合金，若蠕变温度不足以使其第二相在受载期间继续脱溶，那么它可以事先时效到最强化的状态下使用。若蠕变温度较高，合金有可能继续产生沉淀，则在高应力下承载时，最大蠕变抗力仍在时效峰值附近取得。

由于晶界变形是蠕变变形的重要组成部分，因此晶界的形态、晶界上的析出物和杂质偏聚等对材料的蠕变变形能力均会产生很大影响。在合金中添加能提高晶界扩散激活能的元素(如硼、稀土等)，则能阻碍晶界滑动，又增大晶界裂纹面的表面能，因而对提高蠕变极限特别是持久强度极限是很有效的。

12.2.6.2 冶炼工艺的影响

改进冶金质量能大大提高蠕变极限和持久强度。有害杂质元素如硫、磷、铅、锡、砷、锑、铋等，即使含量极低(十万分之几)，其在晶界偏聚后也会导致晶界产生弱化，使高温性能急剧降低，因此冶炼中要尽量减少有害杂质。某镍基合金的试验结果表明，经过真空冶炼后，由于铅含量由 5 ppm(mg/kg)降至 2 ppm 以下，其持久寿命增长了一倍。除此之外，还应当减少非金属夹杂物和冶金缺陷(例如气孔)，因为它们同样会严重降低材料的高温性能。

12.2.6.3 热处理工艺的影响

珠光体耐热钢一般采用正火加高温回火工艺。正火温度应较高，以促使碳化物较充分而均匀地溶于奥氏体中。回火温度应高于使用温度 100 ~ 150 ℃，以提高其在使用温度下的组织稳定性。

奥氏体耐热钢或合金一般进行固溶处理和时效，使之获得适当的晶粒度，并改善强化相的分布状态。有的合金在固溶处理后再进行一次中间处理(二次固溶处理或中间时效)，使碳化物沿晶界呈断续链状析出，可使持久强度极限和持久伸长率进一步提高。

采用形变热处理改变晶界形状(形成锯齿状)并在晶内形成多边化的亚晶界，则可使合金进一步强化。

12.2.6.4 晶粒度的影响

晶粒大小对金属材料高温力学性能的影响很大。当使用温度低于等强(晶内和晶界强度相等)温度时，细晶粒钢有较高的强度；当使用温度高于等强温度时，粗晶粒钢及合金有较高的蠕变极限和持久强度极限。但是晶粒太大会降低高温下的塑性和韧性。对于耐热钢及合金来说，随合金成分及工作条件不同有一最佳晶粒度范围。例如，奥氏体耐热钢及镍基合金一般以 2 ~ 4 级晶粒度较好。因此，进行热处理时应考虑采用适应的加热温度以满足晶粒尺寸要求。

在耐热钢及高温合金中若晶粒尺寸不均匀(图 12-28a)则其高温性能显著降低，这是由于在大小晶粒交界处易产生应力集中而形成裂纹，最终导致断裂(图 12-28b)。

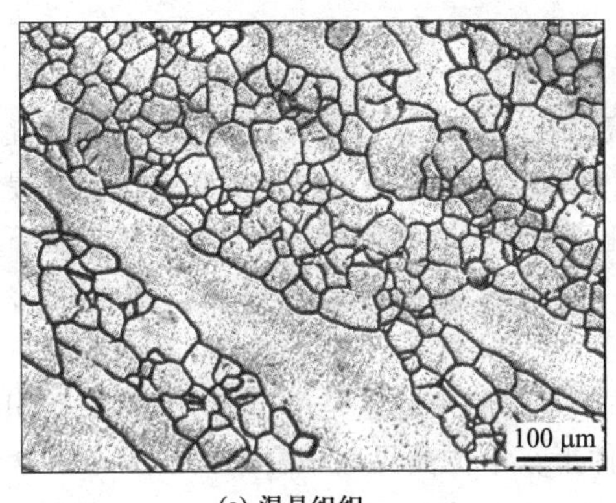

(a) 混晶组织

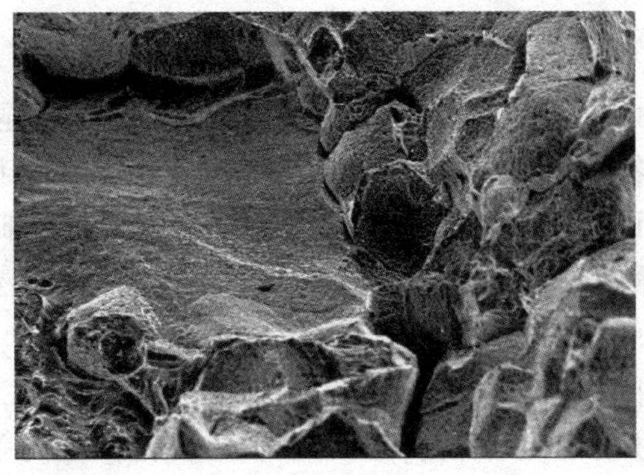

(b) 断口形貌

图 12-28　镍基高温合金 Waspaloy[2]

12.3　钢铁材料的韧性与韧化

材料的韧性表示材料在塑性变形和断裂过程中吸收能量的能力，一般采用断裂韧度(表征材料抵抗宏观裂纹失稳扩展的能力,也是材料抵抗脆性破坏的韧性参数)、冲击韧性(材料抵抗冲击破坏的能力,由试样冲击失效时吸收的能量来表征)与韧脆转变温度(由韧性断裂向脆性断裂转变的临界温度)等多项性能指标来定量表征。

12.3.1　断裂韧度及其影响因素

断裂韧度表示材料抵抗裂纹失稳扩展的能力，原则上是材料强度和塑性的综合表现，是材料本身固有的力学性能。定性地讲，较高的断裂韧度意味着拉伸应力-应变曲线下的面积(简称“强塑积”)比较大。它由材料的成分、组织和结构所决定。

工程上常用的钢铁材料是多相多晶体合金，不同的基体与相结构都会对裂纹的扩展途径、方式及速率产生影响，从而影响裂纹扩展的难易程度，即 K_{IC}值的高低。

12.3.1.1　基体相结构

从晶体结构类型来看，密排晶体、具有高的晶格对称性的、滑移系数目多的金属塑性变形最容易。晶格对称性低的材料滑移系亦少，因而脆性倾向较大。如面心立方结构的金属及其固溶体合金是压力加工最受欢迎的金属，一般情况下不发生脆性断裂。如以体心立方结构的铁及钢(Fe-C 合金)为例，随着温度的降低，基体结构由面心立方的 γ-Fe 转变为体心立方的 α-Fe。从滑移塑性变形与解理断裂角度出发，面心立方的 γ-Fe 易产生滑移塑性变形而不容易产生解理断裂，体心立方结构的 α-Fe 随温度、加载速率的变化可能发生由韧性到脆性断裂的转变。

12.3.1.2 基体相晶粒大小

材料的晶粒越细小，则晶界面积所占比例越高，在一定区域内使裂纹失稳扩展所消耗的能量越多，则断裂韧度 K_{IC} 值就越高。许多研究表明，晶粒细化是使材料强度和韧性同时提高的有效手段。尤其对一些高强度材料来说，晶粒细化可以使材料在不降低强度水平的前提下提高塑性和韧性。例如 40CrNiMo 钢的奥氏体晶粒度从 5 ~ 6 级细化到 12 ~ 13 级，就可使 K_{IC} 值从 44.5 MPa(m)$^{1/2}$ 提高到 84 MPa(m)$^{1/2}$。

细化奥氏体晶粒还可以减轻钢的回火脆性，提高断裂韧度。这是由于细小的晶粒组织中晶界面积所占比例较高，所以在杂质含量一定的条件下，单位晶界面积富集的有害杂质含量较低，降低了回火脆性倾向，断裂韧度得以提高。

但也有报导表明细化晶粒不见得对 K_{IC} 的提高有利。如对 40CrNiMo 钢进行超高温(1 200 ℃)快速淬火，晶粒度为 0~1 级，其 K_{IC} 值比正常淬火(晶粒度 7~8 级)的要高，但是断面收缩率 Z、冲击韧性 a_k 值却大幅度降低。

12.3.1.3 第二相

这个因素的影响相当复杂，视具体情况而异。第二相分别为第二相组织、不变形第二相粒子和夹杂物颗粒等时，它们对韧性、强度及塑性的影响是不相同的。

利用第二相组织在变形过程中发生相变诱发塑性的原理发展起来的 TRIP(transformation induced plasticity)钢是一个很好的例子(见 15.1.4 节)。另外，一些高强钢的韧化与钢中马氏体周围存在的少量残余奥氏体有关。一般认为，面心立方结构 γ 相的韧性优于体心立方 α 相，因此，当马氏体中存在少量残余奥氏体时，相当于韧性相的存在，在裂纹扩展过程中能起到止裂和使裂纹尖端钝化的作用。有研究报道，美国的一种沉淀硬化钢 AFC77，随着热处理制度的变化而改变其残余奥氏体含量时，它的断裂韧度因奥氏体含量的增加而线性上升。不过并不是所有材料中的残余奥氏体都是有利于韧性的提高的。高碳合金钢淬火后遗留下来的高碳 γ 相会恶化性能，这种奥氏体在应力诱发相变时转变成非常脆的组分——未回火的高碳马氏体，结果导致开裂、脆性以及延滞性低应力脆断。马氏体时效钢(见 15.2.5 节)是一个利用不变形第二相实现强韧化的例子。以 18Ni 为例，当它的强度与常用的超高强钢 40CrNiMo 相同时(如 R_m =1 700 MPa)，40CrNiMo 的 K_{IC} 值只有 40MPa(m)$^{1/2}$ 左右，而在相同条件下马氏体时效钢的断裂韧度是它的两倍。这种钢是利用在时效过程中析出的 Ni_3Mo、Ni_3Ti、Fe_2Mo 等细小金属间化合物颗粒实现强化的。金属间化合物颗粒与基体间具有良好结合的界面，减少了引发内裂纹的概率。进一步的 TEM 观察显示，钢在受力开裂期间，马氏体时效钢内的微裂纹起源于 Ti(C, N)粒子的断裂；而 40CrNiMo 钢连续性的破坏起源于 MnS 夹杂与基体的分离，形成孔洞后在三向应力作用下扩展。裂纹扩展时，马氏体时效钢中的韧窝逐渐长大并相互连接，韧窝得到充分发展，这个过程比较缓慢，显示出较高的韧性。而 40CrNiMo 钢却由于含有大量碳化物颗粒，由 MnS 夹杂与基体的分离形成的大的孔洞迅速同其他 Fe_3

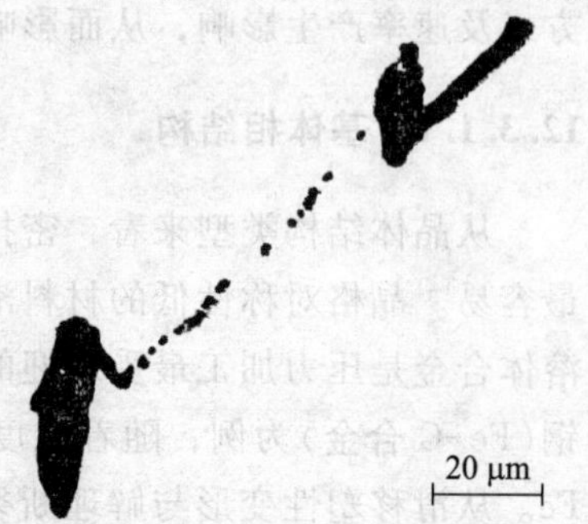

图 12-29 40CrNiMo 钢中的微孔与大的孔洞相连而成裂纹[1]

C 与基体分离形成的小孔洞合并成裂纹(图 12-29)，因此其断裂韧度远低于马氏体时效钢。

如表 12-5 所示，为提高断裂韧度，实际工程中往往通过改进冶炼工艺而降低杂质元素含量，以提高合金的纯净度。例如，CrNiMo 钢中若含有 S、P、Cu、As、Sn 等微量杂质元素，其将偏聚于原奥氏体晶界，增加钢的回火脆性，降低断裂韧度，提高韧脆转变温度，这对于大截面尺寸零件的工程应用是很不利的。

表 12-5 18Ni 马氏体不锈钢在不同冶炼工艺下的 K_{IC}[2]

冶炼工艺	K_{IC}/MPa(m)$^{1/2}$	$R_{p0.2}$/MPa	R_m/MPa
真空感应熔炼	96.7	1 716	1 794
真空感应熔炼+电渣重熔	118	1 755	1 794
真空感应熔炼+真空自耗	128	1 745	1 794

12.3.1.4 合金化

研究合金化对提高材料断裂韧度的影响，要考虑合金元素对强度及塑性和韧性的综合作用、单一合金元素单独的作用以及几种合金元素共同存在时的交互作用。笼统地讲，细化晶粒的元素可提高屈服强度及均匀延伸率，使塑性变形过程中吸收较多的能量，从而使 K_{IC}值提高；强化晶界的微量元素(如微量 B 在 Ni_3Al 金属间化合物中的作用)将提高材料韧性；而有害微量元素(如 P、As、S 等)富集晶界，将导致材料韧性低下；强烈固溶强化或形成脆性相的元素，如碳元素溶入铁形成 Fe-C 合金，过共析钢中先共析渗碳体在原奥氏体晶界的网状析出等，都会导致韧性的低下与致脆。

在不同的强韧化方式中，合金元素所起的作用是不同的。例如，在应力-应变曲线中具有较高强塑积的 TRIP 钢组织由铁素体、贝氏体以及残余奥氏体三相组成，其合金化原则以及组织控制的关键之一是要调节适量的残余奥氏体，同时奥氏体要有恰当的稳定性。若奥氏体过于稳定，将导致在变形产生微裂纹过程中不发生马氏体相变。但也不能过于不稳定，降低相变诱发塑性的效果。又如，马氏体时效钢，将碳含量控制得很低，加入适量的 Ni、Mo、Co 等元素，淬火后经时效处理，靠细小金属间化合物析出强化。这些细小析出物不易形成裂纹源，因而使断裂韧度得以大幅度提高。

以下以钢的强韧化过程为例，将主要合金元素的作用作一般性的归纳。

碳在结构钢和工具钢中起着固溶强化和碳化物析出强化作用，是提高钢的淬透性的元素之一。随碳含量的增加，钢的强度提高、塑性与韧性降低。在断裂过程中碳化物往往成为裂纹形核部位。

铬、镍、锰、钼、硅等是提高钢的淬透性的主要合金元素。其中：

硅也是固溶强化元素，推迟回火脆性并提高韧脆转变温度。

锰降低韧脆转变温度，提高钢的淬透性。在钢中优先与硫形成 MnS，减少 FeS 的数量。MnS 有较好的塑性、较高的熔点，可以防止晶界上 FeS 薄膜熔化形成热裂纹。

镍是有效的韧化元素，降低韧脆转变温度，提高钢的淬透性，是奥氏体稳定元素。

铬在调质钢中提高钢的淬透性，有固溶强化作用，同时也是强烈碳化物形成元素。在不锈钢中提高腐蚀抗力，从而改善腐蚀环境中的断裂韧度，对大气环境中断裂韧度的作用较小。

钼提高钢的淬透性，抑制回火脆性，有固溶强化作用，也是碳化物形成元素。

钴用于马氏体时效钢中，起沉淀硬化作用，促进马氏体形成。

铌是强碳氮化物形成元素，起析出强化作用，细化晶粒。

钛是强碳氮化物形成元素，起析出强化作用，细化晶粒。

钒是强碳氮化物形成元素，细化晶粒。

铝与钢中的氮形成 AlN，可固定晶界，细化晶粒，降低韧脆转变温度。

12.3.2 韧脆转变温度的影响因素

采用系列冲击试验方法试验测定的韧脆转变温度 DBTT 被定义为由韧性断裂向脆性断裂转变的临界温度(图 12-8)。韧脆转变温度的另一表示方法为采用断口形貌准则确定的 FATT (fracture appearance transition temperature)，或落锤试验法测定的无塑性转变温度 NDT(nil ductility temperature)。在韧脆转变温度区域以上，材料处于韧性状态，断裂形式主要为韧性断裂；在韧脆转变温度区域以下，材料处于脆性状态，断裂形式主要为韧脆断裂。韧脆转变温度越低，说明钢材的抵抗冷脆性能越高。

对于一定的材料而言，影响它韧、脆变化的条件分别是力学状态、温度(T)及应变速率($\dot{\varepsilon}$)。但材料由韧变脆，并不见得同时满足这三个条件。三向应力状态(如缺口处的应力状态)以及低温是大多数材料在使用中产生脆断的原因，然而这些影响在高速加载的条件下变得更为严重。

除了以上三个原因以外，材料本身的结构是不可忽略的因素之一。如 BCC 结构的 Fe、Cr、Mo、W 等元素为基体及其构成的固溶体，位错开动时以克服其在点阵中的运动阻力为主。而位错在 BCC 点阵中的运动阻力($P-N$ 力)受温度的强烈影响，点阵阻力随温度降低而大幅度提高，位错难以开动，塑性变形困难；高温下，点阵阻力减小，位错容易运动，材料显示塑性。

包括铁素体钢在内的体心立方结构金属，在一个有限的温度范围内发生断裂时的能量会发生很大的变化，这一现象称为韧脆转变。图 12-30 给出了碳含量对普碳钢以及锰含量对 $w_C=0.05\%$ 钢韧脆转变温度影响的系列冲击试验结果。

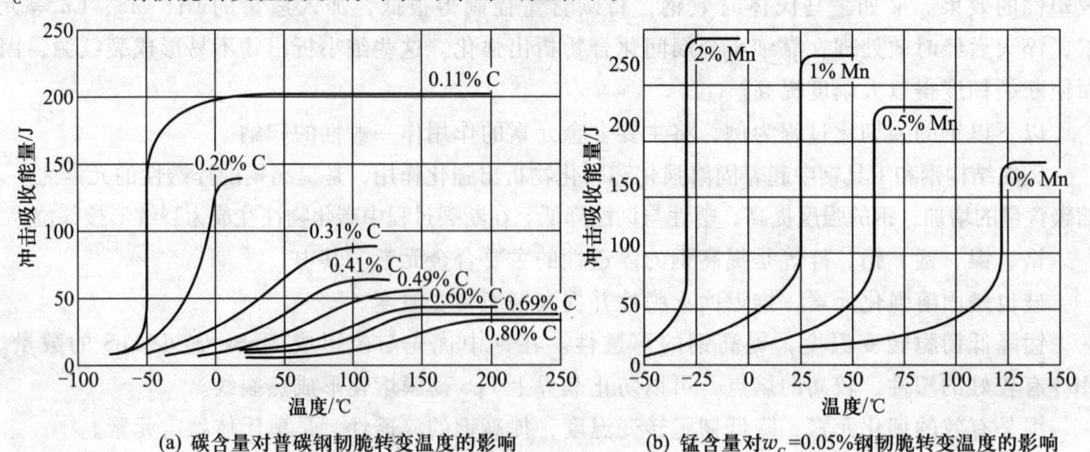

图 12-30 碳含量(质量分数)对普碳钢以及锰含量(质量分数)对 $w_C=0.05\%$ 钢韧脆转变温度影响的系列冲击试验结果[5]

产生这种转变的温度区间与合金的化学成分以及显微结构有关。一般情况下，减小晶粒尺寸能降低中低强度铁素体钢的韧脆转变温度，通过合金化以及热处理及冶炼工艺的改进提高其断裂韧度的因素同样有利于韧脆转变温度的降低。

12.4　钢铁材料的塑性与高塑性化

材料的塑性，指材料在外力作用下发生永久变形而其完整性不受破坏的能力。常见的塑性指标有断后伸长率(拉伸试验中试样即将发生颈缩时其标距间总伸长量与原标距长度之比值)、均匀伸长率(拉伸试验中试样拉断后标距长度的相对伸长值——等于标距的绝对伸长量除以拉伸前试样标距长度)、断面收缩率(拉伸试验中试件被拉断后其最小横截面处的面积与试件初始横截面积之差对初始横截面积的比值)和断裂应变等。

12.4.1　TRIP（transformation induced plasticity）效应

TRIP 效应即相变诱发塑性。在钢和一些具有马氏体转变的合金中都发现有这种效应。TRIP 钢组织由 50%~60%铁素体、25%~40%贝氏体及 5%~15%残余奥氏体等三相组成。残余奥氏体在形变过程中适度的组织不稳定性是导致 TRIP 钢具有高的强度与良好的拉伸塑性的关键。在加载过程中，随着合金加工硬化的同时，形变诱发残余奥氏体发生马氏体相变，裂纹扩展过程中相变和形变的同步发展改善了材料的综合力学性能。比如说，材料在变形过程中逐步硬化、产生裂纹，当裂纹在应力作用下继续扩展时，由裂纹尖端前方的高的集中应力导致局部塑性变形区的产生，诱发了该区域中不稳定的残余奥氏体向马氏体的过渡。因为相变需要消耗能量，也就增加了裂纹扩展过程中的能耗，缓和了裂纹尖端的应力场强度，导致裂纹扩展受阻，从而提高了材料的韧性。同理，合金在拉伸过程中，塑性变形过程中也诱发残余奥氏体向马氏体的相变，经过相变后的局部区域强度提高，这一区域进一步的变形受阻，于是在将变形传递到邻近区域的同时，表现为加工硬化率的上升、拉伸均匀应变量的增加，塑性得到了改善(图 12-31)。相应地，拉伸应力-应变曲线下的面积即“强塑积”提高了。

前已述及，导致低合金 TRIP 钢拥有高塑性和韧性的关键，是钢中残余奥氏体在形变过程中适度的组织不稳定性。合金在形变时能同时发生马氏体相变，相变和形变的同步发展改善了材料的力学性质。要想在形变的同时诱发相变，接受变形的合金就必须处在亚稳状态之下。图 12-32 表示的是在应力和温度共同影响下发生马氏体转变的临界条件。没有外应力时，合金的转变自 M_s 开始。施加载荷后，由于机械能的帮助，马氏体形核可以在高于 M_s 的温度进行。AB 线就是弹性范围内马氏体开始转变线，称为应力诱发相变线。当应力增加到 B 点时，母相屈服，BC 线表示奥氏体相的屈服强度随温度的变化趋向。但能使材料开始相变的是经受一定形变量后的曲线 BD，它称为应变诱发相变线。母相发生塑性变形后，产生更多有利于新相形

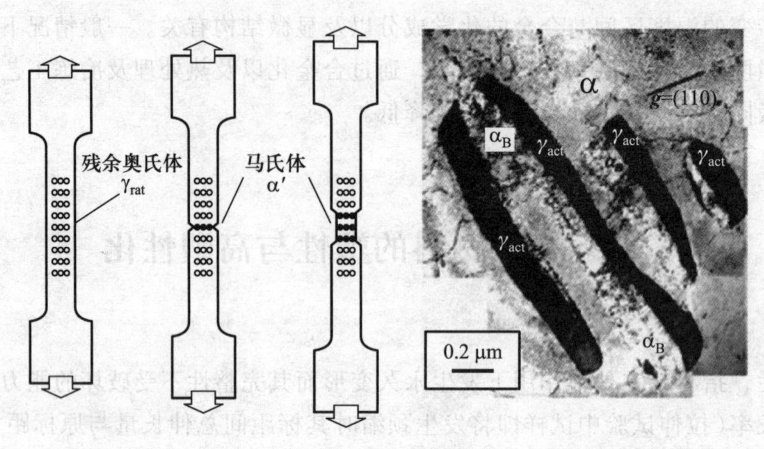

图 12-31 低合金 TRIP 钢形变诱导塑性原理及相变后的组织[7]

核的位置，诱发转变所需的应力就会大大低于诱发相变所需的应力，所以 *BD* 线在 *AB* 延长线的下方。温度越高，相变的化学驱动力越小，诱发转变越困难。到了 M_d点，塑性变形已不起作用，这是应变诱发相变的极限温度，可见这类合金的使用温度必须安排在 $M_s \sim M_d$的范围内，这是设计 TRIP 合金的必要条件。

残余奥氏体的稳定性，可分为化学稳定性和机械稳定性。前者受奥氏体中碳含量的控制，后者与奥氏体的状态有关，如残余奥氏体的成分、晶粒尺寸、奥氏体中的位错密度、内应力状态、形貌与分布等。弥散分布、稳定性较好的残余奥氏体，在一定试验温度条件下，加工硬化系数和均匀延伸率等都可由形变诱导马氏体相变而得到较大程度的提高。几乎所有的低合金 TRIP 钢研究中，都涉及 TRIP 钢中残余奥氏体的稳定性，但对残余奥氏体稳定性却没有一个明确的定义。要真正准确了解残余奥氏体的稳定性，应与 TRIP 钢的服役情况联系起来。其实，体现残余奥氏体最佳稳定性的条件应是“具有低于室温的 M_s^σ 温度，而 M_d温度与受载时的最高温度接近”。归纳起来，可用图 12-32 所示的三个温度区间来表示。

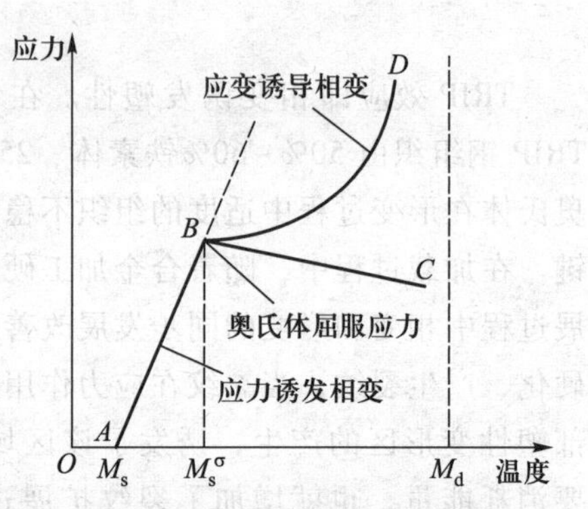

图 12-32 形变对合金马氏体转变温度的影响示意图

（1） $M_s \sim M_s^\sigma$ 区间　在此温度区间，残余奥氏体在已有的形核位置发生马氏体相变。在 M_s^σ 点，残余奥氏体向马氏体转变所需要的应力等于奥氏体的屈服强度。低于这个温度，残余奥氏体在已有形核点发生相变。M_s^σ 提高，因化学驱动力降低，马氏体相变温度升高。

（2） $M_s^\sigma \sim M_d$区间　在 M_s^σ 温度以上，奥氏体向马氏体转变主要由应变诱发引起。马氏体新的形核位置，主要通过奥氏体的滑移所致。应该指出的是，此时相变诱发产生的马氏体不是高 C 板条马氏体类型，也不是脆性较大的板条马氏体。奥氏体的屈服主要由滑移所致，马氏体的形核位置一般在应变诱导形变带的交截面上。

（3）温度高于 M_d　高于 M_d温度，残余奥氏体将不会发生马氏体相变。因为温度越高，堆垛层错能增大，且相变驱动力下降，因此在应变过程中，无马氏体生成。

12.4.2 TWIP（twinning induced plasticity）效应

TWIP 效应指的是孪生诱导塑性。TWIP 效应是 1997 年 Grässel O 等人在研究 Fe-Mn-Si-Al 系 TRIP 钢时发现的，当锰的质量分数达到 25 %时，会产生孪生诱导塑性现象，这一现象被称为 TWIP(twinning induced plasticity)效应。

TWIP 钢具有优异的力学性能，抗拉强度达到 600 ~ 1 100 MPa，延伸率可达 60 %~ 95%。当 Fe-Mn-Si-Al 系钢中锰的质量分数达到 25%、铝的质量分数超过 3%、硅的质量分数在 2%~3%之间时，其强塑积可达 50 000 MPa%以上。TWIP 钢的显微组织为单相奥氏体，没有低温脆性转变温度，具有高的能量吸收能力。

TWIP 钢优异的性能来自其高的加工硬化率。奥氏体高锰钢形变时产生高的位错密度，这些高密度位错区阻碍位错运动产生强化效应，导致高锰钢的加工硬化。由于锰降低层错能(SFE)，随着应变量的增大，位错在$\{111\}_\gamma$面扩展并分解为堆垛层错，交滑移越发困难，利于孪生发生。这些形变孪晶将基体分割成很多小块，位错被锁住。另外，孪晶界的存在使位错运动的阻力增加，高锰钢继续塑性变形需要克服更大的阻力。大量出现的孪晶，其作用类似于晶粒的碎化，孪晶越细则孪晶界构成的阻力越大，应变硬化率提高，金属基体的强化程度越高。虽然完全由孪生提供的形变量是很小的，在奥氏体钢中大约只有 40%左右，但是，孪生对形变的继续进行还是起了一定的作用。因为孪生调整了晶体的取向，使原来不易开动的滑移可以继续进行。这样的对塑性发展有利的孪生现象可以一直延续到断裂的发生，再加上形变过程中奥氏体转化成马氏体会产生 TRIP 效应，即形变过程中奥氏体高锰钢的孪生和马氏体相变($\gamma\to\varepsilon,\gamma\to\varepsilon\to\alpha',\gamma\to\alpha'$)共同推迟了颈缩的发生，从而有效地提高了强度和塑性。

12.4.3 超塑性

所谓**超塑性**，从现象特征来看，就是材料在一定内部条件(如晶粒尺寸、相变组织等)和外部条件下(如形变温度、应变速率等)，显示异常低的流变抗力、异常高的塑性变形的能力的现象。超塑性材料的特点为在超塑性条件下材料具有大延伸率、无颈缩、小应力、易成形。

比较典型的实现超塑变形的条件是形变温度 $T\geqslant0.4T_m$，应变速率约 $10^{-3}\ s^{-1}$。超塑性在金属加工和结构陶瓷的挤胀成形、扩散连接等领域获得了一定的应用。可以把超塑性变形过程理解为：从宏观力学行为来看，在载荷失稳时，不伴随颈缩产生；在颈缩出现后并不直接导致断裂，而是能建立起很长的准稳定变形过程。就微观机理而言，其变形过程是以晶粒旋转、晶界滑移、晶界移动和相界滑动为主，同时伴随着位错滑移、动态回复和动态再结晶等协调作用的复杂过程。对于金属材料而言，实现结构超塑性的基本要求是组织细微、等轴和热稳定性。具有超塑性的金属的特点之一是宏观均匀变形能力好，抗局部变形能力强，或者说对颈缩的传播能力很强，变形抗力小。

许多研究表明，所有成分的过共析钢在 A_1温度附近均具有超塑性(图 12-33)。原因在于随着碳含量的增加，第二相碳化物的比例增大，通过适当工艺获得超细化($\alpha+\theta$)复相组织后，其中细小弥散分布的第二相质点可以有效阻碍超塑性变形过程中铁素体基体的长大，从而表现

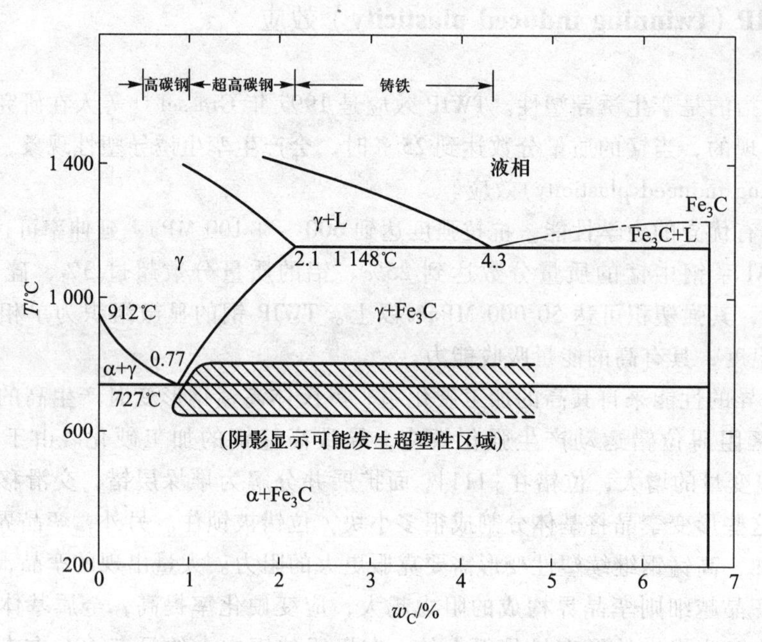

图 12-33　铁-碳合金相图中超塑性产生的温度范围[8]

出良好的超塑性。w_C=1.3%~1.9%的过共析钢在所有超塑性变形温度下都有应变硬化现象，这是因为在超塑性变形过程中发生了晶粒长大。而在 A_1 温度以下的超塑性要好于在 A_1 温度以上的超塑性，这是因为在 A_1 温度以上时，过共析钢中碳化物数量减少，钉扎晶粒长大的效果减弱。激活能的数据表明：在低应变速率条件下，超塑性变形机制受晶界滑移控制，而在高应变速率条件下，变形机制受滑移蠕变控制。

在 A_1 温度附近呈现超塑性行为的过共析钢具有超细晶超塑性的特点。对经各种热机械处理获得的超细化(α+θ)组织的 Fe-1.0C-1.4Cr 钢(质量分数)进行了超塑性的测试，结果如图 12-34 所示。从图中可以看出，试样经 90%温轧+淬火回火(WR+QT)处理后表现出良好的超塑性，在 700 ℃变形时，最大延伸率为 700%左右。同样，直接经淬火回火处理(QT)后的试样也表现出良好的超塑性。这两种工艺所得复相组织表现出优异的超塑性是受晶界滑移机制所控制的，由于(α+θ)复相组织中等轴铁素体晶粒多为大角度晶界，大角度晶界有利于晶界滑移的进行，因而表现出好的超塑性。

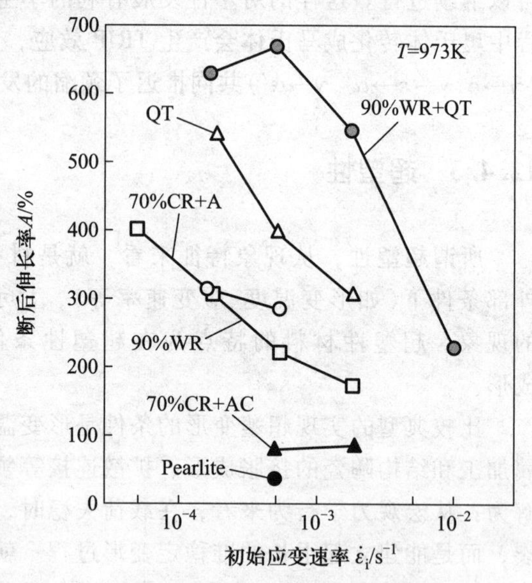

图 12-34　不同工艺处理的 Fe-1.0C-1.4Cr 钢(质量分数)在不同应变速率下的超塑性[9]

12.5 钢铁材料的机械疲劳性能及其改进

金属材料的疲劳抗力是一个与材料基础力学性能相关的复合性能，它不可能脱离材料的强度、塑性乃至韧性等基本特征而孤立存在。研究结果表明，提高材料的强度能有效地提高应力疲劳抗力即高周疲劳抗力，提高材料的塑性能有效地提高应变疲劳的抗力即低周疲劳抗力。一般情况下，**疲劳极限**随抗拉强度的提高相应地增高。对于不同材料，疲劳极限/抗拉强度的比值可能有所差别，但粗略地说约在 0.5。某些钢种的疲劳极限 σ_{-1} 和抗拉强度 R_m 的关系曲线如图 12-35 所示。当 R_m 超过 1 300 ~ 1 400 MPa 时，σ_{-1} 将不再随 R_m 的提高而提高，甚至有所降低。对于缺口试样(应力集中系数 K_t = 1.6~2.1)，σ_{-1}/R_m 的值则在 0.24 ~ 0.30 之间，比光滑试样的小。

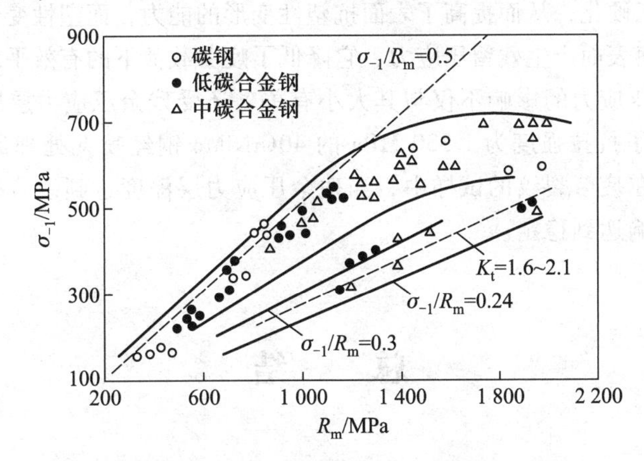

图 12-35 碳钢及合金结构钢的弯曲疲劳极限 σ_{-1} 和抗拉强度 R_m 的关系[1]

延长疲劳寿命的一种方法是降低构件承受的应力范围。这就要求设计者在设计时尽量避免出现尖锐的拐角，以及其他诸如螺栓和铆钉孔等会引起应力升高的结构，但显然这并不总是可行的解决办法。因为在设计形状复杂的构件时，不可能完全消除造成应力升高的因素。由于疲劳裂纹最容易在试样或者构件的表面形成，因此金属材料表层的抗塑性变形能力往往是影响疲劳极限及疲劳裂纹形核寿命的关键因素，表面强化处理是改善疲劳抗力的最有效方法。例如，一个经过仔细磨光而光滑的构件比表面粗糙的构件具有更好的抗疲劳能力。如果加工的刀痕或磨痕不能避免，那么应当使刀痕或磨痕的方向与主载荷方向平行。

表面强化的优点还在于提高疲劳极限的同时，可以避免因强化可能带来的塑性、韧性降低等不利影响。针对高周疲劳对金属材料进行的表面处理主要包括表面淬火热处理，表面喷丸、滚压和表面化学热处理。

钢铁材料中，尤其是轴类和齿轮工件，经常使用表面淬火处理，以获得高硬度、高强度的马氏体等组织，提高表层硬度和强度。表面化学热处理用于低碳钢构件中，主要是进行表层的渗碳、渗氮或者碳氮共渗处理。低碳钢表面渗碳处理后再整体淬火，可通过提高表层马氏体中的碳含量而提高硬度和强度。低碳钢表面渗氮处理，可通过坚硬的表层氮化物层和次表层的氮化物颗粒及固溶的间隙氮原子的强化作用提高强度，从而通过强化而提高抗高周疲劳能力。

表面渗碳是改善用碳钢制造的汽车发动机曲轴的抗疲劳能力的一种方法。曲轴成形后，将其在高碳气氛中加热，通过对碳的吸收和随后的扩散过程提高了表层的碳含量。碳含量的提高导致表面硬化并提高了抗疲劳的能力。此外，还将产生残留压应力，能进一步提高其抗疲劳性能。

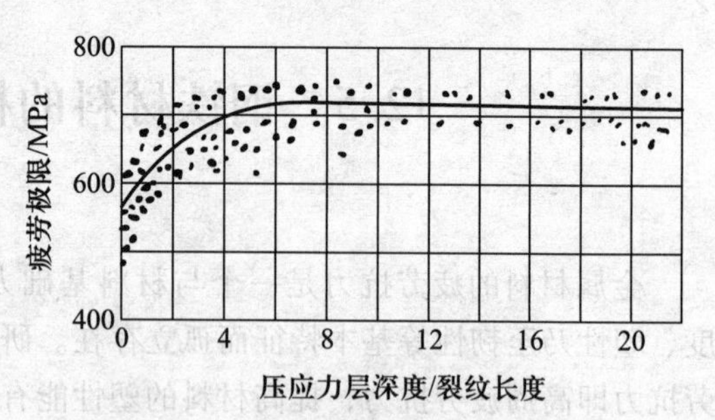

图 12-36 表面经喷丸强化的残余应力对 40CrNiMo 钢疲劳极限的影响[1]

通过金属构件的表面加工硬化处理，可以提高金属构件表层在循环应力作用下发生局部塑性变形的抗力，从而提高疲劳抗力。为此，汽车板簧等某些钢铁构件进行表面喷丸和表面滚压处理。表面喷丸处理是用压缩空气将坚硬的小弹丸高速喷向工件表面，使金属表层发生塑性变形而在表层的一定深度范围内产生加工硬化，从而提高了表面抗塑性变形的能力，而塑性变形正是造成疲劳裂纹萌生的原因。然后，使表面产生残留压应力，它降低了疲劳载荷下的有效平均应力值。

实践表明，残余压应力的影响不仅与其大小有关，还受残余压应力层厚度即分布情况的影响。图 12-36 中给出了抗拉强度为 1 330 MPa 的 40CrNiMo 钢经喷丸处理后，应力层深度对疲劳极限的影响。在存在疲劳裂纹的试样中，当残余压应力层深度达到疲劳裂纹深度的 5 倍以上时，对疲劳极限的影响达到稳定。

总 结

力学性能描述的是材料承受载荷作用时表现出来的行为，即发生所谓弹性变形、塑性变形乃至断裂的行为。工程应用对于结构材料的要求中，基本要求包括刚度、强度、断裂安全等。几乎所有的金属材料都可以通过合金化改变其成分，通过热处理改变其微观组织结构，从而使其强度和韧性等力学性能在较大范围内进行调节。使用材料制造结构构件时，应当在保证结构构件安全可靠性的前提下，尽量减轻构件的质量，节省材料，在最大限度地发挥材料承载能力的同时，还必须考虑它的工艺性能，即加工成形性。

金属材料的强化手段包括固溶强化、位错强化、细化组织强化、弥散强化、相变强化等。高温下使用的材料，必须考虑蠕变的作用与影响。有时候，屈强比也是一个必须考虑的力学性能指标。

结构材料一般均需要一定的韧性、塑性与强度配合。在可能的条件下，尤其是在低温下使用时，材料应具有尽可能低的韧脆转变温度。

常见韧性指标包括冲击吸收能量、断裂韧度等；**拉伸试验强度指标**包括抗拉强度 R_m 和屈服强度（规定塑性延伸强度 R_p，下屈服强度 R_{eL}，上屈服强度 R_{eH} 等），**塑性指标**（英文中通常用 ductility）则包括断后伸长率 A 和断面收缩率 Z。对于高强度高塑性材料，常用强塑积表达材料强度与塑性的配合好坏。

金属材料的疲劳抗力是一个与材料基础力学性能相关的复合性能，它不可能脱离材料的强度、塑性乃至韧性等基本特征而孤立存在。可以用单向拉伸试验得到的强度和塑性等力学性能指标来预测它的疲劳性能。一般情况下，疲劳极限随抗拉强度的提高相应地增高。

材料在一定内部条件(如晶粒尺寸、相变组织等)和外部(如形变温度、应变速率等)条件下可能会显示出异常高的塑性的能力，即超塑性。

重要术语

力学性能(mechanical property)
结构材料(structural materials)
强度(strength)
强化(strengthening)
固溶强化(solution strengthening)
位错强化(dislocation strengthening)
弥散强化(dispersion strengthening)
相变强化(transformation strengthening)
蠕变(creep)
韧化(toughening)
断裂韧度(fracture toughness)
韧脆转变(ductile-brittle transition)
塑性(plasticity,ductility)
延性(ductility)
TRIP 效应(transformation induced plasticity)
TWIP 效应(twinning-induced plasticity)
疲劳(fatigue)
超塑性(superplasticity)

练习与思考

12-1 思考：结构材料如何定义？结构材料常用的使用性能主要包括哪些力学性能？何谓材料的弹性、强度、塑性和韧性？

12-2 思考：金属结构材料常见的弹性指标有哪些？常见强度指标有哪些？常见的塑性指标或延性指标有哪些？常见的韧性指标又有哪些？如何测定？它们对材料的组织结构是否敏感？

12-3 思考：金属材料有哪些常见的强化方法或机制？试举出一些材料组织-性能定量关系的例子。重点讨论晶粒尺寸细化在材料强韧化中的作用与机理。

12-4 为什么说表面强化处理是改善疲劳抗力的最有效方法？可以采用哪些方法对金属材料进行表面强化处理？

12-5 什么是 TRIP 效应？试说明 TRIP 效应有可能使钢高塑性化的原因。

12-6 什么是 TWIP 效应？试说明 TWIP 效应有可能使钢高塑性化的原因。采用 TWIP 效应对钢进行高塑性化有哪些局限性？

12-7 什么是超塑性？试说明超塑性在金属材料领域中的可能应用。

12-8 思考：定义结构材料的如下力学性能指标或特征参量，并试探讨对其有较大影响的组织结构因素。(1)硬度；(2)屈服强度或规定塑性延伸强度，上屈服强度，下屈服强度；

(3)抗拉强度；(4)屈强比；(5)比强度；(6)断后伸长率；(7)均匀伸长率(最大力塑性延伸率)；(8)断面收缩率；(9)冲击吸收能量；(10)韧脆转变温度；(11)断裂韧度；(12)蠕变强度(蠕变极限)；(13)持久强度；(14)疲劳强度

提示：对于题 12-8 的后一要求，属于拓展式研讨内容，难度偏大。需要学生在学习本章、本书甚至在将来的科研活动中不断补充和完善自己给出的答案。

12-9 练习：鉴于目前许多手册与文献中拉伸试验相关的旧名词和旧符号仍频繁出现，附表 12-1 给出了新旧国家标准(旧标准如 GB/T 228—1987,新标准如 GB/T 228.1—2010)拉伸试验测得的性能指标新旧名词和符号对照表以方便应用。练习根据新名词和符号写出旧名词和符号，或根据旧名词和旧符号写出新名词和新符号(注意有的并无变化,有的则无对应符号)。

附表 12-1

名称	真应力、真应变	工程应力、工程应变	屈服强度		抗拉强度	断后伸长率	断面收缩率
旧	σ、ε	σ、ε	σ_s 或条件屈服强度 $\sigma_{0.2}$		σ_b	δ	ψ
新	σ、ε	R、e	上屈服强度 R_{eH} 下屈服强度 R_{eL}	常用：规定塑性延伸强度 $R_{p0.2}$ (其值为规定延伸率为 0.2%时的应力)	R_m	A	Z

参考文献

[1] 何肇基. 金属的力学性质. 2 版. 北京：冶金工业出版社，1989.

[2] 杨王玥，强文江. 材料力学行为. 北京：化学工业出版社，2009.

[3] COURTNEY TH. Mechanical behavior of materials. 北京：机械工业出版社，2004.

[4] 布赖恩 皮克林 F. 材料科学与技术丛书：钢的组织与性能. 刘嘉禾，等，译. 北京：科学出版社，1999.

[5] SCHAFFERJP，SAXENAA，ANTOLOVICHSD. et al. The Science and design of engineering materials. 2nd ed. New York：McGraw-Hill，1999.

[6] SUN ZQ，YANG WY，QI JJ，et al. Deformation enhanced transformation and dynamic recrystallization of ferrite in a low carbon steel during multipass hot deformation. Materials Science and Engineering，2002，A334，201—206.

[7] DE COOMAN BC. Structure-properties relationship in TRIP steels containing carbide-free bainite. Current opinion in solid state&materials science，2004，8，285—303.

[8] WALSER B，SHERBY OD. Mechanical behavior of superplastic ultrahigh carbon steels at elevated temperature. Metallurgical transactions A，1979，10(10)，1461—1470.

[9] FURUHARA T，MAKI T. Grain boundary engineering for superplasticity in steels. Journal of materials science，2005，40，919—926.

13 钢铁热处理原理

所谓钢的热处理，是指采用适当的方式对金属材料或工件进行加热、保温和冷却以获得预期的组织结构与性能的工艺，如图 13-1 所示。它与钢的合金化是两种相辅相成的改善钢铁材料性能的方法。热处理之所以能改变钢的性能，是因为钢在加热、保温和冷却过程中会发生不同类型的相变和组织转变，从而得到不同的组织和性能。

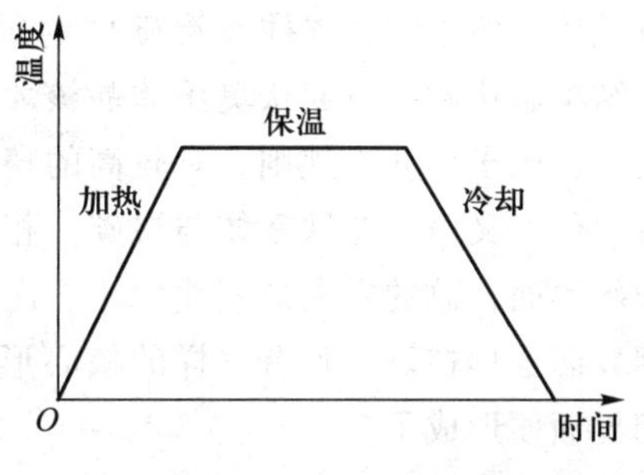

图 13-1　热处理工艺曲线示意图

13.1　钢的加热转变

13.1.1　奥氏体形成的热力学条件

钢中奥氏体和珠光体的吉布斯自由能随温度变化的曲线如图 13-2 所示，当温度低于钢的相变临界点 A_1 点时，$G_P<G_\gamma$，珠光体为稳定状态；反之，奥氏体为稳定状态。因此，当把珠光体加热到 A_1 点以上时，珠光体必将自发地向奥氏体转变。

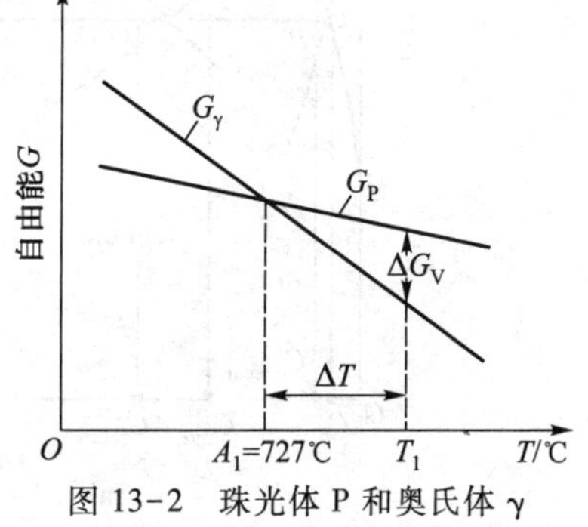

图 13-2　珠光体 P 和奥氏体 γ 的自由能随温度变化的示意图

奥氏体核心形成时，系统总自由能变化 ΔG 为：

$$\Delta G=-\Delta G_V+\Delta G_s+\Delta G_e$$

式中：ΔG_V——奥氏体与珠光体之间体积自由能之差，即 $\Delta G_V=G_\gamma-G_P$；

ΔG_s——形成奥氏体核心时所增加的表面能。

ΔG_e——形成奥氏体核心时所增加的应变能。

只有当 $\Delta G\leqslant0$，即 $\Delta G_V\geqslant\Delta G_s+\Delta G_e$ 时，珠光体才能自

发地向奥氏体转变。由此可见，只有在 A_1 点以上，当珠光体向奥氏体转变的驱动力 ΔG_V 能够克服因奥氏体核心形成所增加的表面能 ΔG_s 和应变能 ΔG_e 时，珠光体才有可能自发地形成奥氏体。所以，奥氏体的形成必须在一定的过热度(ΔT)下才能发生。同理，冷却时奥氏体向珠光体的转变也必须在一定的过冷度下才能发生。

13.1.2 奥氏体形成的四个阶段

奥氏体可通过扩散与非扩散两种方式形成。在高速加热时，奥氏体是通过非扩散方式形成的(即当加热温度高于 A_{c3}后,珠光体中的铁素体首先以非扩散方式转变为奥氏体,然后碳化物再溶解)。而在较低速加热时，奥氏体则是通过扩散方式形成的。以共析碳钢为例，当把片状珠光体加热至 A_{c1}以上时，奥氏体晶核将优先在铁素体和渗碳体相界面上形成。这是由于新形成的奥氏体与原来的铁素体及渗碳体的碳含量和点阵结构相差很大，必须依靠系统内的浓度起伏、结构起伏和能量起伏奥氏体晶核才能形成。在铁素体和渗碳体两相界面处，碳原子浓度相差较大，原子排列不规则，有较高的畸变能，易出现奥氏体形核所需的浓度起伏、结构起伏和能量起伏。又由于在铁素体与渗碳体相界面上是在已有的界面上形核，形核时只是将原有界面变为新界面，总的界面能变化较小，需要消耗的应变能也较小，故奥氏体最易在铁素体和渗碳体相界面上形核。一旦有这样的核心形成，两个新的相界面即奥氏体-铁素体和奥氏体-渗碳体相界面便形成了。

假定相界面是平直的，那么在 A_{c1}以上某一温度 T_1 时，系统中相界面处各相中的碳浓度可由 $Fe-Fe_3C$ 相图来确定，如图 13-3a 所示。图中 $C_{\alpha-\gamma}$表示与奥氏体相接触的铁素体的碳浓度，$C'_{\alpha-cem}$表示与渗碳体相接触的铁素体的碳浓度(沿 QP 延长线变化)，$C_{\gamma-\alpha}$表示与铁素体相接触的奥氏体的碳浓度，$C_{\gamma-cem}$表示与渗碳体相接触的奥氏体的碳浓度，$C_{cem-\gamma}$表示与奥氏体相接触的渗碳体的碳浓度(即 6.69%)。由于 $C_{\gamma-cem}>C_{\gamma-\alpha}$，亦即在奥氏体内存在一个碳浓度梯度，因此

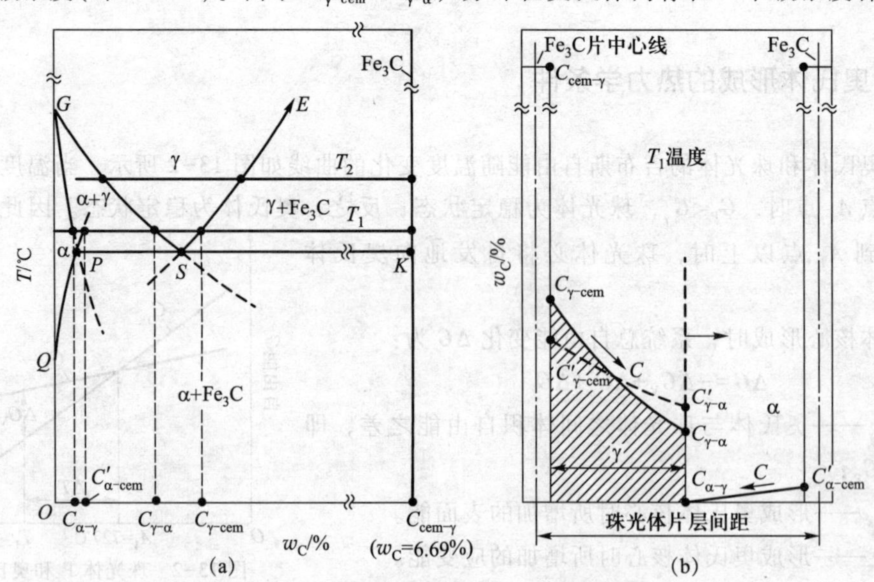

图 13-3 共析碳钢奥氏体形成时各相界面上的碳浓度

碳必然要从高浓度的奥氏体-渗碳体相界面一边向低浓度的奥氏体-铁素体相界面扩散，结果$C_{\gamma-cem}$降低到$C'_{\gamma-cem}$，$C_{\gamma-\alpha}$升高到$C'_{\gamma-\alpha}$(图 13-3b)，相界面处碳浓度平衡被破坏。为了恢复并维持相界面处碳浓度的平衡，渗碳体必须溶解以供应碳量，使该界面处奥氏体的碳浓度升高到$C_{\gamma-cem}$。铁素体必须转变为奥氏体，使该界面处奥氏体的碳浓度降低到$C_{\gamma-\alpha}$。这样，奥氏体的相界面就自然而然地同时向渗碳体和铁素体中推移，使奥氏体不断长大。此过程主要受碳原子的扩散所控制，铁原子的自扩散影响较小。

由于($C_{cem-\gamma}-C_{\gamma-cem}$)显著大于($C_{\gamma-\alpha}-C_{\alpha-\gamma}$)，因此在奥氏体晶核长大过程中，只需溶解一小部分渗碳体就能使相界面处奥氏体的碳浓度趋于平衡，但必须消耗大量的铁素体，相界面处奥氏体的碳浓度才能趋于平衡。所以，铁素体向奥氏体的转变速度比渗碳体的溶解速度要大得多，珠光体中铁素体总是先消失，剩余的渗碳体需在继续加热或保温过程中才能逐渐溶解。

由于碳在奥氏体中扩散均匀化的速度比铁原子通过自扩散完成晶格改组的速度小，所以在残余渗碳体完全溶解后，奥氏体内碳的分布仍是不均匀的。原来是渗碳体的区域碳浓度仍然高，原来是铁素体的区域碳浓度仍然低，只有继续加热或保温使碳原子扩散均匀，奥氏体的成分才能均匀化。

综上所述，共析碳钢的奥氏体化过程可分为四个阶段，即奥氏体晶核的形成、长大，残余渗碳体的溶解和奥氏体成分的均匀化。对于亚共析碳钢，由于原始组织中不仅有珠光体，而且还有先共析铁素体，故在A_{c1}~A_{c3}之间加热时，还会有一个从先共析铁素体向奥氏体转变的过程。此过程既可以是已生成的奥氏体晶粒“吞并”周围的铁素体晶粒，也可以是通过“形核-长大”机理形成新的奥氏体晶粒。同样，对于过共析碳钢，由于原始组织中不仅有珠光体，而且还有先共析渗碳体，故在A_{c1}~ A_{cm}之间加热时，还会有一个先共析渗碳体的溶解过程。只有当加热温度高于A_{c3}或A_{cm}时，这些过剩相才会完全转变成奥氏体。对于含有碳、硼、磷、锡、锑、铌、钼或稀土元素的钢，在奥氏体化过程中溶质原子还会向铁素体-奥氏体相界偏聚，并随相界一起移动。当铁素体完全转变为奥氏体后，溶质原子还会继续向奥氏体晶界偏聚，以达到平衡偏聚浓度。加热时奥氏体化的程度会直接影响冷却时的转变过程以及转变产物的组织和性能。

13.1.3 奥氏体等温形成动力学

研究奥氏体等温形成动力学的方法通常是：将若干共析碳钢小试样加热到A_{c1}以上某温度保温，每隔一段时间取出一块试样急冷到室温，然后测出各试样中马氏体的数量，即为高温下形成的奥氏体量。根据测得的结果，作出各温度下奥氏体形成量和时间的关系曲线，即为奥氏体等温形成动力学曲线，如图 13-4a 所示。为了研究问题方便，通常把不同温度下转变相同数量奥氏体所需的时间绘制在温度-时间图上，此即为奥氏体等温形成图，如图 13-4b 所示。图 13-4b 只描述了铁素体刚刚完全转变为奥氏体时的情况，如果把残余渗碳体的溶解及奥氏体成分均匀化过程全部描述在共析碳钢奥氏体等温形成图中，则如图 13-5 所示。

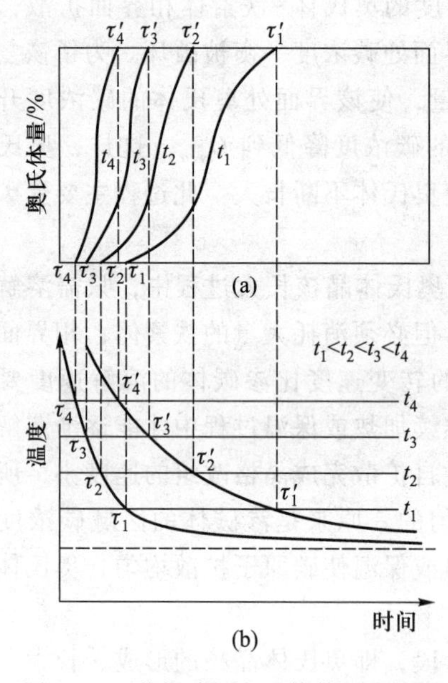

图 13-4 共析碳钢奥氏体等温形成图

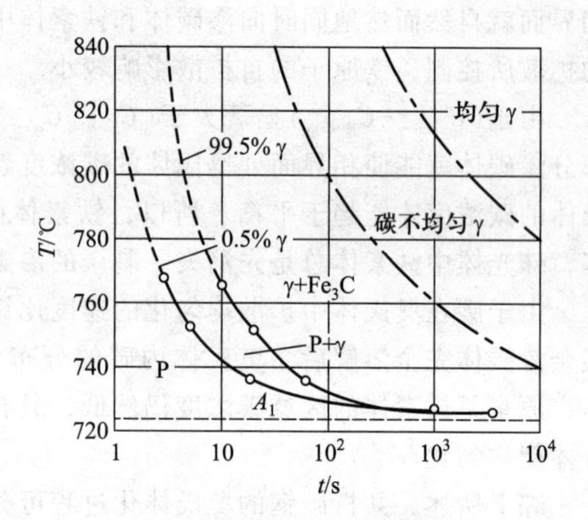

图 13-5 奥氏体等温形成动力学曲线示意图

由图 13-4 和图 13-5 可以看出：①奥氏体的形成需要等待一段时间，这段时间称为孕育期，温度愈高，孕育期愈短。孕育期的作用是等待出现适当的浓度起伏和能量起伏，以形成临界晶核。②奥氏体形成速度在整个转变过程中是不同的，开始时较小，之后逐渐增大，在奥氏体形成量约为 50%时达到最大，然后又逐渐减小。③温度越高，完成转变所需要的时间越短，即奥氏体形成速度越大。④在整个奥氏体形成过程中，残余渗碳体的溶解，特别是奥氏体成分均匀化所需的时间最长。

在实际采用的连续加热过程中，加热速度愈大，奥氏体开始形成的温度愈高，完成转变所需要的时间则愈短。与等温转变不同的是，连续加热时转变是在一个温度范围内完成的。

13.1.4 奥氏体晶粒长大与晶粒度的评测

13.1.4.1 奥氏体晶粒长大倾向

钢的奥氏体晶粒大小显著地影响着冷却转变产物的组织和性能，对改善钢的强韧性至关重要。不同钢种奥氏体晶粒长大的倾向是不同的，既受钢成分的影响，又受炼钢方法和热处理工艺等因素的影响。

在冶金工业部标准 YB 27-64 中，我国曾将在 930 ±10 ℃保温 3~8 h 后其奥氏体晶粒度级别为 1~4 级的称为本质粗晶粒钢(其奥氏体晶粒长大的倾向大)，晶粒度为 5~8 级的则为本质细晶粒钢(其奥氏体晶粒长大的倾向小)。两类钢在不同加热温度下奥氏体晶粒长大情况如图 13-6 所示。可以看出，本质粗晶粒钢在不太高的温度下奥氏体晶粒便明

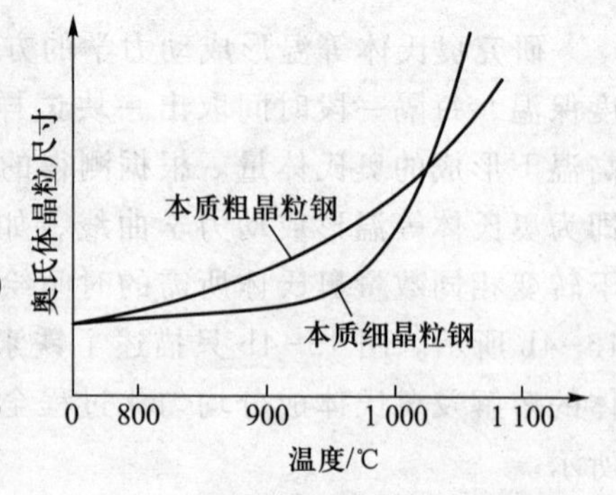

图 13-6 本质粗晶粒钢与本质细晶粒钢的奥氏体晶粒长大示意图

显长大，而本质细晶粒钢则要在温度超过 950 ℃后，奥氏体晶粒才明显长大。此时，本质细晶粒钢奥氏体晶粒长大倾向反而比本质粗晶粒钢大。因此，当加热温度很高(如超过 1 100 ℃)时，本质细晶粒钢也可能得到十分粗大的实际晶粒(钛微合金化则可以将奥氏体晶粒粗化推向更高温度)。

钢中奥氏体晶粒长大的驱动力是晶界自由能(即界面能)，长大的方式是通过晶界迁移即晶界原子扩散使一些晶粒长大，另一些晶粒缩小直至消失，故凡是能影响这两者的因素都会改变奥氏体晶粒长大的进程。钢的化学成分对奥氏体晶粒长大有重要影响。例如，随着钢中碳含量的增加，若碳全部溶入奥氏体中，奥氏体晶粒长大倾向增加；若碳以未溶碳化物形式存在，则可起阻碍奥氏体晶粒长大的作用。未溶解的弥散分布的氮化物比碳化物能够更有效地阻碍高温下的奥氏体晶粒粗化。除磷和锰(高碳时)能促进奥氏体晶粒长大以外，其他合金元素均不同程度地阻碍奥氏体晶粒长大。工程上常用 AlN 和 TiN 等来细化奥氏体晶粒(详见 13.7.1 节)。

13.1.4.2 平均晶粒度的评测方法

金属材料与无机非金属材料中的晶粒大小有多种表示方法，最常用的是显微晶粒度级别数 G 和晶粒平均截距，其测定方法包括比较法、截点法和面积法等，既可以采用人工法，有条件时也可选用自动图像分析法。建议参阅国家标准 GB/T 6394—2002《金属平均晶粒度测定方法》和 GB/T 21865—2008《用半自动和自动图像分析法测量平均粒度的标准测试方法》，或参阅其后的修订版本。

显微晶粒度级别数 G 与晶粒大小间的关系为：

$$N=2^{G-1}$$

式中，N 为在放大 100 倍下每平方英寸(645.16 mm^2)面积内包含的平均晶粒个数。早期将晶粒度级别分为 8 级，现在已将显微晶粒度级别扩展到了 00 级至 14 级(表 13-1)。

比较法利用金相显微镜的目镜插片或采用标准挂图，通过与标准系列评级图对比来评定平均晶粒度级别，不需要计算任何晶粒、截点或截距。用比较法评估晶粒度一般存在一定的偏差(±0.5 级)，评估值的重现性与再现性通常为±1 级。比较法多用于工业界对晶粒度精度要求不是太高的批量人工检验，既方便又实用。

面积法是通过计算金相磨面上已知面积内的晶粒个数，利用单位面积内晶粒数来确定晶粒度级别数 G(表 13-1)。通过合理计数可实现±0.25 级的精确度，重现性与再现性小于±0.5级。应注意，当晶界显示不完整时，采用自动图像分析时忌用面积法。

截点法是测量计算已知长度的测试线(或网格)与金相磨面上晶界线交截形成的截点数，利用单位长度测试线上的截点数或晶粒平均截距来确定晶粒度级别数 G，其中晶粒平均截距常常直接用于表示平均晶粒尺寸(例如 Hall-Patch 关系式中的晶粒尺寸变量)。通过合理使用截点法可实现±0.25 级的精确度，重现性与再现性小于±0.5 级。而且，利用截点法测定晶粒度级别数 G 的效率比面积法更高，还可用于形态上各向异性的晶粒组织，通过体视学(定量金相)方法还可以继而估算单位体积中的晶界面积，从而截点法在材料科学研究领域中的应用较其他方法更为广泛。

表 13-1　任意取向、均匀、等轴晶粒的显微晶粒度关系（GB/T 21865—2008）

显数晶粒度级别数 G	单位面积内晶粒数 $\overline{N}_a$		晶粒平均截面积 $\overline{A}$		单位长度内晶粒数 $\overline{N}_L$ 单位长度的截点数 $\overline{P}_L$	平均截距 l	
	1/in^2(100×)	1/mm^2(1×)	mm^2	μm^2	mm^{-1}	mm	μm
00	0.25	3.88	0.258 1	258 100	2.210	0.452 5	452.5
0	0.50	7.75	0.120 0	129 000	3.125	0.320 0	**320.0**
0.5	0.71	10.96	0.091 2	91 200	3.716	0.269 1	269.1
1.0	1.00	15.50	0.064 5	64 500	4.419	0.226 3	226.3
1.5	1.41	21.92	0.045 6	45 600	5.256	0.190 3	190.3
2.0	2.00	31.00	0.032 3	32 300	6.250	0.160 0	**160.0**
2.5	2.83	43.84	0.022 8	22 800	7.433	0.134 5	134.5
3.0	4.00	62.00	0.016 1	16 100	8.839	0.113 1	113.1
3.5	5.66	87.68	0.011 4	11 400	10.511	0.095 14	95.1
4.0	8.00	124.00	0.008 06	8 060	12.500	0.080 00	**80.0**
4.5	11.31	175.36	0.005 70	5 700	14.865	0.067 27	67.3
5.0	16.00	248.00	0.004 03	4 030	17.678	0.056 57	56.6
5.5	22.63	350.73	0.002 85	2 850	21.023	0.047 57	47.6
6.0	32.00	496.00	0.002 02	2 020	25.000	0.040 00	**40.0**
6.5	45.25	701.45	0.001 43	1 430	29.730	0.033 64	33.6
7.0	64.00	992.00	0.001 01	1 010	35.356	0.028 28	28.3
7.5	90.51	1 402.90	0.000 713	713	42.045	0.023 78	23.8
8.0	128.00	1 984.00	0.000 504	504	50.000	0.020 00	**20.0**
8.5	181.02	2 805.81	0.000 356	356	59.461	0.016 82	16.8
9.0	256.00	3 968.01	0.000 252	252	70.711	0.014 14	14.1
9.5	362.04	5 614.61	0.000 178	178	84.090	0.011 89	11.9
10.0	512.00	7 936.02	0.000 126	126	100.001	0.010 00	**10.0**
10.5	724.08	11 223.22	0.000 089 1	89.1	118.922	0.008 409	8.4
11.0	1 024.00	15 872.03	0.000 063 0	63.0	141.423	0.007 071	7.1
11.5	1 448.15	22 446.44	0.000 044 6	44.6	168.181	0.005 946	5.9
12.0	2 048.00	31 744.06	0.000 031 5	31.5	200.002	0.005 000	**5.0**
12.5	2 898.31	44 892.89	0.000 022 3	22.3	237.844	0.004 204	4.2
13.0	4 096.00	63 488.13	0.000 015 8	15.8	282.845	0.003 536	3.5
13.5	4 792.62	89 785.77	0.000 011 1	11.1	336.362	0.002 973	3.0
14.0	8 192.00	126 976.25	0.000 007 9	7.9	400.004	0.002 500	**2.5**

注：表中加粗数字仅为便于加深读者印象与记忆，无特殊物理意义。

钢加热过程中形成的奥氏体组织一般均符合“任意取向、均匀、等轴晶粒”这一要求，从而上述各种晶粒度评测方法和表 13-1 适用于奥氏体晶粒大小的测定和奥氏体晶粒长大的定量表征。对于那些非等轴晶粒组织和多相组织中某一个相的晶粒尺寸的定量表征，则需要根据具体情况设计专门的取样和观测方法。

13.2　钢的过冷奥氏体转变图

钢中奥氏体在冷却时的组织转变既可在某一恒定温度下进行，又可在连续冷却过程中进行。随着冷却条件的不同，奥氏体发生转变的温度也不同。由于这种转变是一种非平衡相变，因此不能完全依据 Fe-Fe_3C 相图来分析和判定。为了掌握奥氏体在过冷条件下发生转变的行为，人们通过试验手段建立了过冷奥氏体转变图。

13.2.1　过冷奥氏体等温转变图（TTT 图）

冷至临界温度以下的奥氏体处于热力学不稳定状态，称为过冷奥氏体。在过冷奥氏体转变过程中，不仅有组织转变和力学性能变化，而且还有比容和磁性改变，因此可以用金相法、硬度法、膨胀法或磁性法等来测定过冷奥氏体的转变图。通常配合应用两三种方法来测定，其中金相法是最基本的。下面以共析碳钢为例，用金相-硬度法测定其过冷奥氏体等温转变图。

将若干共析碳钢小试样加热奥氏体化后，迅速转入 A_1 以下某温度的盐浴炉中等温，每过一段时间取出一个试样淬入盐水中，使尚未分解的过冷奥氏体转变为马氏体。然后，用金相-硬度法测定不同温度下经一定时间等温后转变产物的类型和转变百分数，并将结果绘制成曲线，即为过冷奥氏体等温转变动力学曲线，如图 13-7a 所示。由于所采用的测定方法的灵敏度不同，测得的转变开始时间与转变终了时间也就不同，所以，通常以出现 1% 转变产物的等温时间作为转变开始点，以得到 98% 转变产物的等温时间作为转变终了点。在实际生产中，常把上述等温转变动力学曲线改绘成图 13-7b 所示的形式，即把各个温度下测得的过冷奥氏体转变开始时间和转变终了时间分别描绘在以温度为纵坐标，时间对数为横坐标的图上，并各自连成一条曲线，构成过冷奥氏体转变开始线与转变终了线，同时将马氏体转变开始温度 M_s 也以水平线的形式画在此

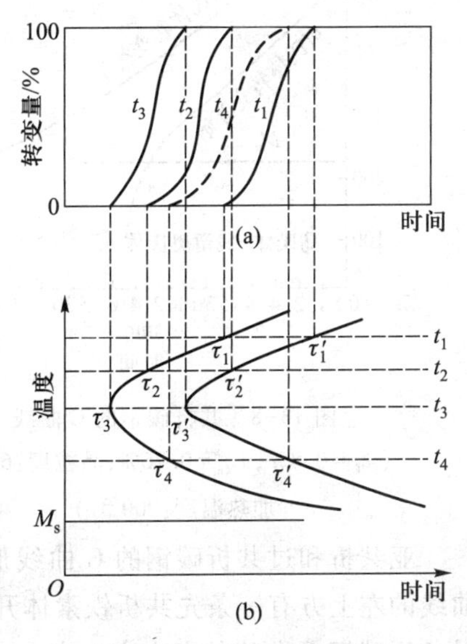

图 13-7　过冷奥氏体等温转变图作法示意图

图中。由于这种过冷奥氏体等温转变动力学曲线的形状大致呈英文字母“C”形，故常将其称为过冷奥氏体等温转变 C 曲线(简称 C 曲线)，又称为 TTT(time temperature transformation)图，它反映了过冷奥氏体转变产物及转变量与温度、时间之间的关系。图 13-8 为共析碳钢的 C 曲线。

由图 13-7 和图 13-8 可以看出：①将奥氏体冷至临界温度以下，它并不马上分解，必须等温一段时间后才开始分解，这段时间称为孕育期。奥氏体分解开始后，其分解速度逐渐加快，在转变量约为 50%时分解速度达到最大，然后又逐渐减慢，直至转变终了。②随着等温温度从临界温度逐渐降低，过冷奥氏体分解的孕育期逐渐缩短，转变速度加快。温度降至某一温度时，孕育期最短，转变速度最快(通常把此处称为 C 曲线的鼻部或拐点)。温度再降低，孕育期反而增长，转变速度也随之减慢。这是由于随着等温温度的降低，过冷度增大，奥氏体与珠光体的自由能差越来越大，相变驱动力增强，从而使过冷奥氏体分解的孕育期和转变时间缩短。但随着等温温度降低，原子活动能力减小，扩散过程变得愈来愈困难，又使过冷奥氏体分解的孕育期和转变时间增长。③对于碳钢，在其 C 曲线鼻部以上为过冷奥氏体高温转变区，生成珠光体；在鼻部以下至 M_s 点之间为中温转变区，生成贝氏体；在 M_s 点以下为低温转变区，生成马氏体。实际上，共析碳钢的 C 曲线是由珠光体转变的 C 曲线和贝氏体转变的 C 曲线组成的(图 13-9)，只不过两条 C 曲线鼻部的温度较接近，几乎重叠在一起，故看起来只有一条 C 曲线，一个鼻部。

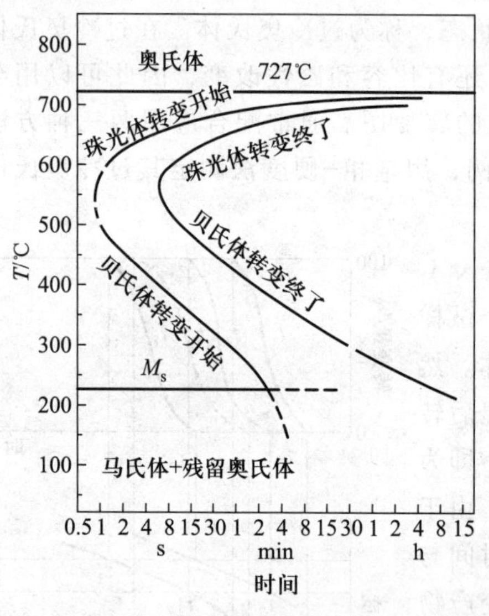

图 13-8 共析碳钢的 C 曲线

(w_C = 0.8%，w_{Mn} = 0.76%，晶粒度：6 级，

加热温度：900 ℃)

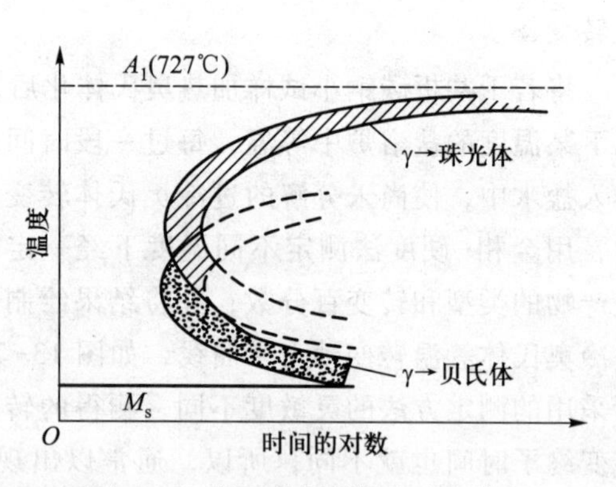

图 13-9 普通共析碳钢中珠光体和贝氏体转变 C 曲线相对位置示意图

亚共析和过共析碳钢的 C 曲线形状基本与共析碳钢相似，所不同的只是在亚共析碳钢 C 曲线的左上方有一条先共析铁素体开始析出线，如图 13-10 所示。在 A_{cm} 以上完全奥氏体化的过共析碳钢 C 曲线的左上方也有一条先共析渗碳体开始析出线，如图 13-11 所示。钢的成分偏离共析成分愈远，这条先共析相开始析出线距离珠光体转变开始线也就愈远。

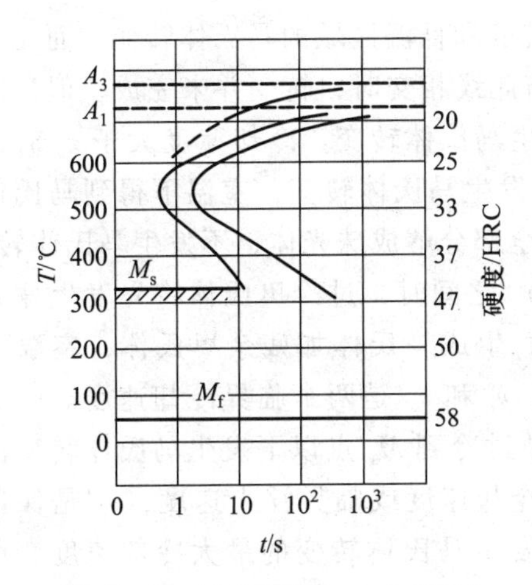

图 13-10　亚共析钢($w_C = 0.54\%$)
过冷奥氏体等温转变图

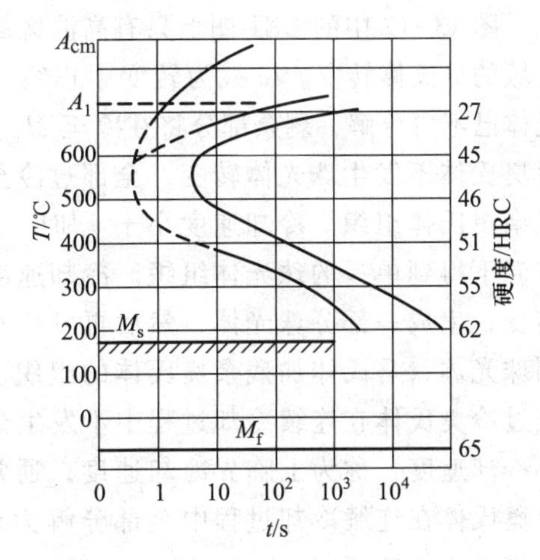

图 13-11　过共析钢($w_C = 1.13\%$)
过冷奥氏体等温转变图

13.2.2　过冷奥氏体连续冷却转变图（CCT 图）

等温转变图反映了过冷奥氏体等温转变的规律，是制订等温热处理工艺的依据。然而，实际生产中的热处理大多采用连续冷却的方式，虽然此时也可以利用等温转变图来分析过冷奥氏体的转变过程，但这种分析只是粗略的，有时甚至会得出错误的结果，因此建立连续冷却转变图是十分必要和迫切的。由于连续冷却转变比较复杂，测试起来比较困难，所以至今仍有许多钢的连续冷却转变图有待精确测定。

过冷奥氏体连续冷却转变图的测定可综合应用金相法、硬度法和膨胀法。以共析碳钢为例，用膨胀法测定过冷奥氏体连续冷却转变图的过程如下：首先将若干 $\phi 3\times10$ mm 的共析碳钢小试样点焊上铂铑热电偶，并将热电偶与温度-时间记录仪相连，然后将试样在真空中感应加热至奥氏体状态，并以不同速度连续冷却。用快速膨胀仪确定以不同速度冷却至室温时试样长度随温度的变化曲线，根据曲线上的拐点确定出不同冷速下连续冷却时转变的开始点与终了点。将这些点画在温度-时间对数坐标图中，并将转变开始点与终了点分别连接起来，便得到过冷奥氏体连续冷却转变(continuous cooling transformation)图，简称 CCT 曲线，如图 13-12 所示。为了比较，图中同时画出了该钢的 C 曲线。由图可知，共析碳钢的 CCT 曲线位于 C 曲线的右下方，这表明连续冷却条件下过冷奥氏体转变的开始时间推迟了，开始温度降低了。

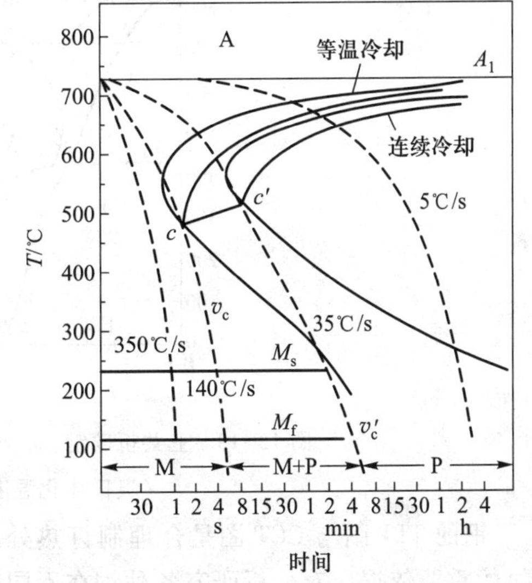

图 13-12　共析碳钢过冷奥氏体连续冷却转变图与等温转变图的相互位置关系

图 13-12 中的 CCT 图上只有高温区域的珠光体转变和低温区域的马氏体转变，而无中温区域的贝氏体转变。cc'线为转变中止线，冷却曲线与此线相交时，转变并未完成，但过冷奥氏体已不再分解，剩余部分将在冷至 M_s 点以下后发生马氏体转变。冷却速度大于 v_c 时，过冷奥氏体不发生珠光体转变，全部过冷至 M_s 点以下发生马氏体转变，室温下得到马氏体加残余奥氏体组织。冷却速度小于 v_c'时，过冷奥氏体全部分解成珠光体，不发生马氏体转变，室温下得到单一的珠光体组织。冷却速度介于 v_c 与 v_c'之间时，过冷奥氏体将先发生珠光体转变，生成一部分珠光体，然后再发生马氏体转变，生成马氏体加残余奥氏体，室温下得到珠光体、马氏体加残余奥氏体的组织。由此可见，v_c 和 v_c'是两个临界冷却速度。v_c 是保证过冷奥氏体在连续冷却过程中不发生分解，全部被过冷到 M_s 点以下发生马氏体转变的最小冷却速度，称为上临界冷却速度，通常也叫临界冷却速度或临界淬火速度；v_c'是保证过冷奥氏体在连续冷却过程中全部分解为珠光体而不发生马氏体转变的最大冷却速度，称为下临界冷却速度。

图 13-13 是亚共析碳钢的连续冷却转变图，图中 A、F、P、B、M 分别代表奥氏体、铁素体、珠光体、贝氏体和马氏体区域。各条冷却曲线与不同转变终了线相交处的数字，表示已转变为其他产物的过冷奥氏体的百分数。例如，冷却曲线 4 与珠光体转变开始线(相当于先共析铁素体析出结束线)相交处的数字 40，表示已有 40%的过冷奥氏体转变为先共析铁素体，而与珠光体转变终了线相交处的数字 60，则表示已有 60%的过冷奥氏体转变为珠光体，二者之和为 100%，说明过冷奥氏体此时已全部转变完了，最终组织的布氏硬度如各条冷却曲线下端的数字所示。从图 13-13 可以看出，亚共析碳钢的 CCT 图中不仅出现了先共析铁素体析出区，而且出现了贝氏体转变区。过共析碳钢的 CCT 图与共析碳钢极为相似，也没有贝氏体转变区，所不同的是在 A_{cm} 以上奥氏体化的过共析碳钢的 CCT 图中有先共析渗碳体析出区。

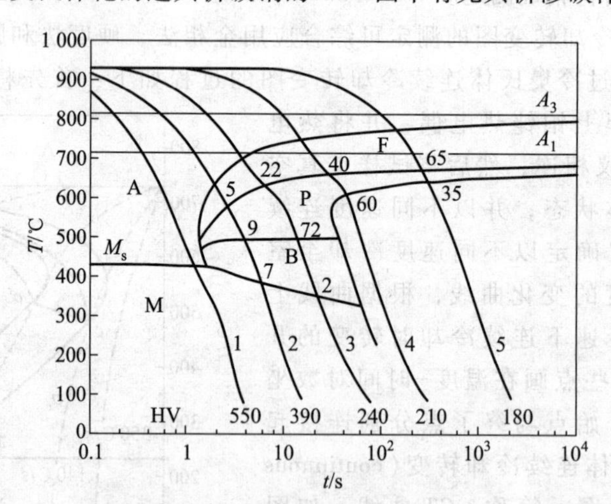

图 13-13 亚共析碳钢($w_C = 0.30\%$)的过冷奥氏体连续冷却转变图

(奥氏体化温度:930 ℃;时间:30 min)

钢的 TTT 图与 CCT 图是合理制订热处理工艺规程和发展新的热处理工艺(如形变热处理等)的重要依据，对分析研究各种钢在不同热处理条件下的组织与性能，合理选用钢材等也有较大的指导作用，因此在生产实践与科学研究中得到广泛应用，具有重要的实际意义。

13.3 钢的珠光体转变

13.3.1 珠光体的组织形态与性能特点

共析碳钢加热到均匀奥氏体状态后缓慢冷却，在 A_1 以下至 550 ℃的温度区间，过冷奥氏体将分解成由铁素体与渗碳体组成的珠光体，其典型金相形态为厚片状铁素体与薄片状渗碳体交替排列的片层状组织，如图 13-14 所示。一片铁素体与一片渗碳体的厚度之和称为珠光体的片层间距(或片间距)，片层方向大致相同的区域称为珠光体团或珠光体领域。在一个原奥氏体晶粒内，往往可形成若干位向不同的珠光体团，如图 13-15 所示。

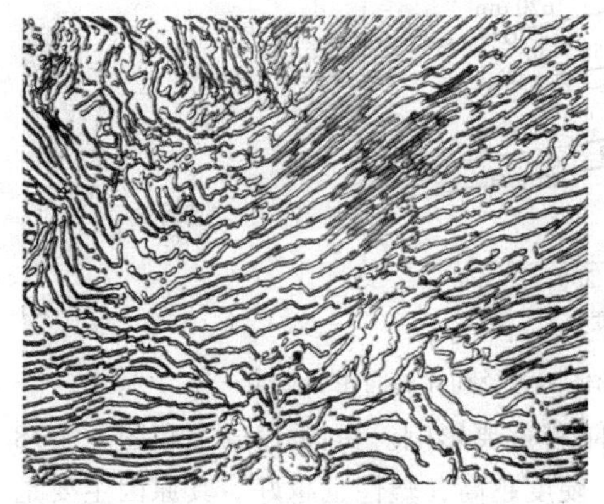

图 13-14　片状珠光体
(T8A 钢;820 ℃退火;原放大倍数 500×)

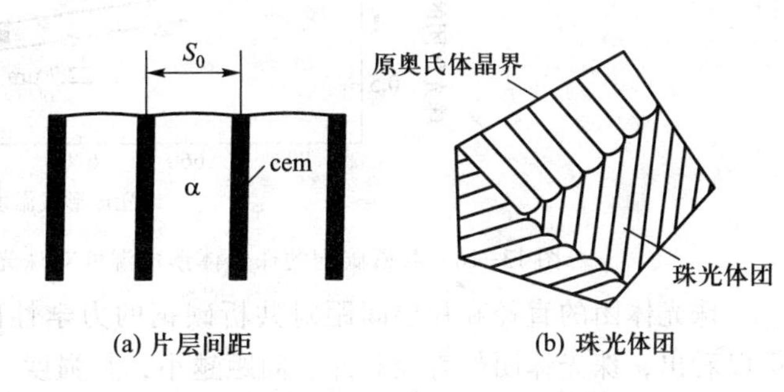

图 13-15　片状珠光体示意图

由于过冷奥氏体向珠光体转变温度的高低不同，珠光体中铁素体及渗碳体片的厚度也不同。根据片层间距的大小不同，可将珠光体细分为以下三类：①在 A_1~650 ℃范围内形成的珠光体片层较厚，平均片层间距大于 0.5 μm。在低于 400 倍的光学显微镜下就能分辨出层片的珠光体通常称为粗大珠光体或简称为珠光体。②在 600~650 ℃范围内形成的珠光体片层较薄，平均片层间距为 0.3~0.4 μm。在大于 500 倍的光学显微镜下可分辨出层片的珠光体，称为细珠光体或索氏体。③在 550~600 ℃范围内形成的珠光体片层更薄，平均片层间距小于 0.1 μm，即使在高倍光学显微镜下也无法分辨出层片。只有在电子显微镜下才能分辨出层片的珠光体，称为极细珠光体或屈氏体。珠光体、索氏体和屈氏体均属于珠光体型组织，三者之间并无本质差别，且无严格的温度界限，只是其片层厚度不同。

如图 13-16 所示，珠光体形成温度越低，其片层间距和团直径越小。原始奥氏体晶粒尺寸越小，珠光体团的直径也越小，但原始奥氏体晶粒尺寸对珠光体片层间距影响不大。

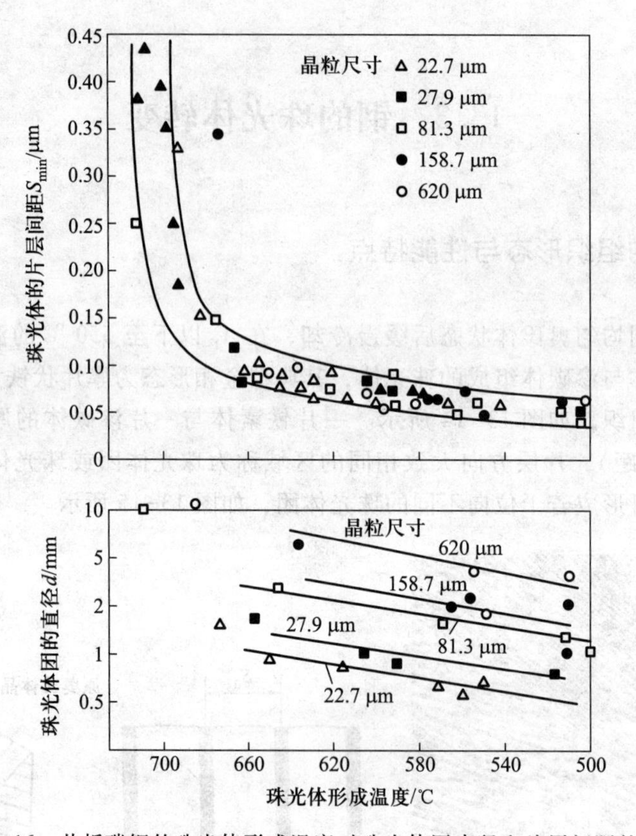

图 13-16 共析碳钢的珠光体形成温度对珠光体团直径和片层间距的影响

珠光体团的直径和片层间距对共析碳钢的力学性能有重要影响。由图 13-17 和图 13-18 可以看出，珠光体团的直径和片层间距越小，其强度、硬度越高，塑性也越好。其原因主要是

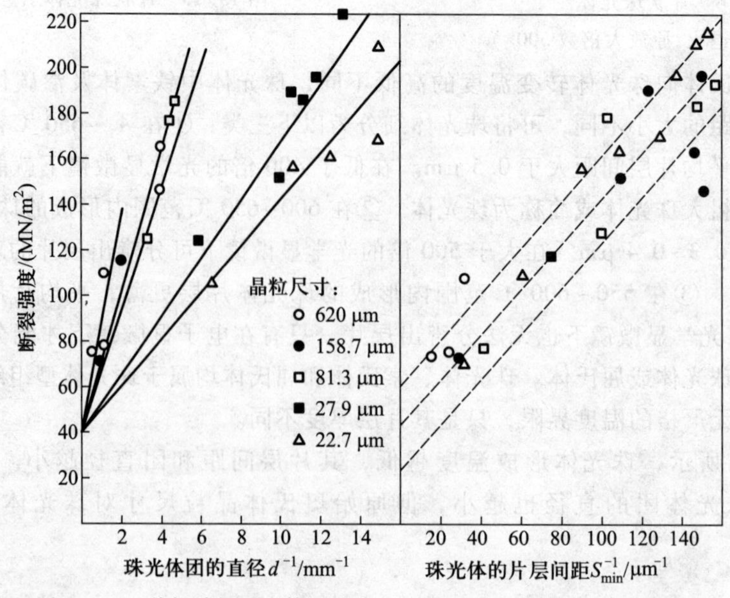

图 13-17 共析碳钢珠光体团的直径和片层间距对断裂强度的影响

铁素体与渗碳体片越薄，相界面积越大，在外力作用下，其抗塑性变形(即位错运动)的能力就越强。而且由于渗碳体片很薄，容易变形，不易脆裂，因而钢的塑性变形能力也增强。珠光体团直径减小，表明单位体积内珠光体片层排列方向增多，每一个有利于塑性变形的区域减小，局部发生大量塑性变形引起应力集中的可能性随之减小，因而既增大了强度又提高了塑性。

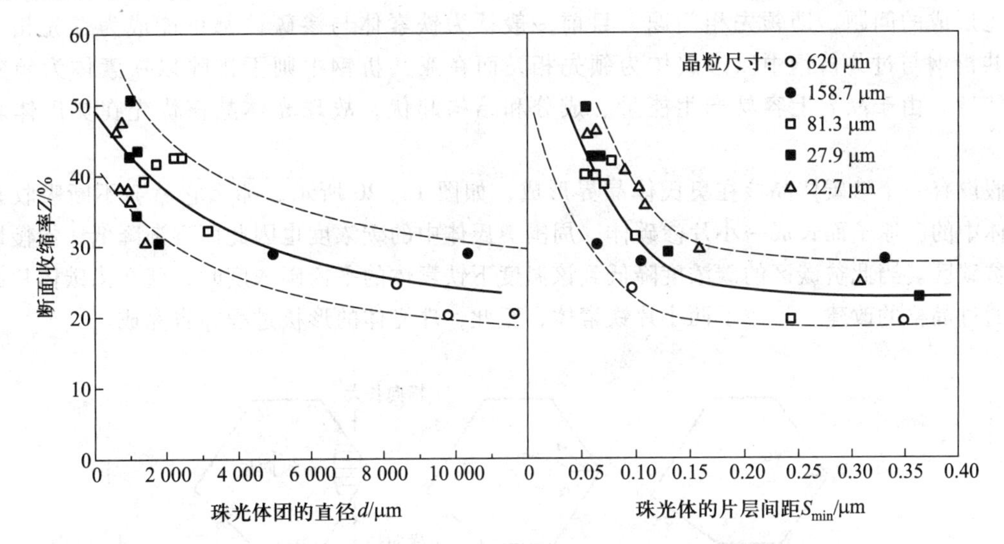

图 13-18　共析碳素钢珠光体团的直径和片层间距对断面收缩率的影响

除片状珠光体外，在工业用钢中，还可见到铁素体基本上分布着颗粒状渗碳体的组织，称为粒状(或球状)珠光体，如图 13-19 所示。通过适当的热处理，可使片状珠光体变为粒状珠光体。粒状珠光体比片状珠光体具有更少的相界面，因而其强度和硬度较低，但塑性较好。实践证明，具有粒状珠光体组织的钢材，其切削加工性和淬火工艺性等都比具有片状珠光体组织的同种钢材好。

图 13-19　粒状珠光体(T10A 钢;球化退火;原放大倍数 500×)

13.3.2　珠光体转变的机理

珠光体转变是一个由 $w_C=0.77\%$ 的奥氏体分解为 $w_C=6.69\%$ 的渗碳体和 $w_C=0.02\%$ 的铁素

体的转变，转变中必然包含着碳的扩散与重新分布和晶格的改建过程，因此此转变属扩散型转变，由形核和晶核长大两个基本过程组成。

既然珠光体是由铁素体与渗碳体组成的，那么珠光体的形核也就是这两相形核。由于铁素体与渗碳体在同一微小区域内同时出现的可能性很小，因此珠光体的形核存在哪一个相首先形成的问题，即领先相问题。目前一般认为铁素体与渗碳体都可能成为领先相。通常在共析钢与过共析钢中以渗碳体为领先相，而在亚共析钢中则不排除以铁素体为领先相的可能性。由于晶界上容易产生能量、成分和结构起伏，故珠光体晶核优先在奥氏体晶界形成。

假设有一个渗碳体晶核在奥氏体晶界形成，如图 13-20 所示，那么它就会不断吸收邻近奥氏体中的碳原子而长成一小片渗碳体，周围奥氏体中的碳浓度也因此而逐渐降低，慢慢地变成了贫碳区。当此贫碳区的碳浓度降低到该温度下铁素体的平衡碳浓度时，就在渗碳体片的两侧，通过晶格的改建，形成了两小片铁素体，至此，珠光体的形核过程即告完成。

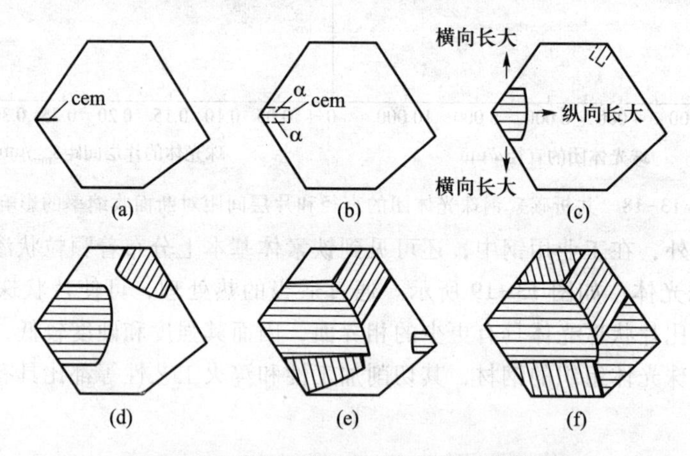

图 13-20 片状珠光体形核与长大过程示意图

珠光体晶核形成后，随着等温时间的延长，它会继续沿横向和纵向向奥氏体晶粒内长大。如图 13-20 所示，在奥氏体晶界形成一小片渗碳体和两小片铁素体后，渗碳体片只能沿纵向长大，而铁素体片则既可以沿纵向长大，又可以沿横向长大。当铁素体片横向长大时，它必然要向侧面的奥氏体中排出多余的碳，因而增大了侧面奥氏体的碳浓度，这就促进了另一片新的渗碳体在铁素体一侧生成。新的渗碳体片的生成必然会使邻近的奥氏体贫碳，这就促进了另一片新的铁素体在渗碳体一侧生成。如此连续不断地进行下去就形成了许多铁素体-渗碳体相间的片层，于是珠光体晶核也就横向长大了。

图 13-21 显示出了珠光体晶核纵向长大的机理。在珠光体刚刚出现，奥氏体、渗碳体和铁素体三相共存的情况下，过冷奥氏体中的碳浓度分布是不均匀的。与铁素体相邻的奥氏体碳浓度较高，为 $C_{\gamma-\alpha}$；与渗碳体相邻的奥氏体碳浓度较低，为 $C_{\gamma-cem}$。因此碳原子必然会自发地从高碳奥氏体区向低碳奥氏体区扩散，结果铁素体前沿的奥氏体碳浓度降低（$<C_{\gamma-\alpha}$），渗碳体前沿的奥氏体碳浓度升高（$>C_{\gamma-cem}$），打破了该温度下相界面处的碳浓度平衡。为了恢复并维持相界面处的碳浓度平衡，铁素体必须向奥氏体内长大，以使其前面的奥氏体碳浓度升高；渗碳体也必须向奥氏体内长大，以使其前面的奥氏体碳浓度降低，珠光体晶核就如此得以沿纵向

长大。

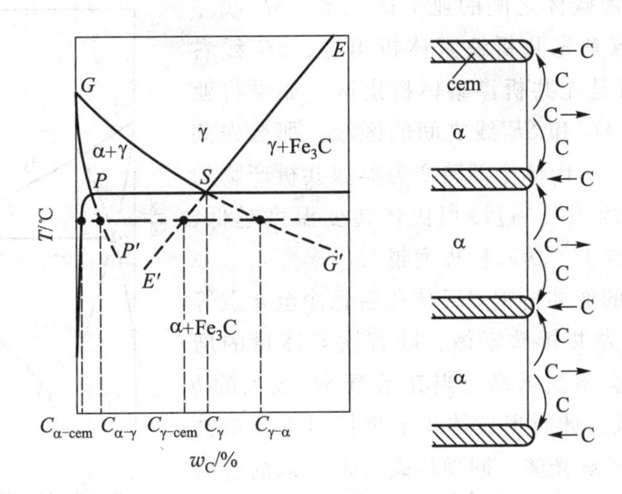

图 13-21 片状珠光体形成时碳原子扩散示意图

由于奥氏体晶界上不只形成一个珠光体晶核(图 13-20)，且在长大着的珠光体与奥氏体的相界上，也有可能产生新的具有另一长大方向的珠光体晶核。因此在原始奥氏体晶粒中，各种不同取向的珠光体晶核不断长大，直到长大着的各个珠光体团相碰，奥氏体全部转变为珠光体时，珠光体的形成才告结束。这就是片状珠光体的协作形成机理。

研究表明，在渗碳体晶核生成之后，晶核的长大有时还可能是以渗碳体为主干，通过它的分枝或分杈一边向前长大，一边向周围(横向)扩展，铁素体则协调地在渗碳体的枝间形成，如图 13-22 所示。这就是片状珠光体的分枝长大机理。

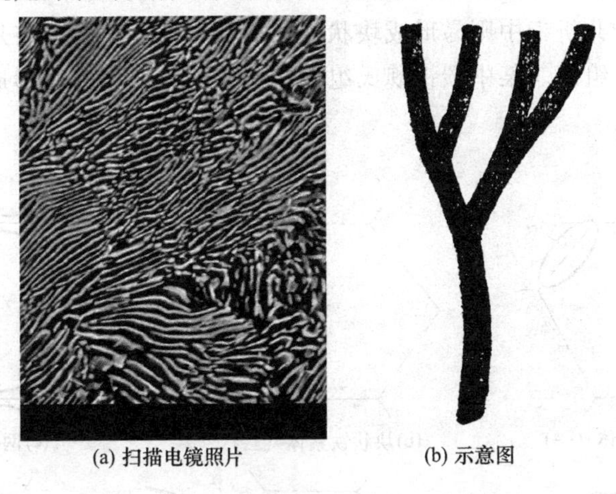

(a) 扫描电镜照片　　(b) 示意图

图 13-22 珠光体中渗碳体片的分枝长大

13.3.3 亚(或过)共析钢的珠光体转变

亚或过共析钢的珠光体转变，基本上与共析钢相似，所不同的只是需要考虑先共析铁素体或先共析渗碳体的析出。

图 13-23 是铁碳准平衡示意图，图中 SG'和 SE'线分别是 GS 和 ES 线的延长线，表示 A_1以

下奥氏体与铁素体和渗碳体之间的亚平衡关系。SE'线左面、GS线下面的区域是先共析铁素体析出区，SG'线右面、ES线下面的区域是先共析渗碳体析出区。如果将亚(或过)共析钢快冷到SG'和SE'线之间的区域，那么先共析相将不再析出，过冷奥氏体全部转变为类似共析产物的组织，称为“伪共析组织”。过冷奥氏体转变温度越低，先共析相析出的数量越少，伪共析程度越大。

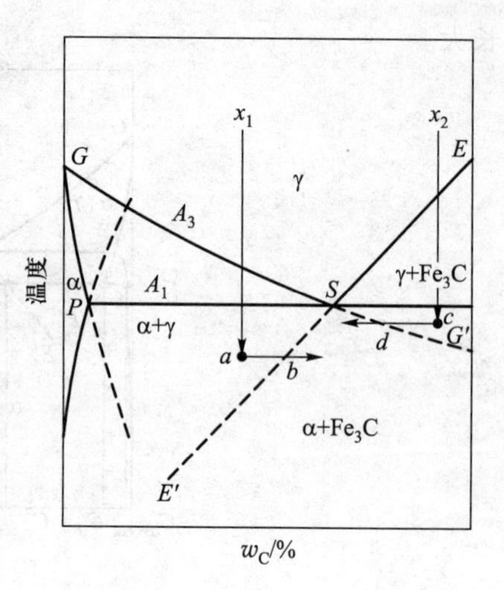

图 13-23 铁碳准平衡示意图

若将碳含量为x_1的亚共析钢奥氏体化后急冷至a点等温，那么钢中将析出先共析铁素体，随着铁素体量的增加，奥氏体的碳含量会不断增高。当其增至SE'线上的b点时，就进入$E'SG'$区，此时奥氏体将不再析出先共析铁素体而是转变为伪共析珠光体。同理将碳含量为x_2的过共析钢奥氏体化后急冷至c点等温，那么钢中将析出先共析渗碳体。随着渗碳体量的增加，奥氏体的碳含量会不断降低。当其降至SG'线上的d点时，就进入$E'SG'$区，此时奥氏体将不再析出先共析渗碳体而是转变为伪共析珠光体。

先共析铁素体的金相形态大致可分为块状、网状和片状(或针状)三类，而先共析渗碳体的金相形态则只有网状和片状(或针状)两类，除非在某些反常的特殊情况下，否则一般看不到块状渗碳体。图 13-24 显示出了亚共析钢中先共析铁素体的各种金相形态。在钢的碳含量接近共析成分、奥氏体晶粒较粗大、冷却速度较慢的情况下，易形成网状先共析相；在过冷度较大、奥氏体晶粒粗大、冷却速度又比较适中的情况下，易形成片状(或针状)先共析相；在偏离共析成分较远的亚共析钢中则易形成块状先共析铁素体。工业上将片状或针状先共析相加珠光体的组织称为魏氏组织。某中碳钢魏氏组织铁素体的显微照片及形成机理分析可见上册图 8-10。

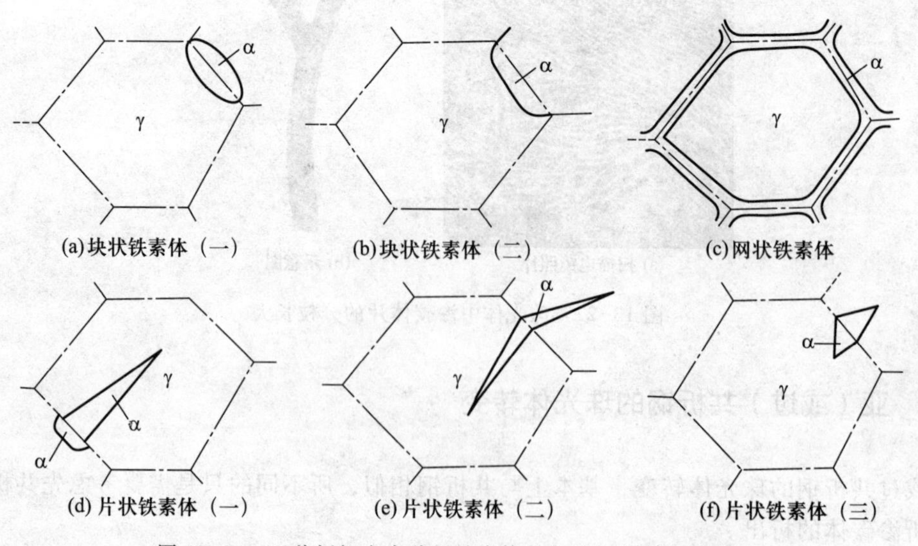

图 13-24 亚共析钢中先共析铁素体的各种金相形态示意图

13.4 钢的马氏体转变

钢经奥氏体化后快速冷却，抑制其扩散性转变，在较低温度下发生的转变称为马氏体转变。在热处理上，把这种操作称为淬火。淬火是热处理中最重要的工序之一，也是钢强化的主要手段。马氏体转变的定义与一般规律可见上册 8.1.3.2 节。

13.4.1 马氏体的晶体结构及转变特征

13.4.1.1 马氏体的晶体结构

Fe-C 合金马氏体是碳在 α-Fe 中的过饱和固溶体，碳原子在马氏体点阵中的可能位置是 α-Fe 体心立方单胞的各棱边中央和面心位置，这些位置实际上是由 Fe 原子组成的扁八面体间隙，如图 13-25 所示。该间隙长轴方向的直径为$\sqrt{2}a$，短轴方向的直径为 a。经计算，α-Fe 中这些间隙在短轴方向上的半径仅 0.19Å，而碳原子的有效半径是 0.77Å。故碳原子占据这些间隙后，必然使这些间隙的短轴方向伸长。马氏体点阵中并非所有八面体间隙都有碳原子存在，这些位置可以分为三组，每组都构成一个八面体，碳原子分别占据着这些八面体的顶点，被称为亚点阵，如图 13-26 所示。图 13-26a 示出了第三亚点阵，该点阵中所有碳原子所在的扁八面体间隙的短轴方向均平行于 α-Fe 体心立方单胞的 c 轴；图 13-26b 示出了第二亚点阵，该点阵中所有碳原子所在的扁八面体间隙的短轴方向均平行于 α-Fe 体心立方单胞的 b 轴；图 13-26c 示出了第一亚点阵，该点阵中所有碳原子所在的扁八面体间隙的短轴方向均平行于 α-Fe 体心立方单胞的 a 轴。如果碳原子在这三个亚点阵上分布的几率相等，即无序分布，则马氏体应为立方点阵。但实际上，在室温以上马氏体点阵中有近 80%的碳原子优先占据第三亚点阵，只有 20%的碳原子分布在另外两个亚点阵上。因此，w_C>0.2%的马氏体是体心正方点阵，c/a 值称为马氏体的正方度。正方度越小，则无序分布程度越大。对于 w_C<0.2%的马氏体，由于在淬火后室温停留过程中，所有碳原子都偏聚到了位错线附近，并不在扁八面体间隙位置，故其晶体结构为体心立方，$c/a=1$。如图 13-27 所示，随着钢中碳含量的升高，马氏体的点阵常数 c 增大，a 减小，正方度 c/a 值也随之增大。

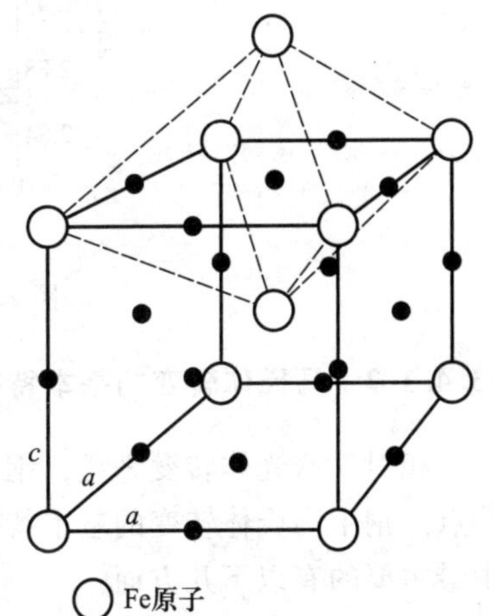

图 13-25 碳原子在马氏体点阵中的可能位置示意图

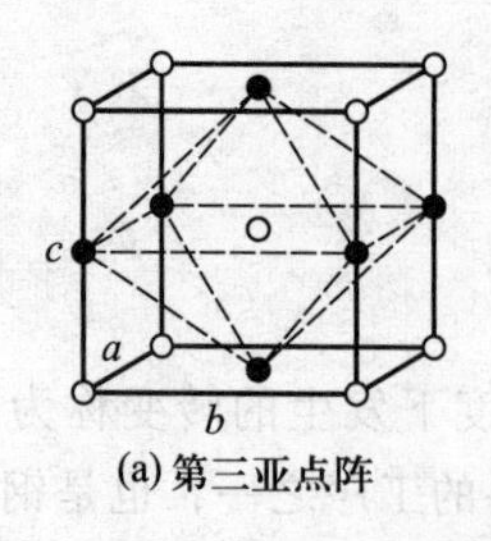

(a) 第三亚点阵

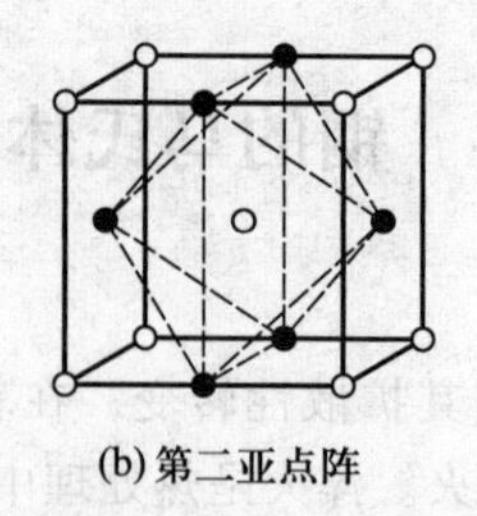
(b) 第二亚点阵

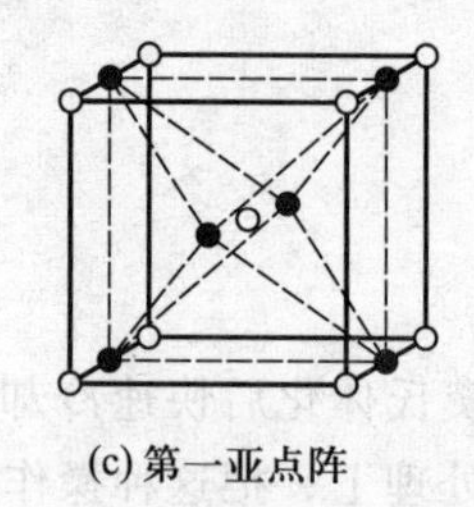
(c) 第一亚点阵

○ Fe原子 ● C原子的可能位置

图 13-26 碳原子在马氏体点阵中的可能位置构成的亚点阵

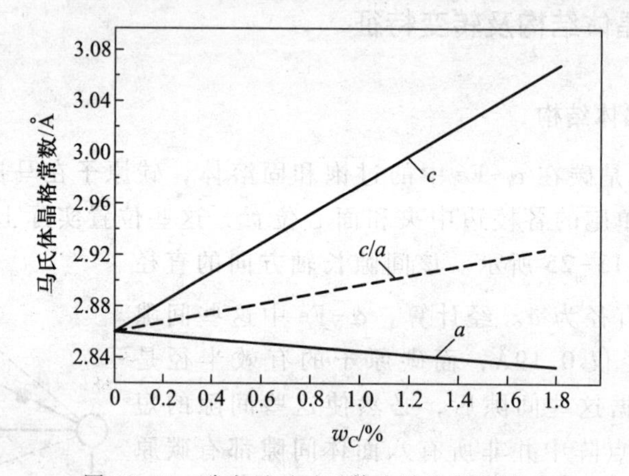

图 13-27 碳含量对马氏体点阵常数的影响

13.4.1.2 马氏体转变的基本特征

相对于珠光体转变来说，钢中的马氏体转变是在更低的温度下进行的，因而具有一系列的特点。钢中马氏体转变的基本特征与第 8 章固态相变中介绍的马氏体转变的共性特征类同，其中最主要的有以下几方面：

1. 表面浮凸现象和切变共格性

人们很早就发现，马氏体转变发生后，预先磨光的平整的高碳钢样品表面出现了浮凸现象，如图 13-28 所示，这说明马氏体转变和母相的宏观切变有着密切的关系，图 13-29 为马氏体转变时引起表面浮凸的示意图。

从图 13-29a 可以看出，马氏体形成时，由于母相奥氏体发生了宏观切变，和马氏体相交的试样表面一边凹陷、一边凸起，并牵动相邻的奥氏体突出试样表面，从而引起了表面浮凸。相变前磨面上的直线划痕 *ACB*，在相变后被折成了 *ACC'B'*(图 13-29b)。由此可见，马氏体的形成是以切变的方式实现的，马氏体与奥氏体之间界面上的原子既属于马氏体又属于奥氏体，是共有的，并且整个相界面是互相牵制的，这种界面称为“切变共格”界面。

图 13-28 钢因马氏体转变而产生的表面浮凸

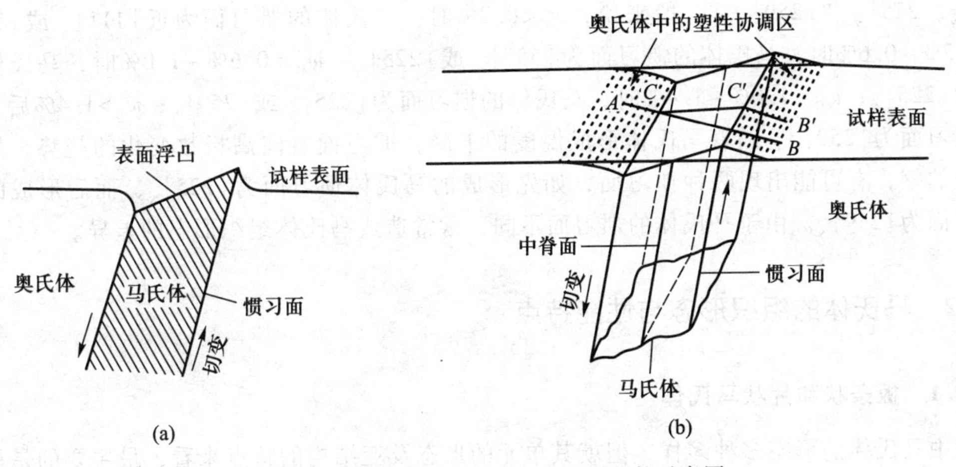

图 13-29 马氏体转变时引起表面浮凸的示意图

2. 无扩散性

马氏体转变可以在相当低的温度范围内进行，并且转变速度极快。例如，Fe-Ni 合金在 -190 ℃下形成一片马氏体所需的时间仅为 $10^{-7}\sim10^{-5}$ s，由此可估算出马氏体的长大速度在 10^5 cm/s 数量级。这一事实足以证明马氏体转变不可能以扩散方式进行，转变过程中原子只作有规则的移动，并保持着相邻原子间的相对关系，不存在相界面迁移时原子穿越相界的无规运动，且相邻原子之间的相对位移不超过一个原子间距。故马氏体承袭了奥氏体的化学成分、原子序态，马氏体转变属无扩散型相变，这是马氏体转变与其他类型相变相区别的一个重要特点。

3. 新相与母相之间具有特定的晶体学取向关系

由于马氏体转变时原子做有规则的移动，故新相与母相之间保持着一定的取向关系，在钢中已观察到的取向关系有 K-S 关系和西山关系。

1） K-S 关系

1930 年 Курдюмов 和 Sachs 采用 X 射线极图法测出碳的质量分数为 1.4%的碳钢中马氏体（α′）和奥氏体（γ）之间存在如下的取向关系：

$$\{011\}_{\alpha'}/\!/\{111\}_{\gamma},\langle111\rangle_{\alpha'}/\!/\langle011\rangle_{\gamma}$$

称此为 K-S 关系。

2） 西山关系

1934 年西山在 Fe-30Ni 合金单晶中发现，在室温以上形成的马氏体和奥氏体之间存在 K-S关系，而在-70 ℃以下形成的马氏体和奥氏体之间则存在下述取向关系：

$$\{011\}_{\alpha'}/\!/\{111\}_{\gamma},\langle011\rangle_{\alpha'}/\!/\langle211\rangle_{\gamma}$$

这称为西山关系。

4. 惯习现象

由于马氏体转变是以“共格切变”的方式进行的，故马氏体是在奥氏体某一结晶面上形成的。这一晶面在相变过程中既不发生宏观畸变，也不发生转动，视为“不畸变平面”，称其为惯习面，并用它在母相中的晶面指数来表示。

钢中马氏体的惯习面随碳含量及形成温度的不同而异，常见的有以下几种：近$\{111\}_{\gamma}$、

$\{557\}_{\gamma}$、$\{225\}_{\gamma}$和$\{259\}_{\gamma}$。一般来说，$w_C<0.2\%$时，马氏体的惯习面为近$\{111\}_{\gamma}$或$\{557\}_{\gamma}$；$w_C=0.2\%\sim0.6\%$时，马氏体的惯习面为$\{557\}_{\gamma}$或$\{225\}_{\gamma}$；$w_C=0.6\%\sim1.0\%$时，马氏体的惯习面为$\{225\}_{\gamma}$；$w_C=1.0\%\sim1.4\%$时，马氏体的惯习面为$\{225\}_{\gamma}$或$\{259\}_{\gamma}$；$w_C>1.4\%$后，马氏体的惯习面为$\{259\}_{\gamma}$。随着马氏体形成温度的下降，惯习面有向高指数变化的趋势，故对同一成分的钢，有可能出现两种惯习面，如先形成的马氏体惯习面为$\{225\}_{\gamma}$，而后形成的马氏体惯习面为$\{259\}_{\gamma}$。由于马氏体的惯习面不同，常常造成马氏体组织形态的差异。

13.4.2 马氏体的组织形态与性能特点

13.4.2.1 板条状和片状马氏体

钢中马氏体的形态多种多样，但就其单元的形态及亚结构的特点来看，最主要的是板条状和片状马氏体。

1. 板条状马氏体

板条状马氏体是低、中碳钢中形成的一种典型的马氏体组织，如图13-30所示。对于碳钢，板条状马氏体通常在$w_C\leqslant0.2\%$时单独存在，$w_C=0.2\%\sim1.0\%$时与片状马氏体共存。板条状马氏体与母相奥氏体之间的晶体学取向关系是K-S关系，惯习面为$\{111\}_{\gamma}$。

图13-30 板条状马氏体(15钢；1350 ℃奥氏体化,15 ℃盐水淬火;500×)

板条状马氏体显微组织的晶体学特征可用图13-31表示。图中B是由平行排列的惯习面指数相同且与母相取向关系(指晶面平行关系)相同的马氏体板条组成的，称为板条束。而A则是由平行排列的像B那样的板条束组成的较大区域，称为板条群。在一个板条群中，所有马氏体板条的惯习面指数是相同的。例如，几个$(011)_{\alpha'}/\!/(111)_{\gamma}$的相邻马氏体板条组成了一个板条束，另几个$(110)_{\alpha'}/\!/(111)_{\gamma}$或$(101)_{\alpha'}/\!/(111)_{\gamma}$的相邻马氏体板条又组成了一个板条束，这些板条束平行排列就组成了一个板条群。在这个板条群中，所有马氏体板条的惯习面都是$(111)_{\gamma}$。由于$(011)_{\alpha'}$、$(110)_{\alpha'}$、$(101)_{\alpha'}$等晶面间互成60°角，故板条束之间是大角度界面，在光学显微镜下呈现出黑白交替的色调。正因为如此，有人认为，一个板条群是由两种取向的板条束交替排列而成的。但也有一个板条群大体上是由一种取向的板条束构成的情况，如图中C所示。一个原始奥氏体晶粒又是由几个取向不同的板条群组成的，奥氏体晶粒的大小对马氏体板条的宽度几乎没有影响，但板条群的大小却随奥氏体晶粒的增大而增大，两者之比大致不变，因此一个奥氏体晶粒内生成的板条群数大体不变，通常为3~5个。

板条状马氏体的亚结构主要是高密度缠结的位错，位错密度一般为$(0.3\sim0.9)\times10^{12}\ \text{cm}^{-2}$，故这种马氏体又称为位错马氏体。

2. 片状马氏体

片状马氏体是中、高碳钢中出现的一种典型的马氏体组织，如图 13-32 所示。对于碳钢，片状马氏体通常只有在 w_C>1.0%时才单独存在，w_C=0.2%~1.0%时片状马氏体与板条状马氏体共存。片状马氏体与母相奥氏体的晶体学位向关系为 K-S 关系或西山关系，惯习面为 $\{225\}_\gamma$或 $\{259\}_\gamma$。

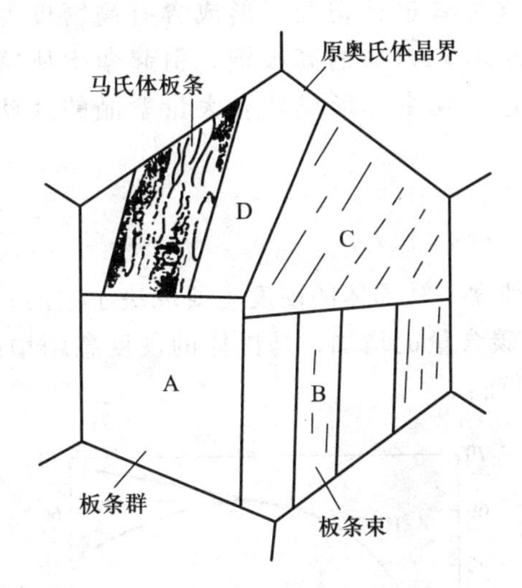

图 13-31　板条状马氏体显微组织的晶体学特征示意图

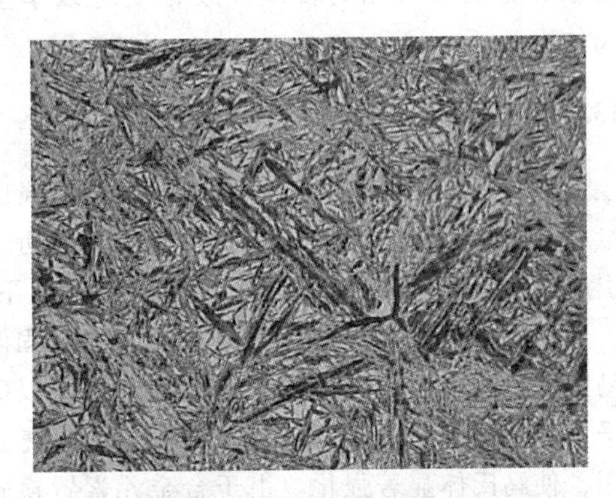

图 13-32　片状马氏体
（T12 钢；950 ℃奥氏体化，水淬；280×）

片状马氏体的显微组织特征是：在三维空间呈双凸透镜片状，与试样磨面相截，在光学显微镜下呈针状或竹叶状，片与片之间不相互平行，而是呈一定的角度。当成分均匀的奥氏体冷至稍低于 M_s 点时，先形成的第一片马氏体将贯穿整个奥氏体晶粒而将其分割为两半，使以后形成的马氏体片大小受到限制。因此，片状马氏体的大小极不均匀，愈是后形成的马氏体片就愈小，片的大小几乎完全取决于奥氏体晶粒的大小。最后残留下来的未转变的过冷奥氏体处于各马氏体片之间。

片状马氏体最突出的特点是：在一个马氏体片中间常有一条明显的筋（如图 13-33 所示，在三维空间为一薄片），称其为中脊，中脊的厚度一般为 0.5~1 μm。有人认为中脊面就是马氏体转变的开始面，因而相当于惯习面。对几种 Fe-C 和 Fe-Cr-C 合金马氏体中脊进行分析，证明它是 $\{112\}_{\alpha'}$型孪晶。

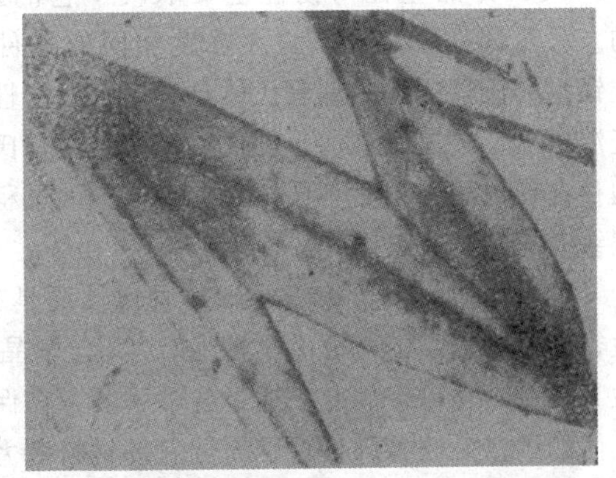

图 13-33　具有中脊的片状马氏体（0.5C-24Ni 钢（质量分数）；惯习面为 $\{259\}_\gamma$；6 000×）

片状马氏体的亚结构主要是孪晶，相变孪晶的存在是片状马氏体组织的另一重要特征。片状马氏体中的孪晶不是遍布于整个马氏体片中，而是集中分布在以中脊为中心的中央部分。马氏体形成的温度愈低，此孪晶区所占的面积愈大。在孪晶区的外围即马氏体片的边界上，存在着较高密度的位错。片状马氏体内的相变孪晶一般是 $\{112\}_{\alpha'}$孪晶，在 Fe-1.82C（c/a=

1.08)钢中也发现有 $\{110\}_{\alpha'}$孪晶存在。

除了板条状和片状马氏体之外，还有蝶状、薄板状和 ε（六方）三种形态的马氏体。马氏体的组织形态主要决定于相变时的切变方式，而相变时是以滑移还是孪生的方式进行切变又主要取决于钢的 M_s 点。对于 M_s 点较高的钢，如 $w_C<0.2\%$ 的低碳钢，引起滑移所需要的临界分切应力相对较低，故相变时以滑移方式进行切变，形成含有高密度缠结位错的板条状马氏体；而对于 M_s 点较低的钢，如 $w_C>1.0\%$ 的高碳钢，引起孪生所需要的临界分切应力相对较低，故相变时以孪生方式进行切变，形成含有大量孪晶的片状马氏体。

13.4.2.2 钢中马氏体的性能特点

钢中马氏体最主要的特性之一就是高强度和高硬度。马氏体的硬度主要取决于它的碳含量，合金元素的影响较小。如图 13-34 所示，随着碳含量的增加，马氏体的硬度急剧增高。引起马氏体高强度和高硬度的原因主要有以下几个方面：

（1）**固溶强化** 过饱和碳原子间隙式固溶于马氏体点阵中引起强烈的正方畸变，形成以碳原子为中心的应力场，这种应力场与位错交互作用，使马氏体显著强化。由于合金元素置换式固溶于马氏体点阵中，其引起的点阵畸变远不如碳那么强烈，故其固溶强化效果较小。

（2）**亚结构强化** 马氏体相变的切变特性造成晶体内产生大量的微观缺陷(位错、孪晶及层错等)，这些缺陷交互作用，使马氏体得到强化。

（3）**时效强化** 马氏体形成过程中发生自回火，使钢中碳原子沿晶格缺陷偏聚或碳化物弥散析出，从而使马氏体得到强化。

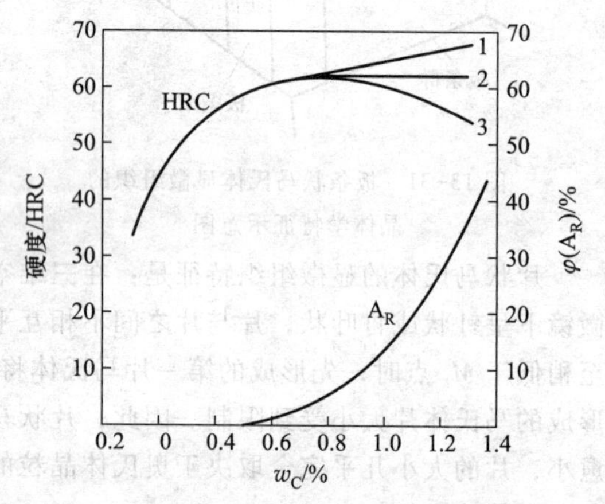

图 13-34 碳含量对马氏体和淬火钢硬度的影响
1—马氏体的硬度；2—稍高于 A_{c1} 淬火后钢的硬度；
3—高于 A_{c3} 或 A_{cm} 淬火后钢的硬度；
A_R—残余奥氏体量(热处理状态同 3)

马氏体的塑性与韧性主要取决于它的亚结构。大量试验事实证明，在强度相同的条件下，位错型马氏体比孪晶型马氏体具有更好的塑性与韧性。不仅如此，位错型马氏体还具有韧脆转变温度低、缺口敏感性小等优点。孪晶型马氏体的塑性与韧性之所以较差，可能与孪晶亚结构的存在使滑移受阻、马氏体片在高速长大过程中相互碰撞或与奥氏体晶界相撞而形成大量显微裂纹有关。

综上所述，板条状(位错型)马氏体既具有相当高的强度和硬度，又具有良好的塑性与韧性，即具有较高的综合力学性能。片状(孪晶型)马氏体虽然具有很高的强度和硬度，但其塑性和韧性却很差。因此，通过各种手段，在保证足够强度、硬度的前提下，尽可能减少孪晶马氏体的数量是改善强韧性、充分发挥材料潜力的有效途径。

13.4.3 马氏体转变的动力学特点

由于马氏体转变属非扩散型转变，故其转变动力学具有很多与扩散型转变不同的特点。铁基合金中马氏体转变动力学的形式是多种多样的，下面着重讨论马氏体的变温形成和等温形成。

13.4.3.1 马氏体的变温形成

马氏体转变发生在某一特定温度以下。在通常情况下，马氏体转变开始后，必须不断降低温度转变才能继续进行，冷却中断，转变即告停止。在一般的冷却条件下，马氏体转变的开始温度 M_s 与冷却速度无关。当冷至某一温度以下后，马氏体转变不再进行，这个温度用 M_f 表示，称为马氏体转变终了点，故马氏体转变必须在一定温度范围内的连续冷却条件下才能完成。对于碳或合金元素含量较高的钢，即使冷却到 M_f 后仍不能得到 100%的马氏体，而保留有一定数量的未转变奥氏体，称为**残余奥氏体**，用符号 A_R 表示。图 13-35 中①显示出了连续冷却时马氏体转变的动力学曲线。从图中可以看出，马氏体的转变量与温度之间并非呈直线关系，每降低 1 ℃ 所生成的马氏体量即马氏体的生成率，在 M_s 点附近较小，随温度下降而逐渐增大，在中间相当长的一段温度范围内近似为常数，到转变终止温度 M_f 点附近则又减小。

马氏体转变也是通过形核和长大这两个过程实现的，但由于马氏体的形核和长大速度极快，如低碳型和高碳型马氏体的长大速度分别达到 10^2 mm/s 和 10^6 mm/s 数量级，每个马氏体片形核后，一般在 10^{-7}~10^{-4} s 内即可长大到极限尺寸，故在通常情况下，观察不到马氏体转变的孕育期和马氏体的形核与长大过程，似乎马氏体一形成就长大到了最终尺寸。在连续冷却过程中，马氏体量的增加不是依赖已有马氏体晶体的继续长大，而是依靠一批批新马氏体的不断产生。

综上所述，马氏体变温形成的动力学特点主要表现为：变温形成，瞬时形核，瞬时长大，转变速度极快。

13.4.3.2 马氏体的等温形成

对于某些 M_s 点在 0 ℃以下的 Fe-Ni-Mn、Fe-Ni-Cr 和 Fe-Mn-C 合金，其马氏体转变几乎完全是在等温过程中进行的，典型的转变动力学曲线如图 13-36 所示。由图可知，在 M_s

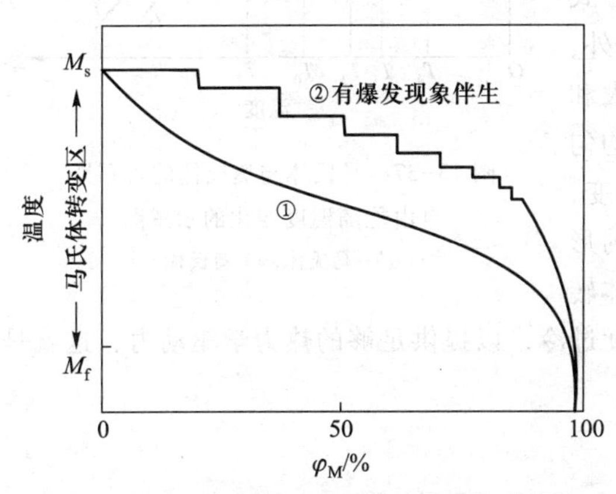

图 13-35 连续冷却时马氏体转变动力学曲线

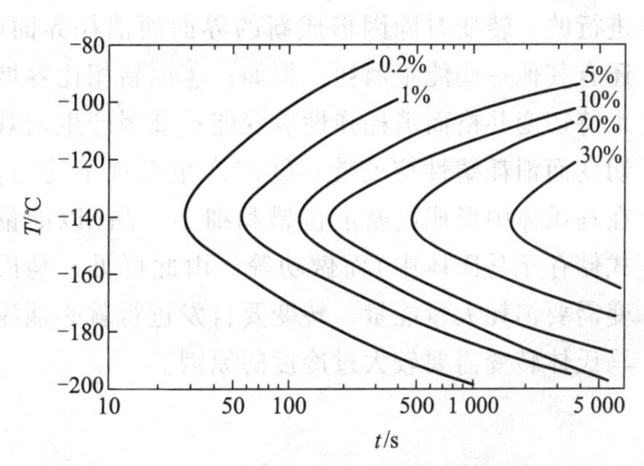

图 13-36 Fe-Ni-Mn 合金马氏体等温转变曲线

点以下不同温度停留，过冷奥氏体需经一定的孕育期后才开始转变为马氏体。随着等温时间的延长，马氏体量不断增多，即转变量 φ_M 是时间的函数。等温温度降低，等温转变速度先增大，待其达到极大值后又减小。因此，等温马氏体的转变动力学曲线与珠光体转变动力学曲线相似，具有“C”形曲线的形式。但与珠光体转变不同，马氏体的等温转变一般在完成一定转变量后即告停止。

除上述两类转变动力学以外，有些 M_s 点在 0 ℃以下的铁基合金，如 Fe-Ni、Fe-Ni-C 系合金，当奥氏体过冷到零下某一温度 M_B 时转变就骤然发生，在不到 1 s 的时间内会剧烈地形成相当大量的马氏体(形成一片马氏体只需 $1\times10^{-7}\sim2\times10^{-7}$ s)，并伴随有可听见的声响且释放出大量的相变潜热(能引起试样升温)，这种现象称为马氏体的“爆发”式形成。有些合金，如高碳钢或 Fe-(30~33)Ni 合金等，由于马氏体的爆发式转变而使其动力学曲线具有阶梯状，如图 13-35 中②所示。另外，爆发式马氏体转变常常伴有马氏体的等温形成，而某些完全等温型马氏体转变的合金，如 Fe-Ni-C 系，也会进行爆发式转变。不仅如此，对某些高碳钢、高碳合金钢(如滚动轴承钢 GCr15 和高速钢 W18Cr4V)甚至中碳合金钢(如 40CrMnSiMoVA)，对其马氏体转变动力学进行研究发现，它们均同时具有等温与变温两种类型的转变动力学，且等温与变温转变各有自己的 M_s 点，这说明各种类型的转变动力学之间是相互联系的。

13.4.4 马氏体转变的热力学条件

13.4.4.1 马氏体转变的驱动力

和一般相变一样，马氏体转变的驱动力也是新相与母相的吉布斯自由能差。图 13-37 为某一成分合金的马氏体和奥氏体的自由能随温度变化的示意图，图中 T_0 为两相热平衡温度。当温度低于 T_0 时，$G_{\alpha'}<G_\gamma$，马氏体比奥氏体稳定，奥氏体有向马氏体转变的倾向，$\Delta G_{\gamma\to\alpha'}=G_{\alpha'}-G_\gamma$ 即为马氏体转变的驱动力。

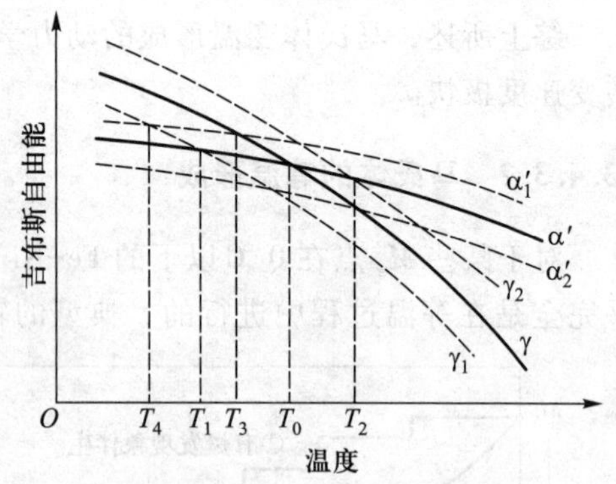

图 13-37 马氏体与奥氏体的吉布斯自由能随温度变化的示意图
(α′—马氏体,γ—奥氏体)

钢中马氏体转变的热力学特点是其相变需要很大的驱动力。这是由于马氏体转变是以共格切变的方式进行的，转变时除因形成新的界面而消耗界面能外，还有其他一些能量消耗，例如：①因新相比容增大和维持切变共格而消耗弹性应变能；②因产生宏观均匀切变而消耗塑性应变能；③因产生微观不均匀切变，在马氏体中形成高密度位错和细小孪晶(以能量的形式储存于马氏体中)而做功等。由此可见，马氏体转变需要消耗大量能量，转变要自发进行就必须深度过冷，以提供足够的热力学驱动力，这就是马氏体转变需要较大过冷度的原因。

13.4.4.2 M_s 点的物理意义

由于马氏体转变需要深度过冷，故马氏体转变开始温度 M_s 必定低于温度 T_0，M_s 点的物理意义即为奥氏体和马氏体两相自由能之差达到相变所需的最小化学驱动力值时的温度。显然，对于一定的 T_0 温度，M_s 点越低，(T_0-M_s)值就越大，亦即转变所需的驱动力越大，所以马氏体转变的驱动力与(T_0-M_s)值成比例，即

$$\Delta G_{\gamma\to\alpha'}=\Delta S(T_0-M_s)$$

式中 ΔS 是 $\gamma\to\alpha'$转变时的熵变。

13.4.5 马氏体转变模型与晶体学唯象理论

为了解释马氏体转变过程中原子的迁移情况，人们对马氏体转变的理论研究已持续了半个多世纪，迄今已提出了不少模型，但尚无一个能令人满意地解释所有观察到的试验事实。下面仅就其中几个作一简单介绍。

13.4.5.1 马氏体转变的晶体学经典模型

1. Bain 畸变模型

这是最早提出也是最简单的一种马氏体转变模型。早在 1924 年，Bain 就注意到在一个面心立方点阵中实际就存在一个轴比为$\sqrt{2}/1$(即 $c/a=\sqrt{2}/1\approx1.41$)的体心正方点阵，只不过这个体心正方点阵的轴比比一般马氏体点阵的轴比大，如图 13-38 所示。已知碳含量不同的马氏体，其轴比为 1.00~1.08，故只要奥氏体点阵适当变形(即沿 Z'轴缩短，沿 X'、Y'轴伸长)，调整一下轴比，使其中的体心正方点阵达到与其碳含量相应的轴比值，奥氏体即可转变为马氏体。按照这个模型，转变前碳原子在奥氏体点阵中所处的位置(即由 Fe 原子组成的正八面体空隙)正好被转变后的马氏体所继承，马氏体与奥氏体之间的晶体学取向关系也大体符合 K-S 关系。但这个模型不能解释表面浮凸现象和惯习面的存在，因此尚不能完整地说明马氏体转变的特征。

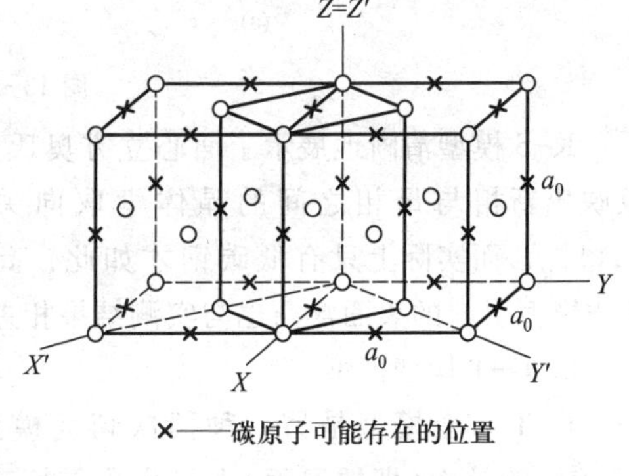

图 13-38 Bain 畸变模型

2. K-S 切变模型

早在 1930 年，Курдюмов 和 Sachs 就提出了奥氏体转变为马氏体的切变模型，如图 13-39 所示，简称为 K-S 模型。图 13-39a Ⅰ 中的点阵是$(111)_\gamma$ 面按 $ABCABC\cdots$的顺序自下而上堆砌而成的，它在底层$(111)_\gamma$面上的投影如其下方的投影图所示。该面心立方点阵转变为体心立方点阵的过程如下：首先，点阵中各$(111)_\gamma$晶面上的原子相对于下一层原子沿$[211]_\gamma$方向进行第一次切变，切变角为 11°44′，使 C 层原子的投影与 A 层原子重叠，如图 13-39aⅡ所示；然后$(112)_\gamma$面上的原子再相对于前一层原子沿$[110]_\gamma$方向进行第二次切变，切变角为 10°30′，使菱

形面的夹角从 120°变为 109°30′，如图 13-39aⅢ所示；最后还要作一些小的调整(膨胀或收缩)，使晶面间距与实测结果相符合。上述过程没有考虑碳原子的存在，若考虑碳原子的存在，则第二次切变的切变量要略小些，菱形面的夹角从 120°变为 111°，最后得到体心正方点阵。

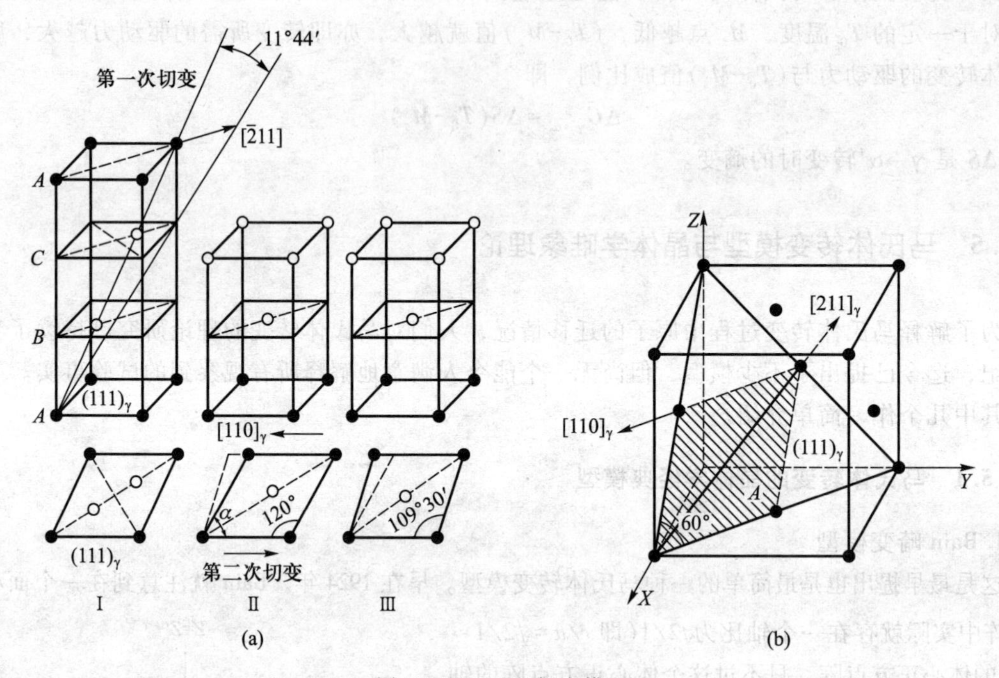

图 13-39　K-S 切变模型

K-S 模型清晰地展示了面心立方奥氏体转变为体心正方马氏体的切变过程，并能很好地反映出新相与母相之间的晶体学取向关系。但是，按此模型马氏体的惯习面似乎应为 $\{111\}_\gamma$，而实际上只有低碳钢才如此，高碳钢的惯习面却是 $\{225\}_\gamma$ 或 $\{259\}_\gamma$。此外，由 K-S模型引起的表面浮凸也与实测结果相差较大。

3. G-T 切变模型

G-T 切变模型是另一种两次切变模型，其切变过程如图 13-40 所示。首先在接近于 $\{259\}_\gamma$ 的晶面(即惯习面)上发生均匀切变，产生整体的宏观变形，使抛光的试样表面出现浮凸。这个阶段的转变产物是复杂的三棱结构，还不是体心正方点阵，不过它有一组晶面，其晶面间距和原子排列都与马氏体的 $(112)_{\alpha'}$ 面相同，如图 13-40a、b 所示。接着在 $(112)_{\alpha'}$ 晶面的 $[111]_{\alpha'}$ 方向上以滑移或孪生的方式进行 12°~13°的第二次切变，使三棱点阵变为体心正方点阵，并形成位错或孪晶亚结构。这次切变仅发生在三棱点阵范围内，是宏观不均匀切变(均匀范围只有 18 个原子层)，对第一次切变形成的浮凸也无明显的影响，如图 13-40c、d 所示。最后点阵作一些微小的调整，使晶面间距与实测结果相一致。

G-T 切变模型较好地解释了马氏体转变的浮凸现象、惯习面、取向关系及亚结构等问题，但不能解释为什么惯习面是不畸变、不转动平面以及碳的质量分数小于 1.4%钢的取向关系。

上述马氏体转变的晶体学经典模型虽然描述了相变过程中原子的迁移情况，但与试验结果尚有若干不符之处，尤其不能用来进行预测和做定量处理。

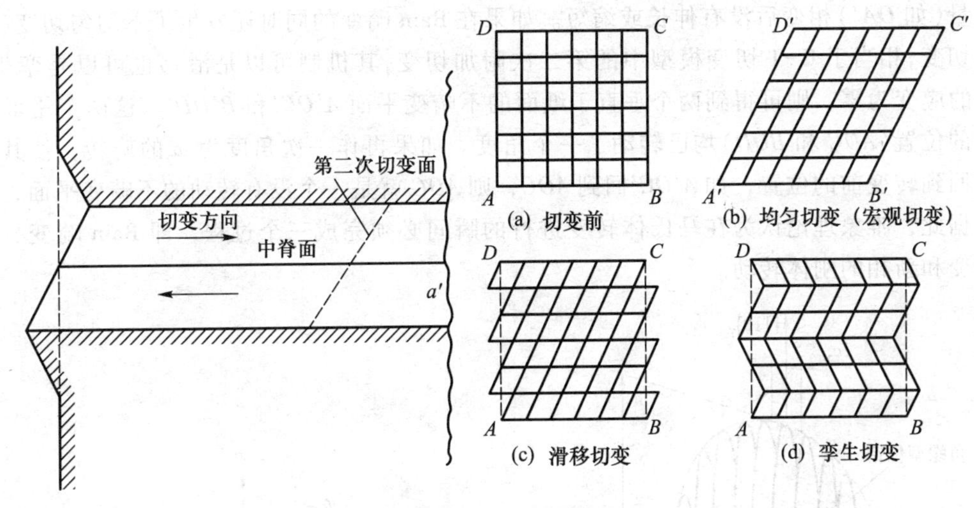

图 13-40 G-T 切变模型

13.4.5.2 马氏体转变的位错理论

此理论认为马氏体核胚以位错为基础，核胚长大是位错运动和组态变化的结果。早在 20 世纪 50 年代初 Christian 就曾预言，面心立方点阵相中的某些全位错可以分解为滑移型的不全位错，其间的堆垛层错区可作为六方点阵相的平面核胚。后来，随着透射电子显微镜和电子衍射技术的发展，人们发现在镍铬不锈钢和高锰钢中，马氏体总是在与具有密排六方点阵的中间相 ε 相邻接的地方出现，因此推断在这类合金中面心立方的奥氏体要经过密排六方的中间相 ε 才能转变为体心立方的马氏体，不全位错之间的堆垛层错可能是马氏体的二维核胚。

1956 年，Knapp 和 Dehlinger 又提出了位错圈相界面模型(又称 K-D 晶胚模型)。他们设想在奥氏体中预先存在由位错圈组成的马氏体核胚，如图 13-41 所示，快冷核胚被“冻结”。当吉布斯自由能大于位错圈形成及扩张所需要的界面能和应变能时，位错圈就会沿$[1\bar{1}0]_\gamma$和$[225]_\gamma$方向扩张，沿$[55\bar{4}]_\gamma$方向产生新的位错圈，从而使核胚长大。

马氏体转变的位错理论自 20 世纪 50 年代初提出以来已有多种模型，但有些尚需在试验中确证，有些尚需进一步完善。

13.4.5.3 马氏体转变的晶体学唯象理论

此理论是 20 世纪 50 年代初发展起来的，其思路与热力学相似，只形式地处理转变起始与终了的晶体学状态，而不去解释转变过程中原子的迁移情况。

如前所述，在马氏体转变过程中，惯习面既不发生宏观畸变也不发生转动，被视为“不畸变平面”。始终保持有这种平面的应变称为不变平面应变。马氏体转变过程中存在不畸变平面和不变平面应变，这是唯象理论的基本出发点。

如图 13-42 所示，假设原奥氏体为一单位球体，按 Bain 畸变模型转变为马氏体。由于转变时 Z'轴方向缩短，X'(垂直纸面)、Y'轴方向伸长(产生应变)，故形成的马氏体应为一椭圆球。椭圆球面与球面的交线为两个圆，圆和球心的连线构成两个圆锥面 $OA'B'$和 $OC'D'$，锥面上的矢量(如 OA')相变后没有伸长或缩短。如果在 Bain 畸变的同时还发生了不均匀切变(即晶格不变切变,相当于 G-T 切变模型中的第二次附加切变,其机制可以是滑移也可以是孪生)使 X'方向的应变为零，则可得到两个垂直于纸面的不畸变平面 $A'OC'$和 $B'OD'$。这两个平面相对其原来的位置(AOC 和 BOD)均已转动了一个角度。如果再作一次角度为 φ 的旋转，使其中一个平面回到转变前的位置，如 $A'OC'$回到 AOC，则 AOC 就是一个没有转动的不畸变平面，即惯习面。据此，唯象理论认为在马氏体转变进行的瞬间必须完成三个过程，即 Bain 畸变、晶格不变切变和新相的刚体转动。

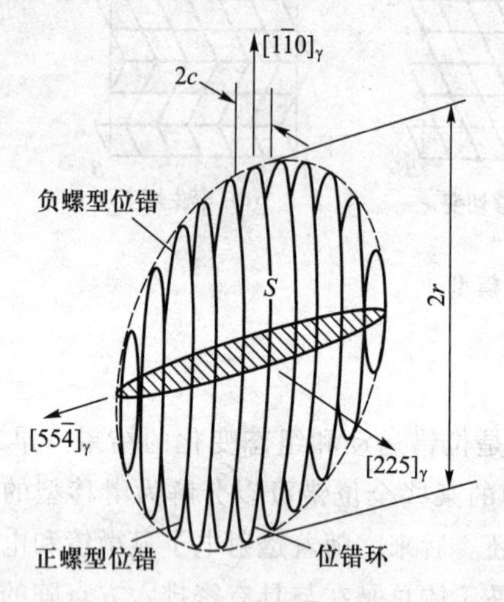

图 13-41 K-D 晶胚模型

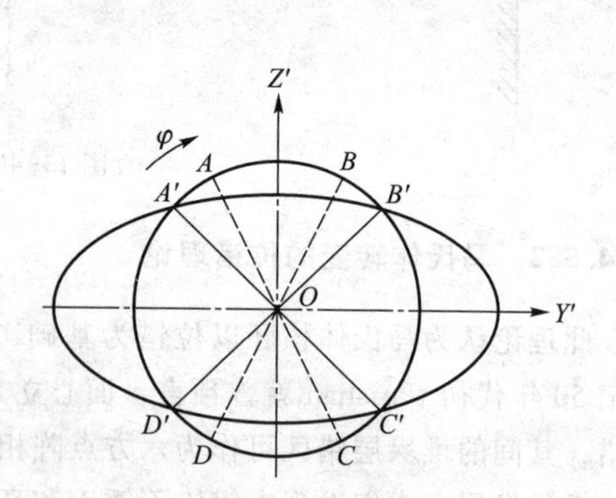

图 13-42 Bain 畸变的几何关系

唯象理论的特点是利用了矩阵理论来处理新相与母相的点阵及点阵常数，可预测两相的位向关系、惯习面和马氏体内的亚结构，对一些特殊合金(如 Au-Cd、In-Tl 等)和少数马氏体钢进行的有关计算结果与实验值吻合较好，但对大多数合金和钢，其计算结果仍与实验结果不符，因此该理论还有待进一步发展和完善。

13.4.6 奥氏体的稳定化

使奥氏体转变为马氏体的能力减弱(表现为 M_s 点降低或马氏体量减少)的现象，均可称为奥氏体的稳定化。按其机理(或本质)的不同，可将其分为：①因化学成分变化而引起的奥氏体稳定化，称为化学稳定化；②由于塑性变形而引起的奥氏体稳定化，称为机械稳定化；③因淬火冷却过程中冷却缓慢或中途停留而引起的奥氏体稳定化，称为热稳定化。

图 13-43 示出了高碳铬钢的奥氏体热稳定化现象。将高碳铬钢淬火至 M_s点以下的 43 ℃停留 30 min 后继续冷却，马氏体转变并不立即恢复，而是要冷至约 27 ℃时，奥氏体才开始继续向马氏体转变，其马氏体量随温度变化的曲线与正常转变时得到的曲线平行。由于 M_f 点并不因此而改变，故残余奥氏体量将增加 8%～9%。将在 t_1、t_2、t_3、t_4 温度停留 30 min 后继续冷却的转变再开始温度连成一条线，即为 M_s'轨迹。由 M_s'轨迹可知，冷却中断的温度越低(或中断的时间越长)，奥氏体的热稳定化越严重。试验证明，已转变马氏体量的多少对奥氏体热稳定化的程度也有很大影响，已转变的马氏体量愈多，等温停留时所产生的热稳定化程度愈大。

这说明马氏体形成时对周围奥氏体的机械作用促进了热稳定化。

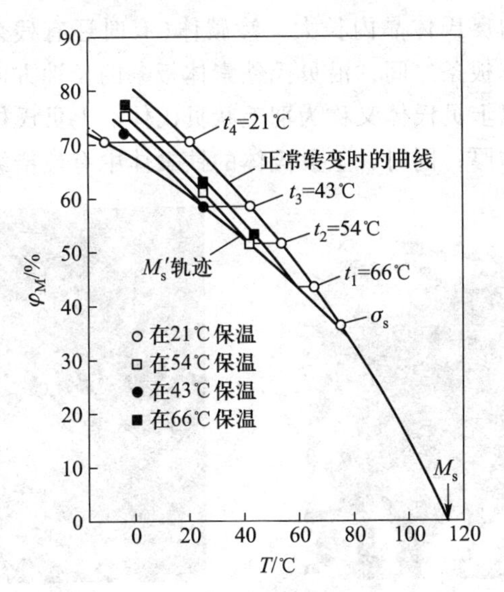

图 13-43　高碳铬钢中奥氏体的稳定化

（试验用钢：w_C = 1.1%，w_{Cr} = 1.5%；奥氏体化温度：1 040 ℃）

一般认为奥氏体热稳定化的原因是：在慢冷或中途停留过程中，碳或氮间隙原子偏聚到位错线附近，形成了钉扎位错的科氏气团，从而使奥氏体得到强化，切变阻力增加，马氏体转变困难。

13.5　钢的贝氏体转变

贝氏体转变是钢经奥氏体化后过冷到中温区域发生的一种转变。这种转变的动力学以及所获得的组织兼有在扩散型的珠光体转变与无扩散型的马氏体转变中所观察到的某些动力学和组织特征，所以贝氏体转变又称为中间转变。

13.5.1　贝氏体的组织形态与性能特点

钢中的贝氏体一般是由铁素体和碳化物组成的非层片状组织。按照组织形态的不同，贝氏体大致可分为以下 6 种：上贝氏体、下贝氏体、无碳化物贝氏体、粒状贝氏体、反常贝氏体和柱状贝氏体。在这 6 种贝氏体中，以上贝氏体和下贝氏体最为常见，故本节主要讨论这两种贝氏体。

13.5.1.1　上贝氏体

在贝氏体转变温度范围内（对于共析碳钢大约为 220～550 ℃），在接近珠光体转变温度（550 ℃稍下）的较高温度区域内形成的贝氏体是上贝氏体。它是一种两相组织，由铁素体和渗碳体组成。上贝氏体的典型组织形态如图 13-44 所示，成束的、大致平行的贝氏铁素体板条自奥氏体晶界一侧或两侧向奥氏体晶内长大，渗碳体（有时还有残余奥氏体又称残留奥氏体）则断续地分布在贝氏铁素体板条之间，沿贝氏铁素体板条的长轴方向排列成行（图 13-45），整体上看呈现为羽毛状，所以上贝氏体又称为羽毛状贝氏体。上贝氏体中的铁素体一般比同温度下形成的珠光体中的铁素体厚；同时，上贝氏体的铁素体中有位错缠结存在。

图 13-44 上贝氏体
（65Mn 钢，铅浴淬火，750×）

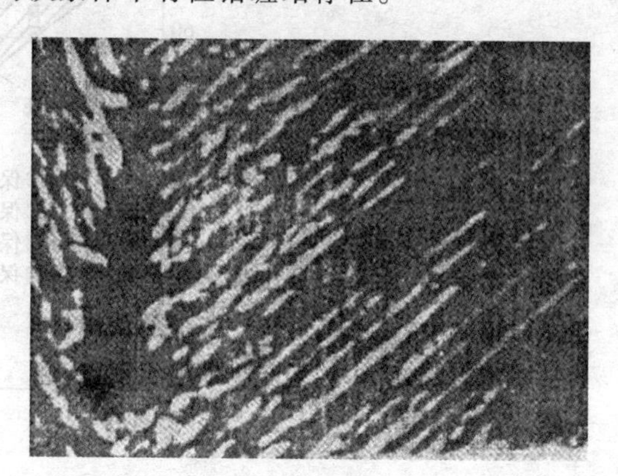

图 13-45 上贝氏体中的碳化物（渗碳体）
（60 钢，900 ℃奥氏体化、冷速 50 ℃/s，5000×）

13.5.1.2 下贝氏体

在贝氏体转变温度范围内，在靠近马氏体转变温度（对于共析碳钢为 220 ℃稍上）的较低温度区域内形成的贝氏体是下贝氏体。它也是一种两相组织，由碳含量过饱和的铁素体和亚稳定的 ε 碳化物组成。ε 碳化物为密排六方点阵，可用 $Fe_{2.4}C$ 表示，其成分和结构均不同于渗碳体。与上贝氏体不同，虽然大多数下贝氏体是在奥氏体晶界形核，但也有相当数量的下贝氏体在奥氏体晶内形核。下贝氏体的典型组织形态如图 13-46 所示，它在三维空间的立体形态为双凸透镜片状，在光学显微镜下呈针状或竹叶状，各片之间不相互平行而是呈一定的角度。图 13-47 清楚地显示出了下贝氏体内的碳化物仅分布在铁素体针的内部，沿与铁素体针长轴

图 13-46 下贝氏体组织（0.545C-1.2Cr-4.12Ni-0.43Mo-0.82W 钢（质量分数），850 ℃加热 30 min、冷速 0.006 ℃/s，1500×）

图 13-47 下贝氏体中的亚稳碳化物（0.545C-1.2Cr-4.12Ni-0.43Mo-0.82W 钢（质量分数），850 ℃加热 30min、冷速 0.006 ℃/s，5000×）

方向成 55°～60°的方向排列成行。下贝氏体的铁素体中也有位错缠结存在，位错密度比上贝氏体的铁素体高，但在下贝氏体的铁素体中未发现有孪晶亚结构存在。

13.5.1.3　无碳化物贝氏体和粒状贝氏体

无碳化物贝氏体一般产生于低碳钢中，其形成温度在贝氏体形成温度范围的上部，B_s(贝氏体转变上限温度)点稍下。这种贝氏体是一种单相组织，由大致平行的板条状铁素体组成，板条较宽，板条之间的距离也较大。板条之间为富碳的奥氏体转变的马氏体，也可能是奥氏体的其他转变产物，甚至是全部未转变的残余奥氏体。由此可见，在钢中通常不能形成单一的无碳化物贝氏体，而是形成与其他组织组成物共存的混合组织。

粒状贝氏体一般存在于低、中碳合金钢中，其形成温度稍高于上贝氏体的形成温度，接近 B_s 点。这种贝氏体是由块状铁素体和岛状的富碳奥氏体所组成。岛状富碳奥氏体在继续冷却过程中，由于冷却条件及过冷奥氏体稳定性的不同，可能发生以下三种情况：①部分或全部分解为铁素体和碳化物；②部分转变为马氏体，其余部分则成为残余奥氏体，这种马氏体和残余奥氏体组成的岛状组织通常被称为 M-A 组织；③全部保留下来而成为残余奥氏体。其中最可能发生的情况是第二种。

图 13-48a、b 分别显示出了不同条件下 1 mm^2 面积内碳化物数量(即碳化物的弥散度)及碳素钢贝氏铁素体板条的平均宽度与形成温度的关系。可以看出，形成温度越低，贝氏铁素体板条的平均宽度越小，碳化物的弥散度越大。

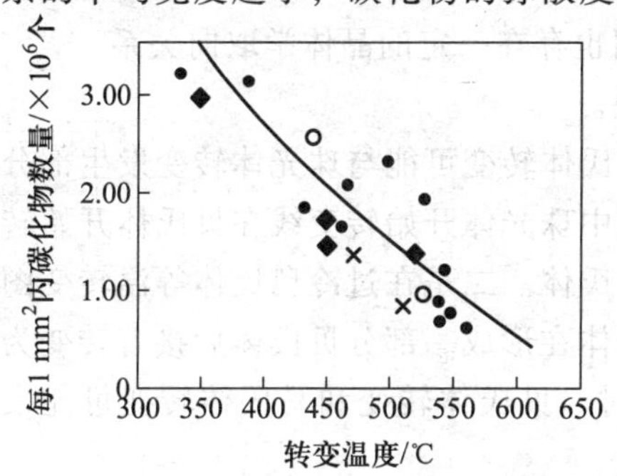

(a) 贝氏体形成温度对碳化物弥散度的影响

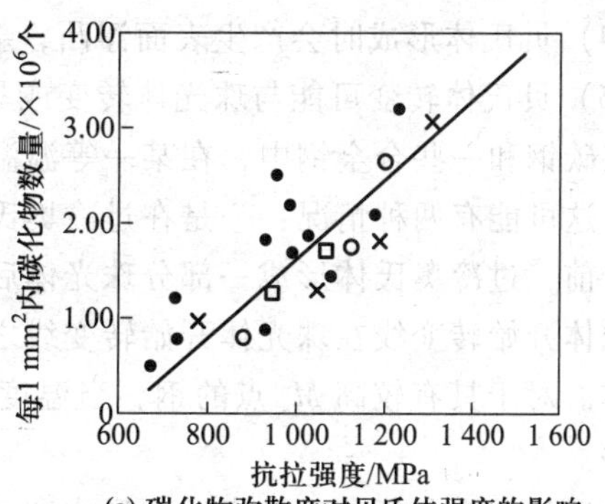

(a) 碳化物弥散度对贝氏体强度的影响

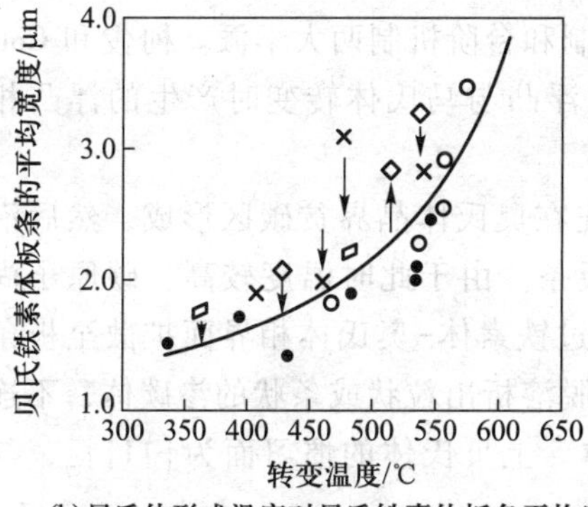

(b) 贝氏体形成温度对贝氏铁素体板条平均宽度的影响

图 13-48　贝氏体形成温度对碳化物弥散度和贝氏铁素体板条平均宽度的影响

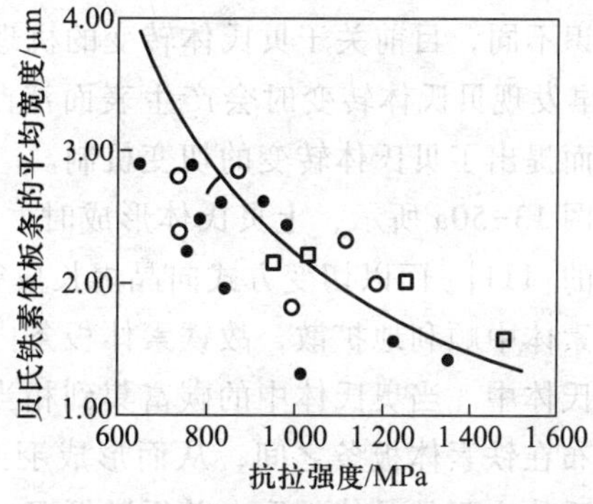

(b) 贝氏铁素体板条平均宽度对贝氏体强度的影响

图 13-49　碳化物弥散度和贝氏铁素体板条的平均宽度对贝氏体强度的影响

碳化物的弥散度和贝氏铁素体板条的平均宽度对其强度的影响分别如图 13-49a、b 所示，从图中可以看出，贝氏铁素体板条的平均宽度越小、碳化物的弥散度越大，贝氏体的强度就越高。碳化物的弥散强化对下贝氏体强度的贡献是相当大的，但对上贝氏体强度的贡献则相对小些，这是由于上贝氏体中的碳化物较粗大，且分布状况不良，仅分布在铁素体板条之间。正是由于上贝氏体中铁素体和碳化物的分布都具有明显的方向性，且铁素体和碳化物的尺寸均较大，故这种组织对裂纹扩展的抗力较小，韧性较差，铁素体板条甚至可能成为裂纹扩展的通路。与上贝氏体相比，下贝氏体不但强度高，而且韧性好，所以一般不希望获得上贝氏体，而希望获得下贝氏体。

13.5.2 贝氏体转变的特点及机理

贝氏体转变具有以下几个基本特点：

(1) 贝氏体转变有一个上限温度，即 B_s 点，高于此温度贝氏体不能形成；贝氏体转变也有一个下限温度，即 B_f 点，到达此温度转变即告终止。

(2) 贝氏体转变也是一个形核与长大的过程。贝氏体的形核需要一定的孕育期，其领先相一般是铁素体(除反常贝氏体外)。

(3) 由于贝氏体转变受碳原子在奥氏体和铁素体中的扩散所控制，故贝氏体转变速度比马氏体转变速度小得多。

(4) 贝氏体形成时会产生表面浮凸，新相与母相之间也存在一定的晶体学取向关系。

(5) 贝氏体转变可能与珠光体转变或马氏体转变重叠。

在碳钢和一些合金钢中，在某一等温温度范围内，贝氏体转变可能与珠光体转变发生部分重叠。这可能有两种情况：一是在过冷奥氏体等温转变图中珠光体开始转变线在贝氏体开始转变线之前，过冷奥氏体形成一部分珠光体后接着转变为贝氏体。二是在过冷奥氏体等温转变图中贝氏体开始转变线在珠光体开始转变线之前，过冷奥氏体在形成一部分贝氏体后接着转变为珠光体。对于具有较高 M_s 点的钢，当温度在 M_s 点以下时，贝氏体转变和马氏体转变可能发生重叠。

贝氏体转变包括贝氏铁素体的形成和碳化物的析出这两个基本过程。鉴于对贝氏体转变特点的认识不同，目前关于贝氏体转变的机理主要有切变机制和台阶机制两大学派。柯俊和 Cottrell 最早发现贝氏体转变时会产生表面浮凸，并认为这种浮凸与马氏体转变时产生的浮凸相似，因而提出了贝氏体转变的切变机制。

如图 13-50a 所示，上贝氏体形成时，铁素体晶核首先在奥氏体晶界贫碳区形成，然后沿奥氏体的 $\{111\}_\gamma$ 面以切变方式向晶内长成密集的铁素体板条。由于此时温度较高，碳原子尚可在铁素体中顺利地扩散，故铁素体板条内的碳原子便通过铁素体-奥氏体相界面扩散至板条间的奥氏体中。当奥氏体中的碳富集到相当高浓度时，就脱溶析出粒状或条状的渗碳体，不连续地分布在铁素体板条之间，从而形成羽毛状的上贝氏体。上贝氏体的惯习面为 $\{111\}_\gamma$，与母相奥氏体之间的晶体学取向关系遵循 K-S 关系。

下贝氏体形成时，铁素体晶核首先在奥氏体晶界或晶内的贫碳区形成，然后沿奥氏体的 $\{225\}_\gamma$ 面以切变的方式长大，由于此时温度较低，碳原子在奥氏体中难以扩散，在铁素体内也只能短程扩散，故碳原子在铁素体片内的一定晶面偏聚，进而以碳化物形式析出，从而得到在片状铁素体基体上分布着与铁素体片长轴方向呈一定交角、排列成行的ε碳化物的下贝氏体，如图13-50b所示。下贝氏体的惯习面为$\{225\}_{\gamma}$，与母相奥氏体之间的晶体学取向关系也遵循K-S关系。

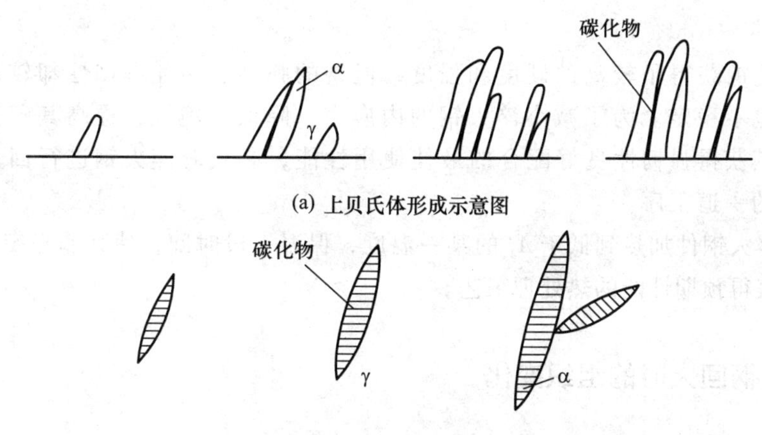

图13-50 贝氏体转变的切变机制示意图

与贝氏体转变切变机制的提出者不同，Aaronson虽也承认贝氏体转变时会产生表面浮凸，但他认为这种浮凸与马氏体转变时产生的浮凸不同，是由于转变产物的体积变化造成的，并非切变所致。Aaronson从组织的定义出发，认为贝氏体是非片层状的共析反应产物，其转变机理与珠光体转变机理相同，因而提出了贝氏铁素体的长大是按台阶机制进行的，并受碳原子的扩散所控制，如图13-51所示。从图13-51可以看出，铁素体-奥氏体相界面是由平面和台阶面组成的。平面相界面是低能量的共格或半共格界面，可动性差；而台阶面则是高能量的非共格界面，可动性好，故此时铁素体的长大是靠一系列非共格的高能台阶面在低能共格或半共格相界面上沿箭头所指方向高速运动来实现的。由于台阶面太容易移动，碳原子来不及在此处积累，故碳化物不容易在那里形核，只能在可动性差的平面相界面上形核。每一个台阶面沿平面相界面移动一次，平面相界面就前进一个台阶的高度，与此同时，一行(实际是一层)碳化物也随之形核并长大，因此两行碳化物之间的距离就是台阶的高度。

目前普遍认为，上贝氏体主要是按台阶机制转变，而下贝氏体则倾向于按切变机制转变。

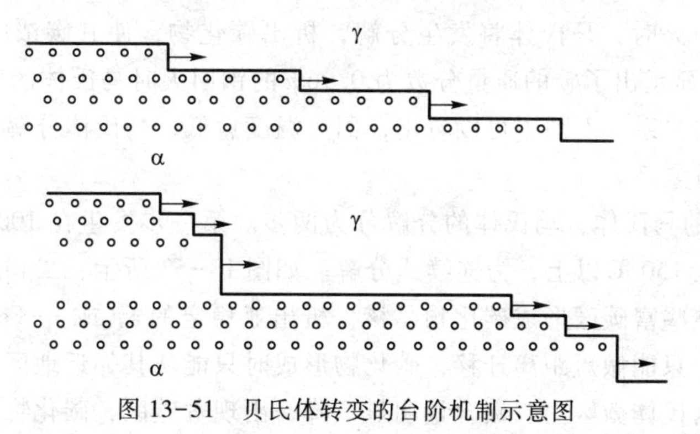

图13-51 贝氏体转变的台阶机制示意图

13.6 淬火钢的回火转变

淬火虽然使钢获得了较高的硬度和强度，但钢的弹性、塑性和韧性却较低，淬火内应力较大，组织也不稳定。为了减小淬火钢的内应力，降低其脆性，提高其塑性、韧性和组织稳定性，使其获得强韧性良好配合的最佳使用性能，必须对淬火钢进行回火。回火是淬火钢不可缺少的一道工序。

回火是把淬火钢件加热到低于 A_1 的某一温度，保温一段时间，使其非平衡组织结构适当转向平衡态，获得预期性能的热处理工艺。

13.6.1 淬火钢回火时的组织变化

淬火钢的组织主要是马氏体和残余奥氏体，有时还有一些未溶的碳化物。在从室温到 A_1 点这个温度区间回火，马氏体和残余奥氏体均将发生组织转变，其过程大致可以划分为以下 5 个阶段。

13.6.1.1 马氏体中碳原子的偏聚

在 100 ℃以下回火时，马氏体中的碳原子将短距离迁移到微观缺陷处，使系统能量降低。由于碳含量不同，马氏体中的这一偏聚过程也有所不同。在碳的质量分数小于 0.2%的马氏体中，间隙碳原子全部偏聚到高密度的位错线周围，形成科氏气团。这是碳原子与位错的弹性应力场交互作用，被弹性地吸引到位错线周围的结果，故被称为弹性偏聚。此时，马氏体为体心立方点阵。当马氏体的碳的质量分数增加到 0.2%时，弹性偏聚达到饱和状态。在碳的质量分数大于 0.2%的马氏体中，过饱和的碳原子不再偏聚到位错线附近，而是在垂直于 c 轴的 $(001)_{\alpha'}$ 面上偏聚，并伴随有化学自由能降低，正方度 c/a 值增大，强度、硬度提高，故被称为化学偏聚。

13.6.1.2 马氏体的分解与亚稳碳化物的形成

在 100 ℃以上回火时，马氏体将发生分解，析出碳化物，使其碳浓度降低，正方度（c/a 值）减小。图 13-52 显示出了碳的质量分数为 0.96%的钢回火时马氏体的碳含量、正方度与回火温度及回火时间的关系。由图中可以看出，回火温度愈低，马氏体分解延续的时间愈长，马氏体中残余的碳含量愈高。

对于 w_C>0.4%的马氏体，马氏体的分解分为两步。第一步发生在 100～150 ℃，为二相式分解；第二步发生在 150 ℃以上，为连续式分解。如图 13-53 所示，二相式分解发生时，首先在马氏体晶体中的某些富碳区形成碳化物晶核，析出亚稳定的 ε（或 η-Fe_2C）碳化物。由于此时温度较低，碳原子只能做短距离迁移，碳化物形成时只能从其邻近地区取得碳原子，故碳化物周围一定尺寸的马氏体微区内，碳含量明显下降，出现贫碳区，碳化物在微区内长到一定尺寸后也不再长大。此时钢中同时存在两种碳含量不同的马氏体：一种是碳浓度较高、轴比较大、尚未分解的马氏体(即 M)；另一种是碳浓度较低、轴比接近于 1 的马氏体(即 M′)。在此阶段，马氏体的继续分解只能依靠尚未分解的马氏体区域产生新的碳化物晶核，使贫碳区的数量增多，而不能依靠已形成的各个贫碳区尺寸的扩大和该区域碳含量的继续降低。随着回火温度的升高，碳原子的扩散能力逐渐增强，当回火温度高于 150 ℃后，马氏体便开始“均匀”地连续分解。此时碳原子可做较长距离的迁移，随ε(或 $\eta-Fe_2C$)碳化物的析出与长大，马氏体的碳浓度均匀降低，两种碳含量不同的马氏体共存的特征消失。对于碳钢，此过程一直要持续到 250 ℃。

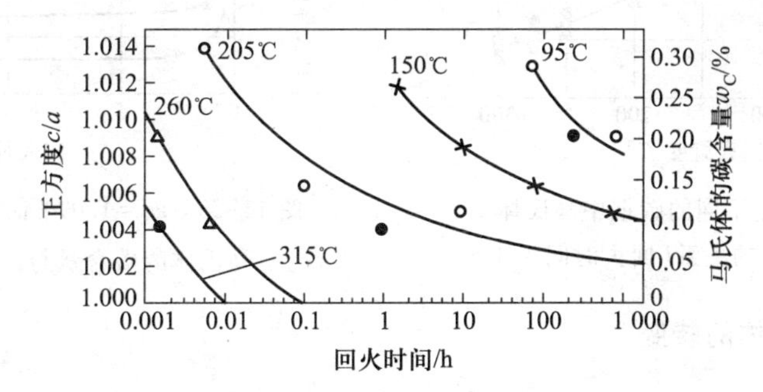

图 13-52 $w_C=0.96\%$钢回火时马氏体的碳含量、正方度 c/a 与回火温度及回火时间的关系(可借助图 13-27 帮助分析)

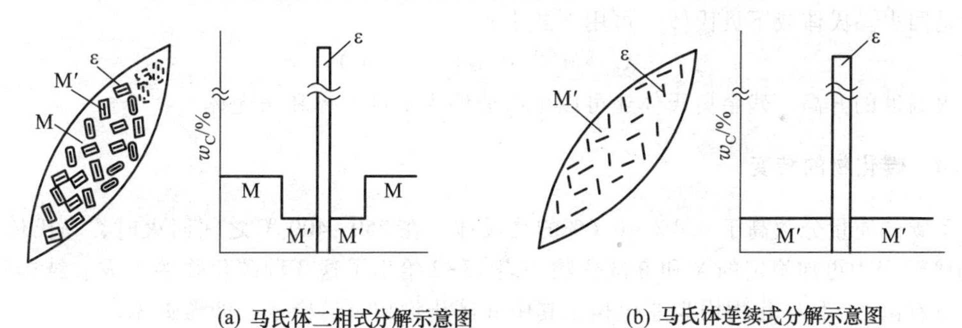

图 13-53 马氏体二相式分解和连续式分解示意图

碳含量不同的碳素钢中马氏体的碳含量与回火温度的关系示于图 13-54。可以看出，在回火温度低于 150 ℃时，马氏体的碳含量与其原始碳含量有关，而在回火温度高于 150 ℃后，马氏体的碳含量就与其原始碳含量无关了。图 13-55 是碳的质量分数为 1.09%的钢在不同温度回火时，马氏体的碳含量与回火时间的关系。可以看出，马氏体的碳含量在回火开始时下降较快，1 h 左右即趋于稳定。如果在一定回火温度下回火较长时间，那么马氏体的碳含量为一定值。

综上所述，在 150~250 ℃之间回火，片状马氏体将分解为含碳过饱和的α固溶体和与之共格的ε(或 $\eta-Fe_2C$)碳化物的两相组织，称为回火马氏体。由于ε碳化物的弥散析出，使得回火马氏体比淬火马氏体易于腐蚀，因而回火马氏体在光学显微镜下呈暗黑色片状组织。

对于碳的质量分数低于 0.2%的板条状马氏体，在 100~200 ℃之间回火时，马氏体一般不析出ε碳化物，碳原子仍偏聚在位错线附近。

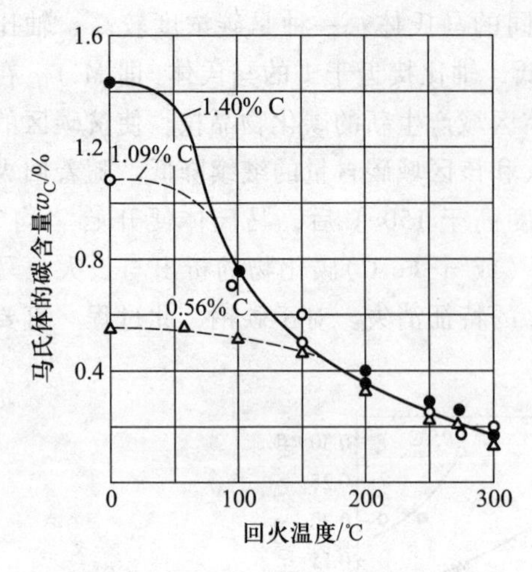

图 13-54 碳含量不同的碳钢中马氏体的碳含量与回火温度的关系(回火时间为 1 h)

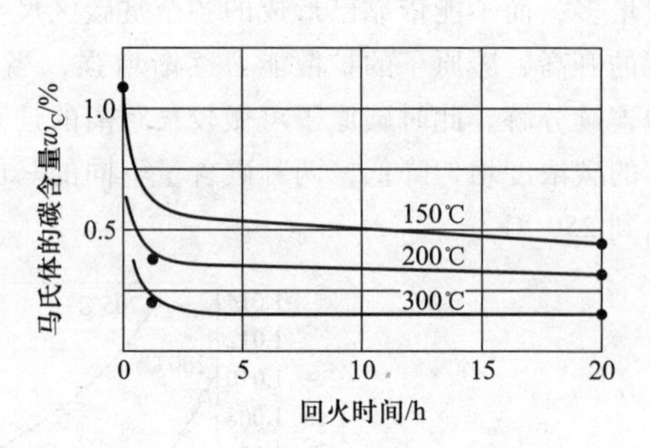

图 13-55 w_C=1.09%钢在不同温度回火时马氏体的碳含量与回火时间的关系

13.6.1.3 残余奥氏体的转变

碳的质量分数超过 0.4%的碳钢或低合金钢，淬火后才有一定数量的残余奥氏体存在。在 200~300 ℃之间回火，残余奥氏体将分解为过饱和α固溶体和薄片状ε碳化物的两相组织，一般认为是回火马氏体或下贝氏体，可用下式表示：

$$A_R \rightarrow M' 或 B(\alpha+\varepsilon\text{-}Fe_{2.4}C)$$

随着回火温度的升高，残余奥氏体还可以依次分解为上贝氏体和珠光体。

13.6.1.4 碳化物的转变

对于碳的质量分数高于 0.4%~0.6%的马氏体，在 250~400 ℃之间回火时，马氏体中的ε碳化物将转变为更加稳定的χ和θ碳化物，表 13-2 给出了这 3 种碳化物的组成、结构与稳定性。可以看出，3 种碳化物均为亚稳相，其中θ碳化物相对最稳定，即渗碳体。

表 13-2 铁碳化合物的组成、结构与稳定性

铁碳化合物	化学式	结构	稳定性
ε	$Fe_{2.4}C$	六方晶系	亚稳定
χ	Fe_5C_2	单斜晶系	亚稳定
θ	Fe_3C	斜方晶系	亚稳定(3 者中最稳定)

碳化物的转变也是通过形核与长大这两个过程实现的，依据新碳化物与母相之间的取向关系和惯习面是否与原碳化物相同，可以将碳化物转变的方式分为两类：①如果新碳化物与母相之间的取向关系和惯习面与原碳化物相同，则新碳化物可以通过原碳化物成分的调整和点阵的重构形成，称为“原位”转变。②如果新碳化物与母相之间的取向关系和惯习面与原碳化物不同，则原碳化物溶解，新碳化物在其他部位重新形核并长大，称为“异位”转变。由表 13-3可以看出，ε碳化物与母相之间的取向关系和惯习面与χ和θ碳化物均不同，故从ε向χ

和 θ 碳化物的转变是以异位转变的方式进行的。而 χ 碳化物与母相之间的取向关系和惯习面有可能与 θ 碳化物相同，也有可能不同。当 θ 碳化物的惯习面为 $\{112\}_{\alpha'}$时，χ 碳化物与母相之间的取向关系和惯习面与 θ 碳化物相同，从 χ 向 θ 碳化物的转变可以以原位转变的方式进行；但当 θ 碳化物的惯习面为 $\{110\}_{\alpha'}$时，χ 碳化物与母相之间的取向关系和惯习面就与 θ 碳化物不同了，此时，从 χ 向 θ 碳化物的转变就必须以异位转变的方式进行。ε 和 χ 碳化物都是亚稳定的过渡相，随着回火温度的升高，最终都要转化为稳定的 θ 碳化物，即渗碳体。起始析出的渗碳体呈极细薄的片状，与母相 α 之间保持着共格关系，随着渗碳体的长大，这种共格关系不能继续维持，在 300~400 ℃之间渗碳体就会完全脱离母相 α 而析出。

表 13-3 铁碳化合物与母相之间的取向关系和惯习面

铁碳化合物	惯习面	取向关系
ε	$\{100\}_{\alpha'}$	$(0001)_{\varepsilon}//(011)_{\alpha'}$，$(10\bar{1}1)_{\varepsilon}//(101)_{\alpha'}$，$[1120]_{\varepsilon}\wedge[100]_{\alpha'}=5°$
χ	$\{112\}_{\alpha'}$	$(100)_{\chi}//(\bar{1}\bar{2}1)_{\alpha'}$，$[010]_{\chi}//[101]_{\alpha'}$，$[011]_{\chi}//[\bar{1}11]_{\alpha'}$
θ	$\{110\}_{\alpha'}$ $\{112\}_{\alpha'}$	$(001)_{\theta}//(\bar{1}12)_{\alpha'}$，$[010]_{\theta}//[11\bar{1}]_{\alpha'}$，$[100]_{\theta}//[1\bar{1}0]_{\alpha'}$

对于 w_C<0.2%的马氏体，在回火温度高于 200 ℃后，碳原子会从偏聚区(位错线附近或板条界上)直接形核析出渗碳体。

对于 w_C 低于 0.4%~0.6%而又高于 0.2%的马氏体，从低温到高温回火时，碳化物的转变情况如表 13-4 所示。

表 13-4 回火时碳含量不同的马氏体中碳化物的转变情况

碳含量	碳化物转变情况
w_C<0.2%	M→θ-Fe_3C
0.2%<w_C<0.4%~0.6%	M→ε-$Fe_{2.4}C$→θ-Fe_3C
w_C>0.4%~0.6%	M→ε-$Fe_{2.4}C$→χ-Fe_5C_2→θ-Fe_3C

综上所述，在 250 ℃以上的温度回火，马氏体将继续分解，形成比 ε 碳化物更为稳定的碳化物。随着回火温度的升高，直到回火温度升至 350 ℃，马氏体的分解才基本完毕，其碳含量才达平衡浓度，正方度 c/a 值也才为 1，但此时 α 相的形态还未改变，仍为板条状或针状。

13.6.1.5 碳化物的聚集长大与 α 相的回复、再结晶

回火温度高于 400 ℃后，渗碳体明显聚集、长大并球化，无论是初始片状渗碳体的球化还是粒状渗碳体的长大，均按小颗粒溶解、大颗粒长大的机理进行。

低碳板条马氏体在 400 ℃以上温度回火时，α 相将发生回复。在回复过程中，α 相中的位错密度逐渐降低，剩下的位错重新排列成二维位错网络，并将 α 相分割成许多亚晶粒。随着

回火温度的升高，亚晶粒逐渐长大，当回火温度高于500 ℃后，α相将发生再结晶。在再结晶过程中，等轴状铁素体逐步取代了板条状的α相。

在250～400 ℃之间回火时，片状马氏体中的孪晶亚结构就已逐渐消失，但同时出现了位错胞和位错线。回火温度高于400 ℃后，α相也将发生回复和再结晶。但由于钢中碳含量较高，沉淀的碳化物数量较多，碳化物颗粒的钉扎作用将阻碍α相的回复尤其是再结晶的进行，故片状马氏体的回复与再结晶过程要比板条马氏体更缓慢些。

综上所述，淬火钢在回火过程中的组织变化为：在150～250 ℃之间回火时，片状马氏体将分解为含碳过饱和的α固溶体和ε（或η）碳化物的两相组织，即回火马氏体；在350～500 ℃之间回火时，碳钢与低合金钢将得到板条状或片状铁素体与细颗粒渗碳体组成的混合物，称为回火屈氏体；在500 ℃～A_1点之间回火时，碳钢与低合金钢将得到颗粒状渗碳体分布于等轴状铁素体基体上的组织，称为回火索氏体。

13.6.2 淬火钢回火时力学性能的变化

淬火钢回火时硬度的变化如图13-56所示。对于低碳钢(碳的质量分数小于0.2%)，由于淬火时碳原子已经向位错线偏聚，所以在200 ℃以下回火时，其组织变化不大，钢的硬度也变化不大。但高于200 ℃回火，随着渗碳体的析出、长大、聚集和球化以及α相的回复、再结晶，钢的硬度将逐渐降低。对于中碳钢，低温回火时，因碳原子偏聚和ε碳化物的析出而增高的硬度小于马氏体分解而降低的硬度，故钢的硬度是降低的；在200～300 ℃之间回火，由于钢中残余奥氏体量较少，其分解后所能增高的硬度远小于回火马氏体继续分解而降低的硬度，故钢的硬度也是降低的。300 ℃以上回火，中碳钢的组织变化与低碳钢的相似，故中碳钢的硬度是随回火温度的升高而逐渐降低的。对于高碳钢，在200 ℃以下回火，其硬度不仅不降低，而且还稍有升高。这是因为这类钢低温回火时，不仅碳原子会发生化学偏聚使钢的硬度有所提高，而且还可能析出大量细小的ε碳化物，对钢产生较大的弥散硬化作用。在200～300 ℃之间回火，虽然回火马氏体继续分解将使钢的硬度下降，但残余奥氏体分解为回火马氏体或下贝氏体的硬化作用将使钢硬度的下降趋于平缓。300 ℃以上回火，高碳钢硬度的变化就与低碳钢和中碳钢相似了。

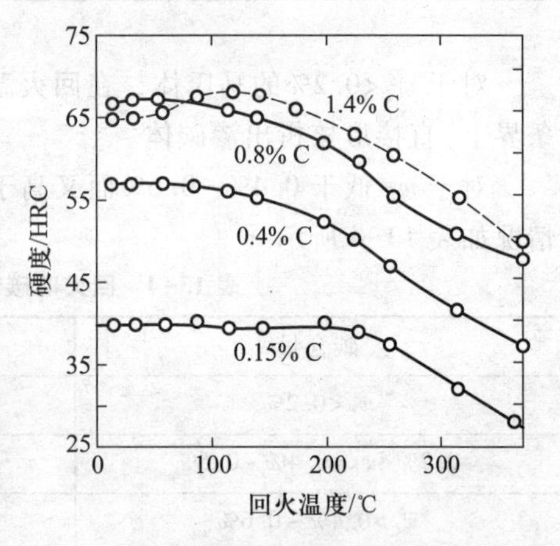

图13-56 淬火钢回火时硬度的变化

图13-57所示为中碳钢的力学性能与回火温度的关系。从图中可以看出，处于淬火状态的钢，由于有内应力存在，不仅塑性很差，而且强度也不高。在200～300 ℃之间回火后，由于内应力消除，钢的屈服强度、抗拉强度和S_k(真实破断强度)均达到最大值。300 ℃以上，随着回火温度的升高，钢的强度降低，伸长率和断面收缩率升高。在300～400 ℃之间回火，钢的弹性极限达到最大值。低碳钢的力学性能随回火温度的变化规律基本与中碳钢相似，只是随着回火温度的升高，抗拉强度是逐渐降低的，没有明显的峰值。高碳钢在300 ℃以上回火时，

力学性能的变化规律也与中碳钢相似，但在 300 ℃以下回火，由于淬火内应力未能消除，高碳钢均呈脆性破断，故较难准确地测定出其各项力学性能指标。

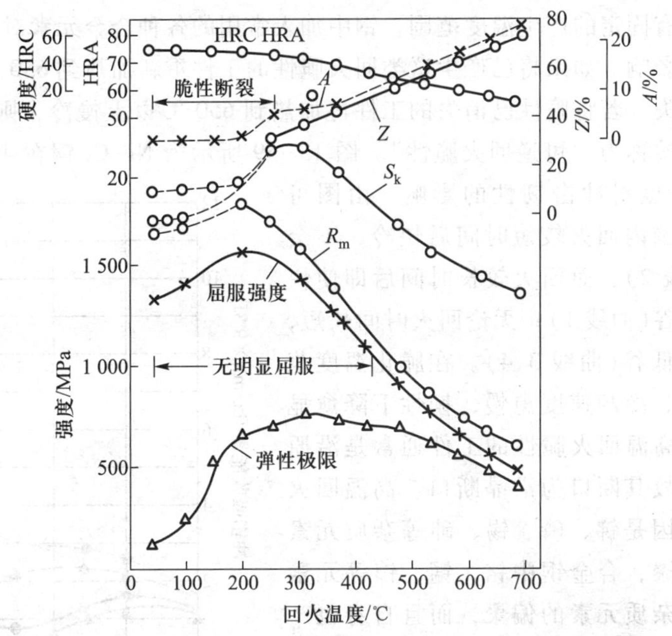

图 13-57 中碳钢（w_C＝0.41%，w_{Mn}＝0.72%，质量分数）的力学性能与回火温度的关系

淬火钢回火时冲击韧性的变化如图 13-58 所示，随着回火温度的升高，钢的冲击韧性 a_k（冲击吸收能量与样品缺口处横截面积之比值）并不是单调地增加，而是出现了两个低谷。一个低谷出现在 250～400 ℃之间，另一个低谷出现在 450～650 ℃之间，这种随着回火温度的升高，钢的冲击韧性反而降低的现象，称为“回火脆性”。为了区别起见，把在较低温度回火引起的回火脆性称为“低温回火脆性”或“第一类回火脆性”，把在较高温度回火引起的回火脆性称为“高温回火脆性”或“第二类回火脆性”。

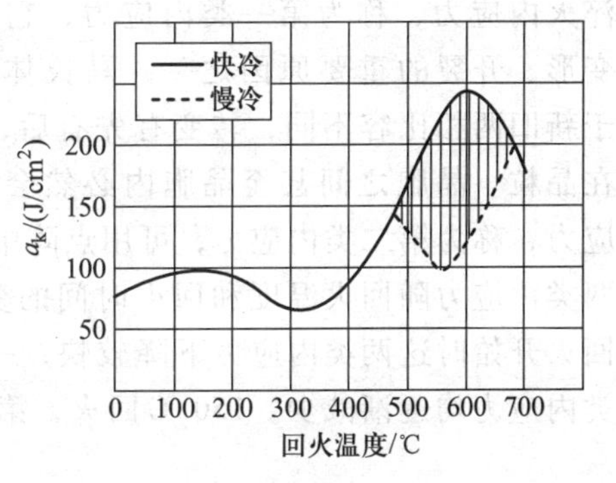

图 13-58 0.3C-1.47Cr-3.4Ni 钢（质量分数）的冲击韧性与回火温度的关系

几乎所有淬火后形成马氏体组织的碳素钢和合金钢，在 300 ℃左右回火时都将或轻或重地出现低温回火脆性。由于钢中所含合金元素不同，出现低温回火脆性的温度范围也不尽相同，碳钢一般在 200～400 ℃、合金钢一般在 250～450 ℃出现韧性低谷。如果将已产生这类回火脆性的工件在更高温度回火，其脆性将消失。若将脆性已消失的工件再在 300 ℃左右回火，其脆性也不再出现，故这类回火脆性又被称为“不可逆回火脆性”。不可逆回火脆性与回火后的冷却速度无关，即在产生回火脆性的温度范围内回火后，不论是快冷还是慢冷，钢都会产生这种回火脆性。在低温回火脆性产生的温度范围内回火的钢件通常呈沿晶断裂，而在高于或低于此脆化温度区间回火的钢件则呈穿晶断裂。低温回火脆性产生的主要原因是 ε 碳化物转变成的 χ 及 θ 碳化物沿马氏体板条或片的界面呈薄膜状析出，韧性的残余

奥氏体分解成回火马氏体或下贝氏体对此类回火脆性也有促进作用。此外，也有人认为硫、磷、锑、砷等杂质元素在晶界、亚晶界的偏聚是引起低温回火脆性的原因。

高温回火脆性有固定的产生温度范围，钢中加入常用的各种合金元素对产生高温回火脆性的温度范围无明显影响。如果将已产生这类回火脆性的工件重新加热到650 ℃以上保温然后快冷，则其脆性将消失。若将脆性已消失的工件再加热到650 ℃以上慢冷，则其脆性又会出现，故这类回火脆性又被称为“可逆回火脆性”。图13-59所示为Ni-Cr钢在400 ℃以上回火时，回火时间和冷却速度对冲击韧性的影响。由图可知，在脆化温度范围内回火较短时间后快冷，不会出现韧性低谷(曲线2)，而回火较长时间后即使快冷也会出现韧性低谷(曲线1)；无论回火时间长短，慢冷均会出现韧性低谷(曲线3、4)。在脆化温度范围内回火时间愈长，冷却速度愈慢，韧性下降愈显著(曲线3)。具有高温回火脆性的工件通常是沿原奥氏体晶界断裂，故其断口为沿晶断口。高温回火脆性产生的主要原因是锑、磷、锡、砷等杂质元素在原奥氏体晶界偏聚，合金钢中铬、锰、镍等元素不仅促进上述微量杂质元素的偏聚，而且自身也产生晶界偏聚，故增大高温回火脆化倾向。

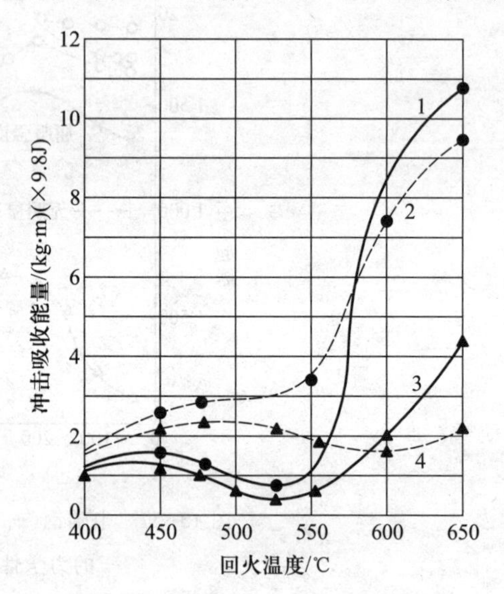

图13-59 $w_C=0.35\%$，$w_{Mn}=0.52\%$，$w_{Ni}=3.44\%$，$w_{Cr}=1.05\%$钢冲击韧性与回火温度的关系

1—回火10小时后水冷；2—回火30分钟后水冷；3—回火10小时后炉冷；4—回火30分钟后炉冷

钢在淬火过程中，由于工件截面各处冷却速度不同，相变也不同，故必然会产生宏观区域的淬火内应力，称为第一类内应力，它是引起工件变形、开裂的重要原因之一。马氏体转变时，由于新旧两相比容不同，转变有先有后，组织不均，在晶粒、晶胞之间甚至晶胞内必然会产生微观内应力，称为第二类内应力，可用点阵中产生第二类畸变的点阵常数变化$\Delta a/a$来表示。上述两类内应力随回火温度和回火时间的变化如图13-60和图13-61所示。从图中可以看出，回火开始时这两类内应力下降较快，一段时间后即趋于稳定。随着回火温度的升高，这两类内应力均逐渐减少。150 ℃回火，第一类内应力可减少25%～30%；300 ℃回火，第一类

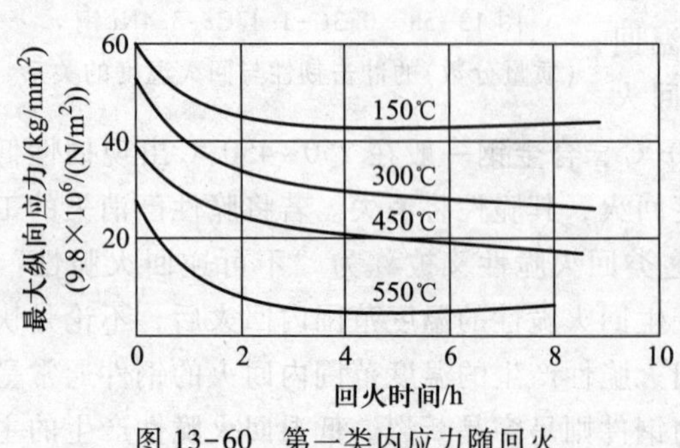

图13-60 第一类内应力随回火温度和回火时间的变化

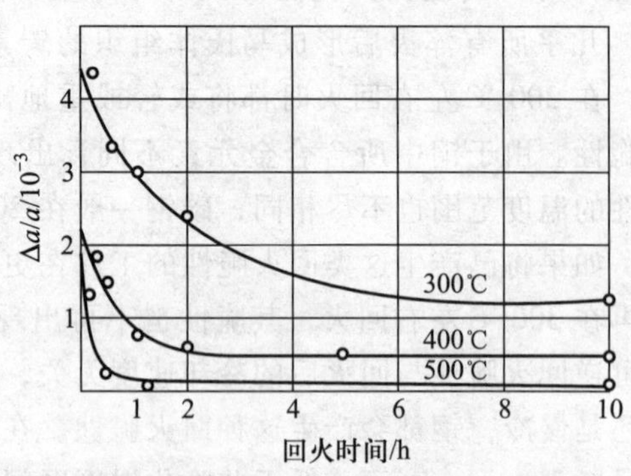

图13-61 $w_C=1.0\%$钢回火时$\Delta a/a$随回火温度和回火时间的变化

内应力可减少50%；500 ℃回火，第二类内应力可基本消除；550~600 ℃以上回火，第一类内应力可基本消除。

13.7 合金元素对钢中固态相变的影响

13.7.1 合金元素对钢加热转变的影响

除了一些高合金钢外，大部分合金钢在室温下的组织基本上仍是铁素体加碳化物的复相组织。这种组织的钢在加热时奥氏体的形成依赖于 $\alpha \rightarrow \gamma$ 的扩散型转变和碳化物的溶解，即依赖于碳的扩散。合金元素对奥氏体形成速度的影响大体上可归纳为以下几个方面：①通过影响碳在奥氏体中的扩散来影响奥氏体的形成速度。比如，碳化物形成元素钒、钨、钼、铬等提高碳在奥氏体中的扩散激活能，减慢碳的扩散，因而对奥氏体的形成有一定的阻碍作用；非碳化物形成元素镍、钴等降低碳在奥氏体中的扩散激活能，加速碳的扩散，因而对奥氏体的形成有一定的加速作用；而硅、铝等元素对碳在奥氏体中的扩散速度影响不大，因而它们对奥氏体的形成速度没有太大影响。②通过影响碳化物的稳定性来影响奥氏体的形成速度。譬如，强碳化物形成元素组成的碳化物(如 TiC、NbC 等)比较稳定，只有在高温下才开始溶解(图 13-62)，且溶解速度较慢；强碳化物形成元素溶于弱碳化物中，可提高弱碳化物的稳定性，升高其开始溶解温度，故强碳化物形成元素对奥氏体的形成有一定的阻碍作用。弱碳化物形成元素组成的碳化物(如 $M_{23}C_6$、M_7C_3、M_3C)稳定性差，极易溶解；弱碳化物形成元素溶于强碳化物中，可降低强碳化物的稳定性和开始溶解温度，故弱碳化物形成元素对奥氏体形成的阻碍作用较小，有时甚至加速奥氏体的形成。中强碳化物形成元素组成的碳化物(如 M_6C、M_2C)，其稳定性介于强碳化物与弱碳化物之间，故中强碳化物形成元素对奥氏体的形成也有一定的阻碍作用。③钢中合金元素在铁素体与碳化物两相中的分布是很不均匀的，在退火状态下，碳化物形成元素主要集中于碳化物内，而非碳化物形成元素则主要集中于铁素体内。故当碳化物完全溶解后，在原来碳化物的位置，碳化物形成元素和碳的浓度都高于钢的平均浓度。由于合金元素本身的扩散相当缓慢(比碳慢得多)，因而使奥氏体成分均匀化过程大为减速。又由于碳化物形成元素对碳原子有吸引，故在碳化物形成元素均匀化之前，碳在奥氏体中的分布也是不均匀的。④通过改变奥氏体形成温度来影响奥氏体的形成速度。例如，锰、镍等扩大奥氏体相区的元素使 A_{c1} 和 A_{c3} 降低，使原始珠光体组织细化，故加速奥氏体的形成。

除合金元素外，钢中的碳含量也会对奥氏体的形成速度产生影响。对于亚共析钢，由于随着碳含量的增加，原始组织中碳化物数量增多，铁素体与碳化物的相界面积增大，碳原子所需扩散的距离缩短，碳和铁原子在奥氏体中的扩散系数增大，故奥氏体的形核率与核心长大速度增大，奥氏体的形成速度加快。对于过共析钢，虽然随着碳含量的增加，奥氏体的形核率与核心长大速度也是增大的，但由于碳化物数量过多，将使残余碳化物的溶解和奥氏体成分均匀化时间延长。

钢中奥氏体晶粒长大的驱动力是晶界自由能(即界面能)，长大的方式是通过晶界迁移即晶界原子扩散使一些晶粒长大，使另一些晶粒缩小直至消失，故凡是能影响这两者的因素都会改变奥氏体晶粒长大的进程。

钢的化学成分对奥氏体晶粒长大有重要影响。随着钢中碳含量的增加，若碳全部溶入奥氏体中，则由于碳在奥氏体晶界偏聚，降低了晶界铁原子的自扩散激活能，故奥氏体晶粒长大倾向增加。若碳以未溶碳化物形式存在，则可起阻碍奥氏体晶粒长大的作用。合金元素除磷和锰(高碳时)能促进奥氏体晶粒长大以外，其他元素均不同程度地阻碍奥氏体晶粒长大，其阻碍作用由强到弱依次为：铝、钛、铌、钒、钨、钼、铬、硅、镍、铜等。磷能促进奥氏体晶粒长大，也是因为它在奥氏体晶界偏聚，降低了晶界铁原子的自扩散激活能；锰在高碳钢中可促进奥氏体晶粒长大，是因为锰增强了碳促进奥氏体晶粒长大的作用；铝、钛、铌、钒等元素之所以能阻碍奥氏体晶粒长大，是因为它们的氮化物、碳氮化物和碳化物会沿奥氏体晶界弥散析出，阻碍奥氏体晶界的迁移。图 13-62 所示为这些元素的碳化物和氮化物在奥氏体中的溶解度与温度的关系。可以看出，氮化物比碳化物有更低的溶解度和更高的稳定性，故弥散的氮化物能更有效地阻碍奥氏体晶粒长大。工程上常用 AlN 来细化奥氏体晶粒，其含量对奥氏体晶粒度的影响见图 13-63。当钢中残余铝量 w_{Al} 超过 0.02%或形成 AlN 的铝量 $w_{Al[AlN]}$ 超过 0.008%时，奥氏体晶粒明显细化。TiN 则可更有效地抑制高温下奥氏体晶粒的粗化。

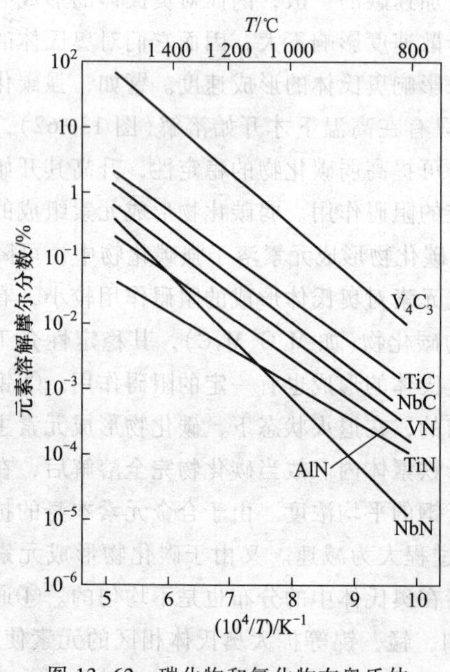

图 13-62 碳化物和氮化物在奥氏体中的溶解度与温度的关系

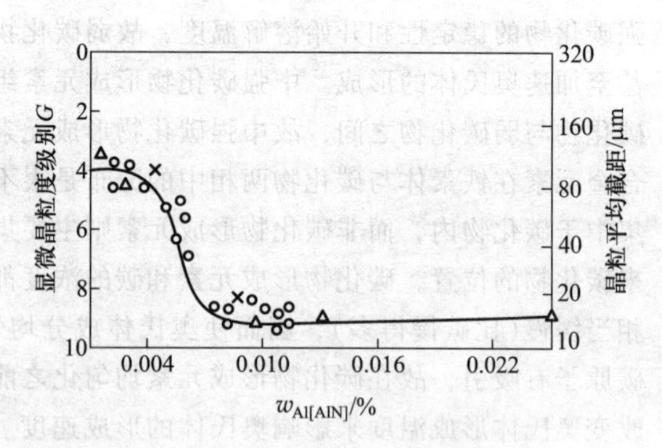

图 13-63 氮化铝含量对奥氏体显微晶粒度级别 G 的影响

13.7.2 合金元素对过冷奥氏体等温转变图的影响

合金元素对过冷奥氏体等温转变图位置及形状的影响如图 13-64 所示，可以看出，除钴以外，所有合金元素只要溶入奥氏体都增大过冷奥氏体的稳定性，使 C 曲线右移。其中强和中强碳化物形成元素钒、钛、铌、钨、钼等对珠光体转变的推迟作用远大于对贝氏体转变的影响，它们既升高珠光体转变的温度范围，又降低贝氏体转变的温度范围，故使这两种转变的C曲线明显分开，成为两条C曲线，如图13-64a所示。弱碳化物形成元素铬、锰等对贝氏体转变的推迟作用远大于对珠光体转变的影响，故它们也使这两种转变的C曲线明显分开，成为两条C曲线，如图13-64b所示。非碳化物形成元素铝和硅对贝氏体转变的推迟作用也比对珠光体转变的影响大，它们对C曲线的影响如图13-64c所示。镍强烈推迟珠光体转变，钴降低过冷奥氏体的稳定性，使C曲线左移，这两种元素都只改变C曲线的位置而不改变C曲线的形状，如图13-64d所示。

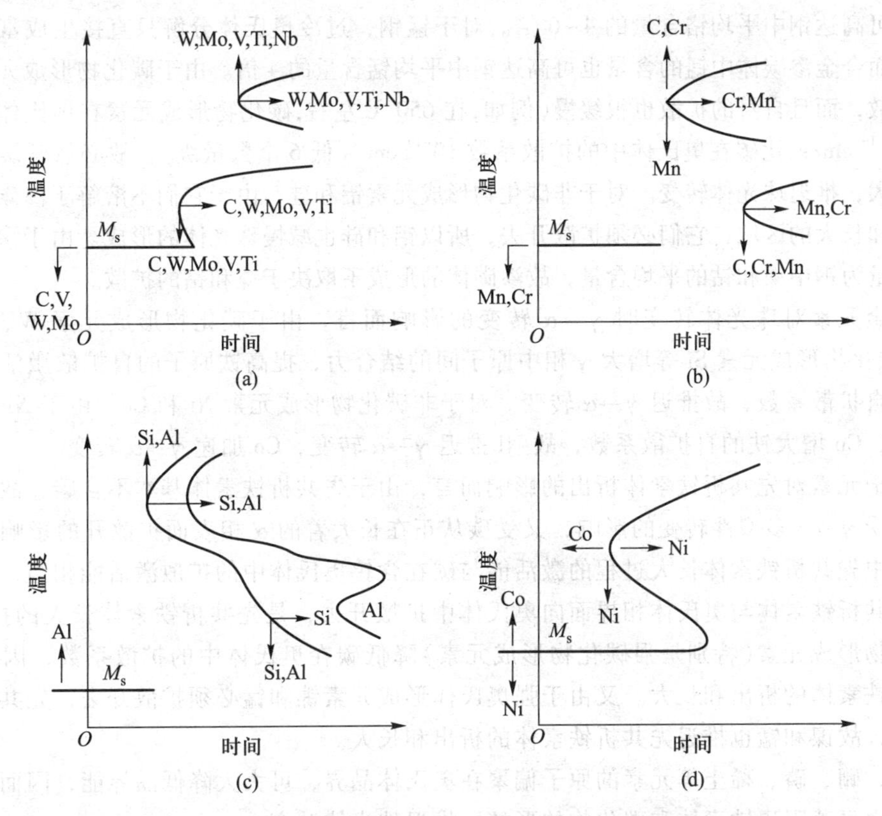

图13-64　合金元素对过冷奥氏体等温转变图位置及形状的影响

对于碳钢，在亚共析钢加热到A_{c3}以上、过共析钢加热到A_{c1}以上奥氏体化的正常加热条件下，随着钢中碳含量的增加，亚共析钢的C曲线向右移，过共析钢的C曲线向左移，故共析钢的过冷奥氏体最稳定。

13.7.3　合金元素对钢珠光体转变的影响

钢中加入合金元素后，由合金奥氏体分解成的珠光体是由合金铁素体与合金碳化物组成的。在平衡状态下，非碳化物形成元素（Ni、Cu、Al、Co、Si等）与碳化物形成元素（Cr、W、Mo、V等）在这两个相中的分布是不均匀的。后者主要存在于碳化物中，而前者则主要存在于铁素体中。因此，要完成合金珠光体的转变，除了要进行碳的扩散与重新分布和晶格的改建外，还必须进行合金元素的扩散与重新分布。合金元素对珠光体转变的影响，正是通过对上述三个基本过程的影响来实现的。

就合金元素对珠光体转变时碳化物形成的影响而言，含强和中强碳化物形成元素钒、钨、钼的钢，其过冷奥氏体转变时，首先形成的是合金元素的特殊碳化物而非渗碳体。例如，钒钢过冷奥氏体转变时，在 450~700 ℃之间会首先生成 VC；钨钢过冷奥氏体转变时，在 590~700 ℃之间会首先生成 $Fe_{21}W_2C_6$；钼钢过冷奥氏体转变时，在 620~680 ℃之间会首先生成 $Fe_{21}Mo_2C_6$。对于铬钢，当 w_{Cr}/w_C 值高时，过冷奥氏体分解也能直接生成铬的特殊碳化物 Cr_7C_3 或 $Cr_{23}C_6$；但当 w_{Cr}/w_C 值低时，过冷奥氏体分解就只能生成富铬的合金渗碳体，此时合金渗碳体中铬的含量可高达钢中平均铬含量的 4~6 倍。对于锰钢，过冷奥氏体分解只直接生成富锰的合金渗碳体，而合金渗碳体中锰的含量也可高达钢中平均锰含量的 4 倍。由于碳化物形成元素不仅阻碍碳的扩散，而且自身的扩散也很缓慢(例如,在 650 ℃左右,碳化物形成元素在奥氏体中的扩散系数为 10^{-16} cm/s,比碳在奥氏体中的扩散系数 10^{-10} cm/s 低 6 个数量级)，故必然延缓碳化物的形核与长大，推迟珠光体转变。对于非碳化物形成元素铝和硅，由于它们不溶解于渗碳体，在渗碳体形核和长大的区域，它们必须扩散开去，所以铝和硅也减慢珠光体的形成。由于渗碳体中镍和钴的含量为钢中镍和钴的平均含量，故渗碳体的形成不取决于镍和钴的扩散。

就合金元素对珠光体转变时 $\gamma\to\alpha$ 转变的影响而言，由于碳化物形成元素 W、Mo、Cr、Mn 和非碳化物形成元素 Si 等增大 γ 相中原子间的结合力，提高铁原子的自扩散激活能，减小铁原子的自扩散系数，故推迟 $\gamma\to\alpha$ 转变。对于非碳化物形成元素 Ni 和 Co，由于 Ni 增大 α 相的形核功，Co 增大铁的自扩散系数，故 Ni 推迟 $\gamma\to\alpha$ 转变，Co 加速 $\gamma\to\alpha$ 转变。

就合金元素对先共析铁素体析出的影响而言，由于先共析铁素体基本不含碳，故它的形核和长大既受 $\gamma\to\alpha$ 多型性转变的影响，又受碳从正在长大着的 α 相表面扩散开的影响。试验表明，钨钢中先共析铁素体长大过程的激活能与碳在含钨奥氏体中的扩散激活能相当，这说明碳原子从先共析铁素体与奥氏体相界面向奥氏体中扩散开去，是先共析铁素体长大的控制因素。由于碳化物形成元素(特别是强碳化物形成元素)降低碳在奥氏体中的扩散系数，因而显著推迟先共析铁素体的析出和长大。又由于强奥氏体形成元素镍和锰必须扩散开去，先共析铁素体才能形成，故镍和锰也推迟先共析铁素体的析出和长大。

此外，硼、磷、稀土等元素的原子偏聚在奥氏体晶界，可大大降低晶界能，因而这类晶界偏聚元素也显著阻碍铁素体和碳化物的形核，推迟珠光体转变。

综上所述，就单个元素的影响而言，除 Co 以外，所有常用合金元素，只要溶于奥氏体，都或多或少地增大过冷奥氏体的稳定性，推迟珠光体转变。应当指出的是，钢中少量加入某一合金元素，降低转变速度的作用往往不大。如果两种或几种合金元素适当搭配同时加入钢中，则可使过冷奥氏体扩散型转变显著推迟。这种作用绝非单个合金元素作用的简单加和，而是各合金元素之间的相互加强。

13.7.4 合金元素对钢贝氏体转变的影响

如前所述，在一般情况下，除了铝、钴能加速贝氏体转变以外，其他合金元素，如碳、锰、铬、镍、硅、钼、钨、钒以及微量硼等，只要溶于奥氏体都延缓贝氏体转变，使转变的温度区间降低。其中以碳、锰、铬、镍的影响最为明显，尤其是对下贝氏体形成的影响尤为显著。这是由于钢中碳含量增大，形成铁素体时所需要扩散开去的碳原子量增加，不利于铁素体的形核和长大，故贝氏体转变的速度减小，B_s 点降低。合金元素对 B_s 点温度的影响为：$B_s = 830-270w_C-90w_{Mn}-37w_{Ni}-70w_{Cr}-83w_{Mo}$。锰、镍等奥氏体形成元素既降低奥氏体的化学自由能，又增加铁素体的化学自由能，故一方面降低 B_s 点，另一方面延缓贝氏体转变。硼能降低奥氏体的晶界能，抑制铁素体晶核的形成，故硼推迟贝氏体转变。硅特别强烈地阻碍贝氏体转变时碳化物的析出，促使尚未转变的奥氏体富集碳，因而使贝氏体转变减慢。钨、钼、钒、钛等中强和强碳化物形成元素，由于增大碳在奥氏体中的扩散激活能，故对贝氏体转变也有一定的延缓作用。含钨、钼、钒、钛的钢由于珠光体转变孕育期长而贝氏体转变孕育期较短，故在空冷条件下就能得到贝氏体组织。钴由于增大铁的自扩散系数，加速奥氏体向铁素体的转变，因而促进贝氏体转变。

13.7.5 合金元素对钢马氏体转变的影响

合金元素对马氏体转变的动力学影响较小，但对马氏体转变的上限温度 M_s 点和马氏体的形态与亚结构有较大的影响。

钢中马氏体转变的上限温度 M_s 点主要取决于钢的化学成分，即溶入奥氏体中的碳与合金元素。而碳与合金元素对 M_s 点的影响又主要取决于它们对马氏体-奥氏体两相热力学平衡温度 T_0 的影响和对奥氏体的固溶强化作用。从图 13-37 可以看出，凡降低奥氏体自由能或提高马氏体自由能的合金元素均使 T_0 温度降低；凡提高奥氏体自由能或降低马氏体自由能的合金元素均使 T_0 温度升高。碳既剧烈降低 T_0 温度又显著增加奥氏体的屈服强度，故碳剧烈降低 M_s 点。Mn、Ni、Cr 也既降低 T_0 温度，又稍增加奥氏体的屈服强度，故它们也降低 M_s 点。V、Ti、Mo、W、Si、Co、Al 等虽不同程度地增加奥氏体的屈服强度，但却提高 T_0 温度。若强化奥氏体的作用大，则使 M_s 点降低，如 V、Ti、Mo、W；若提高 T_0 温度的作用大，则使 M_s 点升高，如 Co、Al；若这两种作用大致相当，则对 M_s 点影响不大，如 Si。就碳与合金元素对 M_s 点的影响而言，除 Co、Al 提高 M_s 点以外，绝大多数合金元素均不同程度地降低 M_s 点，如表 13-5 所示。其中碳的作用最强烈，锰、铬、钒的作用次之，镍、钼、钨的作用再次之，硅和硼则基本上不影响 M_s 点。

表 13-5 合金元素质量分数每增加 1%时对 M_s 点的影响

合金元素	C	Mn	Cr	V	Ni	Mo	Cu	Si	Co	Al
ΔM_s/℃	-300	-45	-35	-30	-26	-25	-7	0	+12	+18

表 13-5 给出的仅是单一合金元素对 M_s 点的影响，实际上钢中往往同时含有多种合金元素，它们之间的相互影响甚为复杂，不是其单独影响的简单叠加。在此情况下，M_s 点的确定主要还是依靠试验测定。

一般地说，凡降低 M_s 点的合金元素均降低 M_f 点，只不过对 M_f 点的影响较弱而已，尤其是在碳含量不高时更是如此。由于绝大多数合金元素均不同程度地降低 M_s 与 M_f 点，故钢中加入合金元素均增大形成孪晶马氏体的倾向，使室温下的残余奥氏体量增多。

13.7.6 合金元素对淬火钢回火转变的影响

合金元素对淬火钢的回火转变以及回火后的组织与性能有很大的影响。由于碳化物形成元素与碳有较强的亲和力，低温下它们扩散较难，大多留在固溶体中，故碳化物形成元素能把更多的碳留在马氏体中，较显著地阻碍马氏体的分解。其中强碳化物形成元素钒的作用最大，钨、钼次之，铬更次之。

由于渗碳体中完全不溶解硅和铝，硅和铝原子必须扩散开去渗碳体才能在那里形核和长大，而硅在 α 相中的扩散激活能为 200 kJ/mol，远大于碳在 α 相中的扩散激活能 75 kJ/mol，故硅和铝较强烈地阻碍和推迟 ε 碳化物的溶解和渗碳体的析出。通常可以利用在钢中加入铝和硅来提高马氏体的分解温度，增强马氏体抗回火的能力。

对于碳化物形成元素钒、钨、钼和铬等，一方面由于它们与碳有较强的亲和力，会减慢合金渗碳体的溶解，另一方面又由于它们增加碳在 α 相中的扩散激活能，会减慢碳在 α 相中的扩散，故这些合金元素将阻碍合金渗碳体的聚集与长大。

在含强碳化物形成元素较多的钢中，特别是这些元素与碳的含量比 w_M/w_C 较高时，马氏体在高温回火时将析出特殊碳化物。特殊碳化物的析出有两种途径，一种是碳化物形成元素在渗碳体中富集，当其浓度超过在合金渗碳体中的溶解度时，合金渗碳体在原位转变成特殊碳化物，铬钢特殊碳化物的析出就属于这一类型。由于原来的合金渗碳体颗粒已较粗大，故原位生成的特殊碳化物颗粒也较粗大，强化效果较小。高铬钢回火时碳化物转变的顺序为：回火马氏体→$(Fe,Cr)_3C$→Cr_7C_3→$Cr_{23}C_6$。另一种途径是从 α 相中直接析出，同时伴随有渗碳体的溶解。含强碳化物形成元素钒、钛、铌的钢，其特殊碳化物的析出就属于这一类型。以含钒钢为例，在 500 ℃以上回火时，VC 将在位错处形核，并从 α 相中直接析出，与此同时，渗碳体将在 α 相中逐渐溶解。也有同时通过上述两种途径形成特殊碳化物的钢，例如含钨和钼的钢在 500 ℃以上回火时，M_2C 型碳化物的形成就既可以通过合金渗碳体的原位转变又可以从 α 相中直接析出。由于从 α 相中直接析出的特殊碳化物尺寸细小，稳定性好，并与母相保持着共格关系，故强化效果比较显著。伴随着这类特殊碳化物的析出，合金钢的硬度会升高，在硬度与回火温度的关系曲线上出现峰值，如图 13-65 所示，这种现象称为二次硬化。

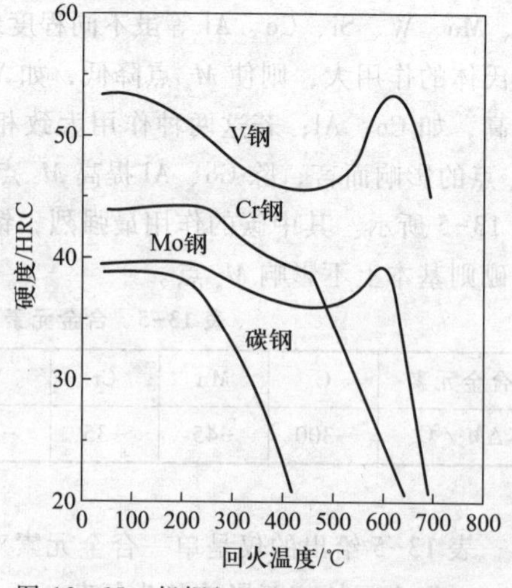

图 13-65 钒钢(w_C=0.32%，w_V=1.36%)、钼钢(w_C=0.11%，w_{Mo}=2.14%)、铬钢(w_C=0.19%，w_{Cr}=2.91%)中的二次硬化现象(合金元素含量均为质量分数)

特殊碳化物析出的同时还将发生 α 相的回复与再结晶。合金元素中，钒、钨、钼、铬、钴等显著提高 α 相的回复与再结晶温度；锰、硅等稍提高 α 相的回复与再结晶温度；镍对 α 相的回复与再结晶温度没有影响。这是因为钴能增加铁原子之间的结合力，阻碍铁原子的自扩散，钒能形成特殊碳化物钉扎位错，而钨、钼、铬等既能增加铁原子之间的结合力，又能形成特殊碳化物钉扎位错，故它们都能显著提高 α 相的回复与再结晶温度。

当淬火钢中存在残余奥氏体时，合金元素对残余奥氏体的分解也有影响，有时残余奥氏体甚至可能在回火时转变为珠光体或贝氏体。如果回火时残余奥氏体没有分解，那么在随后的冷却过程中，由于反稳定化作用(即碳原子形成的科氏气团消失，使残余奥氏体的稳定性降低，M_s 点升高)，它很可能再一次转变为马氏体，这种现象称为二次淬火。高碳高合金钢高温回火时，由于部分碳化物析出，残余奥氏体稳定性降低，M_s 点升高，在随后的冷却过程中也可能发生二次淬火。二次淬火会使钢的硬度升高，脆性明显增大，因此对发生了二次淬火的钢必须再次进行回火。

总结

钢的热处理是指采用适当的方式对金属材料或工件进行加热、保温和冷却以获得预期的组织结构与性能的工艺。热处理之所以能改变钢的性能，是因为钢在加热和冷却过程中会发生不同类型的相变，从而得到不同的组织和性能。对于大多数热处理工艺，其加热温度均高于钢的临界点 A_1 或 A_3，使钢件具有奥氏体组织，然后以一定的方式或速度冷却，以获得所要求的组织和性能。钢在冷却时的组织转变，既可以在某一恒定温度下进行(即过冷奥氏体的恒温转变)，又可以在连续冷却过程中进行(即过冷奥氏体的连续冷却转变)。随着冷却条件的不同，在 A_1 以下不同温度，过冷奥氏体将按不同的机理转变成完全不同的组织。在较高温度范围内，过冷奥氏体将按扩散型转变机制生成珠光体，即发生珠光体转变；在较低温度范围内，过冷奥氏体将按非扩散型转变机制生成马氏体，即发生马氏体转变。在中等温度范围内，过冷奥氏体将按扩散型转变机制或非扩散型转变机制生成贝氏体，即发生贝氏体转变。本章主要讨论了平衡(退火)组织加热时奥氏体形成的机理、动力学、奥氏体晶粒的长大，以及过冷奥氏体转变产物珠光体、马氏体、贝氏体的组织形态、性能特点、形成机理和合金元素对钢固态相变的影响。

由于 Fe-C 合金相图揭示的是平衡或亚平衡条件下成分、温度和组织之间的变化情况，不能反映热处理过程中非平衡条件下的转变规律，故人们通过试验手段建立了表示在不同冷却条件下过冷奥氏体转变过程的起止时间和各种类型组织转变所处的温度范围的一种图形，即过冷奥氏体转变图。本章也简要讨论了过冷奥氏体等温转变图和连续冷却转变图的建立和物理意义。

将奥氏体化后的钢快速冷却，使其在较低温度下发生马氏体转变，这种操作在热处理上通常被称为淬火。由于淬火钢的组织主要是马氏体或马氏体加残余奥氏体(有时还有一些未溶的碳化物)；而在室温下，马氏体和残余奥氏体均处于亚稳定状态，故在从室温到 A_1 点以下的温度区间加热(回火)时，马氏体和残余奥氏体均将发生组织转变。本章还简要讨论了淬火钢在回火过程中显微组织和力学性能的变化。

重要术语

奥氏体化(austenitizing)
晶粒度(grain size)
晶粒度级别数(grain-size number)
细晶粒钢(fine grained steel)
等轴晶粒(equiaxed grain)
奥氏体(austenite)
珠光体(pearlite)
细珠光体(fine pearlite)
贝氏体(bainite)
上贝氏体(upper bainite)
下贝氏体(lower bainite)
马氏体(martensite)
板条马氏体或位错马氏体(lath martensite)
孪晶马氏体或针状马氏体(twin martensite)
过冷奥氏体(undercooling austenite)
残余奥氏体(retained austenite)
淬火临界冷却速度(critical cooling rate of quenching)
回火马氏体(tempered martensite)
回火脆性(temper brittleness)
低温回火脆性或不可逆回火脆性(tempered martensite brittleness)
高温回火脆性或可逆回火脆性(reversible temper brittleness)
二次硬化(secondary hardening)

练习与思考

13-1 解释下列名词：

(1) 晶粒度，晶粒度级别，晶粒的平均截距。

(2) 珠光体，索氏体，屈氏体，贝氏体，上贝氏体，下贝氏体，马氏体，回火马氏体。

(3) 奥氏体，过冷奥氏体，残余奥氏体。

13-2 试结合本章所述热处理的基本原理，指出钢的相变临界温度 A_1，A_3，A_{cm} 有何实用意义。

13-3 利用 $Fe-Fe_3C$ 相图，描述亚共析、共析、过共析碳钢从室温缓慢加热到奥氏体相区过程中相和组织的变化。

13-4 何谓本质细晶粒钢？本质细晶粒钢的奥氏体晶粒是否一定比本质粗晶粒钢的细？

13-5 试述影响奥氏体晶粒长大倾向和奥氏体实际晶粒大小的因素。

13-6 为什么用铝脱氧的钢及加入少量 Ti、Zr、V、Nb、W 等合金元素的钢都是本质细晶粒钢？奥氏体晶粒大小对过冷奥氏体转变产物的力学性能有何影响？

13-7 什么是钢的过热？用什么方法可以改善钢的过热缺陷？

13-8 将 20 钢、65 钢与 T8 钢同时加热到 900℃，保温同样时间，问奥氏体晶粒大小是否有区别？为什么？

13-9 过冷奥氏体等温转变曲线(TTT 曲线)与连续冷却转变曲线(CCT 曲线)有何异同?有何用途?

13-10 说明共析碳钢 C 曲线图(即 TTT 曲线图)各个区、各条线的物理意义，并指出影响 C 曲线形状和位置的主要因素。

13-11 某钢的过冷奥氏体连续冷却转变曲线图如附图 13-1 所示，试指出该钢按图中(a)、(b)、(c)、(d)速度冷却后得到的室温组织。

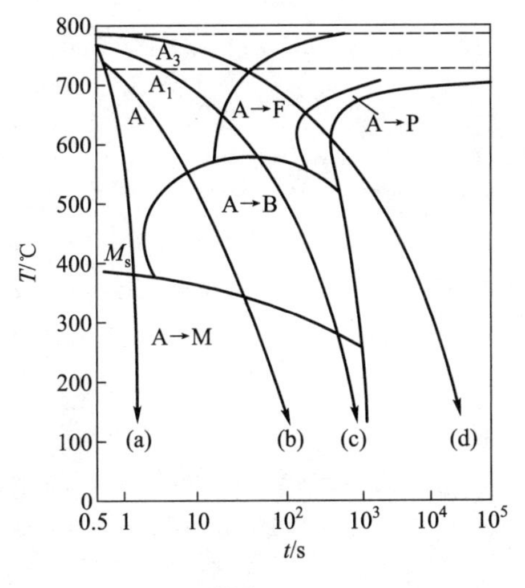

附图 13-1

13-12 珠光体类型组织有哪几种？它们的形成条件、组织形态和性能方面有何特点？

13-13 贝氏体类型组织有哪几种？它们的形成条件、组织形态和性能方面有何特点？

13-14 马氏体组织有哪几种基本类型？它们的形成条件、晶体结构、组织形态、性能有何特点？马氏体的硬度与含量关系如何？

13-15 钢中碳及合金元素对马氏体开始转变点 M_s 有何影响？

13-16 获得马氏体组织的条件是什么？与钢的珠光体相变及贝氏体相变比较，马氏体相变有何特点？

13-17 ① 参见图 13-63 所示的试验数据和表 13-1，确定当形成 AlN 的铝量 $w_{Al[AlN]}$ 超过 0.008%时，奥氏体晶粒的平均截距大约为多少 μm？若 $w_{Al[AlN]}<0.004\%$，奥氏体晶粒平均截距多大？② 若奥氏体化加热温度高达 1200℃，图 13-63 还可信吗？为什么？

参考文献

[1] 宋维锡 . 金属学 . 北京：冶金工业出版社，1980.

[2] 刘云旭 . 金属热处理原理 . 北京：机械工业出版社，1981.

[3] 刘永铨 . 钢的热处理 . 2 版 . 北京：冶金工业出版社，1987.

[4] 胡光立，谢希文．钢的热处理(原理和工艺)．2版．西安：西北工业大学出版社，1996.
[5] 章守华，吴承建．钢铁材料学．北京：冶金工业出版社，1992.
[6] 吴承建，陈国良，强文江．金属材料学．2版．北京：冶金工业出版社，2009.
[7] 余永宁，刘国权．体视学——组织定量分析的原理和应用．北京：冶金工业出版社，1989.

14 钢铁热处理工艺

如前所述，钢的热处理工艺是指采用适当的方式对金属材料或工件进行加热、保温和冷却以获得预期的组织结构与性能的工艺。热处理工艺包括一系列的工艺参数，其中重要的有加热温度、加热速度、保温时间、冷却速度以及冷却方式等。调整改变这些工艺参数，可形成各种不同的热处理工艺。钢铁热处理的基本工艺有退火、正火、淬火、回火及表面热处理和化学热处理等。

设计和优化钢的热处理工艺温度参数时，**钢的相变临界温度** A_1，A_3，A_{cm}具有重要的应用价值。对于**实际加热过程**和**实际冷却过程**，它们分别写作 A_{c1}，A_{c3}，A_{ccm}(总是高于平衡临界温度)和 A_{r1}，A_{r3}，A_{rcm}(总是低于平衡临界温度)。

14.1 钢的退火与正火

14.1.1 钢的退火

将钢加热到适当温度，保温一定时间，然后缓慢冷却的热处理工艺称为退火。

退火是钢厂最常用的热处理工艺，可以达到以下目的：①减小钢锭的成分偏析，使成分均匀化。②消除铸、锻件中存在的魏氏组织或带状组织，细化晶粒，均匀组织，并消除内应力。③降低硬度，提高塑性，以便于切削加工。④改善高碳钢中碳化物的形态和分布，为淬火做好组织准备。

根据加热温度范围和退火目的的不同，退火工艺可分为：加热到 A_{c1}或 A_{c3}以上的完全退火、不完全退火、球化退火、扩散退火和加热到 A_{c1}以下的再结晶退火、低温退火(即软化退火)等，如图 14-1 所示。若按冷却方式的不同分类，则退火工艺可分为普通退火(即连续冷却退火)和等温退火两种，如图 14-2 所示。普通退火是将钢件加热到临界温度(A_{c1}或 A_{c3})以上奥氏体化后连续冷却至室温的热处理工艺。等温退火则是将钢件加热到临界温度(A_{c1}或 A_{c3})以上奥氏体化后，迅速移入另一温度低于 A_{r1}的炉中等温停留，待转变完成后，出炉空冷至室温的热处理工艺。等温退火可以缩短退火时间，所得组织也更均匀，故更适用于过冷奥氏体稳定性高的合金钢。

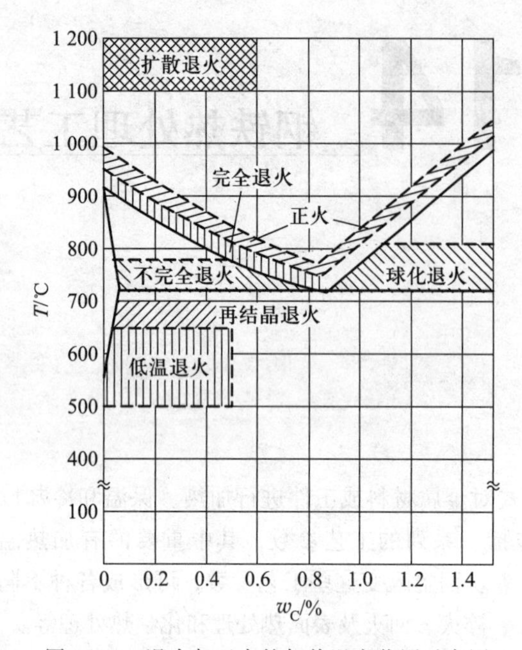

图 14-1 退火与正火的加热温度范围示意图

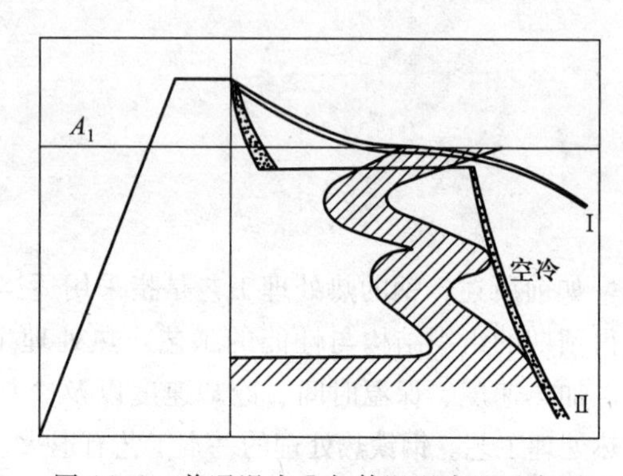

图 14-2 普通退火Ⅰ与等温退火Ⅱ示意图

将亚共析钢加热至 A_{c3} 以上 20～30 ℃，保温足够时间奥氏体化后，缓慢冷却，从而获得接近平衡状态的组织，这种热处理工艺称为**完全退火**。完全退火的目的主要是细化晶粒，均匀组织，消除内应力，降低硬度，便于切削加工，并为加工后零件的淬火做好组织准备。热锻轧钢材的完全退火过程如图 14-3 所示，图中 Q 为装炉吨量，加热保温后以每小时不大于 50 ℃的速度冷却至 650 ℃，此时珠光体转变已完成，可出炉在空气中冷却。完全退火只适用于亚共析钢，不适用于过共析钢。因为若将过共析钢加热至 A_{cm} 以上的单相奥氏体区，缓冷后会析出网状二次渗碳体，使钢的强度、塑性和韧性大大降低。

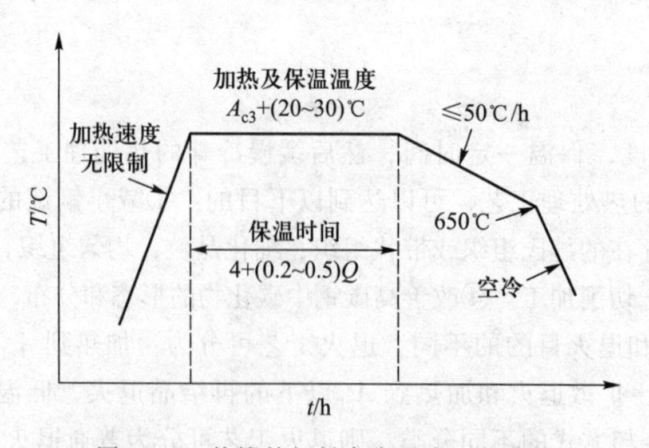

图 14-3 热锻轧钢材完全退火工艺曲线

将亚共析钢在 A_{c1}～A_{c3} 之间或过共析钢在 A_{c1}～A_{cm} 之间两相区加热，保温足够时间后缓慢冷却的热处理工艺，称为**不完全退火**。不完全退火可以细化晶粒，改善组织，消除内应力和降低硬度。其典型的例子就是球化退火。

球化退火是一种将钢中碳化物由片状变为粒状的热处理工艺。主要用于共析钢和过共析钢，如碳素工具钢、低合金工具钢和滚动轴承钢等，是一种不完全退火。球化退火的目的是消除钢中的片状珠光体，代之以粒状珠光体。与片状珠光体相比，粒状珠光体的硬度较低，切削加工性能较好。加热时奥氏体晶粒不易长大，淬火温度范围较宽，淬火时变形开裂倾向小，淬火工艺性能好。且能获得最佳的淬火组织，即马氏体片细小，残余奥氏体量少，并保留有一定量均匀分布的粒状碳化物。

为了得到良好的球化组织，要求加热时获得成分不均匀的奥氏体和一定数量未溶入奥氏体的碳化物，这样在随后缓冷时，会以未溶的碳化物粒子为核心或在奥氏体中富碳区形成碳化物核心，长大成球状碳化物。因此，球化退火的加热温度不能过高，通常是在 A_{c1} 以上 20~30 ℃。若球化退火的加热温度过高，则未溶碳化物粒子少，奥氏体成分较均匀，冷却时易在奥氏体晶界上产生碳化物核心，进而形成片状珠光体。除加热温度外，冷却速度对球化效果也有较大影响。在冷却过程中，为了保证碳原子以及合金元素原子扩散充分，碳化物颗粒析出、长大、聚集球化、球化退火的冷却速度需比一般退火缓慢。

扩散退火是通过高温长时间加热，使合金元素扩散均匀，以消除或减弱枝晶偏析的热处理工艺，主要用于合金钢锭或铸件。扩散退火温度通常为 1 100~1 200 ℃，保温时间为 10~15 h。钢中合金元素含量越高，扩散退火温度应越高。

再结晶退火是将冷加工后的钢材加热至 $T_{再}$~A_{c1} 之间，通常为 650~700 ℃，使变形晶粒恢复成等轴状晶粒，从而消除加工硬化的热处理工艺。再结晶退火既可以作为钢材进一步冷变形的中间退火，又可以作为冷变形钢材的最终热处理。

软化退火是消除钢锭或合金结构钢锻轧钢材内应力，降低其硬度的热处理工艺。软化退火温度通常为 650~720 ℃，保温后出炉空冷。目前合金钢厂广泛采用软化退火代替完全退火或不完全退火，以缩短热处理时间，减少钢材表面的氧化和脱碳。

14.1.2 钢的正火

正火是将钢加热奥氏体化后在空气中冷却的热处理工艺。对于亚共析碳钢，正火加热温度一般采用 A_{c3} 以上 30~50 ℃；对于过共析碳钢，正火加热温度一般采用 A_{cm} 以上 30~50 ℃。对于含有强碳化物形成元素钒、钛、铌等的合金钢，在不引起晶粒粗化的条件下，应尽可能采用高的加热温度，以加速合金碳化物的溶解和奥氏体成分的均匀化。

根据过冷奥氏体的稳定性和工件的截面尺寸，正火后可获得不同的组织，如粗细不同的珠光体、贝氏体、马氏体或它们的混合组织。

由于钢的碳含量和工件截面尺寸的不同，正火的目的也不相同，通常可分为以下几种情况：

（1）对于截面较大的钢材、锻件、铸件，通过正火来细化晶粒、均匀组织，为淬火做好组织准备，此时正火相当于退火的效果。

（2）对于低碳钢工件，由于退火后硬度太低、切削加工中易黏刀、光洁度较差、效率低，故用正火来提高其硬度，改善其切削加工性。

（3）对于某些中碳钢或中碳低合金钢工件，可以将正火作为最终热处理，以代替调质处理，使工件具有一定的综合力学性能。

（4）对于过共析钢，正火可消除网状二次碳化物，为球化退火做好组织上的准备。

14.2 钢的淬火与回火

14.2.1 钢的淬火

将钢加热奥氏体化后以适当方式冷却获得马氏体或(和)贝氏体组织的热处理工艺称为淬火。

淬火的主要目的是：把奥氏体化后的工件淬成马氏体组织，以便在适当温度回火后获得所需要的力学性能。

14.2.1.1 淬火工艺及其参数选择

1. 加热温度

钢的淬火加热温度主要由钢的化学成分和所要求的淬火组织来确定。淬火组织应是细小的马氏体，残余奥氏体尽可能少，不能残存未溶的先共析铁素体，因此，亚共析碳钢的淬火加热温度一般采用 A_{c3} 以上 30~50 ℃，共析及过共析碳钢的淬火加热温度一般采用 A_{c1} 以上 30~50 ℃。

亚共析钢在上述温度加热淬火后可获得均匀而细小的马氏体组织，由于钢的碳含量较低，淬火组织中残余奥氏体很少。过共析钢在上述温度加热淬火后可获得细小马氏体加粒状二次碳化物组织，硬度高的二次碳化物颗粒的存在会增加钢的硬度和耐磨性。如果将过共析钢加热到 A_{cm} 以上的单相奥氏体区，那么由于奥氏体晶粒较粗大，碳含量较高，淬火后的组织将为较粗大的马氏体加较多的残余奥氏体。这既降低了钢的淬火硬度，又增加了钢的脆性，使钢达不到所要求的性能。

2. 保温时间

保温时间是指工件装炉后，炉温回升到淬火加热温度后所需保持的时间。保温的目的是：①使工件透热，即工件整个截面都达到规定的淬火加热温度。②完成加热时的转变过程，获得所需成分的细晶粒奥氏体。在这个前提下，应尽量缩短保温时间，以减少工件表面的氧化和脱碳。

3. 淬火介质及冷却方法

淬火冷却时为保证工件淬硬，要求过冷奥氏体在 M_s 点以上不发生珠光体和贝氏体转变，即在 M_s 点以上的冷却速度应大于钢的临界淬火冷速。但是，快冷会使工件内产生巨大的热应力和组织应力，从而使工件有变形和开裂的危险。为了解决这一矛盾，可采用理想淬火冷却，其冷却曲线如图 14-4 所示。从图可以看出，在稍低于 A_1 温度过冷奥氏体分解孕育期较长的温度范围，应缓慢冷却，以减小热应力；在 M_s 点以下，为了降低马氏体转变时所产生的组织应力也应慢冷。这种理想淬火冷却曲线是选择和发展淬火介质的依据。

表 14-1 示出了常用淬火介质及其冷却速度。可以看出，碱水和盐水不仅在高温区(550~650 ℃)的冷却速度很快，而且在低温区(200~300 ℃)的冷却速度也很快；油在低温区的冷却

速度合适，但在高温区的冷却速度却太慢，因此它们都不是理想的淬火介质。在实际生产中通常是根据钢种的特性来选择淬火介质，如碳钢的临界淬火冷速大，应选用冷却能力较强的水、盐水等作为淬火介质；合金钢的临界淬火冷速小，可选用冷却能力较弱的油作为淬火介质。目前，工业上也使用多种新型淬火介质，如超速淬火油、代替油的水溶液介质等，均取得了较好的效果。

为了实现理想淬火冷却或近似理想淬火冷却，除要选用适当的淬火介质外，还要选用合理的淬火冷却方法。常用的淬火冷却方法有以下几种：

(1) 单液淬火　将奥氏体化后的工件迅速投入到一种淬火冷却介质中，冷却到适当温度后取出空冷，这种淬火冷却方式称为单液淬火，如图 14-5 中 a 曲线所示。单液淬火操作简便，在机械化热处理设备中多采用单液淬火的冷却方法。

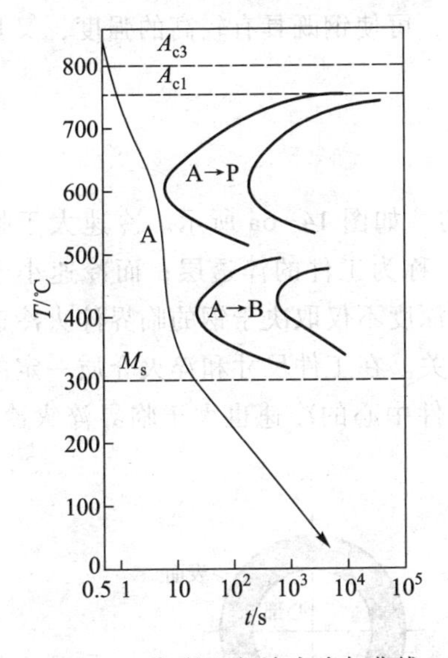

图 14-4　钢的理想淬火冷却曲线

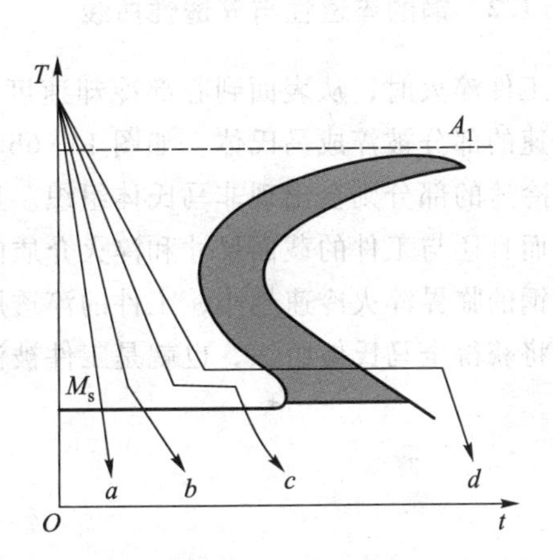

图 14-5　各种淬火方法的冷却曲线示意图

a—单液淬火；b—双液淬火；
c—分级淬火；d—等温淬火

表 14-1　常用淬火介质的冷却速度

淬火介质	冷却速度/(℃/s)	
	在 550~650 ℃区间	在 200~300 ℃区间
水(18 ℃)	600	270
水(26 ℃)	500	270
水(50 ℃)	100	270
水(74 ℃)	30	200
10%苛性钠水溶液(18 ℃)	1 200	300
10%氯性钠水溶液(18 ℃)	1 100	300
矿质机油	100	20
油水乳状液	70	200

(2) 双液淬火 将奥氏体化后的工件迅速投入水中急冷，防止工件发生珠光体和贝氏体转变，待工件表面温度接近 M_s 点时，立即从水中取出，投入油中冷却，在油冷过程中发生马氏体转变，这种淬火冷却方式称为双液淬火，如图 14-5 中 b 曲线所示。双液淬火利用了水、油两种冷却介质的优点，既保证了工件发生完全的马氏体转变，又防止了工件的淬火变形与开裂，克服了单液淬火的缺点。双液淬火的缺点是工件在水中停留的时间不易掌握。

(3) 分级淬火 将奥氏体化后的工件迅速投入温度稍高于或稍低于 M_s 点的盐浴或碱浴中保持适当时间，在工件整体达到介质温度后取出空冷以获得马氏体，这种淬火冷却方式称为分级淬火，如图 14-5 中 c 曲线所示。与双液淬火相比，分级淬火进一步减小了工件的淬火应力和变形。

(4) 等温淬火 将奥氏体化后的工件快冷到贝氏体转变温度区间等温保持，使奥氏体转变为贝氏体，这种淬火冷却方式称为等温淬火，如图 14-5 中 d 曲线所示。虽然等温淬火得不到高硬度的马氏体，但由于获得了强韧性好的下贝氏体，可使钢既具有较高的强度，又具有良好的塑性和韧性，因而是一种强韧化处理工艺。

14.2.1.2 钢的淬透性与淬透性曲线

工件淬火时，从表面到心部冷却速度是逐渐减小的，如图 14-6a 所示。冷速大于临界淬火冷速的部分被淬成马氏体，如图 14-6b 中阴影部分，称为工件的淬透层；而冷速小于临界淬火冷速的部分则会出现非马氏体组织。显然，淬透层深度不仅取决于钢的临界淬火冷速的大小，而且还与工件的截面尺寸和淬火介质的冷却能力有关。在工件尺寸和淬火介质一定的情况下，钢的临界淬火冷速越小，工件的淬透层越大。当工件中心的冷速也大于临界淬火冷速时，工件将获得全马氏体组织，也就是工件被淬透了。

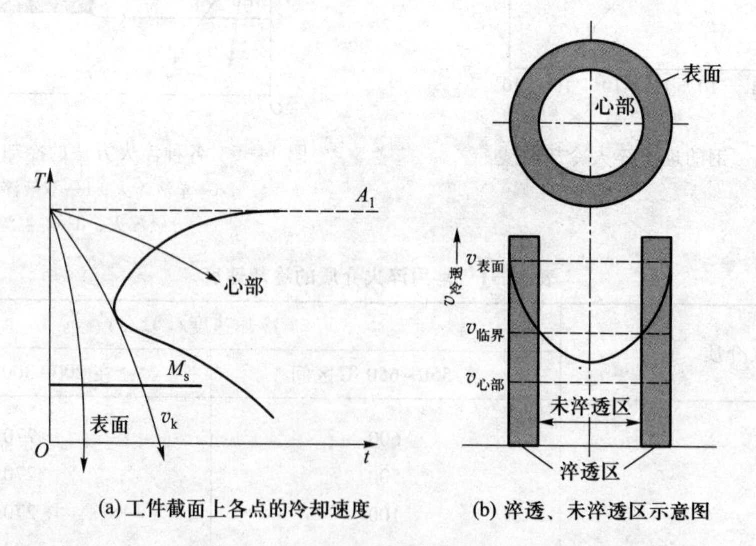

(a) 工件截面上各点的冷却速度　　(b) 淬透、未淬透区示意图

图 14-6 工件截面上各点的冷却速度与淬透、未淬透区示意图

实际上当马氏体组织中混入 5%～10% 的非马氏体组织时，宏观硬度测量很难分辨出来，因此，为了测量方便，通常采用从表面至半马氏体区（即由 50% 马氏体和 50% 非马氏体组成）的距离作为淬透层深度。半马氏体区的硬度变化很明显（图 14-7），金相组织的特征也很明显，因此可准确地测定出淬透层深度。

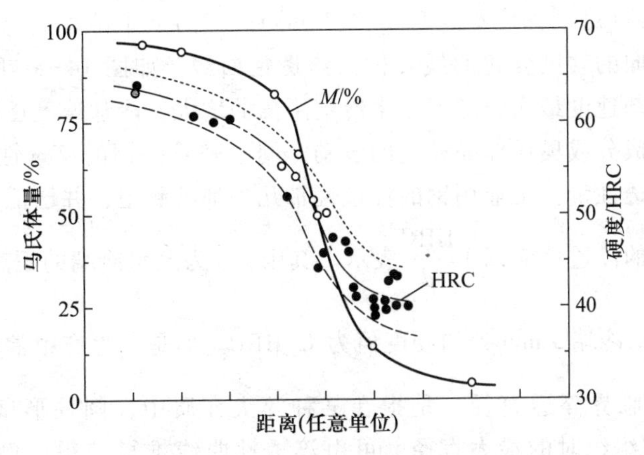

图 14-7　淬透-未淬透区过渡部分的马氏体量与硬度变化

钢的淬透性是指以在规定条件下钢试样淬透层深度和硬度分布来表征的材料特性，它主要取决于钢的临界淬火冷速的大小。

值得注意的是，淬透性与淬硬性是两个不同的概念。淬硬性是指以钢在理想条件下淬火所能达到的最高硬度来表征的材料特性，它主要与淬火加热时固溶于奥氏体中的碳含量有关。

淬透性的确定方法很多，常用的有以下两种：

（1）**工具钢淬透性试验方法**　根据 GB/T 1298—2008 的规定，采用直径为 20 mm、长度为 75 mm、中间开一个深 1.5~2 mm 环型槽口的圆棒试样，在预定淬火温度经 10~30 min 加热淬火后将试样折断，在其横断面上测量出淬透深度，结果表示单位为 mm，精确到 0.5 mm。例如，3.5(780℃)表示淬火温度为 780℃，淬透深度为 3.5 mm；4.0(840℃)则表示淬火温度为 840℃，淬透深度为 4.0 mm。本方法用于工具钢的淬透性检验。

（2）**末端淬火法(Jominy 试验)**　根据 GB/T 225—2006 的规定，首先将尺寸为 ϕ25 mm×100 mm 的试样加热奥氏体化，然后迅速将其放入图 14-8a 所示的淬火装置中喷水冷却。待试

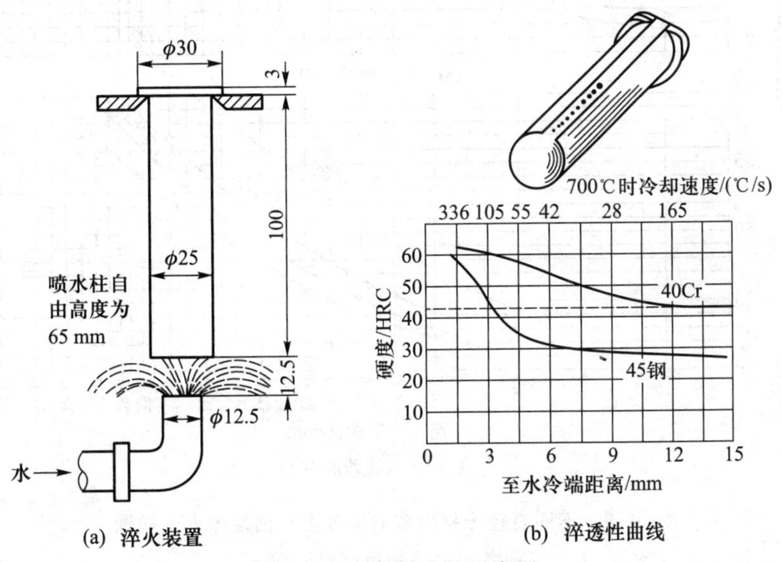

(a) 淬火装置　　(b) 淬透性曲线

图 14-8　末端淬火法示意图

样冷却后，磨平其两侧(磨削深度约为0.2~0.3 mm)，然后从水冷端起每隔1.5 mm测量一次硬度，得到沿试样轴向的硬度变化曲线，称为**淬透性曲线**，如图14-8b所示。由淬透性曲线可以看出，水冷端冷却速度最大，随着至水冷端距离的增大，冷却速度逐渐减小，因而硬度也逐渐降低。由于化学成分或奥氏体晶粒度的波动，同一牌号的钢的淬透性曲线并非为一条线，而是一个带，称为淬透性带。工业用钢的淬透性带几乎都已测定，并已汇集成册以供查阅。

国家标准规定钢的淬透性应以 $J\frac{\mathrm{HRC}}{d}$ 表示。其中，d 为至水冷端的距离，HRC为该处的硬度值。如 $J\frac{42}{5}$ 表示距水冷端5 mm处的硬度值为42 HRC。但是，生产中常用临界淬透直径来衡量钢的淬透性。所谓临界淬透直径，是指在某种淬火介质中，圆柱形试样中心刚好为全部马氏体或50%马氏体组织时的最大直径，可由淬透性曲线推算获得。例如，从图14-8b可知，45钢半马氏体区至水冷端的距离约为3 mm，于是可在图14-9横坐标上3 mm处作一垂线，使之与图14-9a中的“中心”曲线相交，通过交点再作一条水平线与纵坐标相交，交点处的数值18 mm即为45钢水淬时的临界淬透直径。这就是说 $\phi18$ mm棒材的中心与顶端淬火试样距水冷端3 mm处的冷却速度相同，700 ℃时的冷却速度都为169 ℃/s，故组织均为半马氏体。

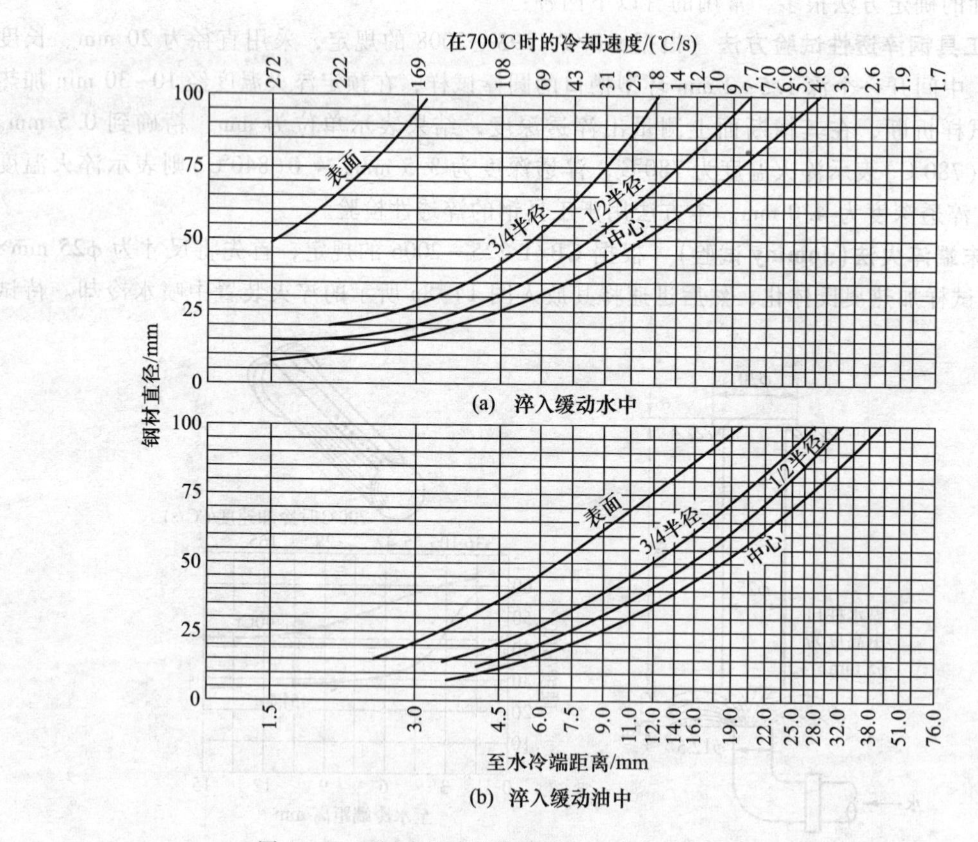

图14-9 不同直径棒材横截面上各点与顶端淬火试样轴向各点的冷却速度对照图

末端淬火法(Jominy 法)是目前世界上应用最广泛的淬透性试验方法，适用于碳素结构钢和合金结构钢。

14.2.2 钢的回火

根据对工件回火后性能的要求，回火按加热温度一般可分为以下 3 类：

1. 低温回火

在 150~250 ℃之间进行的回火称为低温回火，回火后的组织为回火马氏体。低温回火的目的是在保持高硬度、高强度的前提下，降低钢的淬火内应力，减小其脆性，主要用于处理各种工具、量具、冷作模具、滚动轴承以及渗碳件等。

2. 中温回火

在 350~500 ℃之间进行的回火称为中温回火，回火后的组织为回火屈氏体。中温回火后的钢具有最高的弹性极限和足够的韧性，主要用于处理各种弹簧，也可用于处理要求高强度的工件，如刀杆、轴套等。

3. 高温回火

在 500~650 ℃之间进行的回火称为高温回火，回火后的组织为回火索氏体。淬火加高温回火的热处理工艺称为调质处理。调质处理后的工件既具有较高的强度，又具有良好的塑性和韧性，即具有高的综合力学性能，故调质处理被广泛用于要求高强度并受冲击或交变负荷的重要工件，如连杆、轴等。与正火处理相比，在硬度相同的情况下，调质处理后钢的屈服强度、塑性和韧性明显提高了。

除回火温度外，回火时间对淬火钢回火后的组织与性能也有影响，它的确定原则是在保证工件透热以及组织转变能够充分进行的前提下，还应考虑消除淬火内应力的需要。

淬火钢回火后一般采用空冷，但对某些高温回火脆性较明显的合金钢，如铬钢、铬锰钢、硅锰钢、铬镍钢等，为了避免回火脆性的产生，在 450~650 ℃之间回火后需采用油冷或水冷，然后在较低温度补充回火，以消除快冷产生的热应力。

14.3 钢的表面淬火

在实际应用中，有许多机器零件在工作时要求其表面和心部具有不同的性能。例如，齿轮运转时要传递动力，改变运动速度和方向，因此，齿轮整体要承受交变弯扭负荷及冲击负荷，这就要求其心部应具有足够的强度和一定的塑性和韧性。但是，齿轮运转时齿面主要承受的是较大的接触摩擦力，因此，要求齿面应具有高的硬度和耐磨性。表面淬火就是一种强化工件表面层的热处理工艺，采用表面淬火可满足工件表层对性能的特殊要求。根据加热方式的不同，表面淬火有许多种形式，其中应用最广泛的是感应加热表面淬火。

14.3.1 感应加热基本原理

将工件放在通有交变电流的感应圈内(图 14-10)，感应圈周围的交变磁场会使工件产生感应电流，这个电流在工件内自成回路，称为涡流。工件上产生的感应电流在工件截面上的分布是不均匀的，在工件表面电流密度最大，心部几乎没有电流通过，这种现象称为集肤效应。电流透入工件表面层的深度可用下式计算：

$$\delta=\frac{20}{\sqrt{f}}(\text{冷态 } 20\ ℃)$$

$$\delta=\frac{500}{\sqrt{f}}(\text{热态 } 800\ ℃)$$

式中：δ—电流透入深度(mm)；f—电流频率(Hz)。

由上面两式可以看出，电流频率愈高，电流透入工件表面层的深度就愈小。当加热到居里点(770 ℃)以上，钢失去了磁性，电流透入工件表面层的深度就骤增。由于工件本身具有阻抗，在感应电流作用下，工件表面被很快加热到淬火温度，而后又被急速冷却，这一过程就是感应加热表面淬火。

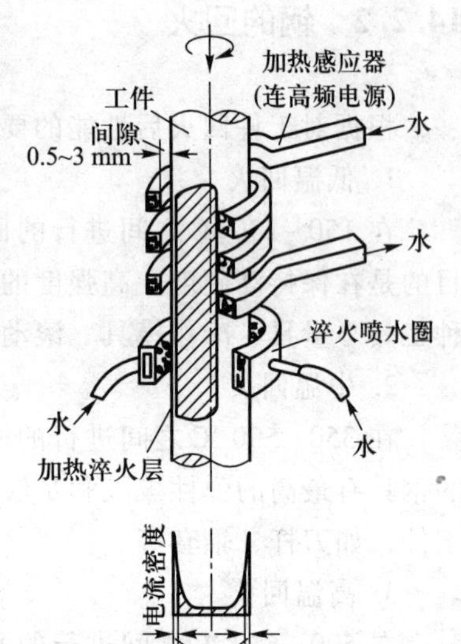

图 14-10 感应加热表面淬火示意图

14.3.2 感应加热表面淬火的特点

与普通加热淬火相比，感应加热表面淬火具有以下特点：

(1) 感应加热是靠工件表面层感应电流直接加热，因而加热效率高，加热速度快(可达 1 000 ℃/s)，无保温过程。

(2) 由于感应加热速度很快，钢的各临界点(A_{c1}、A_{c3}、A_{cm})有不同程度的升高，故感应加热表面淬火的加热温度需高于普通淬火，为 A_{c3} 以上 80~150 ℃。

(3) 虽然感应加热表面淬火的加热温度高，但由于加热速度快，无保温过程，故能获得细晶粒奥氏体，淬火后得隐晶马氏体，工件表面硬度高(比普通淬火高 2~3 HRC)，氧化、脱碳少。

(4) 感应加热表面淬火后，淬硬的表面层中存在很大的残余压应力，有效地提高了工件的疲劳强度。由于不是整体加热，淬火冷却时工件的变形小。

(5) 感应加热表面淬火生产效率高，便于实现机械化、自动化。

由于具有上述一系列优点，感应加热表面淬火在热处理生产中得到了广泛的应用。

14.3.3 感应加热表面淬火的应用

根据电流频率的不同，感应加热表面淬火可分为以下三类：

1. 高频感应加热淬火

采用电子管式高频设备，工作频率通常为200~250 kHz，可获得1~2 mm厚的硬化层，一般用于处理中小模数齿轮和小轴。

2. 中频感应加热淬火

生产上采用机械式中频发电机组或可控硅变频器，可提供频率为1 000 Hz、2 500 Hz或8 000 Hz的电流，能获得3~5 mm厚的硬化层，主要用于大模数齿轮、较大尺寸的轴、钢轨轨端及轨面全长淬火。

3. 工频感应加热淬火

工频感应加热是采用工业上常用的50 Hz工频电流，因而只需降压变压器。能获得10~15 mm厚的硬化层，主要用于深层和穿透加热，如大工件的表面淬火、锻件的穿透加热等。

生产上还采用双频感应加热淬火工艺，它是用工频预热，再用中频作淬火加热，从而加深硬化层，并提高淬火质量。此种工艺已应用于钢轨全长淬火、冷轧辊表面淬火等。

为了保证工件心部具有足够的强度和韧性、表面具有高的硬度，一般采用中碳钢或中碳合金结构钢如40、45、40Cr、35CrMo等作为感应加热表面淬火用钢，预先对其进行正火或调质处理，然后再对其进行感应加热表面淬火。此外，也可对高碳工具钢和球墨铸铁进行感应加热表面淬火。

根据钢淬裂倾向的不同，感应加热表面淬火可采用水、乳化液和0.05%~0.10%聚乙烯醇水溶液等作为喷射淬火介质。

14.4　钢的化学热处理

钢的化学热处理是将工件置于适当的活性介质中加热、保温，使一种或几种元素渗入它的表层，以改变其化学成分、组织和性能的热处理。

与表面淬火相比，化学热处理的主要优点是：①表面强化效果极为显著，这是由于化学热处理是在改变工件表面成分的基础上通过发生相应的组织变化来达到强化表面的缘故。②可获得某些特殊的性能，如抗蚀性、抗高温氧化性以及极高的耐磨性等。因此，化学热处理在工业上获得了广泛的应用。

化学热处理的种类很多，都是以渗入钢中的元素命名。按渗入元素的性质，化学热处理可分为渗非金属和渗金属两大类。前者包括渗碳、渗氮、渗硼和多种非金属元素共渗，如碳氮和氮碳共渗等；后者包括渗铝、渗铬、渗锌和多种金属元素共渗，如铝铬共渗等。此外，金属与非金属元素的二元或多元共渗工艺也不断涌现，例如铝硅共渗、硼铬共渗等。

14.4.1　渗碳

为提高工件表层的碳含量并在其中形成一定的碳含量梯度，将工件在渗碳介质中加热、保温，使碳原子渗入的化学热处理工艺称为渗碳。

由于渗碳工件心部要求具有较高的韧性，因此渗碳用钢是碳的质量分数为 0.15%~0.25% 的低碳钢或低碳合金钢，如 20、20Cr、20CrMnTi、20CrMnMo 等。

根据渗碳介质状态的不同，渗碳工艺有气体渗碳、固体渗碳和液体渗碳三种，其中应用最广泛的是气体渗碳。但是，无论采用何种渗碳介质进行渗碳，都需经过分解、吸收和扩散这三个基本过程，这是化学热处理的一般规律。

分解是指渗碳介质在一定温度下产生化学反应，析出所需活性碳原子的过程。如 $2CO \rightarrow CO_2 + [C]$ 或 $CH_4 \rightarrow 2H_2 + [C]$。

吸收是指活性碳原子首先被工件表面所吸附，而后通过溶解或结合成化合物的形式进入金属表面层的过程，可用下式表示：

$$Fe \cdot [C]_{\text{吸附}} \xrightarrow{\text{溶解}} Fe \cdot C_{\text{固溶}}$$

$$3Fe \cdot [C]_{\text{吸附}} \xrightarrow{\text{化合}} Fe_3C$$

扩散是指被工件表面吸收的活性碳原子向工件内部迁移的过程。工件表面吸收了活性碳原子后，碳浓度大大提高，这样就在工件表层与内部之间形成了显著的碳浓度差。在一定温度下，碳原子向着低浓度方向扩散，结果便得到一定厚度的富碳扩散层，即渗碳层。

低碳钢渗碳缓冷后，表层是珠光体和网状渗碳体的过共析组织，往里依次为共析组织、亚共析组织过渡区及原始组织。通常把由表面至过渡区一半处的距离作为渗碳层深度。

对于一般零件，渗碳层表面的碳的质量分数最好控制在 0.85%~1.05%之间，渗碳层的深度控制在 0.5~2.0 mm 之间。

工件经渗碳后必须进行淬火和低温回火处理，使工件表面获得高硬度和高耐磨性，而心部具有一定的强度和较高的韧性。对于本质细晶粒钢，可以渗碳后预冷直接淬火，然后低温回火。

渗碳件经淬火、低温回火后，表层组织应由细片状回火马氏体、细粒状碳化物和少量残余奥氏体组成，硬度为 58~62 HRC。心部组织随钢种而异，低碳钢由铁素体和珠光体组成；低碳合金钢如 20CrMnTi 由低碳回火马氏体和少量铁素体组成，其硬度在 35~45 HRC 之间，具有较高的强度和足够高的韧性。

14.4.2 氮化

在一定温度下于一定介质中使氮原子渗入工件表层的化学热处理工艺称为氮化(或渗氮)。

将氨气连续通入 500~580 ℃的氮化炉中，它会发生以下化学反应：

$$2NH_3 \rightarrow 2[N] + 3H_2$$

热分解产生的活性氮原子渗入工件表层，便形成一定厚度的氮化层。由于氮化温度低，故氮化时间较长。例如，要得到深度为 0.5 mm 的氮化层，氮化时间需 50 h 左右。

为了保证氮化后工件表面具有高硬度和高耐磨性，心部获得强而韧的组织，氮化用钢应采用能形成稳定合金氮化物的合金钢。最常用的是 38CrMoAlA 钢，其中的合金元素 Cr、Mo、Al 均能形成弥散的稳定氮化物，起弥散强化作用，使氮化层达到极高的硬度。由于碳钢形成的氮化物(如 Fe_2N、Fe_4N)稳定性差，易于聚集粗化，故其氮化效果不佳。由于氮化后不再对工件进行热处理，故氮化前必须对其进行调质处理。

与渗碳相比，氮化后工件的性能具有以下特点：①表面硬度可达 950~1 200 HV(相当于 65~72 HRC)，工件具有更好的耐磨性；②氮化层内形成更大的残余压应力，工件具有更高的疲劳强度和较低的缺口敏感性；③氮化表面形成致密的氮化物连续薄膜，工件具有高的抗腐蚀性；④氮化处理温度低，工件变形小。由于具有上述这些特点，氮化处理被广泛用于精密零件(如高精度的传动齿轴和轴)、要求高疲劳强度的零件和抗热、抗蚀及耐磨零件。

除了传统的气体氮化外，离子氮化在国内外也得到了广泛的应用。其基本原理是：将工件置于辉光放电的真空容器中，以工件为阴极，以容器壁或另设金属板作为阳极。容器内通入稀薄的含氨气体，在直流高压电场的作用下，使气体原子电离成离子。离子以高速轰击工件表面，在工件表面失去能量被吸收，然后向工件内部扩散，形成渗氮层。离子氮化的主要优点是能大大缩短氮化时间，降低氮化表面层的脆性，明显提高其韧性和疲劳强度。

14.4.3 其他化学热处理

随着机械制造和军事工业的迅速发展，对产品的各种性能指标提出了越来越高的要求，为了满足这些需求，除渗碳、渗氮外，人们又研究和完善了碳氮和氮碳共渗、渗硼、渗硫、硫氮和硫氮碳共渗、渗铝、渗铬等工艺。

碳氮或氮碳共渗是在工件表面同时渗入碳、氮两种元素的化学热处理工艺。前者以渗碳为主，后者则以渗氮为主。与渗碳相比，碳氮共渗的工件淬冷时畸变小、耐磨和耐蚀性高，抗疲劳性能也优于渗碳工件。20 世纪 70 年代以来，碳氮共渗工艺发展迅速，不仅可用在若干种汽车、拖拉机零件上，也比较广泛地用于多种齿轮和轴类的表面强化。氮碳共渗的主要特点是渗速较快、生产周期短、表面脆性小，且对工件材质的要求不严，不足之处是工件渗层较薄，不宜在高载荷下工作。

渗硼是使硼原子渗入工件表层的化学热处理工艺。硼在钢中的溶解度很小，主要是与铁和钢中某些合金元素形成硼化物。渗硼件的耐磨性高于渗碳和渗氮件，而且有较高的热稳定性和耐蚀性。渗硼层脆性较大，难以变形和加工，故工件应在渗硼前精加工。这种工艺主要用于中碳钢、中碳合金结构钢零件，也可用于钛等有色金属和合金的表面强化。目前渗硼工艺已在承受磨损的模具、石油钻机的钻头、煤水泵零件、拖拉机履带板、在腐蚀介质或较高温度条件下工作的阀杆及阀座等上获得应用。但渗硼工艺还存在处理温度较高、畸变大、熔盐渗硼件清洗较困难和渗层较脆等缺点。

渗硫是通过硫与金属工件表面反应而形成薄膜的化学热处理工艺。经过渗硫处理的工件，其硬度较低，但减摩作用良好，能防止摩擦副表面接触时因摩擦热和塑性变形而引起的擦伤和咬死。

硫氮或硫氮碳共渗是将硫、氮或硫、氮、碳同时渗入金属工件表层的化学热处理工艺。采用渗硫工艺，渗层减摩性好，但在较高载荷作用下渗层会很快破坏。采用渗氮或氮碳共渗工艺，渗层耐磨和抗疲劳性能较好，但减摩性欠佳。硫氮或硫氮碳共渗可使工件表层兼具耐磨和减摩等性能。

渗金属是将一种或数种金属元素渗入工件表面的化学热处理工艺，金属元素可同时或先后以不同方法渗入。在渗层中，它们大多以化合物的形式存在，能分别提高工件表层的耐磨、耐蚀、抗高温氧化等性能。常用的渗金属工艺有渗铝、渗铬、渗锌等。

14.5 热处理设备简介

热处理设备是执行热处理工艺的重要工具，当热处理工艺制定后，热处理设备是决定工件热处理质量的关键。热处理设备通常可分为主要设备和辅助设备两大类。主要设备是完成主要热处理工序所用的设备，包括加热设备和冷却设备两部分。这类设备对热处理效果和产品质量起着决定性作用，其中加热设备最重要，包括各种热处理炉和加热装置。辅助设备是完成各种辅助工序所用的设备，通常包括清理设备、校正设备、起重运输设备、控制气氛制备设备等。

热处理炉是热处理行业的主要设备，种类很多，为了便于选择和使用，通常按表 14-2 所列的几种方法进行分类。

表 14-2 传统热处理炉的分类

<table>
<tr><td rowspan="8">热处理炉的分类</td><td>分类原则</td><td>炉型</td></tr>
<tr><td>按热源</td><td>电阻、燃烧、煤气、油、煤、感应、激光</td></tr>
<tr><td>按工作温度</td><td>高温(大于 1 000 ℃)、中温(650 ℃~1 000 ℃)、低温炉(小于 650 ℃)</td></tr>
<tr><td>按炉膛形状</td><td>箱式、井式、罩式、贯通式、转底式、管式炉</td></tr>
<tr><td>按工艺用途</td><td>退火、正火、淬火、回火、渗碳炉</td></tr>
<tr><td>按使用介质</td><td>空气、可控气氛、盐浴、油浴、真空炉</td></tr>
<tr><td>按机械形式</td><td>台车式、推杆式、输送带式、转底式、振底式炉</td></tr>
<tr><td>按作业方式</td><td>周期作业、连续作业炉</td></tr>
</table>

电阻炉是热处理中应用最广的炉子，其工作原理为：电流通过电热元件产生热量，以辐射或对流的方式加热工件。常用的电阻炉有箱式炉、井式炉、浴炉等。

箱式电阻炉又分为高温、中温和低温三种类型，其中尤以中温箱式电阻炉应用最多，其结构如图 14-11 所示。这种炉子的炉壳是用角钢或槽钢做骨架，外附薄钢板，用电焊焊成。炉门的门框系用生铁铸成，炉门内填生熟耐火泥与石英砂的混合物。工作室是用轻质或普通耐火砖砌成，耐火砖层外砌有隔热砖，在隔热砖与炉壳之间的空隙中及炉顶上均填满蛭石粉。在工作室两侧壁上和底部，砌有数排高铝耐火砖架板，线状螺旋形或带状波纹形高电阻合金电热元件即搁置在其上，放置被加热工件用的炉底板即覆盖在底部电热元件架板的上方。测量温度的热电偶，从炉顶的小圆孔插入工作室内。高温箱式电阻炉的结构与中温箱式电阻炉基本相同，所不同的是其电热元件为碳化硅棒。碳化硅棒或垂直布置在炉膛的左右两侧，或水平布置在炉顶和炉底。箱式电阻炉主要用于中小型工件的退火、正火、淬火、回火和固体渗碳等热处理，它在使用过程中存在的主要问题是：冷炉升温慢，炉内温差较大，工件容易产生氧化和脱碳，操作不方便。

井式电阻炉的结构如图 14-12 所示，其炉壳由型钢及钢板焊接而成，炉衬由轻质耐火砖砌成，炉壳与炉衬之间填满保温粉。电热元件安置在炉衬内壁上，炉盖的开启是靠装在炉顶上的升降机构来实现的。这种炉子主要用于加热细长工件，工件在吊挂状态下加热以防产生弯曲变形。其主要缺点是炉温不易均匀，靠近炉口处温度易偏低。

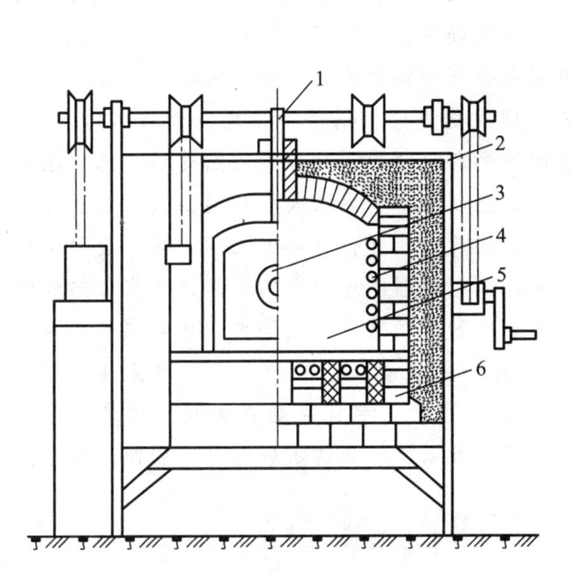

图 14-11 中温箱式电阻炉的结构

1—热电偶；2—炉壳；3—炉门；4—电阻丝；5—炉膛；6—耐火砖

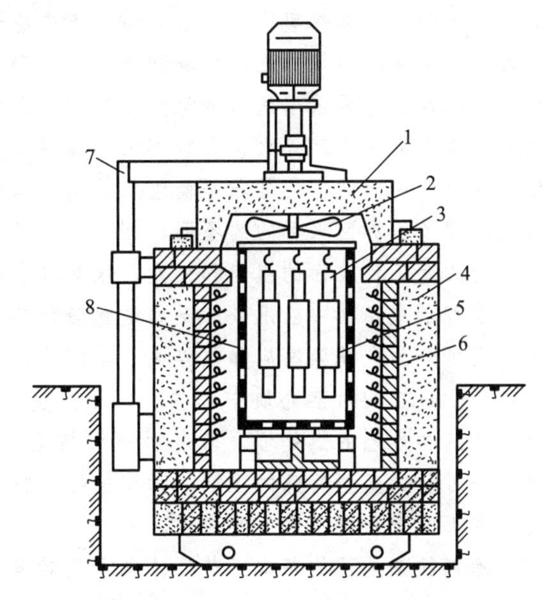

图 14-12 井式电阻炉的结构

1—炉盖；2—风扇；3—工件；4—炉体；5—炉膛；6—电热元件；7—炉盖升降机构；8—装料筐

浴炉是利用液体介质加热（或冷却）工件的一种热处理炉，具有加热（或冷却）速度快、温度均匀、工件不易氧化脱碳等优点。依据所使用的液体介质的不同，浴炉可分为盐浴炉、碱浴炉、油浴炉、金属浴炉等。浴炉的工作温度范围很宽（60～1 350 ℃），因而在浴炉中可以完成多种热处理工艺，如淬火、回火、分级淬火、等温淬火、局部加热以及化学热处理等。浴炉由炉体和坩埚组成，主要用于加热一些尺寸不大、形状复杂且对表面质量要求高的工件，如刀具、模具、量具以及其他一些精密零件。浴炉加热也存在一些缺点，如操作不安全；BaCl、NaCl、KCl 等有机盐类高温分解产物对环境污染严重；由于炉口敞开，散热严重，故能耗大等。由于存在上述这些缺点，浴炉加热将逐步被其他加热方法所取代。

本节仅介绍了一些传统热处理炉的最基本类型。随着材料科学技术、计算机自动控制技术、保护气氛技术和节能环保技术的快速发展，一系列热处理专用装备被不断研制出来并获得推广应用。对此，感兴趣的读者可自行去学习了解。

总　结

本章主要讨论了钢铁热处理的基本工艺。退火是将钢加热到适当温度，保温一定时间，然后缓慢冷却的热处理工艺。根据加热温度范围和退火目的的不同，退火工艺可分为完全退火、不完全退火、球化退火、扩散退火、再结晶退火、低温退火（即软化退火）等。根据冷却方式的不同，退火工艺又可分为普通退火（即连续冷却退火）和等温退火两种。正火是将钢加热奥氏体化后在空气中冷却的热处理工艺。根据钢中碳含量的不同，正火的目的和加热温度是不同的。淬火是将钢加热奥氏体化后以适当方式冷却获得马氏体或（和）贝氏体组织的热处理工艺，其加热温度主要由钢的化学成分和所要求的淬火组织来确定。为了实现理想淬火冷却或近似理想淬火冷却，除要选用适当的淬火介质外，还要选用合理的淬火冷却方法。常用的淬火冷却方法有单液淬火、双液淬火、分级淬火和等温淬火。回火是把淬火钢件加热到低于 A_1 的某一温度，保温一段时间，使其非平衡组织结构适当转向平衡态，获得预期性能的热处理工艺。根据加热温度范围和回火目的的不同，回火一般可分为低温回火、中温回火和高温回火。表面淬火是指为改变工件表面的组织和性能，仅对其表面进行的淬火。根据加热方式的不同，表面淬火有许多种形式，其中应用最广泛的是感应加热表面淬火。根据电流频率的不同，感应加热表面淬火又可分为：高频感应加热淬火、中频感应加热淬火和工频感应加热淬火。化学热处理是将工件置于适当的活性介质中加热、保温，使一种或几种元素渗入它的表层，以改变其化学成分、组织和性能的热处理。与表面淬火相比，化学热处理的主要优点是表面强化效果极为显著，并可获得某些特殊的性能，如抗蚀性、抗高温氧化性以及极高的耐磨性等。因此，化学热处理在工业上获得了广泛的应用。

除钢铁热处理的基本工艺外，本章还对钢的淬透性和热处理设备进行了讨论。

重要术语

热处理（heat treatment）
退火（annealing）
正火（normalizing）
淬火（quenching）
淬透性（hardenability）
淬硬性（hardening capacity）
淬透性曲线（hardenability curve）
回火（tempering）
调质处理（quenching plus high temperature tempering）
表面淬火（surface quenching，case quenching）
化学热处理（chemical heat treatment）

练习与思考

14-1 何谓钢的热处理？钢的热处理操作有哪些基本类型？试说明热处理同其他工艺过程的关系及其在机械制造中的地位和作用。

14-2 解释下列名词：

（1）退火，正火，淬火，回火，冷处理，时效处理（尺寸稳定处理）。

（2）淬火临界冷却速度，淬透性，淬硬性。

(3) 再结晶，重结晶。

(4) 调质处理，变质处理。

14-3 退火的主要目的是什么？生产上常用的退火操作有哪几种？举例说明。

14-4 何谓球化退火？为什么过共析钢必须采用球化退火？

14-5 确定下列钢件的退火方法，并指出退火目的及退火后的组织：

(1) 经冷轧后的15钢板，要求降低硬度。

(2) ZG35的铸造齿轮。

(3) 锻造过热的60钢锻坯。

(4) 具有片状渗碳体的T12钢坯。

14-6 一批45钢试样(尺寸 ϕ15×10 mm)，因其组织、晶粒大小不均匀，需采用退火处理。拟采用以下几种退火工艺：

(1) 缓慢加热至700℃，保温足够时间，随炉冷却至室温。

(2) 缓慢加热至840℃，保温足够时间，随炉冷却至室温。

(3) 缓慢加热至1 100℃，保温足够时间，随炉冷却至室温。

问上述三种工艺各得到何种组织？若要得到大小均匀的细小晶粒，选何种工艺最合适？

14-7 正火与退火的主要区别是什么？生产线中应如何选择正火及退火？举例说明。

14-8 指出下列零件的锻造毛坯进行正火的主要目的及正火后的显微组织：

①20钢齿轮。②45钢小轴。⑧T12钢锉刀。

14-9 淬火的目的是什么？亚共析碳钢及过共析碳钢淬火加热温度应如何选择？为什么？

14-10 常用的淬火冷却介质有哪些？指出其优缺点及应用范围。

14-11 常用淬火方法有哪几种？说明它们的主要特点及其应用范围。

14-12 淬火临界冷却速度 v_k 的大小受哪些因素影响？它与钢的淬透性有何关系？

14-13 某钢的等温转变曲线如附图14-1所示，试说明钢在300 ℃经不同时间等温后，按a、b、c线冷却后得到的组织。

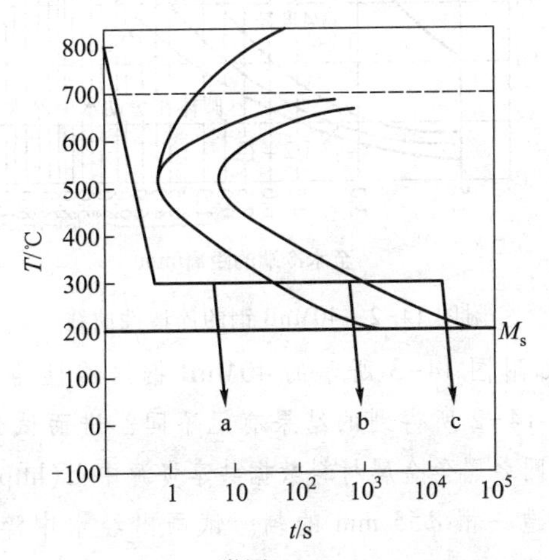

附图 14-1

14-14 说明45钢试样(ϕ10 mm)经下列温度加热、保温并在水中冷却得到的室温组织：700 ℃，760 ℃，840 ℃，1 100 ℃。

14-15 有两个碳的质量分数为 1.2%的碳钢薄试样，分别加热到 780 ℃和 860 ℃并保温相同时间，使之达到平衡状态，然后以大于 v_k 的冷却速度冷至室温。试问：

(1) 哪个温度加热淬火后马氏体晶粒较粗大？

(2) 哪个温度加热淬火后马氏体碳含量较多？

(3) 哪个温度加热淬火后残余奥氏体较多？

(4) 哪个温度加热淬火后未溶碳化物较少？

(5) 你认为哪个温度淬火合适？为什么？

14-16 试设计下列工件的淬火及回火温度，并说明其回火后获得的组织和大致的硬度：

(1) 45 钢小轴(要求综合力学性能)。

(2) 60 钢弹簧。

(3) T12 钢锉刀。

14-17 指出下列符号的意义：$J\dfrac{30\sim35}{10}$。

14-18 欲选用 40MnB 制造圆柱形工件，在水中淬火后要求距中心 3/4 半径处的硬度不低于 HRC45，试问工件截面的最大半径可以是多大？(采用附图 14-2 作为解题所需的 40MnB 钢淬透性曲线)

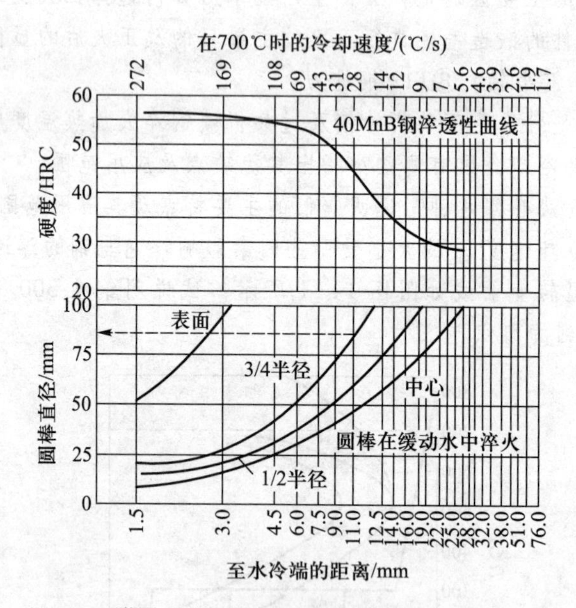

附图 14-2 40MnB 钢的淬透性曲线

14-19 若已试验测得如附图 14-3 所示的 40MnB 钢淬透性曲线，重做题 14-18。如此所得结果与题 14-18 根据附图 14-2 所得到的结果有无不同？进而试分析淬透性带的实用价值。

[引自材料科学数据共享网之黑色金属材料数据共享资源中心(http://steeldata.ustb.edu.cn/)]

14-20 选用 40Cr 钢制造一根 ϕ55 mm 的轴。试画出经水中淬火后沿截面的硬度分布图。(提示:要求自行查找权威可靠的 40Cr 钢淬透性曲线)

14-21 将 ϕ5mm 的 T8 钢加热至 760 ℃并保温足够时间，问采用什么样的冷却工艺可得到如下组织：珠光体，索氏体，屈氏体，上贝氏体，下贝氏体，屈氏体+马氏体，马氏体+少

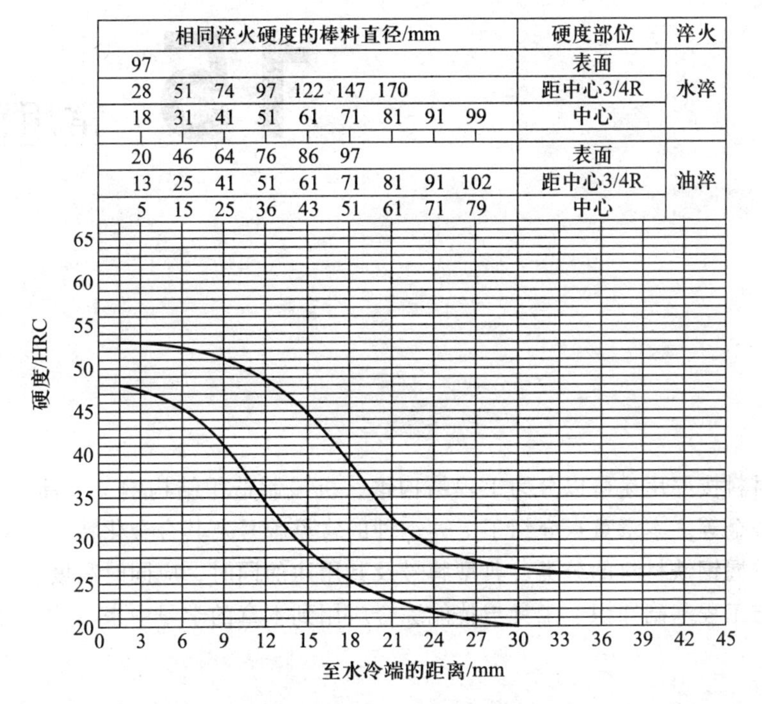

附图 14-3　40MnB 钢的淬透性曲线(奥氏体化温度:880℃,晶粒度:7 级)

量残余奥氏体。在 C 曲线上描出工艺曲线示意图。

14-22　在生产中常用增加钢中珠光体数量的方法来提高亚共析钢的强度，为此应采用何种热处理工艺？为什么？

14-23　人们已研究开发了多种计算方法由钢的化学成分和淬火前奥氏体晶粒尺寸等预测钢的淬透性端淬曲线。试自行检索有关书刊文献，对此进行了解和学习。

参 考 文 献

[1]　宋维锡．金属学．北京：冶金工业出版社，1980.

[2]　宋维锡．金属学．2 版．北京：冶金工业出版社，1989.

[3]　刘永铨．钢的热处理．2 版．北京：冶金工业出版社，1987.

[4]　胡光立，谢希文．钢的热处理(原理和工艺).2 版．西安：西北工业大学出版社，1996.

[5]　网上共享数据库：http：//steeldata. ustb. edu. cn/

15 常用钢铁材料

常用钢铁材料按照用途可以分为工程结构钢、机械制造用结构钢、工具钢、不锈耐酸钢、耐热钢和耐热合金等。本章重点介绍了上述钢种的常见牌号及其合金化特点、主要性能和主要用途。在重点掌握钢铁材料的分类、典型牌号及其用途的同时，应同时高度重视将本书前已介绍的材料科学与工程基础知识、工具与技能综合应用到本章的学习中来。

15.1 工程结构钢

工程结构钢是指用来制造工程结构件的一类钢种。它广泛应用于冶金、矿山、石油、化工、建筑、车辆、造船、军工等领域，如制造矿井架、石油井架、建筑钢结构、桥梁、船体、高压容器、输送管道等。在钢总产量中，工程结构钢占90%左右。

依据成分划分，工程结构钢可以分为碳素钢和低合金高强度钢两大类。前者属于非合金钢，后者属于合金钢。按照服役时钢的显微组织分类，又可分为铁素体-珠光体钢、低碳贝氏体钢、针状铁素体钢、低碳马氏体钢等。

15.1.1 工程结构钢

15.1.1.1 工程结构钢的基本性能要求

一般用途的碳素钢和普通低合金高强度钢大多用于制造工程结构件。根据工程结构件的一般服役条件，其主要的性能要求为具有足够的强度和韧性、良好的焊接性、良好的成形工艺性以及一定的耐蚀性。

(1) 足够的强度和韧性

工程结构件服役时，主要是承受较大的载荷并能减轻整个金属结构的质量，提高结构的安全可靠性。例如，目前我国大量使用的低合金钢的屈服强度级别为335 MPa，若将其屈服强度提高到400 MPa，则可节省14%的钢用量，相应的金属构件质量可减轻14%。因此对于工程构件，首先要求钢材具有尽可能高的屈服强度。

工程结构件通常的使用温度范围为-50~100 ℃，特别是在低温使用时，不仅要求工件具有足够高的强度，同时还要求工程结构钢具有较高的低温韧性。低温韧性通常用韧脆转变温度 $FATT_{50}$(℃)来衡量。例如，我国对于军用船舰的最低工作温度定为-30 ℃；对于管线用钢，韧脆转变温度要求越来越低，已经从20世纪60年代要求在0 ℃以下有良好的韧性发展到20世纪80年代的在-45 ℃以下要求有良好的韧性，并有进一步下降的趋势。

其他力学性能方面，例如桥梁、石油井架、船舶等，它们会受到像风力或海浪冲击等引起的交变载荷。因此，某些特殊的工程结构钢还要求有较高的疲劳强度。

（2） **良好的焊接性和成形工艺性**

焊接是构成钢结构的常用方法。钢结构在焊接后一般不易进行热处理，故要求具有良好的焊接性能，即焊接后焊缝性能不低于或略低于母材，焊缝热影响区的性能变化要小，不致产生裂纹。

工程结构钢的另一个重要性能需求就是能用普通方法进行加工成形。这种加工成形包括剧烈的机械加工变形，如冲压、剪切、冲孔、冷弯、热弯等，同时材料还要适合切割加工，因此要求工程结构钢具有良好的冷热加工性和成形性等工艺性能。

（3） **良好的耐蚀性**

工程结构件大多是在大气或海洋大气中服役，在潮湿空气作用下，会产生电化学腐蚀，因而要求钢材具有抗大气腐蚀的能力，以防止由于大气腐蚀而引起的构件截面减小而使金属结构件过早地失效。

另外，根据使用情况还可以提出其他特殊性能要求。同时，工程结构钢用量大，还必须要考虑到其生产成本和原材料的可获得性等。

15.1.1.2 工程结构钢的合金化

常用的工程结构钢是热轧态或正火态使用的低碳钢，其显微组织是铁素体+珠光体。为了能承受更大的载荷并减轻结构的质量，要求钢材有较高的强度和良好的塑性，因此，通过加入合金元素来提高强韧性。主要合金元素为 C、Si、Mn、V、Nb、Ti、Al 等，通过固溶强化、析出弥散强化、细晶强化和增加珠光体含量等强化机制来提高钢的强度。

（1） **合金元素对钢力学性能的影响**

在低合金高强度钢中，固溶强化是最主要的强化机制之一。图15-1所示为常见合金元素对铁素体-珠光体低合金高强度钢固溶强化效果的影响。由于碳既能产生大的固溶强化作用又能提高珠光体的含量，因此它有很好的强化效果。同时，由于碳具有低的成本，因此在工程结构钢发展的初期，主要使用碳的质量分数达到0.3%的热轧钢材，其屈服强度为300~350 MPa。随着碳含量的提高，由于增加了珠光体含量，使得钢的韧脆转变温度显著提高，图15-2所示为韧脆转变温度与碳含量的关系。从图中可见，w_C=0.11%的钢的韧脆转变温度在-50 ℃左右，而 w_C= 0.31%的钢材，其韧脆转变温度则达到50 ℃左右。同时，碳含量增加又使钢的焊接、成形加工困难，特别是对于以焊接工艺为主要加工方法的钢结构，容易引起结构件发生严重的变形和开裂。因此从强化和塑韧性及工艺性考虑，其碳的质量分数一般均应限制在0.2%以下。

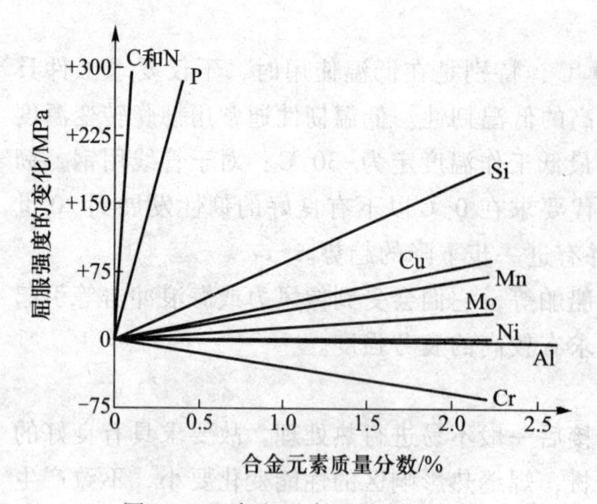

图 15-1 合金元素对低合金高强度钢固溶强化效果的影响

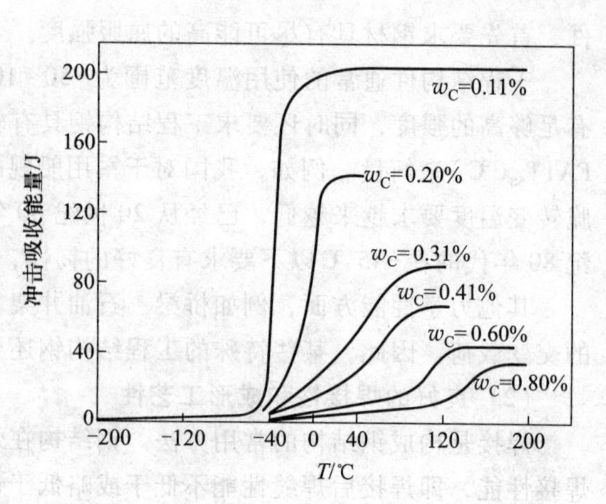

图 15-2 钢的韧脆转变温度与碳含量的关系

在低合金高强度钢中，利用 V、Nb 、Ti 等元素细化晶粒和产生沉淀强化也是很普遍的。V 、Nb、Ti 对正火状态的低合金钢的晶粒度的影响如图 15-3 所示，其中 Nb 最有效，Ti 次之，V 则基本上不起细化晶粒的作用。

（2）合金元素对钢焊接性能的影响

如前所述，工程结构用钢需具有优良的焊接性。所谓优良的焊接性，是指焊接工艺简单、焊缝与母材(BM)结合牢固、强度不低于母材、焊缝的热影响区保持足够的强度与韧性、没有裂纹及各种缺陷。焊缝处的硬度分布如图 15-4 所示。热影响区 HAZ(heat affected zone)由于被加热至 A_3 温度线以上，在焊接后急冷时容易形成马氏体组织，故钢材的碳含量越高。HAZ 区的硬化与脆化越显著，在焊接应力的作用下越容易产生裂纹。为了防止这种情况的发生，钢的碳含量应尽可能地低。另外，增加钢材淬透性的合金元素的种类及数量也应适当地控制，如 Cr、Ni、Mn、Mo 等。低合金高强度钢中常用的微量元素如 V、Nb、Ti 对焊接性的影响是不同的。一般认为，含 Nb 的钢其热影响区韧性都比较差；用 V 微合金化的钢多用于正火钢板和型

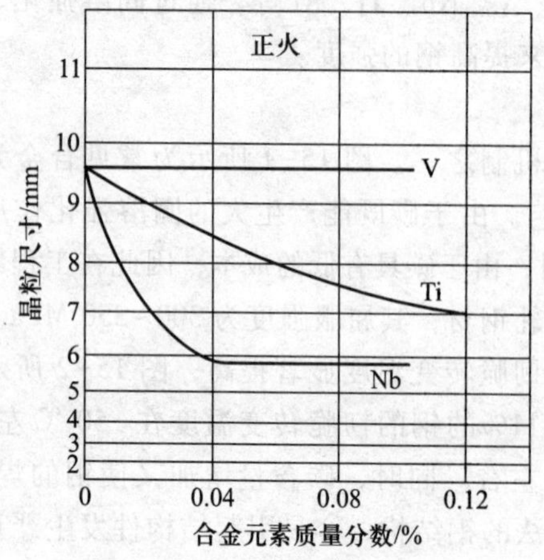

图 15-3 V、Ni、Ti 对正火态低合金钢晶粒尺寸的影响

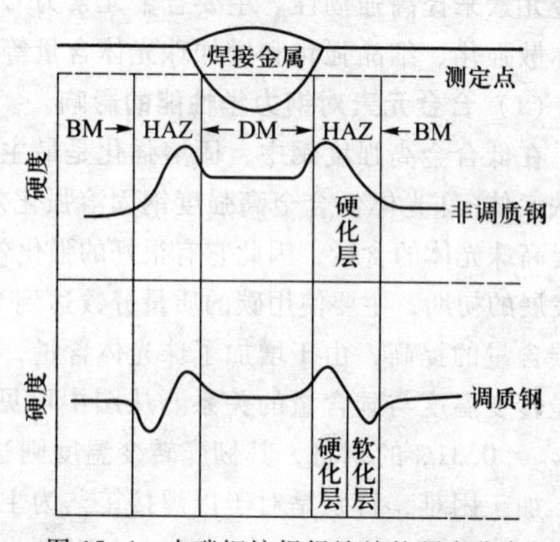

图 15-4 中碳钢熔焊焊缝处的硬度分布

钢，在这类钢中，即使 V 的质量分数提高到 0.10%也不会导致热影响区脆化；而用 Ti 微合金化的钢，即使在大热输入焊接的热影响区，也能够达到极好的热影响区韧性。

计算和评定钢材的焊接性通常用焊接碳当量 CE 和焊接裂纹敏感性指数 P_{cm} 来评价，即

$$CE=w_C+\frac{w_{Mn}+w_{Si}}{6}+\frac{w_{Ni}+w_{Cu}}{15}+\frac{w_{Cr}+w_{Mo}+w_V}{5}$$

$$P_{cm}=w_C+\frac{w_{Si}}{30}+\frac{w_{Mn}}{20}+\frac{w_{Cu}}{20}+\frac{w_{Cr}}{20}+\frac{w_{Mo}}{15}+\frac{w_V}{10}+5w_B$$

上述公式适用的化学成分范围为 $w_C<0.6\%$、$w_{Mn}<1.6\%$、$w_{Cr}<1.0\%$、$w_{Ni}<3.3\%$、$w_{Mo}<0.6\%$、$w_{Cu}=0.5\%\sim1.0\%$、$w_P=0.05\%\sim0.15\%$。

(3) **合金元素对钢耐大气腐蚀性的影响**

钢的合金化是提高钢耐蚀性的主要手段之一，钢中加入少量 Cu、P、Cr、Ni、Mo、Al 等元素时可以提高低合金高强度钢的耐大气腐蚀性，其中 Cu、P 是最有效的合金元素。

低合金钢中铜的质量分数从 0.025%开始即可提高耐大气腐蚀性，至 0.25%为止。加入更多的铜并不能继续提高钢的耐蚀性。当钢中铜含量达到一定量时，铜会沉淀在钢的表面，它具有正电位，成了钢表面的附加阴极，促使钢在很小的阳极电流下达到钝化状态。铜除了提高耐蚀性以外，也能产生沉淀强化作用。铜在 α-Fe 中的最大溶解度为 1.4%，而在室温时其溶解度仅为 0.2%左右，因此，钢中铜的质量分数大于 0.5%时，热轧后在很缓慢冷却的条件下，将析出富铜相。而在空气中冷却，即使截面较大也将得到过饱和的固溶体，在以后回火时(450~550 ℃)将析出富铜相，从而产生沉淀强化作用。

磷也有提高钢耐大气腐蚀的能力，另外还有固溶强化的作用。在要求耐大气或海洋腐蚀的钢中，磷的质量分数一般为 0.05%~0.15%。提高磷含量，冷脆和时效倾向增加，为了减少这种倾向，可使用铝脱氧以得到细晶粒钢。

少量的铬、镍可以提高钢的耐大气腐蚀性，微量的稀土金属也有较好的效果。钢中同时加入几种提高耐蚀性的少量和微量元素，则提高钢耐蚀性的效果更佳。例如，钢中同时有 Cu 和 Cr，或 Cr、Ni 和 Cu 等，尤其是钢中同时含有 P 和 Cu 时效果最佳。Cr、Ni、Cu 等元素同时加入钢中，可能是由于能使钢的表面钝化，因而减缓了电化学腐蚀倾向。

15.1.2 铁素体-珠光体钢

这类钢服役时的显微组织是铁素体-珠光体，故习惯上称为铁素体-珠光体(F-P)钢。它是工程结构钢中最主要的一类钢，其组织由片层状珠光体和多边形铁素体组成，珠光体占 10%~25%，铁素体占 75%~90%。这类钢包括碳素工程结构钢、低合金高强度钢和微合金钢。

15.1.2.1 碳素工程结构钢

(1) **碳素工程结构钢的分类、成分及性能特点**

碳素工程结构钢中大部分用做结构件，少量用做机器零件。由于碳素钢易于冶炼，价格低廉，性能也基本满足一般构件的要求，所以工程上用量很大。碳素工程结构钢通常轧制成板

材、型材等，一般不需要进行热处理，在供应状态下直接使用。GB/T 700-2006 规定，碳素工程结构钢按屈服强度分为四级，即 Q195、Q215、Q235 和 Q275，其中 Q 表示屈服强度，其后的数字表示屈服强度值，单位为 MPa。按钢中杂质 S、P 含量的高低划分等级，其化学成分见表 15-1。

表 15-1 碳素工程结构钢的化学成分

编号	统一数字代号	质量等级	脱氧方法	化学成分，不大于				
				w_C/%	w_{Mn}/%	w_{Si}/%	w_S/%	w_P/%
Q195	U11952	—	F、Z	0.12	0.50	0.30	0.040	0.035
Q215	U12152	A	F、Z	0.15	1.20	0.35	0.050	0.045
	U12155	B					0.045	
Q235	U12352	A	F、Z	0.22	1.40	0.35	0.050	0.045
	U12355	B	F、Z	0.20			0.045	0.045
	U12358	C	Z	0.17			0.040	0.040
	U12359	D	TZ	0.17			0.035	0.035
Q275	U12752	A	F、Z	0.24	1.50	0.35	0.050	0.045
	U12755	B	Z	0.21			0.045	0.045
	U12758	C	Z	0.22			0.040	0.040
	U12759	D	TZ	0.20			0.035	0.035

注：F 为沸腾钢，Z 为镇静钢，TZ 为特殊镇静钢。

从表 15-1 中可以看出，这类钢的特点是：①碳含量低；②除 Q195 不分等级外，其余三类均按 S、P 含量高低分成若干质量等级，A、B 相当于普通碳素钢，C、D 相当于优质碳素钢；③规定了各种钢的脱氧方法。

碳素结构钢的力学性能主要取决于钢的碳含量，随碳含量提高，珠光体数量增加，材料强度提高，塑性降低。碳的质量分数在 0.12%~0.24%范围内增加时，屈服强度从 195 MPa 上升到 275 MPa，伸长率从 33%下降到 22%。碳素工程结构钢的力学性能见表 15-2。

表 15-2 碳素工程结构钢的力学性能

牌号	拉伸试验											
	上屈服强度 R_{eH}/MPa，不小于						抗拉强度 R_m/MPa	断后伸长率 A/%				
	钢板厚度(直径)/mm							钢板厚度(直径)/mm				
	≤16	>16~40	>40~60	>60~100	>100~150	>150~200		≤40	>40~60	>60~100	>100~150	>150~200
Q195	195	185					315~430	33				
Q215	215	205	195	185	175	165	335~450	31	30	29	27	26

续表

牌号	拉伸试验											
	上屈服强度 R_{eH}/MPa，不小于						抗拉强度 R_m/MPa	断后伸长率 A/%				
	钢板厚度(直径)/mm							钢板厚度(直径)/mm				
	≤16	>16~40	>40~60	>60~100	>100~150	>150~200		≤40	>40~60	>60~100	>100~150	>150~200
Q235	235	225	215	215	195	185	375~500	26	25	24	22	21
Q275	275	265	255	245	225	215	410~540	22	21	20	18	17

碳素工程结构钢中的基本元素是 Fe、C、Mn、Si、S、P。

碳为碳素工程结构钢中的重要元素，基本上决定了钢的性能。当钢的组织相同时，其强度随着碳含量的增加而提高，而塑性和韧性则降低。碳含量的增加导致焊接性能显著降低，同时还会增加钢的冷脆性和时效敏感性，降低钢的耐大气腐蚀能力。

锰是炼钢时用于脱氧和脱硫而残存在钢中的元素。大部分锰溶于铁素体中，形成置换固溶体而使铁素体强化；一部分锰可溶入 Fe_3C 中，形成合金渗碳体；锰还能增加珠光体的相对量，并使珠光体变细，使钢的强度提高；锰还可提高钢的淬透性。锰与硫有很强的结合力，生成 MnS，可减轻硫的有害作用。

硅的脱氧能力比锰还要强，炼钢过程中 Si-Fe 是常用的脱氧剂。硅可以溶入铁素体中，提高钢的强度、硬度及弹性，降低塑性和韧性。碳素工程结构钢中硅的质量分数通常小于 0.35%。

硫在钢中是有害元素。它与铁形成共晶 FeS，分布于奥氏体晶界上，高温(1 000~1 200 ℃)热加工时 FeS 发生熔化，使钢变脆(热脆)，因此需要严格控制硫含量。普通碳素结构钢规定硫的质量分数不大于 0.05%。

磷也是一种有害元素，是炼钢过程中带入的杂质。磷在钢中的扩散速度很慢，会在铁素体晶界上形成磷化铁薄膜，使钢的脆性剧增(冷脆)，所以一般需要严格控制磷的含量。普通碳素结构钢规定磷的质量分数不大于 0.045 %。

除了上述合金元素外，还有其他一些元素，如 N、H、O 等，它们通常是在钢的冶炼过程中由周围气氛、炉料等带入的。这些元素一般来说对钢的性能是不利的，特别是氢、氧含量过量时会产生“氢脆”、“夹杂”等，对钢的性能具有较大的危害。

(2) **常用碳素工程结构钢**

Q195 钢　此类钢中碳、锰含量低，强度不高，而塑性、韧性高，具有良好的焊接性能及其他工艺性能。广泛用于轻工机械、运输车辆、建筑等一般结构件，如自行车、农机配件、五金制品、输水及煤气用管、拉杆、支架及机械用一般结构零件。

Q215 钢　此类钢中碳、锰含量低，塑性好，具有良好的韧性、焊接性及其他工艺性能。用于厂房、桥梁等大型结构件，建筑桁架、铁塔、井架及车船制造结构件，轻工、农业机械零件，以及五金工具、金属制品等。

Q235 钢 此类钢中碳含量适中，是最通用的工程结构钢之一，具有一定的强度和塑性，焊接性良好。适用于受力不大而韧性要求很高的工程构件，用于建造厂房、高压输电铁塔、桥梁、车辆等。

Q275 钢 此类钢中碳、硅、锰含量较高，具有较高的强度及硬度、较好的塑性及耐磨性，而韧性较低，具有一定的焊接性能和较好的机加工性能。可用于替代 30、35 优质碳素结构钢，制造承受中等应力的机械结构如齿轮、销轴、链轮、螺栓、垫圈、农机型材、机架等。

依据力学性能要求分类验收时，碳素结构钢钢号中加标英文大写字母 A 到 D，表示质量由低到高，主要是以对冲击韧性(夏比 V 形缺口试验)的要求区分，对冷弯试验的要求也有所区别。以碳素结构钢 Q235 为例：对 A 级钢 Q235A，冲击韧性不作为要求条件，冷弯试验只在需方有要求时才进行。而 B、C、D 各级则都要求冲击吸收能量 KV 不小于 27 J。但三者的试验温度有所不同，Q235B 要求常温(25 ± 5 ℃)冲击值，Q235C 和 Q235D 则分别要求 0 ℃和-20 ℃冲击值，B、C、D 级也都要求冷弯试验合格。

15.1.2.2 低合金高强度结构钢

(1) 低合金高强度结构钢的分类、成分及性能特点

低合金高强度结构钢(HSLA 钢)，是指在碳的质量分数低于 0.25% 的碳素工程结构钢的基础上，通过添加一种或多种少量合金元素(总的质量分数低于 3%)，使钢的强度显著提高的一类工程结构用钢。这里的“低合金”和“高强度”是指相对于合金元素含量较高的合金钢和较低强度的碳素工程结构钢而言的。碳素工程结构钢的屈服强度可达到 275 MPa，而低合金高强度钢的屈服强度可达到 690 MPa。这种高强度是通过加入少量合金元素(主要是 Mn、Si 和微合金化元素 V、Nb、Ti、Al 等)而产生的固溶强化、细晶强化和沉淀强化的综合作用获得的。同时，利用细晶强化使钢的韧脆转变温度降低，来抵消由于碳氮化物析出强化而导致的钢的韧脆转变温度升高。根据最新研究，如能把铁素体的晶粒尺寸细化到微米级，则铁素体-珠光体低合金高强度钢的强度也可达到 800 MPa。

近几十年来，我国开发了数十种低合金高强度结构钢，它们一般是按屈服强度的级别来分类的，根据国家标准 GB/T 1591-2008，其主要牌号和化学成分见表 15-3，基本力学性能指标见表 15-4。同时，各牌号的质量等级分为 A、B、C、D、E 五级。

表 15-3 低合金高强度结构钢的牌号与化学成分(GB/T 1591—2008)

牌号	质量等级	w_C /%	w_{Mn} /%	w_{Si} /%	w_P /%	w_S /%	w_{Nb} /%	w_V /%	w_{Ti} /%	w_{Cr} /%	w_{Ni} /%	w_{Cu} /%	w_N /%	w_{Mo} /%	w_B /%	w_{Al} /%
					不大于											不小于
Q345	A	≤0.20	≤1.70	≤0.50	0.035	0.035	0.07	0.15	0.20	0.30	0.50	0.30	0.012	0.10	—	—
	B				0.035	0.035										0.015
	C				0.030	0.030										
	D	≤0.18			0.030	0.025										
	E				0.025	0.020										

续表

牌号	质量等级	w_{C} /%	w_{Mn} /%	w_{Si} /%	w_{P} /%	w_{S} /%	w_{Nb} /%	w_{V} /%	w_{Ti} /%	w_{Cr} /%	w_{Ni} /%	w_{Cu} /%	w_{N} /%	w_{Mo} /%	w_{B} /%	w_{Al} /%
					不大于											不小于
Q390	A				0.035	0.035										—
	B				0.035	0.035										
	C	≤0.20	≤1.70	≤0.50	0.030	0.030	0.07	0.20	0.20	0.30	0.50	0.30	0.015	0.10	—	0.015
	D				0.030	0.025										
	E				0.025	0.020										
Q420	A				0.035	0.035										—
	B				0.035	0.035										
	C	≤0.20	≤1.70	≤0.50	0.030	0.030	0.07	0.20	0.20	0.30	0.80	0.30	0.015	0.20	—	0.015
	D				0.030	0.025										
	E				0.025	0.020										
Q460	C				0.030	0.030										
	D	≤0.20	≤1.80	≤0.60	0.030	0.025	0.11	0.20	0.20	0.30	0.80	0.55	0.015	0.20	0.004	0.015
	E				0.025	0.020										
Q500	C				0.030	0.030										
	D	≤0.18	≤1.80	≤0.60	0.030	0.025	0.11	0.12	0.20	0.60	0.80	0.55	0.015	0.20	0.004	0.015
	E				0.025	0.020										
Q550	C				0.030	0.030										
	D	≤0.18	≤2.00	≤0.60	0.030	0.025	0.11	0.12	0.20	0.80	0.80	0.80	0.015	0.30	0.004	0.015
	E				0.025	0.020										
Q620	C				0.030	0.030										
	D	≤0.18	≤2.00	≤0.60	0.030	0.025	0.11	0.12	0.20	1.00	0.80	0.80	0.015	0.30	0.004	0.015
	E				0.025	0.020										
Q690	C				0.030	0.030										
	D	≤0.18	≤2.00	≤0.60	0.030	0.025	0.11	0.12	0.20	1.00	0.80	0.80	0.015	0.30	0.004	0.015
	E				0.025	0.020										

注：① 型材及棒材磷、硫的质量分数可提高0.005%，其中A级钢上限可为0.045%。

② 当细化晶粒元素组合加入时，$w_{Nb+V+Ti}$≤0.22%，w_{Mo+Cr}≤0.30%。

表 15-4 低合金高强度结构钢的力学性能(GB/T 1591-2008)

牌号	质量等级	下屈服强度/MPa						抗拉强度/MPa		断后伸长率/%		冲击吸收能量①		180°弯曲试验钢材厚度(直径)/mm	
		≤16	>16~40	>40~63	>63~80	>80~100	>100~150	≤40	>40~63	≤40	>40~63	温度/℃	KV_2/J	≤16	>16~100
Q345	A	≥345	≥335	≥325	≥315	≥305	≥285	470~630	470~630	≥20	≥19			2a②	3a
	B									≥21	≥20	20	≥34		
	C											0			
	D											-20			
	E											-40			
Q390	A	≥390	≥370	≥350	≥330	≥330	≥310	490~650	490~650	≥20	≥19			2a	3a
	B											20	≥34		
	C											0			
	D											-20			
	E											-40			
Q420	A	≥420	≥400	≥380	≥360	≥360	≥340	520~680	520~680	≥19	≥18			2a	3a
	B											20	≥34		
	C											0			
	D											-20			
	E											-40			
Q460	C	≥460	≥440	≥420	≥400	≥400	≥380	550~720	550~720	≥17	≥16	0	≥34	2a	3a
	D											-20			
	E											-40			
Q500	C	≥500	≥480	≥470	≥450	≥440		610~770	600~760	≥17	≥17	0	≥55		
	D											-20	≥47		
	E											-40	≥31		
Q550	C	≥550	≥530	≥520	≥500	≥490		670~830	620~810	≥16	≥16	0	≥55		
	D											-20	≥47		
	E											-40	≥31		

续表

牌号	质量等级	下屈服强度/MPa						抗拉强度/MPa		断后伸长率/%		冲击吸收能量		180°弯曲试验钢材厚度（直径）/mm	
		≤16	>16~40	>40~63	>63~80	>80~100	>100~150	≤40	>40~63	≤40	>40~63	温度/℃	KV_2/J	≤16	>16~100
Q620	C											0	≥55		
	D	≥620	≥600	≥590	≥570			710~880	690~880	≥15	≥15	-20	≥47		
	E											-40	≥31		
Q690	C											0	≥55		
	D	≥690	≥670	≥660	≥640			770~940	750~920	≥14	≥14	-20	≥47		
	E											-40	≥31		

注：① 纵向试样。

② a 为试样厚度或直径。

我国低合金高强度结构钢的基本特点是：以 Mn 为主，Cr、Ni 含量较低；微合金化元素有 V、Nb、Ti、Mo、B；利用少量 P 提高耐大气腐蚀性；加入微量稀土元素，以便脱硫、去气、消除有害杂质、改善夹杂物的形态与分布，提高钢的力学性能，对工艺性能也有好处。

由于合金元素的作用，低合金钢不仅具有较高的强度和韧性，而且工艺性能较好，如良好的焊接性能，有的低合金钢还具有耐腐蚀、耐低温等特性。同时，它们的生产成本也不高。

低合金高强度结构钢大多可直接使用，常用于铁路、桥梁、船舶、汽车、压力容器、焊接结构件和机械构件等。图 15-5 所示为低合金高强度结构钢在南京长江大桥和国家体育场“鸟巢”建筑中的典型应用。

(a) 南京长江大桥使用Q345(16Mn)钢建造

(b) 国家体育场“鸟巢”使用Q460E钢建造

图 15-5　低合金高强度结构钢的典型应用

（2）**常用低合金高强度结构钢**

Q345 钢　代替 GB/T 1591—1988 中的 12MnV、14MnNb、16Mn、16MnRE、18Nb 等钢。此类钢强度较高，具有良好的综合力学性能和焊接性能。主要用于建筑结构、桥梁、压力容器、化工容器、重型机械、车辆、锅炉等。

16Mn 钢是发展最早、使用最多、最有代表性的钢种。它是在 300 MPa 级 12Mn 钢的基础上改进的，由于碳含量提高，因而强度较高，同时具有良好的综合力学性能和焊接性，比使用碳钢可节约钢材 20%～30%。

类似于碳素结构钢，高强度低合金钢 Q345 钢也包括 A、B、C、D、E 五种质量等级，和 Q235 钢一样，不同质量等级是按对冲击韧性（夏比 V 形缺口试验）的要求区分的。Q345 A 级钢无冲击要求；该钢号的 C、D、E 等级钢材则具有良好的低温性能；B 级要求提供 20 ℃冲击吸收能量 $KV \geqslant 34$ J（纵向）；C 级要求提供 0 ℃冲击吸收能量 $KV \geqslant 34$ J（纵向）；D 级要求提供 -20 ℃冲击吸收能量 $KV \geqslant 34$ J（纵向）；E 级要求提供 -40 ℃冲击吸收能量 $KV \geqslant 34$ J（纵向）。不同质量等级对碳、硫、磷、铝等含量的要求也有区别。

Q390 钢 代替 GB/T 1591—1988 中的 15MnV、15MnTi、16MnNb 等钢。钢中加入 V、Nb、Ti 使晶粒细化，提高强度，具有良好的力学性能、工艺性能和焊接性能。该钢号的 C、D、E 等级钢材亦具有良好的低温性能。该类钢适用于制造中高压锅炉、高压容器、车辆、起重机械设备、汽车、大型焊接结构等。

Q420 钢 代替 GB/T 1591—1988 中的 15MnVN、14MnVTiRE 等钢。此类钢强度高、焊接性能好，在正火或正火+回火状态具有较好的综合力学性能。用于大型桥梁、船舶、电站设备、锅炉、矿山机械、起重机械及其他大型工程和焊接结构件。

Q460 钢 此类钢强度高，在正火、正火+回火或淬火+回火的状态下有很好的综合力学性能。该钢号的 C、D、E 等级钢材可保证良好的韧性。适用于制造各种大型工程结构及要求强度高、载荷大的轻型结构中的部件。

Q500 钢 在该系列的 14MnMoVBRE（RE 代表稀土元素）钢中，由于钢及微量硼的作用，使 C 曲线的上部右移，而对贝氏体转变区影响很小。正火后可得到大量贝氏体组织，屈服强度显著提高。锰、钒都有强化作用，RE 不仅净化钢材，而且使钢材表面的氧化膜致密，因而使钢材具有一定的耐热性，可在 500 ℃以下使用，多用于石油、化工的中温高压容器。

在 18MnMoNb 钢中含有少量的 Nb，显著地细化了晶粒。钢的沉淀硬化作用使屈服强度提高。同时，Nb 和 Mo 都能提高钢的热强性。这种钢经过正火和回火或调质后使用，正火温度为 950～980 ℃，回火温度为 600～650 ℃；调质规范为 930 ℃淬火和 600～620 ℃回火。18MnMoNb 钢的强度高，综合力学性能和焊接性能好，适合作化工石油工业用的中温高压厚壁容器和锅炉等，可在 500 ℃以下工作。此钢还用于大型锻件，如水轮机大轴。

Q690 钢 该系列的 14CrMnMoVB 钢在 14MnMoVBRE 钢的基础上加入了一定量的 Cr（w_{Cr} = 0.9%～1.3%），因而强度进一步提高。它在正火后也能得到低碳下贝氏体组织，强度、韧性及焊接性都比较令人满意，也多用于高温中压（400～560 ℃）容器。

15.1.2.3 微合金钢

（1）概述

微合金化钢是 20 世纪 70 年代以来发展起来的一大类低合金高强度钢，其关键是细化晶粒和沉淀强化。为了充分发挥微合金元素 V、Nb、Ti 的作用，同时发展了与之配套的控制轧制和控制冷却的生产工艺。

微合金化钢首先限定在低碳和超低碳的范围内，低碳（w_C<0.25%）保证其良好的成形性和焊接性；其次要获得更高的屈服强度，通常加入质量分数小于 0.1% 的 N、Nb、V、Ti，形成碳化物、氮化物或碳氮化物等硬质析出相，以发挥其析出强化和细晶强化的作用。微合金化钢中

各元素的作用见表 15-5 和图 15-6。图 15-7 所示为 Nb 对微合金化钢强度和塑性的影响。

表 15-5 微合金化钢中各元素的作用

元素	沉淀强化	细化铁素体晶粒	固氮能力	改变组织
V	强	弱	强	中
Nb	中	强	弱	无
Ti	无（w_{Ti}<0.02%） 强（w_{Ti}>0.05%）	强	强	无

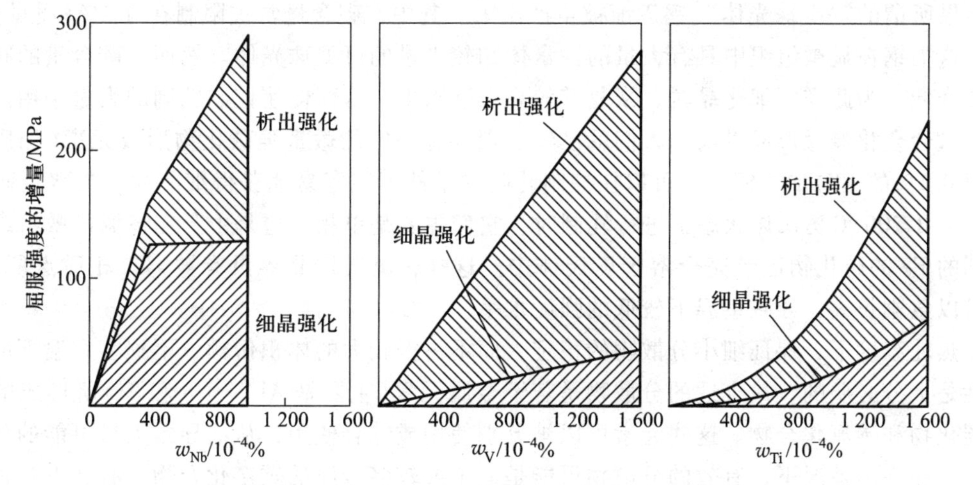

图 15-6 微合金元素对钢屈服强度的影响

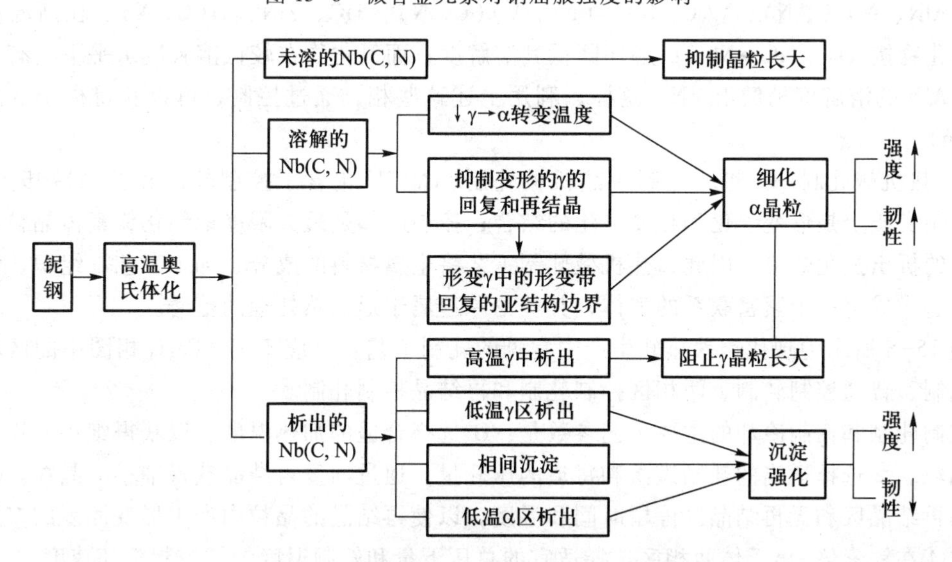

图 15-7 Nb 对微合金化钢强度和塑性的影响

微合金化钢一般在热轧退火或正火状态下使用，且不需热处理。它广泛用于船舶、车辆、桥梁、高压容器、锅炉、油管、挖掘机械、拖拉机、汽车、起重机械、矿用机械以及钢结构件等。

微合金化钢具有以下基本属性：①添加了 V、Nb、Ti 等强碳氮化物形成元素，且加入量很少(单独或复合加入质量分数小于 0.1%)，钢的强化机制主要是晶粒细化和析出强化。②钢的微合金化和控轧控冷技术相辅相成，是微合金化钢设计和生产的重要前提。③钢的屈服强度较碳素钢和碳锰钢提高 2~3 倍，故又称为微合金化高强度低合金钢。④根据特定用途可以添加其他合金元素，所添加元素或对力学性能有影响，或对耐蚀性、耐热性起有利作用。

(2) **微合金化与热机械轧制**

1) 成分控制　工程结构钢绝大多数需要良好的焊接性能，因此，必须降低其碳含量。当人们认识到显微组织中存在珠光体时将损害钢的断裂韧性后，这种降低碳含量的趋向进一步加剧，结果所谓的“少珠光体”钢逐渐被生产出来。其中，碳含量常被限制在 0.1%(质量分数)以下。这类钢在显微组织中具有大量的铁素体和较少量的可见珠光体。然而，碳含量的减少将使强度降低，为此需要细化晶粒，恢复其较高强度水平，从而促使控制轧制的大量采用。

在微合金化概念形成以前，人们就已经认识到，一定的微量强碳化物形成元素(如质量分数小于 0.1%的 Nb)加入钢中，可以在控制轧制的条件下很容易地获得细晶粒。当普通碳素钢在 1 000~1 200 ℃奥氏体状态下进行轧制时，它们主要是单相，这是由于在室温显微组织中可以见到的 Fe 的碳化物已经完全溶于奥氏体中。这样，奥氏体晶界没有被第二相质点所钉扎，晶粒可以急剧长大，导致室温下较低的强度水平。

在热轧温度下，保证细小分散物的稳定，而不占据较大的体积份额、不损害室温下的塑性和韧性是十分必要的，最合适的分散物是若干金属元素(主要是 Al、V、Nb 和 Ti)所形成的氮化物、碳化物和碳氮化合物。这些元素可以被分别使用或综合使用，从而导致大量可能的化学成分组合。在许多情况下，有效的分散物可能是一个或较多金属的碳氮化合物，有如下几种可能情况：AlN、Nb(C，N)、V(C，N)、(Nb，V)(C，N)、TiC、TiN、Ti(C，N)。在高温奥氏体中，碳化物按 VC→TiC→NbC 的顺序降低其溶解度；而氮化物在较低溶解度水平下具有相似的规律，AlN 的溶解度稍低于 VN。这样，利用上述这些相，通过控制，可以获得极小的晶粒度(10 μm)。

2) 热机械轧制——热轧控制　热机械轧制(TMCP)包含了控制轧制和控制冷却。其中，控制轧制实质上是形变强化和相变强化的结合；控制冷却是最大限度地细化铁素体晶粒以及获得最佳的析出强化效应。因此，热机械轧制工艺将金属材料的成分、加工工艺、组织、性能综合在一起，成为一个紧密联系的整体，其理论原理属于形变热处理的范畴。

图 15-8 所示为现代钢铁热轧生产中常见的轧制工艺及对应于 $Fe-Fe_3C$ 相图中的区域，即普通轧制、普通控制轧制、两相区控制轧制和再结晶控制轧制。

控制轧制和控制冷却的主要工艺参数是：①选择合适的加热温度，以获得细小而均匀的奥氏体晶粒。②选择适当的轧制道次和每道的压轧量，通过回复再结晶获得细小的晶粒。③选择合适的再结晶区和无再结晶区停留时间和温度，以使再结晶的晶粒内产生形变回复的多边化亚结构。④在铁素体-奥氏体两相区选择适宜的总压下量和轧制温度。⑤控制冷却速度。

热机械轧制是通过精确控制轧制过程中的各种参数获得强韧性配合优异的钢材。热机械轧制的作用是将微观结构的不均匀性引入奥氏体中，而这些不均匀性在随后的相变过程中将起到铁素体形核的作用，从而使铁素体晶粒细化，提高钢的强韧性。

这里，轧制过程分为加热、粗轧和精轧三个阶段。

① 加热温度决定初始奥氏体的晶粒尺寸。加热温度越低，奥氏体晶粒尺寸越小。

② 粗轧是指精轧之前的轧制，粗轧道次的功能是利用轧制道次间的重复再结晶逐步细化奥氏体晶粒。变形前的奥氏体晶粒越小，轧制温度越低，每道次变形量越大，最终再结晶后的晶粒尺寸越小。

③ 精轧要求在特定的轧制温度下给出所需的轧制变形量，并在规定的终轧温度完成轧制。终轧温度表明在哪个区域(在 γ 区、$\gamma+\alpha$ 区还是 α 区)轧制，如图 15-8 所示。

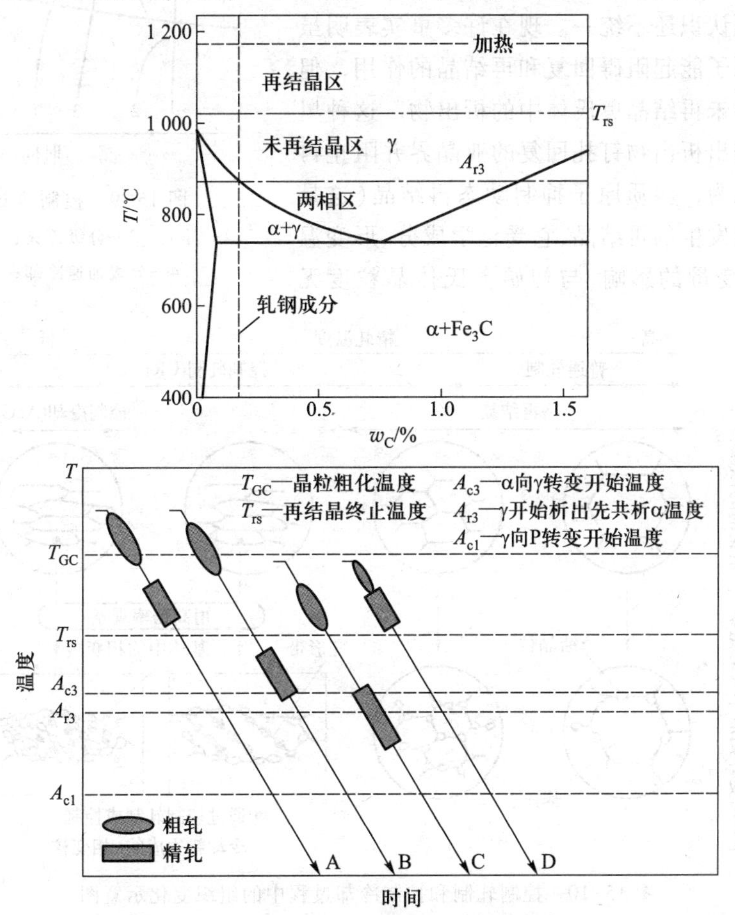

图 15-8 四种轧制规范及对应的区域示意图

A—普通轧制；B—普通控制轧制；C—两相区控制轧制；D—再结晶控制轧制

控制冷却(或加速冷却)有两方面的作用：一是进一步细化晶粒，这是由于相变开始温度降低，在过冷奥氏体中形核更多；二是可以获得非平衡组织，图 15-9 所示为控制冷却示意图。结构钢空冷后得到铁素体-珠光体组织，加速冷却避免了珠光体转变而得到铁素体-贝氏体组织。实际上，加速冷却一般在约 550 ℃时终止，接下来是空冷。随着先进钢铁材料开发的需要，控制冷却技术实质上已发展为不仅是对轧后板带冷却过程的温度控制(开始冷却、终止冷却温度)，更是对板带冷却过程中的相变及微观组织形态的控制。

图 15-10 所示为控制轧制和控制冷却过程中的组织变化示意图，可见控制轧制中奥氏体晶粒被拉长，奥氏体内产生变形带，两者均使铁素体形核位置大量增加，细化了铁素体

晶粒。

(3) **微合金化元素的作用**

Nb、V 或 Ti 作为微合金化元素，其作用之一是通过它们的碳化物、氮化物质点阻止奥氏体晶粒在再加热时长大；作用之二是在轧制时延迟奥氏体的再结晶。过去，对于究竟是溶质原子还是析出物延迟奥氏体再结晶的问题认识还不统一。现在许多事实表明虽然溶解的溶质原子能起阻碍回复和再结晶的作用，但是主要效应来自未再结晶奥氏体中的析出物。这种奥氏体中的应变诱出析出物钉扎回复的亚晶界并阻止再结晶。也有人认为，溶质原子抑制动态再结晶(这是与形变同时急速发生的再结晶,它受化学成分、形变温度、形变率和形变量的影响,与初始奥氏体晶粒度无关,其特征是组织中有位错形成的胞状结构)，而应变诱出析出物则抑制静态再结晶(这是在形变后短时间内发生的,受初始奥氏体晶粒度制约,其特征是晶界生核)。Nb、V、Ti 延缓轧制时奥氏体再结晶能力的比较如图 15-11 所示。Nb 显著提高再结晶的门槛值，Ti 次之，V 只有含量相当高时才有效。

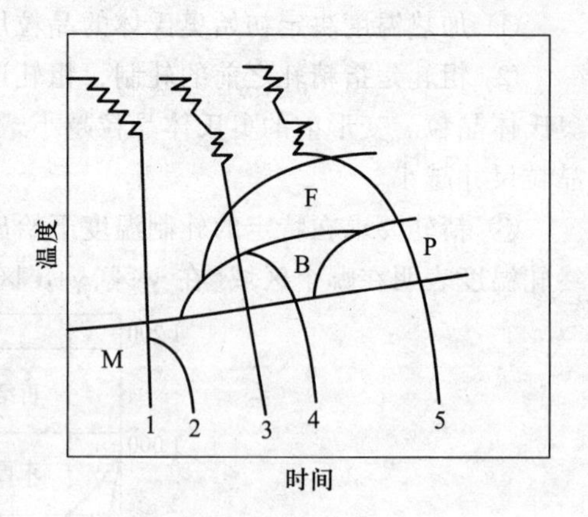

图 15-9 控制冷却示意图

1—淬火；2—分级淬火；3—加速冷却；4—分级加速冷却；5—空冷

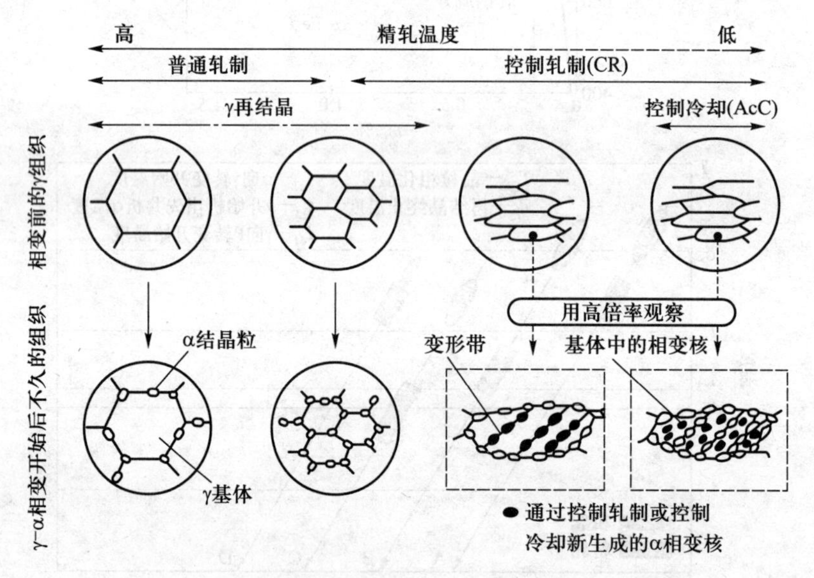

图 15-10 控制轧制和控制冷却过程中的组织变化示意图

15.1.2.4 微(少)珠光体钢

随着石油、天然气的大量开发，需要大量的输送石油、天然气的管线。作为油气管线用钢，要求具有很好的焊接性、低温韧性和强度等综合性能。油气管线用钢已由 20 世纪 60 年代的铁素体-珠光体钢发展为现代的显微组织中具有大量的铁素体和较少量可见珠光体的微珠光体低合金高强度钢，简称为微珠光体钢。

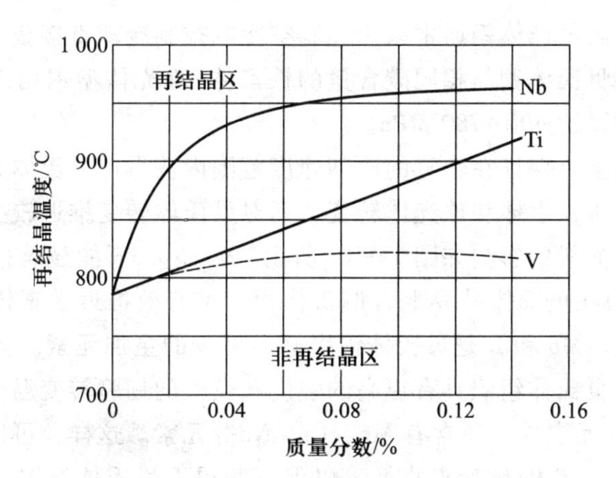

图 15-11 微合金化元素 Nb、V、Ti 延缓轧制时奥氏体再结晶能力的比较

在铁素体-珠光体钢中，珠光体含量是影响钢强度(但不影响屈服强度)的主要因素之一。珠光体含量每增加 10%，将使韧脆转变温度升高 22 ℃。要增加珠光体含量，必须提高钢中碳的含量，这将大大损害钢的焊接性和低温冲击韧度。因此，对于油气管线用钢，要提高它的强度不能依靠提高钢的碳含量来增加珠光体含量的方法，反而为了要满足焊接性和韧性的要求，需要将钢的碳含量进一步降低，即采用微(少)珠光体钢(w_C<0.1%)。但是，降低钢的碳含量势必降低钢的强度。因此，为了保证钢的强度，就必须采用其他不损害或少损害焊接性和韧性的强化措施。从前面分析可知，在细晶强化中，屈服强度每提高 15 MPa，韧脆转变温度降低 10 ℃；在析出强化中，屈服强度每提高 15 MPa，韧脆转变温度提高4 ℃。因此，细晶强化既能强化组织又能降低韧脆转变温度，而析出强化虽使钢的韧脆转变温度升高，但效果远低于固溶强化。所以，微珠光体钢可通过析出强化和晶粒细化来提高钢的综合性能。

实现析出强化和晶粒细化的方法就是采用 V、Nb、Ti 微合金化和热机械轧制处理(TMCP)工艺，即控制轧制和控制冷却以及它们的组合控制。

15.1.3 低碳贝氏体钢、针状铁素体钢及低碳马氏体钢

具有铁素体-珠光体组织的普通低合金高强度钢和微合金钢的屈服强度的极限约为 690 MPa。若要求更高强度和韧性的配合，就需要考虑选择其他类型组织的低合金高强度结构钢，如采用进一步的相变强化而发展起来的低碳贝氏体钢、针状铁素体钢及低碳马氏体钢。这类钢主要是适当降低钢的碳含量以改善韧性，由此造成的强度损失可通过合金化和随后的控制轧制和控制冷却的相变强化得到补偿，如再配合加入微合金化元素如铌以细化晶粒，则可进一步提高韧性。

15.1.3.1 低碳贝氏体钢

低碳贝氏体钢是指碳的质量分数为 0.10%～0.20%、在使用状态组织为贝氏体的低合金高

强度结构钢的总称，低碳贝氏体钢通常采用轧制空冷或控制冷却直接获得贝氏体组织。由于贝氏体的相变强化，低碳贝氏体钢与相同碳含量的铁素体-珠光体型钢相比，具有更高的强度和良好的韧性，屈服强度可达 490~780 MPa。

钢中的主要合金元素是保证在较宽的冷却速度范围内获得以贝氏体为主的组织。这类合金元素是能显著推迟先共析铁素体和珠光体转变，而对贝氏体转变推迟较少的 Mo 和 B。Mo 和 B 对过冷奥氏体恒温转变曲线的影响如图 15-12 所示。w_{Mo}>0.3%能显著推迟珠光体的转变，而微量的 B(w_B=0.002%)在奥氏体晶界上有偏析作用，可有效推迟铁素体的转变，且对贝氏体转变的影响较小。因此，Mo 和 B 是贝氏体钢中必不可少的主加元素。另外，在低碳贝氏体钢中，下贝氏体组织比上贝氏体组织具有更高的强度和较低的韧脆转变温度(图 15-13)。低碳贝氏体钢除了含有 Mo、B 元素外，还含有 Mn、Cr、Ni 等元素。这样，可以使先共析铁素体和珠光体转变进一步推迟并能使 B_s 转变点降低，以保证获得下贝氏体组织。为了进一步强化低碳贝氏体钢，微合金化元素 V、Nb、Ti 的细化晶粒和析出强化的作用也是必不可少的。在考虑保证贝氏体钢强度的同时，同样必须保证良好的韧性、焊接性和成形性等工艺性能。因此，钢中 C 的质量分数一般控制在 0.10%~0.20%范围内。

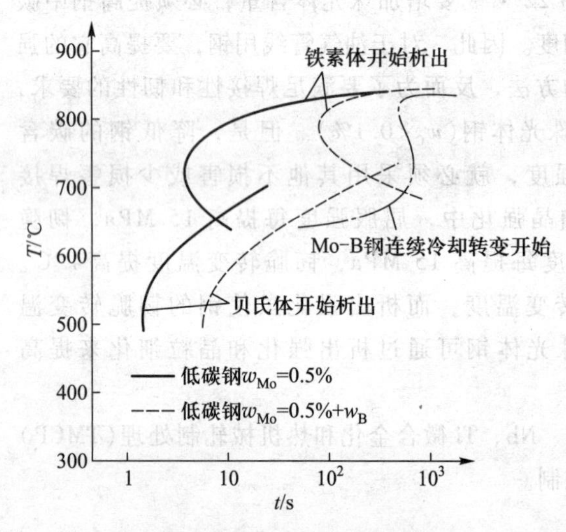

图 15-12 低碳钼钢和钼硼钢的过冷奥氏体恒温转变开始曲线

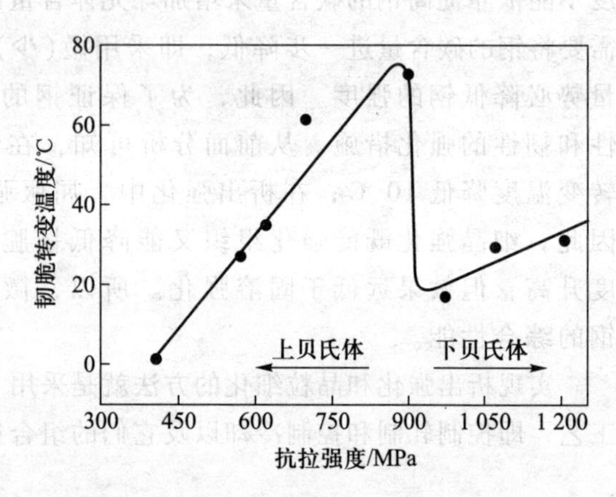

图 15-13 低碳贝氏体钢上贝氏体与下贝氏体的抗拉强度与韧脆转变温度的关系

低碳贝氏体钢的化学成分一般为：w_C = 0.10% ~ 0.20%，w_{Mo} = 0.30% ~ 0.60%，w_{Mn} = 0.60%~1.60%，w_B = 0.001% ~ 0.005%，w_V = 0.04% ~ 0.10%，$w_{Nb或Ti}$ = 0.01% ~ 0.06%，并经常含有 w_{Cr} = 0.40%~0.70%。我国已成功研制出几种低碳贝氏体型低合金高强度钢，其化学成分见表 15-6。

表 15-6 我国研制的几种低碳贝氏体型高强度结构钢的化学成分与力学性能

牌号	化学成分 w/ %								力学性能			板厚 /mm	备注
	C	Mn	Si	V	Mo	Cr	B	RE	$R_{p0.2}$ /MPa	R_m /MPa	A/%		
14MnMoV	0.10~0.18	1.20~1.50	0.20~0.40	0.08~0.16	0.45~0.65	—	—	—	≥490	≥500	≥15	30~115	正火+回火

续表

牌号	化学成分 w/ %								力学性能			板厚 /mm	备注
	C	Mn	Si	V	Mo	Cr	B	RE	$R_{p0.2}$ /MPa	R_m /MPa	A/%		
14MnMoVBRE	0.10~0.16	1.10~1.60	0.17~0.37	0.04~0.10	0.30~0.60	—	0.0015~0.006	0.15~0.20	≥500	≥650	≥16	6~10	热轧态
14CrMnMoVB	0.10~0.15	1.10~1.60	0.17~0.40	0.03~0.06	0.32~0.42	0.90~1.30	0.002~0.006	—	≥750	≥650	≥15	6~20	正火+回火

14MnMoV 和 14MnMoVBRE 钢用于制造容器和其他钢结构，其屈服强度为 490 MPa 级，在热轧态即可得到贝氏体。板厚大于 14 mm 时，需要正火热处理方可得到贝氏体。为消除应力，需要高温回火。14MnMoVBRE 钢焊接性不好，厚板在焊接前需预热至 150 ℃以上，单层板焊后可用工频感应加热以消除焊缝残余应力。

15.1.3.2 针状铁素体钢

20 世纪 70 年代初，为了适应高寒地带大口径石油天然气输送管线工程对材料高强度、低温韧性、焊接性等综合性能不断增长的要求，在 Mn-Nb 系 HSLA 钢的基础上，降碳(w_C = 0.06%)、提锰(w_{Mn}>1.6%)、加钼(w_{Mo} = 0.15%~0.54%)，发展了 X-70 级低 C-Mn-Mo-Nb 系针状铁素体钢。这种针状铁素体钢控轧状态的屈服强度可达 470~530 MPa，夏比 V 形缺口冲击吸收能量可达 165 J，韧脆转变温度(DBTT)可低于-60 ℃。

针状铁素体钢的组织由细小的多边形铁素体、高密度位错亚结构的针状铁素体、少量的贝氏体和岛状马氏体及奥氏体组成。针状铁素体钢实际上也应属于低碳或超低碳贝氏体钢，它是在低合金钢的基础上，在钢中碳的质量分数低于 0.06%时，添加适量的 Mn、Mo、Nb 等其他元素，形成一种具有高密度位错(10^{10}/cm^2)亚结构的“针状铁素体”组织的钢。Mn 和 Mo 可以推迟先共析铁素体和珠光体的转变，使贝氏体型铁素体(简称为贝氏铁素体)的形成温度低于 450 ℃以获得下贝氏体组织；Nb 形成 Nb(C,N)可细化晶粒和起析出强化作用。因此，针状铁素体钢的主要强化机制可归纳为：极细的贝氏铁素体晶粒或板条、高的位错密度、细小弥散分布的碳氮化物、固溶在贝氏铁素体中的碳等间隙原子的强化和固溶在铁素体中合金元素的置换式固溶强化。

针状铁素体钢的合金化设计原则是低碳和控制轧制，其两种典型成分见表 15-7。

表 15-7 典型针状铁素体钢的化学成分

针状铁素体钢	化学成分 w/%													
	C	Si	Mn	P	S	Mo	Nb	Cu	Ni	V	Al	N	Ce	Cr
Mo-Nb	0.06	0.31	4.80	0.004	0.010	0.31	0.10	0.20	0.16	—	0.004	0.010	0.024	0.09
Mo-Nb-V	0.08	0.27	1.90	0.004	0.003	0.24	0.05	0.24	0.20	0.06	0.036	0.007	—	—

这类钢通过合理的成分设计并采用先进的控制扎制和控制冷却技术，屈服强度可达到700~800 MPa，不仅具有良好的低温韧性，而且还具有良好的焊接性能，被称为“21世纪的控轧钢”。

15.1.3.3 低碳马氏体钢

工程机械上做相对运动的部件和低温下使用的部件，要求具有更高的强度和良好的韧性。为了满足这一要求，通常对钢进行淬火和自回火处理以发掘材料的最大潜力。这类钢碳的质量分数通常都低于0.16%，属于低碳低合金高强度结构钢。淬火回火处理后钢的组织为低碳回火马氏体，因此，这类钢统称为低碳马氏体钢。为了使钢得到比较好的淬透性，防止发生先共析铁素体和珠光体转变，加入Mo、Nb、V、B及含量控制合理的Mn和Cr与之配合，Nb还作为细化晶粒的微合金化元素起作用。常见的有BHS系列钢种，其中BHS-I钢的成分为0.10%C-1.80%Mn-0.45%Mo-0.05%Nb，其生产工艺为锻轧后空冷或直接淬火后自回火。锻轧后空冷得到贝氏体、马氏体、铁素体混合组织，其性能为：屈服强度828 MPa、抗拉强度1049 MPa、室温冲击吸收能量96 J，疲劳断裂周期较长，可用来制造汽车的轮臂托架。若直接淬火成低碳马氏体，屈服强度为935 MPa，抗拉强度达到1 197 MPa，室温冲击吸收能量为50 J，-40 ℃冲击吸收能量为32 J，缺口疲劳断裂大于500 kHz，可制造汽车的下操纵杆。这种具有极高强度、优异低温韧性和疲劳性能的材料可保证部件的安全可靠性。BHS钢还用来生产车轴、转向联动节和拉杆等，也可用于冷镦、冷拔及制作高强度紧固件。Mn-Si-Mo-V-Nb系低碳合金钢是另一种低碳回火马氏体钢，其屈服强度可达860~1116 MPa，室温冲击吸收能量为46~75 J。

低碳马氏体钢具有高的强度、韧性和疲劳强度，达到了合金调质钢经调质热处理后的性能水平。

15.1.4 双相钢与TRIP钢

15.1.4.1 双相钢

在低合金高强度结构钢中有一类钢要求其具有足够的冲压成形性，此类钢称为低合金冲压钢。传统的低合金高强度结构钢难以满足这方面的要求，因此发展了双相低合金高强度结构钢。

所谓双相钢，是指显微组织主要是由铁素体和5%~20%(体积分数)的马氏体所组成的低合金高强度结构钢，即在软相铁素体基体上分布着一定量的硬质相马氏体。图15-14所示为F-M双相钢的典型组织，图中黑色组织为马氏体。实际上，生产中钢的组织内还包含少量的贝氏体和脱溶的碳化物。

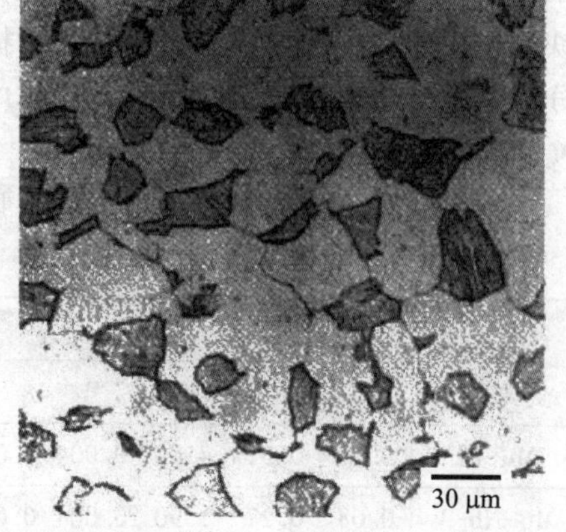

图15-14 F-M双相钢的典型组织

这种铁素体+马氏体组织组成的钢，由于基体为铁素体，可以保证钢具备良好的塑性、韧性和冲压成形性，一定的马氏体可以保证钢的高强度。因此，双相低合金高强度钢具有以下特点：①低的屈服强度，且是连续屈服即无屈服平台和上、下屈服。②均匀的伸长率，且总的伸长率较大，冷加工性能好。③塑性变形比 γ 值很高。④加工硬化率 n 值大。

双相钢按生产工艺分为**退火双相钢**和**热轧双相钢**。图 15-15 所示为双相钢的不同生产工艺，两者有不同的合金化方案。

退火双相钢又称为热处理双相钢。双相钢的热处理工艺称为亚临界温度退火。其具体工艺是将热轧的板材或冷轧的薄板在两相区（$\gamma+\alpha$）加热退火，在铁素体的基体上形成一定数量的奥氏体，然后空冷或快冷，得到铁素体+马氏体组织。这类钢的化学成分可以在很大范围内变动，从普通低碳钢到低合金钢均可。当钢长时间在（$\gamma+\alpha$）两相区退火时，合金元素将在奥氏体与铁素体之间重新分配，C、Mn 等奥氏体形成元素富集于奥氏体中，这样提高了过冷奥氏体的稳定性，抑制了珠光体转变，在空冷条件下即能转变成马氏体。这里要控制退火温度，以控制奥氏体量和奥氏体中的合金元素的含量及其稳定性。若采用 $w_{Mn}>1.0\%$ 和 $w_{Si}=0.5\%\sim0.6\%$ 的低碳低合金钢，在生产工艺上更容易得到双相钢。

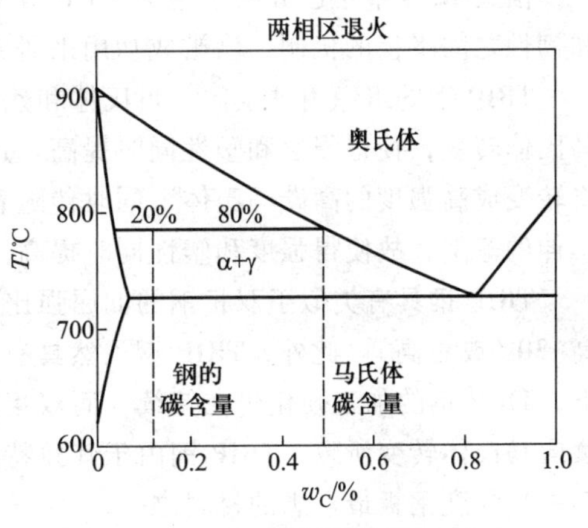

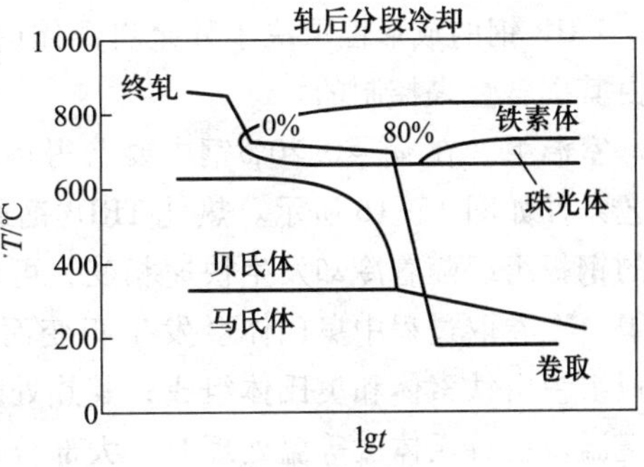

图 15-15 双相钢的不同生产工艺

热轧双相钢工艺是指在加热状态下，通过控制冷却得到铁素体+马氏体的双相组织。这就要求钢在热轧后从奥氏体状态时冷却，首先形成 70%～80%（体积分数）的多边形铁素体，未转变的奥氏体因富集 C 和其他合金元素而具有足够的稳定性，使它不发生珠光体和贝氏体转变，冷却时直接转变为马氏体，这就要求从合金元素含量和风冷速度上来控制。这类钢比一般的低合金高强度钢含有较高的 Si、Cr、Mo 等合金元素，典型的化学成分为：$w_C=0.04\%\sim0.10\%$，$w_{Mn}=0.8\%\sim1.8\%$，$w_{Si}=0.9\%\sim1.5\%$，$w_{Mo}=0.3\%\sim0.4\%$，$w_{Cr}=0.4\%\sim0.6\%$，以及微合金元素 V 等。生产工艺为 1 150～1 250 ℃加热，870～925 ℃终轧，空冷到 455～635 ℃卷取。极低 C 和合金元素 Si 是为了提高钢的临界点 A_3，促使形成较多含量的多边形先共析铁素体。Mn、Mo、Cr 等提高钢淬透性的元素是为了防止卷取时剩余奥氏体转变为珠光体和贝氏体，最终冷却得到马氏体。

由于双相钢具有良好的特性，目前已得到广泛的应用。根据双相钢的用途不同，除了冲压型双相钢外还有非冲压型双相钢。冲压型双相钢主要是板材，典型的用途是汽车大梁和滚型车轮，还用于汽车的前后保险杠、发动机悬置梁等；非冲压型双相钢有棒材、线材、钢筋、薄壁无缝钢管等产品，钢材经热轧后控制冷却，得到铁素体+马氏体双相钢组织，然后经冷拔、冷镦等工艺制成成品。由于冷却条件良好，可以使用较少的合金元素，降低成本。如用于高速线材轧制生产散卷控制冷却得到的双相钢丝，钢种为 09Mn2Si、07Mn12SiV；热轧双相冷镦钢棒材钢种为 08SiMn2；薄壁双相无缝钢管用钢为 07MnSi 等。

15.1.4.2 相变诱发塑性(TRIP)钢

前文 12.4 节中已介绍了钢的 TRIP 效应。该效应是一种既增加钢的强度而又不会破坏强度和韧性之间平衡的机制，已被成功用来研究开发相变诱发塑性(TRIP)钢。

TRIP 钢的组织由铁素体、贝氏体和残余奥氏体三相组成。TRIP 效应是钢中残余奥氏体向马氏体转变，使得强度和塑性同时提高。这种残余奥氏体在室温下比较稳定，但在变形过程中将转变成高强度的高碳马氏体，同时伴随着体积膨胀，因而抑制了塑变的不稳定，增加了均匀延伸的范围，故使得强度和塑性同时提高。

TRIP 钢具有类似于双相钢的低屈强比(例如 0.58)，但在相同的抗拉强度下，其伸长率要高(30%或更高)。此外，TRIP 钢虽然具有比双相钢低的初始加工硬化速率，但在更高的应变下，TRIP 钢的加工硬化仍在持续，而双相钢则消失。这是由于 TRIP 钢中的应变导致奥氏体持续向马氏体转变所致。TRIP 钢由于其独特的强韧化机制和高的强韧性，被公认为是第一代汽车用高强度钢板最理想的材料之一。

TRIP 钢的成形性取决于残余奥氏体的数量和稳定性，而残余奥氏体的体积分数和稳定性是由其碳含量来控制的。

室温下，在 $w_C=0.20\%$ 钢中要获得体积分数约为 12% 的残余奥氏体，其热轧和冷轧两种工艺条件如图 15-16 所示。热轧 TRIP 钢通过形变热处理获得，在形变热处理的过程中，热轧后的钢板组织随着冷却发生快速相变，可以获得包含铁素体、贝氏体和残余奥氏体的多相显微组织。在卷取过程中奥氏体会发生相变而成为贝氏体。冷轧 TRIP 钢经粗轧、热轧和冷轧后，钢板组织由铁素体和奥氏体组成，其热处理工艺为两相区退火加贝氏体区等温淬火，然后空冷至室温。在贝氏体区等温处理时，大部分奥氏体转变为贝氏体，少量保留下来，最终钢板的组织中包含铁素体、贝氏体和残余奥氏体。

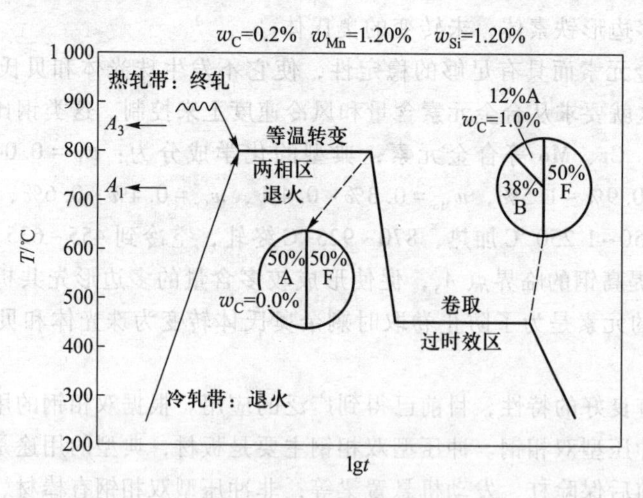

图 15-16 TRIP 钢热轧带钢和冷轧薄板的生产工艺

人们早期先提出了基础成分为 C-Mn-Si 的 TRIP 钢，例如：$w_C=0.12\%\sim0.55\%$，$w_{Mn}=0.2\%\sim2.5\%$，$w_{Si}=0.4\%\sim1.8\%$。高的硅含量易在钢板表面形成 Mn_2SiO_4，使钢板的可镀性下

降。近年来，开发了用铝取代部分或全部硅的 TRIP 钢，已成功地解决此问题。

15.1.5 工程构件用钢的发展趋势

近几十年来，工程结构钢特别是低合金高强度结构钢的发展取得了前所未有的进步。这中间涉及新钢种的发展比较少，而涉及将冶金及材料科学与工程的研究成果和新工艺技术与现有钢种结合的比较多。工程结构钢的发展有两个共同的目标：一是采用新的节能冶金技术和工艺，以尽可能地降低生产成本，经济而有效地改善钢材的强度、韧性、冷成形性、焊接性、耐蚀性、耐磨性等综合性能；二是采用微合金化及适当的炼钢添加剂以节约合金元素。

工程结构钢的发展趋势具体表现在以下几个方面：

（1）低碳和超低碳　随着碳含量的降低，能显著提高低合金高强度钢的韧性并改善焊接性。由于冶金新技术新设备的广泛采用，能使钢中的碳的质量分数降低到小于 0.06%甚至小于 0.02%，这样就能显著提高钢的焊接性、韧性和成形性等。因此，低碳和超低碳是低合金高强度钢发展的一个重要方向。

（2）高纯净化　净化钢中的有害杂质可改善钢的韧性并提高钢的综合性能。随着冶金技术的发展，铁水预处理、转炉炼钢和钢水精炼技术已普遍被钢厂采用，这些技术能使钢中 S、P、H、O、N 等杂质大大降低，显著提高了钢的纯净度，因此现代低合金高强度钢和其他钢一样，正逐步向高纯净化方向发展。

（3）微合金化技术　在低碳、超低碳和高纯净化的基础上，低合金高强度钢普遍采用微合金化，微合金化技术已由添加单一合金元素（V、Nb、Ti）发展到添加复合微合金元素，如 Nb-V，Nb-Ti、V-Ti、Nb-Ti-B 等，并配合热机械成形技术进一步提高钢的综合性能。

（4）采用控制轧制和控制冷却工艺　通过控制轧制和控制冷却，可调整奥氏体的原始组织晶粒大小，使转变后的铁素体晶粒尽可能细化，从而得到尽可能高的强度和最佳的塑韧性。现代的控制轧制工艺已从只控制终轧温度发展到奥氏体再结晶区控轧、奥氏体非再结晶区控轧和两相区控轧工艺。轧制后的控制冷却工艺已有层流冷却、水幕冷却、雾化冷却和穿水冷却等。应用先进的在线控制轧制和控制冷却工艺是进一步提高现代低合金高强度钢质量的重要发展方向，一系列此类新技术和新设备不断获得开发和应用。

（5）超细化晶粒　通过加大轧制变形、铁素体的应变诱导析出、稍高于 A_3 点的低温轧制和采用合适的冷却速度，可使钢的铁素体晶粒尺寸细化到微米级，这样钢的强度可大幅度提高，普通碳素钢的强度可由 235 MPa 提高到 400 MPa，低合金高强度钢的屈服强度可由 400 MPa 提高到 800 MPa。日本、中国、韩国已在这方面取得重要进展，可以认为低合金高强度钢的组织微细化仍然是今后发展的方向。

（6）计算机控制和性能预报　近年来，随着计算材料学的进步，材料的发展已逐步由经验走向定量化、系统化和信息化。以前材料设计大都是通过回归分析建立经验公式，然后据此进行组织生产和管理，这种方法精度低，且一旦改变条件就不适用。计算材料学是利用钢铁材料的基本冶金原理，通过计算机建立各种冶金模型，达到预测材料组织和性能的效果。近年来，**物理冶金学**已能准确把握钢铁材料内部产生的基本冶金现象并建立相应的冶金模型，通过预报材料的组织，就可使准确预报材料的性能成为可能。这样可以大大减少试验研究工作和缩短研究时间，加速新产品的开发。在金属材料研究开发领域，集成计算材料工程(ICME)正在发挥越来越重要的作用(参见文献[12])。

15.2　机械制造用结构钢

机械制造用结构钢用来制造各种机械零件，例如各种轴类、齿轮、高强度结构，广泛应用于汽车、拖拉机、各类机床、工程机械、飞机及火箭等装置上。这些零件承受了多种载荷，在 -50~+100 ℃之间工作。机械零件要求有良好的服役性能，如足够高的强度、塑性、韧性和疲劳强度等。一般机械零件的失效形式是变形和断裂。为保证机械零件在工作时正常运转，首先考虑在钢的弹性范围或只允许微量变形范围内工作，因此根据钢的比例极限或屈服强度来设计，在许用应力和它们之间引入一个安全系数，这种设计称为强度设计。而塑性指标及韧性指标，在设计时并不用于工程计算，只是考虑到零件的安全性，防止过载而根据经验对塑性和韧性指标提出要求。

为了减轻零件的重量，多年来在提高钢的强度方面取得了很大的进展，从最初的机械制造用结构钢如调质钢发展到低碳马氏体钢、超高强度钢、形变热处理中合金钢，钢的抗拉强度从 1 200~1 400 MPa 提高到 2 400~3 200 MPa。强度的提高是综合应用了加工强化、细晶强化、沉淀强化和马氏体相变强化等方法的结果，但随着强度不断提高，却带来了韧性的恶化，许多设备的失效都是在应力远低于屈服强度下突然发生断裂的。

因此在机械零件设计时除考虑传统的强度设计外，必须有防止突然断裂的韧性设计，这就是用断裂韧性(如 K_{IC}值)作为高强度结构韧性设计的指标。断裂韧性是从金属材料在生产工序中总是造成钢材内部缺陷和微裂纹为出发点，研究这些裂纹在什么条件下突然失稳而开始扩展。断裂韧性代表材料抵抗裂纹突然扩展的能力。材料的断裂强度 σ_f与平面应变断裂韧性 K_{IC}之间的关系为

$$\sigma_f = K_{IC} / (\pi a)^{1/2}$$

式中 a 为材料突然扩展时裂纹尺寸之半。K_{IC}对应于一定显微组织的钢材，是定值。当已知该零件的钢材的断裂韧性和零件中的裂纹尺寸后，便可计算零件在多大应力下突然断裂。K_{IC}值可作为高强度结构的韧性设计的依据。

机械制造用结构钢为获得高强度，一般采用淬火得到马氏体组织，因而钢的淬透性有十分重要的意义。淬成马氏体的钢可以获得高强度和高屈强比。通用机械制造结构钢包括调质钢、淬火低温回火状态的结构钢、高合金超高强度钢、轴承钢、渗碳钢和氮化钢、弹簧钢等。

15.2.1　结构钢的淬透性

钢经淬火淬透后，可以获得高强度和高屈强比。淬透层的强度可达 1 700 MPa，而且屈强比为 0.8~0.9，而退火钢的强度只有 690 MPa，屈强比为 0.5~0.6。未完全淬透的钢，其强度

和屈强比处于二者之间。淬透的钢可以获得最高的断裂韧性、最高的疲劳强度和冲击韧性、最低的韧脆转变温度 FATT(℃)。图 15-17 所示为淬火显微组织对 26CrNi3MoV 钢 K_{IC}值的影响，淬火得到马氏体组织的 K_{IC}值最高，下贝氏体次之，上贝氏体最差。多种转子钢经不同热处理得到不同显微组织，再经调质处理后 FATT(℃)与淬火后得到的不同显微组织的关系见图 15-18。全部淬成马氏体后其 FATT(℃)最低；淬成马氏体加贝氏体的混合组织，随贝氏体含量增加 FATT(℃)逐渐升高，直到全贝氏体。当贝氏体和铁素体加珠光体混合组织随铁素体加珠光体含量增高，FATT(℃)进一步升高，而全部为铁素体加珠光体组织的 FATT(℃)最高。

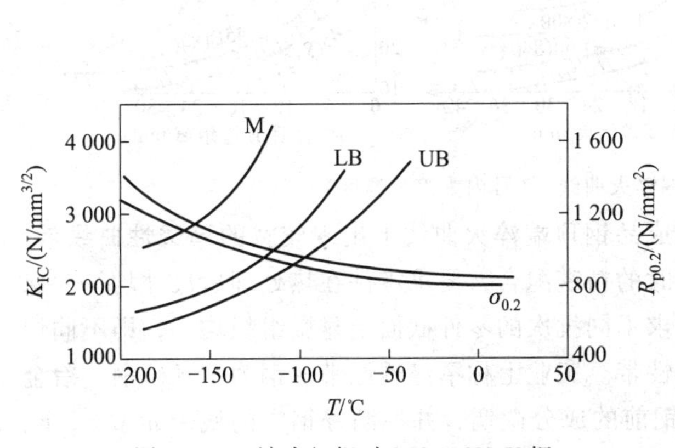

图 15-17 淬火组织对 26CrNi3MoV 钢回火空冷后的 K_{IC}的影响
M—马氏体；LB—下贝氏体；UB—上贝氏体

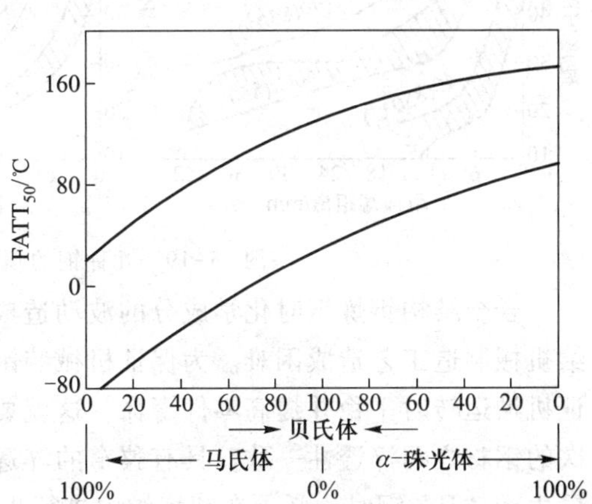

图 15-18 七种转子钢锻件调质后 FATT(℃)与淬火组织的关系(R_m=755 MPa,N=3~4 级，28NiCrMo74,25CrMo4,28NiCrMo44,25Cr3Mo,30Cr1Ni3Mo,21CrMoV511,32CrMo12)

合金元素对淬透性的影响通过对珠光体和贝氏体转变起作用。一类是既能推迟珠光体转变又能推迟贝氏体转变的合金元素，如 Mn、Cr、Ni、Si；另一类是强有力地推迟珠光体转变而推迟贝氏体转变较弱的合金元素，如 Mo、W、V 等。应该强调，C 是结构钢中最主要的合金元素，它决定了钢的淬硬性，同时也是一个有效增加钢的淬透性的元素。钢中通常用的合金元素对增加钢的淬透性的能力按下列顺序依次增大：Ni、Si、Cr、Mo、Mn。另外一类钢中的微量元素如 B、稀土金属，在钢加热到奥氏体时，富集于奥氏体晶界，冷却时阻碍 α 相和碳化物在晶界形核，增长转变孕育期，有效提高钢的淬透性。

研究表明，几种合金元素同时加入钢中时，它们之间有交互作用，提高钢的淬透性的作用是可以倍增的，绝非几种单个合金元素作用的简单之和。如果对不同种类合金元素进行综合合金化，推迟过冷奥氏体转变的作用将千百倍地增加。以 Cr-Ni-Mo 合金钢系列为例，35Cr、35CrMo、40NiMo 三者合金元素总量在 1.4%~2.0%之间，过冷奥氏体转变最短孕育期的增减仅在 20~35 s 之间。若把这三种钢的 Cr、Ni、Mo 组合成 40CrNiMo 钢，其合金元素总量仅为 3.25%，而孕育期却增长到 500 s，即增加一个数量级。而 18Cr2Ni4Mo 钢，合金元素总量增一倍达到 6.34%，则完全抑制了先共析铁素体和珠光体转变，孕育期至少增长了 3 个数量级。这种合金元素的组合和少量调整可以发挥各种合金元素之间的加强作用，有效地提高了钢的淬透性。

实际生产中考虑钢的淬透性是使用**顶端淬火曲线**，如图 15-19 所示。它表明某种钢在正常淬火温度后，在规定的冷却条件下，顶端淬火试样上各点冷却速度是恒定的，对应于试样上各点的金相组织和硬度，就可以知道在哪个冷却速度下可以得到全部马氏体组织或半马氏体组织。对比各种钢的顶端淬火曲线，即可根据机械零件的技术要求选择满足淬透性的钢种。

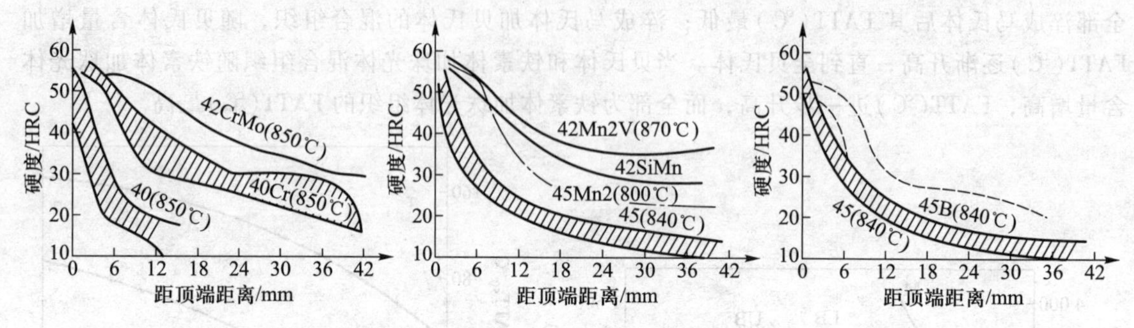

图 15-19 几种钢的顶端淬火曲线(括号内为淬火温度)

合金结构钢炼钢时化学成分的波动造成成品钢顶端淬火曲线上出现较宽的**淬透性曲线带**，给机械制造工艺造成困难。为保证机械装配时的精密配合，要求零件在热处理后尺寸均一，保证机械运转时平稳并提高零件寿命。这就要求不同批次的零件截面上显微组织均一，即不同炉次的钢材之间淬透性一致，具有狭窄的淬透性带。工业上称窄淬透性带的钢为“H”钢。冶金厂生产“H”钢时，必须在精炼炉内进行出钢前的成分微调，并控制好钢中的残余元素 S、P、O 以及 Ti、Al、Si、Cu 等，还要控制好夹杂物，以保证成品钢的淬透性合格。

15.2.2 调质钢

结构钢经调质处理(即淬火并高温回火)后，有较高的强度、良好的塑性和韧性，即有良好的综合力学性能，适合这种热处理的结构钢称为调质钢。调质钢是机械制造钢中的主要钢种，常用于各种机械中的重要部件，例如机床主轴、汽车半轴、连杆等。调质钢的使用显微组织为淬火后得到的马氏体经高温(500~650 ℃)回火后，在 α 相基体上分布有极细小弥散的颗粒状碳化物。不同合金元素造成回火稳定性的差别以及不同回火温度，可以得到回火屈氏体或回火索氏体，其主要区别是 α 相基体是否完全再结晶和碳化物颗粒聚集长大的程度。

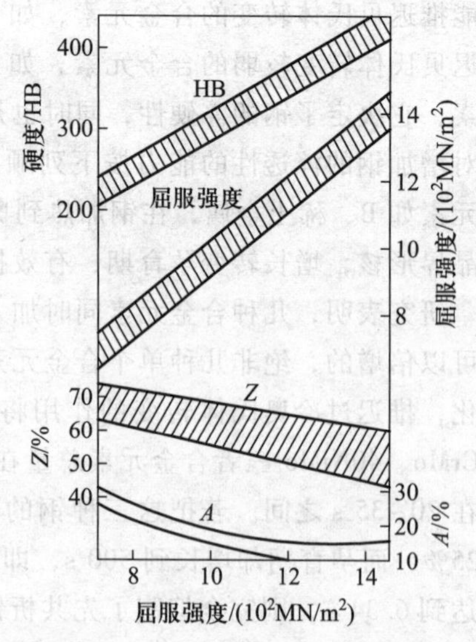

图 15-20 w_C=0.25%~0.45%的合金结构钢调质后室温性能各指标之间的关系

不同化学成分的调质钢只要淬火得到马氏体，再回火到相同的抗拉强度，都可以得到相近的屈服强度、伸长率和断面收缩率，见图 15-20。这说明，只要淬透性相当，不同的调质钢可以互换应用。但碳素调质钢与合金调质钢经调质后达到相同的抗拉强度和硬度，在屈服强度和伸长率上二者相近，在断面收缩率上碳素调质钢偏低，而且强度越高，偏低越明显。但由于碳素结构钢价格便宜，在满足淬透性的情况下仍被广泛应用。合金元素对合金调质钢的韧性有着不同的影响。在回火后快冷抑制第二类回火脆性的情况下，钢中加入锰 $w_{Mn}=1.0\%\sim1.4\%$，钢的冲击韧性有所提高并能稍降低钢的韧脆转变温度。钢中镍含量增加能使韧脆转变温度不断下降。硅降低调质钢的冲击韧性，升高韧脆转变温度。钢中杂质元素磷对调质钢冲击韧性危害甚大，升高韧脆转变温度，故调质钢中应尽量降低磷的含量。

合金调质钢的一个特殊问题是高温回火脆性(第二类回火脆性)，表现为含 Mn、Cr、Ni、Si 的锰钢、铬钢、铬锰钢、硅锰钢、铬镍钢、铬锰硅钢、镍铬钒钢等合金结构钢淬火得到马氏体组织，再经高温回火(450~600 ℃)后不同的冷却速度严重影响钢的冲击韧性和韧脆转变温度，冷却速度越慢程度越严重。倘若将已脆化的合金结构钢再加热到 650 ℃保温后快冷，则可以消除钢的脆化现象，故又称为可逆回火脆性。同时在 350~600 ℃范围等温回火保持长时间后，不管回火后冷却快慢，其室温冲击韧性都恶化。

钢中引发高温回火脆性的杂质元素有 P、Sn、Sb 等，钢中促进高温回火脆性的合金元素有 Mn、Cr、Si、Ni 等。碳素调质钢对高温回火脆性不敏感，含有上述合金元素的二元或多元合金调质钢就很敏感，其敏感程度以合金元素种类及其含量而有不同。钢高温回火脆性的本质一般认为是 P、Sn、Sb 等杂质元素在原奥氏体晶界偏聚导致晶界脆化，而 Mn、Ni、Cr 等合金元素与上述杂质元素在晶界发生共偏聚作用，促进杂质元素在晶界富集加剧而加速脆化。另一些合金元素可以减轻高温回火脆性。Mo 与 P 等杂质元素有强相互作用，在晶内产生沉淀相并阻碍 P 的晶界偏聚。Ti 更有效地促进 P 等杂质元素在晶内沉淀，从而减弱杂质元素的晶界偏聚。稀土元素的晶界偏聚倾向大于 P，优先偏聚于晶界，降低 P 的偏聚；稀土元素又与 P、Sn、Sb 等杂质元素形成稳定的高熔点金属间化合物 LaP、La_2Sn、CeSb 等沉淀相，降低杂质元素在晶内的浓度，故稀土元素可以大大降低甚至消除钢的高温回火脆性。

调质钢按淬透性的高低分级，即根据它是否含合金元素或合金元素含量的高低分级。同一级别的钢在使用中可以互换。调质钢经调质处理后，其力学性能为：屈服强度为 800~1 200 MPa，R_m=1 000~1 400 MPa，$A\geqslant10\%$，$Z\geqslant45\%$，冲击韧性 $a_k\geqslant60\ J/cm^2$。

(1) 碳素调质钢　如 45钢、45B钢，用来制造截面尺寸较小或不要求完全淬透的机械零件，其顶端淬火曲线见图 15-19。由于淬透性低，淬火介质为水或盐水。

(2) 低淬透性合金调质钢　如 40Cr、45Mn2、40MnB、35SiMn、40MnV等，通常用来制造承受中等负荷中等截面的机械零件。其中 40Cr 是用量最大的低淬透性合金调质钢，淬火介质为油，其油淬的临界直径为 30~40 mm。这类调质钢的顶端淬火曲线见图 15-19，主要用于制造机床主轴、齿轮、花键轴，以及汽车的后半轴、转向节等。

(3) 中淬透性合金结构调质钢　如 35CrMo、40MnMoB、40CrMnMo、40CrNi、42CrMo等。由于有较高的淬透性，淬火介质为油，其油淬临界直径为 40~60 mm。42CrMo 钢的顶端淬火曲线见图 15-19。这类钢用于制造截面较大及在高负荷下工作的结构件，例如 35CrMo 用于制造高负荷传动轴、大型电机轴、紧固件、汽轮发电机主轴、叶轮、曲轴等。

(4) 高淬透性合金调质钢　如 40CrNiMo、34CrNi3MoV 等。具有高淬透性，油淬临界直径大于 60~100 mm。经调质处理后获得高强度和高韧性，用做要求强度高、韧性好的、承受高负荷的大截面的零件。其中 40CrNiMo 是最重要的钢种之一，广泛用于中型和重型机械、机车和重载卡车的轴类、连杆、紧固件等。

15.2.3 低碳马氏体结构钢

调质钢的显微组织是淬火高温回火的回火索氏体，没有充分发挥碳在提高钢强度方面的潜力。而碳在低温回火马氏体中的固溶强化才是最有效的，同时还有 ε 碳化物与基体共格产生的沉淀强化和马氏体相变产生的相变冷作硬化都对钢的强度做出了贡献。钢中碳的质量分数低于0.3%时，淬火后得到的低碳马氏体的微观结构是位错型的板条马氏体，具有高的强度、良好的塑性和韧性、低的韧脆转变温度、低的缺口敏感性和过载敏感性。低碳马氏体结构钢和中碳调质钢力学性能的比较见表 15-8。

表 15-8 低碳马氏体结构钢和中碳调质钢的力学性能

钢种	热处理工艺	$R_{p0.2}$/MPa	R_m/MPa	A/%	Z/%	a_k/J.cm^{-2}
40Cr	850 ℃油淬，560 ℃回火油冷	≥800	≥1 000	≥9	≥45	≥60
15MnVB	880 ℃盐水淬，200 ℃回火空冷	≥1 000	≥1 200	≥10	≥45	≥90

低碳马氏体结构钢的力学性能优于中碳调质钢，特别是其冷脆倾向小、疲劳缺口敏感度低。在工艺性能方面，低碳马氏体结构钢在热轧后具有低硬度、高塑性和延性，有利于采用冷塑性变形成形工艺(如冷镦)获得高效率。

为了保证获得低碳马氏体组织，提高低碳钢的淬透性，必须保证足够的合金元素总量，一般采用低碳合金钢，如 15MnVB、10Mn2MoNb、20SiMnVBRE、20SiMnMoV 等。要求强度和韧性配合更高的、受力更复杂的零件采用中合金钢如 18Cr2Ni4W，可以获得既有高强度又有低缺口敏感性和高疲劳强度的零件。

15.2.4 低合金超高强度结构钢

低合金超高强度结构钢是在合金调质钢的基础上发展起来的一种高强度、高韧性的合金钢，以满足要求更高比强度的航空、航天器结构的制造需求，减轻飞行器自重，取得高速度。这类钢主要是将调质钢的热处理工艺改变为淬火加低温回火或等温淬火，得到中碳回火马氏体或贝氏体加马氏体组织。这类钢的抗拉强度在 1 600 MPa 以上，断裂韧性 K_{IC} 在 70 MN · m$^{-3/2}$ 以上，主要用在飞机起落架、机翼主梁、火箭发动机外壳、火箭壳体上等。

低合金超高强度结构钢的强度主要取决于马氏体中固溶碳的浓度，钢中碳的质量分数在0.27%~0.45%范围，每增加 0.01%其抗拉强度提高约 30 MPa。但过高的碳含量将使钢的韧性和断裂韧性下降较多，缺口敏感性增大，而且对各种表面缺陷如划痕、焊缝及表面加工缺陷十分敏感。

合金元素在这类结构钢中的作用主要是提高钢的淬透性、细化晶粒、改善韧性和提高回火马氏体的稳定性。为了有效提高钢的淬透性，采用多元少量合金元素，将强碳化物形成元素W、Mo、V，中强碳化物形成元素 Cr，弱碳化物形成元素 Mn 和非碳化物形成元素 Ni、Si 进行综合合金化。V 是强碳化物形成元素，可以细化奥氏体晶粒；Si 是非碳化物形成元素，可以提高马氏体的回火稳定性，将回火温度由 200 ℃提高到 300 ℃以上，改善了韧性。含 Si 质量分数为 2%的钢，回火马氏体的分解温度从 260 ℃提高到 350 ℃以上。

回火马氏体中合金元素的质量分数分别为 1%的 Mn、1.5%的 Cr、0.5%的 Mo、1%~4%的 Ni，这些合金元素都能改善低合金超高强度结构钢的韧性，并降低钢的韧脆转变温度，其中 Ni 的作用尤为突出。合金结构钢淬火后在 250~400 ℃的范围回火将产生低温回火脆性，其韧脆转变温度升高。已脆化的钢，其脆性不能再用低温回火消除，故又称为不可逆回火脆性，它主要发生在低合金超高强度结构钢等钢种中。普遍认为，低温回火时，ε 碳化物转化成薄片状渗碳体，在原奥氏体晶界析出，造成晶界脆化。另外，杂质元素 P 等在奥氏体晶界偏聚，经淬火后保留在原奥氏体晶界，也是造成低温回火脆性的原因之一。含杂质元素 P 等极低的高纯钢不产生低温回火脆性，这说明只有当两种脆化因素叠加起来才会加重原奥氏体晶界的脆性，造成沿晶脆断，产生低温回火脆性。合金元素 Mn 和 Cr 加剧低温回火脆性倾向，Mo 能改善低温回火脆性，Si 能将低温回火脆化温度提高到 350 ℃以上。

目前广泛应用的低合金超高强度结构钢是 30CrMnSiNiA、40CrNi2MoA、40CrNi2Si2MoVA、45CrNiMo1VA、35Si2Mn2MoVA 等，部分钢的化学成分见表 15-9。

表 15-9 常用低合金超高强度结构钢的牌号及化学成分

钢 号	化学成分 w/%					
	C	Si	Mn	Cr	Ni	Mo	V
30CrMnSiNiA	0.27~0.34	0.90~1.20	1.00~1.30	0.90~1.20	1.40~1.80	—	—
40CrNi2MoA	0.38~0.43	0.20~0.35	0.65~0.85	0.70~0.90	1.65~2.00	0.20~0.30	—
45CrNiMo1VA	0.42~0.48	0.15~0.30	0.60~0.90	0.80~1.25	0.40~0.70	0.90~1.10	0.05~0.10
300M	0.40~0.46	1.45~1.80	0.65~0.90	0.70~0.95	1.65~2.00	0.30~0.45	0.05~0.10
35Si2Mn2MoVA	0.32~0.38	1.40~1.70	1.60~1.90	—	—	0.35~0.45	0.15~0.25

采用等温淬火处理，可以有效改善低合金超高强度结构钢的韧性。等温淬火获得下贝氏体和马氏体的混合组织，虽然强度稍有降低，但有效提高了钢的冲击韧性和断裂韧性。

为了进一步改善低合金超高强度结构钢的韧性，提高其在服役条件下的可靠性，在冶金生产工艺方面采取一系列措施提高钢的纯净度，降低钢中夹杂物、气体及有害元素的含量。因为钢的强度越高，夹杂物的危害也越大。夹杂物主要是引起其周围应力集中，形成裂纹源，并降低纵向、横向和 Z 向的延性。钢中的有害气体，如 N、O 以及 S 等以夹杂物状态存在将影响钢的延性，钢中的 H 溶于基体，会引起氢脆。钢中杂质元素 P、Sn、Sb 等引起晶界脆性和低温回火脆性。目前，为获得超纯钢，采用真空熔炼和电渣重熔，杂质元素和夹杂物的质量分数可显著降低。N 的质量分数可降低到 20×10^{-6}，O 的质量分数降到 5×10^{-6}，H 的质量分数降到 0.7×10^{-6}，有害杂质元素 Sn 的质量分数降到 40×10^{-6}，Sb 的质量分数降到 10×10^{-6}，钢中 S 的质量分数可减少到 0.002%。如果 P 的质量分数降到 0.005%以下，钢就不出现低温回火脆性。

40CrNi2MoA 钢经 845 ℃加热、油淬和 200 ℃回火，其 $R_{p0.2}\geqslant$1 600 MPa、$R_m\geqslant$1 950 MPa、$A_5\geqslant$12%、$KV\geqslant$80 J、$K_{IC}\geqslant$70 MN·m$^{-2/3}$。若采用 320 ℃等温淬火，与淬火加低温回火相比，虽然强度稍低，但冲击韧性提高了 34%，断裂韧性提高了 10%。在 40CrNi2MoA 钢的基础上加

入 Si 和 V 并提高 Mo 量成为 40CrNi2Si2MoVA 钢，其中 V 细化奥氏体晶粒，Si 提高马氏体抗回火稳定性，钢的回火温度提高到 300 ℃。钢经 870 ℃油淬、300 ℃回火，其力学性能为：$R_{p0.2} \geqslant$ 1 620 MPa、$R_m \geqslant$ 1 920 MPa 、$A_5 \geqslant 12\%$、$KV \geqslant 80$ J、$K_{IC} \geqslant 95$ MN · $m^{-2/3}$。

低合金超高强度结构钢自 20 世纪 40 年代发展起来后，由于成本低廉，生产工艺较简单，强度、韧性和断裂韧性较好，到目前为止，其产量仍居于超高强度钢总产量的首位。

15.2.5 高合金超高强度结构钢

低合金超高强度结构钢靠碳来强化，存在先天的弱点。随着强度要求增加，钢的碳含量也需要增加，但 C 的质量分数高于 0.45%时，钢的延性、韧性和断裂韧性下降，出现钢的早期脆性破坏。低合金超高强度结构钢是中碳钢，热处理时，为防止表面脱碳应采取保护气氛加热。热处理后零件变形抗力大，不易矫正，焊接性不大好。为克服这些缺陷发展了无碳的**马氏体时效钢**作为超高强度结构钢使用，具体做法是：在 Fe-Ni 合金无碳马氏体基础上加入强化元素形成金属间化合物以产生沉淀强化，同时获得高强度和高韧性。通用的马氏体时效钢的化学成分为：$w_{Ni}=10\%\sim19\%$、$w_{Co}=0\%\sim18\%$、$w_{Mo}=3.0\%\sim14\%$、$w_{Ti}=0.2\%\sim1.6\%$、$w_{Al}=0.1\%\sim0.2\%$、$w_C<0.03\%$，实际应用的马氏体时效钢的标准牌号为 18Ni(200)、18Ni(250)、18Ni(300)、18Ni(350)，这些年来还陆续发展了一些变异的马氏体时效钢钢种。

马氏体时效钢中的 Ni 和 Co 是奥氏体形成元素，强化元素 Mo、Ti、Al 是铁素体形成元素，为在淬火后得到全部马氏体基体，Ni 的含量必须较高。但高 Ni 量将使马氏体的 M_s 点降得过低，热处理后残余奥氏体量过多，因而对 Ni 含量有所限制。钢中加入 Co 后可升高 M_s 点，减少残余奥氏体量。这种含高 Ni 和 Co 的马氏体强度不高但有极好的室温延性和韧性，特别是良好的低温延性和韧性。

钢中加入强化元素后形成一系列金属间化合物作为沉淀强化相，其中有序相为 Ni_3Ti、Ni_3Al 和 Ni_3Mo。Ni_3Ti 为六方点阵，Ni_3Al 和 Ni_3Mo 为立方点阵。在时效时，析出相处于亚稳状态，都是面心立方点阵。钢中形成的拉弗斯相为 Fe_2Mo，具有复杂六方点阵。合金元素对马氏体时效钢的强化效应见表 15-10。Co 的加入将使沉淀强化效应增大。研究表明，Co 降低含 Mo 强化相在基体中的固溶度并增加其体积分数，可以改善马氏体时效钢在时效处理时产生的回火脆性。Cr 和 Mn 可以部分代替 Ni 的作用，W 也可以代替 Mo，V 也可以部分代替 Co。

表 15-10 18Ni+2% x_M 第二组元对 425 ℃时效硬度峰值的作用

合金元素	Ti	Al	Ta	Nb	W	Mn	Mo	Si	Cr	Co	V
硬度峰值/HRC	52	45.5	45.5	44	44	42	39.5	39.5	—	—	—

钢中的杂质元素 C、Si、N、S、P 等对马氏体时效钢的有害影响远比低合金超高强度钢严重，所以马氏体时效钢必须是高纯净钢。微量 C 与 Mo、Ti、Nb 等作用，在晶界上析出稳定的强碳化物如 TiC、Mo_2C 和 NbC 等，降低了钢的韧性和缺口强度，并降低这些强化元素在钢中的有效含量，使强化效应减小。固溶于基体中的碳原子钉扎位错，减少可动位错，降低钢的范性，为此马氏体时效钢要求碳含量越低越好。通常，碳的质量分数小于 0.03%，重要的钢

要求小于0.01%。钢中氮会形成氮化物夹杂如TiN、NbN等，是裂纹源发生地。残余元素Si对韧性有害，要求w_{Si}<0.1%。S和P要严格控制在w_S<0.008%，w_P<0.005%。为获得纯净钢，采用真空感应炉熔炼加真空自耗炉重熔工艺(参见表12-5)。此外，马氏体时效钢还采用微合金化方法，加入微量的B、Zr、Mg和稀土元素改善钢的性能。

实际广泛应用的马氏体时效钢按强度分类，其公称成分和强度见表15-11。

表15-11 典型马氏体时效钢的公称成分和强度

牌号	化学成分 w/%						屈服强度/MPa(ksi)
	Ni	Co	Mo	Ti	Al	其他	
18Ni(200)	18	8.5	3.3	0.2	0.1	—	1 400 (200)
18Ni(250)	18	8.5	5.0	0.4	0.1	—	1 700 (250)
18Ni(300)	18	9.0	5.0	0.7	0.1	—	1 900 (300)
18Ni(350)	18	12.5	4.2	1.6	0.1	—	2 400 (350)
12-5-3(180)	12	—	3	0.2	0.3	5Cr	1 250 (180)
无Co 18Ni(200)	18.5	—	3.0	0.7	0.1	—	
无Co 18Ni(250)	18.5	—	3.0	1.4	0.1	—	
无Co 18Ni(300)	18.5	—	3.0	1.85	0.1	—	
00Ni12Mn3Mo3TiAlV	12	—	3	0.3	0.2	3Mn0.1V	1 600 (230)
H16Φ6M6	16	—	6	—	—	6V	1 880 (295)

马氏体时效钢的热处理工艺为固溶温度820~840 ℃得到奥氏体，保温时间为厚度25 mm/h，大截面工件空冷时可获得全部马氏体组织。155~100 ℃之间发生马氏体转变，冷到室温形成大部分马氏体及少量残余奥氏体，此时钢的硬度为28~32HRC。再经480 ℃时效处理，保温3~6h后空冷，在马氏体基体上析出大量弥散的金属间化合物，形成沉淀强化，硬度上升到52 HRC。

马氏体时效钢的高强度来自于合金元素的固溶强化、马氏体相变的冷作硬化和时效后金属间化合物的沉淀强化。而高范性、韧性和高断裂韧性是来自于大量未被C、N原子钉扎的可动位错，再加上时效时马氏体相变引起的内应力被松弛。此外，马氏体时效钢还有良好的工艺性能，在固溶状态下有高的冷变形能力，加工硬化指数仅为0.02~0.03，低于普通钢一个数量级，还有良好的焊接性。

马氏体时效钢除大量应用在航空和宇航工业的关键构件上，如火箭壳体、喷气发动机传动轴、动力传感器、直升机柔性传动轴、直升机起落架、紧固件，还发展应用到工具制造业如塑料模具、铝合金和锌合金挤压模和铸模、柴油燃料泵杆等工模具。

15.2.6 滚动轴承钢

常用轴承钢的钢种是高碳铬轴承钢(如GCr15、GCr15SiMn等)。其中GCr15钢的用量占滚动轴承用钢总量的 90%以上。对大型和特大型重载轴承选用含 Mo 和 Si 的非标准高淬透性钢 GCr15SiMo。在不同工作条件专用的钢种还有渗碳轴承钢 G20CrNi2MoA、G20Cr2Ni4A 和 G20Cr2Mn2MoA 等，用于制造铁路车辆、汽车、轧钢机等高冲击载荷的大型或特大型轴承的套圈；不锈轴承钢 9Cr18、9Cr18Mo 等用于制造化学工业和食品工业中要求耐腐蚀的轴承零件；高温轴承钢 Cr4Mo4V、Cr15Mo4V2 等用于制造工作温度在 200~430 ℃范围的轴承。

滚动轴承钢用来制造各种机械传动部分的滚动轴承套圈和滚动体，承受着多种交变应力的复合作用。由于滚动体和套圈之间接触面积很小，因而接触面的单位面积上承受的应力通常高达 2 000 MPa，最高可达 4 000 MPa。工作条件要求滚动轴承具有高硬度和耐磨性、高弹性极限和尺寸稳定性。轴承在高应力下长时间运转，套圈和滚动体表面所产生接触疲劳裂纹的形成和扩展导致接触疲劳剥落。对滚动轴承钢的基本要求是组织均匀和纯净度高。组织均匀是指钢中碳化物细小、尺寸及显微组织均匀。纯净度是指有害杂质元素和非金属夹杂物要少。因为在接触表面下一定深度处所受到的切应力最大，所以在接触表面下一定深度(1 mm)内的非金属夹杂物和大颗粒碳化物危害性最大。

在使用中失效的轴承 65%是由滚动轴承钢的冶金质量缺陷造成的。冶金质量缺陷主要是指非金属夹杂物和碳化物的不均匀性，在这两方面都制定了质量控制标准。

(1) 轴承钢中的非金属夹杂物　钢中的非金属夹杂物按化学成分可分为四类。第一类为简单化合物，如 Al_2O_3、SiO_2 等；第二类为复杂氧化物，其中尖晶石氧化物有 $MnO \cdot Al_2O_3$、$MgO \cdot Al_2O_3$，钙的铝酸盐如 $CaO \cdot 2Al_2O_3$、$CaO \cdot 6Al_2O_3$ 等，其成分可变；第三类为硅酸盐和硅酸盐玻璃，其成分复杂，以 $l FeO \cdot m MnO \cdot n Al_2O_3 \cdot p SiO_2$ 表示；第四类为硫化物，如 MnS、(Mn、Fe)S 等。

质量检验时，主要根据金相形态分类。第一类是脆性夹杂物，如刚玉(Al_2O_3)等，尖晶石氧化物，它们沿轧向呈点链状排列；第二类是塑性夹杂物，热变形时发生塑性变形，沿轧向呈连续条状分布，如 MnS 和铁锰硅酸盐；第三类为球状不变形夹杂物，如钙的铝酸盐；第四类为半塑性夹杂物，主要是含有 Al_2O_3 或尖晶石的复相铝硅酸盐，轧后呈纺锤形。滚动轴承钢只按前三类夹杂物评级。

造成滚动轴承接触疲劳寿命减低的主要有害非金属夹杂物，按其危害程度从大到小的顺序排列如下：刚玉、尖晶石类夹杂、球状不变形夹杂、半塑性铝硅酸盐、塑性硅酸盐、硫化物。非金属夹杂物破坏金属基体的连续性，并引起应力集中。特别是刚玉、尖晶石和钙的铝酸盐，其膨胀系数小于钢，热处理后会在其周围基体引起附加张应力。轴承的工作应力引起非金属夹杂物的应力集中，造成新的应力，二者叠加危害更大。轴承钢中氧化物的数量对轴承寿命的影响见图 15-21。

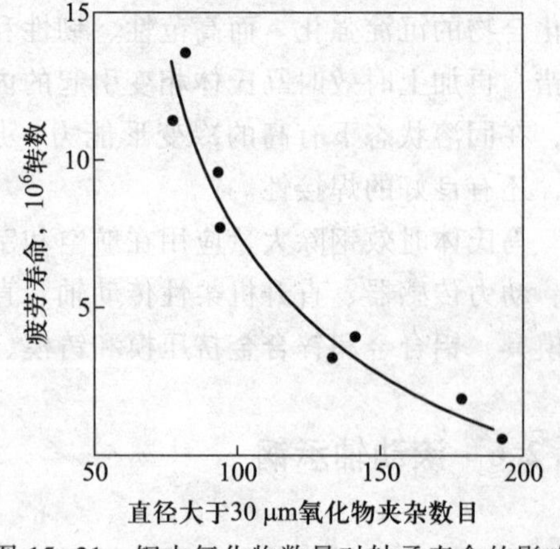

图 15-21　钢中氧化物数量对轴承寿命的影响

(2) 轴承钢中碳化物的不均匀性　钢中大颗粒碳化物是指高碳铬轴承钢在钢液凝固时产生的液析碳化物和带状碳化物，此外还有过共析网状碳化物和正火消除网状碳化物时未溶解的碳化物颗粒。这些颗粒粗大的碳化物保留下来后，在轴承工作时因自身的脆性在接触疲劳应力的作用下开裂，成为接触疲劳的疲劳裂纹源。

高碳铬轴承钢 GCr15 的热处理对获得长寿命的滚动轴承有很重要的作用。首先通过球化退火得到淬火前合格的原始组织。GCr15 是过共析钢，其 C 的质量分数为 0.95%～1.05%，Cr 的质量分数为 1.40%～1.65%。球化退火温度为 780～800 ℃，其冷却制度有两种。一种是连续冷却，按冷却速度 20～30 ℃/h 冷到 650 ℃出炉；另一种是在 700 ℃等温 2～4 h，再炉冷到 650 ℃出炉。两种制度皆可得到球状珠光体。

GCr15 的淬火温度一般为 840 ℃，油淬后获得隐晶马氏体基体，其上分布着细小碳化物颗粒，体积分数为 7%～9%，此外还有少量残余奥氏体。这种显微组织使得 GCr15 钢能获得最高的硬度、弯曲强度和一定的韧性。淬火后应立即回火，采用 160 ℃保温 3 h 或更长，回火后硬度为 62～66HRC。对精密轴承，为保证其尺寸稳定性，要消除残余奥氏体，一般淬火后应立即进行冷处理，然后低温回火。

15.2.7 渗碳钢和氮化钢

要求表面高疲劳强度和耐磨性的机械零件，需要进行表面化学热处理。适应这种需要的钢种主要是用于渗碳热处理的渗碳合金结构钢和用于氮化热处理的氮化合金结构钢。

渗碳合金结构钢主要用于制造齿轮、销杆及轴类等，这些零件承受弯曲、冲击、交变等多种负荷，而且相互之间的表面接触应力产生较强的摩擦磨损。这些零件整体要求高强度，表面要求高硬度和耐磨性以及高接触疲劳强度。这些零件所用的低碳合金钢经表面渗碳热处理后淬火，零件表面渗碳层获得高碳马氏体，心部获得低碳马氏体，使整体有足够高的屈服强度和冲击韧性。

渗碳合金结构钢的合金化主要保证钢有足够高的淬透性和强韧性。钢的碳含量决定渗碳零件心部的强度和韧性，过高的碳含量将降低整个零件的韧性，故一般采用低碳钢，w_C 不超过 0.25%。合金元素要保证整个零件有足够高的淬透性，零件心部对淬透性的要求是根据其所受负荷大小，由全部低碳马氏体到半马氏体加铁素体-珠光体，提出不同的合金元素含量标准。常用的合金元素有 Mn、Cr、Mo、Ni 以及 W、V、Ti、B 等。V 和 Ti 阻止钢在高温渗碳过程中奥氏体晶粒长大，获得细晶粒组织。渗碳合金结构钢冶炼时用铝脱氧也是为了获得细晶粒钢。

此外，还要考虑合金元素对渗碳工艺性能的影响。强碳化物形成元素 Mo、W、Cr 由于增大钢表面对碳原子的吸收能力，增加表面碳浓度，也增加渗碳层厚度。Ti 能阻碍碳在奥氏体内的扩散，从而减少渗碳层的厚度。非碳化物形成元素 Si 和 Ni 则相反，降低钢表面对 C 原子的吸收能力，减少表面碳浓度和渗碳层厚度。钢中碳化物形成元素含量过高，渗碳层内会形成较多块状碳化物，造成表面脆性。Mn 对渗碳钢来讲，是一个合适的合金元素，既可以加速增厚渗碳层，又不过多地增加表面碳浓度。Si 引起钢渗碳时奥氏体晶界氧化加剧，对零件的接触疲劳强度有较大负面影响，故应尽可能降低 Si 的含量。

渗碳合金结构钢按淬透性分为低淬透性渗碳钢、中淬透性渗碳钢和高淬透性渗碳钢。

低淬透性渗碳合金结构钢主要用作不重要的齿轮、轴件、活塞销等。对活塞销等小件采用碳素钢，如 15 钢和 20 钢。齿轮轴件等用低合金元素含量的 20MnV、20Cr、20Mn 等。20MnV

钢经 880 ℃油淬及 200 ℃回火后，屈服强度≥637 MPa，R_m≥833 MPa，A≥10%，Z≥50%。

中淬透性渗碳合金结构钢主要用于汽车、拖拉机主齿轮、后桥和轴等承受高速中载荷抗冲击耐磨的零件，主要钢种为 20CrMnTi、20MnVB、22CrMnMo 等。20CrMnTi 钢经 870 ℃油淬、200 ℃回火后，屈服强度≥837 MPa，R_m≥980 MPa，A≥10%，Z≥45%，a_k≥69 J/cm^2。22CrMnMo 钢经 850 ℃油淬、200 ℃回火后，屈服强度≥883 MPa，R_m≥1 177 MPa，A≥10%，Z≥45%，a_k≥69 J/cm^2。

高淬透性渗碳合金结构钢用于承受重载荷的大型重要的齿轮、轴件和铁路机车轴承等渗碳件，主要有 20CrNi3、20CrNi2Mo、20Cr2Ni4、18Cr2Ni4W 等。18Cr2Ni4W 钢经 880 ℃油淬、180 ℃回火后，屈服强度≥1 000 MPa，R_m≥1 170 MPa，A≥12 %，Z≥55 %，a_k≥100 J/cm^2。

为获得综合性能更优越的钢种，发展了超低氧的渗碳钢，采用真空熔炼和真空自耗获得含氧量 $w_O<10\times10^{-6}$的钢种。低硅抗晶界氧化渗碳钢系列将硅降低到 $w_{Si}<0.15\%$，将接触疲劳性能提高一倍以上。超细晶粒渗碳钢用 V 和 Nb 复合合金化，获得超细晶粒，奥氏体晶粒度达 12~13 级，提高了渗碳后零件的疲劳强度。

氮化合金结构钢用于制造在交变应力作用下要求高强度、高表面硬度和耐磨性及耐腐蚀性的机械零件，零件表面硬度要求高达 1 000~1 100 HV。氮化合金结构钢在氮化处理前是中碳合金钢，经调质处理后获得的组织很稳定，能保持高强度、高韧性和零件尺寸的稳定。氮化热处理在 500~560 ℃的含氮介质中进行，零件表面上获得高硬度的氮化层。典型的氮化层由表面的 ε-(Fe,M)$_{2-3}$N 单相层和 γ'-(Fe,M)$_4$N 相次层组成。继续往里为氮的扩散层，是由 α 基体以及由基体内析出的弥散的 γ'相组成的复相层。

氮化钢是在中碳调质钢的基础上加入强氮化物形成元素 V、Ti、Al 以及含多量的 Cr、W 和 Mo，在氮化层得到弥散的合金氮化物，起着弥散强化作用，大大提高了氮化层的硬度。对要求氮化层硬度在 900~1 200 HV 的零件，应采用含 Al 的氮化钢，如 38CrMoAl、38Cr2MoAl、38CrWVAl 等。若仅要求高疲劳强度的零件，表面氮化层的硬度为 500~800 HV，可采用不含铝的 35CrMo、40CrV。采用 Ti 作为强氮化物形成元素的氮化钢，可在 600~650 ℃氮化，强烈加厚氮化层，如可将 38CrMoAl 在 510 ℃保温 20h 获得 0.35 mm 的氮化层缩短到保温 6 h 即可获得。

氮化钢制造的零件经氮化后用以承载重载荷的飞机、坦克、大型机床的主轴、镗杆、重载齿轮、丝杠等。

15.2.8 弹簧钢、耐磨钢、冷镦钢、易切削钢

(1) 弹簧钢

弹簧是机械上的重要部件，利用其弹性变形来吸收和释放外力。为保证承受重载荷时不发生塑性变形，弹簧钢要求具有高的屈服强度(弹性极限)；为防止在交变应力下发生疲劳和断裂，弹簧钢应有高的疲劳强度和足够的韧性和塑性。

普通常用的弹簧钢是碳素钢或低合金钢，例如 65、70、85、65Mn、60Si2Mn、60Si2CrVA、55SiMnVB 等(参见 GB/T 1222—2007《弹簧钢》)。碳素弹簧钢的碳含量在 0.60%~1.05%之间。低合金弹簧钢的碳含量在 0.40%~0.74%之间。弹簧钢的合金化，主要是添加 Si 提高弹性极限，添加 Mn、Cr 和 B 提高淬透性，添加 V 提高淬透性并细化晶粒。为保证弹簧有高的疲劳寿命，要求弹簧钢的纯净度高、非金属夹杂物少、表面质量高。

弹簧钢的热处理是淬火+中温回火，以获得回火屈氏体和尽可能高的弹性极限。

（2）**耐磨钢**

耐磨钢为耐磨损性能强的钢铁材料的总称，可以分为含锰耐磨铸钢和低合金耐磨钢板等类型，参见 GB/T 5680—2010《奥氏体锰钢铸件》、GB/T 26651—2011《耐磨钢铸件》和 GB/T 24186—2009《工程机械用高强度耐磨钢板》等。

其中，**奥氏体锰钢**(例如 ZG120Mn13,即 Hadfield 钢或原牌号 ZGMn13 等)的主要特性是在强烈的冲击、挤压条件下其表层迅速发生加工硬化现象，使其心部仍保持奥氏体良好的韧性和塑性的同时硬化层具有良好的耐磨性能。因此，特别适用于冲击磨料磨损和高应力碾碎磨料磨损工况，常用于制造球磨机衬板、锤式破碎机锤头、颚式破碎机颚板、挖掘机斗齿与斗壁、铁道道岔、拖拉机和坦克履带板等抗冲击及抗磨损的铸件。

奥氏体锰钢的耐磨机理是：奥氏体锰钢钢中含有高的碳量和锰量，二者均为奥氏体形成元素，进行水韧处理(水淬固溶处理)后铸件显微组织应为奥氏体或奥氏体加少量碳化物。在使用过程中，耐磨铸件表层经大形变在其亚稳奥氏体基体中产生层错、形变孪晶和马氏体，成为位错运动的障碍，从而使表面的硬度和耐磨性极大地提高。

（3）**冷镦、冷挤压与冷顶锻用钢**

标准件或标准紧固件是应用最广泛的机械基础件，其特点是品种规格繁多、性能用途各异，但其标准化、系列化、通用化的程度极高。冷镦、冷挤压与冷顶锻用钢，即是用于冷镦、冷挤压与冷顶锻加工成形工艺生产各类标准件和零部件的钢。国家标准中采用“ML”(意指铆螺钢)作为此类钢的代号。

对冷镦、冷挤压与冷顶锻用钢的主要性能要求是：冷变形性能要好，加工硬化敏感性能越低越好，屈服强度以及变形抗力尽可能低。**非热处理型冷镦和冷挤压用钢**的化学成分特点为：w_C 不超过 0.23%，w_{Si} 尽可能低(一般不超过 0.10%，最高 0.35%)，w_{Mn} 不超过 0.60%，S、P 等有害元素应予严格控制，w_S 和 w_P 均不大于 0.035%。例如铆螺钢 ML04Al、ML08Al、ML10Al、ML15Al、ML20Al 和 ML22MnAl 钢等。**热处理型冷镦和冷挤压用钢**采用的热处理包括球化退火(交货态)、冷镦成形后渗碳处理+淬火+低温回火(表面硬化型冷镦钢)、冷镦成形后正火+调质处理(调质型冷镦钢)。表面硬化型冷镦钢的碳含量类似于渗碳钢并可适当合金化(例如 ML18Mn、ML20CrMoA)。调质型冷镦和冷挤压用钢的碳含量可适当提高，例如 ML25、ML35、ML45 等；亦可适当提高锰含量，如 ML25Mn 和 ML35Mn 钢的锰含量为 0.60%~0.90%。或者采用低合金钢 ML40Cr、ML35CrMo、ML42CrMo、ML20B、ML35CrB、ML40CRNiMo 等，以及 ML15MnVB、ML20MnVB 等。**冷顶锻用不锈钢丝**则分为奥氏体型、铁素体型和马氏体型 3 类，例如 ML06Cr19Ni9(奥氏体型)、ML04Cr17(铁素体型)、ML12Cr13(马氏体型)等，成分特点又见本章 15.4.4 节不锈钢钢种与应用。相应的国家标准见 GB/T 6478—2001《冷镦和冷挤压用钢》，GB/T 5953—2012《冷镦钢丝》，GB/T 4232—2009《冷顶锻用不锈钢丝》。

（4）**易切削结构钢**

又称自动机床加工用钢。此类钢中加入了一定数量的一种或一种以上的 S、P、Pb、Ca、Se、Te 等易切削元素，由于易切削元素本身的特性和所形成的化合物起到的润滑切削刀具的作用，明显改善了钢的切削性能。钢号如 Y08、Y08MnS、Y45、Y45Mn、Y45Ca 和 Y45MnS、

Y45MnSn、Y45MnSPb 等，参见 GB/T 8731—2008《易切削结构钢》。

15.3 工 具 钢

工具钢主要用来制造用于加工各种材料的各种工具，按其用途可分为刃具钢、模具钢和量具钢。刃具钢主要用于制作切削工具，在切削过程中承受复杂应力并使刃部因摩擦而升温，直到 600 ℃甚至更高，同时刃部也发生磨耗，所以刃具要求高硬度和高耐磨性以及热硬性。模具钢根据工作状况可分为热作模具钢、冷作模具钢和塑料模具钢。热作模具钢用于加工赤热金属或液态金属，使之成形，模具温度呈周期升降，并承受高压和摩擦，要求高温下的硬度、强度、热疲劳以及良好的韧性。冷作模具钢用于制作冷加工模具，对金属进行冲压、冷镦、剪切、冷轧等，故要求高硬度及高耐磨性。塑料模具钢用于制作对塑料热模压成形的模具。量具钢用于制作各种量具，如量规、卡尺等，要求高硬度和尺寸稳定。

15.3.1 碳素及低合金工具钢

碳素工具钢是高碳钢，碳的质量分数为 0.7%~1.3%。经淬火和低温回火，得到的组织为高碳回火马氏体基体上分布未溶的剩余碳化物，硬度保持在 58~64 HRC。由于钢的淬透性低，一般采用盐水淬火，因此工具变形开裂倾向较大，只能制作形状简单、尺寸较小和温升不高的工具，如制作钳工五金工具、木工工具、形状简单的冷作冲头、拉丝模和精度不高的量具。

低合金工具钢是为弥补碳素工具钢的不足，加入质量分数不超过 5%的合金元素，主要是 Cr、Mn、Si、W、Mo、V 等。主要的钢种有 Cr2、9SiCr、CrMn、CrWMn、CrW5 等。这些钢有较好的淬透性，故采用油淬。合金工具钢因加入了强碳化物形成元素，使碳化物由渗碳体变成了合金渗碳体，增加了碳化物的稳定性，细化了碳化物，因而改善了钢的韧性和耐磨性。

碳素及低合金工具钢多为过共析钢，淬火温度为 A_{c1}+(30~50) ℃，淬火后的回火温度为 160~200 ℃。对于变形要求严格的工具采用盐浴分级淬火和等温淬火。

Cr2 钢用于制作切削工具，如铣刀、车刀及量规。9SiCr 钢用于制作板牙、丝锥、绞刀、钻头。CrWMn 钢用于制作拉刀、长丝锥、长绞刀、专用铣刀和板牙。

15.3.2 高速工具钢

高速工具钢属于高合金工具钢，由于含有大量碳化物形成元素 W、Mo、Cr、V，出现大量合金碳化物，属于亚共晶莱氏体钢。因为钢的合金度高，又含有大量特殊合金碳化物，经过特殊热处理，可以使钢在 600~650 ℃范围保持热硬度在 50 HRC 以上，能承受高速切削加工。

15.3.2.1 常用高速工具钢与共晶碳化物

普通高速工具钢可分为钨系高速钢、钨钼系高速钢、钼系高速钢，此外，还有一系列特殊高性能高速钢。主要高速钢的化学成分列于表15-12，其中钨钼系高速钢W6Mo5Cr4V2是应用最普遍的通用性高速钢，W7Mo4Cr4V2Co5、W2Mo9Cr4VCo8等高碳含钴钢属于超硬高速钢。

表15-12 主要高速钢的化学成分(*w*/%)

钢 号	C	W	Mo	V	Cr	Co	美国	俄罗斯
W18Cr4V	0.70~0.80	17.5~19.0	≤0.30	1.0~1.4	3.80~4.40		T1	P18
W12Cr4V4Mo	1.20~1.40	11.5~13.0	0.90~1.20	3.8~4.4	3.80~4.40			P14Φ4
W6Mo5Cr4V2	0.80~0.90	5.5~6.75	4.50~5.50	1.75~2.20	3.80~4.40		M2	
W6Mo5Cr4V3	1.20	6.50	5.00	3.00	4.00		M3	
W6Mo5Cr4V2Co8	0.80	6.00	5.00	2.00	4.00	8.00	M36	
W7Mo4Cr4V2Co5	1.10	6.75	3.75	2.00	4.25	5.00	M41	
W2Mo9Cr4VCo8	1.10	1.50	9.50	1.15	3.75	8.00	M42	

通用高速钢含有W、Mo、Cr、V等碳化物形成元素，在平衡态钢中存在合金碳化物M_6C、$M_{23}C_6$和MC三种成分复杂的碳化物。钨系高速钢中M_6C型碳化物为Fe_3W_3C，钼系高速钢中M_6C型碳化物为Fe_3Mo_3C，钨钼系高速钢中M_6C型碳化物为$Fe_3(W, Mo)_3C$，这些M_6C型碳化物中还溶解一定量的Cr、V等元素。$M_{23}C_6$是以Cr为主的碳化物，溶解多量Fe、W、Mo等元素，形成$(Cr, Fe, W, Mo)_{23}C_6$。MC是以V为主的VC碳化物，并溶有少量的W、Mo、Cr等元素。高速钢热处理过程中还存在介稳合金碳化物M_2C，主要是W_2C或Mo_2C。由于高速钢是高合金亚共晶莱氏体钢，钢液凝固时出现共晶结晶，形成奥氏体和碳化物组成的共晶莱氏体。在钨系高速钢中，共晶莱氏体碳化物的金相形态呈鱼骨状，主要由M_6C型碳化物和极少量MC型碳化物组成。钨钼型高速钢中，共晶莱氏体碳化物的金相形态呈鸟巢状，主要是M_6C型碳化物，也有少量MC型碳化物。

铸态高速钢中存在粗大的共晶碳化物，需要通过热加工将其破碎，形成尽可能均匀分布的颗粒状碳化物，消除网状碳化物和密集带状碳化物，这种缺陷对高速钢刃具的质量和使用寿命有极大的负面影响。有三种改善高速钢碳化物分布不均匀的措施：①采用小锭型或扁锭型，以加快钢锭的凝固速度，细化莱氏体共晶，减小偏析；②加大钢锭锻压比，还可以通过反复拉拔与镦粗细化碳化物；③采用电渣重熔，通过在水冷铜结晶器中快速径向结晶可以大大细化莱氏体共晶碳化物。

15.3.2.2 高速钢的热处理与热硬性

锻轧后的高速钢钢材需要经过退火热处理，以获得颗粒状碳化物并降低硬度，便于机械加工成各种切削工具。退火温度为870~880 ℃，保温2~3 h，冷却速度不大于30 ℃/h，冷却到600 ℃出炉空冷。退火后W18Cr4V钢中总的碳化物体积分数约为30%，其中M_6C约为18%，$M_{23}C_6$约为9%，MC约为1.5%~2.0%。W6Mo5Cr4V2钢中碳化物的体积分数约为28%，其中M_6C约为16%，$M_{23}C_6$约为9%，MC约为3%。

高速钢通过高温淬火加热获得高合金度的奥氏体，使得随后高温淬火及回火后获得高硬度和高红硬性，利于高速切削。钢中三种合金碳化物的稳定性有差别，加热时，它们的开始溶解温度不同。$M_{23}C_6$ 稳定性最差，高于 900 ℃即开始溶解于奥氏体，1 090 ℃时即基本溶解完毕。M_6C 在 1040 ℃ 以上即开始大量溶解，直到 1 250 ℃，继续升温溶解度即减少。此时已接近共晶温度，剩余未溶的 M_6C 均为共晶碳化物。MC 在 1 050 ℃开始溶解，直到 1 250 ℃仍有少量未溶。不同牌号的高速钢，其淬火温度不同，但都可获得高合金奥氏体。W18Cr4V 钢正常淬火温度为 1 280 ℃，此时奥氏体中溶解的合金元素质量分数分别为 $w_C=0.5\%$、$w_W=7.5\%$、$w_{Cr}=4\%$、$w_V=1.0\%$。剩余碳化物的总量体积分数约为 10%，其中 M_6C 约为 9%、MC 约为 1%。W6Mo5Cr4V2 钢正常淬火温度 1 230 ℃，奥氏体所含溶解合金元素的质量分数分别为 $w_C=0.55\%$、$w_{Mo}=3.0\%$、$w_W=2.9\%$、$w_{Cr}=4.3\%$、$w_V=1.45\%$。剩余碳化物总量体积分数约为 6%，其中 M_6C 约为 5%、MC 约为 1%。正常淬火温度下，未溶共晶碳化物 M_6C 和 MC 阻碍奥氏体晶粒长大，使晶粒度保持在 9 级细晶粒。高速钢在正常淬火温度下有高的淬透性，一般采用油淬。W18Cr4V 钢经 1 300 ℃加热后，过冷奥氏体恒温转变曲线见图 15-22。过冷奥氏体珠光体转变温度区间在 A_{c1}~600 ℃，B_s~175 ℃为贝氏体转变温度区间，M_s(220 ℃)以下为马氏体转变温度区间。在 600 ℃~B_s(360 ℃)之间为过冷奥氏体中温稳定区。

淬火到室温获得体积分数为 70%的马氏体和 20%左右的残余奥氏体及 10%未溶碳化物。由于奥氏体晶粒细小，转变生成的马氏体为隐晶马氏体。高速钢正常淬火温度下淬火显微组织见图 15-23。

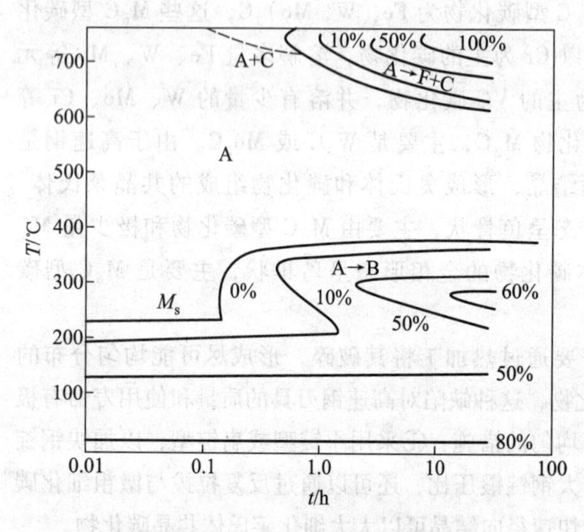

图 15-22　W18Cr4V 钢的过冷奥氏体恒温转变曲线(1 300 ℃加热)

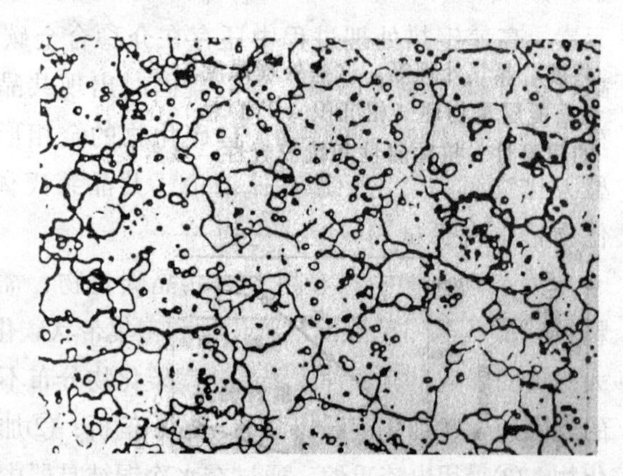

图 15-23　高速钢的正常淬火组织（500×）

高速钢淬火后在 560 ℃回火三次。450 ℃以上，马氏体中析出弥散的 M_2C 型碳化物和 MC 型碳化物，产生二次硬化，并在 560 ℃达到硬度峰值 63~65 HRC。同时，基体中仍保留质量分数为 0.25%的碳和一定含量的 W、Mo、Cr。这种回火马氏体组织有很高的稳定性，在 600 ℃以上仍能保持高硬度。残余奥氏体回火到 500~600 ℃间要析出碳化物，导致残余奥氏体的合金度降低，冷却时部分残余奥氏体发生马氏体转变，残余奥氏体总量体积分数从 20%减少到 10%。但这还不够，还需进一步降低残余奥氏体量、降低新生马氏体造成的内应力。只有经过三次 560 ℃回火，才能基本消除残余奥氏体和新生马氏体造成的内应力。表 15-13 为常用高速钢的淬火温度、淬火回火后的硬度值和力学性能及 600 ℃时的热硬性。

表 15-13　常用高速钢的淬火温度、淬火回火后硬度和力学性能及 600 ℃时的热硬性

钢　号	正常淬火温度/℃	回火后硬度/HRC	抗弯强度/MPa	冲击韧性/(MJ/cm²)	600 ℃热硬性/HRC
W18Cr4V	1 280	62~65	3 400	0.29	50.5
W6Mo5Cr4V2	1 230	63~66	3 500~4 000	0.30~0.40	47~48
W6Mo5Cr4V3	1 220	65~67	3 200	0.25	51.7
W6Mo5Cr4V2Co5	1 220	65~66	3 000	0.30	54
W10Mo4Cr4V3Co10	1 220	67~69	2 350	—	55.5
W7Mo4Cr4V2Co5	1 215	66~68	2 500~3 000	0.23~0.35	54
W2Mo9Cr4VCo5	1 210	67~69	2 650~3 730	0.23~0.29	55.2

15.3.2.3　高速钢中的合金元素

碳化物是高速钢中的主要合金相，对高速钢的性能起决定性的作用。高速钢的碳含量主要取决于钢中的碳化物形成元素的含量，可以根据“平衡碳原则”计算。若钢中碳化物形成元素 W、Mo、Cr、V 与 C 的比例符合各自合金碳化物分子式的关系，则钢可获得最大的二次硬化效应。钢中质量分数为1%的 V、W、Mo 和 Cr 所需的碳含量分别为：V_4C_3 的平衡碳系数为 0.200，$W_2C(Fe_4W_2C)$ 为 0.033，$Mo_2C(Fe_4Mo_2C)$ 为 0.063，$Cr_{23}C_6$ 为 0.060。

计算高速钢的“平衡碳”公式为：

$$w_C = 0.033w_W + 0.063w_{Mo} + 0.200w_V + 0.060w_{Cr}$$

这是一种粗略的计算方法，碳含量符合这种关系的钢可获得更高的硬度和热硬性，计算结果比通常的高速钢碳含量稍高。如 W6Mo5Cr4V2 钢通常的 $w_C = 0.80\% \sim 0.90\%$，若用“平衡碳”公式计算的 $w_C = 1.153\%$。目前应用的高碳 W-Mo 钢 CW6Mo5Cr4V2 钢的实际 $w_C = 0.95\% \sim 1.05\%$，淬火后硬度增高到 67~68HRC，热硬性也提高了，制成刀具的切削性能也得到改善。但达到定比碳时，钢的韧性较低，晶粒长大倾向大，淬火后残余奥氏体量增加，这些都是不可取的。

W 是高速钢淬火回火后获得高硬度和高热硬性的主要元素之一，淬火时 W 固溶于奥氏体中的质量分数达到 7%，回火后除形成弥散的 W_2C 产生二次硬化外，回火马氏体基体中仍保留有质量分数约 0.25%的 C 以及相当浓度的 W，以维持高的热硬性。Mo 和 W 是同族元素，高速钢中可以互换，在计算上因二者原子量的差别，加入 $w_{Mo} = 1\%$ 相当于 $w_W = 1.5\%$。含 Mo 的共晶碳化物较 W 的鱼骨状共晶碳化物细小，改善了锻轧后钢的碳化物不均匀性。钼系高速钢 Mo8Cr4V 的热硬性稍逊于钨系，且脱碳倾向大，但钼系钢的抗弯强度和冲击韧性优于钨系。故通常用钨钼系高速钢，如 W6Mo5Cr4V2 和 W9Mo3Cr4V 等，它们具有钨系和钼系的优点，又可克服两者的缺点，成为高速钢中的主要钢种。

V 是高速钢中另一主要合金元素，在高速钢中形成 MC 型的 VC。这种碳化物比较稳定，高温下部分溶于奥氏体，高温回火时析出弥散的 VC 产生二次硬化。未溶的 VC 有阻止奥氏体晶粒长大的作用。随钒含量的增加，钢的热硬性也随之得到提高。通用型高速钢中 $w_V = 1\% \sim 2\%$，

高钒高速钢则提高到 w_V = 3% ~ 5%，此时钢中 MC 型的碳化物的体积分数由 1.5 % ~ 2.5 % 提高到 10% 左右，与钢中的 M_6C 型碳化物的数量相当。VC 的硬度高达 2 800 HV，远高于 M_6C 的硬度 1 500 ~ 1 800 HV，使高钒高速钢的耐磨性得到提高，但有时钢的切削性和磨削性变差。

Cr 在高速钢中形成 $M_{23}C_6$ 型碳化物，这种碳化物的稳定性较差，在 1 090 ℃ 全部溶于奥氏体，起增加钢的淬透性的作用。Cr 也增加高速钢的抗氧化能力，减少切削时的黏刀现象，改善切削性能。

Co 在钢中是非碳化物形成元素，Co 和 W、Mo 原子结合力强，阻碍 W、Mo 原子扩散，减低弥散碳化物的析出与聚集长大，保持钢高硬度的稳定性，因而增加了钢的热硬性。含钴高速钢都是高热硬性的超硬高速钢。

高速钢按用途可分为通用高速钢和特种用途高速钢两大类。通用高速钢的综合性能较好，广泛用于制作各种切削刀具，如车刀、铣刀、绞刀、拉刀及钻头、丝锥、锯条等，加工的材料硬度不超过 300 HB。其中 W6Mo5Cr4V2 钢是用量最大的高速钢。特种用途高速钢多用于制作难切削加工材料的刀具。其中一类是高钒高速钢，如 W6Mo5Cr4V3 等，钢的硬度较高，耐磨性好，适于制造要求特别耐磨的刀具如车刀等。另一类适用于切削难加工的材料如高温合金、钛合金、超高强度钢和碳纤维复合材料等，这类钢是超硬高速钢，如 W9Mo3Cr4V3Co10、W2Mo9Cr4V2Co8、W12Mo3Cr4V3N 等。

此外还发展了新型的用粉末冶金法生产的粉末高速钢。其特点是将高速钢熔融，钢液经过雾化成粉末，其颗粒小于 3 μm，使每个颗粒消除了合金元素的偏析，细化了共晶碳化物，颗粒内的化学成分均匀，组织细小。将合格的粉末装入密封的包套，通过热等静压或热挤压加工成材。粉末高速钢有良好的热加工性能和磨削性能，其特点是具有均匀的硬度、强度和韧性，制造的刀具有较高的使用寿命。

生产高速钢粉末采用高压氮气雾化熔融钢液，获得氧含量很低的粉末，将粉末装入钢质包套、振动密实，并抽真空和封焊，进入热等静压机，在 1 150 ℃、100 MPa 压力下热等静压，得到完全密实的钢坯，通过热加工成材。这种加工方法，使得以往难以加工成材的、碳含量以及合金量更高的超硬高速钢的生产成为可能。这类钢的最高碳含量可达 w_C = 2.4%，钒含量 w_V = 10%。已经生产的这类钢种有 W6Mo7Cr4V6Co10、W12Mo7Cr4V5 等。

15.3.3 冷作模具钢

冷作模具钢用于制造对金属进行冷变形的模具，如冷冲模、冷镦模、冷挤压模、拉丝模、冷剪切刀等。在室温下进行冷变形，被加工工件的强度高，要求加工模具有高强度、高耐磨性和适度的韧性。高铬和中铬模具钢是用作冷作模具的经典钢种。

高铬模具钢是 w_{Cr} = 12 % 的高碳亚共晶莱氏体钢，其 w_C = 1.4% ~ 2.3%。钢中的碳化物为 Cr_7C_3，其硬度高达 1 700HV，它在钢中的体积分数达 16% ~ 20%。这是一类高耐磨冷作模具钢，代表钢种有 Cr12、Cr12MoV、Cr12Mo1V1 等，其化学成分见表 15-14，它们是各类模具钢中热处理变形最小的一类钢种。由于加热时，奥氏体内溶入大量合金元素，故此类钢有很高的淬透性，模具截面厚度在 400 mm 以下均可完全淬透，可以做大型复杂的并承受冲击的模具。常用的 Cr12MoV 和 Cr12Mo1V1 钢是在高碳 Cr12 钢的基础上适当降碳，增加 Mo 和 V。这两种钢减少了共晶碳化物并细化了碳化物和奥氏体晶粒，增加了韧性。Cr12MoV 钢的淬火温度为 980～1 030 ℃，回火温度为 150～200 ℃，硬度为 60～62HRC，显微组织中未溶的 Cr_7C_3 碳化物体积分数为 12%左右。

中铬模具钢与高铬模具钢相比，碳含量稍微降低，铬含量中等，退火后显微组织为过共析钢，碳化物的体积分数约为 15%，以 Cr_7C_3 型为主，有少量 M_6C 和 MC 型碳化物。常用钢为 Cr5Mo1V、Cr4W2MoV 等。Cr4W2MoV 钢除含有 $w_{Cr}=3.50\%\sim4.00\%$ 外，还有较高的 W、Mo 和 V，不但提高了钢的淬透性，而且细化了奥氏体晶粒。其优点是碳化物分布均匀、耐磨性好、淬透性高、热处理变形小，可以制作形状复杂高精度的冷作模具，如冷冲模、冷挤压模、冷镦模、拉延模。

表 15-14 常用冷作模具钢的化学成分（w/%）

钢　号	C	Si	Mn	Cr	Mo	W	V
Cr12	2.00～2.30	≤0.40	≤0.40	11.5～13.5	—	—	—
Cr12MoV	1.45～1.70	≤0.40	≤0.40	11.0～12.5	0.40～0.60	—	0.15～0.30
Cr12Mo1V1	1.40～1.60	≤0.60	≤0.60	11.0～13.0	0.70～1.20	—	≤1.10
Cr4W2MoV	1.15～1.25	0.40～0.70	≤0.40	3.50～4.00	0.80～1.20	2.00～2.50	0.80～1.10
6W6Mo5Cr4V	0.60	—	—	4.0	5.0	6.0	0.90
50Cr4Mo3W2V	0.50	—	—	4.50	2.75	2.00	1.00

Cr4W2MoV 钢的过冷奥氏体恒温转变曲线见图 15-24。对要求强度和韧性好的模具采用 960～980 ℃加热后油淬，260～300 ℃回火两次，硬度高于 60 HRC，此时，模具获得最佳的耐磨性。对要求承受大载荷的模具，应采用 1 020～1 040 ℃加热，硝盐分级淬火，500～540 ℃回火三次，硬度达到 60～62 HRC。

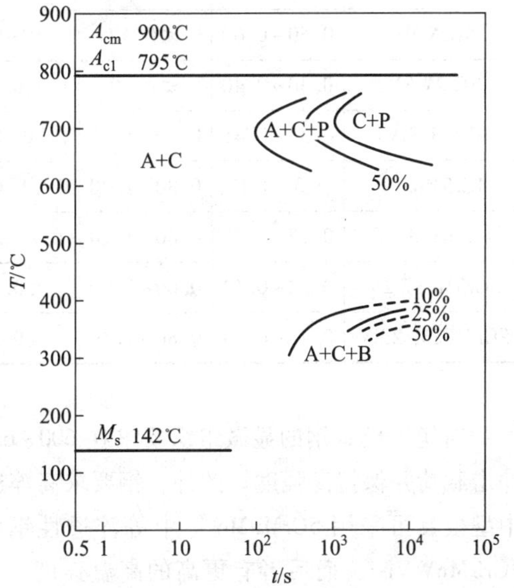

图 15-24 Cr4W2MoV 钢过冷奥氏体恒温转变曲线（950 ℃加热）

另外一类冷作模具钢是从高速钢转化来的低碳高速钢和基体钢。**低碳高速钢**常用的是 6W6Mo5Cr4V，其 C 和 V 都降低了，由于有较高的韧性和耐磨性，加工性也得到改善。经1 180～1 200 ℃淬火,560～580 ℃三次回火，硬度达到 60～63 HRC。这种钢制作冷挤压模时有优良的服役性能，其使用寿命比高铬冷作模具钢长。基体钢的化学成分取自通用高速钢淬火后基体的化学成分，消除了由于过多的剩余未溶共晶碳化物带来的脆性，有良好的韧性和工艺性能。**基体钢** 50Cr4Mo3W2V 取自 W6Mo5Cr4V2 高速钢的基体成分，基体钢 55Cr4Mo5WVCo8 取自 W2Mo9Cr4VCo8 高速钢的基体成分，经 1 100～1 120 ℃淬火，510～620 ℃回火多次，硬度为 61～65 HRC，比对应的高速钢模具有较长的使用寿命。

有些冷作模具的工况既要求有高耐磨性，又要求有高韧性，为此发展了一系列新型冷作模具钢，其中有8Cr8Mo2V2Si、Cr8Mo2V2WSi等。我国则用7Cr7Mo2V2Si钢，它具有高淬透性，热处理变形小。钢中合金碳化物主要为VC，使奥氏体晶粒度保持8级。这类钢的韧性好，又有高强度，用来制作冷冲模、冲剪模、冷挤压模等。

高钒粉末冶金冷作模具钢具有更高的耐磨性。因为有大量的V，难以用通常的冶炼方法制造，只能用粉末冶金法。采取水雾法将高钒钢液雾化成粉末，使得每个颗粒细粉中的共晶莱氏体中的VC细化。通过粉末压型和烧结，使钢的组织均匀性得到改善，韧性得以保证。高钒粉末冶金冷作模具钢CPM10V的主要化学成分为 $w_C = 2.45\%$、$w_V = 10\%$、$w_{Cr} = 5\%$、$w_{Mo} = 1.3\%$。

15.3.4 热作模具钢

用于金属热成形的模具有两种工作状况：一种是对红热的固态金属进行压力加工成形，如热挤压模和锤锻模，在红热固态金属接触下模具的型腔内表面温升可达600~650 ℃；第二种是在模具型腔内对熔融金属进行压铸成为固态，模具表面温升可达800 ℃，如压铸模。这两种情况下模具型腔经受周期性的交替升温和降温，热应力使型腔产生热疲劳，表面产生龟裂，其工作部位受应力作用会产生塑性变形。所以热作模具钢的主要特性是抗回火稳定性好，在热态能保持较高的强度和硬度，有较好的抗热疲劳性和韧性。常用的热作模具钢的化学成分见表15-15。

表 15-15 常用热作模具钢的化学成分(w/%)

钢 号	C	Si	Mn	Cr	Mo	W	V
5CrMnMo	0.50~0.60	0.25~0.60	1.20~1.60	0.6~0.90	0.15~0.30	—	—
5CrNiMo	0.50~0.60	≤0.40	0.50~0.80	0.50~0.80	0.15~0.30	—	1.40~1.80Ni
3Cr2W8V	0.30~0.40	≤0.40	≤0.40	2.20~2.70	—	7.50~9.10	0.20~0.50
4Cr5MoSiV1	0.32~0.45	0.80~1.20	0.20~0.50	4.75~5.50	1.10~1.75	—	0.80~1.20
4Cr5MoSiV	0.3~0.43	0.80~1.20	0.20~0.50	4.75~5.50	1.10~1.60	—	0.30~0.60
4Cr3Mo3SiV	0.35~0.45	0.80~1.20	0.2~0.70	3.00~3.75	2.00~3.00	—	0.25~0.75
3Cr3Mo3W2V	0.32~0.42	0.60~0.90	≤0.65	2.80~3.30	2.50~3.00	1.20~1.80	1.20~1.80
5Cr4W2Mo2SiV	0.45~0.55	0.80~1.10	≤0.50	3.70~4.30	1.80~2.20	1.80~2.20	1.20~1.30

对锤锻模具钢的显微组织要求在600~650 ℃范围有良好的稳定性，回火索氏体能承受高的冲击载荷并保持高强度。此外，钢要求高淬透性并防止高温回火脆性。模具高度小于400 mm的中型模具可采用5CrMnMo等中等淬透性钢种，模具高于400 mm的大型模具采用5CrNiMo和3Cr2MoWVNi，而后者有更高的高温强度、韧性和热稳定性。5CrNiMo钢制造大型锤锻模具一般采用830~860 ℃加热淬火，由于淬透性高可以采用空冷、油淬或分级淬火。模具出炉淬火时通常在空气中冷到760 ℃左右再油淬，淬火后应立即回火以消除淬火应力，以防止变形开

裂。回火温度为 560~580 ℃，型腔硬度为 34~37 HRC。3Cr2MoWVNi 钢经 1 000 ℃加热淬火，两次高温回火，先在 640 ℃回火，第二次在 620 ℃回火，钢的硬度为 39~41 HRC，在 650 ℃有高的强度和冲击吸收能量：屈服强度=650 MPa，冲击吸收能量 KV=110 J。

热挤压模和压铸模与热态金属接触时间长、承受应力大、温升高、要求模具钢在 700 ℃屈服强度高于 350 MPa，有良好的抗热烧蚀性。这种工作条件应采用中铬系钢，加入 Mo、W、V、Si 等强化元素和抗热烧蚀元素。通用钢种为 4Cr5MoSiV，4Cr5MoSiV1 等。4Cr5MoSiV1 钢在 650 ℃下仍有很高的强度和韧性，钒含量 $w_V=1\%$，淬火回火后产生二次硬化作用。同时 Cr、Mo、V 在基体中还有一定的固溶量，提高了钢的抗软化能力，Cr 和 Si($w_{Si}=1\%$)提高抗氧化、抗热烧蚀和抗热疲劳能力。CrMoSiV 钢经 1 020~1 050 ℃淬火，580~600 ℃回火后，有高的强度，屈服强度=1 400~1 500 MPa，冲击韧性(U 形)$a_{ku}=40\sim50$ J/cm^2，硬度为 48~50HRC。

15.4 不锈耐酸钢

现代工业中广泛接触各种腐蚀介质，如腐蚀气体、水溶液、酸、碱、盐以及其他介质。钢在这些介质中发生的腐蚀是电化学腐蚀，不锈钢就是在这些介质中表现出有高度稳定性的钢种。不锈钢在这些腐蚀性介质中的“不锈性”是相对的，只是处于钝化状态，其腐蚀速度比较小而已。

15.4.1 不锈钢的耐蚀性

钢在这些电解质溶液中由于本身存在着微观上成分、组织和应力的不均匀，导致微区域之间的差异，构成了微阳极和微阴极，在电解质溶液的作用下，产生了腐蚀微电池，导致阳极区域发生腐蚀。

工业上广泛运用的铁、铬、镍、钛及其合金都是具有活化-钝化转变的金属。它们在不同的腐蚀介质中合金表面上的微阳极可以处于活化状态，发生溶解腐蚀，也可以处于钝化状态，其表面的微阳极突然处于钝化状态，腐蚀速度大大减小，钢处于耐蚀状态。例如纯铁在一般腐蚀介质中处于活化状态，是不耐蚀的，但在浓硝酸中就会处于钝化状态。此时铁表面生成一层致密的具有尖晶石结构的薄膜，和铁表面结合牢固，微阳极腐蚀过程受到阻滞，腐蚀过程逐渐停顿下来，此时纯铁是耐蚀的。因为浓硝酸中含有高浓度氧存在，才能在纯铁表面形成稳定的 γ-Fe_2O_3 薄膜。如果加入能溶解 γ-Fe_2O_3 薄膜的化学试剂，则纯铁的腐蚀将继续发生。这种 γ-Fe_2O_3 薄膜的稳定性容易被许多酸和离子破坏。要提高纯铁的耐蚀性必须提高这种钝化膜的稳定性，即形成比 γ-Fe_2O_3 更稳定的含合金元素的复合氧化膜。

铬是提高钢钝化膜稳定性的必要元素。钢的腐蚀速度随钢中铬含量的增加而降低，达到一定铬含量时有一个突然降低，这种跃变的铬含量随不同腐蚀介质和钢的合金化程度有所不同。在 15 ℃的 $\varphi_{HNO_3}=33\%$的硝酸中，只要 $w_{Cr}=7\%$就能使钢钝化。一般而言，钢中 w_{Cr}超过 8%~

12%，钢的钝化能力有极大提高，此时钝化膜中富集了铬的氧化物。这种富铬的氧化膜的厚度在1.0~2.0 nm，具有尖晶石结构。在中性溶液（pH=7）和大气腐蚀条件下，这种铬不锈钢的临界w_{Cr}为12%。不同的研究者采用的不同的临界w_{Cr}为8%~12%。非晶态的铬不锈钢w_{Cr}在8%以下即可钝化。

镍能提高铁的耐蚀性，在非氧化性硫酸中更明显，当镍的摩尔分数χ_{Ni}为12.5%和25%时耐蚀性明显提高，见图15-25。镍加入铬不锈钢中提高了不锈钢在硫酸、醋酸、草酸中的耐蚀性。

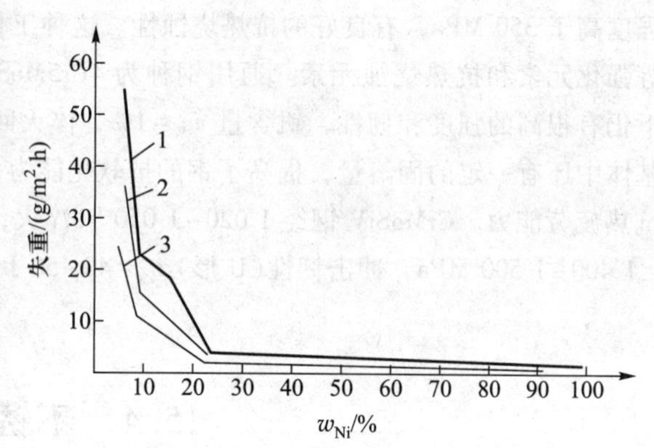

图15-25 镍对铁镍合金在60 ℃硫酸中100 h腐蚀速度的影响

1—$\varphi_{H_2SO_4}=20\%$；2—$\varphi_{H_2SO_4}=10\%$；3—$\varphi_{H_2SO_4}=5\%$

锰能提高铬不锈钢在有机酸中的耐蚀性，在醋酸、甲酸和乙醇酸等非氧化性有机酸中的耐蚀性优于镍的作用。

钼能全面提高不锈钢的钝化能力，扩大其钝化介质范围，包括热硫酸、稀盐酸、磷酸和有机酸。在不锈钢中加入钼将在钝化膜中形成含钼的钝化膜，Cr18Ni8Mo钢表面钝化膜的组成（体积分数）为$\varphi_{Fe_2O_3}=53\%$，$\varphi_{Cr_2O_3}=32\%$，$\varphi_{MoO_3}=12\%$。这种含氧化钼的钝化膜在许多强腐蚀介质中有很高的稳定性，它还可以防止氯离子Cl^-对膜的破坏，阻止点腐蚀的发生。少量贵金属如铜、铂、钯等加入不锈钢中可促进钝化，降低不锈钢在硫酸和有机酸中的腐蚀速度。一般不锈钢中加入$w_{Cu}=2\%\sim3\%$。硅能提高钢在盐酸、硫酸和硝酸中的耐蚀性，在不锈钢中加入$w_{Si}=2\%\sim4\%$有很好的效果。

在铬镍奥氏体不锈钢的基础上加入钼、镍和铜后，可进一步扩大在硫酸中耐蚀的浓度和温度范围。图15-26所示为Cr18Ni8钢进一步加镍、钼和铜后，钢在硫酸介质中钝化范围的扩大。

不锈钢的钝化能力与工作介质的性质有关，尤其与介质的氧化能力密切相关。如硝酸中的NO_3^-是氧化性的介质，氧含量高，不锈钢表面氧化膜形成快，完成钝化时间短，钝化膜的稳定性高。非氧化性介质如稀硫酸、盐酸、有机酸中氧含量仅来自空气中氧的溶解，故介质中氧含量低，所需钝化时间长。当介质氧含量低于一定量时，不锈钢难以达到钝化状态，如在稀盐酸中，铬不锈钢比碳钢的腐蚀速度还要快，所以根据工作介质的特点来正确选择不锈钢钢种很重要。

在硝酸等氧化性酸中只要有足够高的铬含量，不锈钢就能保证在短时间内钝化，一般w_{Cr}高于16%就有良好的耐蚀性。

在稀硫酸等非氧化性酸中氧含量低，一般Cr18Ni9奥氏体不锈钢难以钝化。如果再提高铬含量，不仅不能提高耐蚀性，反而加快腐蚀速度。只有增加能提高钢钝化能力的元素如镍、钼、铜等，较高合金度的不锈钢才能达到要求。

在强有机酸中，一般铬不锈钢和Cr18Ni9不锈钢难以达到钝化，应选择加钼、铜、锰等合金元素来提高不锈钢的钝化能力。

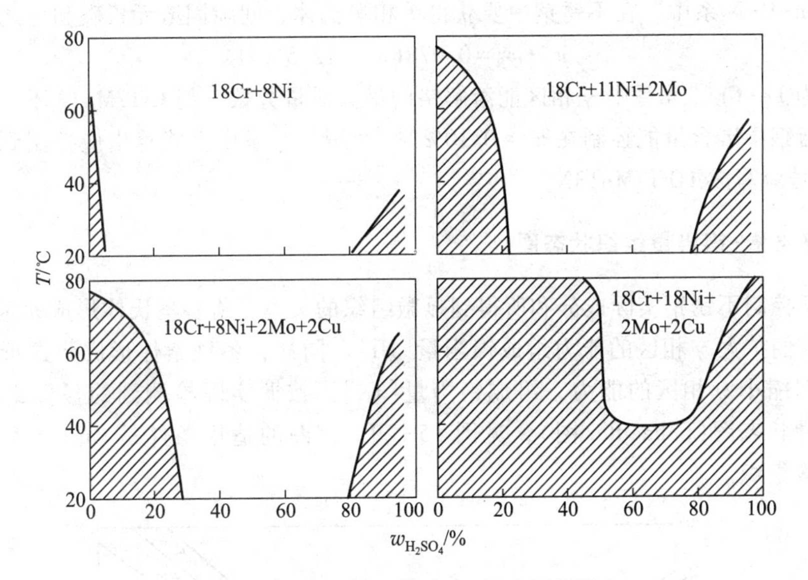

图 15-26 钼、镍、铜对 Cr18Ni8 不锈钢在

硫酸中钝化范围的影响（斜线部分腐蚀速度小于 0.1 mm/a）

15.4.2 不锈钢的组织结构

不锈钢进行合金化的元素中，对钢基体的作用有两类，属于铁素体形成元素的有铬、钼、硅、钛、铌等，属于奥氏体形成元素的有镍、锰、铜、碳、氮等。在 Fe-Cr-Ni 和 Fe-Cr-Mn 系统中，钢的基本组织可以从 Fe-Cr-Ni 或 Fe-Cr-Mn 三元相图上查出。图 15-27 为 Fe-Cr-Ni 三元相图 1 100 ℃恒温截面。可以看出，镍是强烈扩大 γ 相区的元素，随镍含量增加，在 1 100 ℃时 γ 相区可扩展到较高的铬含量。通用的 Cr18Ni9 钢处于单相 γ 相区，若快冷到室温，可以得到单相奥氏体组织。图 15-28 为 Fe-Cr-Mn 三元相图 1 000 ℃恒温截面。可以看出，锰扩大 γ 相区的能力远低于镍，单相 γ 相区仅能溶解 $w_{Cr}=14\%$。

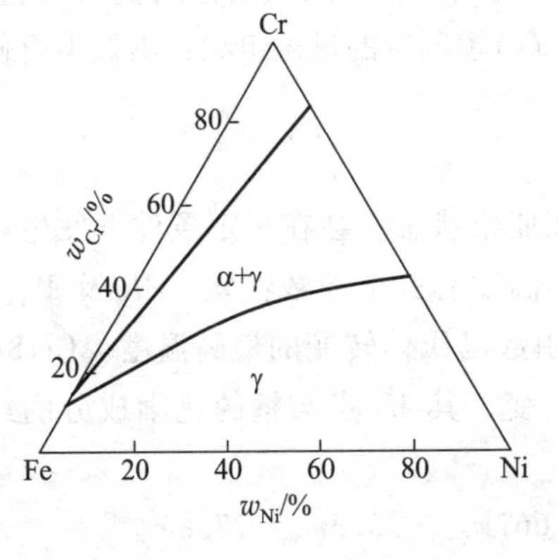

图 15-27 Fe-Cr-Ni 三元

相图 1 100 ℃恒温截面

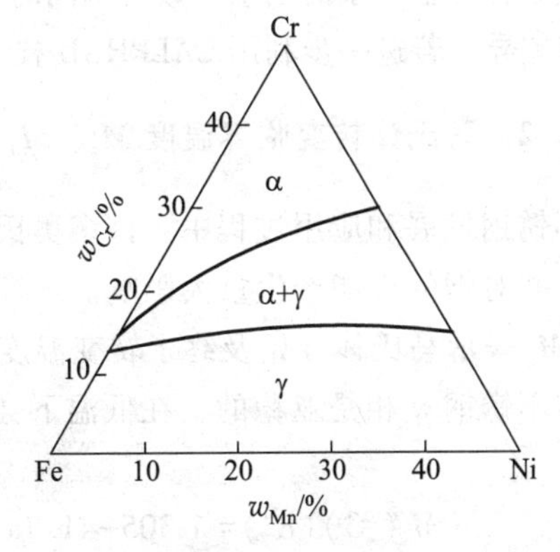

图 15-28 Fe-Cr-Mn 三元

相图 1 000 ℃恒温界面

在 Cr-Mn-C-N 系中，在不锈钢中要获得单相奥氏体，间隙固溶元素碳和氮之间的关系为

$$w_C+w_N=0.078(w_{Cr}-12.5\%)$$

式中 12.5%为 Fe-Cr 二元系中 γ 相区能溶解铬的最大质量分数。如 Cr17Mn13 不锈钢要获得单相奥氏体，当钢中碳含量能控制在 $w_C=0.10\%$时，所需 w_N 量由上式算出应控制到 0.25%，该 Cr-Mn-N 钢号应写成 1Cr17Mn13N。

15.4.2.1 铬当量-镍当量组织状态图

为了便于控制不锈钢实际成分和所得到显微组织的关系，将各奥氏体形成元素折合成镍的作用，根据它们扩大 γ 相区的能力组成镍当量[Ni]。同样，各铁素体形成元素折合成铬的作用，根据它们缩小 γ 相区的能力，组成铬当量[Cr]。按照实际检测到的显微组织，制成铬当量和镍当量状态图(Schaeffler 图)，见图 15-29。该图的适用条件是 Cr-Ni 系经焊接后冷却得到的显微组织。

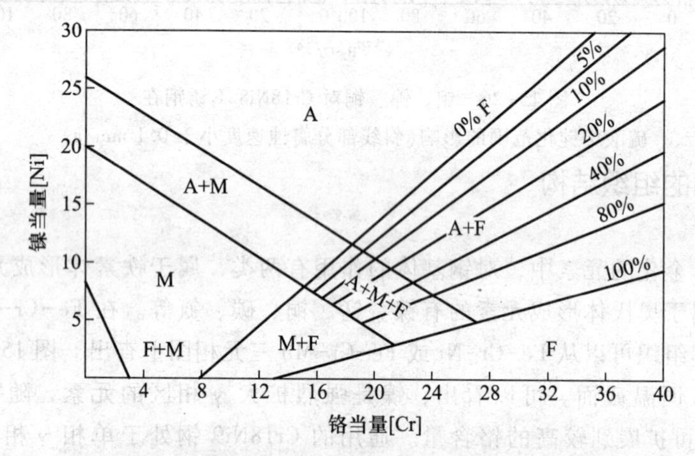

图 15-29 铬当量和镍当量状态图(焊后冷却)

$$镍当量[Ni]=w_{Ni}+w_{Co}+0.5w_{Mn}+0.3w_{Cu}+30w_C+25w_N$$

$$铬当量[Cr]=w_{Cr}+1.5w_{Mo}+2.0w_{Si}+1.5w_{Ti}+1.75w_{Nb}$$

对于式中各合金元素的当量系数，不同的研究者之间有所差别，各自画出的铬当量-镍当量状态图也有差异。若进一步利用 CALPHAD 技术计算(见第 6 章)预测钢的显微组织，则效果更佳。

15.4.2.2 马氏体转变临界温度 M_s、M_f 和 M_d

不锈钢发展和应用过程中，许多奥氏体不锈钢处在亚稳状态，会在一定条件下发生马氏体转变，并对钢的性能产生重大影响。表征马氏体转变的温度有三个参数：M_s、M_f 及 M_d。其中 M_s 和 M_f 表示马氏体开始及终了转变温度，M_d 是形变引起马氏体转变的最高温度。Cr18Ni9 型奥氏体不锈钢 γ 相是亚稳的，在低温下会发生马氏体转变，其 M_s 点与钢的化学成分的经验方程为：

$$M_s(℃)(\alpha')=1\,305-41.7w_{Cr}-61.1w_{Ni}-1\,667w_{C+N}-33.3w_{Mn}-27.8w_{Si}$$

该方程适用的各元素成分质量分数范围如下：$w_{Cr}=10\%\sim18\%$，$w_{Ni}=6\%\sim12\%$，$w_{Mn}=0.6\%\sim5\%$，$w_C=0.004\%\sim0.12\%$，$w_N=0.01\%\sim0.06\%$，$w_{Si}=0.3\%\sim2.6\%$。

M_d 点高于 M_s 点，在低于 M_d 温度到 M_s 点温度之间对奥氏体不锈钢进行塑性形变，将诱发马氏体转变，形成 α′马氏体。形变量加大，马氏体转变量增加。形变温度越接近 M_d 点，产生马氏体所需形变量也越大，越接近或低于 M_s 点形变，就越能增加马氏体量。试验证明，M_d 点比 M_s 点大约高 170 ℃。M_d 点的经验方程如下：

$$M_d(℃)(\alpha')=413-13.7w_{Cr}-9.5w_{Ni}-462w_{C+N}-8.1w_{Mn}-9.2w_{Si}-18.5w_{Mo}$$

图 15-30 为形变温度和真应变对 Cr18Ni9 型不锈钢中 α′马氏体形成量的影响。亚稳奥氏体不锈钢用来制造不锈弹簧，其最佳成分为 $w_C=0.08\%\sim0.10\%$，$w_{Cr}=17\%\sim18\%$，$w_{Ni}=6\%\sim9\%$。半奥氏体型沉淀硬化不锈钢通过冷轧和冷处理得到马氏体组织之后，再经时效强化就是控制马氏体转变以获得高强度。

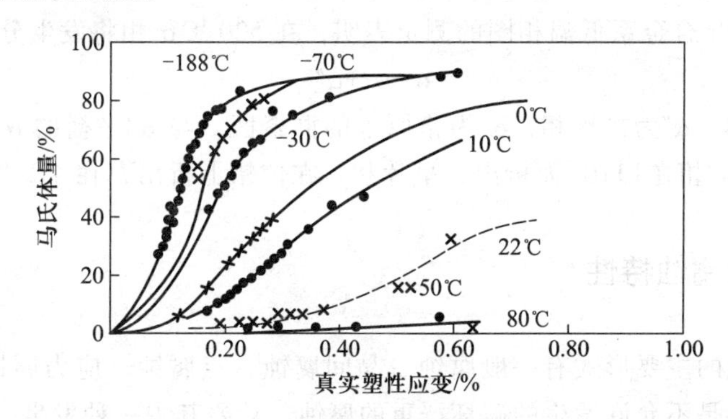

图 15-30　Cr18Ni9 钢的形变温度和真实塑性应变对 α′马氏体形成量的影响

氢在亚稳奥氏体不锈钢中能促进 α′马氏体的转变。氢在 α′马氏体中的溶解度小于其在 γ 相中的溶解度，氢在 α′中的扩散系数比在 γ 中的扩散系数高四个数量级，α′的脆性大于 γ，这就使得 α′马氏体氢脆敏感。稳定的奥氏体不锈钢充氢后在室温下进行形变即使不形成 α′马氏体也会出现氢脆。

15.4.2.3　不锈钢中的碳化物与金属间化合物

不锈钢中还存在碳与各种碳化物形成元素相互作用生成的合金碳化物，如 $M_{23}C_6$ 和 MC，对不锈钢会产生或有害或有益的作用。在普通铬不锈钢和铬镍不锈钢中出现 $Cr_{23}C_6$ 碳化物。奥氏体不锈钢 Cr18Ni9 在固溶后，低温下在奥氏体晶界析出 $Cr_{23}C_6$，与钢的晶间腐蚀有密切的关系。

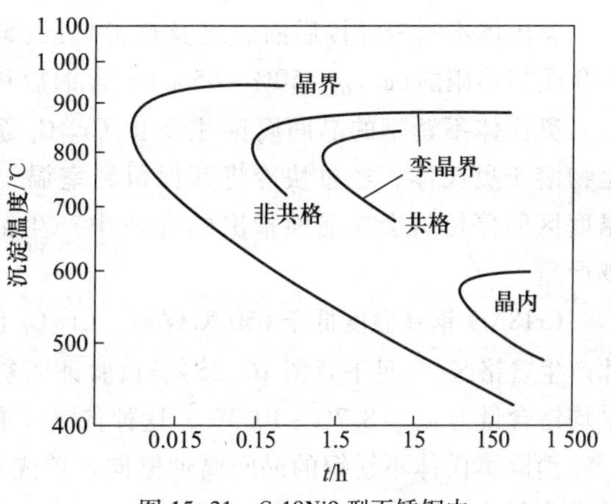

图 15-31　Cr18Ni9 型不锈钢中 $Cr_{23}C_6$ 沉淀动力学（$w_C=0.05\%$，1 250 ℃淬火）

图 15-31 为 Cr18Ni9 型不锈钢中 $Cr_{23}C_6$ 在固溶后低温下的沉淀动力学曲线。1250 ℃固溶时，$Cr_{23}C_6$ 完全溶于奥氏体，在低温下发生沉淀。首先在奥氏体晶界沉淀，随时间延长在非共格孪晶界沉淀，继而在共格孪晶界沉淀，最后低温下会在晶内沉淀，其沉淀曲线符合最熟悉的 C 型曲线形式。钢中化学成分和组织的变化都会影响 $Cr_{23}C_6$ 的沉淀动力学，使 C 曲线

发生移动。增加钢中碳含量，加大了碳在基体中的饱和度，使 $Cr_{23}C_6$ 沉淀 C 曲线向左移。增加镍后，由于镍提高了碳的活度，增加了沉淀趋势，使 C 曲线左移。另外，$Cr_{23}C_6$ 析出的形态与沉淀温度相关。低温下析出的晶界沉淀为连续薄板状；析出温度升高，晶界沉淀为羽毛状枝晶；析出温度在上限时，晶界沉淀为不连续的颗粒状。$Cr_{23}C_6$ 在较低温度的析出呈连续片状时，邻近的基体中将产生贫铬区，贫铬区的宽度约为 10^{-5}cm，w_{Cr}低于 12%。

不锈钢中含有铬、钼、锰等元素后还会出现金属间化合物，如 σ 相、χ 相、拉弗斯相等。高铬铁素体不锈钢和复相不锈钢在 500~900 ℃范围停留，铁素体中析出 σ 相，引起钢的脆化。在 Cr-Ni-Mo 和 Cr-Mn-Mo 不锈钢中，除析出 σ 相外，还析出 χ 相，χ 相是具有 α-Mn 结构的 $Cr_{21}Mo_{17}Fe_{62}$，同样引起钢的脆性。高铬铁素体不锈钢在 400~800 ℃间长期停留，还会出现 475 ℃脆性。对 Fe-Cr 合金系低温相图的测定表明，在 520 ℃ σ 相将发生分解。

$$\sigma \rightarrow \alpha + \alpha''$$

式中 α 为铁基固溶体，α″为富铬相，α″为铬原子的群聚区。与 α″平衡的 α 相中，铬的固溶度最低限 w_{Cr}为 12%。α″相在{110}面析出，呈片状，在位错上析出，在 475 ℃时析出最为严重。

15.4.3 不锈钢的腐蚀特性

不锈钢发生腐蚀的主要形式有一般腐蚀、晶间腐蚀、点腐蚀、应力腐蚀。其中晶间腐蚀、点腐蚀和应力腐蚀都是不允许发生的破坏严重的腐蚀。只要其中一种发生，就认为这种不锈钢在其发生的介质中是不耐蚀的。而一般腐蚀，根据不同的使用条件对耐蚀性提出了不同要求的指标，分为两大类。

第一类不锈钢：指在大气及弱腐蚀介质中耐蚀的钢。腐蚀速度小于 0.01 mm/a 为“完全耐蚀”，腐蚀速度小于 0.1 mm/a 为“耐蚀”，腐蚀速度大于 0.1 mm/a 为“不耐蚀”。

第二类耐酸钢：指在各种强腐蚀介质中耐蚀的钢。腐蚀速度小于 0.1 mm/a 为“完全耐蚀”，腐蚀速度小于 1.0 mm/a 为“耐蚀”，腐蚀速度大于 1.0 mm/a 为“不耐蚀”。

15.4.3.1 奥氏体不锈钢的晶间腐蚀

奥氏体不锈钢焊接后的焊缝及热影响区(550~800 ℃)在许多介质中会发生晶间腐蚀。这些介质如热硝酸(φ_{HNO_3}=50%~65%)、含铜盐和氧化铁的硫酸溶液及热有机酸等。

奥氏体不锈钢的晶间腐蚀主要由 $Cr_{23}C_6$ 沉淀所引起。当钢在高温固溶处理时，钢中碳化物溶于奥氏体，经过快冷将其保留到室温，形成碳的过饱和固溶体。随后在 550~800 ℃温度区间停留就会在前面指出的介质中产生晶间腐蚀。钢中碳含量越高所造成的晶间腐蚀越严重。

Cr18Ni9 钢在温度低于 650 ℃保温，$Cr_{23}C_6$ 优先沿晶界形成连续网状分布引起 $Cr_{23}C_6$ 临近基体产生贫铬区(参见下章图 16-25)。试验证明贫铬区的平均宽度约为$(1\sim4)\times10^{-5}$cm，贫铬区的平均铬含量为 w_{Cr}=8.7%~10.3%，这种贫铬区难以达到钝化状态而发生选择性的局部腐蚀。

消除奥氏体不锈钢的晶间腐蚀倾向，首先是降低钢的碳含量。Cr18Ni9 钢奥氏体中可溶解的碳含量为 w_C=0.02%，此时钢中无 $Cr_{23}C_6$ 析出。实际上，当钢中 w_C=0.03%时，钢也不发生晶间腐蚀。所以生产超低碳不锈钢 022Cr19Ni10 就可解决此问题。

另一种办法是加入强碳化物形成元素钛和铌，形成更稳定的碳化物 TiC 和 NbC。与这类碳化物平衡的奥氏体中的碳含量仅 $w_C=0.01\%$，完全避免析出 $Cr_{23}C_6$。非碳化物形成元素镍提高了碳的活度，故高镍奥氏体不锈钢增大了晶间腐蚀倾向。双相不锈钢因为有大量 δ 铁素体存在，在 500～800 ℃区间钢将发生相间沉淀，$Cr_{23}C_6$ 优先在 δ/γ 相间的 δ 相一侧析出，呈点状不连续分布。在 δ 相内铬的扩散系数比在 γ 相内高 10^3 倍，不发生贫铬区，所以双相钢具有抗晶间腐蚀的能力。

σ 相是富铬相，奥氏体不锈钢特别是含钼钢(钼促进 σ 相在晶界析出)也会在晶界产生贫铬区，在体积分数为 65%的沸腾硝酸中也能产生晶间腐蚀。

奥氏体不锈钢经固溶处理后，在氧化性介质中也会发生晶间腐蚀，这是非敏化态晶间腐蚀。在含重铬酸盐的热浓硝酸中，晶间腐蚀最严重。究其原因，是杂质元素磷和硅在高温奥氏体偏聚造成的。试验表明，$w_P=0.01\%$的钢其晶间腐蚀显著加重。解决办法是采用精炼的超纯净钢。

15.4.3.2 不锈钢的点腐蚀

不锈钢在含有 Cl^-的介质中，表面会产生凹坑状腐蚀，称为点腐蚀。不锈钢阳极钝化曲线上存在击穿电位 E_B。低于它时不锈钢处于钝化状态，而高于它则发生点腐蚀。

不锈钢中的夹杂物、晶界析出相、晶界等都是点腐蚀的形核地点，因为它们破坏了钢表面的完整性，其中特别是 MnS 夹杂易于在无机酸中溶解，造成点腐蚀源。晶界碳化物或 σ 相析出造成晶界贫铬区，由于这些地点表面钝化膜的完整性受到破坏，使得 Cl^- 易于穿透而与钢的基体产生腐蚀作用。

试验表明提高不锈钢抗点腐蚀能力最有效的元素是铬和钼，其次是镍。钢中氮也可减轻点腐蚀，当钢中 w_N 高于 0.3%时，试验中不发生点腐蚀。所以不锈钢的点腐蚀抗力主要取决于钢中铬、钼和氮的含量。点腐蚀抗力当量值(PRE)与这些元素在钢中含量的关系为：

$$PRE=w_{Cr}+3.3w_{Mo}+(15\text{ 或 }30)w_N$$

式中系数 30 适用于奥氏体不锈钢，而系数 15 适用于双相钢。对长时间服役在高的 Cl^-介质(如海水)中的钢，其点腐蚀抗力 PRE 值大于 40 就达到要求。耐点腐蚀的不锈钢有以下几种选择，高铬含钼钢种如 00Cr20Ni25Mo6N、00Cr22Ni12Mo2.5N 以及高纯铁素体高铬不锈钢 Cr26Mo1、Cr29Mo4，另外，还发展了超低硫钢如 Cr18Ni8MoN。

15.4.3.3 不锈钢的应力腐蚀

奥氏体不锈钢在热的、浓的 Cl^-介质中，在张应力作用下发生的脆断称为应力腐蚀。试验表明在服役的介质中，只要含 25×10^{-6}质量浓度的 Cl^-甚至更低，都会引起应力腐蚀。随着介质中 Cl^-浓度增高，应力腐蚀破断的时间缩短。在微酸性 $FeCl_2$、$MgCl_2$ 溶液中，氧能促进应力腐蚀发生。在 pH 小于 4～5 的酸性介质中，H^+浓度越高，应力腐蚀破断的时间越短。当 pH 大于 4～5 时，加入 NO_3^-、I^-及醋酸盐，都可以抑制应力腐蚀。

应力也是影响应力腐蚀的重要因素，只有张应力才会引发应力腐蚀。温度一定时，张应力越大，破断的时间越短。奥氏体不锈钢的屈服强度越高，抗应力腐蚀的能力越大。因此，钢的屈服强度越高越好。

介质的温度对不锈钢的应力腐蚀也有很大影响。含 Cl^- 的水溶液在 80 ℃以上才会产生应力腐蚀，温度越高，应力腐蚀破断的时间越短。

不锈钢的组织和化学成分也是重要的影响因素。铁素体不锈钢(如 $w_{Cr}=15\%\sim28\%$)对 Cl^- 引起的应力腐蚀就不敏感。Cr18Ni9 型低镍奥氏体不锈钢对应力腐蚀很敏感。双相不锈钢有低的应力腐蚀敏感度。超低碳 Cr18Ni9 型钢由于氢的渗入，促进这种亚稳的γ相在形变下向α′马氏体的转变，在α′马氏体中出现裂缝，产生氢脆。而对于高镍稳定奥氏体不锈钢，氢的渗入不会引起氢脆。

钢中合金元素对应力腐蚀敏感度有很大的影响。当奥氏体不锈钢中铬含量超过 $w_{Cr}=12\%$ 后，铬含量越高，则应力腐蚀敏感度越高。硅在奥氏体和双相钢中将中度提高应力腐蚀抗力，一般加入的 $w_{Si}=2\%\sim4\%$。铜会改善奥氏体不锈钢的应力腐蚀，在 022Cr19Ni10 钢中加入的 $w_{Cu}=2\%$。钼使奥氏体不锈钢的应力腐蚀破断的诱发期缩短。P、As、Sb、Bi、Al、N 是有害元素，降低奥氏体不锈钢的腐蚀抗力。S 是有害元素，MnS 可以优先被溶解，形成裂纹源。

一般认为，应力腐蚀是应力和电化学腐蚀共同作用的结果，是滑移-溶解机制。在初始裂纹诱发阶段，张应力促使位错滑移，在钢表面形成滑移台阶，破坏表面钝化膜，裸露的滑移台阶来不及修补出完整的钝化膜则发生应力-电化学反应，产生局部腐蚀，形成蚀坑，并继续下去向纵深扩展，形成腐蚀裂缝。

防止奥氏体不锈钢发生应力腐蚀的措施如下：采用加 Si 和 Cu 的钢种，w_{Si} 为 2%～4%，w_{Cu} 为 2%；提高钢的纯净度，控制氮含量低于 $w_N=0.04\%$，并尽可能降低 P、As、Sb、Bi 含量；采用高铬铁素体不锈钢和双相不锈钢。

15.4.4 不锈钢钢种与应用

不锈钢通常可分为五大类：铁素体不锈钢、奥氏体不锈钢、奥氏体-铁素体双相不锈钢、马氏体不锈钢和高强度不锈钢。根据其强化机制，高强度不锈钢又可细分为冷作硬化奥氏体不锈钢和沉淀硬化型不锈钢。

中国不锈钢牌号(包括不锈钢新旧牌号的对照)及其化学成分详见 GB/T 20878—2007《不锈钢和耐热钢　牌号及化学成分》中的表 1 至表 5。例如，大致与美国 ASTM 牌号 304 和 304L 奥氏体不锈钢对应的中国新不锈钢牌号为 12Cr18Ni9、06r18Ni10 和 022Cr19Ni10(分别对应原牌号 1Cr18Ni9、0Cr18Ni9 和 00Cr19Ni10)；而新马氏体不锈钢牌号 20Cr13 和 12Cr13 分别对应原牌号 2Cr13 和 1Cr13。新牌号与旧牌号相比，仅有碳含量标识和某些元素含量发生了变动，碳含量的表示更加准确，且新旧牌号极易相互推知，余类推(但 GB/T 20878—2007 中也有取消旧牌号、新增钢牌号等情况)。本书中尽量采用新牌号，在无对应新牌号时仍采用原有牌号(其中以数字 1、0、00 分别表示碳含量 $w_C\leq0.12\%$、$w_C\leq0.08\%$、$w_C\leq0.03\%$)。

15.4.4.1 铁素体不锈钢

铁素体不锈钢的主要合金元素是铬，w_{Cr} 从 17% 到 30%，还有少量碳。为了提高耐蚀性，有的钢种还加入钼、钛等。其显微组织是单一的铁素体，没有相变，不能通过热处理进行强化。由于具有体心立方结构，加热时原子扩散快，晶粒粗化温度低，在 600 ℃以上晶粒就开始长大。若加入一定量钛形成 Ti(C,N)，可以细化晶粒，并提高钢晶粒的粗化温度。铁素体不锈钢存在 475 ℃脆性。

铁素体不锈钢的韧脆转变温度高于室温，产生低温脆性的另一原因是含有碳、氮、氧等杂质元素及夹杂物。若采用精炼技术，可大大提高高铬铁素体不锈钢的塑性和韧性。例如 Cr26Mo1 钢经过精炼，冲击韧性成倍提高，韧脆转变温度降到 -50 ℃以下，室温不出现冷脆性。

中铬铁素体不锈钢 0Cr17Ti、0Cr17Mo1Nb、Cr18Mo2Ti 等在硝酸及有机酸(除醋酸、草酸外)中有良好的耐蚀性，用于石油、化工、人造纤维工业的耐腐蚀部件或耐热部件。加钼的 0Cr17Mo1Nb、Cr18Mo2Ti 耐点蚀和应力腐蚀，焊接性较好。经过精炼的高纯高铬铁素体不锈钢具有高塑性和高的低温韧性，改善了焊接性，具有高抗点腐蚀和应力腐蚀能力，如高纯 Cr26Mo1、高纯 Cr29Mo4 等。

15.4.4.2 奥氏体不锈钢

奥氏体不锈钢是具有面心立方结构的单相组织，有极高的延性和低温韧性、高的冷变形性能和良好的焊接性。Cr18Ni9 型奥氏体不锈钢是使用量最大的一类不锈钢，广泛用于化工、石油、航空、民用等工业部门，主要钢号为 06Cr19Ni10、022Cr19Ni10。由于这种钢的屈服强度过低，达不到工程设计要求时，必须加入少量氮起固溶强化作用。如加入 $w_N = 0.21\%$，能使 $R_{p0.2}$ 从 200 MPa 提高到大于 370 MPa。加钛或铌的钢有 0Cr18Ni10Ti(1Cr18Ni9Ti)、06Cr18Ni11Nb 等。用于非氧化性酸中工作的部件应选择含钼、铜和增镍的钢种，如 06Cr17Ni12Mo2Ti、03Cr18Ni16Mo5、00Cr20Ni29Mo2Cu3Nb、00Cr18Ni18Mo2Cu2。能用于高浓度硫酸(浓度 ≥ 90%)和浓硝酸(浓度≥85%)的高硅不锈钢有 00Cr17Ni20Si6MoCu、00Cr18Ni14Si4Nb。

含锰和氮的奥氏体不锈钢有 0Cr18Mn15N、0Cr18Ni3Mn13N、0Cr18Mn13Mo2N、0Cr18Ni5Mn10Mo3N 等，氮的固溶强化使得这类钢的屈服强度、塑性和韧性优于 Cr18Ni9 型钢。由于锰扩大 γ 相区的能力有限，所以有相当数量的锰氮奥氏体不锈钢增加了部分镍。

15.4.4.3 双相不锈钢

双相不锈钢在固溶处理后的组织中，铁素体和奥氏体相的体积分数大体相当。在控制好钢的化学成分后，双相不锈钢兼有铁素体不锈钢和奥氏体不锈钢的主要优点。比铁素体不锈钢的塑性和韧性更高，焊接性更好；比奥氏体不锈钢的强度明显提高，耐晶间腐蚀和应力腐蚀能力得到提高。双相不锈钢由于含铁素体组织，所以仍有 475 ℃脆性和 σ 相脆性倾向。双相不锈钢有 00Cr18Ni5Mo3Si2、00Cr22Ni5Mo3N、00Cr25Ni7Mo4N 等。几种双相不锈钢的力学性能见表 15-16，可见双相不锈钢的屈服强度比 12Cr18Ni9 奥氏体不锈钢高一倍以上，室温的冲击值也不低。

表 15-16 几种双相不锈钢的力学性能

钢 号	$R_{p0.2}$ 不小于/MPa	R_m 不小于/MPa	A_5 不小于/%	KV 不小于/J	γ 相/%
00Cr18Ni5Mo3Si2	440	630	30	250	40~50
00Cr22Ni5Mo3N	450	620	25	250	50~60

续表

钢　号	$R_{p0.2}$不小于/MPa	R_m不小于/MPa	A_5 不小于/%	KV不小于/J	γ相/%
00Cr25Ni7Mo4N	550	800	25	250	50
1Cr18Ni9	210	515	45	300	100
1Cr17	205	450	20	—	0

15.4.4.4 马氏体不锈钢

马氏体不锈钢的铬含量 w_{Cr}在 12%~18%范围内，含低碳或高碳，这类钢具有高强度和耐蚀性，其服役显微组织为淬火和不同温度回火组织，从回火马氏体到回火索氏体。由于铬含量较高，淬透性很好，淬火以后抗回火软化能力很强，500 ℃以下回火钢的硬度变化不大。

常用的马氏体不锈钢有三类，即 Cr13 型、高碳 Cr18 型、低碳 Cr17Ni2 型马氏体不锈钢。

Cr13 型马氏体不锈钢因碳含量不同而用途各异。其中 06Cr13 、12Cr13 和 20Cr13 为结构钢，在弱腐蚀介质中耐蚀，用作耐蚀和强度的结构，如蒸汽涡轮的叶片及轴、拉杆、水压机阀门、食品工业用具和餐具。钢经 950~1000 ℃淬火，650~750 ℃回火，得到回火索氏体组织。30Cr13 和 40Cr13 是工具钢，经 950~1 000 ℃淬火，30Cr13 钢的硬度为 48~53HRC，40Cr13 钢的硬度为 50~56HRC，经 200~280 ℃回火可保持高硬度，用来制造医用和日用刀具。若在 12Cr13 和 20Cr13 钢中加入 $w_{Mo}=1\%$、$w_W=1\%$、$w_V=0.2\%$，可提高钢的热强性。

Cr17Ni2 马氏体不锈钢用作工作温度低于 400 ℃以下的耐蚀高强度钢，经 1 050 ℃和 530 ℃回火后具有较好的综合性能，组织中含有少量 δ 铁素体。广泛用于化学和航空工业，制作高强度又有耐硝酸和有机酸的零件、泵、阀等。

高碳 95Cr18 型马氏体不锈钢是亚共晶莱氏体钢，用大的锻压比来减轻碳化物的不均匀性。这类钢可加入 $w_{Mo}=1\%$来增加钢的耐蚀性和耐磨性。钢经 1 050 ℃淬火、-70 ℃冷处理和 150 ℃回火，硬度大于 55HRC。用于制造优质刀剪具及在海水、硝酸、蒸汽等腐蚀介质中工作的不锈轴承。

15.4.4.5 冷作硬化奥氏体不锈钢

冷作硬化奥氏体不锈钢属于亚稳奥氏体不锈钢，是通过冷作硬化得到的一类高强度不锈钢。这类钢的 M_s 点和 M_d 点的较高，一方面形变引起奥氏体的冷作硬化，另一方面形变诱发 α′马氏体的生成，出现马氏体的相变冷作硬化，从而使亚稳奥氏体不锈钢的强度大幅升高。例如 12Cr17Ni7 钢经过 60%冷加工后，抗拉强度由 827 MPa 提高到 1 519 MPa，屈服强度由 276 MPa 提高到 1 435 MPa。另外，马氏体的强度主要取决于马氏体中的碳含量和氮含量，故冷作硬化奥氏体不锈钢要控制一定量的碳和氮的含量。

典型的冷作硬化奥氏体不锈钢有 1Cr17Ni7N、1Cr17Mn5Mo2VN0.1 和 1Cr17Mn15N0.4 等。12Cr17Ni7N 钢经 40%冷变形，又经 427 ℃消除应力回火 8h 后，$R_m=1\ 350$ MPa，$A=30\%$。对 1Cr17Ni7N 钢的改进型更精确调整了钢的 C、Cr、Ni、N 的含量，在各种不同的冷变形后可以得到更好的强度和韧性的配合。1Cr17Mn15N0.4 钢是高氮的铬锰氮钢，由于氮含量高达 $w_N=0.4\%$，冷变形后 α′马氏体中氮含量高，因而大大地增大了钢的强度，经 60%变形后，再经

427 ℃消除应力回火，有很高的强度和延性配合，R_m = 1 780 ~ 1 800 MPa，$R_{p0.2}$ = 1 650 ~ 1 680 MPa，A = 3.8% ~ 4.8%。

上述冷作硬化奥氏体不锈钢用于航空飞行器结构件，工作温度在427 ℃以下的蒙皮材料。

15.4.4.6 沉淀硬化型不锈钢

由于飞行器等航空工具的航速增大，飞行器表面温度提高，因此要求在较高的温度下由高强度的不锈耐热钢取代现用的铝合金。这类不锈钢既保留奥氏体不锈钢的焊接性和压力加工性，又具有马氏体不锈钢的高强度。通过进一步加入合金元素，提高马氏体不锈钢的高温组织稳定性，发展了沉淀硬化型耐热不锈钢。这些强化合金元素有Mo、W、V、Al、Ti等，其中Mo、W可在较高温度下保持马氏体基体的强度，Al、Ti、Nb、Co等可形成一系列金属间化合物，产生有效的沉淀硬化作用。新型超高强度不锈钢的铬含量应保持在12% ~ 18%范围，保证足够的耐蚀不锈性，镍含量应保证在高温下获得奥氏体组织，w_{Ni}维持在4% ~ 8%。

根据超高强度不锈钢的基体特征和热处理工艺上的差别，可将其分为三类：半奥氏体沉淀硬化不锈钢、马氏体沉淀硬化不锈钢和奥氏体沉淀硬化不锈钢。

半奥氏体沉淀硬化不锈钢的特点是经固溶处理后，在室温下具有奥氏体组织，易于冷塑性成形、焊接。随后经过强化处理得到马氏体组织，并在马氏体基体上产生沉淀强化，进一步提高钢的强度。钢的沉淀强化相是Ni_3Al。钢经综合平衡合金化，使奥氏体形成元素和铁素体形成元素相互配合，使固溶后保留有体积分数为8% ~ 20%的δ-铁素体，可以使钢经催化处理后奥氏体向马氏体的转变更完全，以获得高强度。

半奥氏体沉淀硬化不锈钢的典型钢种为07Cr17Ni7Al和07Cr15Ni7Mo2Al。为了获得足够量的沉淀强化相Ni_3Al，w_{Al}保持在1.2%。这类钢的热处理工艺包括固溶处理、调整处理和时效处理。固溶处理温度为1 050 ℃，水冷和空冷，再经760 ℃调整处理，使$Cr_{23}C_6$碳化物在δ/γ相界面析出，降低奥氏体中的碳含量，使M_s点从低于-100 ℃提高到70 ℃以上，冷到室温后获得马氏体及少量残余奥氏体和δ-铁素体。为获得更多的马氏体组织，也可以用冷处理的方法或冷变形的方法。时效温度为480 ~ 565 ℃。标准热处理有三种工艺。第一种是1 050 ℃固溶+760 ℃调整处理+565 ℃时效1 h。第二种是950 ℃固溶+(-37.8 ℃)冷处理+510 ℃时效1 h。第三种是900 ℃固溶+60 %冷变形+480 ℃时效1 h。

07Cr17Ni7Al钢经第一种热处理后，$R_{p0.2}$ = 1 270 MPa，R_m = 1 379 MPa，A = 9%，硬度为43HRC。07Cr15Ni7Mo2Al钢经第二种热处理后，$R_{p0.2}$ = 1 551 MPa，R_m = 1 655 MPa，A = 6%，硬度为48HRC。这类半奥氏体沉淀硬化不锈钢主要用于制造飞机蒙皮、结构件及导弹压力容器和构件等。

马氏体沉淀硬化不锈钢的特点是经过固溶处理后其M_s点约为150 ℃，M_f点低于30 ℃，马氏体转变程度受钢的化学成分和冷却方式的影响。这类钢中加入强化合金元素Mo、Ti、Al、Nb，形成拉弗斯相$Fe_2(Mo,Nb)$，富镍相Ni_3M(M为Al、Ti、Nb或Mo)如γ'-$Ni_3(Al,Ti)$、Ni_3Ti、Ni_3Mo，还有β-NiAl相和富铜相等沉淀强化相。为保证在高温获得单一奥氏体，需要加入奥氏体形成元素镍，为不过分降低M_s和M_f点，钢中镍含量控制在4% ~ 8%。

典型的马氏体沉淀硬化不锈钢为0Cr13Ni8Mo2Al、0Cr12Ni8Cu2TiNb、0Cr17Ni7TiAl等。0Cr13Ni8Mo2Al钢经950 ℃固溶后在510 ℃时效4 h，其力学性能$R_{p0.2}$ = 1 448 MPa，R_m =

1 551 MPa、$A=12\%$、$Z=50\%$、硬度为 47HRC。若经 950 ℃固溶后冷处理，在 510 ℃时效 4 h 后，强度有所提高，$R_{p0.2}=1\ 482$ MPa，$R_m=1\ 620$ MPa，$A=12\%$、$Z=45\%$、硬度为 48 HRC。

15.4.4.7 不锈钢的冲击韧性与韧脆转变温度

图 15-32 示出不同组织类型的不锈钢的冲击吸收能量 *KV* 与韧脆转变温度。可以看到，铬镍奥氏体不锈钢在-100 ℃以下的冲击韧性是其他组织类型的不锈钢所不能比拟的。

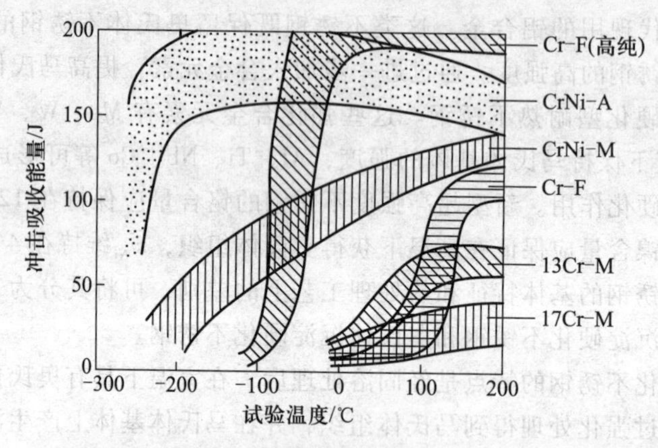

图 15-32 不同组织类型的不锈钢的冲击吸收能量与韧脆转变温度的比较

15.5 耐热钢和耐热合金

耐热钢和耐热合金是根据在高温下工作的动力机械的要求而发展起来的一大类材料。它涉及航天、航空、舰船、石油和化工、发电、锅炉等工业部门。这类材料除了要求在高温下有高的强度和塑性，还要求有足够高的化学稳定性。在高温下工作，钢和合金中将发生原子扩散过程，并引起组织转变，这是与常温工作部件的根本不同点。对于耐热钢和耐热合金，应注意如下问题：

(1) 蠕变现象 钢和合金在温度和应力共同作用下将发生连续而缓慢的变形，即蠕变。表示高温强度的指标有三种。其一为蠕变强度，表示在规定温度下、在规定时间达到规定变形(如 1 %)时所能承受的应力；其二为持久强度，它表示在规定温度和规定时间所能承受的最大应力；其三为持久寿命，它表示在规定温度和规定应力作用下材料被拉断所需的时间。另外高温工作的紧固件还要求低的应力松弛性能。承受交变应力的高温零件要求高的高温疲劳强度。

(2) 耐热钢中的合金元素 钢和合金在高温空气中工作将发生氧化。钢在高温空气中不抗氧化，565 ℃以上钢表面出现 FeO 层后，钢的氧化速度剧增。氧化层的增厚靠铁离子向外扩散，氧离子向内层扩散。若加入能形成稳定而致密的氧化膜的合金元素，就能在钢表面形成保护膜。合金元素铬、铝、硅和镍就能提高 FeO 出现的温度(参见 11.3.2.2 节)。当铬和铝含量高时，钢和合金表面生成致密的 Cr_2O_3 或 Al_2O_3 保护膜。通常在钢表面生成尖晶石类型的氧化膜，如 $FeO\cdot Cr_2O_3$ 或 $FeO\cdot Al_2O_3$。含硅钢表面生成 Fe_2SiO_2。上述合金氧化膜都有很好的保护作用。铬是提高钢和合金高温抗氧化的主要元素，其次是铝，而硅只能做辅加元素，加入量过多会使钢产生脆性。钨、钼将降低耐热钢和耐热合金的抗氧化性。少量稀土元素能提高耐热钢和耐热合金的抗氧化能力，特别是在 1 000 ℃以上可以防止晶界优先氧化。

（3）抗氧化能力的分级　耐热钢和耐热合金抗氧化和抗气体腐蚀能力分为五级。腐蚀速度小于等于 0.1 mm/a 为完全抗氧化，在 0.1~1.0 mm/a 为抗氧化，在 1.0~3.0 mm/a 为次抗氧化，在 3.0~10.0 mm/a 为弱抗氧化，大于 10.0 mm/a 为不抗氧化。

（4）耐热钢的分类　耐热钢根据显微组织可分为铁素体型和奥氏体型两大类。铁素体型耐热钢包括铁素体-珠光体耐热钢、马氏体耐热钢和铁素体耐热钢，一般在 350~650 ℃温度范围工作。奥氏体型耐热钢可以在 600~870 ℃温度范围工作。

15.5.1 铁素体型耐热钢

这一类钢中应用最广的是铁素体-珠光体耐热钢和马氏体耐热钢。

15.5.1.1 铁素体-珠光体耐热钢

这类钢属低合金钢，合金元素总量(质量分数)不超过 5%，退火后得到铁素体和珠光体组织，多用于锅炉蒸汽管道，在 450~620 ℃蒸汽介质中和应力状态下长期运转，工作时间以十万小时计算，要求有很好的组织稳定性来保证长时期的性能稳定性。这类钢的强化方法主要是通过合金元素强化 α 相基体，回火时析出合金碳化物产生沉淀强化以及通过热处理使 α 相得到比较稳定的强化亚结构。

固溶于 α 相中的钨和钼能显著提高基体的蠕变抗力，铬在 $w_{Cr} \leqslant 0.5\%$时强化 α 相的作用很显著。锰和硅的固溶强化作用弱。实践证明，钼是提高 α 相高温强度最有效的元素，钨次之，铬又次之。铬和硅可以提高钢在 600 ℃时的抗气体腐蚀能力。

强碳化物形成元素加入钢中所形成的合金碳化物是这类钢强化的主要途径。含钒、铌、钛的钢经过热处理在 500~750 ℃范围析出 MC 型碳化物时，产生持久的沉淀强化。其稳定性高，使钢保持较高的蠕变强度。要得到最佳的沉淀强化效果，就要保证钢中的碳和钒、铌和钛等的含量达到合金碳化物 MC 化学式的比例。例如钒钢，当 $w_V/w_C=4$ 时，符合全部形成 VC 的比例，此时钢具有最高蠕变抗力。铌和钛的作用与钒相似，当 $w_{Nb}/w_C=8$、$w_{Ti}/w_C=3$ 时，几乎全部形成 NbC 或 TiC。

钨和钼在钢中除部分溶于 α 相，还可以和碳形成 M_2C 和 M_6C 型碳化物。当钢淬火回火时，M_2C 型碳化物 Mo_2C 和 W_2C 的沉淀强化作用稍差，而 M_6C 型碳化物容易聚集长大，强化效果差。含钒钢中若碳含量超过形成 VC 时，剩余的碳将与钨、钼形成 M_2C 或 M_6C，降低了钨和钼在 α 相基体中的固溶强化作用，这对钢的蠕变抗力是不利的。如果钢中钒含量过剩，则剩余的钒不但在 α 相中不起固溶强化作用，反而降低蠕变抗力，并促使析出的 VC 高速长大。所以在含钨和钼的钢中，掌握碳和钒的比例十分重要。

铁素体-珠光体耐热钢的化学成分见表 15-17。前三种钢是具有代表性的，新发展的钢种有 12Cr2MoWVSiTiB 等。

表 15-17 铁素体-珠光体耐热钢的化学成分(w/%)

钢 号	C	Cr	Mo	W	V	Ti	B
15CrMo	0.12~0.17	0.80~1.10	0.40~0.55	—	—	—	—
12Cr1MoV	0.08~0.15	0.90~1.20	0.25~0.35	—	0.16~0.30	—	—
12Cr2.25Mo1	0.12	2.25	1.0	—	—	—	—
12Cr2MoWVSiTiB	0.08~0.15	1.6~2.1	0.5~0.6	0.3~0.5	0.28~0.42	0.06~0.12	≤0.008

显微组织对铁素体-珠光体耐热钢的蠕变强度有很大影响。以12Cr1MoV钢为例，经过980 ℃奥氏体化后依不同的冷却速度可以得到不同的显微组织。炉冷(1~6 ℃/min)得到铁素体加珠光体组织；空冷(200~500 ℃/min)得到粒状贝氏体加少量铁素体和马氏体组织；淬火(>600 ℃/min)得到马氏体组织。后两种工艺都需经高温回火。三种组织的钢在580 ℃和600 ℃的持久强度试验表明，马氏体高温回火组织有最高的持久强度；粒状贝氏体高温回火组织次之；铁素体-珠光体组织最低。试验结果见表15-18。可以证实，通过热处理来改变铁素体-珠光体耐热钢的组织，是改变蠕变强度和持久强度的主要途径。12Cr1MoV钢淬火或空冷后，在740 ℃回火后得到的强化组织在580 ℃条件下使用，有足够高的组织稳定性，可做高压过热蒸汽管及超高压锅炉锻件。

表 15-18 热处理制度对12Cr1MoV钢持久强度的影响

热处理制度	580 ℃		600 ℃	
	$\sigma_{10\,000}$/MPa	$\sigma_{100\,000}$/MPa	$\sigma_{10\,000}$/MPa	$\sigma_{100\,000}$/MPa
980 ℃水冷，740 ℃回火	127	98	100	83
980 ℃空冷，740 ℃回火	118	88	78	59
980 ℃炉冷	78	49	46	29

值得注意的问题是铁素体-珠光体耐热钢通过淬火回火工艺来提高蠕变强度，在400~580 ℃长时间运转后，将发生高温回火脆性倾向。如果不能控制好钢中的杂质P、Sn、Sb等晶界偏聚元素，即使钢中含钼，经长时间运转后，回火脆化倾向依然存在。钢中氮含量也对脆化倾向有影响。

15.5.1.2 马氏体耐热钢

Cr12型马氏体耐热钢是对低碳Cr13马氏体不锈钢进行多组元合金元素综合强化形成的一大类钢种。其特点是有较高的热强性、耐蚀性和振动衰减性能，与奥氏体耐热钢相比，导热性好、膨胀系数小。可做570 ℃汽轮机转子、593 ℃蒸汽压3 087 MPa的超临界压力大功率火力发电机组。陆续发展的新型Cr12系列和Cr9系列马氏体耐热钢把工作温度提高到650 ℃。

Cr12型马氏体耐热钢中加入钒或铌，通过热处理淬火回火析出VC或NbC，可获得良好的沉淀强化作用。若再加入氮，能形成V(C,N)或Nb(C,N)，增加沉淀强化相的数量，增大沉淀强化相效应。钼、钨加入后，大部分溶于基体，起固溶强化作用。还有部分钼和钨溶于

$M_{23}C_6$和 M_6C，消除了 C13 马氏体不锈钢中的 Cr_7C_3 型碳化物。所出现的单一的成分复杂的$(Cr、Mo、W、Fe)_{23}C_6$，由于钼和钨的溶入增大了其稳定性，加大了弥散强化作用。钢中加入微量合金元素硼起晶界强化作用。

2Cr12WMoV 钢由于强化合金元素钨、钼、钒复合加入钢中，出现了复杂成分的 $M_{23}C_6$ 型碳化物$(Cr, W, Mo, V, Fe)_{23}C_6$，具有很高的稳定性，能够产生弥散强化作用，是钢中的主要强化相，高于 650 ℃才开始显著聚集长大。再加上钨、钼对 α 相起固溶强化作用，使钢在 600 ℃有很高的蠕变强度。15Cr12WMoV 钢有很高的淬透性，经 1 000~1 050 ℃淬火，650~750 ℃回火，得到回火屈氏体或回火索氏体组织，组织稳定性良好，适合制造在 500~580 ℃工作的大型热力发电设备中大口径厚壁高压锅炉蒸汽管道、汽轮机转子和涡轮叶片等。

1Cr11W2VNbN 钢由于加入钒、铌、氮形成弥散的 MC、MN、M(C, N)强化相，钨和钒稳定了铬碳化物$(Cr, Fe, W, V)_{23}C_6$，加强其弥散强化作用。钢经 1 020 ℃油淬至 570 ℃空冷，720 ℃回火空冷，在 600 ℃、10^5h 的蠕变强度为 196 MPa，在 650 ℃、10^5h 的蠕变强度为 98 MPa，其最高工作温度可在 650 ℃。

Cr9 型马氏体耐热钢采用多元复合合金化方案。用 W、Mo、Cr 进行固溶强化，用 W、Mo、V 稳定铬碳化物$(Cr, Fe, W, Mo, V)_{23}C_6$，加强其弥散强化作用。加 V、Nb 和 N 形成细小弥散的 MC、MN、M(C, N)碳化物和氮化物及碳氮化物产生沉淀强化。加 B 产生晶界强化。某些钢中加入钴以提高其固溶强化效应，提高钢的蠕变抗力，消除增加铁素体形成元素 W、Mo、V、Nb 所引起的 δ 铁素体的不利影响。这类钢中重要的钢种为 1Cr9W2MoVNbNB 钢，由于增加了钨含量，加大了 W、Mo、Cr 的固溶强化作用。采用多元碳化物形成元素，形成了多种碳化物强化相，钢中的强化相有 MC、MN、$M_{23}C_6$。再加上 B 的晶界强化作用，使钢在 600~650 ℃保持稳定的强化组织状态，获得高蠕变强度。1Cr9W2MoVNbNB 钢由于合金化程度高，具有高淬透性，经 1 050 ℃奥氏体化，空冷可在大截面上完全淬透，经 800 ℃回火，淬火得到的板条马氏体组织仅发生回复而未发生再结晶，仍保持板条马氏体的金相外貌。高温下蠕变试验表明，600 ℃、10^5h 的蠕变强度为 196 MPa，650 ℃、10^5h 的蠕变强度为 98 MPa，优于奥氏体不锈钢在同样工作条件下的蠕变性能。它适合作为高蠕变强度的高压锅炉用耐热钢。

15.5.2 奥氏体型耐热钢

奥氏体型耐热钢在 600 ℃以上温度显示出面心立方点阵组织的优越性，能够获得高的蠕变强度和组织稳定性，良好的焊接性能，是在 600~1 200 ℃温度范围应用最广的一类耐热钢。其中一类奥氏体耐热钢大量用于工业中加热炉构件及其他耐热部件；另一类是高强度热强钢，采用沉淀强化方法，主要用于航空发动机部件。

15.5.2.1 奥氏体耐热钢

最典型的铬镍奥氏体耐热钢是 12Cr18Ni9 和在此基础上演化的 06Cr18Ni11Ti、Cr17Ni12Mo2 等，最高温度用于 850 ℃左右的石油化工用的各种板管，如加热炉炉管、燃烧室、炉罩等。为了在更高温度下长期工作，需要提高钢的抗氧化性，钢中铬可增加到 $w_{Cr}=25\%\sim30\%$、硅 $w_{Si}=2\%$。为了适当提高钢的高温强度，加入钨、钼、铌等强碳化物形成元素。为了增加钢液的流动性，碳含量适当提高到 $w_C = 0.3\% \sim 0.5\%$。通用的钢有 3Cr18Ni25Si2，16Cr25Ni20Si2 等。在高温高负荷条件下工作的钢有 5Cr25Ni35Co15W5、5Cr28Ni48W5、4Cr25Ni35Mo 等。为了降低成本、节约镍，发展了用碳、氮部分代镍的耐热钢，如 4Cr22Ni4N、3Cr24Ni7SiNRE 等，其中 $w_N = 0.20\% \sim 0.30\%$。4Cr22Ni4N 钢可在 1 050 ℃以下代替 3Cr18Ni25Si2 钢，3Cr24Ni7SiNRE 钢可在 1 100 ℃下使用，以取代 4Cr25Ni20Si2 等，而在 1 100~1 250 ℃还是用高铬高镍耐热钢。

用碳、氮和锰代镍，发展了铬锰碳氮奥氏体耐热钢，主要有 26Cr18Mn12Si2N、22Cr20Mn10Ni2Si2N 等。为了防止钢中出现氮气泡，要控制好氮化物形成元素铬和锰的含量。由公式 $w_N = w_{Cr+Mn}/100$ 给出氮的溶解度为 0.3%，故一般钢中氮控制在 $w_N = 0.2\% \sim 0.3\%$。

铬锰碳氮奥氏体耐热钢经固溶处理后得到单相奥氏体组织，在 700~900 ℃温度范围奥氏体将发生分解，析出大量氮化物和碳化物，并产生时效脆性，使钢在室温下的韧性下降，但高温下仍有足够的韧性。若钢中辅加一定镍后，铬锰镍氮钢的韧性有所提高。

由于碳、氮等间隙原子的固溶强化效应大于代位元素，而氮的强化效应最大，所以铬锰碳氮耐热钢有较高的高温强度。这种钢所制成的构件能承受较大负荷，适于制作高温下的受力构件，如锅炉吊挂、渗碳炉构件，其最高使用温度可达 1 000 ℃。

15.5.2.2 沉淀强化奥氏体耐热钢

这类钢的沉淀强化相有两种，一种为碳化物，另一种为金属间化合物。

碳化物沉淀强化奥氏体耐热钢的强化相为 MC 型合金碳化物，辅以固溶强化元素钨和钼。常用的是以锰部分代镍的 4Cr13Mn8Ni8MoVNb(GH2036)钢，含有 $w_V = 1.4\%$，$w_{Nb} = 0.4\%$，钢中形成以 VC 为主的、溶解部分铌的(V, Nb)C。钢中另外一种碳化物是 $(Cr、Mn、Mo、Fe、V)_{23}C_6$，不能作为沉淀强化相。时效温度对碳化物析出的影响及对钢硬度的影响见图 15-33。可见 VC 以最快速度析出的温度在 670~700 ℃，其颗粒尺寸从几个纳米到 20 nm，此时，钢具有最高的沉淀硬化效果。$M_{23}C_6$ 在较低温度时效时，析出量很小，其最高析出量在 900 ℃。钼在钢中少部分溶入 $M_{23}C_6$，大部分溶于基体起固溶强化作用。GH2036 钢的化学成分见表 15-19。

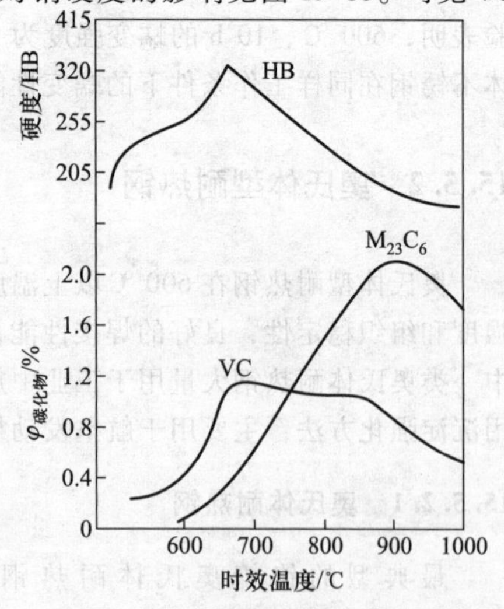

图 15-33 时效温度对 GH2036 钢中 VC 及 $M_{23}C_6$ 析出量级硬度的影响（1 140 ℃固溶，时效 16 h）

GH2036 钢的固溶温度为 1 140 ℃，保温 1.5~2 h，然后水冷，以防止冷却时 VC 析出造成大截面内外组织在时效时的不均匀性。用两次时效来改善零件截面上内外差别。第一次 670 ℃时效 16 h，此时 VC 析出呈细片状而弥散分布；第二次在 760~800 ℃时效 14~16 h，然后空冷，使弥散的 VC 颗粒适当长大，改善钢的塑性和韧性。这种时效组织在低于 750 ℃时有很好的稳定性。GH2036 耐热钢用于在 650 ℃时工作的零件，如涡轮盘件。

改进型 GH2036 耐热钢是加入少量铝 $w_{Al} = 0.30\%$，

以结合钢中的氮而减少钢中形成钒和铌的氮化物夹杂，减少钒和铌的消耗，保证全部钒和铌足量发挥其沉淀强化作用。同时加入微量镁 $w_{Mg}=0.003\%\sim0.005\%$ 来强化晶界，提高持久塑性。

表 15-19　沉淀硬化奥氏体耐热钢的化学成分($w/\%$)

牌　号	C	Cr	Ni	Mn	W	Mo	Al	Ti	Nb	V	B	其他
GH2036	0.4	13	8	8	—	1.2	—	≤0.12	0.4	1.4	—	—
GH2132	≤0.08	15	25	1~2	—	1.4	≤0.4	2	—	0.05	≤0.01	—
GH2135	≤0.06	15	35	≤0.4	—	2.0	2.4	2.3	—	—	—	Ce≤0.03
GH2302	≤0.08	14	40	≤0.6	4	2	2	2.6	—	—	≤0.01	Zr≤0.05

此外，还有以 NbC 为沉淀强化相的 Fe-Cr-Ni-Co 基的碳化物沉淀强化奥氏体耐热钢(4Cr20Ni20Co20W4Mo4Nb4)。

金属间化合物沉淀强化奥氏体耐热钢以有序相 γ'-Ni_3(Ti，Al)作为主要沉淀强化相，用于在 650~750 ℃甚至更高温度运转的燃气轮机部件。由于加入了大量铁素体形成元素作为强化元素，如钨、钼、钛、铝和铌等，为保证奥氏体基体组织的稳定性而加入大量镍。根据不同的镍含量，可分为 Fe-15Cr-25Ni、Fe-15Cr-35Ni 等几种基础合金。图 15-34 为 Cr15Ni25 基础合金加入钛和铝时效沉淀相的相区。其中有效的沉淀强化相是 γ'-Ni_3(Ti，Al)相，它具有面心立方结构，其中铝有稳定这种结构的作用。钛含量要超过 1.4%才会形成 γ'-Ni_3(Ti，Al)相。若铝含量过低，则析出的 γ'相不稳定，会逐渐转变成六方结构的 η-Ni_3Ti 相而产生胞状沉淀组织，失去沉淀强化作用。过量的铝又会导致出现 Ni_2AlTi 和 Ni(Al，Ti)相，它们易聚集长大，失去强化作用。所以合适的铝含量不超过 0.4%。合适的钛含量为 $w_{Ti}=2.15\%$。这类钢的代表为 GH2132(Cr15Ni25MoTiAlB)。加入钼主要是起固溶强化作用。钼和微量元素钒以及硼共同作用来消除耐热钢的缺口敏感性，硼还产生晶界强化作用并提高持久塑性。硅和锰是残存元素，当硅和锰的含量在上限时，钢中会出现夹杂相如 G 相($Ni_{14}Ti_9Si_6$)和拉弗斯相(Fe，Cr，Mn，Si)$_2$(Ti，Mo)，消耗了钢中有效元素。GH2132 钢的化学成分见表 15-19，GH2132 钢的热处理为采用 980~1 000 ℃固溶处理，控制好合适的晶粒度和成分均匀化，以改善塑性和伸长率，获得良好的工艺性能，如成形性和焊接性。时效温度为 700~760 ℃以获得最大的沉淀强化效果。沉淀强化相 γ'-Ni_3(Ti,Al)呈细小的球状颗粒与基体保持共格关系。GH 耐热钢可用于在 700 ℃工作的燃气涡轮部件。

Fe-15Cr-35Ni 型 GH2135 沉淀强化奥氏体耐热钢比 Fe-15Cr-25Ni 型钢有更高的高温强度。由于溶解了更多的 W、Mo、Ti、Al 等强化元素，有更多体积分数的强化相 γ'-Ni_3(Ti，Al)，更多的固溶强化元素 W 和 Mo，还有晶界强化元素 B 和 Ce，可用于在 700~750 ℃范围工作的耐热部件，代替镍基耐热合金。GH2302 合金则可在 800 ℃工作，代替镍基耐热合金。

15.5.3　镍基耐热合金(高温合金)

镍基耐热合金能够通过复杂的合金化方法获得更高的组织稳定性和更高的高温强度，其工作温度远高于铁基耐热合金。镍基耐热合金中采用金属间化合物 $\gamma'-Ni_3(Ti, Al)$ 相作为沉淀强化相。它与镍基固溶体有相同的点阵类型和相近的点阵常数，与基体形成共格，其相界面能很低，这样在高温长时间停留时聚集长大速度小，所以 $\gamma'-Ni_3(Ti, Al)$ 相是理想的沉淀强化相。由于 $\gamma'-Ni_3(Ti, Al)$ 相中铝含量高于钛含量，增大了 $\gamma'-Ni_3(Ti, Al)$ 相的稳定性。

图 15-35 为 29 种镍基耐热合金的铝、钛总量与 $\sigma_{100}=196$ MPa 应力条件下的持久温度的关系。合金中铝、钛总量越高则沉淀强化相的体积分数也越多、使用温度也越高。

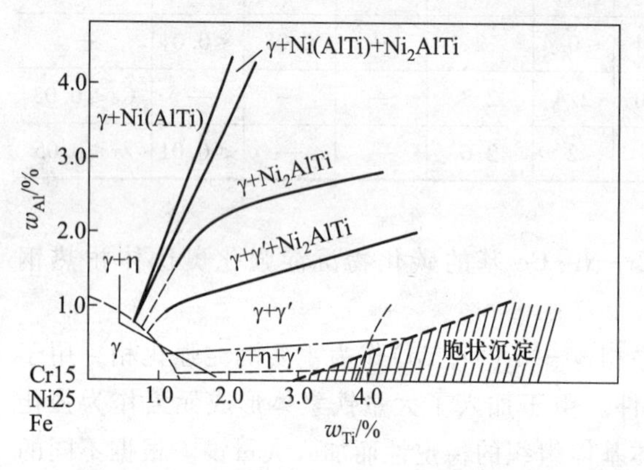

图 15-34　Fe-Cr-Ni 基合金时效沉淀相的相区与铝和钛含量的关系

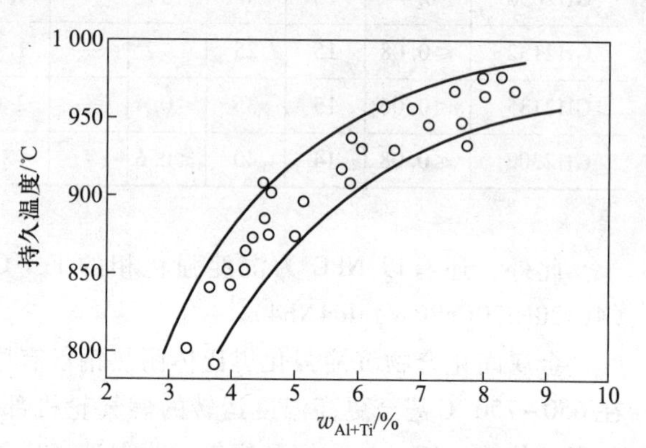

图 15-35　29 种镍基合金的铝、钛总量与 $\sigma_{100}=196$ MPa 下的使用温度的关系

$\gamma'-Ni_3(Ti, Al)$ 相对镍基合金的强化机制，其一是共格强化，其二是 $\gamma'-Ni_3(Ti, Al)$ 有序相在其形变时产生的反向畴界强化。当镍基合金时效析出 γ′相与固溶体保持完全共格，γ′相的点阵常数稍大于 γ 固溶体的点阵常数，所形成的共格界面存在匹配度差，导致在 γ′相周围 γ 固溶体产生畸变应力。匹配度差别越大，所引起的畸变应力也越大。这种畸变应力场阻碍位错运动，提高了屈服强度。在较低温度运用的镍基耐热合金其主要强度指标是短期持久强度，要求高的屈服强度。可以不考虑短期内 γ′相会因过时效而失去与基体的共格，所以 γ′相与 γ 固溶体基体之间匹配度差越大则屈服强度也越高。$\gamma'-Ni_3(Ti, Al)$ 能溶解较多的钛、铌、钽而增大其点阵常数，加大了 γ′相与基体的匹配度差，故 $w_{Al}/w_{Ti+Nb+Ta}$ 比值越小的镍基耐热合金越适合在较低温度应用。对比之下，在较高温度应用的镍基耐热合金要求微观组织热稳定性好，因而要求两者之间的匹配度差小，用增加强化相 γ′相的体积分数来提高高温蠕变强度。因此除增加合金中的铝、钛总量外，更注重调整 w_{Al}/w_{Ti} 比值，增大比值以降低 γ′相的点阵常数，同时增加比镍源自尺寸大的钨、钼含量，使之溶入 γ 固溶体基体以增大其点阵常数。这两者都可以降低 γ′相与 γ 固溶体之间的匹配度差，使得这种共格应变状态的热稳定性好，而且能够长期保持稳定。这种适合高温应用的镍基耐热合金中，强化相 $\gamma'-Ni_3(Ti, Al)$ 相的体积分数可高达 60%~70%，其沉淀强化主要靠 γ′相在位错对它切割时形成反向畴界强化。在位错切割 γ′相时，使原来滑移面上下的原子改变了原来有序的相邻关系，形成了新的、高能量的反向畴界。

镍基耐热合金的另一个强化方法是加强固溶强化作用。增加合金中钨、钼、铬的含量能进一步增加原子间的结合力，增大扩散激活能，减小原子扩散速度，增加组织稳定性。若加钴并与钨、钼综合合金化，这种匹配使得固溶强化效果更高。钴还改善含高钨、钼镍基合金的可锻性。钴溶于γ′相可置换其中镍原子，形成γ′-$(Ni, Co)_3(Al, Ti)$，提高其稳定性。钴还能降低γ′-$(Ni, Co)_3(Al, Ti)$相在γ固溶体中的固溶限，增加γ′相的体积分数。另外，钴还能降低镍基合金的层错能，使基体中出现扩展位错，并增加扩展位错的宽度。扩展位错整体滑移不灵便，要收缩成一个全位错才能进行滑移，故要消耗额外的能量，所以表现出合金强度进一步的提高。采用多元合金的综合强化，可有效提高镍基耐热合金高温强度和使用温度。

镍基合金中铬的另一个主要作用是提高抗氧化性。在800 ℃以上温度，含w_{Cr}=14%~20%的镍基合金表面氧化膜分两层，紧贴基体的是Cr_2O_3层，其外层是尖晶石类型的$NiO\cdot Cr_2O_3$。这两层氧化膜都很稳定，结构致密，有很好的保护作用。

镍基合金中低熔点杂质元素如Pb、Sb、Sn、Bi等有强的晶界偏聚倾向，它们富集于晶界，降低了晶界原子扩散激活能，强烈降低晶界的强度、冲击韧性和镍基合金的持久性能。因此，从标准上要求严格控制其含量。对Pb、Bi等元素控制其质量分数在$(0.5\sim5)\times10^{-6}$以下，而对Sb、Sn、As、Hg、Cd、K、Na、Zn等应控制在50×10^{-6}以下，这些杂质元素的总和不允许超过400×10^{-6}。此外，对S、O、N、H等有害元素也有严格限制，如硫控制在w_S = 0.005% ~ 0.007%以下。所以，提高镍基耐热合金的纯净度特别重要。为了消除有害杂质元素和气体的不利影响，在镍基合金中加入一些特殊添加剂，如碱土金属Ca、Ba，稀土金属Ce、La，以及B、Zr、Mg等，在一定含量范围内可以减轻甚至消除这些杂质元素的有害作用。其作用按由大到小的顺序为：B、La、Ce、Zr、Ca、Ba。

镍基耐热合金的牌号、化学成分和使用温度参阅表15-20，其热处理工艺见表15-21。GH4037、GH4049和GH151为时效强化镍基形变耐热合金，K403、K417和K419为镍基铸造耐热合金。

表15-20 镍基耐热合金化学成分(w/%)和最高使用温度

牌号	C	Cr	Co	W	Mo	Ti	Al	V	B	Ce	Zr	最高使用温度/℃
GH4037	≤0.10	14.5	—	6.0	3.0	2.0	2.0	0.3	≤0.02	≤0.01	—	850
GH4049	≤0.07	10	15	5.5	5.0	1.5	4.0	0.4	0.02	≤0.02	—	900
GH151	0.08	10	15.5	7.0	2.8	—	6.0	Nb 2.1	0.07	0.02	0.04	950
K403	0.16	11	5	3	4	2.6	5.6	—	0.017	—	0.05	900~1 000
K417	0.18	9	15	—	3	4.7	5.5	1.0	0.014	—	0.06	950
K419	0.11	6	12	10	2	1.2	5.5	Nb 3	0.07	—	0.05	1 050

表15-21 镍基耐热合金的热处理工艺

牌号	热处理工艺
GH4037	1 180 ℃固溶处理2~5h空冷，1050 ℃ 4h空冷，800 ℃时效16h空冷
GH4049	1 200 ℃固溶处理2h空冷，1 050 ℃ 4h空冷，850 ℃时效8h空冷
GH151	1 250 ℃ 固溶处理5~8h空冷，1 000 ℃ 5h空冷，950 ℃ 时效10h空冷
K403	1 210 ℃ 固溶处理4h空冷
K417	铸态，不热处理

镍基耐热合金采用二次固溶处理比采用一次固溶处理可以得到较高的持久强度和持久塑性。第二次固溶处理的主要作用是改变碳化物在晶界析出的形态和数量，使碳化物呈点链状分布，阻碍晶界相对滑动。在第一次高温处理时，合金中 M_7C_3 型碳化物全部溶于基体，空冷时 M_7C_3 型碳化物难以析出。在其后时效处理时，M_7C_3 在晶界大量析出，呈薄网状，使合金变脆，引起缺口敏感。若采用两次固溶处理，在第一次高温固溶后，冷到第二次固溶温度保温，让 M_7C_3 逐步析出于晶界，呈断续点链状分布，这是使晶界保持强韧态的最好组织状态。对低合金化的镍基合金可以在晶界出现贫 γ′相区域，对高合金化的镍基合金可以在晶界形成大颗粒 γ′相。这些组织的变化均可以改善晶界脆性。

镍基耐热合金常采用双重时效处理，高温时效处理析出较粗的颗粒状 γ′相，较低温度时效处理析出细小的 γ′相，得到两套尺寸的 γ′相，可以调整合金强度和塑性的配合，提高持久塑性和持久寿命。

15.5.4　新型耐热合金

（1）定向凝固单晶和柱晶耐热合金

大多数耐热合金的蠕变裂纹产生在垂直于主应力方向的晶界上。为减少合金的薄弱环节，消除横向晶界，进而消除全部晶界，这就是定向凝固柱晶叶片和单晶叶片所要达到的目标。定向凝固柱晶粒常规耐热合金的工作温度需提高 25 ℃，而单晶合金至少提高 50 ℃以上。

定向凝固方法是将合金熔液注入铸型，在铸型底部首先遇到水冷铜板，当即形成激冷层。此时，热流通过已经凝固的激冷层流向水冷铜板，在结晶层前沿合金熔液存在正向温度梯度。对立方金属与合金在结晶过程中择优取向于<100>方向长大，排斥了激冷层中其他结晶取向的晶粒。只要冷却条件不变，择优晶粒继续沿<100>方向生长，就会在整个叶片上形成柱晶。要得到单晶重要的条件是铸型温度高，合金熔液处于过热，阻止合金在铸型腔内各部形核，凝固核心只能从叶片根部的单晶核心长大，使得单晶贯穿整个叶片。由于单晶没有晶界，可以省略添加强化晶界的微量元素硼、碳、铪、锆等。

第一代单晶合金 PWA1480 中加入了高熔点金属钽，可以提高合金的蠕变强度。采用高的固溶温度后，可进一步溶解大量合金元素。在随后时效处理时，析出的 γ′相达到体积分数 φ = 60%~65%，颗粒尺寸小于 0.3 μm，使合金的潜力得到更充分的发挥。PWA1480 单晶合金的成分为 Cr10Co5W4Ta12Al5Ti1.5，它的使用温度比最好的定向凝固铸造耐热合金 PWA1422 又提高了 25 ℃。第二代单晶合金 PWA1848（Cr5Co10W6Mo2Re3Al5.6Ta8.7Nb0.1）由于添加了金属铼（Re），不仅能防止单晶合金中 γ′相粗化，而且更有强烈的固溶强化效果。在 982 ℃，σ = 248 MPa 的蠕变条件下，第二代单晶合金 PWA1848 的持久寿命从第一代单晶合金 PWA1480 的 90 h 增加到 350 h。单晶叶片已在民用和军用航空发动机上应用。

（2）粉末冶金高温合金

由于不断提高工作温度的需要，耐热合金中强化元素的添加量也不断增加，合金的成分越复杂，合金的热加工性越差，只能制成铸态合金。合金的成分复杂化导致凝固后的偏析也越严重，造成显微组织和性能的不均匀。为克服这种缺陷，采用粉末冶金工艺，将熔化的铸态合金制粉，变成小颗粒粉末。因为小颗粒合金冷速快，凝固后消除了偏析。可将合金粉末制成大块合金，把本来只能铸造的合金变成可承受热加工的形变耐热合金。粉末高温合金经预制合金粉(旋转电极法、惰性气体雾化法等)→压实(热挤压或热等静压+等温锻造)→热处理等工序后，可制成诸如先进航空发动机上的涡轮盘等重要零件成品。国内外高温合金的研发，已逐步采用Calphad、有限元模拟以及集成计算材料工程(ICME)技术。

15.6 铸 铁

15.6.1 铸铁概论

工业用铸铁是由 Fe、C 和 Si 为主要成分，并有共晶转变的工业铸造合金的总称。与钢相比，铸铁熔点低、铸造性能好、原料(包括新生铁、废钢铁、回炉铁、铁合金等各种金属炉料)的成本低、生产设备要求低(采用普通冲天炉和熔化设备即可生产)、生产流程短(无炉外精炼和特种冶金工序、轧锻工序等)且技术难度小、材料利用率高(近终型铸造成形,少机械切削,一般无需像钢一样进行再加热从而避免生成氧化皮等损耗)，并因存在石墨相而具有良好的减振性和润滑性等独特优点，故而获得了广泛应用。其缺点包括不能进行锻、轧、冲、拉拔等变形加工，焊接性能差，塑韧性等明显低于钢，等等。

15.6.1.1 铸铁的分类

铸铁的分类方法较多，主要有：

按铸铁的化学成分分类：普通铸铁、合金铸铁。

按铸铁的制取工艺分类：孕育铸铁、冷硬铸铁等。

按铸铁的断口特征分类：灰口铸铁(灰铸铁)、白口铸铁、麻口铸铁。

按铸铁的石墨形态分类：灰铸铁、蠕墨铸铁、球墨铸铁、可锻铸铁(玛钢)。

按铸铁的基体组织分类：铁素体球墨铸铁、珠光体球墨铸铁、贝氏体球墨铸铁等。

按铸铁的特殊性能分类：耐磨铸铁、抗磨铸铁、耐蚀铸铁、耐热铸铁、无磁性铸铁等。

上述铸铁中，麻口铸铁性能不好，并不是一类实用的工业铸铁，仅是根据碳在铸铁中的存在形式对介于白口铸铁和灰铸铁之间的铸铁的命名。麻口铸铁中的碳既以渗碳体形式存在，又以石墨状态存在，其断口呈灰白相间的麻点状。

15.6.1.2 铸铁中的化学元素

铸铁中的碳含量总是超过在共晶温度时碳在奥氏体固溶体中的最大固溶度。例如，在 Fe-C 二元合金中，铸铁中的碳含量 w_C 均高于 2.11%，工业用铸铁的碳含量 w_C 一般为 2.5%～4%。除碳外，铸铁中还含质量分数为 1%～3%的硅，以及 Mn、P、S 等元素。合金铸铁中还含有 Ni、Cr、Mo、Al、Cu、B、V 等元素。其中，C、Si 是影响铸铁显微组织和性能的主要元素。

碳在铸铁中多以石墨形态存在，有时也以渗碳体形态存在。铸铁中碳和硅是强烈促进石墨化的元素(强石墨化元素)，硅缩小奥氏体相区并降低共晶碳量，其石墨化效果是相同重量百分比的碳的三分之一左右。硫是强烈阻碍石墨化的元素(强反石墨化元素)。锰作为碳化物形成元素，阻碍石墨化，但与硫生成 MnS 从而抵消硫的强反石墨化作用，因而间接促进石墨化。这也是为什么工业铸铁中总是含有一定数量的硅和锰。

合金铸铁中，通过加入某些特定合金元素以获得特殊性能。

铬含量为12%~20%的高铬白口耐磨铸铁中的铬在铸铁中形成$(Cr,Fe)_7C_3$碳化物，进行高温热处理时析出二次碳化物，在铸铁冷却时奥氏体转变成为马氏体。添加磷生产的高磷铸铁，在基体中能形成 Fe_3P 共晶组织的坚硬骨架以提高铸铁的耐磨性。

耐热铸铁中加入硅、铝、铬等合金元素以提高铸铁在高温时的抗氧化性，生产含硅耐热铸铁、含铝耐热铸铁、含铬耐热铸铁，而硅、铝、铬也恰是耐热钢中的 3 种重要的提高抗氧化的合金元素(见前文 15.5 节和 11.3.2.2 节)。

又如，中锰耐磨铸铁则通过添加奥氏体稳定元素锰以降低 A_1 临界点温度，通过水韧处理(奥氏体化后水冷以获得室温下的介稳奥氏体)，进而在使用条件下使介稳奥氏体转变为马氏体而提高铸铁的耐磨性。可见，中锰耐磨铸铁获得高耐磨性的原理及热处理工艺与机械制造用高锰耐磨钢(ZGMn13)几乎是相同的。

15.6.2 铸铁中的石墨形态与基体组织调控

15.6.2.1 铸铁显微组织的构成

多数工业用铸铁微观组织均由铸铁基体和石墨相构成。图 15-36 给出铸件壁厚(决定铸件的冷速)与化学成分影响铸铁的显微组织的一类实例。图中Ⅰ、Ⅱ、Ⅲ、Ⅳ、Ⅴ区对应的铸铁显微组织依次为变态莱氏体+珠光体+渗碳体、珠光体+渗碳体+石墨、珠光体+石墨、珠光体+铁素体+石墨、铁素体+石墨，从中可以容易地看到石墨化元素碳和硅的强烈影响。当铸件壁较厚或冷却速度较慢时，则更容易获得铁素体基体+石墨。

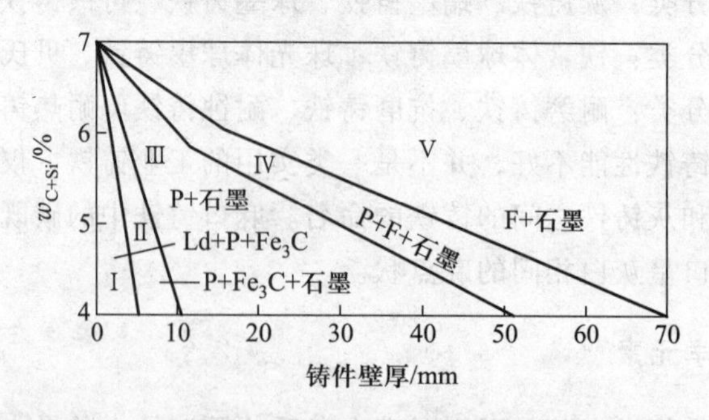

图 15-36 铸件壁厚与化学成分对灰铸铁显微组织的影响

铸铁中石墨相生成有两种重要途径：一是铸造过程中通过冷却过程中的相变生成，一是对白口铸铁施以石墨化退火而生成。铸造时的冷却条件，以及在铁液中添加孕育剂、球化剂和蠕化剂等，均会对铸铁中石墨的生成与形态产生重要影响。

石墨的强度极低，对金属基体起着分割作用，降低基体的连续型，使基体承受压力的有效截面减小，降低铸铁的强度、塑性和韧性。但石墨的形态不同，其弱化铸铁力学性能的作用有很大差别：片状石墨的弱化作用最为显著，球状石墨的弱化作用最小，介于二者之间的是蠕虫状石墨和团絮状石墨。从而，石墨形态是划分不同类型铸铁的关键性判据。

铸铁基体组织则与钢中组织分类非常类似，例如铁素体基体、珠光体基体、铁素体+珠光体混合基体、奥氏体基体、贝氏体基体和回火马氏体基体，等等。铸铁的基体显微组织的类型取决于石墨化的程度和石墨的形态，从而由铸铁成分与工艺(如铸造工艺和热处理工艺)共同决定。

15.6.2.2 铸造过程中生成石墨相

当铁碳二元系统按照稳定的Fe-石墨相图发生相变时，其相变反应类型和规律与按照亚稳相图发生相变实际上是完全相同的，只不过在有石墨参与的相变中析出的不是渗碳体而是石墨。相应的，发生相变反应的温度和成分也略有差异。

铁碳合金冷却或加热时石墨的形成过程又称为**石墨化**。根据**铁碳复线相图**(图 10-15)可将铸铁由液态冷却至室温过程中的石墨化过程分为三个阶段。

先共晶与共晶阶段 从铸铁的液相中结晶出一次石墨(先共晶石墨)和通过共晶反应结晶出共晶石墨。相图中成分在E'以右(w_C>2.08%)的液态合金在1 154 ℃将发生共晶反应，其反应式为：

$$L_{w_C=4.26\%} \rightarrow \gamma_{w_C=2.08\%} + C(石墨)$$

共晶反应生成的共晶石墨在三维空间的通常形状如图 15-37b 所示，其在二维截面上则常常呈现为片状石墨，见图 15-37a。

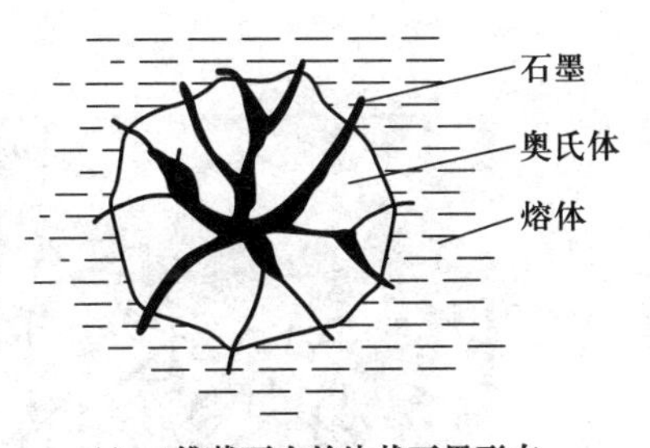

(a) 二维截面上的片状石墨形态

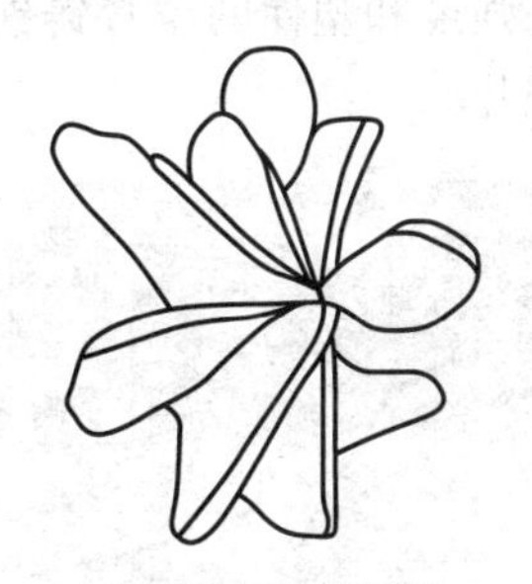
(b) 石墨的三维形态

图 15-37 铸铁中的奥氏体-石墨共晶反应

依铸铁成分和工艺条件不同，片状石墨的二维截面形态亦多种多样。图 15-38 示出片状石墨在二维截面上的不同分布形态。

二次石墨析出阶段 从铸铁的奥氏体相中直接析出二次石墨，或者通过渗碳体在共晶温度和共析温度之间发生分解而形成石墨。

共析阶段 在铸铁的共析转变过程中析出共析石墨，或者通过渗碳体在共析温度附近及其以下温度发生分解形成石墨。成分在P'以右(w_C> 0.22%)的合金在738 ℃将发生共析反应，其反应式为：

$$\gamma_{w_C=0.68\%} \rightarrow \alpha_{w_C=0.022\%} + C(石墨)$$

工业用铸铁的碳含量一般位于亚共晶至共晶碳量区间。随铸铁成分和冷却条件不同，铸铁石墨化的程度也不同。如果完全没有石墨生成，得到的只能是白口铸铁。如果三个阶段的石墨

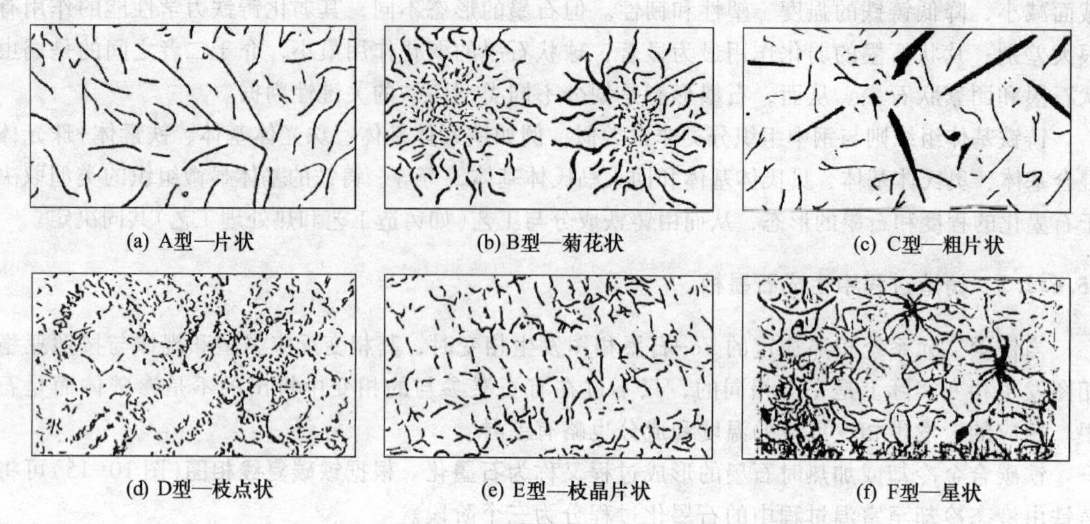

图 15-38 片状石墨的分布形态

化都得以充分进行，那就会得到铁素体基体灰口铸铁。如果冷却速度稍稍增快，前两个阶段的石墨化已经完成，但是共析阶段的石墨化没有来得及进行，则得到珠光体基体灰口铸铁。若共析阶段石墨化只能部分进行，则会获得珠光体+铁素体混合基体的灰口铸铁。

若采用**孕育处理**（变质处理）的方法，在浇注前向铁液中加入少量孕育剂（如硅铁和硅钙合金），形成大量高度弥散的难熔质点，则可促进石墨的非均匀形核而使生成的石墨细小且分布合理，获得更高强度和塑性的孕育铸铁。图 15-39 为未经孕育处理和经过孕育处理的灰铸铁中的片状石墨照片。

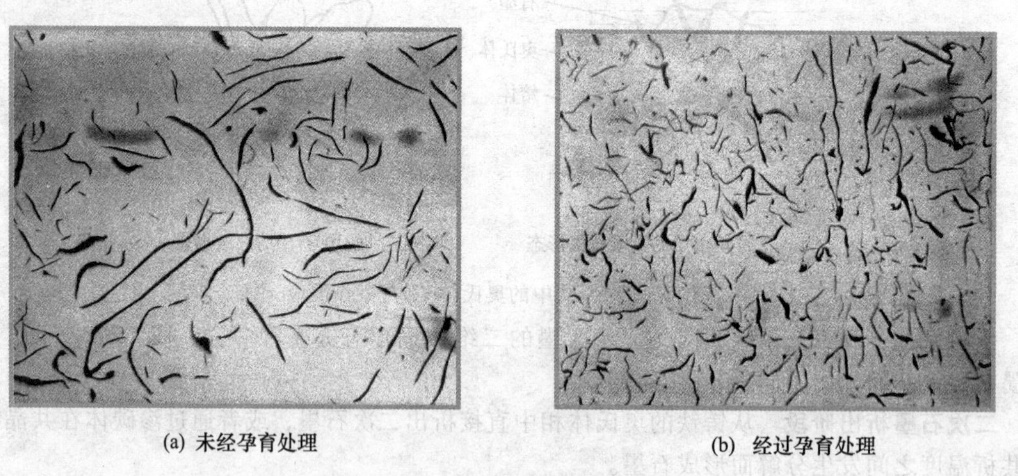

图 15-39 灰铸铁中的片状石墨
（北京科技大学材料科学与工程学院教学实验中心提供。原放大倍数 160×）

在浇注前向铁液中加入蠕化剂，可促进生成**蠕虫状石墨**，获得蠕墨铸铁。图 15-40 所示为蠕墨铸铁中的石墨形态。

如果在浇铸前向铁液中加入少量稀土镁球化剂并加入孕育剂进行孕育处理，则球化剂将作为石墨生成的核心，非均匀形核并长大生成多晶体石墨球体（图 15-41a），即**球状石**

墨。图15-41b为铁素体基球墨铸铁的金相组织照片。

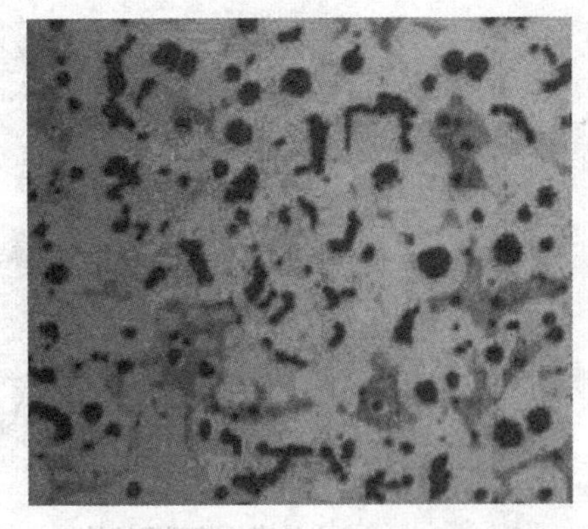

图 15-40 蠕墨铸铁中的蠕虫状石墨形态
（通过对铁液蠕化处理后铸造获得）

15.6.2.3 白口铸铁石墨化退火生成石墨相

由于白口铸铁中的渗碳体是亚稳定相，若将白口铸铁加热至较高温度下保温，渗碳体将会分解为稳定相石墨和铁素体，见图 15-42。其中，白口铸铁的石墨化退火获得的石墨多呈絮状形态，这样的工艺过程称为白口铸铁的石墨化退火。由图 15-42 还可以容易地看到，控制铸造过程或白口铸铁石墨化退火的冷却速度，即可控制铸铁的基体组织。随冷速不同，所得铸铁的基体不同，但石墨相均多呈团絮状。

图 15-43 给出了铁素体基可锻铸铁和铁素体+珠光体混合基体的可锻铸铁中的团絮状石墨形态。应注意该类石墨形态与片状石墨（图 15-38 和图 15-39）、蠕虫状石墨（图 15-40）和球墨（图 15-41）之间的形态区别，并思考为什么形态不同的石墨弱化铸铁力学性能的作用有明显不同。

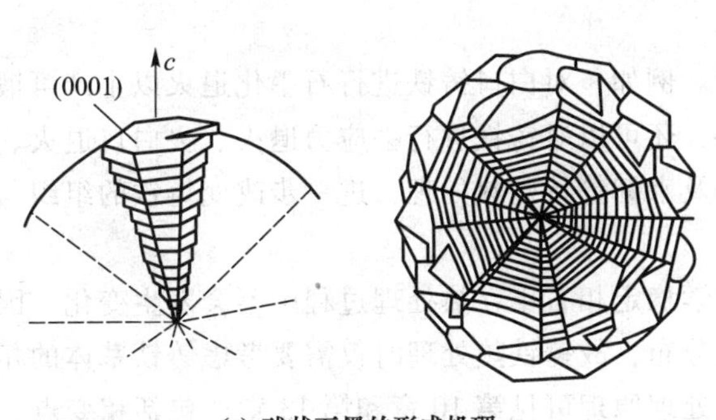

(a) 球状石墨的形成机理

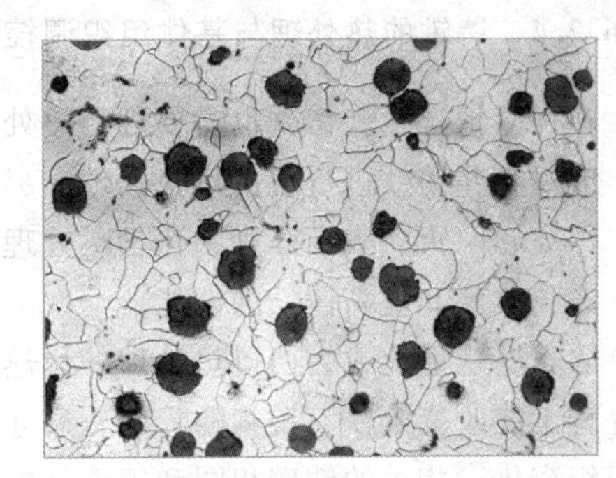

(b) 铁素体基球墨铸铁中的石墨形态(160×)

图 15-41 球状石墨的形成机理及形态

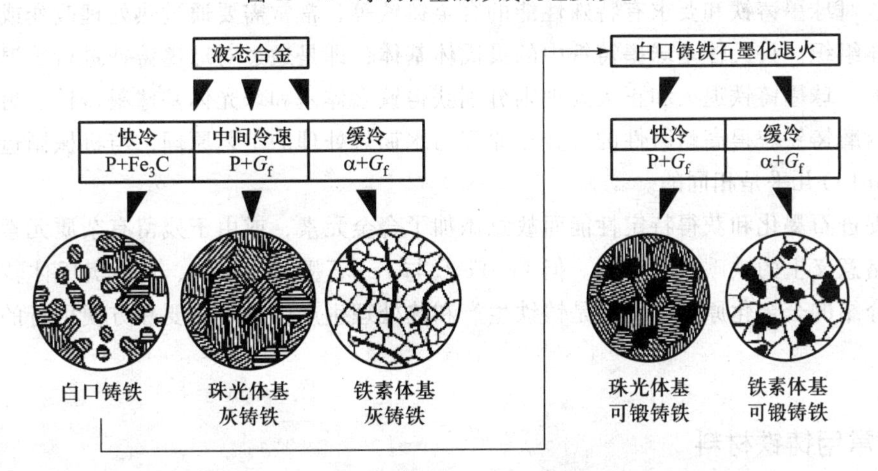

图 15-42 白口铸铁、灰口铸铁、可锻铸铁的生成示意图

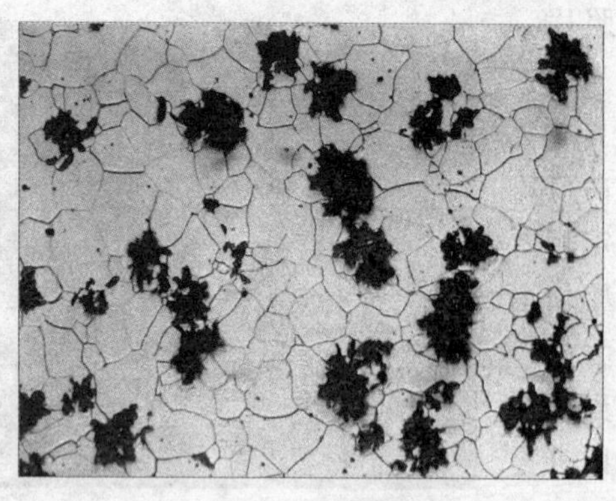

(a) 铁素体基可锻铸铁

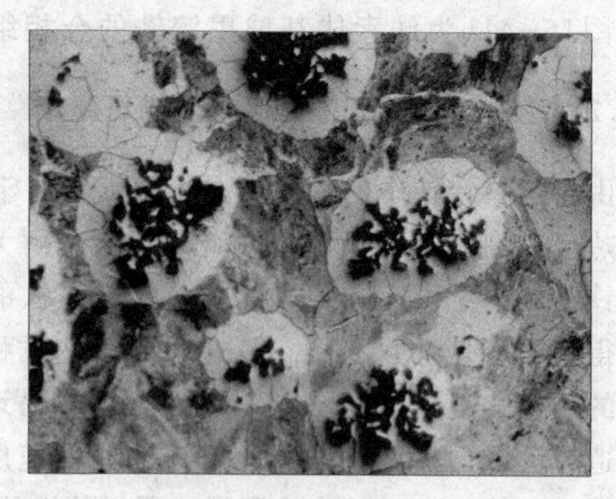

(b) 铁素体+珠光体混合基体可锻铸铁

图 15-43 可锻铸铁中的团絮状石墨形态（通过白口铸件石墨化退火获得）

15.6.2.4 铸铁的热处理与基体组织调控

在许多情况下，铸铁也需要进行热处理。例如，对白口铸铁进行石墨化退火以生产可锻铸铁，或对某些铸铁进行去白口热处理。另外，还可以对铸铁进行去应力退火、去白口退火、正火、淬火和回火、表面淬火、化学热处理以及水韧等特殊热处理，进一步改变铸铁的组织与应力状态，改善和提高铸铁的性能。

除石墨化退火或去白口热处理外，热力学稳定相石墨在热处理过程中不会发生变化，因此热处理不能改变铸铁石墨相的形状、尺寸和分布，故铸铁热处理时仅需要考虑铸铁基体的相变与组织变化。相关的铁碳相图和钢铁材料热处理原理可见第 10 章和第 13 章，包括相变点、奥氏体化与奥氏体晶粒组织控制、过冷奥氏体转变曲线图等。

实例：对球墨铸铁和要求有特殊性能的合金铸铁等，常常需要通过热处理改变或改造原来的铸态基体组织。贝氏体基球墨铸铁中的贝氏体基体，即是通过对球墨铸铁进行等温淬火热处理而获得的。球墨铸铁退火和正火处理则分别获得铁素体基和珠光体基球墨铸铁。另外，前文所述中锰耐磨铸铁获得高耐磨性的合金化原理与水韧热处理的工艺原理，与机械制造用高锰耐磨钢（ZGMn13）几乎是相同的。

为了促进石墨化和获得特定性能而故意添加了合金元素，或由于残留有杂质元素，工业铸铁已非严格意义上的铁碳二元合金。但 $Fe-Fe_3C$ 与 Fe-石墨复线相图、过冷奥氏体转变图，以及前几章介绍的合金化原理，仍然是铸铁生产和热处理生产中最为重要和方便可行的理论分析工具。

15.6.3 常用铸铁材料

在 GB/T 5612—2008《铸铁牌号表示方法》中，根据有无石墨相和石墨的形态，将工业铸铁（包括合金铸铁）分为白口铸铁（BT）、灰口铸铁（HT）、球墨铸铁（QT）、可锻铸铁（KT）、蠕墨铸铁（RuT）五类。五类铸铁中又按特殊性能和组织特征分为耐磨（M）、耐热（R）、耐蚀（S）、冷硬（L）和奥氏体（A）、珠光体（Z）、黑心（H）、白心（B）等类型的铸铁。上述（）中的字母或字母组合是 GB/T 5612—2008《铸铁牌号表示方法》中对铸铁规定的代号。如此，QTA 为奥氏体球铁的代号；QTL、QTM、QTR、QTS 分别是冷硬球铁、耐磨球铁、耐热球铁和耐蚀球铁的代号；KTH、KTB 和 BTZ 则分别是黑心、白心和珠光体可锻铸铁的代号。

15.6.3.1 白口铸铁

白口铸铁是指碳以渗碳体形态存在的铸铁，其断口呈灰白色，是一种良好的抗磨材料，可以在磨料磨损条件下工作。我国早在春秋时代就制成了抗磨性良好的白口铸铁，用作一些抗磨物件。图 15-44 所示为在山西出土的某金属器件，经鉴定为公元前 8 世纪生产的过共晶白口铸铁，其显微组织为长条状一次渗碳体和变态莱氏体，与现代过共晶白口铸铁的微观组织极其相似。

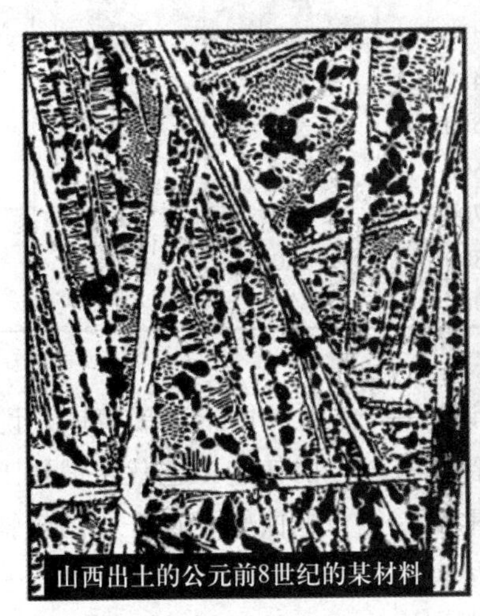

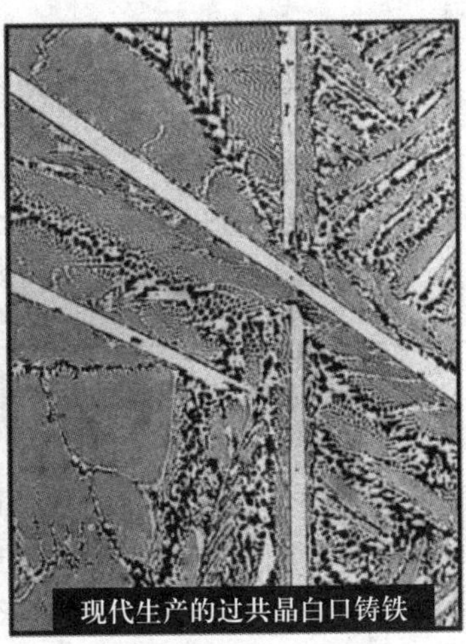

图 15-44 公元前 8 世纪生产的过共晶白口铸铁金相组织与现代白口铸铁显微组织的对比

白口铸铁包括普通白口铸铁、低合金白口铸铁、中合金白口铸铁、高合金白口铸铁。需要时，铸铁牌号中可以出现合金元素符号。例如，铸铁牌号 BTMCr2 和 BTMCr26 分别表示铬含量 1.0%~3.0%（低铬）和 23%~30%（高铬）的铬合金耐磨白口铸铁，BTMCr9Ni5 为铬含量及镍含量分别为 8.0%~10.0%和 4.5%~7.0%的镍铬合金耐磨白口铸铁，BTSCr28 为铬含量 28%的耐蚀白口铸铁。余类推。国家标准有 GB/T 8263—2010《抗磨白口铸铁件》等。

15.6.3.2 灰口铸铁

灰铸铁是应用最广泛的铸铁材料，其石墨呈片状，包括 HT、HTA、HTM、HTR、HTS 和 HTL 等类型。灰口铸铁（HT）分为普通灰口铸铁（中等或较粗石墨片）和孕育灰口铸铁（细小或较细石墨片），基体为铁素体、珠光体或铁素体+珠光体。包括普通牌号 HT100、HT150 和 HT200，孕育灰口铸铁包括牌号 HT250、HT300、HT350 和 HT400。牌号中“HT”后的数值表示铸铁的最低抗拉强度值（MPa）。牌号 HTCr-300 则表示最低抗拉强度值不小于 300 MPa 的含铬灰口铸铁。相应的国家标准有 GB/T 9439—2010《灰铸铁件》等。

15.6.3.3 球墨铸铁

球墨铸铁中的石墨相呈球状，使其强度很高且兼具良好的塑韧性，综合力学性能接近于钢，在工业中得到了广泛应用，包括 QT、QTA、QTL、QTM、QTR、QTS 等类型。例如，牌号 QTMMn8-300 表示最低抗拉强度值不小于 300 MPa 的中锰耐磨球墨铸铁。

QT 类型的牌号、基体组织与力学性能列于表 15-22。牌号中“QT”后的两组数值表示最低抗拉强度极限和伸长率。例如球墨铸铁牌号 QT900-2 表示其抗拉强度 R_m 不小于 900 MPa，最低断后伸长率 A 不小于 2%。相关信息可参见 GB/T 1348—2009《球墨铸铁件》。

表 15-22 球墨铸铁的牌号、基体组织与力学性能

牌号	基体	R_m/MPa	$R_{p0.2}$/MPa	A/%	硬度/HB
		不小于			
QT400-18	铁素体	400	250	18	130~180
QT400-15	铁素体	400	250	15	130~180
QT450-10	铁素体	450	310	10	160~210
QT500-7	铁素体+珠光体	500	320	7	170~230
QT600-3	珠光体+铁素体	600	370	3	190~270
QT700-2	珠光体	700	420	2	225~305
QT800-2	珠光体或回火组织	800	480	2	245~335
QT900-2	贝氏体或回火马氏体	900	600	2	280~360

制造业界“以铸代锻、以铁代钢”的通俗说法中，“铁”即指球墨铸铁，说明在某些允许的条件下，以能够生产大构件、成本低、对设备要求较小的铸造工艺代替锻造工艺，可以用具有较高疲劳强度的球墨铸铁来代替钢制造某些重要零件，如曲轴、连杆、凸轮轴等。

生产球墨铸铁时必须进行球化处理并伴随孕育处理。即在铁水中同时加入一定量的稀土镁球化剂和硅铁、硅钙合金等孕育剂，以获得细小、均匀分布的石墨球。同时添加孕育剂的作用是避免强反石墨化元素镁导致铸铁发生白口现象。

对球墨铸铁的成分要求比较严格，一般范围是：$w_C = 3.6\% \sim 3.9\%$，$w_{Si} = 2.2\% \sim 2.8\%$，$w_{Mn} = 0.6\% \sim 0.8\%$，$w_S < 0.07\%$，$w_P < 0.1\%$。球墨铸铁铸造成形后可以通过不同的热处理工艺获得不同基体，以获得所需要的综合力学性能。

铸铁基体对球墨铸铁的力学性能有着决定性影响。例如，表 15-22 中的贝氏体基体 QT900-2 球墨铸铁的抗拉强度比铁素体基体 QT400-18 的抗拉强度高出一倍多，最低断后伸长率 A 却只有后者的九分之一左右，可见球墨铸铁通过热处理改变基体的作用不可忽视。

15.6.3.4 可锻铸铁

可锻铸铁(KT)俗称**玛钢**，又称**展性铸铁**，是将白口铸铁石墨化经退火处理获得的一种高强韧铸铁。可锻铸铁中的碳全部或大部分呈絮状石墨形态存在。虽然可锻铸铁中的石墨对铸铁性能弱化较小，但可锻铸铁并不能真的进行锻压加工。

与灰口铸铁相比，可锻铸铁有较好的强度和塑性，特别是低温冲击性能较好，耐磨性和减振性则优于普通碳素钢。例如，牌号 KTH 350-10 表示最低抗拉强度为 350 MPa、最低断后伸长率为 10%的黑心可锻铸铁；KTZ 650-02 表示最低抗拉强度为 650 MPa、最低断后伸长率为 2%的珠光体可锻铸铁。可参见国家标准 GB/T 9440—2010《可锻铸铁件》。

黑心可锻铸铁(KTH)又俗称铁素体可锻铸铁，铸件的断口外缘为脱碳的表皮层，心部组织为铁素体+团絮状石墨。黑心可锻铸铁产品在我国占可锻铸铁总量的90%以上，可以用来制造载荷不大、承受较高冲击及振动的零件，广泛应用于汽车、拖拉机、铁路、建筑、水暖管件、线路器材等。**珠光体可锻铸铁**(KTZ)以其基体显微组织命名，强度高于黑心可锻铸铁。可用于制造强度要求较高、耐磨性较好并有一定韧性要求的重要铸件，如齿轮箱、凸轮轴、曲轴、连杆、活塞环等。**白心可锻铸铁**(KTB)系由白口铸铁坯件在氧化性介质中脱碳退火获得，要求退火时间长，实际应用较少。

15.6.3.5 蠕墨铸铁

蠕墨铸铁中的碳全部或大部分呈蠕虫状石墨形态存在，通常是铸造前向铁液中添加蠕化剂(镁或稀土)后凝固而制得的。其蠕虫状石墨为互不连接的短片状，石墨片的长度及厚度比较小、端部较钝，其形态介于片状石墨和球状石墨之间，所以力学性能也介于普通灰口铸铁和球墨铸铁之间。

蠕墨铸铁适于制造需要承受高强度和热循环负荷的零件，并广泛用来制作钢锭模、排气管、柴油发动机构件等。可参见国家标准 GB/T 26655—2011《蠕墨铸铁件》。

总 结

常用钢铁材料，按照用途可以分为工程结构钢、机械制造用结构钢、工具钢、不锈耐酸钢、耐热钢和耐热合金等。本章重点介绍了上述钢种的常见牌号及其合金化特点、主要性能和主要用途。

所谓工程结构钢是指制造工程结构件的一类钢种。按照成分划分，工程结构钢可以分为碳素工程结构钢和低合金高强度结构钢。低合金高强度结构钢是在碳素工程结构钢的基础上，加入少量合金元素而形成的。在工程结构钢中大量使用的是低合金高强度结构钢，根据工程结构件的一般服役条件，其主要的性能要求为具有足够的强度和韧性、良好的成形工艺性、良好的焊接性以及一定的耐蚀性。通常，经过热处理等工艺手段，低合金高强度结构钢可获得不同的显微组织，从而满足不同的服役需求。

工业上用于制造各种机械构件(零件)的钢称为机械制造用结构钢，一般为亚共析钢。机械制造用结构钢可分为调质钢、低碳马氏体结构钢、低合金超高强度结构钢、高合金超高强度结构钢、轴承钢、渗碳钢和氮化钢等。钢中合金元素总的质量分数一般小于5%，少数钢为5% ~ 10%，即大部分机械制造用结构钢为低合金钢和中合金钢，且大都是优质钢和高级优质钢。机械制造用结构钢的合金化元素主要有 Cr、Mn、Si、Ni、Mo、W、V、B 等，或是单独加入，或是复合加入。主加元素为 Cr、Mn、Si、Ni，其作用主要是提高钢的淬透性和综合力学性能。附加元素有 Mo、W、V、B 等，这些元素的配合加入，能降低钢的过热敏感性与回火脆性，进一步提高淬透性。

工具钢是最重要的工业用钢之一，它所制造的工具要求具有比被加工材料更高的硬度、强度及更好的耐磨性，同时也必须具有一定的塑性和韧性，所以强度、耐磨性与塑性、韧性的合理配合是工具钢的主要矛盾。工具钢的合金化和热处理工艺基本上都是围绕这个主要矛盾进行优化设计的。按其用途，工具钢可分为刃具钢、模具钢和量具钢，按其化学成分则可分为碳素及低合金工具钢、高合金工具钢和高速钢等。

不锈钢是指在大气和一般介质中具有高耐蚀性的钢，其主要矛盾是耐蚀性和强度及塑韧性的合理兼顾。不锈钢合金化的主要成分是铬元素。不锈钢按组织状态分为铁素体不锈钢、马氏体不锈钢和奥氏体不锈钢等。其中奥氏体不锈钢用量最大，它是不锈钢中耐蚀性最好的，并具有良好的韧性、塑性及焊接性，用于制作耐酸设备，如耐蚀容器及设备衬里、输送管道、耐硝酸的设备零件等。不锈钢亦可以通过冷作硬化和沉淀硬化获得高强度甚至超高强度。

耐热钢及耐热合金是抗氧化钢和热强钢的总称，主要应用于石油化工、发电、舰船以及航空、航天等领域。用于评定高温强度的指标有蠕变强度、持久强度和持久寿命。铬、铝、硅是提高钢抗氧化性能的重要元素。高温合金(superalloy)是另外一大类重要的耐热合金。

工业用铸铁是由铁、碳和硅为主要成分，并有共晶转变的工业铸造合金的总称，因其成本低、易生产且具有优良的性能，作为不同类型的铸件形式在工业上获得了广泛应用，其化学成分、石墨相形态和基体组织类型共同决定着铸铁的性能。按有无石墨和石墨形态，主要分为白口铸铁、灰口铸铁、球墨铸铁、可锻铸铁和蠕墨铸铁五类；根据其特殊性能、其组织特征和合金化情况则还可以对铸铁种类再予细分。可以通过优化铸造工艺参数和铸后热处理调控铸铁的石墨形态、尺寸及分布，调控基体组织和材料的性能。

重要术语

工程结构钢(engineering structural steel)
铁素体-珠光体钢(ferrite-pearlite steel)
非合金钢(unalloy steel)
合金钢(alloy steel)
低合金高强度钢(high strength low alloy steel)
微合金钢(microalloying steel)
微珠光体钢(micropearlite steel)
低碳贝氏体钢(low carbon bainite steel)
针状铁素体钢(acicular ferrite steel)
低碳马氏体钢(low carbon martensite steel)
双相钢(dual-phase steel)
TRIP 钢(transformation induced plasticity steel)
调质钢(quenched and tempered steel)
低碳马氏体结构钢(low carbon martensite structural steel)
低合金超高强度结构钢(low alloy ultra-high strength structural steel)
高合金超高强度结构钢(high alloy ultra-high strength structural steel)
马氏体时效钢(maraging steel)
轴承钢(bearing steel)
渗碳钢(carburizing steel)
氮化钢(nitriding steel)
弹簧钢 (spring steel)
冷镦钢(cold heading steel)
耐磨钢(abrasion-resistant steel)
高锰耐磨钢(hardfield steel, high manganese steel)
易切削钢 (free-cutting steel)
刃具钢(cutting tool steel)

模具钢(die steel)
量具钢(measuring tool steel)
碳素工具钢(carbon tool steel)
低合金工具钢(low alloy tool steel)
高速工具钢(high speed tool steel)
二次硬化(secondary hardening)
冷作模具钢(cold-working die steel)
热作模具钢(hot-working die steel)
耐磨性(wear resistance)
不锈钢(stainless steel)
耐蚀性(corrosion resistance)
铁素体不锈钢(ferritic stainless steel)
奥氏体不锈钢(austenitic stainless steel)
双相不锈钢(duplex stainless steel)
马氏体不锈钢(martensitic stainless steel)
冷作硬化奥氏体不锈钢(cold-work hardening austenitic stainless steel)
超高强度不锈钢(ultra-high strength stainless steel)
晶间腐蚀(intergranular corrosion)
点腐蚀(spot corrosion)
应力腐蚀(stress corrosion)
耐热钢(heat-resistant steel)
耐热合金(heat-resistant alloy)
高温合金(high temperature alloy, superalloy)
粉末冶金高温合金 (P/M superalloy)
热强钢(high temperature strength steel)
白口铸铁(white cast iron)
麻口铸铁(mottled cast iron)
灰口铸铁(grey cast iron)
球墨铸铁(nodular iron)
可锻铸铁(玛钢)(malleable cast iron)
蠕墨铸铁(compacted graphite cast iron, vermicular graphite cast iron)
孕育铸铁(变质铸铁)(inoculated cast iron)
集成计算材料工程(integrated computational materials engineering, ICME)

练习与思考

15-1 工程结构钢服役时的性能要求有哪些?请举例说明。

15-2 工程结构钢中惯用的合金元素有哪些?所加合金元素对钢有哪些重要的影响?工程结构钢的发展趋势?

15-3 常见的碳素工程结构钢、低合金高强度结构钢有哪些?说明其性能特点及主要用途。

15-4 什么是微合金钢?微合金化元素及其主要作用是什么?

15-5 简述低合金高强度结构钢的微合金化与控制轧制技术原理与应用。

15-6 低碳贝氏体钢、针状铁素体钢及低碳马氏体钢成分特点如何?其用途是什么?

15-7 何谓双相钢?何谓 TRIP 钢?其成分、组织和性能特点是什么?比较分析它们的强韧化原理。

15-8 钢中合金元素对淬透性有何影响?试利用合金元素对 TTT 图和 CCT 图形状与位置的影响规律予以合理解释。

15-9 合金调质钢的高温回火脆性产生的原因是什么?如何避免和控制?

15-10 列举常见的调质钢牌号，分析其化学成分特点，并说明钢的主要用途。

15-11 试分析低碳马氏体结构钢的优越性及其应用范围。

15-12 何谓低温回火脆性，其特点如何？

15-13 高合金超高强度结构钢(马氏体时效钢)，是怎样实现优异的强韧性结合的？

15-14 造成滚动轴承钢使用中失效的主要因素是什么？预防措施如何？

15-15 列举渗碳钢、氮化钢主要应用场合及特点。

15-16 在使用性能和工艺性能的要求上，工具钢与机械制造用结构钢有什么不同？

15-17 列举常见的碳素工具钢及低合金工具钢，说明其特点及用途。

15-18 分析碳和合金元素在高速钢中的作用及高速钢的热处理工艺特点。

15-19 冷/热作模具钢的服役环境如何？请列举常见的冷/热作模具钢。

15-20 不锈钢中常用合金元素对钢耐蚀性的影响是怎样的？

15-21 不锈钢的腐蚀形式有哪些？其应对措施是什么？

15-22 基于不锈钢的基体组织，不锈钢可以分为几类？请列举相关牌号并说明其用途。

15-23 试分析铁素体-珠光体、马氏体和奥氏体耐热钢提高强度的主要手段。

15-24 试述镍基耐热合金(高温合金)的特点。

15-25 新型耐热合金有哪些？各具有什么特点？

15-26 扩展阅读：自行检索相关文献资料，检索阅读“集成计算材料工程(integrated computational materials engineering, ICME)”在新型钢种材料研发中的应用实例(例如本章参考文献[12])。

参考文献

[1] 章守华，吴承建. 钢铁材料学. 北京：冶金工业出版社，1992.

[2] 吴承建，陈国良，强文江，等. 金属材料学. 2版. 北京：冶金工业出版社，2009.

[3] GB/T 13304—2008 钢分类.

[4] GB/T 221—2008 钢铁产品牌号表示方法.

[5] GB/T 700—2006 碳素结构钢.

[6] GB/T 1591—2008 低合金高强度结构钢.

[7] GB/T 1298—2008 碳素工具钢.

[8] GB/T 9943—2008 高速工具钢.

[9] GB/T 20878—2007 不锈钢和耐热钢 牌号及化学成分.

[10] GB/T 5612—2008 铸铁牌号表示方法.

[11] GB/T 1348—2009 球墨铸铁件.

[12] OLSON GB. Genomic materials design：The ferrous frontier. Acta materials，2013，61，771-781.

16 钢铁制备加工与应用技术

本章重点关注材料科学与工程学科要素中的材料工艺要素。

现代钢铁的制备加工工艺流程包括采矿与矿石处理、炼铁、炼钢、浇注、轧钢以及必要的热处理工艺和焊接工艺等。从材料微观组织机构角度思考，钢铁生产与钢材应用的工艺中又不可避免地涉及铸态组织的形成(冶炼、浇注或铸造、熔化焊等)、固态显微组织结构的演变(热加工、冷加工、热处理、焊接等)等。

在第 13 章和第 14 章中已对钢铁材料的热处理原理与工艺进行了介绍，本章主要介绍钢铁行业的炼铁、炼钢、铸轧等工艺和钢材的冶金质量，以及机械制造行业的制件成形(铸造成形、塑性成形)、焊接与机械加工等基本知识。学习本章时应充分注意材料工艺要素与材料成分、组织结构、性能与应用等其他要素之间的有机联系和密切关系。

钢材的制备加工和制件成形并组装为各种设备、装备、工程结构与基础设施、生活用品等环节，均为钢铁材料的全生命周期中的不同阶段。在材料生产、加工与应用的各个环节中，均应尽可能遵循高质量、低成本、高效率、低能耗、少污染、可持续发展的原则。

16.1 材料的全生命周期

现以钢为例，扼要讨论材料的全生命周期概念(亦称为全寿命周期)，及其与材料科学与工程基本知识与原理的关系。

在钢的材料全生命周期过程中(图 16-1)，主要包括 4 大阶段：新钢种的研究开发并冶炼加工成钢材(冶金行业-钢铁材料制造业)、将钢材制备成机械装备和生活用品(机械设计制造业、建筑业、其他工程行业等)、产品服役阶段(钢铁材料终端产品的工程应用与服务社会)、废钢等的回收及再利用。

现代钢铁生产工艺流程主要包括**采矿**与矿石处理、**炼铁**(将铁矿石在高炉中冶炼成生铁)、**炼钢**(将铁水注入转炉或电炉冶炼成钢,再将钢水铸成连铸坯或钢锭)、**轧钢**(经冷热轧制等塑性变形方法加工成各种用途的钢材)以及必要的**热处理**工艺(基于固态相变和转变原理改善钢的组织结构与性

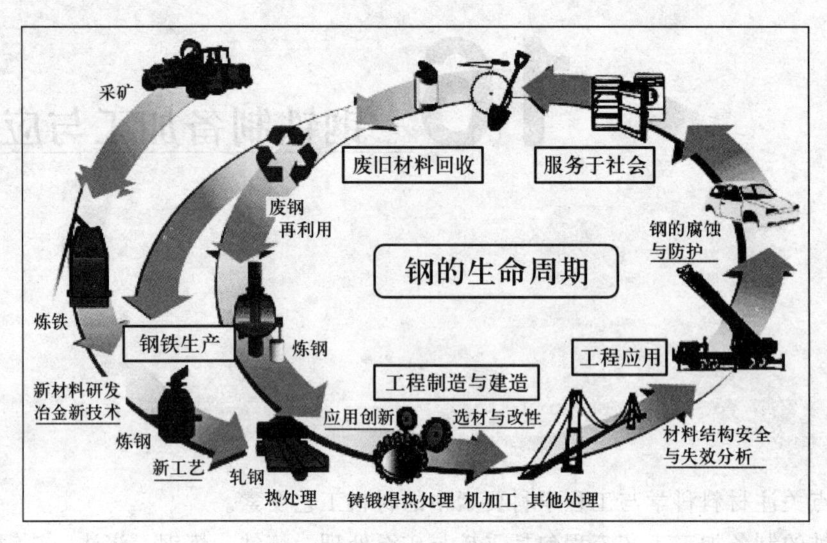

图 16-1 钢铁材料的全生命周期

能）和**焊接**工艺等。从材料微观组织结构角度思考，钢铁生产工艺流程中又包括了铸态组织的形成（冶炼、浇注或铸造、熔化焊等）、固态显微组织结构的演变（热加工、冷加工、热处理、焊接等）等。从而，本书前文所述的材料科学基础知识和原理，在钢铁生产工艺流程中有着重要应用。

当钢材作为原材料流通到工程制造和建造领域后，材料科学与工程的基础知识和原理继续发挥着不可或缺的作用。在机械类等终端产品设计的同时，要进行科学选材和材料工艺设计，一是要让钢铁材料成形为终端产品的坯料或产品本身，二是要保证获得预期的材料内部组织结构和性能、功能。在此阶段，热锻、热处理和焊接将不可避免地影响材料或机械制品整体或局部的内部显微组织结构与性能，铸钢件和铸铁件的铸造及后续热处理工艺对铸件的内部组织结构更是有决定性的影响。机械加工工艺等一般不会影响材料内部的组织结构与性能，但机械加工时工件的表面状态、光洁度、表层塑性流变和表面应力状态等会影响工件的服役性能。从而，在机械制造行业和各种材料应用行业，材料科学与工程原理对于正确理解材料成分—工艺—组织—性能四者之间的关系，同样极为重要。

钢铁产品服役报废后或产品生产过程中产生的下脚料和废次料均可近 100% 回收、分类、重熔加工，从而是与人类友好的材料。

无论工作在材料研究与开发、材料制备与加工、工程建造与机械制造、材料应用与材料结构安全维护、材料腐蚀与防护、材料工程与环境保护等哪个行业或领域，材料科学与工程的基本知识均是必不可少的。将所学到的知识和技能运用到实际中并用于分析和解决复杂工程问题，是学习本书包括本章的主要目的之一。

16.2 钢铁生产工艺技术

图 16-2、图 16-3 分别为现代钢铁生产工艺流程的例子，炼铁、炼钢、浇注、轧钢均为其

中的主要工艺环节。图 16-2 所示流程用于生产碳钢和对质量要求不是特别高的合金钢，采用电炉或转炉冶炼，无炉外精炼；图 16-3 所示流程适用于特殊钢及高品质钢生产，均采用电炉冶炼加炉外精炼，必要时再增加特种冶金方法，诸如电渣重熔、真空自耗重熔、等离子炉重熔、电子束炉重熔等，进一步精炼。模铸坯或连铸坯再经过轧制或锻压以及必要的热处理或焊接，形成不同种类的钢材。

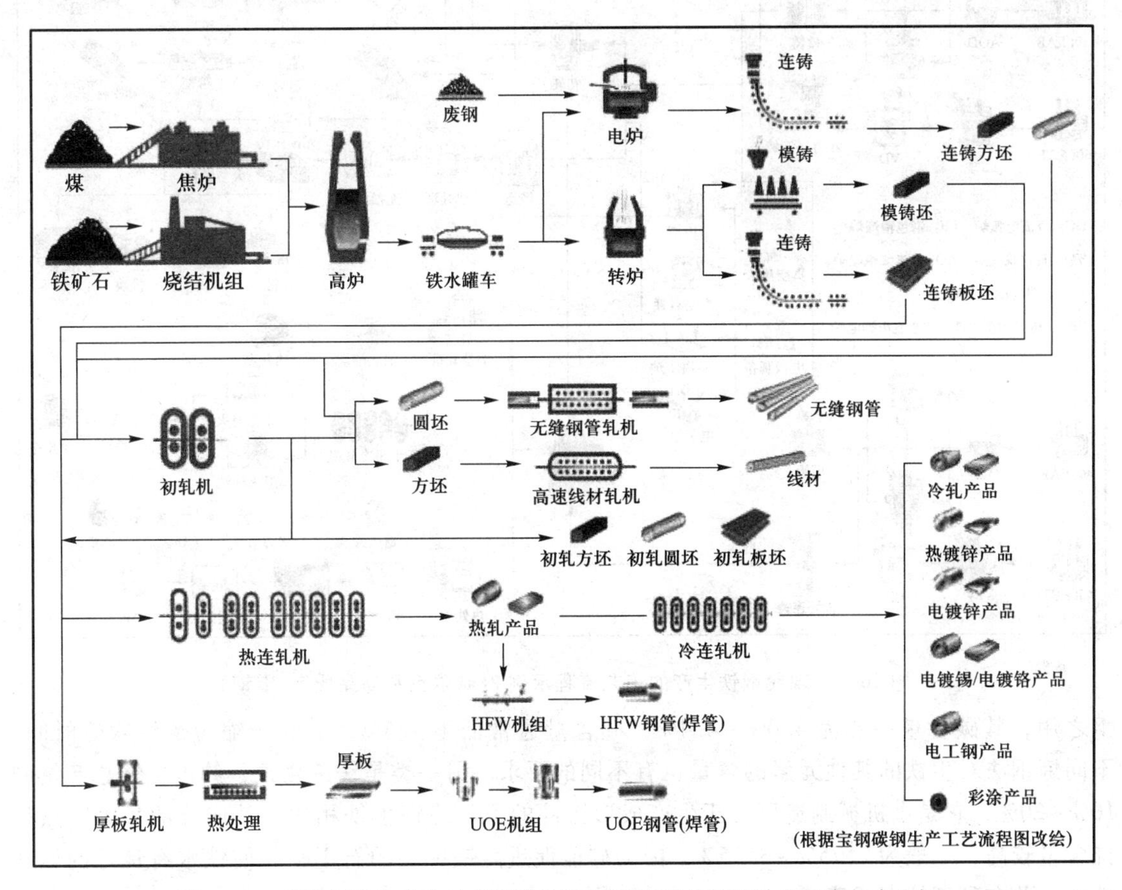

图 16-2 现代钢铁生产的工艺流程示例 1(碳钢及无特殊冶金要求的合金钢)

必须指出，21 世纪的钢铁生产流程正不断地由独立、断续的铸及轧和材料热处理三工序演变成相互交叉、相互融合的铸—轧—材一体化高效新流程。然而，为了更好地学习、理解不同钢铁生产新工艺流程的发展与演变，本节仍依次介绍炼铁、炼钢、浇注、轧钢等工序(热处理已在第 13 章介绍，此处不再重复)，并给出钢铁生产工艺新流程形成与发展的一些例子。

16.2.1 炼铁

炼铁的原料主要是铁矿石、焦炭和熔剂。实用主要设备为**高炉**，由炉体本身及其附属系统(主要有供料系统、加料装置、送风系统等)所组成。

高炉主要用于生产两类生铁：一类是**炼钢生铁**，约占生铁总产量的 80%~90%，它专供炼

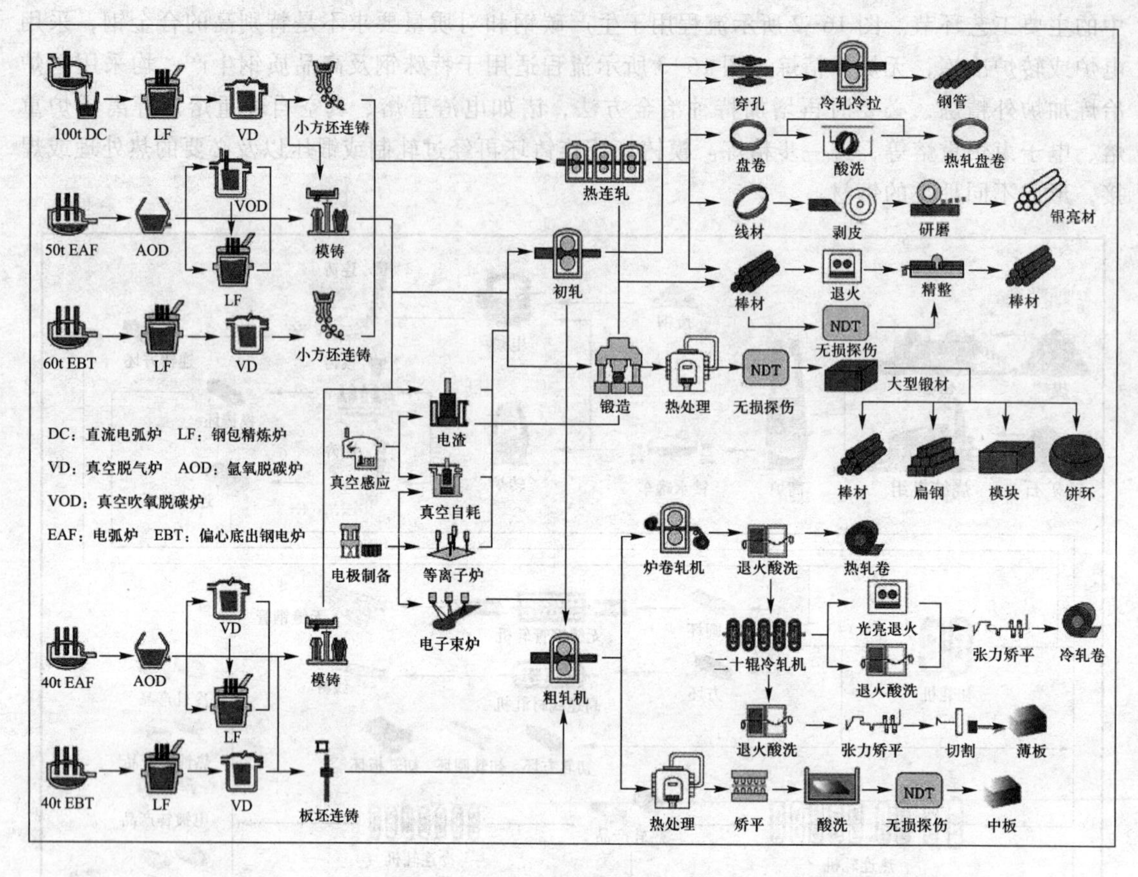

图 16-3 现代钢铁生产的工艺流程示例 2(特殊钢和高品质钢,宝钢)

钢之用，其碳含量一般为 4.0%~4.4%，硅含量通常低于 1.5%，有利于缩短炼钢吹炼时间。不同炼钢法对生铁的其他元素的含量也有不同的要求。另一类是**铸造生铁**，约占生铁总产量的 10%~20%，它是供机械制造厂用于生产成形铸件的，与炼钢生铁相比，其成分的最大特点是硅含量较高，一般为 2.75%~3.25%，因为硅能促进生铁中碳的石墨化，使铁水有良好的填充性能，并有利于抗振减摩。

高炉中还可冶炼铁与其他元素的**铁合金**，如硅铁、锰铁等，用作炼钢时的脱氧剂和合金元素添加剂。

高炉炉渣和高炉煤气是高炉冶炼的副产品。炉渣成分与水泥相近，可用来制造水泥、炉砖和高温陶瓷等材料。高炉煤气中含有大量的 CO、CH_4 和 H_2 等，可作为燃料，用于炼焦、炼钢和各种加热炉，具有很高的经济价值。

16.2.2 炼钢

炼钢的目的就是去除生铁中多余的碳和大量杂质元素，使其化学成分达到钢的标准。根据炼钢所用的设备不同，一般炼钢方法包括转炉炼钢、电弧炉炼钢和平炉炼钢，以及特种冶金方法。其中平炉炼钢法已被淘汰。

16.2.2.1 转炉炼钢

转炉炼钢法是最早的大规模生产液态钢的方法，几经改进，现在仍然是现代炼钢的主要手段(转炉钢占总钢产量的90%甚至更高)。转炉炼钢以高炉冶炼出来的炼钢生铁作为主要原料。

英国人贝塞麦(H. Bessemer)于1855年发明了酸性炉衬空气底吹转炉炼钢法，标志着现代炼钢法的开始，并成为19世纪后半叶最主要的炼钢法。但酸性炉衬空气底吹转炉炼钢法不能去除硫和磷，使其应用受到限制。1879年出现了托马斯底吹碱性转炉炼钢法，使用带有碱性炉衬的转炉来处理高磷生铁问题，但仍存在对原料要求过高等问题。1952年氧气转炉炼钢法投入工业应用，解决了钢中氮和其他有害杂质的含量问题。其后发展迅速，至1976年转炉钢已占世界钢总产量的70%。之后逐渐向大型化发展，现已成为现代钢铁工业主要的炼钢方法之一。转炉炼钢是目前我国最主要的炼钢方法，国产转炉钢比例超过了90%。

转炉为梨形容器，因装料和出钢时需倾转炉体而得名。世界上最大转炉容量已达350 t。冶炼时，将氧气(早期为空气)吹入直接由高炉或化铁炉提供的温度约为1 250~1 400 ℃的液体生铁中，使其中的碳、硅、锰、磷等元素迅速氧化，并靠这些元素氧化反应时所放出的大量热来升高铁水的温度，熔化造渣材料，从而在熔渣和铁水间发生一系列物理化学反应，把碳氧化到一定范围，并去除铁液中的杂质元素。吹炼完毕后即可脱氧出钢。

目前，世界各国采用的转炉绝大多数是**氧气转炉**，其主要特点是生产率高、钢的质量好、可炼品种多、原料适应性强、成本低、投资少等。**转炉炼钢模式**也已由传统的单纯用转炉冶炼发展为铁水预处理—复吹转炉吹炼—炉外精炼—连铸这一新的工艺流程。氧气转炉已由原来的主导地位变为在新工艺流程中主要承担初炼任务(炉料熔化、脱磷、脱碳和主合金化)，而脱气、脱氧、脱硫、去除夹杂物和进行成分微调等任务则放在炉外的“钢包”或者专用容器中进行的精炼阶段完成。

16.2.2.2 电弧炉炼钢

电弧炉是利用电极电弧产生的高温熔炼矿石和金属的电炉，通过石墨电极向电弧炼钢炉内输入电能，以电极端部和炉料之间发生的电弧为热源进行炼钢。电弧炉炼钢所用的金属炉料主要是废钢。电弧炉由法国人埃鲁(P. L. T. Heroult)发明并在20世纪初用于炼钢。现在，最大电弧炉容量可高达400 t。

电弧炉有(三相)交流电弧炉和(单相)直流电弧炉(DC)之分。交流电弧炉有3根电极(图16-3中EAF)，交流供电。直流电弧炉只有1根电极(图16-3中DC)，直流供电。

电弧炉炼钢炉温和热效率高，电弧区温度高达3 000 ℃以上，可以快速熔化各种金属炉料，并使钢液温度迅速升高到1 600 ℃以上，且温度易调整和控制，其热效率一般可达65%以上。炉内既可造成氧化性气氛，又可造成还原性气氛。有利于除去钢中有害元素和非金属夹杂，有利于钢的合金化和钢的成分的控制，更适合冶炼特殊钢和高品质合金钢(图16-3)，但电弧炉炼钢电能消耗大，生产率低于转炉，炼钢的吨钢成本高于转炉。近年来以废钢为主要原料的电弧炉炼钢工艺与连铸-钢坯热装热送-连轧相结合的紧凑型“短流程”的钢铁生产流程发展迅速，在投资、效率、环保等方面具有优势，发展前途广阔。

美国的电炉钢生产占国际领先地位，电炉钢占比高于50%，其型钢市场已被短流程企业完全占领。我国电炉钢占比在10%左右(2010年)。

16.2.2.3 平炉炼钢

平炉炼钢是以煤气或重油为燃料，在燃烧火焰直接加热的状态下，在平炉中将生铁和废钢等原料熔化并精炼成钢液的一种炼钢方法。法国人马丁(P.E.Martin)1864年发明平炉炼钢法，20世纪上半叶是平炉炼钢的黄金时代，平炉钢产量曾占到世界钢产量的85%。平炉炼钢法的最大缺点是冶炼时间长(一般需要6~8 h)，燃料耗损大(热能的利用率只有20%~25%)等。20世纪60年代，平炉炼钢法失去其主力地位。至今，平炉炼钢法已经被淘汰。

16.2.2.4 炉外精炼

为提高钢的纯净度、降低钢中有害气体和夹杂物含量，目前广泛采用炉外精炼技术，以实现一般炼钢炉内难以达到的精炼效果。

炉外精炼指将转炉或电弧炉中初炼过的钢液移到另一个容器中进行精炼的炼钢过程，又称为“钢包冶金”、“二次炼钢”等。目的是将初炼的钢液在真空、惰性气体或还原性气氛的容器中进行脱气、脱氧、脱硫，去除夹杂物和进行成分微调甚至钢液温度微调等。将炼钢分为初炼和精炼两步进行，可大幅度提高冶金质量，并将钢中有害杂质大幅度降低，缩短冶炼时间，简化工艺过程并降低生产成本。

起初，炉外精炼仅限于冶炼特殊钢和合金钢，现在已扩大到普通钢的生产中。炉外精炼工艺与设备已经普及，其生产技术已成为现代钢铁生产流程中不可缺少的重要环节。

现已公认，在转炉初炼前进行铁水预处理、出钢后进行炉外精炼，是降低钢中有害杂质、生产洁净钢的好方法。在日本、欧美地区等先进的钢铁生产国家，炉外精炼比已超过90%。

炉外精炼可以完成下列任务：

(1) 降低钢中的硫、氧、氢、氮和非金属夹杂物含量，改变夹杂物形态，以提高钢的纯净度，改善钢的力学性能。

(2) 深脱碳，在特定条件下把碳降到极低含量，满足低碳和超低碳钢的要求。

(3) 微调合金成分，将成分控制在很窄的范围内，并使其分布均匀，降低合金消耗，提高合金元素收得率。

(4) 将钢水温度调整到浇注所需要的范围内，减少包内钢水的温度梯度。

不同炉外精炼方法可达到的钢洁净度见表16-1。

表16-1 不同炉外精炼方法可达到的钢洁净度(w/%)

精炼工艺	精炼设备	生产条件	可达到的纯净度/10^{-6}						杂质总量/10^{-6}
			C	S	P	O	N	H	
非真空精炼	LF	电炉+LF渣洗精炼	—	50~100	100~150	25~60	50~80	4~6	229~396
	CAS-OB	铁水预处理转炉-精炼	—	100~150	50~150	25~50	40~60	3~4	218~414
	AOD	电炉+AOD冶炼不锈钢	0.08~0.4	30~50	150~250	30~80	25~30	3~5	238~415

续表

精炼工艺	精炼设备	生产条件	可达到的纯净度/10^{-6}						杂质总量/10^{-6}
			C	S	P	O	N	H	
真空精炼	RH	转炉弱脱氧出钢+RH	≤20	15~25	50~100	20~40	≤25	0.5~1.5	110.5~211.5
	VD	电炉+VD	—	15~30	100~150	5~25	40~60	1~3	151~268
	VOD	电炉+AOD+VOD不锈钢	30~300	15~30	100~150	30~50	15~50	1~2.5	191~585

注：LF—钢包炉法；RH—真空循环脱气法；CAS-OB—密封吹氩吹氧调整成分工艺法；VD—真空脱碳法；AOD—氩氧脱碳法；VOD—真空吹氧脱碳法。

钢材洁净度的大幅度提高，实现了超低氧、超低碳、超低硫，导致我国钢铁工业产品结构发生了重大改变，典型高品质钢种的比例迅速增长，钢的高附加值也明显增高。

16.2.2.5 特种冶金

又称特种电冶金，是一类区别于转炉、电弧炉等通用冶炼方法的冶金方法，用于进一步提高钢或合金的冶金质量或冶炼在大气条件下不易熔炼的活泼金属与合金。一般分为电渣冶金、真空电弧重熔、等离子熔炼、电子束熔炼等(图 16-3)。

特种冶金的产品总量不大，不到钢总产量的 1%，但在高新技术和国防尖端领域占有极为重要的地位。它们是生产高质量特殊钢及高温合金、难熔合金、活泼金属、高纯金属及近终形铸件的手段。

电渣冶金是目前生产高品质材料的重要方法，经电渣重熔的钢，纯度高、含硫量低、非金属夹杂物少、钢锭表面光滑、结晶均匀致密、金相组织和化学成分均匀，广泛应用于航天航空、军工、能源、船舶、电子、石化、重型机械和交通等许多国民经济的重要领域。目前，我国几乎所有的特殊钢生产企业都拥有电渣炉。

真空电弧重熔是一种用于生产合金含量高、组织均匀性要求高的材料的二次熔炼工艺，并主要用于高端产品的生产，例如高端特殊钢材料以及镍基合金、钛合金等。

等离子熔炼是用惰性气体(如氩)、还原性气体(如氢气)或两种气体的混合物作介质，温度达 30 000℃以上的纯净等离子电弧或等离子束作热源进行熔炼的一类冶金方法的总称。可在有炉衬的炉子中进行熔炼，也可以自耗电极的形式熔化提纯。主要用于特殊钢、超低碳不锈钢、高温合金以及活性和难熔金属(如钨、钼、铼、钽、铌、锆等)的生产。

电子束熔炼是利用电子束发生系统发出高能量密度的电子束轰击熔炼金属，使金属熔化从而实现对金属材料的熔炼、提纯、去杂等过程，可以获得高纯、难熔材料。

16.2.3 浇铸

将液态的钢水浇铸成固态的钢坯，称为**浇铸**。浇铸可分为模铸和连铸。

16.2.3.1 模铸

模铸是将钢水注入钢锭模内，待凝固脱模后成为**钢锭**。由于模铸工艺的凝固过程慢，且难以控制，故模铸钢锭偏析严重。同时模铸工艺为间歇生产，生产率低，随着连续浇铸技术的发展，其所占的比例已很小。但机械工业用大锻件还需用大的模铸锭(或经特殊处理如电渣重熔等)来制造，特种冶金用钢锭也仍需要模铸方法生产(图 16-3)。

模铸时，随炼钢中脱氧方式不同，所得钢有镇静钢、半镇静钢和沸腾钢等，其钢坯也有很大区别。其中，**沸腾钢**为脱氧不完全的钢，未经脱氧或未充分脱氧，浇注时钢液中碳和氧会发生反应产生 CO 气体而发生沸腾现象，凝固后蜂窝气泡分布在钢锭中(图 16-4a 中 6 号、7 号、8 号钢锭)，在轧制过程中这种气泡空腔会被黏合起来。这类钢的优点是钢的收得率高、生产成本低、表面质量和深冲性能好；缺点是钢的杂质多，成分偏析较大，所以性能不均匀。**镇静钢**在浇注前对钢水进行了充分脱氧，浇注时钢液平静而不沸腾，但钢锭顶部可能会出现大的集中缩孔(图 16-4a 中 1 号钢锭)。**半镇静钢**(图 16-4a 中 2 号、3 号、4 号钢锭)的脱氧程度介于镇静钢和沸腾钢之间，在浇注过程中仍存在微弱沸腾现象。压盖沸腾钢或加盖钢则介于半镇静钢和沸腾钢之间。

如图 16-4b 所示，模铸的镇静钢钢锭纵剖后从边缘到中心的宏观组织是：**细小等轴晶带**(又称激冷层)、**柱状晶带、中心的粗大等轴晶带**(又称锭心带)。与沸腾钢和半镇静钢相比，镇静钢的收得率低，但组织致密、偏析小、质量更高。优质钢和合金钢一般都是镇静钢。

16.2.3.2 连铸

由钢包中浇出的钢水不断通过水冷结晶器，凝成硬壳后从结晶器下方出口连续拉出，经喷水冷却全部凝固成坯的铸造工艺过程，称为连续铸钢，简称连铸，见图 16-5a。前文 7.3.4 节曾对连续铸造有过扼要介绍，现在结合钢铁生产工艺流程进一步讨论。

和传统的模铸相比，连铸可简化生产工序，提高生产效率；增大金属收得率；直接热送轧制以降低能耗；生产过程可控，易于实现自动化；铸坯内部组织均匀、致密，树枝晶间距小，化学成分偏析小，连铸坯轧出的板材横向性能优于模铸，深冲性能也有所改善。2007 年中国的连铸比(连铸合格坯产量占钢总产量的百分比)已达到 96.95%，主要钢铁企业已进入全连铸时代。

连铸坯主要分为**板坯**和**方坯**(大方坯、小方坯)。板坯的截面宽同高的比值较大，主要用来轧制板材。方坯的截面宽同高相等或差别不大，主要用来轧制型钢、线材。**薄带坯**连铸则可直接铸出厚度仅为 1~3 mm 的薄带，其冷却速度大、晶粒细化、偏析减轻，形状尺寸和性能都接近最终产品，是现代连铸技术发展的一个新方向。连铸坯全部是镇静钢，沸腾钢不能用连铸方法生产。

钢水连铸的凝固过程与钢锭模铸的有所不同。在连铸过程中，钢水浇入结晶器后边传热、边凝固、边运行。其凝固过程包括 3 个阶段：钢液注入结晶器后受到激冷形成初生坯壳；坯壳边向下移动，边放出热量，边向中心凝固。由于拉速通常都比结晶速度快，因此其内部有一相当长的呈倒锥形的未凝区，称为液芯或“液相穴”。带液芯的铸坯进入二冷区再经喷水或喷雾冷却后才完全凝固，形成连铸坯，见图 16-5b。结晶器内约有 20%的钢水凝固，带有液芯的坯壳从结晶器拉出来进入二冷区接受喷水冷却，喷雾水滴

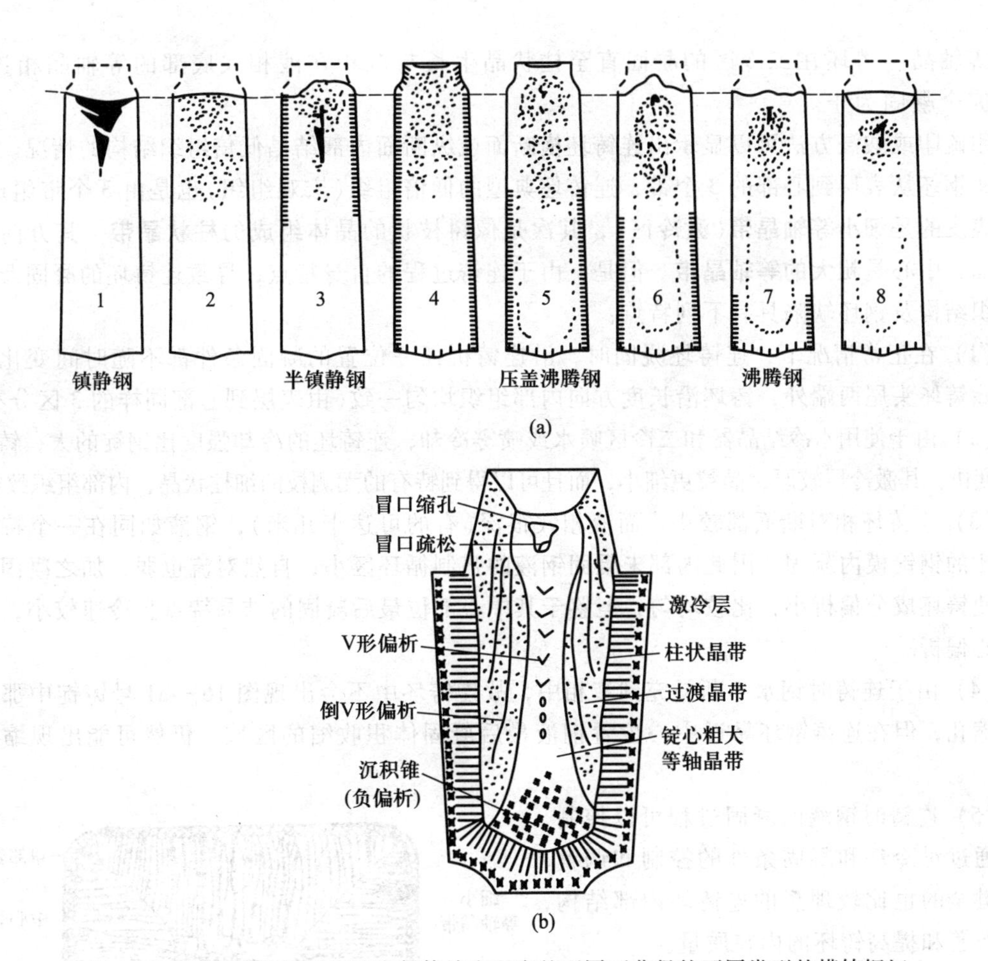

图 16-4 因脱氧和抑制钢液中气体放出程度的不同而获得的不同类型的模铸钢坯

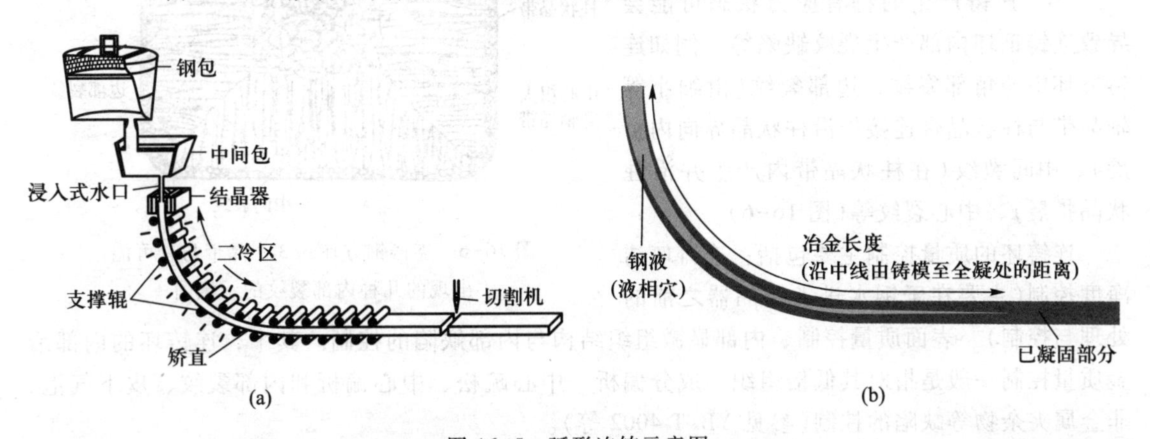

图 16-5 弧形连铸示意图

在铸坯表面带走大量热量，使表面温度降低，这样在铸坯表面和中心之间形成了大的温度梯度。垂直于铸坯表面散热最快，使树枝晶平行生长而形成了柱状晶。同时在液芯内的固液交界面的树枝晶因液体的强制对流运动而折断，打碎的树枝晶一部分可能重新熔化，加速了过热度的消失，另一部分晶体可能下落到液相穴底部，作为等轴晶的核心而形成等轴晶。铸坯在二冷区的凝固直至柱状晶生长与沉积在液相穴底部的等轴晶相连接、钢液完全凝固为止。

用硫印或酸浸方法可以显示出连铸坯横断面或纵断面内部结晶低倍组织结构的情况。类似于模铸钢坯从表层到心部的3个带，连铸坯典型的低倍组织(宏观组织)也是由3个带组成的。靠近表皮的是**细小等轴晶带**(激冷区)，其次是像树枝状的晶体组成的**柱状晶带**，其方向垂直于表面，中心是**粗大的等轴晶带**。但是，由于连铸过程的自身特点，导致连铸坯的凝固及其内部组织结构及钢坯缺陷具有下列特点：

(1) 在正常情况下，连铸坯凝固时，沿连铸机任一位置的凝固条件都不随时间变化，因此，除铸坯头尾两端外，铸坯沿长度方向内部组织均匀一致(由表层到心部同样的3区分布)。

(2) 由于使用水冷结晶器和二冷区喷水或喷雾冷却，连铸坯的冷却强度比钢锭的大，铸坯凝固速度快，其激冷层较厚，晶粒更细小，而且可以得到特有的无侧枝的细柱状晶，内部组织致密。

(3) 连铸坯相对断面都较小，而液相穴很深(有的可达十几米)，钢液如同在一个特大的高宽比的钢锭模内凝固。因此内部未凝固钢液的强制循环区小，自然对流也弱，加之凝固速度大，使铸坯成分偏析小，比较均匀，但鉴于其中心部位最后凝固的结晶特点且冷速较小，易出现中心偏析。

(4) 由于连铸时钢水不断补充到液相中，故连铸坯中不会出现图16-4a1号铸锭中那样的集中缩孔，但在连铸钢坯靠近中心位置钢液最后凝固体积收缩的区域，仍然可能出现缩孔与疏松。

(5) 连铸时钢液的凝固过程可以控制，可以通过对冷却和凝固条件的控制和调整，获得健全的也比较理想的连铸坯内部结构，从而改善和提高铸坯的内在质量。

(6) 连铸产生的特有应力状态可能会导致连铸钢坯内部产生裂纹缺陷等。例如连铸方坯中的角部裂纹、边部裂纹(由细小等轴晶带与柱状晶带连接处沿柱状晶界向内扩展)、中间裂纹(在柱状晶带内产生并沿柱状晶扩展)、中心裂纹等(图16-6)。

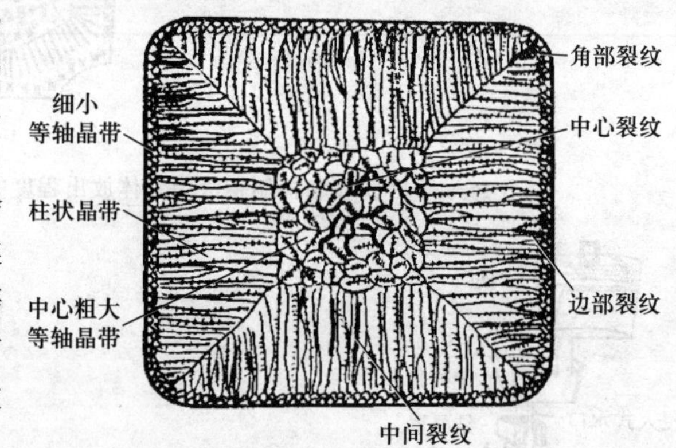

图16-6 连铸钢方坯的3个晶带与有可能出现的几种内部裂纹的示意图

连铸坯的质量控制主要包括：连铸坯洁净度控制(主要在于钢水进入结晶器之前的处理与控制)、表面质量控制、内部显微组织结构与内部缺陷的控制。其中，连铸坯的内部冶金质量控制一般是指对其低倍组织、成分偏析、中心疏松、中心偏析和内部裂纹、皮下气泡、非金属夹杂物等缺陷的控制(参见YB/T 4002等)。

16.2.4 轧钢与钢材品种

轧制是金属塑性变形加工(压力加工)方法中的一种。**轧制**也叫压延，它是指金属坯料通过转动轧辊间的缝隙承受压缩变形而在长度方向产生延伸的过程(图16-7)。

轧制的目的，一方面是为了得到所需要的形状，例如板带材、管材、各种型材以及线材等；另一方面是为了改善金属材料的内部质量，提高金属材料的力学性能。90%左右的钢材是用轧制方法成形的。通过轧钢，可以将钢锭坯加工成为板、带、棒、线、管等不同形状的钢材。图16-2和图16-3中已给出若干实例。

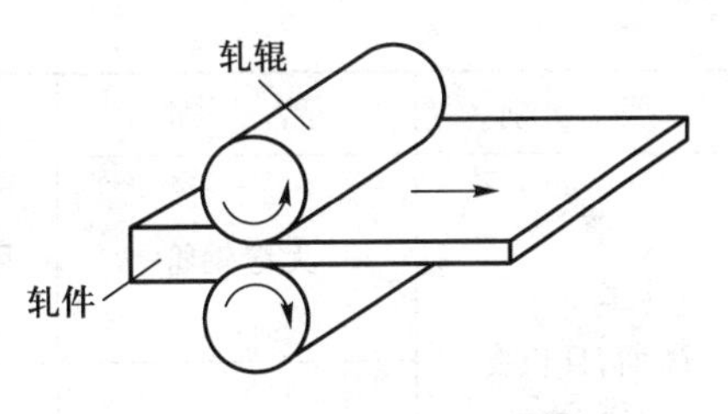

图 16-7 轧制加工示意图

由钢锭或钢坯轧制成一定规格和性能的钢材的一系列加工工序的组合，称为**轧钢**生产工艺过程。冶金行业的轧钢工艺，按轧钢产品的不同可分为**初轧**(将钢锭轧成钢坯)、**粗轧**(将钢坯轧成接近成品的毛坯)和**精轧**(将毛坯轧制成钢材成品)等不同工序；按机架数目的不同可分为单机架轧制和**连轧**(一根轧件在串列式轧机上同时在两个或两个以上的机架中进行的连续轧制)；按轧制温度不同可分为**热轧**与**冷轧**(常温下轧制为冷轧,在高于钢的再结晶温度的高温下进行的轧制则称为热轧)。液态金属连续通过水冷结晶器凝固后直接进入轧机进行塑性变形的工艺方法则称为**连铸连轧**。

热轧需要的轧制力较小，轧制成品几何尺寸不够精确，但可以破碎粗大的铸态组织、细化晶粒、焊合铸坯中的疏松等缺陷，有利于钢材性能的进一步改善。而冷轧需要的轧制力较大，通常是用热轧后经过酸洗和退火处理的钢卷作坯料，冷轧成品几何尺寸较精确，但仅适用于断面尺寸小的型材和厚度小的薄钢板带。冷轧钢材中存在冷轧导致的加工硬化(位错强化)，强度高而塑性差，必要时需经过退火处理才能使用。

根据断面形状的不同，钢材一般分为型材、板带材、管材和金属制品四大类。为使用方便，又可根据断面形状、尺寸、质量和加工方法等，进一步细分为更多钢材种类，见表16-2。

对于特殊钢，必要时亦需要利用锻锤或水压机将钢锭**锻压**成钢坯或钢材(图16-3)。

表 16-2 按产品形状分成的钢材品种举例

类别	品种	说明
型材 (全长具有特定断面形状和尺寸的实心钢材)	重轨	每米重量大于 30 kg 的钢轨(包括起重机轨)
	轻轨	每米重量小于或等于 30 kg 的钢轨
	大型型钢	普通钢圆钢、方钢、扁钢、六角钢、八角钢、工字钢(含H型钢)、槽钢(U型钢)、球扁钢、钢板桩、等边和不等边角钢及螺纹钢等。依型钢种类按尺寸大小分为大、中、小型型钢
	中型型钢	
	小型型钢	
	线材	直径 5~10 mm 的圆钢和盘条（亦可归属于小型型钢类）
	冷弯型钢	将钢材或钢带冷弯成形制成的型钢
	优质型材	优质钢圆钢、方钢、扁钢、六角钢等
	其他钢材	包括重轨配件、车轴坯、轮箍等
板带材 (宽/厚比值很大的扁平钢材)	薄钢板	厚度等于和小于 4 mm 的钢板
	厚钢板	厚度大于 4 mm 的钢板。分为中板(厚度大于 4 mm 而小于 20 mm)、厚板(厚度大于 20 mm 而小于 60 mm)、特厚板(厚度大于 60 mm)
	钢带(带钢)	厚度在 0.2 mm 以下、长而窄并成卷供应的薄钢板
	电工硅钢薄板	也叫硅钢片或矽钢片

续表

类别	品种	说明
管材（全长为中空断面，且长度/周长比值较大的钢材）	无缝钢管	用热轧、热轧-冷拔或挤压等方法生产的管壁无接缝的钢管
	焊接钢管（焊管）	将钢板或钢带卷曲成形，然后焊接制成的钢管
金属制品	金属制品	包括钢丝、钢丝绳、钢绞线等

16.2.5 钢材铸轧新技术

钢水直接浇成接近成品形状的最小断面面积的连铸坯，通过最少的加工量生产出合格的各种形状要求的钢材，则属于所谓的**"近终形"**生产的概念。**近终形连铸技术**包括薄板坯连铸连轧、薄带钢直接连铸、异形坯连铸、管坯连铸、线材铸轧等。

16.2.5.1 薄板坯连铸连轧

其中，**薄板坯连铸连轧**指由连铸得到的薄板坯(厚度小于 100 mm)直接送入连轧机组轧成板材的生产工艺，对我国钢铁生产工艺流程影响巨大。典型的薄板坯连铸连轧工艺包括紧凑型热带钢生产工艺（compact strip production,CSP）；在线热带钢生产技术(inline strip production, ISP)；CONROLL 技术；优质热带钢生产技术(quality strip production,QSP)；倾翻带钢新技术(tippins-samsung process,TSP)；灵活型薄板坯连铸机技术(flexible thin slab caster,FTSC)，又称生产高质量产品的柔性化薄板坯连铸连轧技术(flexible thin slab rolling for quality,FTSRQ)；鞍钢薄板坯连铸连轧技术(angang strip production,ASP)；铸压轧工艺(casting pressing rolling, CPR)，等等。薄板坯连铸连轧工艺几乎覆盖了所有的钢种生产，包括低合金结构钢、高碳钢、取向硅钢($w_{Si} \leq 3\%$)、不锈钢等。薄规格、高强度、复杂成分钢将是未来的发展方向。

16.2.5.2 薄带钢直接连铸

薄带钢直接连铸技术(direct strip casting,DSC)，是继薄板坯连铸连轧技术之后发展起来的又一项钢铁冶金新技术。图 16-8 所示为双辊带钢连铸示意图。该技术的基本原理是使钢液通过 1 或 2 根内通有高速循环冷却水的辊筒构成的铸模，直接浇铸出 1~10 mm 的薄钢板或钢带，可以省去整套热轧机组(图 16-9)。钢液浇铸在双辊(冷却辊)之间，在双辊中间完成钢液凝固冷却和成形(轧制)。此双辊既是结晶器又具有一定的相对压力，以保持产品的形状和尺寸。液体金属浇注到高速旋转的水冷辊上，在辊面上完成凝固并成形为薄带。该技术不但能简化工艺、节约能源，而且由于能够有效抑制 Cu、S、P 等夹杂元素在钢材基体中的偏析，从而可实现劣质矿资源(如高磷、高硫、高铜矿或废钢等)的有效综合利用，节省宝贵资源，有利于钢铁工业实现可持续发展。

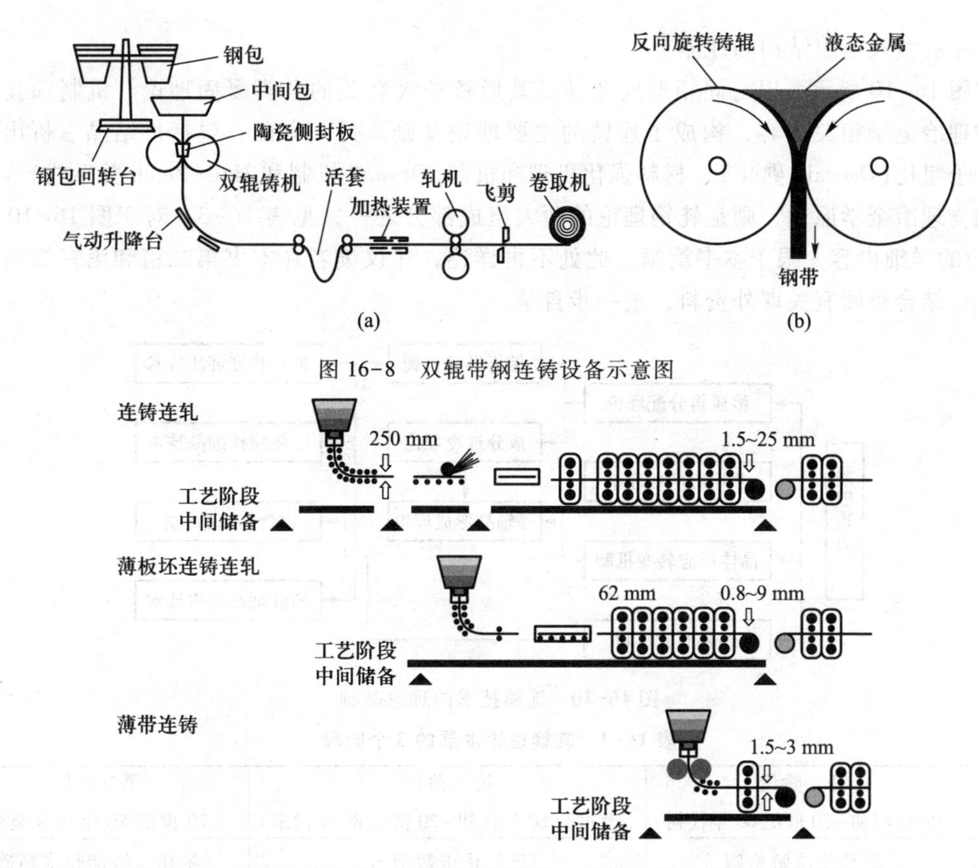

图 16-8　双辊带钢连铸设备示意图

图 16-9　传统连铸连轧、薄板坯连铸连轧、薄带连铸工艺的比较示意图

16.3　钢铁生产中的物理冶金学

钢铁冶炼需要在**钢铁冶金学**原理指导下进行，本书不拟进一步讨论，读者可另行学习相关课程与书籍。然而，从获得合格钢水之后的所有生产工艺流程中，在材料显微组织结构与性能的控制方面，物理冶金学原理则起着最主要的指导作用。本节将扼要介绍钢铁铸轧工艺过程中的物理冶金学基础。

所谓**物理冶金学**，在我国常称为**金属学**，是在金相学基础上发展而成的、研究金属和合金的化学组成及微观组织结构的形成和变化规律以及它们与性能之间的关系的一门学科。

16.3.1　铸轧物理冶金学基础

冶炼获得合格液体钢后，由浇铸再到固态钢的塑性变形加工获得钢材产品，无论是模铸-再加热轧钢、连铸连轧，还是近终形连铸，均存在液体钢凝固、固态钢变形及固态相变等一系列过程。这些液-固相变(凝固结晶)和固-固相变，均是物理冶金学的重要内容，决定着最终钢材产品的微观组织结构和性能。

如图 16-10 所示，以与固相形成尤其是其形核长大有关的各类凝固理论、机制和技术为主的物理冶金学相关内容，构成了连铸的主要理论基础。另一方面，包括再结晶、析出、相变、粒子粗化(Ostwald 熟化)、材料强化机理和机制(Orowan 机制和 Hall-Petch 关系式)等在内的轧钢物理冶金学原理，则是轧钢理论的两大组成部分之一，见表 16-3。对于图 16-10 和表 16-3 中的详细内容，限于本书篇幅，此处不再详述，建议读者在本书第二篇和第三篇内容的基础上，结合查阅有关课外资料，进一步自学。

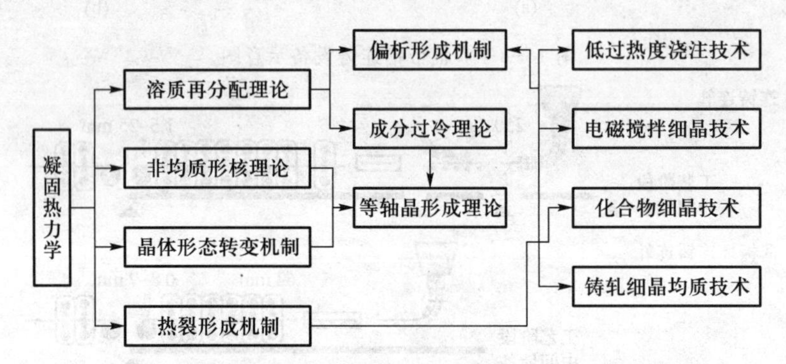

图 16-10 连铸技术的理论基础

表 16-3 轧钢理论发展的 3 个阶段

	第一阶段(20 世纪初~20 世纪 60 年代初)	第二阶段(20 世纪 60 年代初~20 世纪 80 年代末)	第三阶段(20 世纪 80 年代末至今)
轧钢力学冶金原理	简约化求解析解	离散化求数值解	系统化、智能化求精确解
	主应力法，滑移线场法，能量法，上限法等	差分法，负荷函数法，有限元法，上界元法等	综合、耦合算法，神经网络，专家系统等
轧钢物理冶金原理	图式化表示定性关系	机理化表示定量关系	系统化、过程化表示渐变关系
	塑性图，再结晶图，Hall-Pelch 公式等	再结晶、析出、相变模型，Ostwald 熟化模型，Orowan 机制模型等	板带、棒线等热轧过程，组织模拟和性能预报

图 16-11 示意性地比较了冶炼获得液体钢后以 5 种不同工艺途径进行铸轧成钢材所致材料物理冶金学过程，现以低碳钢为例对其进行分析。其中，“途径 5”代表传统工艺(模铸或连铸后先冷至室温，再加热后进行热轧)：钢锭(坯)在冷却至低于钢的相变上临界点 A_3 时，先共析铁素体析出，进一步冷至低于共析温度 A_1 时，发生共析反应，所得室温显微组织为先共析铁素体+珠光体。为了进行热轧，将钢锭(坯)重新加热至奥氏体区进行轧制。如

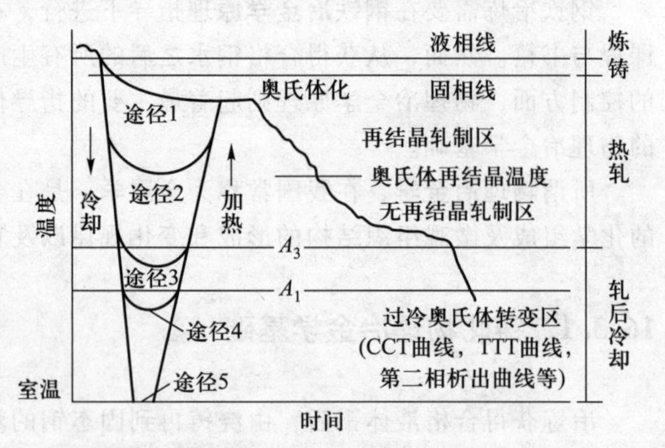

图 16-11 不同铸轧工艺流程中钢的实际温度与相变温度及再结晶温度之间的关系

此，通过先冷至室温再重新奥氏体化，钢经历了冷却和加热时的2次固-固相变过程，显然有助于细化和改善显微组织。若沿“途径1”将连铸钢坯直接热送连轧，钢一直处于奥氏体状态，就没有机会获得途径5那样的2次固-固相变过程，钢的显微组织将会异常粗大，需要通过后续工序设法细化和改善显微组织。若按“途径4”低温热装，由于仍可通过固态相变过程细化组织，则与“途径5”差异不大。由于“途径1”或“途径2”所示的连铸坯直接轧制或高温热装热送轧制可以简化生产工艺流程，大幅度降低能耗，减少钢的热烧损而提高成材率，因此已成为目前广泛采用的工艺方法。

16.3.2 轧后冷却过程

在热轧过程中，钢的热变形行为随具体的热轧工艺不同而不同。影响热轧的3个主要参量为变形温度、变形速率和变形量。对应的显微组织变化除变形导致组织变化外，还有动态回复、动态再结晶、静态回复和静态再结晶、晶粒长大等过程，以及某些可能的热轧缺陷组织的形成等。对于微合金钢等，热轧过程中还可能发生包括形变诱发析出现象在内的碳化物、碳氮化物的溶解和析出过程。

轧后冷却过程更是调整和控制钢材显微组织与性能极为重要的阶段(图16-11)。在此过程中，会发生过冷奥氏体连续冷却转变或等温转变，乃至碳化物或碳氮化物等第二相的析出等一系列固态相变过程。第13章介绍的过冷奥氏体连续冷却转变(CCT)曲线图和等温转变(IT或TTT)曲线图、第二相析出动力学曲线图以及相应的相变原理等，是分析和控制这些固态转变的重要工具。当然，必须把热加工过程中发生的塑性形变，即钢中因塑性变形加工导致位错密度增大的影响考虑在内，例如超细晶粒钢的研究开发中形变诱发相变和形变增强相变等现象的出现即是很好的实例。

16.3.3 控轧控冷与在线热处理

由此，人们已经发展出一系列**控轧控冷**和**在线热处理**技术。例如，**TMCP**(thermo mechanical control process)技术，即是通过合理控制和调整钢的化学成分，进而在控制热轧工艺的加热温度、轧制温度、压下量与道次的控制轧制的基础上，通过控制轧后冷却速度、冷却的开始温度和终止温度等工艺参数乃至冷却路径(包括必要的快速感应加热)，来控制钢材高温的奥氏体组织形态以及控制过冷奥氏体相变过程，最终控制钢材的组织类型、形态和分布，提高钢材的组织和力学性能(可参见图15-8和图15-10)。通过加快轧制后的冷却速度，不仅可以抑制晶粒的长大，而且可以获得高强度高韧性所需的超细铁素体组织或者贝氏体组织，甚至获得马氏体组织。TMCP工艺可以用于**在线热处理**，例如替代轧后再加热正火处理，或利用钢材余热进行在线淬火-回火处理以替代离线淬火-回火处理，在改善钢材的力学性能的同时，简化工序并大幅度减少热处理能耗。由于TMCP工艺可以在钢中不添加过多合金元素，也不需要在复杂的后续热处理的条件下生产出高强度高韧性的钢材，被认为是一项节约合金和能源并有利于环保的工艺，故自20世纪80年代开发以来，已经成为钢铁生产工艺流程中不可或缺的一类重要技术。并且，在传统的TMCP技术的基础上，近年来轧后在线热处理获得快速发展，成为TMCP技术研究的新热点和前沿。正在开发之中的新一代TMCP技术，则是以冷却速率可调(空冷至超快速冷却)、冷却温度可精确控制的先进冷却技术和装备为手段，根据不同钢材成分、性能要求和相变规律设计相应的冷却路径和冷却过程控制参数，对钢材热轧和冷却过程中的微观组织进行有效调控，实现细晶强化、纳米析出强化、相变组织强化等各种强化机制的综合强化，充分挖掘钢材的潜力的一种轧钢新技术。

可见，利用材料科学原理对钢铁生产工艺进行优化设计，包括对钢的成分与钢材生产工艺流程与技术的并行设计与优化，在保证所得钢材具有所需形状、尺寸及规格的同时，按需求控制钢中的相变和显微组织演变过程，以获得具有尽可能理想的显微组织与材料性能的钢材产品，是材料科技工作者义不容辞的责任。

16.4 钢 材 质 量

国际标准化组织所制定的ISO8402《质量术语》标准中对质量作了如下的定义：“质量是反映实体满足明确或隐含需要能力的特征和特征的总和。”在ISO9000：2000中“质量”被定义为“质量：一组固有特性满足要求的程度。”据此可以定义**钢材质量**：即钢材的一组固有特性满足要求的程度。

钢材质量检验的依据是钢材产品标准，例如中国国家标准(GB)，国际标准(ISO)，其他国家或协会、行业标准，企业标准，或供需双方的协议或合同等。例如，第15章介绍的我国国家标准规定的碳素结构钢和高强度低合金钢验收交货用的A、B、C、D、E质量等级。

钢材生产单位对外供货应提供钢材质量证明书或质量保证书。钢材的需方单位在钢材进厂时，则应当进行必要的复验。质量证明书或质量保证书就好像钢材的身份证，包含了钢材的产品名称、产地、日期、炉号、品种、型号、尺寸、外形、重量、表面质量、执行标准、化学成分、显微组织(如晶粒度和碳化物级别)、低倍缺陷和非金属夹杂物级别、力学性能或其他性能等信息，供钢材使用单位参考选择，也可以作为以后工程质量问题中的法律依据。

为保证钢材质量满足要求，即满足相关钢材产品质量标准，必须依据材料科学与工程原理，在钢的化学成分科学设计及钢的冶炼、浇铸、形变加工和热处理等每一个环节，通过相关技术、装备与实际操作，进行全程的有效控制。例如，在连铸坯的质量控制中，依据GB/T 24178-2009《连铸钢坯凝固组织低倍评定方法》和冶金行业标准YB/T 4002—2013《连铸钢方坯低倍组织缺陷评级图》等进行评定和评级。

16.5 制 件 成 形

无论是传统材料或是新材料，只有及时通过成形制造成为高质量**制件**(finished piece,泛指成品工件或其他物件)才能服役于国民经济各部门。制件的最终结构、性质及使用性能(功能),是通过成形制造而获得的。

本章前4节主要介绍了冶金行业(钢铁企业)中钢及钢材产品的生产工艺流程及其基本原理和技术。在钢铁材料的应用行业,其产品不再是如表16-2所列举的各种钢材,而是用钢铁材料制成的各类机械装备、工程结构和日常生活物品,参见图16-1。根据其成形和生产工艺,例如通过铸造、锻压、轧制、焊接、热处理、机械加工等进一步的加工处理,此类产品则可相应地称为铸件、锻压件、轧制件、焊接件、热处理件、金工件等。

本节将对此予以简单介绍。

16.5.1 铸件成形

金属的液态成形常称为**铸造**,是应用最广泛的金属液态成形工艺。**铸件**是指采用铸造方法获得的具有一定几何形状、化学成分、宏观及微观组织和性能的金属制品。至21世纪初,我国铸件年产量已超过1 000万吨,居世界第二。铸件(液态成形件)在机器设备中所占比例很大,在机床、内燃机、矿山机械、重型机械中液态成形件占总重量的70%~90%。

铸锭、连铸和铸件成形3类工艺的区别,主要在于钢锭和连铸钢坯是钢材生产工艺流程中的中间产品,铸件经必要的后处理则可直接进入材料的最后使役领域。金属凝固科学理论和金属凝固控制技术是模铸钢锭、连铸钢坯、铸件成形和熔化焊接的共同理论基础,此处不再重复介绍。本节仅简要介绍钢铁材料应用中铸钢和铸铁的铸件成形工艺及铸造性能的初步知识。

16.5.1.1 砂型铸造

铸造工艺中历史最为悠久的当属**砂型铸造**(用型砂紧实成铸型并用重力浇注的铸造方法),其一直是铸造生产中的基本工艺,至今仍在广泛使用,其基本工艺流程如图16-12所示。其主要优点是造型材料价廉易得,铸型制造简便,而且适应性很广,小件、大件,简单件、复杂件,单件、成批生产和大批量生产均能适应。但砂型铸造也有若干不足之处,即每个砂质铸型只能用于浇注一次,获得铸件后铸型即损坏,必须重新造型,所以砂型铸造的生产效率较低。又因为砂的整体性质软而多孔,所以砂型铸造的铸件尺寸精度较低,表面也较粗糙。

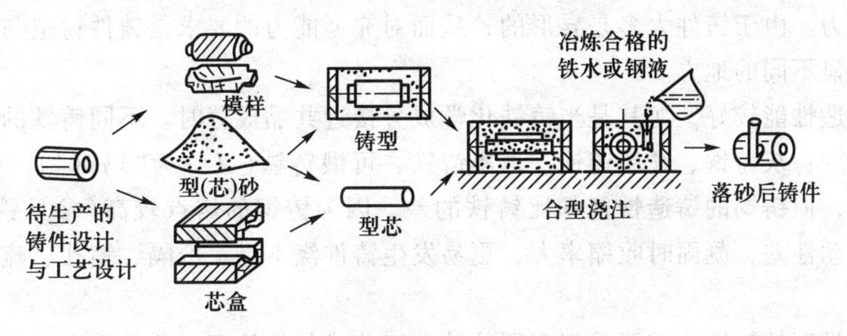

图16-12 普通砂型铸造工艺示意图

16.5.1.2 特种铸造

随着科学技术和生产的发展，对铸造提出了更高的要求，即更高质量、更短周期、更低成本、更高的材料利用率等。为适应这些要求，铸造工艺技术一是向精密铸造或近终形、近净形和无余量技术方向发展，同时包括各种**特种铸造方法**(传统砂型铸造以外的其他铸造方法的统称)的发展；二是用计算机模拟仿真来逐步代替传统的试错法(trial and error)等经验性研究方法。

熔模铸造、壳型铸造、金属型铸造、陶瓷型铸造、石膏型铸造、消失模铸造、压力铸造、低压铸造、差压铸造、挤压铸造、离心铸造、半固态铸造、真空吸铸、快速铸造、电渣熔铸等，均属于特种铸造方法，它们在铸型材料、造型方法、金属液充型形式和随后的冷凝条件等方面均与普通砂型铸造有着显著区别。其中，**金属型铸造**(permanent mold casting)，又称**“永久型铸造”**，其金属铸型可重复使用，且金属铸型的导热能力远高于砂型；**熔模铸造**(investment casting)或**失蜡铸造**(lost-wax casting)，则是用易熔材料(如蜡料)制成模样，在模样上包覆若干层耐火涂料，制成壳型，熔出模样并经高温焙烧后进行浇注的一种铸造方法；**离心铸造**(centrifugal casting)是采用绕水平、倾斜或垂直轴旋转的铸型，在离心力作用下将熔融金属凝固成形铸件的铸造方法；**压铸**(die casting)，则是熔融金属在高压下高速充型并在压力下凝固的铸造方法。

在现代生产中，铸件铸造用铁水和钢液的成分设计与控制也已成为高质量铸件生产过程的必要组成部分。**电渣熔铸**(electroslag casting)，即是一种使金属重熔提纯精炼和铸件铸造成型一次完成、生产优质合金铸件的电渣冶金工艺。该技术利用电流通过液渣所产生的电阻热不断地将金属电极熔化，熔化的金属汇聚成滴并穿过渣层滴入金属熔池，同时在异型水冷模内凝固成铸件。可见，铸造新工艺与铸件新材料及其冶金过程的并行设计理论与研发，已成为现代高质量铸件生产的理论及技术支撑发展方向。

16.5.1.3 金属材料的铸造性能

金属的**铸造性能**是指一定成分的金属或合金被铸造成具有一定尺寸、形状、组织结构和性能的铸件的难易程度的综合性能，包括充型能力、凝固特性(含偏析倾向)、收缩性、吸气性等。其中，**充型能力**(mold filling capacity)指在铸型工艺因素影响下的熔融金属的流动性，即充满铸型的能力。由于铸件大多是异形的，从而对充型能力的要求是铸件铸造与模铸及铸坯工艺要求存在明显不同的地方。

铸铁的铸造性能较好，尤其是当铸铁化学成分接近共晶成分时。不同铸铁的铸造性能由高到低排序大致为：灰铸铁、蠕墨铸铁、球墨铸铁、可锻铸铁(又称为“玛钢”)。铸钢的力学性能比铸铁的高，但**铸钢的铸造性能**却比铸铁的差。因为铸钢的熔点较高(参见铁碳相图)，钢液易氧化、流动性差，凝固时收缩率大，更易发生铸件浇不足、冷隔、缩孔、疏松、裂纹及黏沙等缺陷。

生产不同类型的铸铁，需要采用不同的铸造工艺或与热处理工艺的配合。例如，生产孕育灰铸铁需要在浇铸前对铁液进行孕育(变质)处理；生产球墨铸铁需要在浇铸前对铁液添加球化剂；生产可锻铸铁需要先生产出白口铸铁件然后进行石墨化处理(可锻化退火处理)；等等。

从而，不同铸铁的铸造性能又是针对特定的铸造工艺而言的。

16.5.2 塑性成形

金属材料的塑性成形工艺包括锻压、挤压、拉拔、轧制，以及超塑性成形、旋压成形、液态模锻、粉末锻造、金属粉末注射成形等特种塑性成形工艺。

锻压(forging and stamping,锻造与冲压的合称)，是通过对坯料施加外力使其产生塑性变形，改变尺寸、形状和改善性能，用于制造机械零件、工件或毛坯的一类成形加工方法，与冶金工业中的轧制、拔制等一样都属于塑性加工，或称压力加工领域。但锻压主要用于生产金属制件，而轧制、拔制等主要用于生产板材、带材、管材、型材和线材等通用性金属材料。

本节主要介绍锻压工艺。

16.5.2.1 锻造

锻造是利用金属塑性变形使坯料在工具的冲击力或静压力作用下，成形为具有一定形状、尺寸和性能的锻件的加工方法。常用的锻造设备为锻锤和液压机。

按塑性变形温度，锻造可分为热锻、温锻和冷锻。对于钢来说，业内普遍将高于800 ℃的锻造称为热锻，在300~800 ℃之间的称为温锻，室温下锻造则为冷锻。

根据坯料的移动方式，锻造可分为自由锻、模锻、胎模锻等。

自由锻是利用冲击力或压力，采用简单的工具和开放式的模具(上下两个砧块)对金属坯料进行锻造成形的方法。图16-13为自由锻镦粗成形的一组示意图。

自由锻既是生产大型锻件的唯一方法，又可生产小到不足1 kg的锻件，通用性强，且生产准备工期短，故应用相当广泛，尤其适用于锻制大型部件毛坯，多用于单件或小批量生产以及新产品试制。其缺点包括生产效率低、锻件尺寸精度低和表面质量差等。

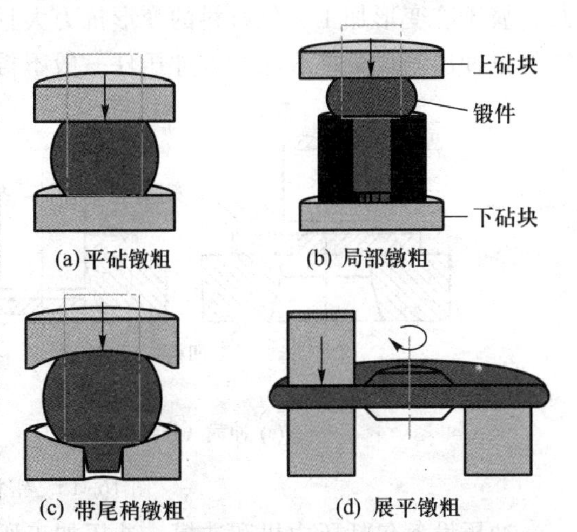

图16-13 采用自由锻进行镦粗操作的示意图

模锻是在外力的作用下使坯料在模具内产生塑性变形并充满模膛(模具型腔)以获得所需形状和尺寸的锻件的锻造方法。与自由锻相比，模锻生产的锻件尺寸精度更高、机械加工余量较小、材料利用率更高、可锻制形状复杂的锻件。

模锻一般分开式模锻和闭式模锻两种。开式模锻的模膛周围有毛边槽，成形后多余的金属流入槽内，最后需将毛边切除；闭式模锻只在端部有很小的毛边，如果坯料精确，也可以不出毛边。参见图16-14。模锻的生产率高、操作简单、劳动强度低、容易实现机械化和自动化，但设备投资大、锻模成本高、生产准备周期长且模锻件的质量受到模锻设备吨位的限制，因而更适用于中、小型锻件的成批和大量生产。

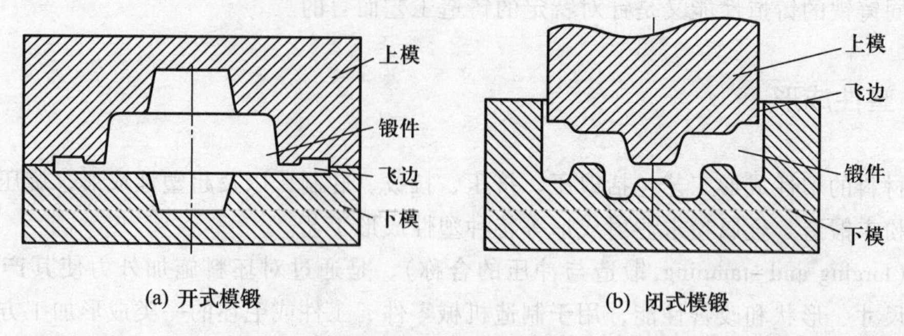

图 16-14 模锻示意图

胎模锻是在自由锻设备上使用可移动模具(胎模)生产模锻件的一种锻造方法，属于介于自由锻和模锻之间的一类过渡性锻造工艺。与自由锻相比，胎模锻的成形质量高、生产效率高、能锻制形状比较复杂的锻件、材料利用率较高。与模锻用锻模相比，其胎模外形与模膛比较简单、制作方便、成本较低，且胎膜不固定在锤头或砧座上，只是在用时才放上去。胎模锻适用于中、小批量的锻件生产。

16.5.2.2 冲压

冲压是一类靠压力机和模具对板材、带材、管材和型材等施加外力，使之产生塑性变形或分离，从而获得所需形状和尺寸的冲压件的成形加工方法(图 16-15)。冲压一般在常温下进行，属于冷变形加工，但材料的变形抗力大且塑性不够好时，则须进行热冲压。大部分钢板均需经过冲压制成最终成品。冷冲压件一般不再经切削加工，或仅需要经少量的切削加工。

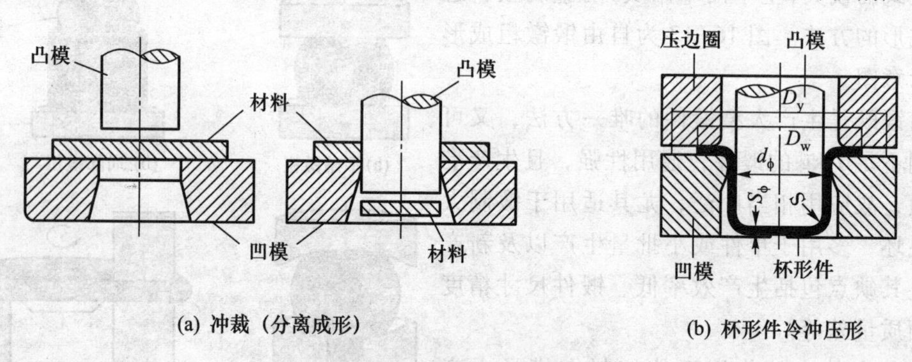

图 16-15 钢板冲压工艺示意图

冲压设备包括压力机和冲模。冲压加工所使用的模具一般具有专用性，有时一个复杂零件需要数套模具才能加工成形，且模具制造的精度高、技术要求高，只有在冲压件生产批量较大的情况下，冲压加工生产效率高、易于实现机械化与自动化、成本低等优点才更能充分体现。

16.5.2.3 金属材料的锻压性能

金属材料的锻压性能是指材料在锻压加工时的难易程度，常用材料的塑性和变形抗力来综合评定。若材料在锻压加工时塑性好、变形抗力小，则锻压性能好；反之，则锻压性能差。

金属材料的锻压性能主要取决于材料的本质及其变形条件。一般来说，碳钢比合金钢锻压性能好，低碳钢的锻压性能优于高碳钢。

冷冲压件成形后一般不再进行机械加工，从而**冷冲压成形性**具有一些特定的衡量指标，主要包括成形极限(抗破裂性指标,即材料将开始出现破裂的极限变形程度)、贴模性(指板料在冲压成形过程中取得模具形状的能力)、定形性(指零件脱模后保持其在模内获得的形状的能力)等。

金属板料的冲压成形性能与板料的力学性能具有密切关系：

(1)屈服极限或屈强比小，对冲压成形性更有利。

(2)均匀伸长率表示板料产生均匀的或稳定的塑性变形的能力，它直接决定板料在伸长类变形中的冲压成形性能。

(3)应变硬化指数 n 值大，材料加工硬化严重，冲压板料在成形加工过程中的变形则容易传播到低变形区，增大了均匀变形的范围，从而使应变分布更为均匀，减少毛坯局部变薄，增大极限变形参数。尤其是对于形状复杂的曲面零件的深拉成形工艺，当毛坯中间部分的胀形成分较大时，n 值的上述作用对冲压性能的影响更为显著，即提高 n 值可增大成形极限，零件不易产生裂纹。

(4)厚向异性系数 γ 值，又称塑性应变比，将其定义为钢板拉伸时宽度方向与厚度方向应变之比值。该值反映板平面方向与厚度方向应变能力的差异，$\gamma>1$ 表明板材在厚度方向上的变形比较困难。在拉深成形工序中，加大 γ 值，毛坯宽度方向易于变形，切向易于收缩不易起皱，有利拉深成形。由于板料轧制时的方向性，在板平面各方向的 γ 值是不同的，因此，采用 γ 值时应取板材纵向、横向和 45 °方向上的 3 个板厚方向性系数 γ_0、γ_{90}、γ_{45} 的平均值。

(5)板平面各向异性系数 $\Delta\gamma$ 表示板料在不同方位上厚向异性系数不同造成的板平面内各向异性。其值定义为板材纵向、横向和 45 °方向上的 3 个板厚方向性系数 γ_0、γ_{90}、γ_{45} 之间的差异：$\Delta\gamma=(\gamma_0+\gamma_{90}-2\gamma_{45})/2$。$\Delta\gamma$ 值越大，表示板平面内各向异性越严重，拉深时在零件端部就越容易出现不平整的凸耳现象。

(6)钢板的强塑积是钢的抗拉强度与总伸长率的乘积。钢的强塑积足够高，可以在保证优异冲压成形性的同时，生产出高强度和超高强度的冲压件，满足工业界对高端冲压件的需求。

可见，为了提高冲压成形性和冲压件质量，所用板材一般应具有尽可能高的塑性、低的屈服极限或低的屈强比、大的板厚方向性系数、小的板平面各向异性系数和尽可能大的强塑积。

对于冲压分离工序，则只要求材料有一定的塑性，对材料其他性能没有严格要求。

16.5.2.4 锻压件的组织与性能

锻压件的内在质量即锻压件的组织和性能，同时取决于锻压用坯料(化学成分与显微组织结构等)与锻压工艺(变形温度、变形速度、应力状态等)。

欲提高锻压件的内在质量、力学性能(强度、塑性、韧性、疲劳强度等)和可靠度，首先要选用或研制出质量更好的适用材料，其次需要更好地运用金属塑性变形理论、相变与组织演变理论等指导锻压工艺的优化设计与实施。

选材与开发新材料的实例 汽车用钢板一直在向高强度方向发展。如何保证高强度钢同样具有优异的冲压成形性，极大地促进了新型汽车用钢的持续研发。前面几章中介绍过的 TRIP 钢、TWIP 钢等新材料的陆续问世，即是在物理冶金学原理的指导下，通过相变诱发塑性和孪生诱发塑性大幅度提高了钢板的强塑积，保证了高强度甚至超高强度钢板亦具有非常优异的冲压成形能力。一般来讲，双相(DP)钢和 TRIP 钢等第一代汽车用钢的强塑积为 5~15 GPa%。这类钢材强度越高，可塑性越低，因而很难同时实现高强度和高可塑性。TWIP 钢等第二代汽车用钢的强塑积为 50~60 GPa%，这类钢材虽然实现了强度和可塑性的同步提升，但由于是高合金钢，成本高，至今鲜有应用。2007 年，美国科学家提出开发第三代汽车用钢，则是指轻量化和安全性指标高于第一代汽车用钢、生产成本又低于第二代汽车用钢的高强高塑钢，其强塑积在 30~40 GPa%范围，性价比更容易被汽车工业和消费者接受。图 16-16 示出不同类型的汽车用钢的强度-塑性对应情况。图中所示不同系列的汽车用钢的研发和投入商用，不但提高了材料的冲压成形性，同时极大地拓宽了汽车用冲压件强韧性综合力学性能的选择范围。

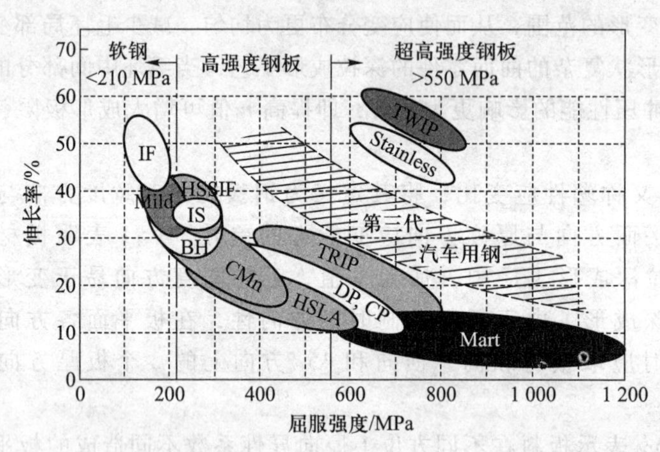

IF：无间隙原子钢
Mild：低碳铝镇静钢
HSSIF：高强度IF钢
BH：烘烤硬化钢
IS：各向同性钢
CMn：碳锰钢
HSLA：高强度低合金钢
DP：双相钢
CP：复相钢
TRIP：相变诱发塑性钢
Mart：马氏体钢
TWIP：孪生诱发塑性钢
Stainless：不锈钢

图 16-16 各类汽车用钢的屈服强度和伸长率之间关系的示意图(其中 TWIP 钢属于第二代汽车用钢,TRIP 钢和 DP 钢以及其他传统汽车用钢属于第一代)

另一方面，热锻压过程相当于在一个特定的可以用温度-时间坐标系来表示的热过程中，即塑性变形加工与“热处理”两类过程的相互叠加。在锻件成形的同时，二者共同决定着锻压件的内在显微组织和宏观性能，这也包括锻后冷却过程和必要的锻后热处理的科学设计与控制。因此，虽然热锻压与轧钢的目的和变形设备不同，前文第 16.3 节中列出的轧钢物理冶金学原理、轧后冷却过程的分析，原则上同样适用于热锻压。

在热锻压成形过程中，原铸态坯料中的疏松、孔隙、微裂等被压实或焊合，原来的粗大铸态晶粒被破碎，微观组织结构与性能可以通过固态相变、再结晶等过程予以优化和控制。同时可以降低化学成分偏析程度，改善碳化物的尺寸、形态与空间分布，使组织更加均匀、密实。锻件经热锻成形后，其纤维组织(流线)完整，与锻件外形趋于一致，能够形成更为合理的流线分布(图 16-17)。因此，对于同样的材料，锻件的力学性能一般明显优于铸件。

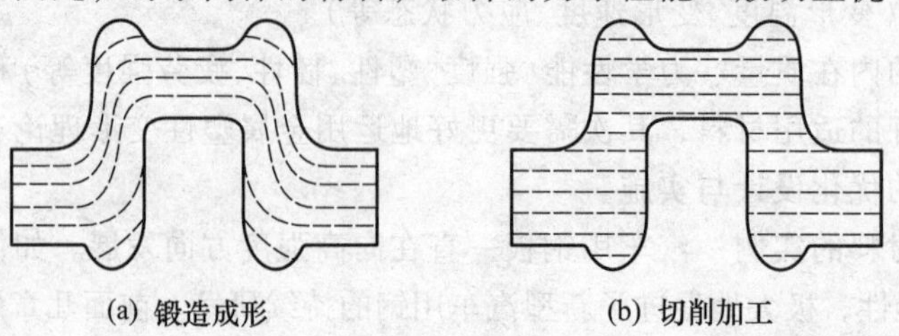

图 16-17 用锻造成形和切削加工方法生产的曲轴内部的纤维组织(流线)分布(锻造成形优于后者)

16.6 焊　接

焊接是将两种或两种以上同种或异种材料通过原子或分子之间的结合和扩散连接成一体的工艺过程。焊接可以加热或加压或两者并用，用或不用填充材料，其本质是通过焊接实现材料之间的原子或分子结合。焊接技术已经在能源、交通、化工、炼油、冶金、建筑、压力容器、机械、电子、航天航空等几乎所有的民用和军用工程与制造领域得到广泛应用。

16.6.1 焊接方法

金属的焊接按其工艺过程的特点，可分为熔焊、压焊(固相焊接)和钎焊(通过液相钎料对固相母材的吸附、润湿、铺展、扩散等实现材料间的原子结合)三大类。见图 16-18。

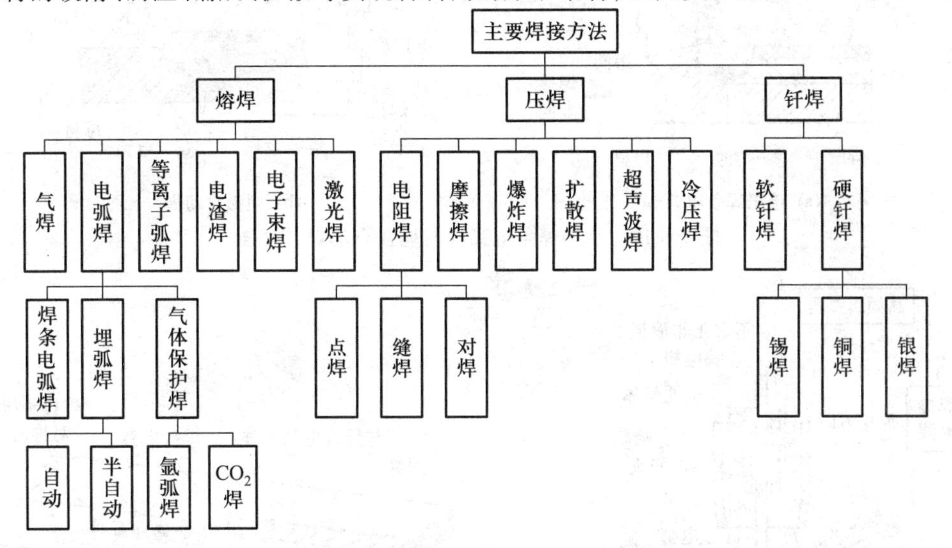

图 16-18 焊接方法分类举例：熔焊、压焊(固相焊接)和钎焊

通常，被焊接的材料称为**母材**(base metal)，焊接时所消耗的材料则称为**焊接材料**。焊接材料包括焊条(其表面涂有药皮)、焊丝(其表面不涂药皮,但有的含有药芯)、焊剂、金属粉末、钎料、气体等。不同的焊接工艺需要不同的焊接材料。

16.6.1.1 熔焊

熔焊是不加压力，将焊件(母材)连接处加热熔化、熔合而完成焊接的一类焊接方法。焊接时形成的连接两个被连接体的接缝称为**焊缝**(weld)。焊缝的两侧在焊接时会受到焊接热作用而发生固态条件下的组织和性能变化，这一区域被称为**热影响区**(heat affected zone，简称HAZ)。熔焊时，热源将待焊两工件接口处加热熔化形成熔池，冷却后形成连续焊缝而将两工件连接成为一体。

电弧焊是目前应用最广泛的熔焊焊接方法，它包括焊条电弧焊、埋弧焊、钨极气体保护电弧焊、等离子弧焊、熔化极气体保护焊等。绝大部分电弧焊是以电极与工件之间燃烧的电弧作热源。在形成接头时，可以采用也可以不采用填充金属。所用的电极是在焊接过程中熔化的焊丝时，称为熔化极电弧焊，诸如焊条电弧焊、埋弧焊、管状焊丝电弧焊、熔化极气体保护电弧焊等；所用的电极是在焊接过程中不熔化的碳棒或钨棒时，称为不熔化极电弧焊，诸如钨极氢弧焊、等离子弧焊等。图 16-19 和图 16-20 分别以焊条电弧焊(shielded metal arc welding,简称 SMAW)、埋弧焊(submerged arc welding,简称 SAW)和钨极惰性气体保护电弧焊(tungsten inert gas arc welding,简称 TIG 焊)为例，给出了熔池、焊缝形成示意图。图 16-20b 同时给出了热影响区的相应位置示意图。

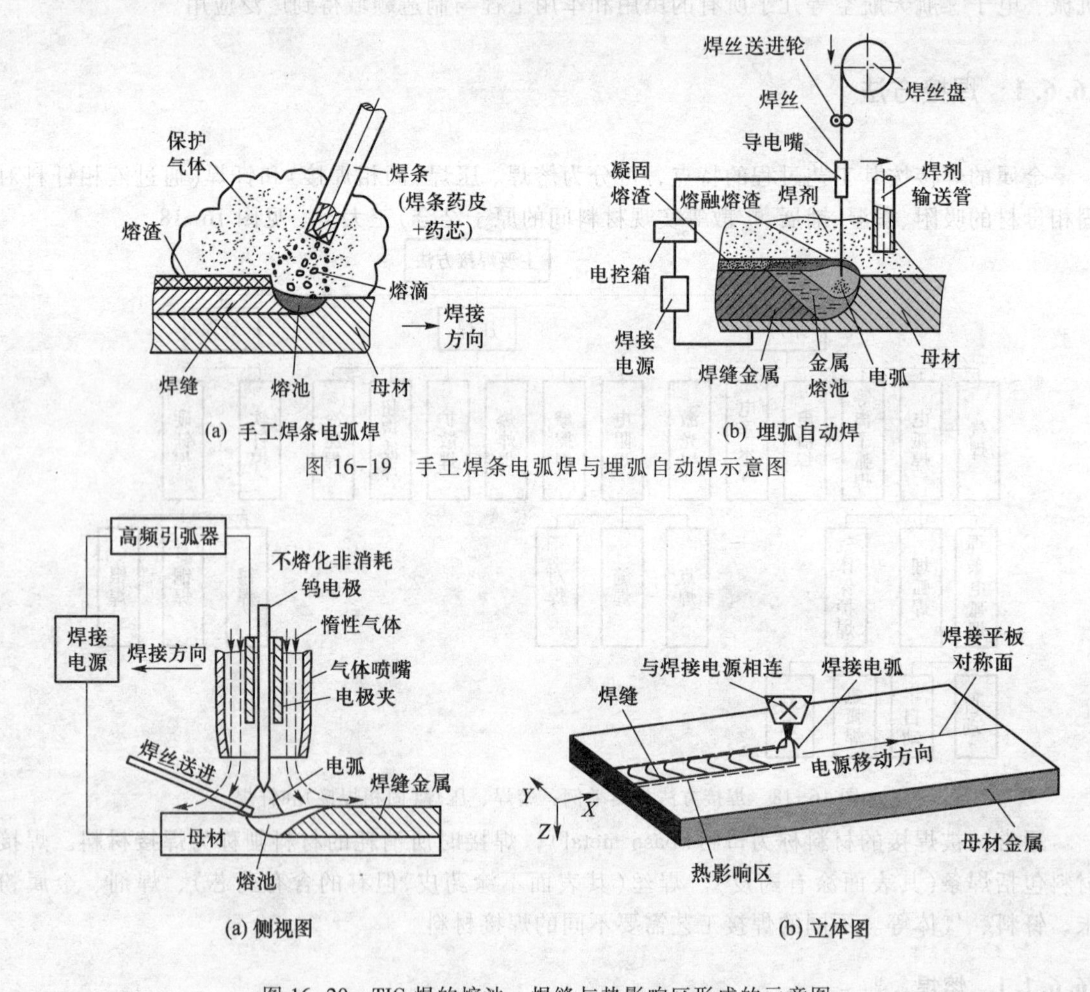

图 16-19 手工焊条电弧焊与埋弧自动焊示意图

图 16-20 TIG 焊的熔池、焊缝与热影响区形成的示意图

在熔焊过程中，如果大气与高温的熔池直接接触，大气中的氧就会氧化金属和各种合金元素；大气中的氮、水蒸气等进入熔池，还会在随后冷却过程中在焊缝中形成气孔、夹渣、裂纹等缺陷，恶化焊缝的质量和性能。为了提高焊接质量，人们研究出了各种保护方法。例如，焊条电弧焊中焊条药皮在电弧热作用下可以产生气体以保护电弧，又可以产生熔渣覆盖在熔池表面以防止熔化金属与周围气体的相互作用，药皮中加入对氧亲和力大的钛铁粉进行脱氧，还可以保护焊

条中有益元素免于氧化；埋弧焊采用颗粒状焊剂，在焊接时形成熔渣和保护气体，对熔池起保护和冶金作用；气体保护电弧焊则是用氩、二氧化碳等气体隔绝大气，以保护电弧和熔池。

16.6.1.2 压焊

压焊，又称**固相焊**，其特点是在焊接过程中施加压力而不加填充材料，使被焊工件在固态下实现原子间结合而完成焊接。即使焊接时形成少量液相，但液相并不是实现连接的主导机制。常用的压焊工艺是电阻对焊，当电流通过两工件的连接端时，该处因电阻很大而温度上升，当加热至塑性状态时，在轴向压力作用下连接成为一体。

多数压焊方法如扩散焊、高频焊、冷压焊等都没有熔化过程，因而没有像熔焊那样的有益合金元素烧损和有害元素侵入焊缝的问题，从而简化了焊接过程，也改善了焊接安全卫生条件。同时由于加热温度比熔焊低、加热时间短，因而热影响区小。许多难以用熔焊焊接的材料，往往可以用压焊焊成与母材同等强度的优质接头。

16.6.1.3 钎焊

钎焊是指采用比母材熔化温度低的填充金属作为钎料，操作温度采用低于母材固相线而高于钎料液相线的一种焊接技术。钎焊时钎料熔化为液态，而母材保持为固态，液态钎料在母材的间隙中或表面上润湿、毛细流动、填充、铺展、与母材相互作用(溶解、扩散或产生金属间化合物)、冷却凝固形成牢固的接头，从而将母材连接在一起。

钎焊又分为**硬钎焊**和**软钎焊**，二者以业界规定的某一钎料液相线温度为分界线。美国焊接学会规定钎料液相线温度高于 450 °C 所进行的钎焊为硬钎焊，低于 450 °C 所进行的钎焊为软钎焊，而我国常将 350 °C 作为分界线。软钎焊接头强度较低，而硬钎焊接头强度较高。

采用各种常见的钎焊方法均可进行碳钢和低合金钢的钎焊，其应用最广的软钎焊钎料是锡铅钎料，硬钎焊时则主要采用纯铜、铜锌和银铜锌钎料。如果钢中所含的合金元素增多，特别是像 Al 和 Cr 这样易形成稳定氧化物的元素增多，会使低合金钢的钎焊性变差，这时应选用活性较大的钎剂或露点较低的保护气体进行钎焊。钎焊工具钢和硬质合金最常用的钎料是铜锌钎料，不锈钢钎焊常用钎料包括锡铅钎料(软钎焊)、银基钎料、铜基钎料、镍基钎料和锰基钎料等，铸铁钎焊常用钎料为铜锌钎料和银铜钎料。

除真空钎焊等特殊情况，一般情况下的钎焊都需要钎剂。钎焊用钎剂的作用是：有助于增加液态钎料的毛细作用力，增强其浸润性；又可以清除待焊母材和液态钎料表面的氧化膜，并防止它们再被氧化。

16.6.2 焊接性能

16.6.2.1 基本概念与主要影响因素

焊接性是指材料在限定的施工条件下焊接成按规定设计要求的构件，并满足预定服役要求的能力。焊接性用于说明材料对于焊接加工的适应性、用以衡量材料在一定的焊接工艺条件下获得优质接头的难易程度和该接头能否在使用条件下安全可靠地运行。一种材料如果能用较多普通又简便的焊接工艺获得优质接头，则认为这种材料具有良好的工艺焊接性。换言之，制成优良焊接接头所需的设备条件越少、难度越小，则此材料的焊接性越好。

材料的焊接性包含工艺焊接性和使用焊接性两个方面的内容。

工艺焊接性是指在一定的焊接工艺条件下，能否获得优良、致密、无缺陷的焊接接头的能力。它不是金属本身所固有的性能，而是根据某种焊接方法和所采用的具体工艺措施来进行评定的，所以金属材料的工艺焊接性与具体的焊接过程密切相关。对于熔焊工艺，被焊材料一般都要经历焊接热过程和焊接冶金过程，因此，工艺焊接性又可分为“热焊接性”和“冶金焊接性”。热焊接性是指焊接热循环对母材及焊接热影响区组织性能及产生缺陷的影响程度，用以评定被焊金属对热的敏感性，如晶粒长大、组织性能变化等。它与金属的材质及具体的焊接工艺有关。冶金焊接性是指在一定冶金过程的条件下，物理化学变化对焊缝性能的影响及产生缺陷的程度。它包括合金元素的氧化、还原以及氢、氧、氮的溶解等对形成气孔及夹杂和裂纹等缺陷的影响，用以评定被焊材料对冶金缺陷的敏感性。

使用焊接性是指整个结构或焊接接头满足产品技术条件规定的使用性能的程度。使用焊接性取决于焊接结构的工作条件和设计上提出的技术要求，通常包括常规力学性能、低温韧性、抗脆断性能、高温蠕变、疲劳性能、持久强度、耐蚀性能和耐磨性能等。熔焊过程中，焊接器件经历焊接热过程、冶金反应与固态相变和组织转变以及焊接应力和变形的作用，因而带来化学成分、金相组织、尺寸和形状的变化，使焊接接头的性能往往不同于母材。从而，焊接方法的种类、焊接工艺参数、装焊顺序、预热、后热及焊后热处理等方面对**焊件的组织与性能**影响很大。例如电渣焊功率很大，但能量密度很低，最高加热温度也不高，焊接时加热缓慢，高温停留时间长，使得热影响区晶粒粗大，冲击韧度显著降低，必须经正火热处理才能改善。若采取预热、多层焊和控制层间温度等其他工艺措施，则可以调节和控制焊接热循环，进而改善焊后组织与性能。若一种钢采用比一般焊接条件高得多的焊接线能量而不至于引起焊接区韧性显著降低，也不会产生焊接裂纹，则称其为**大线能量焊接用钢**(steel for high heat input welding)。若一种钢在焊接前无需预热、焊后不经热处理的条件下，焊后不出现焊接裂纹、焊接裂纹敏感性很小，则称其为**焊接无裂纹钢**(welding crack free steel)。

焊接性的影响因素：①首先是材料本身。通过理论分析可知，凡是在熔化状态下相互能形成固溶体或共晶的两种金属或合金，原则上都可以实现焊接，即具有所谓原则焊接性，又叫物理焊接性。然而，这种原则焊接性仅仅为材料实现焊接提供理论依据，并不等于该材料用任何焊接方法都能获得满足使用性能要求的优质焊接接头。同种金属或合金之间是具有原则焊接性的，但是在不同的焊接工艺条件下，其焊接性却表现出很大的差异。即，同一材料在不同的焊接工艺条件下表现出不同的焊接性。②其次是焊接方法、构件类型(焊接结构和焊接接头的设计形式如结构形状、尺寸、厚度、坡口形式、焊缝布置及其截面形状等)及使用要求(焊接结构服役期间的工作温度、负载条件和工作介质等工作环境和运行条件)等影响因素。

16.6.2.2 钢与铸铁焊接性的重点分析内容

材料焊接性的分析内容 对工艺焊接性方面的分析主要是考察金属材料在给定的工艺条件下产生焊接缺陷的倾向性和严重性；而对使用焊接性方面的分析，主要是考察金属材料在给定的焊接工艺条件下，焊成的接头或整个焊接结构是否满足设计的使用要求。具体试验内容主要是根据需要，对母材和焊缝金属的化学成分、金相组织、力学性能、有无焊接缺陷以及焊接接头的低温性能、高温性能、抗腐蚀性能和抗裂纹能力等进行有选择的必要检测。表 16-4 列出了不同钢铁材料焊接性的重点分析内容。

表 16-4 不同钢铁材料焊接性的重点分析内容

材料种类		焊接性重点分析内容
低碳钢		1）厚板的刚性拘束裂纹；2）热裂纹
中、高碳钢		1）冷裂纹；2）焊接 HAZ 淬硬
低合金钢	热轧及正火	1）冷裂纹；2）热裂纹；3）再热裂纹；4）层状撕裂（厚大件）；5）HAZ 脆化（正火钢）
	低碳调质钢	1）冷裂纹、根部裂纹；2）热裂纹（含 Ni 钢）；3）HAZ 脆化；4）HAZ 软化
	中碳调质钢	1）热裂纹；2）冷裂纹；3）HAZ 脆化；4）HAZ 回火软化
	珠光体耐热钢	1）冷裂纹；2）HAZ 硬化；3）再热裂纹；4）持久强度
	低温钢	1）低温缺口韧性；2）冷裂纹
不锈钢	奥氏体不锈钢	1）晶间腐蚀；2）应力腐蚀开裂；3）热裂纹
	铁素体不锈钢	1）475 ℃脆化；2）σ 相脆化；3）热裂纹
	马氏体不锈钢	1）冷裂纹；2）HAZ 硬化
珠光体-奥氏体异种钢		1）焊缝成分的控制（稀释率）；2）熔合区过渡层；3）热应力裂纹；4）冷裂纹
铸铁		1）焊缝及熔合区"白口"；2）热裂纹；3）热应力裂纹；4）冷裂纹

一些新材料、新结构或新的工艺方法在正式投产之前必须进行焊接性研究工作，以确保能获得优质的焊接接头。研究的基本方法是先分析后试验，即在焊接性理论分析的基础上（即先运用焊接科学技术的理论知识和实践经验对金属材料焊接的难易程度、产生焊接缺陷的倾向性和严重性作出判断或预测），再做必要的焊接性试验。焊接性分析可以避免试验的盲目性，焊接性试验可以验证理论分析的结果。

计算和评定钢材的焊接性通常用焊接碳当量 CE 和焊接裂纹敏感性指数 P_{cm} 来评价（参见第 15 章中工程结构钢的焊接性相关内容）。

16.6.2.3 工艺焊接性的评价方法——碳当量

碳当量是把钢中合金元素的含量按其对某种性能（如焊接性、铸造工艺性等）的作用换算成碳的相当含量。碳当量法简便易行，是一类不必经过试验检测即可评估分析材料的工艺焊接性的间接方法，主要用于评估钢材焊接的冷裂纹倾向。但碳当量法也有明显的局限性，碳当量值只能在一定范围内对钢材概括地、相对地评价其焊接性。

碳当量的计算公式很多，例如第 15 章介绍的焊接碳当量 CE 的计算公式：

$$CE = w_C + \frac{w_{Mn} + w_{Si}}{6} + \frac{w_{Ni} + w_{Cu}}{15} + \frac{w_{Cr} + w_{Mo} + w_V}{5}$$

其适用的化学成分范围为 $w_C < 0.6\%$、$w_{Mn} < 1.6\%$、$w_{Cr} < 1.0\%$、$w_{Ni} < 3.3\%$、$w_{Mo} < 0.6\%$、$w_{Cu} = 0.5\% \sim 1.0\%$、$w_P = 0.05\% \sim 0.15\%$。另外，国际焊接学会（IIW）、美国焊接学会（AWS）与各国相关国家标准等推荐有适用不同钢种的碳当量计算公式，此处不一一列举。

一般地讲，碳含量和合金元素含量较高的钢材，由于相应的碳当量值较高，焊接时易获得硬脆组织而易产生裂纹，其焊接性则相对较差。同时应当注意如下几点：

（1）如果两种钢材的碳当量值相等，但是碳含量不等，中、高碳的钢材在施焊过程中更易产生淬硬组织，其裂纹倾向显然比碳含量较低的钢材来得大，故而其焊接性较差。而当钢中碳含量较低时(w_C< 0.12%)，即使碳当量值较大，该钢常常仍然是可焊的，碳当量不再能够具体反映钢的焊接性，故而需采用其他方法对此类钢的焊接性进行深入分析。另外，钢中很多合金元素对焊接的影响规律也很复杂。因此，当钢材的碳当量值相等时，不能看成其焊接性就完全相同。

（2）碳当量的计算值只表达了化学成分即材料本身对焊接性的影响，没有考虑焊接方法、构件类型(包括板厚)及使用要求等其他方面同样可能具有重要影响。例如，焊接循环中的最高加热温度和高温停留时间等参数在碳当量值计算公式中均没有表示出来，也没有考虑到冷却速度不同可以得到不同的组织，冷却速度偏快时更容易产生淬硬组织(马氏体组织等)而导致焊接性变差等。

因此，碳当量值的计算公式只能在一定的钢种范围内，概括地、相对地评价钢材的焊接性，不能作为准确的、最终的焊接性评定指标。特别对于一些新的金属材料、新的产品结构或新的工艺方法，更应进行较为全面的焊接性试验，从而对材料的焊接性作出更为准确和全面的评价，同时也为制订焊接工艺提供可靠的依据。之所以讲“全面的”试验，是因为试验测定焊接性的内容和方法很多，每种方法只能说明焊接性的某一方面，因此需要进行一系列试验后才能全面确定材料的焊接性。一般地，焊接性试验内容主要包括试验测定焊缝金属抗热裂纹的能力、焊缝及热影响区金属抗冷裂纹的能力、焊接接头抗脆性断裂的能力、焊接接头的使用性能等。

16.6.3 焊接物理冶金学

对材料受焊过程中和受焊之后的化学成分、微观组织、性能的变化规律和产生焊接缺陷的原因进行深入分析，找出内在的规律，为合理制订焊接工艺、探索进一步提高焊接质量的途径、防止各种缺陷提供材料学理论依据和指导，是焊接物理冶金学的任务。如下仅以低碳钢和奥氏体不锈钢的焊接为例对此给予引导性的简要介绍。

16.6.3.1 低碳钢的熔焊

对钢的熔焊焊缝及热影响区的显微组织形成、性能变化、影响因素等问题的研究分析，均属于焊接物理冶金学范畴。

图 16-21 示出低碳钢 20Mn 熔焊时距焊缝中心不同部位点的热循环曲线。可以看出：①距离焊缝中心不同部位的点所经历的最高(峰值)温度不同；②距离焊缝中心不同部位的点到达最高温度所需时间不同；③距离焊缝中心不同部位点加热速度和冷却速度都不同。可见，在熔焊过程中形成焊缝的同时使其附近的母材经受了一次特殊的“热处理”，形成了一个组织和性能极不均匀的热影响区。焊接的热过程特点(局部性、瞬时性、运动性)决定了热影响区“热处理”的特殊性：①加热、冷却速度极快，使与扩散有关的相变过程很难充分进行；②温度场极不均匀，不同位置经历了不同的热循环，距焊缝越近，峰值温度越高，冷却速度越大，导致热影响区中不同位置区域经历不同的相变与组织演变等物理冶金学过程。熔焊导致的此类热循环等因素，决定着焊接接头各区域组织的形成过程与基本形态。

基于图 16-22 和图 16-21 可定性分析钢熔焊接头组织与焊接热循环及铁碳相图之间的对应关

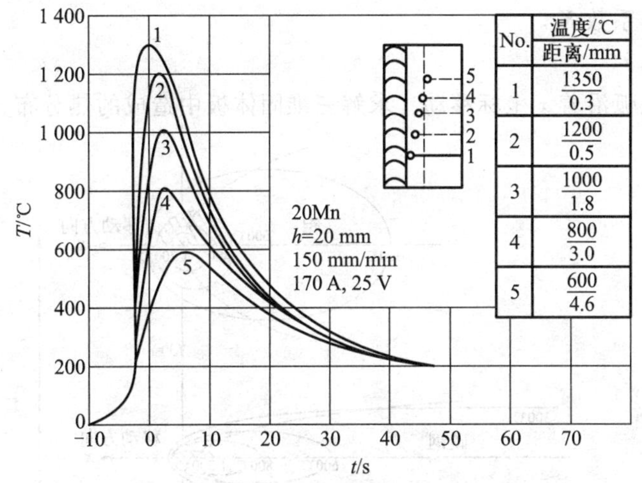

图 16-21 低碳钢 20Mn 熔焊时热影响区中距焊缝不同距离点的温度 T 随时间 t 的变化曲线

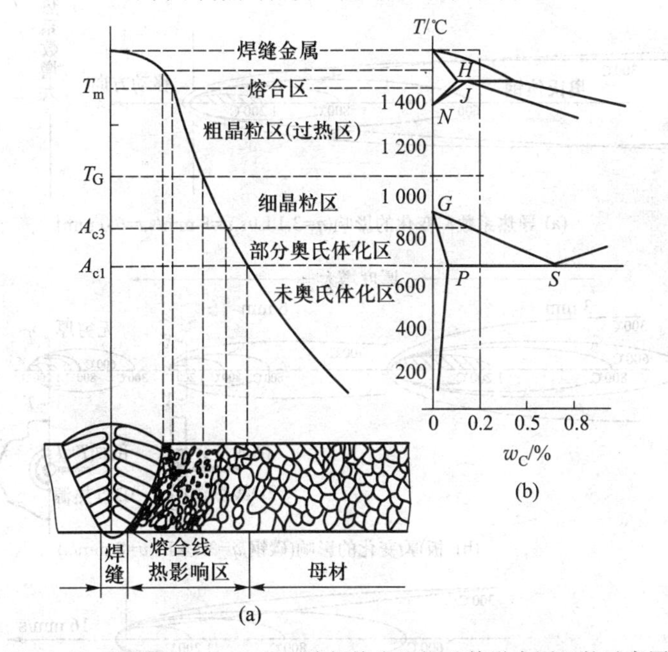

图 16-22 低碳钢($w_C = 0.2\%$)熔焊接头组织及其形成原理的示意图

系。比较距焊缝中心不同部位处达到的最高温度与钢的相变临界温度(熔点 T_m 和各固态相变温度如低碳钢的 A_{c3}、A_{c1})与奥氏体晶粒粗化温度 T_G 的对应关系，可以大致判断热影响区各部位在加热过程中可能发生的物理冶金学过程：高于 A_{c1} 而低于 A_{c3} 处发生部分奥氏体化，高于 A_{c3} 处发生完全奥氏体化，高于奥氏体晶粒粗化温度处发生奥氏体晶粒的过分长大而获得粗大的奥氏体晶粒组织(过热组织)，高于熔点处则熔化形成熔池。中碳钢焊缝及其附近区域的硬度分布则已见于图 15-4。

焊接参数对焊接热循环有着决定性的影响，在焊接凝固中的最重要变量如下：

(1) 热输入速率 q(由焊接工艺的类型、焊件尺寸等确定)。

(2) 电弧沿焊缝的移动速度 v。

（3）焊接的导热系数 K_s。

（4）焊接的板厚 t。

假定在焊接时电弧沿着 x 坐标移动，求解三维固体板中造成的热分布，可得到固态金属中

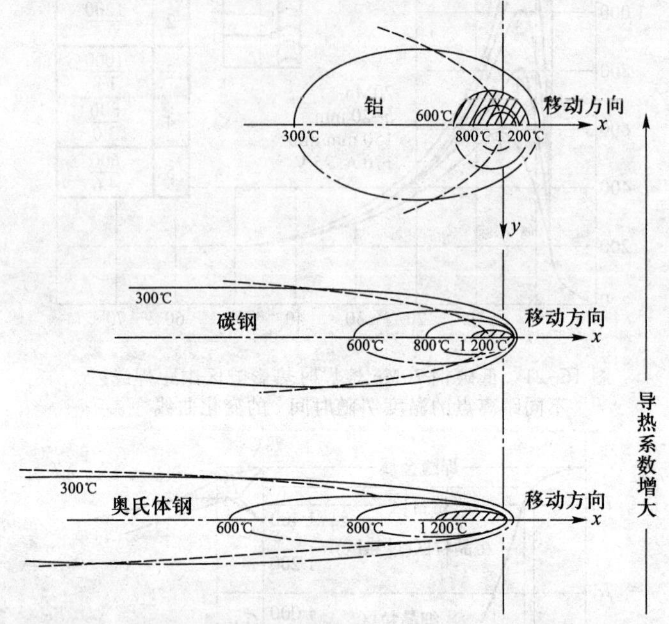

(a) 导热系数K_s变化的影响(q=3.1 kJ/s,v=8 mm/s,t=6.0 mm)

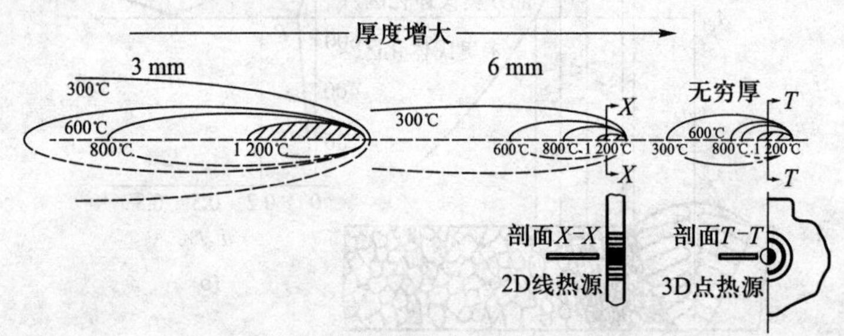

(b) 板厚t变化的影响(碳钢,q=3.1 kJ/s,v=8 mm/s)

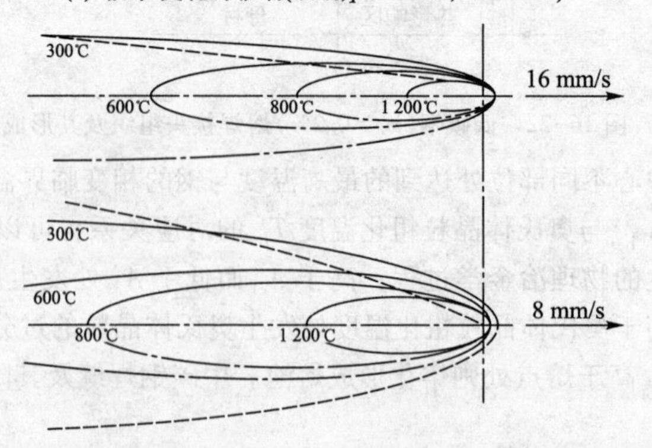

(c) 热源移动速度v变化的影响(碳钢,q=3.1 kJ/s,t=3.0 mm)

图 16-23 焊接参数对点热源条件下等温线分布的影响

（Gray TG, et al. *Rational welding design*. London: Newnes Butter worth, 1975.）

以等温线的形式表示的移动热源周围的温度分布(图 16-23)。假设在熔体中有类似的等温线分布，则参数 K_s、v、t 和 q 在很大程度上决定着焊接凝固组织的形态。图 16-24 给出在熔化焊接中，提高焊接速度(热源移动速度 v)对熔池形状和晶体生长影响的示意图。当焊速过大时，焊缝中心处易形成脆弱的结合面，出现纵向裂纹。

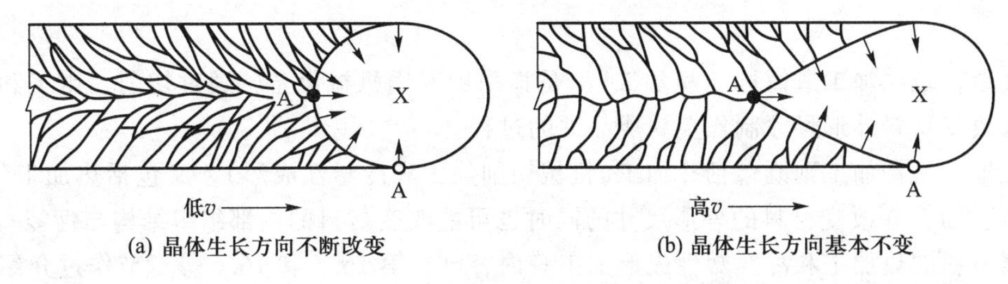

图 16-24 提高熔焊速度(热源移动速度 v)对熔池形状和晶体生长影响的示意图

16.6.3.2 奥氏体不锈钢的熔焊

对于合金钢，除需考虑焊接热循环对材料基体相的相变与组织转变外，尚需考虑热循环导致在热影响区中第二相析出，及其对焊接后材料组织与性能产生的影响规律。例如，18-8 型奥氏体不锈钢对于晶间腐蚀敏感，此时需采用 Fe-Cr-Ni 多元相图进行分析。

分析结果表明，晶间腐蚀敏感性的基本原理为，熔焊的热循环导致焊接热影响区中碳化物 $Cr_{23}C_6$ 析出(图 16-25a)，从而导致了图 16-25b、c 所示的易发生晶间腐蚀的贫 Cr 区或所谓"HAZ 敏化区"的出现。

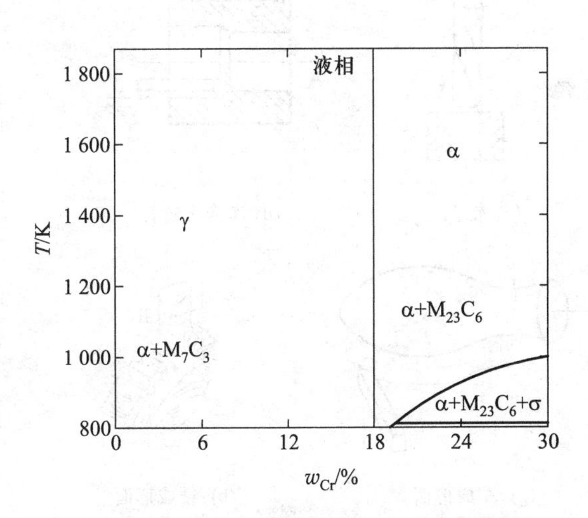

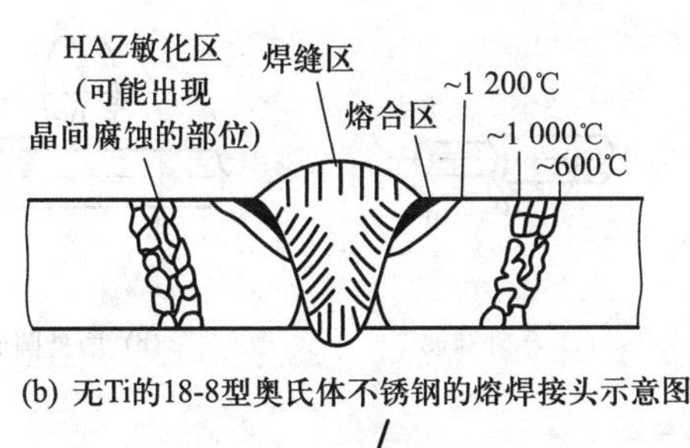

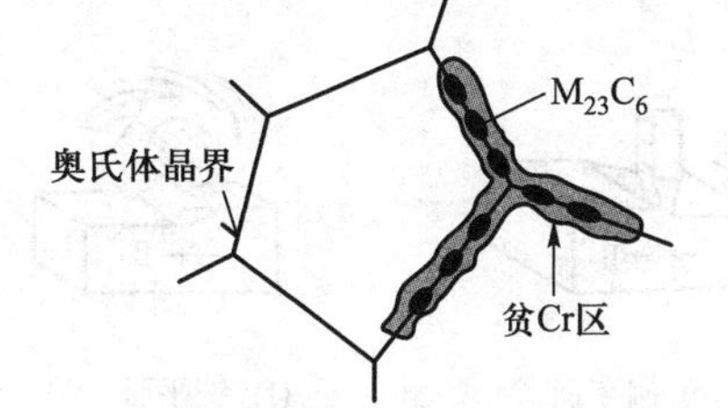

图 16-25 奥氏体不锈钢晶间腐蚀的基本原理分析

值得指出的是，若焊接过程中使用了填充金属，或焊剂和焊条药皮等焊接材料与金属熔池发生了冶金反应，则熔焊形成的焊缝金属将是熔化的母材和熔敷的填充金属的混合物，否则它仅包含熔化的母材金属。

16.7 机械加工

狭义地，**机械加工**或简称“**机加工**”，是指采用专用机械设备，通过切削、钳工和特种机加工方法改变材料外形尺寸制作金属成品件的过程。

广义地，机械加工则既包括冷加工(机械切削加工和冷塑性成形)，又包括热加工(铸、锻、焊、热处理等)，在改变材料的外形尺寸的同时也可能改变材料的内部组织结构与性能。

金属材料的热加工和冷热塑性成形加工等内容已在第16.5和16.6等章节作过介绍，本节仅主要对狭义的机械加工以及材料的机械加工性能予以扼要讨论。

16.7.1 传统机械加工

车、铣、刨、磨、插、拉、镗、鏨、锯、锉、钻、铰、刮、螺纹加工(攻丝套丝)和铆等机械加工，属于传统机加工范畴。其共同特点是采用专用机械设备和机械能为加工手段，加工的目的是按要求改变坯料的外形与尺寸，而不会改变材料整体上的内部组织结构。详细内容见机械工程专业的有关书籍。

图16-26示意性地给出了对工件进行不同表面加工时的一些切削运动形式。

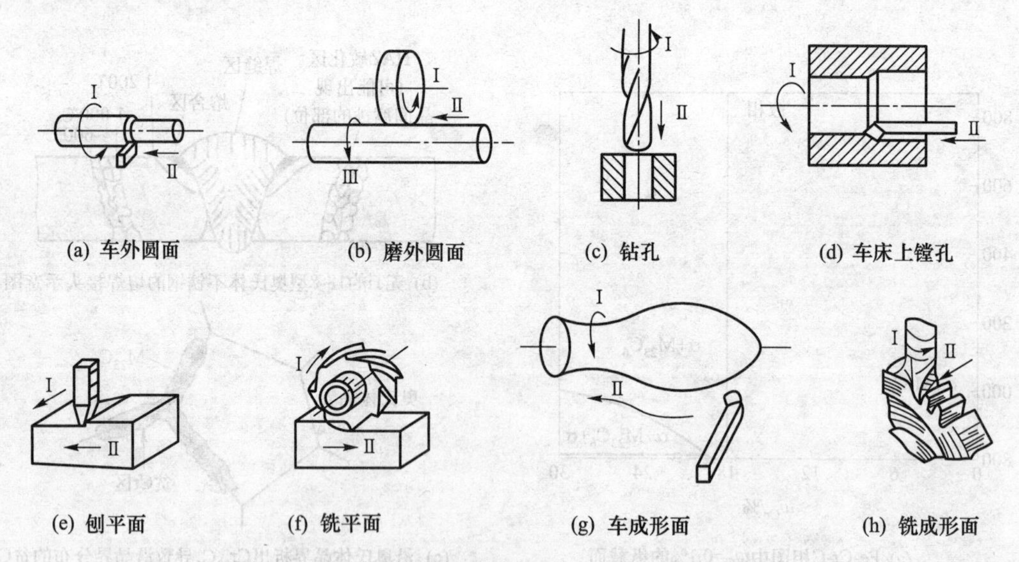

图16-26 对工件进行不同表面加工时的切削运动形式

在很多情况下，切削加工也会改变材料的局部性质，包括材料表面发生塑性变形、加工硬化，改变材料表面粗糙度，改变材料表面甚至整体的残余应力分布状态等。磨削加工产生的切削热比一般切削加工的大数十倍，是一种典型的易导致材料表面显微组织与性能变化的机械加工方法。

磨削和切削加工后，工件已加工表面深达数十至数百微米的表层金属的硬度和强度常常高于或低于基体材料的。这是由于在磨削和切削加工过程中，工件表层金属产生了大塑性变形，位错密度大幅度提高导致材料强化、硬度提高。同时切削和磨削引起的温度升高又可能导致材料退火发生再结晶而使硬度和强度降低。已加工表面的硬度变化就是这种强化、弱化和组织演变作用的综合结果。另外，温升有可能导致钢铁材料内部的相变(参见本书第 13 章)。当相变起主导作用时，切削和磨削加工后工件已加工表面层硬化还是软化则由相变的具体情况而定。例如，在磨削淬火低温回火钢时，如果温升高于原回火温度，则会发生进一步的回火，回火马氏体可能转变为回火屈氏体甚至回火索氏体，表面硬度降低；但在冷却充分的条件下，却又可能引起二次淬火形成淬火马氏体而使表面硬度提高，甚至在材料表面产生残余拉应力而导致表面龟裂(显微裂纹)。

喷砂、喷丸等表面清理方法，则可造成工件的大面积表面硬化和残余压应力层，提高材料的疲劳寿命和抗应力腐蚀的能力，具有重要的实用价值。喷丸造成的表面压应力一般更大些。亦可采用高能喷丸处理而在材料表面原位生成表面纳米晶组织。例如，对 1Cr18Ni9Ti 奥氏体不锈钢进行高能喷丸处理，曾经获得小于 20 nm 的纳米晶粒组织，同时获得一定数量的形变诱发马氏体组织。对低碳钢、纯铁、纯钛、高温合金等进行高能喷丸处理，同样获得了数十微米至逾百微米深度的表面纳米晶层。这样形成的纳米晶层与基体材料之间不存在明显的界面，结合紧密，在使用过程中不会产生剥层与分离。

尤其对于切削加工形成的切屑来说，金属材料平面应变切削是一种高度局部的但又典型的大塑性应变和大变形速率的变形过程，其变形速率可高达 $10^6\ s^{-1}$，总应变量可高达 13，温度可升高到金属熔点的 90%，从而可获得具有超细晶粒甚至纳米晶组织的切屑，但切屑本身的实用价值不大。

随着大型、精密、高速数控装备技术，精密机加工装备技术，复合加工机床或加工中心装备等先进加工技术与装备的发展应用，传统的机械加工工艺不断焕发出新的生命力，使其生产效率、生产率、加工精度、可靠性、灵活性、节能性等都在不断提升。

16.7.2 特种加工

特种加工指不同于传统加工，不用机械能而利用电能、电化学能、磁能、光能及声能等进行机械加工的方法。例如电火花加工，超声波加工，高能束流(激光束、电子束或离子束)加工，电化学(电解、电铸、涂覆)加工，化学加工，等离子弧(等离子体)加工，(液体、磨料)喷射(或称射流)加工，光学加工(光刻)，放电加工，射线加工以及两种或以上不同能量组合使用的组合加工等。

与传统机械加工相比，特种加工具有如下一些特点：

(1) 加工时主要用电、化学、电化学、声、光、热等能量去除多余材料，而不是主要靠机械能量切除多余材料。

(2) 加工机理不同于一般金属切削加工，不产生宏观切屑，不产生强烈的弹、塑性变形，故可获得很低的表面粗糙度，其残余应力、冷作硬化、热影响度等也远比一般金属切削加工小。

(3) 特种加工所用工具与被加工零件基本不接触，加工时不受工件的强度和硬度的制约，故可加工超硬脆材料和精密微细零件，甚至工具材料的硬度可低于工件材料的硬度。

特种加工解决了许多传统切削加工难以处理的问题，在提高产品质量、生产效率、经济效益和开发新高附加值产品上显示出很大的优越性。例如，微细加工与微纳加工等新技术领域，全赖特种加工技术才得以开拓发展。但在许多情况下，特种加工与传统机械加工各有千秋，并非简单地相互替代。

一般来说，特种加工的目的仍然是按要求去除坯料上的部分材料以获得预定产品的外形尺寸，并不去改变材料整体上的内部组织结构。但是，快速成形制造技术的出现，则进一步颠覆了成形制造工艺技术的原有概念。换言之，传统机加工是采用"减法"（从坯料上去除部分材料），快速成形技术则是"加法"（逐层累加、堆积或沉积成形）。例如，**快速原型**(rapid prototyping,RP)技术是在计算机控制下，从零件的CAD(computer aided design)几何模型出发，通过软件分层离散(即将模型分割成一层一层)和数控成形系统，再将真实材料逐层堆积而形成实体零件或模型。从而，作为数字化成形制造技术，快速成形时已经不需要事先制造出实体坯料而再去改变其外形与尺寸。

对应地，快速成形技术的具体名称也是非传统的，例如选择性激光烧结(selective laser sintering,SLS)、立体光造型(stereolithgraphy apparatus,SLA)、分层实体制造(laminated object manufacturing,LOM)、熔化沉积制造(fused deposition modeling,FDM)、三维打印(3D printing)成形技术、激光引导直写 (laser-guided direct writing)成形技术、掩模固化(solid ground curing, SGC)技术，等等。

材料是实现快速成形制造技术的关键，每一种工艺都对其所成形的材料有独特的要求。例如，SLS 工艺采用各种金属和非金属粉末为材料，SLA 工艺采用特种光固化树脂，LOM 工艺采用涂有黏接剂的纸张，FDM 工艺采用蜡、ABS 以及尼龙等。材料的性质不但影响原型件的质量，而且对原型件的应用产生决定性影响，更为重要的是它是成形工艺可行性的保证。材料科学的发展，尤其是新材料的出现，将会对快速成形技术的发展产生重大的影响。同时，快速成形技术的发展，又会向材料科学提出新的要求，促进材料设计技术的发展。

16.7.3 材料的机械加工性能与改善途径

材料的机械加工性能主要指切削性能，即在一定的切削条件下，材料被加工成合格工件的难易程度。其衡量指标主要有加工表面质量(表面粗糙度指标)、刀具耐用度(刀具寿命指标)、单位切削力和切削温度、切屑控制与断屑性能、极限材料切除率、保证一定刀具寿命所允许的切削速度等。

切削性能的影响因素包括材料的化学成分、供货状态和微观组织、密度(粉末冶金材料)，刀具的切削加工性能、切削参数与工艺等。奥氏体组织与铁素体组织偏软、塑性偏高，而淬火马氏体过硬过脆，均难以加工。因为塑性高易黏刀、韧性高则不易断屑，而硬度与加工硬化率过高不易加工；钢中存在碳化物和氮化物等硬质点易导致刀具擦伤，适量的 MnS 夹杂物等则有利于切屑碎断而提高切削性能；材料的室温强度和高温强度高则对应的切削性差，材料导热系数越大切削性越好。但切削方式不一样，所要求的适宜切削硬度范围是有差异的，具体要视加工工序而定。

对于不同的金属材料的切削加工性能的大致对比，可参考表 16-5。

表 16-5 不同种类的金属材料的切削加工性的对比简表

加工性等级	名称及种类		相对加工性 K_r	代表性材料
1	很容易切削材料	一般有色金属	>3.0	5-5-5 铜铝合金，9-4 铝铜合金，铝镁合金
2	容易切削材料	易切削钢	2.5~3.0	15Cr 退火 R_m=380~450 MPa 30 钢正火 R_m=450~560 MPa
3		较易切削钢	1.6~2.5	
4	普通材料	一般钢及铸铁	1.0~1.6	45 钢，灰铸铁， 20Cr13调质 R_m=850 MPa 35钢 R_m=900 MPa
5		稍难切削材料	0.65~1.0	
6	难切削材料	较难切削材料	0.5~0.65	45Cr调质 R_m=1 050 MPa 65Mn调质 R_m=变 50~1 000MPa 50CrV 调质、1Cr18Ni9Ti、某些铁合金、 铸造镍基高温合金
7		难切削材料	0.15~0.5	
8		很难切削材料	<0.15	

改善切削性能的途径包括：

（1）选择合适的原材料及其供货状态。因为对应的显微组织与力学性能不同，同一材料的不同供货状态其切削性能可能会有很大差异。必要时采用易切削钢、自动机床专用钢。

（2）在机械加工工艺路线中，穿插安排必要的热处理工序以改变材料的组织与力学性能，或改善材料的机械加工性能。一般地，热处理工序位置的安排如下：为改善金属切削加工性能的热处理工序，如退火、正火、调质等，一般安排在机械加工前进行；为消除内应力的热处理工序如时效处理、调质处理等，一般安排在粗加工之后、精加工之前进行；为提高零件的力学性能的热处理工序如渗碳、淬火、回火等，一般安排在机械加工之后进行。如热处理后有较大的变形，还须安排最终加工工序。

（3）对于不同的待切削材料，选择合适的切削刀具也有助于改善切削效果。

总 结

本章主要关注钢的制备加工工艺，以及钢材用于制造业的材料成形加工和处理的工艺等；同时涉及材料行业（对钢铁材料来说即冶金行业）和制造业（尤其是机械行业）中的材料工艺以及相关的冶金学等问题。

炼铁、炼钢、浇铸、轧钢均为现代钢铁生产工艺流程中的主要工艺环节。生产非合金钢和对质量要求不很高的合金钢时一般采用无炉外精炼的电炉或转炉冶炼即可；高质量的特殊钢生产则采用电炉冶炼加炉外精炼，必要时再增加诸如电渣重熔等特种冶金方法。在钢铁行业，一般是先生产出模铸钢坯或连铸钢坯，再经过轧制或锻压（有时候还需要热处理甚至焊接），形成不同种类的钢材。21世纪的钢铁生产流程，正不断地由独立、断续的铸及轧和材料热处理三工序演变成相互交叉、相互融合的铸-轧-材一体化高效新流程。铸、锻、焊、机械加工、热处理及表面处理等，则是机械等制造行业常见的材料工艺类型。

钢材生产、产品成形加工与组织性能优化，均为钢铁材料的全生命周期中的不同重要阶段。无论是在材料行业还是在制造业，均需要材料科学基础与材料工程技术的支撑。

在钢铁材料生产、加工与应用的各个环节中，均应尽可能遵循高质量、低成本、高效率、低能耗、少污染、可持续发展的原则，这也适用于其他材料类型。作为材料科技工作者，除掌握材料科学与工程基础知识和基本技能外，还需要具备将这些知识与技能应用于工业、科技、国防和服务于社会的综合素质与能力。

重要术语

材料的生命周期(life cycle of materials)
生产工艺(production process, production technology)
炼铁 (ironmaking)
炼钢 (steelmaking)
炉外精炼(二次精炼)(external refining, secondary steelmaking)
电渣冶金(electroslag metallurgy, electroslag remelting)
转炉炼钢(converter steelmaking)
电炉炼钢(electric steelmaking)
平炉炼钢(open- hearth steelmaking)
特种冶金 (special metallurgy)
真空电弧熔炼(vacuum arc melting)
电子束熔炼(electron beam melting)
等离子熔炼(plasma melting)
模铸(mould casting, die casting)
连铸(continuous casting)
沸腾钢(rimmed steel)
镇静钢(killed steel)
半镇静钢(semi-killed steel)
压盖沸腾钢或加盖钢(capped steel)
板坯(slab)
大方坯(bloom)
小方坯 (billet)
热轧(hot rolling)
冷轧(cold rolling)
连轧 (continuous rolling)
连铸连轧(continuous casting and rolling)
控轧控冷(control rolling and accelerated cooling)
物理冶金学(physical metallurgy)
锻造(forging)
锻压(锻造与冲压的合称, forging and stamping)
可锻性(forgeability)
自由锻(flat die forging, open die forging)
模锻(die forging)
胎模锻(loose tooling forging)
冲压(stamping)

铸造(casting, foundry)
铸造性(castability)
焊接(welding)
熔焊(fusion welding)
压焊(又称固相焊, pressure welding)
硬钎焊(brazing)
软钎焊(soldering)
钎剂(brazing flux, soldering flux)
可焊性(weldability)
碳当量(carbon equivalent)
焊缝(weld)
热影响区(heat affected zone, 简称 HAZ)
机械加工(machining)
机械加工性(可切削性, machinability)

练习与思考

16-1 结合图 16-1“钢铁材料的全生命周期”，思考材料科技工作者在材料生命周期各个阶段中的使命和任务。

16-2 结合图 16-2 和图 16-3，试考虑本书介绍的材料科学与工程基础知识对于钢铁生产工艺流程的设计与控制，尤其是钢材的内在组织结构与性能的控制，有哪些重要作用?

16-3 练习：本题附表 16-1 中扼要总结了钢的各类生产加工处理工艺的主要特点以及相关物理冶金学等理论基础(并不全面)，就表中各类工艺一一给予分析讨论，并试对该表内容予以进一步细化和完善。

附表 16-1

工艺	主要目的	主要特点					
		施加的主要外界条件	材料内部组织结构	材料的外形尺寸	材料损失	材料性能	主要理论基础
铸造(连铸、铸件成形等)	钢坯生产或铸件直接成形(少切削或无切削)	加热至液态后浇注、冷却，必要时加压或加速冷却	变化	零件成形或形成锭、坯等	少或无	对工艺参数敏感	物理冶金(结晶、扩散、形核长大理论，固态相变)
热加工(轧制、锻造等)	获得各种型材、毛坯或最终制件	加热、加压，使材料塑性变形	变化	成形或改变(包括部分材料损耗)	少(氧化皮等)	对工艺参数敏感	力学冶金，物理冶金(晶体学、变形、回复、再结晶、晶粒长大、固态相变等)

续表

工艺	主要目的	主要特点					
		施加的主要外界条件	材料内部组织结构	材料的外形尺寸	材料损失	材料性能	主要理论基础
冷加工	获得型材，制件成形，材料强化等	外加应力	变化	成形或改变	少或无	对工艺参数敏感	力学冶金与物理冶金（晶体缺陷、塑性变形、组织转变）
机械加工	获得形状、尺寸、表面质量均符合要求的制品	刃具、磨具等对毛坯的相对运动	不变（或局部变化）	改变（有材料损耗）	一般很大	其工艺参数不改变材料整体性能，但影响表面质量和高强度材料缺口敏感性能	有关切削、磨削等理论知识
热处理（亦包括化学热处理、表面强化处理）	改变材料内部或表层组织结构以获得所需性能。化学热处理会导致材料表层化学成分的改变	加热、保温、冷却	变化	一般不希望改变，但可能出现热处理变形、开裂	少或无	对工艺参数极为敏感	物理冶金（热处理原理、扩散、固态转变）
熔焊	利用原子间的结合作用连接分离的金属部件或异种材料	加热、加压（或二者并用）	熔化区及热影响区等局部变化	局部变化	少或无	对工艺参数敏感	物理冶金（结晶、固态转变等）
粉末冶金	将固体金属粉末直接制造材料和零件	加热、加压（或二者并用）	变化	成形	少或无	对工艺参数敏感	物理冶金（扩散、固态转变或相变等）
表面涂覆等处理（镀层、氧化、钝化、气相沉积涂覆等）	在材料或制品的表面形成保护层或装饰层	可能的外加条件如加热、介质（如电解液等）、通电或外加涂覆层	不变（但温度变化有可能导致组织结构变化）	外形基本不变，表面质量改变	无	不改变内部材料性能，但提高耐蚀性等	有关化学和电化学理论知识等

注：该表摘引自刘国权、胡梦怡编著的《工程材料学—原理与应用》(北京科技大学,1993)。

16-4 思考：在新材料制备加工之前，事先要进行材料设计，包括材料的化学成分设计、相组成设计和显微组织设计，以及工艺设计和性能预测预报等。以“材料设计”为关键词检索互联网上及图书馆中的有关信息，了解材料设计的基本概念、设计方法与发展趋势。思考材料设计在材料科学与工程学科以及材料行业和制造业中的作用与地位。

16-5 思考：科学选择适用材料是制造业的重要课题。你认为选材应当考虑哪些因素？有无材料的工艺因素？试举例说明之。

16-6 思考：在机械加工工艺路线中，常常需要穿插安排必要的热处理工序以改变材料的组织与力学性能，或改善材料的机械加工性能。试举几个你能想到的例子，并讨论这些热处理是如何发挥作用的。

16-7 扩展阅读思考：“材料基因组计划”（materials genome initiative）拟通过新材料研究开发周期内各个阶段的团队相互协同创新，通过材料计算、实验和数字数据技术之间的协同和共享大幅度缩短新材料研发周期和降低成本。本题附图 16-1 即描述了新材料研发周期中的各个阶段。试通过课外自学，理解该图和材料基因组计划的基本理念和内容，以及如何降低材料的研发成本、缩短研发周期，以及提高材料研发的可预见性。

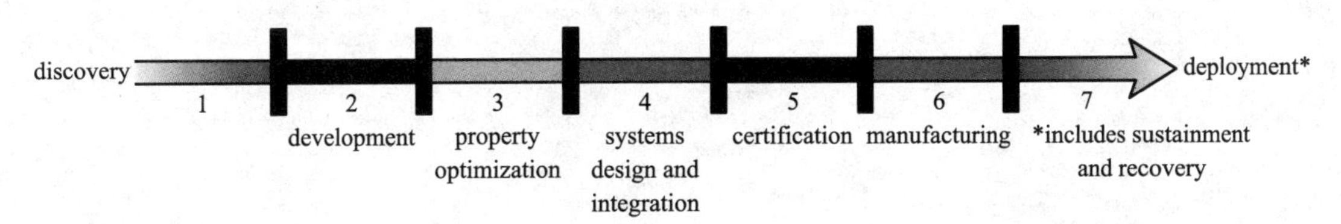

附图 16-1 材料开发连续体（materials development continuum，引自 http://www.whitehouse.gov/mgi）

参 考 文 献

[1] 中国机械工程学会，中国材料研究学会，中国材料工程大典编委会. 中国材料工程大典. 第 2 卷：钢铁材料工程（上）. 北京：化学工业出版社，2005.

[2] 中国机械工程学会，中国材料研究学会，中国材料工程大典编委会. 中国材料工程大典. 第 3 卷：钢铁材料工程（下）. 北京：化学工业出版社，2005.

[3] 徐匡迪. 20 世纪—钢铁冶金从技艺走向工程科学. 上海金属，2002，24（1）：1-10.

[4] 宋维锡. 金属学. 北京：冶金工业出版社. 1980.

[5] 宋维锡. 金属学. 2 版. 北京：冶金工业出版社，1989.

[6] 刘国权，胡梦怡，吴承建. 工程材料学—原理与应用. 北京：北京科技大学出版社，1993.

[7] 互联网上自学平台：http：//www. steeluniversity. org/content/html/eng/.

[8] 中国机械工程学会，中国材料研究学会，中国材料工程大典编委会. 中国材料工程大典. 第 22 卷：材料焊接工程（上）. 北京：化学工业出版社，2005.

[9] OSTP. Materials genome initiative for global competitiveness. Washington，DC：Office of science and technology policy，2011.

第四篇
其他金属材料

工程实际应用的金属材料可分为黑色金属材料和有色金属材料、金属结构材料和金属功能材料、传统金属材料和新型金属材料。**有色金属**与合金（即**非铁基金属材料**）是对除钢铁以外金属材料的统称，常用的有铝及铝合金、铜及铜合金、钛及钛合金、镁及镁合金等。本篇**第17章**扼要介绍了这些常用有色金属材料的基本特性、合金化原理、合金体系的构成、组织结构特点、制备加工和处理过程、工程性能特点、服役和应用的范围等。

功能材料是指那些具有特殊物理性能、化学性能或生物医学性能等性能的材料，主要发挥其特殊功能，有别于主要利用力学性能的结构材料。**第18章**扼要介绍了电性合金，磁性合金，膨胀、弹性与减振合金，形状记忆合金，生物医用合金和储氢合金等常用金属功能材料，以及相关的材料特性、结构、组织及缺陷之间的关系等基本知识。

新型金属材料一般是指近期内发现的、具有良好工程应用前景的金属材料。**第19章**主要涉及其中比较典型的金属基复合材料、金属间化合物结构材料、金属玻璃、高熵合金等。**第19章**还有助于帮助读者了解这些新型材料体现着的新学术思想、新理论、新工艺、新技术等，激发读者的材料创新思维与意识。

17 有色金属材料

有色金属与合金是钢铁以外的金属材料(即非铁基金属材料)，其中铝及铝合金的产销量占第一位，铜及铜合金占第二位。钛合金是十分重要的轻型高性能工程材料，主要用于航空航天、汽车、体育器械等领域。镁合金是近些年来发展迅速、具有巨大应用潜力的重要工程材料。与国外相比，目前中国有色金属材料生产的总体技术水平还有很大的改进和发展空间，还需要大力推动相关的科学研究和先进生产技术的开发。本章主要介绍铝及铝合金、铜及铜合金、钛及钛合金、镁及镁合金。除化合物和特殊说明外，各合金的成分均用质量分数表示。

17.1 铝及铝合金

17.1.1 铝的基本特性

铝是周期表中第 13 号元素，是面心立方结构的金属，熔点为 660 ℃，密度为 2.699 g/cm^3,仅是铜的三分之一，所以被大量用来作轻质材料。铝的导电性能非常好，$w_{Al}>$ 99.995%的纯铝在 60 ℃时的电阻率约为 $2.62\sim2.65\times10^{-8}\ \Omega\cdot m$，其导电性能仅次于银、铜和金，列第四位，因此可用作电力工业的导电材料。铝的热导率高，在金属中仅次于银、金和铜，也列第四位，其热导率约为铜的55%，可用作热交换材料或散热材料。铝是顺磁材料，不会被磁化，因而不会受到磁场影响，并可用作罗盘、天线、计算机存储器、仪表材料及屏蔽材料等。

铝有极好的塑性，$w_{Al}=99.999\%$的高纯铝具备70%以上的室温延伸率。铝的变形抗力低，可以很容易进行锻造、轧制、挤压、冲压或半熔融等加工，并制成板、箔、管、棒、线、丝、复杂断面型材等。铝良好的塑性也使得大变形量和高速变形加工成为可能，因此铝有良好的变形和成形加工性能。由于铝变形抗力低，也可以对铝作极高速的车、铣、镗、刨、磨等切削加工。在摄氏零度以下，随着温度的降低，铝的塑性会有所提高，不存在低温脆性，可以在很多低温场合使用。纯铝的强度比较低，w_{Al} = 99.999%的高纯铝的室温屈服强度只有 15~20 MPa，抗拉强度仅 40~50 MPa。高纯铝没有相变，因而不可以通过热处理强化，但可通过加工硬化提高强度。冷轧 90%时纯铝的屈服强度可达 100~120 MPa，抗拉强度达120~140 MPa。由于铝的密度很低，其**比强度**即强度与密度的比值非常高，与钢相当，因此作为结构材料在很多场合可以取代钢。铝合金化后可以通过热处理强化，其强度水平得到大幅度提高。例如超硬铝合金的屈服强度一般可达到 400 MPa 以上，抗拉强度达 500 MPa 以上，达到低、中碳钢的水平。

铝及铝合金的表面容易生成一层致密而牢固的 Al_2O_3保护膜，这层保护膜只有在卤素离子或碱离子的激烈作用下才会遭到破坏。因此铝有很好的耐陆地性和海洋性大气腐蚀以及水腐蚀的能力，能抵抗多数酸和有机物的腐蚀，进行一定化学处理后还可以耐弱碱腐蚀。铝及铝合金有良好的表面处理性能。

纯铝的铸造性能通常比较差。纯铝凝固时，液、固两相温度区间窄，收缩系数大，w_{Al} = 99.9%的 Al 凝固收缩率达 6.5%，因此纯铝铸锭中总会有缩孔。纯铝中加入少量合金元素后可使两相区扩大，造成合金在较宽温度范围凝固，先凝固组织会阻碍液体的流动，且会造成成分偏析，这些都会影响合金的铸造性能。通常在设计铸造铝合金化学成分时总使合金含有一定量的共晶组织。共晶组织凝固温度低而凝固温度区间窄使得凝固前液体流动性好、偏析小，共晶组织的成分相对均匀，适当选择合金元素可大大降低铸造收缩率。铝熔点低，可以同许多元素形成共晶反应，因此铝合金可以有很好的铸造性能。

铝的常规焊接性能较差，在空气中容易与氧反应生成氧化膜，因此易于在焊缝中生成氧化物夹杂而降低焊缝性能。铝的热导性能好，使得焊接时热损失大，且容易造成较大的温度振动。铝的热胀冷缩系数和结晶收缩率通常比钢高一倍，容易造成焊接应力而影响焊缝质量。铝合金的熔点低，焊接时低熔点合金元素如镁、锌、锰易于烧损，从而改变焊缝成分而使性能下降。液态铝可溶解大量氢气，固态铝却几乎不溶解氢，因此焊接快冷时氢不容易析出，进而在焊缝造成气孔。随着焊接技术的改进和新型焊接技术的开发，铝合金的焊接问题已经得到了妥善的解决。如采用惰性气体保护焊接可防止氧化物夹杂的生成和氢气的影响，减少低熔点合金元素的烧损。另外，采用适当的焊接材料也可以补充低熔点合金元素的烧损。适当调整铝合金的成分或选用适当的焊接材料可以使得合金的热胀冷缩系数和结晶收缩率大大降低，从而为消除焊接应力提供有利条件。采用诸如电子束焊、等离子弧焊、电阻焊、激光焊等高能量密度焊接技术可以克服因铝导热性能好而对焊接造成的不利影响。

在很多情况下，纯铝的性能并不能满足工业应用的要求。因此需要对纯铝作合金化设计，以克服纯铝的缺点，提高合金的某一或某些性能。目前，在铝合金中所采用的主要的合金元素有 Cu、Mg、Mn、Si、Sn、Zn 等。在铝同这些元素所构成的合金体系中也可以加入多种其他元素，以使合金的性能最终达到使用的要求。

17.1.2 主要的铝合金体系

图 17-1 给出了高铝端的 Al-Cu 二元相图。可以看出铝固溶体中最多可以在 547 ℃溶解 w_{Cu} = 5.7%的铜，铜可以通过固溶强化提高铝合金的强度。当合金中铜的含量超过铝固溶体的溶解度时，铜会以 $CuAl_2$的形式析出并强化合金。$CuAl_2$的硬度较高，凝固时仅有 3%的收缩

率，因此 $CuAl_2$不仅可以提高合金的强度，而且也有利于改善合金的铸造性能。

图 17-2 给出了 Al-4%Cu 二元合金(质量分数)淬火并经不同温度时效后的强度变化，正是 $CuAl_2$的析出行为造成了强度曲线的变化。当含 $w_{Cu}=4\%$的铝固溶体从 547 ℃淬火快冷到室温后 $CuAl_2$来不及析出，因而造成过饱和的铝基固溶体，此时合金的抗拉强度较低。在时效加热过程的第一阶段，铝固溶体内会形成许多铜原子的富集区，称为**GP[Ⅰ]区**。GP[Ⅰ]区的形成会在其周围造成固溶体点阵畸变区并对位错的运动造成阻碍，从而提高了合金的强度。在时效的第二阶段，铜原子继续向 GP[Ⅰ]区富集并有序化而形成 **GP[Ⅱ]区**。GP[Ⅱ]区的化学成分接近 $CuAl_2$的原子比，并转向四方晶格。GP[Ⅱ]区通常用 θ″表示。GP[Ⅱ]区会增强固溶体点阵的畸变，因而进一步提高了合金的强度。在时效的第三阶段，铜原子的富集使富集区的化学成分达到 $CuAl_2$，并开始与母相的晶格脱离联系，形成一种与母相半共格的过渡相，即 θ′相。θ′相的形成减小了其周围固溶体点阵的畸变区，于是合金趋向于逐步软化。在时效的第四阶段，最终稳定的 θ-$CuAl_2$相生成，并与母相的晶格完全脱离联系，其周围固溶体点阵的畸变基本消失，合金发生软化。这时从强化的角度讲，合金已经**过时效**。在较低温度作时效处理时，热激活过程太弱，也可能不出现第三及第四阶段(图 17-2)。

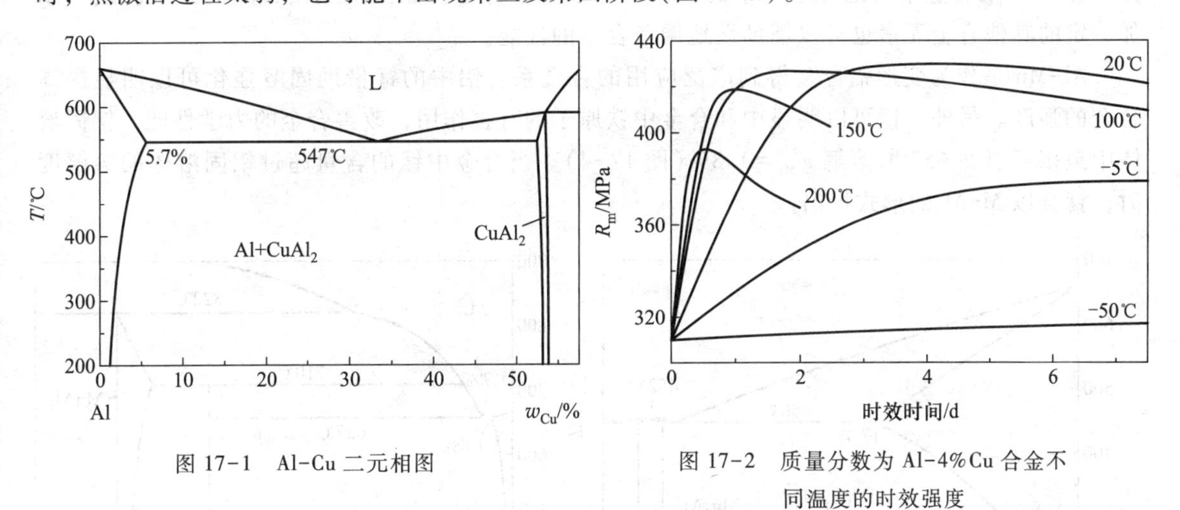

图 17-1 Al-Cu 二元相图

图 17-2 质量分数为 Al-4%Cu 合金不同温度的时效强度

由图 17-1 可知，在 Al-Cu 合金系中，$w_{Cu}>5.7\%$时就会有共晶组织出现，适于作铸造合金，而较低铜含量的合金适合于作普通的高强度变形合金。Al-Cu 合金中往往还会加入一些其他的合金元素用以调整合金密度、提高或改善各种力学性能、改善抗腐蚀性能、改进铸造时液态合金的流动性、提高铸造合金共晶组织含量、降低杂质元素的有害影响、减少凝固收缩、调整膨胀系数及相关内应力和铸造质量、控制化合物的组分与性能、调整点阵常数以影响与析出物的共格关系、控制原子的扩散并改善时效行为、细化晶粒等。例如镁、硅可以减慢时效过程，从而可使合金零件在淬火和自然时效硬化之间能保持较长时间，为二者之间的诸如最终成形塑性加工等特定加工过程创造条件。硅、锌可以提高合金液体的流动性，从而改善铸造性能。

Al-Mg 合金系也是最常见的铝合金。向铝中加镁除了可以通过固溶强化和析出强化提高合金的强度外，还可以使合金有较高的塑性和焊接性能。Al-Mg 合金的氧化膜比容较大，适量的镁含量有利于保持合金氧化膜致密，因此可以提高合金的抗腐蚀性能。由 Al-Mg 二元相图(图 17-3)可以看出，铝固溶体中最多可以在 450 ℃溶解 w_{Mg} = 17.4%的镁。铝在室温对镁的溶解度约为 w_{Mg} = 2%。当合金中镁的含量超过铝固溶体的溶解度时，镁会以 Mg_5Al_8 或 Mg_2Al_3 的形式析出。Mg_5Al_8 相的存在使合金具有良好的切削性能。与 Al-Cu 合金相似，w_{Mg} > 5%的 Al-Mg 合金是可以通过热处理强化的合金。淬火后的 Al-Mg 合金可以很快在晶体缺陷附近时效生成 GP 区，但 GP 区的强化效果很不明显。低于 450 ℃时镁在铝中的扩散速率较低，因此 GP 区的尺寸很小，其直径约为 1.0~1.5 nm。当亚稳的棒状 β′相析出时会与母相保持共格，且合金的强度与硬度增加。一旦 β′相转变成稳定的 β 相(Mg_5Al_8)，共格关系消失，强度与硬度随即下降。

低镁的工业 Al-Mg 合金通常含 w_{Mg} = 2%~5%，且有很好的成形性能。高镁的工业Al-Mg合金通常含 w_{Mg} = 5%~12%。铸态时 Mg_5Al_8 往往分布于晶界上。工业 Al-Mg 合金系的镁含量均不超过平衡相图上所显示的母相最高溶解度 w_{Mg} = 17.4%，否则合金的力学性能将大大降低。因此用作铸造合金时合金中很少有共晶成分的组织，这会导致合金较差的铸造性能，适合用来铸造形状比较简单的耐腐蚀零件。Al-Mg 合金要求杂质含量低以保证较好的抗腐蚀性能。大部分工业 Al-Mg 合金中其他合金元素的含量都比较少，合金性能主要受镁含量的影响。适当添加一定的其他合金元素也可以辅助性地调节合金的性能。

Al-Mn 是作为变形铝合金得到广泛应用的合金系。铝中的锰借助固溶强化可以明显提高合金的强度。另外，锰可以明显中和合金中铁原子的有害作用，改善合金的力学性能。铝固溶体中最多可以在 657 ℃溶解 w_{Mn} = 1.8%(图 17-4)。当合金中锰的含量超过铝固溶体的溶解度时，锰会以 $MnAl_6$ 的形式析出。

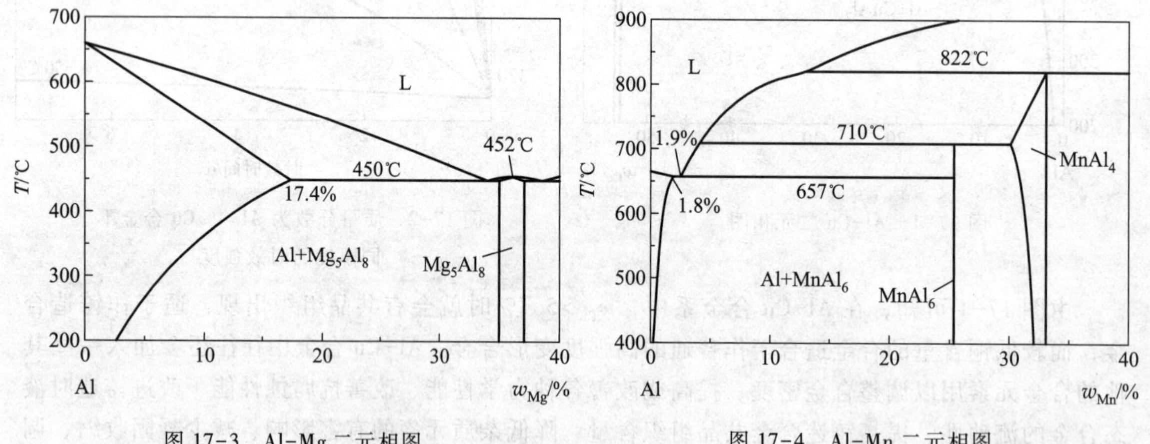

图 17-3 Al-Mg 二元相图　　图 17-4 Al-Mn 二元相图

图 17-5 给出了 Al-Fe 二元相图。可以看出铝固溶体只能溶解很少的铁原子，最多也只有 w_{Fe} = 0.04%。在特定情况下 $FeAl_3$ 有可能直接从液体中析出。少量的 $FeAl_3$ 相往往以离异共晶的形式分布于晶界上，严重影响合金的力学性能。

表 17-1 列出了铝合金中一些析出相的结构和硬度。可以看出，$FeAl_3$ 有最高的硬度和最低的晶体对称性，因此 $FeAl_3$ 的脆性应最高，并会明显降低合金的抗疲劳性能，妨碍合金的应用。在 Al-Mn 合金系中，当锰以 $MnAl_6$ 的形式析出时会吸附铁原子进而形成$(FeMn)Al_6$复合析出相，从而中和了铁原子的有害作用。

表 17-1 铝合金中一些析出相的结构与硬度

析出相	显微硬度(HV/MPa)	晶系
$FeAl_3$	9408	单斜
$MnAl_6$	3724~5292	正交
$CuAl_2$	5488	四方
Mg_5Al_8	3332	立方

Al-Mn 合金通常含 $w_{Mn}=1\%\sim1.7\%$，而且对杂质含量的要求不高，但液态合金的流动性差，铸造性能不好。由于 $MnAl_6$ 较脆，共晶成分 Al-Mn 合金的力学性能很差，因此 Al-Mn 合金不能用作铸造合金。Al-Mn 合金的时效硬化不很明显，因而热处理强化效果很小，利用价值较低。在 Al-Mn 合金的加工过程中，通常只作 327~377 ℃的再结晶退火或部分退火。细小的锰析出物会阻碍晶粒长大，明显阻碍再结晶过程，因此 377 ℃以下的加热析出过程往往优先于再结晶过程。形变热处理有可能明显提高合金的强度。Al-Mn 合金的性能主要受锰含量的影响。

硅与铁相同，在铝合金中是最常见的杂质元素，但它同时也可以用作铝合金的合金化元素。Al-Si 合金有较好的抗腐蚀性能；其热导率较低，为 $1.2\sim1.6\times10^{-2}$ W/m · K。硅可以提高铝合金的铸造及焊接流动性，降低铸造收缩率及合金的热膨胀系数，提高合金的力学性能，与其他合金元素综合作用可以使合金热处理强化。铝固溶体中最多可以在 577 ℃溶解 $w_{Si}=1.65\%$(图 17-6)。当合金中硅的含量超过铝固溶体的溶解度时，硅会以单质的形式析出。在共晶温度硅相可以溶解约 $w_{Al}=0.5\%$的铝。

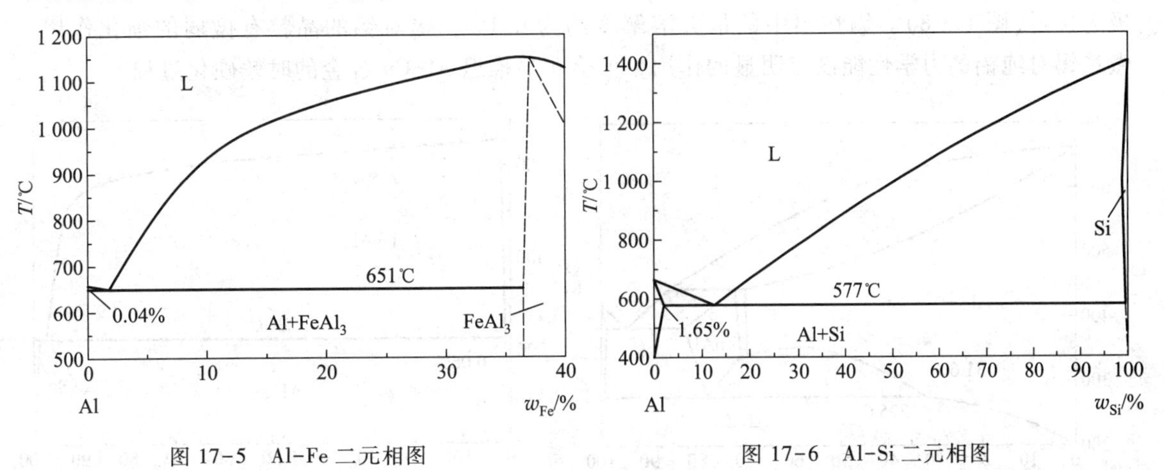

图 17-5 Al-Fe 二元相图

图 17-6 Al-Si 二元相图

Al-Si 二元合金的力学性能主要取决于硅析出粒子的形状与分布。细小、等轴、均匀分布的硅粒子可以使合金既有高的塑性，又有相当高的强度。Al-Si 合金，尤其是过共晶合金有很好的耐磨性。时效强化时，Al-Si 合金中析出相与母相失配度大，所以在时效初期就不共格，时效强化效果很弱。

Al-Si 合金的硅的质量分数一般为 $w_{Si}=5\%\sim25\%$。低硅含量的合金($w_{Si}<14\%$)可以用于变形加工，但 Al-Si 合金的主要用途是制造中等强度的铸件，尤其可以用于铸造形状复杂的零

件。Al-Si 合金也可以用作焊接材料或特定条件下的耐磨变形铝合金。合金中加磷可以细化析出硅的尺寸，钴、铬、锰、钼、镍等可以中和铁的有害作用并改善合金的高温性能，镁可以进一步明显提高合金强度，钛、硼可以细化母相晶粒。

在铝中加入 $w_{Si}=0.2\%\sim2\%$ 的硅和 $w_{Mg}=0.2\%\sim1.5\%$ 的镁可以构成 Al-Mg_2Si 合金系。合金中镁与硅主要生成 Mg_2Si 相。这种合金的抗拉强度、蠕变强度、疲劳强度、导电性能都比较好，也有良好的表面化学处理性能，因而适于作工业电缆，也适合于作建筑承载和建筑装饰用结构材料。合金中可以加少量铜以增强合金的自然时效能力，加磷、硫等可以球化 Mg_2Si，加锰可以中和铁的有害作用等等。

Al-Zn 合金是最早使用的铸造铝合金，从图 17-7 所示的 Al-Zn 二元相图可以看出，锌在铝合金中的溶解度变化很大，443 ℃时可达 $w_{Zn}=70\%$，77 ℃时仅有 2.5%。高温时有 ZnAl 相存在，低温则只有铝和锌两相固溶体组织。

锌可以明显提高合金的强度，$w_{Zn}>20\%$时合金有明显的热处理强化效果。时效初期出现球形 GP 区，尺寸约为 1~6 nm，且造成合金硬度的升高。随后 GP 区转为椭圆形，长轴超过 10~15 nm 后 GP 区转变成 α′相并以薄片状形式与母相保持共格。高锌合金最大的时效强度可达到 500 MPa，过时效后 α′相转变成稳定的六方 α-Zn 相。合金中除了少量镁可以加速时效过程外，其他多数合金元素均会降低时效速度。合金中加铜可以提高强度和降低热脆性，镁可以提高强度并增强热处理效果，硅可以提高铸造流动性。Al-Zn 合金系有较好的铸造性能，强度高且价格低廉，但抗腐蚀性能不好，热裂倾向比较大，因此近些年来逐渐被 Al-Si 等其他铝合金系取代。

锡在铝合金中可以是微量元素，用以提高铸造合金的流动性。但它作为铝合金的主要合金化元素，则用以制造轴承铝合金。铝与锡两固溶体相的共晶点是 228 ℃，$w_{Sn}=99.5\%$，与纯锡极为接近(图 17-8)。锡在铝中的最大溶解度约为 0.1%。锡对铝的晶粒有微弱的细化作用，微量锡对纯铝的力学性能没有明显的作用，但会明显推迟 Al-Cu 合金的时效硬化过程。

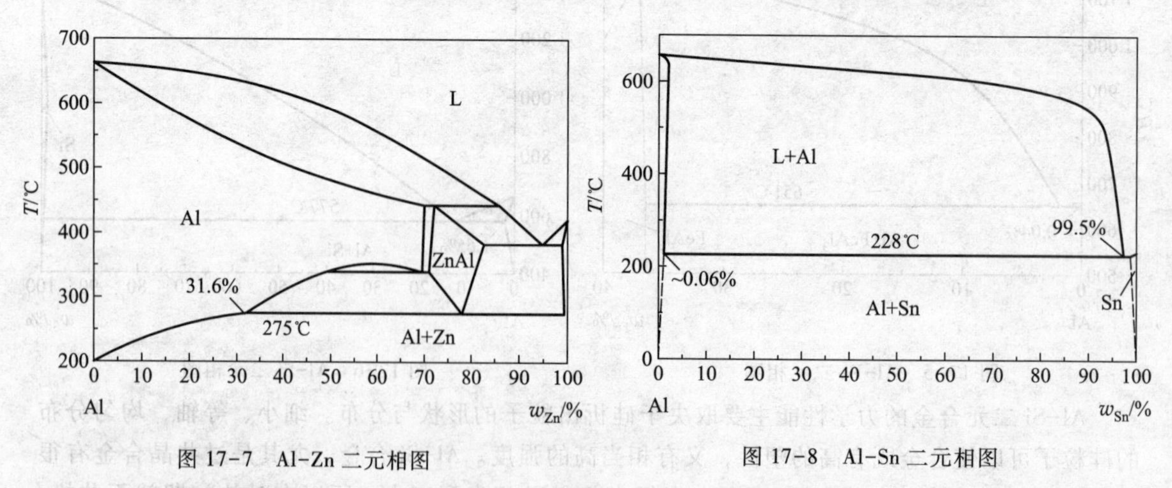

图 17-7 Al-Zn 二元相图

图 17-8 Al-Sn 二元相图

轴承材料需要相对软的基体和硬粒子相。铝合金作为轴承材料需要在润滑良好的条件下工作，因为铝合金不能承受很高的工作温度。Al-Sn 合金是唯一的可用作轴承材料的铝合金。在润滑失效的情况下，锡首先因温升而熔化并使轴承接触面上蒙上一层薄锡，改善了润滑环境并阻止继续升温。多数 Al-Sn 轴承合金的 w_{Sn} 为 5%~20%。在合金中加入铜可以强化基体，加入硅、铁、镍等可形成减磨的硬粒子。Al-Sn 轴承合金的加工过程往往要借助塑性变形以破碎可能的网状锡相组织，随后需要作退火处理，以使锡相球化并改善合金的性能。

17.1.3 铝基工程材料

国际上通常采用四位数字体系表示铝基工程材料的牌号。根据铝基工程材料的主要成分，四位数字体中的第一位数字可以分别是 1、2、3、…、9，表示其组别。表 17-2 显示了四位数字体系**铝合金牌号**中第一位数字表示的内容。牌号第二位的数字表示原始纯铝或铝合金的改型情况，最后两位数字用以标识同一组铝合金中不同的合金或表示铝的纯度。除改型合金外，铝合金组别按主要合金元素来确定。主要合金元素指极限含量算术平均值为最大的合金元素，其中算术平均值为合金元素允许的最大与最小含量的算术平均值，即波动范围的中值。当有一个以上的合金元素极限含量算术平均值为最大时，应该按 Cu、Mn、Si、Mg、Mg_2Si、Zn、其他元素的顺序来确定合金组别。例如国际上命名为 3004 和 3104 的铝合金表示以锰为主要合金元素的铝合金，其中第二位的 0 和 1 分别表示原始 Al-Mn 合金和序号为 1 的改型合金，后两位的 04 则表示 Al-Mn 合金系中的 04 号合金。

表 17-2 四位数字体系铝合金牌号第一位数字表示的内容

组 别	牌号系列
纯铝(铝的质量分数不小于 99.0%)	1×××
以铜为主要合金元素的铝合金	2×××
以锰为主要合金元素的铝合金	3×××
以硅为主要合金元素的铝合金	4×××
以镁为主要合金元素的铝合金	5×××
以镁和硅为主要合金元素并以 Mg_2Si 相为强化相的铝合金	6×××
以锌为主要合金元素的铝合金	7×××
以其他合金元素为主要合金元素的铝合金	8×××
备用合金组	9×××

国家标准 GB/T 16474—2011《变形铝及铝合金牌号表示方法》确认了上述国际通行标准，并对未命名为国际四位数字体系牌号的铝合金规定了用四位字符表示铝合金牌号的附加方法，即第一、第三、第四位为阿拉伯数字，第二位为 C、I、L、N、O、P、Q 或 Z 以外的英文大写字母。牌号的第一位数字表示表17-2所示的铝及铝合金组别。

常见的工业铝产品大致可以分成**纯铝**、**铸造铝合金**、**变形铝合金**三大类。通常用质量分数表达其化学成分。

17.1.3.1 工业纯铝

当 w_{Al}≥99.00%时为纯铝，也称为工业纯铝，其牌号用 1×××表示。牌号最后两位数字表示最低百分含量。当最低铝含量精确到 0.01%时，牌号的最后两位数字就是最低铝百分含量中小数点后面的两位数。牌号的第二位字母表示原始纯铝的改型情况。如果第二位字母为 A，则表示为原始纯铝；如果是 B～Y 的其他字母，则表示为原始纯铝非改型，与原始纯铝相比，其元素含量略有改变。

表 17-3 给出了纯铝的化学成分。表中数值为质量分数，表示杂质元素数值的最大允许含量，对铝则表示最小含量。纯铝不可以通过热处理强化。冷变纯铝的再结晶温度通常为 300～500 ℃。纯铝可用于科学研究、用作配制铝合金的原料，或用于要求抗腐蚀、可焊接且对强度要求不高的工业设备或仪器、仪表。表 17-4 给出了两种典型工业纯铝的力学性能。

表 17-3 各种纯铝的主要化学成分(*w*/%)

代号	Si	Fe	Cu	Mn	Mg	Zn	V	Ti	其他单个	Al
1A99	0.003	0.003	0.005	—	—	—	—	—	0.002	99.99
1A97	0.015	0.015	0.005	—	—	—	—	—	0.005	99.97
1A93	0.04	0.04	0.01	—	—	—	—	—	0.007	99.93
1A90	0.06	0.06	0.01	—	—	—	—	—	0.01	99.90
1A85	0.08	0.10	0.01	—	—	—	—	—	0.01	99.85
1070	0.20	0.25	0.03	0.03	0.03	0.07	—	—	0.03	99.7
1060	0.25	0.35	0.05	0.03	0.03	0.05	0.05	0.03	0.03	99.6
1050	0.30	0.30	0.015	—	—	—	0.05	—	0.03	99.5
1A50	0.30	0.30	0.01	0.05	0.05	0.03	—	0.15	0.03	99.5
1030	0.35	0.60	0.10	0.05	0.05	0.10	—	0.03	0.03	99.35
1350	0.10	0.40	0.05	0.01	—	0.05	0.05	—	0.03	99.3

表 17-4 两种典型纯铝的力学性能

纯铝代号	状　态	R_m/MPa	$R_{p0.2}$/MPa	*A*/%
1A99	退火	45	10	50
	75%冷变形	120	115	5
1050	退火	76	28	39
	完全硬化态	159	145	7

17.1.3.2 铸造铝合金

根据 GB/T 1173-1995《铸造铝合金》，铸造铝合金用铸铝“ZL”表示。ZL 后面第一个数字 1 表示 Al-Si 系，2 表示 Al-Cu 系，3 表示 Al-Mg 系，4 表示 Al-Zn 系。再后面两位数表示合金的顺序号。表 17-5 给出了部分铸造铝合金的主要化学成分，表中数值为质量分数，表示各主要元素的上、下限。表 17-6 给出了铸造铝合金常用的热处理方式。表 17-7 给出了典型铸造铝合金的力学性能。

表 17-5 中国部分铸造铝合金的主要化学成分(w/%)及性能特色

代号	Si	Cu	Mg	Mn	其他	主要优点
ZL101	6.5~7.5	—	0.25~0.45	—	—	耐腐蚀，易铸造，易焊接
ZL102	10.0~13.0	—	—	—	—	耐腐蚀，易铸造
ZL104	8.0~10.5	—	0.17~0.35	0.2~0.5	—	易铸造，高强度
ZL105	4.5~5.5	1.0~1.5	0.4~0.60	—	—	高强度，易切削，可热处理强化
ZL109	11.0~13.0	0.5~1.5	0.8~1.3	—	Ni：0.8~1.5	高强度，耐磨，可热处理强化
ZL110	4.0~6.0	5.0~8.0	0.2~0.5	—	—	易铸造，可热处理强化
ZL201	—	4.5~5.3	—	0.6~1.0	Ti：0.15~0.35	易焊接，易切削，可热处理强化
ZL203	—	4.0~5.0	—	—	—	易切削
ZL301	—	—	9.5~11.0	—	—	高强度，易切削，耐腐蚀
ZL303	0.8~1.3	—	4.5~5.5	0.1~0.4	—	耐腐蚀，易切削，易焊接
ZL401	6.0~8.0	—	0.1~0.3	—	Zn：9.0~13.0	易铸造，易焊接，易切削，可时效

表 17-6 铸造铝合金常用的热处理方法

热处理方式	工艺特点	处理的目的
不淬火+人工时效	铸件快冷，然后时效处理	改善切削性能，提高表面光洁度
退　火	一般 290±10 ℃，保温 2~4 h	消除内应力及硬化状态，提高塑性
淬火+自然时效		提高强度和耐腐蚀性能
淬火+不完全时效	淬火后短时或低温时效	保持一定强度和良好的塑性
淬火+人工时效	约 180 ℃长时间时效	获得高强度
淬火+稳定回火	高于 T5 与 T6 的温度时效	保持高的组织及尺寸稳定性
淬火+软化回火	回火温度高于 T7	降低硬度，提高塑性

表 17-7 典型铸造铝合金铸造后的力学性能

代号	R_m/MPa	A/%	HB	代号	R_m/MPa	A/%	HB
ZL101	140	2	45	ZL109	200	0.5	90
	190	4	50		250	—	100
	210	2	60	ZL110	170	—	90
ZL102	140	—	50	ZL201	340	4	90
ZL104	200	1.5	70	ZL203	210	6	60
	240	2	70		230	3	70
ZL105	160	0.5	50	ZL301	280	9	60
	240	0.5	70	ZL302	150	1	55
	180	1	70	ZL401	250	1.5	90

铸造铝合金通常在相应的力学性能范围内(表 17-7)用于制作有减重要求的、有抗腐蚀性要求的或有复杂形状要求的金属铸件。铸造铝合金的工作温度一般不超过 150 ℃，最高不会超过 300 ℃。

17.1.3.3 变形铝合金

变形铝合金还可以分成**热处理不可强化铝合金和热处理可强化铝合金**。热处理不可强化铝合金可用作各种铝合金结构的外包覆层，以发挥其抗腐蚀特性，称为**包覆铝**。包覆铝具有良好的加工性能、焊接性能和抗腐蚀性能，其化学成分、力学性能和热处理工艺与工业纯铝相近。例如包覆铝 7A01 含质量分数约 1%的 Zn，多用于包覆含锌铝合金，也可以用作散热材料。

以少量镁或锰为主要合金元素的铝合金通常称为**防锈铝**，它基本上也不能通过热处理得到强化，只能通过冷加工获得强化。这类合金同样具有良好的加工性能、焊接性能和抗腐蚀性能。镁或锰可以提高合金的强度，镁有利于降低合金的密度，锰可以使合金的抗腐蚀能力优于纯铝。防锈铝可以在冷加工状态下使用，也可以在退火状态下使用。对于一些在冷加工状态使用的防锈铝，尤其是合金含量较高的防锈铝需经稳定化退火，以稳定力学性能、保证抗腐蚀性能。防锈铝一般的退火温度为 300~450 ℃，稳定化退火的温度为 100~200 ℃。

表 17-8 给出了 7×××系列包覆铝与部分 5×××系列防锈铝的牌号和化学成分，表中同时给出杂质元素的最大允许含量，或合金元素含量允许的上、下限。表 17-9 给出了一些防锈铝的力学性能。防锈铝主要用作耐腐蚀并要求可焊接的结构件，也会用作焊丝、铆钉及用于一些民用产品。

表 17-8 中国部分包覆铝与防锈铝的主要化学成分(w/%)

牌号	Si	Fe	Cu	Mn	Mg	Zn	Ti	Fe+Si	其他单个	其他合计
7A01	0.30	0.30	0.01	—	—	0.9~1.3		0.45	0.03	—
5A02	0.40	0.40	0.10	0.15~0.4	2.0~2.8	—	0.15	0.60	0.05	0.15
5A03	0.5~0.8	0.50	0.10	0.30~0.6	3.2~3.8	0.20	0.15	—	0.05	0.10
5A05	0.50	0.50	0.10	0.30~0.6	4.8~5.5	0.20	—	—	0.05	0.10
5A06	0.40	0.40	0.10	0.50~0.8	5.8~6.8	0.20	0.02~0.1	—	0.05	0.10
5B05	0.40	0.40	0.20	0.20~0.6	4.7~5.7	—	0.15	0.6	0.05	0.10

表 17-9 一些防锈铝的力学性能

牌号	状 态	R_m/MPa	$R_{p0.2}$/MPa	A/%
5A02	退火	195	90	25
	完全硬化态	290	255	7
5A03	退火	240	115	20
	完全硬化态	340	270	10

续表

牌号	状 态	R_m/MPa	$R_{p0.2}$/MPa	A/%
5A06	退火	333	157	20
	50%硬化态	441	338	13

热处理可强化铝合金主要包括硬铝、锻铝、超硬铝与特殊铝等。表 17-10 给出了部分热处理可强化铝合金的化学成分。表中数值为质量分数，表示杂质元素的最大允许含量，或合金元素含量允许的上、下限。可以看出，热处理可强化铝合金主要依靠铜、硅或锌等时效强化合金元素强化合金。由于加入多种合金元素，许多热处理可强化铝合金的抗腐蚀性能不很好，因此经常需要使用外包覆铝合金以增强其抗腐蚀性能。

硬铝是用于制作结构件的高强度铝合金，多采用 2×××系列合金。2A01 属于低强度硬铝，塑性较好但强度不很高。这类合金时效速度慢，适合用作可自然时效的硬铆钉材料。2A04 含有较高的铜和镁，强度高因而适合用作在 120~250 ℃使用的铆钉。2A11 属于中强度硬铝，塑性较好且强度较高，可用作中等强度结构件。2A12 合金强度高、加工性能好，是硬铝中用量最大的一种合金，用作高强度结构件。2A16 合金有高的室温强度和高的 300 ℃以下的持久强度，主要用于在 315 ℃以下工作的高温结构件和高强度焊接件。

表 17-10 中国部分热处理可强化铝合金的主要化学成分(w/%)

代号	Si	Fe	Cu	Mn	Mg	Zn	Ni	Ti	特殊
2A01	0.50	0.50	2.2~3.0	0.20	0.2~0.5	0.10	—	0.15	—
2A04	0.30	0.30	3.2~3.7	0.5~0.8	2.1~2.6	0.10	—	0.05~0.4	Be：~0.01
2A11	0.70	0.70	3.8~4.8	0.4~0.8	0.40~0.8	0.10	—	0.15	—
2A12	0.50	0.50	3.8~4.9	0.3~0.9	1.2~1.8	0.30	0.10	0.30	—
2A16	0.30	0.30	6.0~7.0	0.4~0.8	0.05	0.10	—	0.1~0.2	Zr：0.20
6070	1.5~1.7	0.50	0.15~0.4	0.4~1.0	0.5~1.2	0.25	—	0.15	Cr：0.10
2A70	0.35	0.9~1.5	1.9~2.5	0.20	1.4~1.8	0.30	0.9~1.5	0.02~0.1	—
4A11	11.5~13.5	1.0	0.5~1.3	0.20	0.8~1.3	0.25	0.5~1.3	0.15	Cr：0.10
6063	0.2~0.6	0.35	0.10	0.10	0.45~0.9	0.10	—	0.10	Cr：0.10
7A03	0.20	0.20	1.8~2.4	0.10	1.2~1.6	6.0~6.7	—	0.02~0.08	Cr：0.05
7A09	0.50	0.50	1.2~2.0	0.15	2.0~3.0	5.1~6.1	—	—	Cr:~0.2
7A10	0.30	0.30	0.5~1.0	0.1~0.4	2.4~3.0	3.2~4.2	—	0.10	Cr:~0.15
4A01	4.5~6.0	0.60	0.20	—	—	0.10	—	0.15	—
4A17	11~12.5	0.50	0.15	0.50	0.05	—	—	0.15	Ca：0.10
5A66	0.005	0.01	0.005	—	1.5~2.0	—	—	—	—

注：表中“特殊”栏内标出加入的微量元素的名称及含量。4A01 中所标的 Zn 含量实际表示 Zn 和 Sn 总的最大允许含量，4A17 中所标的 Cu 含量实际表示 Cu 和 Zn 总的最大允许含量，均为质量分数。

锻铝是用于制作形状复杂的大型锻件的铝合金。6070具有中等强度及良好的塑性，适合作常温工作的大型构件。2A70有良好的耐热性和高温塑性，主要用作高温工作的构件。4A11属于耐热锻铝，铸造性能好、热胀系数小、耐磨性好、耐热性好，主要用作活塞类高温工作构件。6063属低合金化高塑性合金，强度适中、热塑性极好、焊接和抗腐蚀性能优良、表面处理性能良好，主要用作挤压变形的建筑结构件或装饰件。

超硬铝是指强度高于硬铝的铝合金。7A03合金强度高、塑性好，可用作在100 ℃以下使用的铆钉。7A09合金固溶处理后仍有好的塑性、热处理强化效果好、在150 ℃以下至低温都有好的强度，主要用作轻质高强度构件。7A10合金的杂质控制严格，强度略低而塑性及韧性较好，用作有韧性要求的高强度结构件。

特殊铝指用于特殊场合的铝合金。4A01合金主要含质量分数约5%的硅，焊接流动性好、熔点低、容易补充焊接收缩，是用作焊接各种变形铝合金与铸造铝合金的材料。它本身不能通过热处理强化，但能够焊接热处理可强化铝合金。如果被焊接合金含镁，则会在焊缝区生成Mg_2Si相，使焊缝得到强化。4A17合金主要含质量分数约12%的硅，基本达到共晶成分，因此合金熔点只有约580 ℃，焊接流动性特别好，补充焊接收缩的能力很强。由于该合金熔点明显低于其他铝合金，因此适合用作钎焊材料。它本身基本不能通过热处理强化，但钎焊的扩散过程可使焊缝区的成分转变成可通过热处理强化。5A66合金含有质量分数为1.5%～2.0%的Mg，合金杂质含量控制严格，成形性、抛光性和阳极氧化性能都很好，因此适合用作仪表盘、装饰件等。表17-11给出了一些热处理可强化铝合金的力学性能及主要热处理温度等参考数据。

表17-11　部分热处理可强化铝合金的力学性能及主要热处理温度(℃)

代号	状　态	R_m/MPa	$R_{p0.2}$/MPa	A/%	热加工	退火	固溶淬火	时效
2A01	淬火+时效	295	165	24	350～520	415	495～505	自然
2A04	淬火+时效	451	274	23	390～430		503～508	自然，120
2A11	退火	180	70	20	390～440	415	495～505	自然
	淬火+时效	425	275	20				
2A12	退火	185	75	20	390～440		485～498	自然，190
	淬火+时效	470	325	20				
2A16	退火	170	75	18	390～440	415	530～540	165～190
	淬火+时效	415	290	10				
6070	退火	140	80	20	410～500		510～530	自然，160
	淬火+时效	343	284	12				
2A70	淬火+时效	4441	372	10	370～450	380～430	520～535	185～195
4A11	淬火+时效	380	315	8	320～480	415	504～516	168～174
6063	退火	90	50	—	480～500		515～525	160～200
	淬火+时效	240	215	12				
7A03	淬火+时效	510	431	15	300～450	360～420	465～475	100+165

续表

代号	状 态	R_m/MPa	$R_{p0.2}$/MPa	A/%	热加工	退火	固溶淬火	时效
7A09	退火	230	105	17		415	460~470	自然，120
	淬火+时效	570	505	11				
7A10	淬火+时效	490	382	7	350~440	415	467~473	130~140
4A01	焊接	131	55.2	8	400~450			
5A66	退火	180	85	25	350~450	345		
	完全硬化	220	200	5				

17.1.4 铝合金的广泛应用

铝是世界上用量最大的有色金属材料，它在航空航天、机械、车辆、电子、包装、建筑、石化、船舶、兵器、文体、核能、农业等方面均有广泛的应用。中国的铝产品中约有一半用作结构铝材，另外接近四分之一用作导体材料，其他还用于铝铸造件、炼钢脱氧等等。

在航空航天工业的飞机及各种航天器上均大量使用铝合金制作各种发动机零件或构件，在飞机上铝合金约占总重量的50%~80%。在机械行业的各种仪器仪表零件、机床零部件、集装箱板等方面也大量使用铝结构件。火车、大型客车构架、地铁车厢等均会使用许多铝型材构件。德国奥迪汽车公司于20世纪80年代末期推出了全铝制作的Audi-200型小轿车，大大地减轻了汽车重量，为汽车的节能提供了前提。对于制作全铝汽车的问题尚有不同的看法，相关的研究还在进行。

铝材可在建筑行业用作门窗构架、彩色外装饰、幕墙构件等；在石油化学工业中用作油罐、压力容器、化学容器、换热器、冷凝器、石油天然气管等；在船舶工业中用作水翼船、气垫船、潜水艇、轻型船体等各种船用构件；在兵器工业中用作火箭燃料箱、军用飞行器、装甲坦克、鱼雷快艇、高机动性装甲运兵车等；在核能工业中用作反应堆构件、燃料元件包壳、各种耐辐照和耐腐蚀管线等；在农业中可用作轻型耐潮湿粮仓、喷灌设备如牛奶加工等农产品加工管线、农机具、温室结构件等。

在电子工业部门，铝材不仅可以用作导线，而且可用作家用电器部件、空调机及计算机散热器、计算机外存储器、电解电容器铝箔等。目前人们已经可以制备出强{100}面占有率的高压电解电容器铝箔，利用高纯铝箔化学腐蚀行为各向异性的特性和特种腐蚀工艺使铝箔的表面积因剧烈起伏而提高70倍，从而大大提高了高压电解电容器的电容量体积比。

在包装工业方面，铝材用作食品及厨房加工处理用包装铝箔、各种商品的装饰性包装及特殊功能的包装、啤酒桶、易拉罐等。目前最薄的铝箔可加工至5 μm厚，这样1公斤铝可加工出74m^2的铝箔。快速冲压制作易拉罐时需要铝合金板有一定强度，并且不能明显出现制耳，否则会严重干扰冲压设备的正常运转，大大降低生产效率和经济效益。退火铝板中的立方织构会造成0°和90°制耳，而冷轧织构则会造成45°制耳。若使铝合金退火轧板内有较强的立方织构，再经约80%的冷轧变形则会使轧板0°/90°制耳的倾向逐渐转向45°制耳，即0°/90°制耳倾向会抵消45°制耳倾向并达到某种平衡，进而总体上呈现极微弱的或完全没有制耳效应，同时轧板也得到了加工强化，因而可以满足易拉罐生产对铝板的要求。

在文化体育方面铝材可以用于制作高尔夫球、各种球拍、滑雪用品、田径比赛器具(标枪、起跑器、接力棒等)、登山用具、自行车、赛艇等，还可以制作复印机感光鼓、PS 印刷版等。PS 印刷版是一种涂有 0.4~1.0 mm 厚重氮化合物树脂感光层的厚度为 0.1~0.3 mm 的薄铝板，已经用于大量取代传统印刷版。PS 印刷版的制作技术非常严格，包括厚度偏差、表面粗糙度、力学性能、尺寸精度及稳定性、表面处理质量控制等。因此需要合金组织均匀细小、夹杂少、氢含量低，并且需要使用计算机控制的现代高技术冷轧机才能保证精度要求。PS 印刷版的制造质量能反映出一个国家铝加工工业的水平。

17.2 铜及铜合金

17.2.1 铜的基本特性

铜是周期表中第 29 号元素，是具有面心立方结构的金属，熔点为 1 084 ℃。铜是人类使用最早的金属材料。约一万年前西亚人已经能够使用天然铜，并可以对它作简单的加工和热处理。

铜的密度为 8.96 g/cm^3，比钢的密度大 15%，可用作高密度材料。铜有极为优良的导电性能，质量分数为 99.99%的纯铜在 20 ℃时的电阻率约为 1.7×10^{-8} Ω·m，在所有金属中仅次于银，列第二，但价格比银低很多，是电力工业主导的导电材料。铜的热导率非常高，在所有金属中仅次于银，列第二。其室温热导率为 391 W/(m·K)，可用作热交换材料或散热材料。铜是逆磁性材料，其磁化系数为一个很小的负数，因此铜基本不受外来磁场的干扰，可用作磁学仪器、定向仪器、防磁器械等。

铜有良好的塑性，w_{Cu}=99.99%的高纯铜在室温的延伸率可达 55%，可以承受各种形式的冷、热塑性变形加工。高纯铜的强度不很高，退火态高纯铜的室温屈服强度约为 69 MPa，但抗拉强度约为 221 MPa，因此可以有很高的加工硬化幅度。高纯铜完全加工硬化态的屈服强度可达 365 MPa，抗拉强度达 455 MPa，但延伸率会降至约 4%。

铜是比较稳定的惰性金属。纯铜在大气、水、水蒸气、热水中基本不被腐蚀。在含有硫酸和 SO_2的气体中或海洋性气体中铜能生成一层致密的保护膜，使得腐蚀速度很小，在很多场合可用作管道、阀门等材料。但铜在氨、氨盐以及氧化性的硝酸和浓硫酸中的抗腐蚀能力很差，在海水中也会受腐蚀。纯铜具有玫瑰红色，表面形成氧化膜后呈紫色，因此也称为**紫铜**。铜的色泽可用于装饰目的，其表面可以被抛光、纹理、电镀、用有机物涂层或化学着色，以供制备各种功能表面或装饰表面。

铜有很好的焊接性能。可以很容易对铜作钎焊、熔焊等常规焊接，例如对铜可以实施气焊、电弧焊、电阻焊等熔焊工艺。纯铜在 20~300 ℃的热膨胀系数为 17.7 μm/(m·K)，比铝的 25.5 μm/(m·K)小，凝固时收缩率约为 4.9%，也比铝的 6.5%低，因此铜铸锭内的应力小而质量好，表现出良好的铸造性能。

17.2.2 纯铜中常见的合金元素与杂质

借助合金化的方法可以使纯铜的性能在不同的方面得到改善，以满足工业应用的要求。作为结构材料，铜中加入的合金元素主要起强化合金的作用。铜合金中所采用的主要的合金元素有 Zn、Sn、Al、Ni、Be、Si 等。合金元素强化合金的主要途径是固溶强化、热处理时效强化和第二相强化等。表 17-12 给出了各种合金元素在铜中的最大溶解度。除化合物外，下述各合金的成分均用质量分数表示。

表 17-12 常见合金元素在铜中的最大溶解度(w/%)

合金元素	最大溶解度	合金元素	最大溶解度	合金元素	最大溶解度	合金元素	最大溶解度
Zn	39	As	8	Cd	3	Cr	0.7
Sn	15.8	Ti	7.4	Mg	2.8	Ni	无限互溶
Sb	10.4	Co	5	Be	2.75	Pb	0.007
Al	9.4	Si	4.6	P	1.7	Fe	~4
Ag	8	Fe	4	Zr	1	O	~0.0036

在铜的生产过程中难免会有一些元素残留下来，并破坏铜晶格排列周期的完整性，从而增强对电子传导的散射，降低铜的导电性能。图 17-9 给出了一些微量元素对铜电导率的降低作用，其中设定 $w_{Cu}=99.99\%$ 的高纯铜的电导率为 100%。可以看出，Ag、Pb 等微量元素不明显降低铜的电导率，Ni、Sn 等略使其降低，而 Fe、P、Si 等则明显降低铜的电导率。铜中若存在第二相粒子则会使承载电流的体积减小，因而降低电导率，但这种影响通常不如溶质元素的作用大。

铜中的氧含量是人们通常要关注的问题。在铜的熔炼过程中，通常采用选择氧化法使与氧亲和力比铜大的杂质元素氧化，并经造渣排除。为了有效地使杂质脱除到足够低的水平，就需要使用过量的氧，这会使铜中最终残留有一定的氧含量。由表 17-12 可知铜固溶体对氧的溶解度最多不超过 40 ppm。

图 17-10 给出了 Cu-O 二元相图。可以看到，含氧铜中会出现 Cu_2O 相。α 铜与 Cu_2O 可生成共晶组织，且共晶成分 w_O 仅为 0.39%。因此，过量氧会造成纯铜中出现 Cu_2O 相粒子和共晶组织。少量 Cu_2O 相的存在不会明显影响铜的强度和塑性，但会降低铜的冲击韧性。如果把含氧铜置于还原性气氛中加热，则 Cu_2O 中的铜会被还原出来。例如在氢气气氛中加热到 400 ℃氢会很快溶解于铜中并迅速扩散，把 Cu_2O 中的铜还原出来，并与氧结合生成 H_2O。H_2O 分子不能溶解在铜中，因而会造成铜中的气孔和疏松，并大大损伤力学性能，降低铜的电导率。

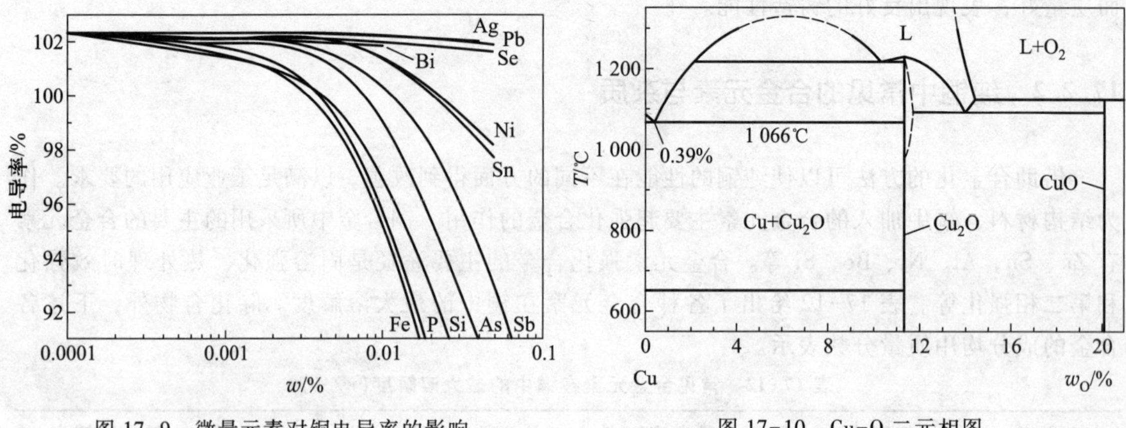

图 17-9 微量元素对铜电导率的影响

图 17-10 Cu-O 二元相图

对于需要承受大塑性变形的铜，往往需要作退火处理，氧的存在会造成铜中出现气孔，因此应设法减少铜中的 Cu_2O 相含量。通常采用添加对氧亲和力比铜更强的磷，并通过造渣来清除 Cu_2O 相。这种处理也需要适当加入过量的磷，以保证清除效果。磷会明显降低铜的导电性，因此这种铜不适合用作高电导率材料。不添加磷，通过严格控制精炼中的脱氧过程也可以生产出残留氧很少的**无氧铜**，以保证铜的高导电性。表 17-13 给出了**含氧铜**(也称**韧铜**)、**低磷脱氧铜**和无氧铜的导电和热导性比较。韧铜中含有较多的氧，铜中的氧基本以 Cu_2O 的形式存在。Cu_2O 的密度较低，约为 6 g/cm^3，因此当韧铜凝固时 Cu_2O 的析出会降低铸造收缩，使铸锭顶部平整，减少或免除了切除锭头所造成的损失。

表 17-13 三种纯铜 20 ℃时的导电和导热性能

	w_{Cu}/%	w_O/%	w_P/%	电阻率/Ω · m	热导率/[W/(m · K)]
含氧铜(韧铜)	≥99.9*	0.04~0.05	—	17.00~17.24×10^{-9}	388
低磷脱氧铜	99.90	0.01	0.004~0.012	18.7×10^{-9}	350
无氧铜	≥99.99	≤0.001	—	17.1×10^{-9}	391

注：* 表示含量中包括少量的银。

参见表 17-12，铅在铜中的溶解度仅为 70 ppm。高于这种铅含量的 Cu-Pb 二元合金有共晶反应，共晶点在 326 ℃，w_{Pb}=99.94%。在这种情况下多余的铅会以薄膜的形式沿α-Cu 相晶界分布，并在热加工时造成开裂，因此铜中的铅含量不允许超过 50 ppm。

一些纯铜在使用之前通常要经过冷变形加工，以提高强度。高纯铜的再结晶温度较低，不利于保持加工硬化效果，有时需要在合金中添加少量银，以便在基本不影响电阻率和热导率的情况下明显提高再结晶温度。

17.2.3 主要的铜合金体系

所含锌的质量分数低于 50%、以锌为唯一的或主要合金元素的铜合金称为**黄铜**。锌在 α-Cu 中的固溶度 w_{Zn}最高可达 39%(图 17-11)。当锌含量超过 α 相的溶解度时合金系中会出现

β′相，而成为α与β′相的两相合金。β′相为B2结构的有序结构相，硬度高而难加工。加热到456~468 ℃以上的高温时β′相转变成β相，β相为体心立方的固溶体，高温塑性很好。

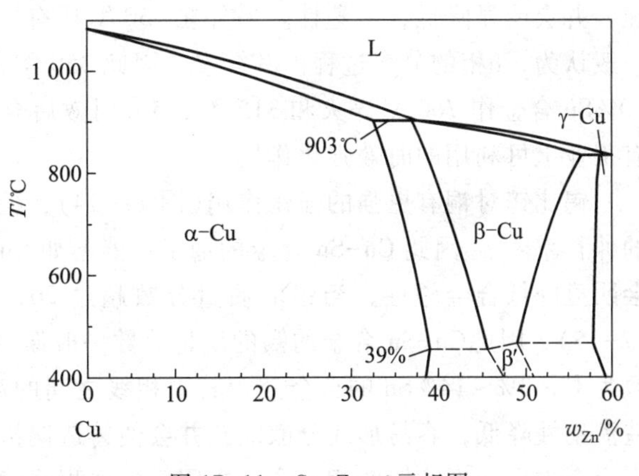

图 17-11 Cu-Zn 二元相图

向铜中加锌的主要目的是提高合金的强度。合金的强度可以随着锌含量的增加而提高，直至 w_{Zn} = 45% ~ 46%；而塑性也随之有所提高直至 w_{Zn} = 30% ~ 32%（图 17-12）。黄铜的加工硬化系数低于纯铜。锌的加入使得α相的层错能明显降低，从而在黄铜中经常可以观察到孪晶组织。黄铜的结晶温度间隔小，且液态流动性好而偏析小，因此其铸造性能很好，且铸件组织致密。另外黄铜在大气、海水以及一些碱性溶液中有很高的抗腐蚀能力。

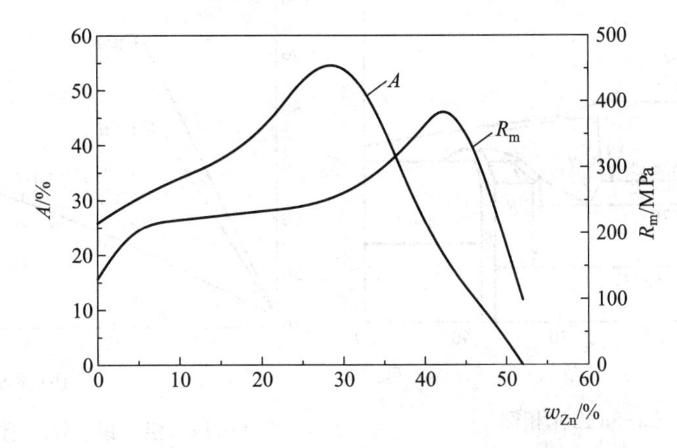

图 17-12 锌对铜抗拉强度和伸长率的影响

黄铜中也经常加入铅、锡、硅、铝、锰、镍等元素，以改进黄铜的性能。铝可以明显提高黄铜的强度，促进生成保护性氧化膜，因而有利于抗腐蚀性能的提高。硅不仅可以提高黄铜的力学性能及抗腐蚀性能，而且还可以改善铸造性能和耐磨性能。锰除了提高黄铜强度，也可以提高其在海水和过热蒸汽中的抗腐蚀性。铁能以单质状态从黄铜液体中以细小粒子分离出来，并作为α相的非自发核心促进晶粒细化，提高合金强韧性和耐磨性。锡可以明显提高黄铜在海洋大气和海水中的抗腐蚀性能。铅对黄铜的强度影响不大，略使塑性降低，但可明显提高黄铜的切削加工能力和切削断屑能力，并能提高耐磨损性。镍使得α相对锌的溶解度加大，可全面提高黄铜的力学性能和加工性能，提高抗腐蚀性，降低应力腐蚀倾向，提高再结晶温度，细化晶粒。

大量出土的铜器和铜币制品表明，Cu-Sn 合金是人类使用最早的合金之一。以锡为主要合金元素的铜合金称为**锡青铜**。在 Cu-Sn 合金相图富铜一侧可以看到（图 17-13），在 799 ℃有包晶反应，生成立方结构的β-Cu_5Sn相，其高温塑性很好。在 586 ℃有共析反应，由β相生成α相和立方γ相。在 520 ℃有另一共析反应，由γ相生成α相和立方δ-$Cu_{31}Sn_8$相。δ相很脆，并会明显降低合金塑性。另外在 350 ℃还有一共析反应，由 δ 相生成 α 相和 ε 六方相。但一般认为，δ相的分解过程极其缓慢，因此 350 ℃的共析反应在实际生产中不能发生。对 Cu-10%Sn 合金作 760 ℃淬火和 315 ℃、5 h 时效后合金的力学性能未发生变化，因此该合金系没有工业上可利用的时效强化作用。

锡比锌对铜有更强的强化作用(图 17-14)，但同时也会明显降低合金塑性(如图 17-15 中的伸长率 A)，因此 Cu-Sn 合金的加工性能不如 Cu-Zn 合金。在铸造 Cu-Sn 合金中 δ 相的出现会明显降低合金塑性，当锡的质量分数超过 20% 后大量的δ相也会使抗拉强度随之降低(图 17-15)，因此Cu-Sn 合金的锡的质量分数一般保持在 3%～14%之间。由图 17-13 可知质量分数为 Cu-3%～14%Sn 的合金液，其固相线之间的温度间隔和成分间隔较大，这使得合金的铸造流动性降低，容易形成分散缩孔并会使铸造偏析加大，且使得较低锡含量(如 $w_{Sn}=8\%$)的铸态合金中也出现脆性 δ 相，合金凝固后的体积收缩会比较小，外形饱满而致密度低。Cu-Sn 合金有极好的耐磨性，比铜和 Cu-Zn 合金有更好的抗大气、海水、淡水以及蒸汽腐蚀的能力，但抗酸蚀性较差。

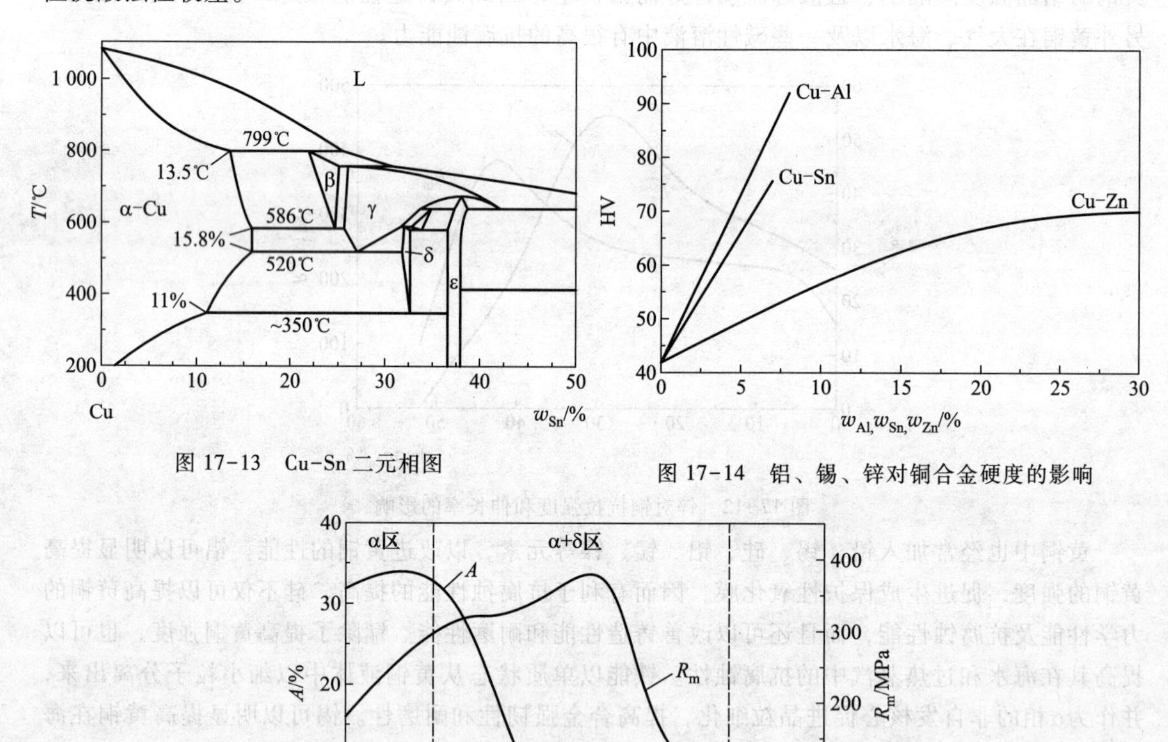

图 17-13 Cu-Sn 二元相图

图 17-14 铝、锡、锌对铜合金硬度的影响

图 17-15 锡对铸造 Cu-Sn 合金力学性能的影响

以铝为主要合金元素的铜合金称为**铝青铜**。在 Cu-Al 合金相图富铜一侧可以看到(图 17-16)，在 1 036 ℃有共晶反应，生成 α 相和立方结构的 β-Cu_3Al 相。在 565 ℃有共析反应，

由 β 相生成立方 α 相和立方 γ_2 相，并可以在缓慢冷却中形成与钢中珠光体形貌类似的组织。在快冷过程中共析反应将被抑制，β 相会转变成亚稳的六方 β′相，这种转变属于马氏体类型的转变。由于 γ_2 相的硬度较高，因此共析组织的硬度会高于 β′相。将 β′相在共析温度以下回火时，细小 γ_2 相的析出会使得回火组织的硬度高于共析组织。

铝比锡对铜的硬化作用还要高(图17-14)，在较低成分范围内不仅可以提高强度，而且也可以提高塑性(图17-17)。图17-17中实线为铸态组织性能，虚线为淬火组织性能。从图中可以看出，当合金成分进入 α 和 γ_2 两相区范围后(图 17-16)，淬火组织的抗拉强度和伸长率均高于平衡组织。从综合性能来讲 γ_2 相的存在并不有利，相应成分范围的热处理总是尽量保持其含有 α 相和 β′相的组织状态。实际铝青铜的铝的质量分数范围为 5%~11%，其结晶的温度范围很窄(约10~30 ℃)，因此其铸造流动性好、偏析和分散缩孔少、铸件致密，但铸造收缩大，容易混入氧化铝夹杂，使铸件质量降低。铝青铜耐磨性好，在大气、海水、碳酸及有机酸中比黄铜和锡青铜还耐腐蚀，力学性能也比黄铜和锡青铜好。在Cu-Al合金中也会加入一些其他的合金元素。铁可以细化合金组织，延迟再结晶速度，提高强度和耐磨性，同时可以抑制 β 相向 α 相和 γ_2 相的共析转变，防止脆性 γ_2 相的出现。锰除了可以提高合金强度和耐腐蚀性外还可以提高合金冷、热加工的能力，比铁更有效地抑制 β 相向 α 相和 γ_2 相的转变。镍主要可以改善铝青铜的抗腐蚀性能。

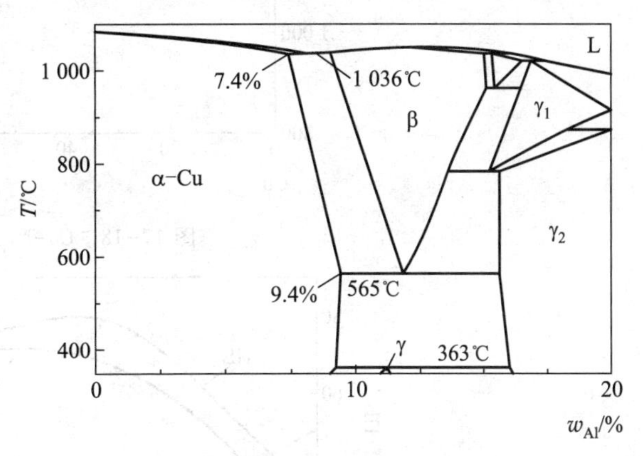

图 17-16 Cu-Al 二元相图

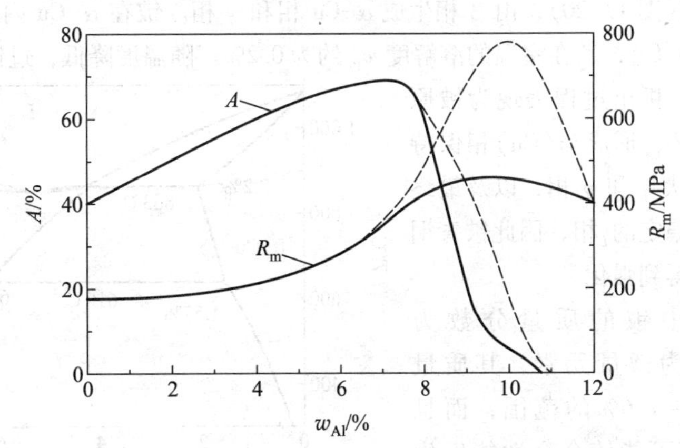

图 17-17 铝对铜合金力学性能的影响

以镍为主要合金元素的铜合金称为**白铜**。根据 Cu-Ni 二元相图，固态下铜和镍可无限互溶(图 17-18)。图 17-19 给出了白铜的力学性能与镍含量的关系。由图 17-19 可知，白铜有良好的塑性加工性能，而且白铜的抗腐蚀性能好，热导率低而电阻率高。

以铍为主要合金元素的铜合金称为**铍青铜**。根据 Cu-Be 二元相图，在 618℃、

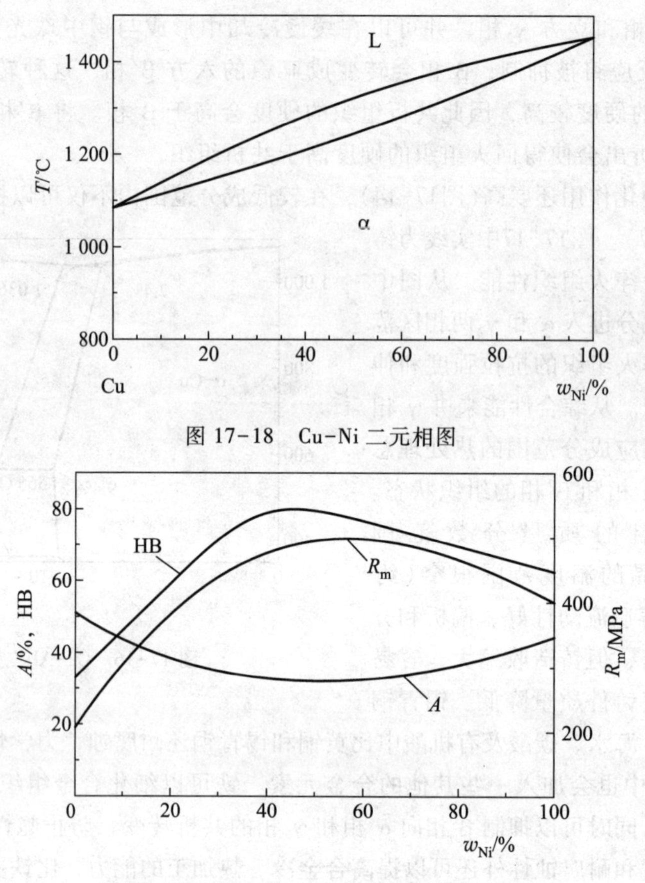

图 17-18 Cu-Ni 二元相图

图 17-19 Ni 对 Cu-Ni 合金力学性能的影响

w_{Be} = 6.1%有共析反应(图 17-20)，由 β 相生成 α-Cu 相和 γ 相。铍在 α-Cu 内的最大溶解度 w_{Be} 为 2.2%(对应温度为 863 ℃)，其在室温的溶解度 w_{Be} 约为 0.2%。随温度降低，过饱和的铍会以 γ 相的形式析出(图17-20)。析出过程表现为铍原子的富集并出现 GP 区，形成与(Cu)相保持共格或部分共格的片状 γ″和 γ′相，以及最终形成与母相非共格且稳定的γ相，因此铍青铜可以借助热处理时效得到强化。

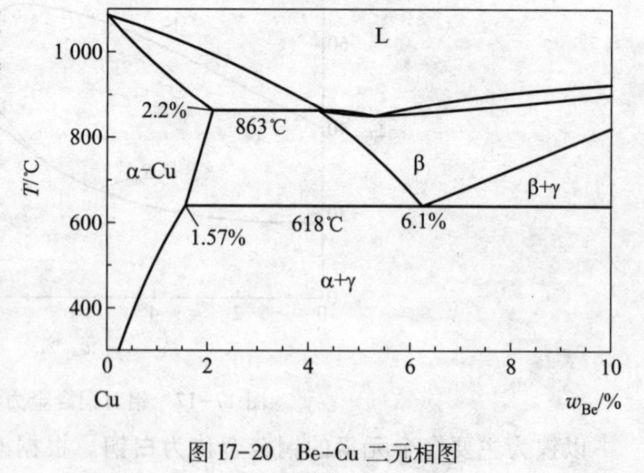

图 17-20 Be-Cu 二元相图

通常铍青铜中铍的质量分数为 1.6%~2.8%。铍作为微量元素，其质量分数也可能在0.2%~1.6%的范围，而且在铜里加入少量铍都可能使合金性能发生很大变化。铍青铜合金含量低，电学、抗腐蚀性能及力学性能都很好。另外其加工、铸造等工艺性能也很好，但因为铍的价格很高使得其应用受到限制。

硅在铜中的最大溶解度为 4.6%，室温时为 3%。由 Cu-Si 合金构成的**硅青铜**，其力学性能优于锡青铜，有良好的冷、热加工及铸造等工艺性能，且价格低廉。在硅青铜中加入

镍可以生成 Ni_2Si 相，进而使硅青铜的时效性能得到提高。同时合金具有高的导电、耐蚀和耐热性能。锰有利于提高硅青铜的强度和耐磨性。铅可以大幅度提高耐磨性，并用作轴瓦合金。图 17-21 给出了硅对铜合金力学性能的影响。

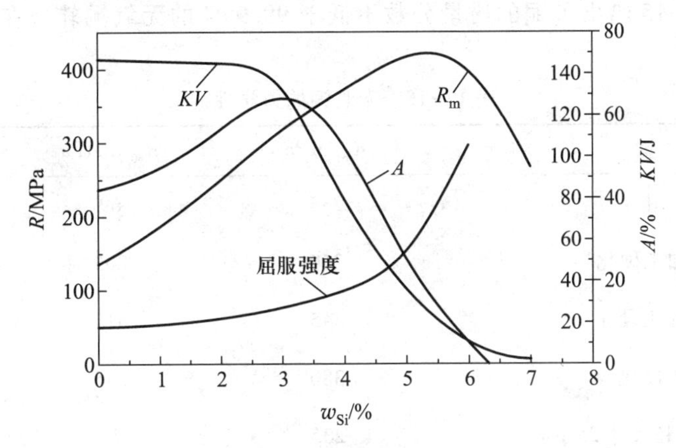

图 17-21 硅对铜合金力学的影响

把铅作为主要合金元素加入铜中可构成**铅青铜**。铅不溶于铜，并可以与铜构成在铜基体上均匀散布的铅质软颗粒组织，这种组织在磨损环境中可以保持住润滑油膜并降低摩擦系数，使合金具有优良的耐磨性能。铅青铜耐疲劳、抗冲击、散热能力强、耐热性好、可以在 300~320 ℃使用。铅青铜强度较低，所以往往需要在高强度金属衬底上使用。

17.2.4 铜基工程材料

铜在电子、机械、石油、化工、兵器、建筑、汽车、造船等工业部门有广泛的应用，同时普遍用在日用五金、工艺美术装潢以及硬币制造等方面。工业铜产品大致可以分成四大类，纯铜及高铜合金、黄铜、青铜和白铜，分别用相应汉语拼音的第一个字母 T、H、Q 和 B 表示。根据生产方式的不同，铜合金又可以被划分为**铸造铜合金**和**变形铜合金**。中国铜产品中约有 40%用作铜结构件，30%用作导体材料，30%用作铸件或其他场合。

17.2.4.1 纯铜及高铜合金

表 17-14 给出了**工业纯铜**的化学成分及相关用途。表中纯铜牌号 T 后面数字表示顺序号。表中数值为质量分数，表示杂质元素的最大允许含量，对铜则表示最小含量。

表 17-14 工业纯铜的主要化学成分（w/%）

代号	Cu	Bi	Pb	杂质总量	用途
T1	99.95	0.002	0.005	0.05	导电材料，配制高纯度合金
T2	99.90	0.002	0.005	0.1	导电材料(电缆、工程导线)
T3	99.70	0.002	0.01	0.3	电气开关，一般铜结构件
T4	99.50	0.003	0.05	0.5	电气开关，一般铜结构件

工业纯铜不可以通过热处理强化。冷变形可以提高纯铜的强度，而通常在375~750 ℃范围所作再结晶退火可再使纯铜软化。工业纯铝可用作各种电子及热学元件、电和热的导体、要求耐腐蚀和抗氧化的构件等。工业纯铜的力学性能受到纯度、晶粒尺寸、加工处理状态等诸多因素的影响。表17-15给出了铜的质量分数不低于99.99%的无氧铜轧板在不同状态下的力学性能。

表17-15 无氧铜的力学性能

状 态	R_m/MPa	$R_{p0.2}$/MPa	A/%
热 轧	235	69	45
25%冷加工硬化	260	205	25
完全冷加工硬化	345	310	6
超加工硬化	380	345	4
退火，平均晶粒尺寸25 μm	235	76	45
退火，平均晶粒尺寸50 μm	220	69	45

根据国家标准GB/T 29091—2012《铜及铜合金牌号和代号表示方法》，以纯铜为合金的基础，其内加入少量其他合金元素而组成的合金称为**高铜合金**。其牌号以T后面加第一主加元素的化学符号，再加用数字表示的各添加元素含量，数字间以“-”隔开。如w_{Ag}=0.06%~0.12%的高铜合金的牌号为TAg0.1，w_{Ag}=0.08%~0.12%且含P为0.004%~0.012%的高铜合金的牌号为TAg0.1-0.01。高铜合金的铜的质量分数通常高于96%。

17.2.4.2 黄铜

黄铜可以分成简单黄铜与复杂黄铜。只含锌不含其他合金元素的黄铜称为**简单黄铜**，标识时只在字母H后面标出表示合金铜百分含量的两位数字，如H80表示w_{Cu}=80%的Cu-Zn二元合金。若属于铸造简单合金则在H前面加上Z，属于变形简单合金则只用H。一般简单黄铜化学成分中除了要求保证铜含量及铅、铁等杂质元素的上限外，其余含量均为锌。表17-16简明地给出了部分简单黄铜的主要化学成分、板带材的主要性能指标和常用退火温度。根据各种简单黄铜合金的化学成分，力学、电学、化学、热学性能，所制作零部件形状的复杂性以及对工艺性能的要求，可以选用不同的简单黄铜。简单黄铜主要用来制作各种铭牌装饰，建筑构件，水、油管阀容器构件，机械簧片，热交换构件，枪、炮弹壳构件，硬币等。目前，用简单黄铜制作铸件已经没有明显的优点，因此其逐步被其他合金所取代。

除锌以外还含有一定数量其他合金元素的黄铜称为**复杂黄铜**，或**特殊黄铜**。复杂黄铜的编号是H后面加主加元素符号、铜含量-主加元素含量。如HPb60-1表示铅黄铜60%Cu-39%Zn-1%Pb(质量分数)。表17-17简明地给出了部分变形复杂黄铜的主要化学成分、板带材的主要力学性能指标和常用退火温度，表中其余成分为锌含量。

表 17-16 部分简单黄铜的主要化学成分、主要性能指标和常用退火温度

代号	w_{Cu}/%	状态	R_m/MPa	$R_{p0.2}$/MPa	A/%	退火温度/℃
H95	94~96	退火，平均晶粒尺寸 50 μm	235	69	45	425~800
		退火，平均晶粒尺寸 15 μm	260	97	42	
		50%冷加工硬化	330	275	12	
		完全冷加工硬化	385	345	5	
		超加工硬化	420	380	4	
H90	88~91	退火，平均晶粒尺寸 50 μm	255	69	45	425~800
		退火，平均晶粒尺寸 15 μm	280	105	42	
		50%冷加工硬化	360	310	11	
		完全冷加工硬化	420	370	5	
		超加工硬化	460	400	4	
H80	79~81	退火，平均晶粒尺寸 50 μm	305	97	50	425~700
		退火，平均晶粒尺寸 15 μm	345	140	46	
		50%冷加工硬化	420	345	18	
		完全冷加工硬化	510	405	7	
H70	69~72	退火，平均晶粒尺寸 50 μm	325	105	62	425~750
		退火，平均晶粒尺寸 15 μm	365	150	54	
		50%冷加工硬化	425	360	23	
		完全冷加工硬化	525	435	8	
		超加工硬化	595	450	5	
H60	58~61	退火	370	145	45	425~600
		50%冷加工硬化	485	345	10	
ZH62	60~63	金属型或砂型铸造	300		30	

变形复杂黄铜有较宽的应用领域。**铅黄铜**主要用于各种强韧水平的易切削和复杂切削构件。**铁黄铜**和**铝黄铜**主要用于不同强度水平的簧片及连接件。**镍黄铜**主要用于光学仪器零件，以及餐具、铭牌、装饰物等民用领域。**硅黄铜**可用于耐腐蚀且高强度的构件。**锡黄铜**应用范围较广，如 HSn90-1 可用于各种衬、套、垫及插接件，HSn80-1 可用于制作乐器，HSn71-1 可用作热交换构件，HSn60-1 可用作焊接材料、大尺寸构件、各种连接件等。

表 17-17 部分变形复杂黄铜的主要化学成分、力学性能和常用退火温度

代号	w_{Cu}/%	状态	R_m/MPa	$R_{p0.2}$/MPa	A/%	退火温度/℃
HPb60-1	59~62	退火	370	140	40	425~600
	Pb：0.9~1.4	冷拔	550	415	6	

续表

代号	w_{Cu}/%	状态	R_m/MPa	$R_{p0.2}$/MPa	A/%	退火温度/℃
HPb64-2	62.5~66.5	退火，平均晶粒尺寸 15 μm	370	165	45	425~600
	Pb：1.5~2.5	退火，平均晶粒尺寸 50 μm	325	105	55	再结晶：320
		完全冷加工硬化	510	415	7	
		超加工硬化	585	425	5	
HPb89-2	87.5~90.5	退火	255	83	45	425~600
	Pb：1.3~2.5	50%冷加工硬化	360	310	18	
HSn90-1	89~93	退火，平均晶粒尺寸 15 μm	290	105	40	500~700
	Sn：0.3~0.7	退火，平均晶粒尺寸 50 μm	260	62	44	
		完全冷加工硬化	455	440	5	
		超加工硬化	495	485	4	
HSn80-1	79~83	退火，平均晶粒尺寸 25 μm	340	125	46	—
	Sn：0.6~1.2	完全冷加工硬化	550	470	7	
HSn71-1	70~73	退火，平均晶粒尺寸 25 μm	365	152	65	425~600
	Sn：0.9~1.2	完全冷加工硬化	669	—	4	再结晶：300
HSn60-1	59~62	退火	427	207	40	425~600
	Sn：0.5~1.0	25%冷加工硬化	483	400	17	再结晶：350
HAl73-3	72.3~74.7	软化退火	565	365	35	400~600
	Al：3.0~3.8	退火(平均晶粒小于 10 μm)	615	475	30	有序强化：220
		完全冷加工硬化	780	705	5	消除应力：300
		超加工硬化	825	750	3	
HFe87-1.5	85~88	退火	435	310	25	—
	Fe：1.3~1.7	完全冷加工硬化	605	585	5	
		超加工硬化	650	615	4	
HSi82-4	80~83	退火	550	276	25	425~650
	Si：3.5~4.5	12.5%冷加工硬化	689	393	21	
HNi65-12	63.5~66.5	退火，平均晶粒尺寸 70 μm	360	125	48	600~825
	Ni：11~13	退火，平均晶粒尺寸 50 μm	370	130	45	
		退火，平均晶粒尺寸 15 μm	420	195	35	
		完全冷加工硬化	585	515	4	
		超加工硬化	640	545	2	
HNi65-18	63~66.5	退火，平均晶粒尺寸 35 μm	400	170	40	—
	Ni：15.5~19.5	完全冷加工硬化	585	510	3	

铸造用复杂黄铜的编号是 H 前面加 Z，其余与变形复杂黄铜相同。表 17-18 简明地给出了部分铸造用复杂黄铜的主要化学成分、主要力学性能和退火温度。铸造用复杂黄铜用于耐磨的齿轮、轴承、连杆、装饰、洁具等构件，以及各种强度水平的通用铸件。

表 17-18 部分铸造用复杂黄铜的主要化学成分、力学性能和退火温度

代号	w_{Cu}/%	主要元素 w/%	其他元素 w/%	状态	R_m/MPa	$R_{p0.2}$/MPa	A/%	去应力退火
ZHSi82-4	80~83	3.75~4.25		压铸	585	310	25	260 ℃
ZHSi65-1	63~68	0.8~1.0		压铸	485	240	25	260 ℃
ZHPb72-3-1	70~74	1.5~3.8	Sn：0.7~2.0	铸造	260	90	35	—
ZHPb67-3-1	65~70	1.5~~3.5	Sn：0.5~1.5	铸造	235	83	35	—
ZHAl64-5-4-3	60~68	4.5~5.5	Mn：2.5~5，Fe：2~4	压铸	380	205	15	260 ℃

注：其余成分为锌含量。第二元素指合金中锌以外的主要合金元素的百分含量(见代号中元素)。

17.2.4.3 青铜

青铜可以分成**变形青铜**与**铸造青铜**。以锌或镍以外其他元素作为主要合金元素的铜合金称为**青铜**，用字母“Q”表示。标识变形青铜时在 Q 后面加主加元素符号、主加元素含量-其他辅助元素含量。如 QAl8-2 表示铝青铜 90%Cu-8%Al-2%Ni。表 17-19 简明地给出了部分变形青铜的主要化学成分、力学性能指标和常用退火温度。

表 17-19 部分变形青铜的主要化学成分、力学性能和常用退火温度

代号	w_{Cu}/%	主要元素 w/%	状态	R_m/MPa	$R_{p0.2}$/MPa	A/%	退火温度/℃
QAl5	92~96	4~7	退火	310	115	40	550~650
			完全加工硬化	415	165	25	再结晶 350
QAl8	90~92.5	6~8.5	退火	480	205	65	660~675
			完全加工硬化	550	380	25	
QAl8-2	89~90.5	7.7~8.3	软化退火	485	150	55	620~675
		Ni：1.8~2.2	退火	585	345	36	
			完全加工硬化	860	620	5	
			超硬化	930	690	4	
QSn8	90.5~92.8	7~9	退火，晶粒尺寸 50 μm	380	—	70	475~675
			退火，晶粒尺寸 15 μm	425	(~170)	60	
			完全加工硬化	640	495	10	
			超硬化	730	550	4	

续表

代号	w_{Cu}/%	主要元素 w/%	状态	R_m/MPa	$R_{p0.2}$/MPa	A/%	退火温度/℃
QSn10	88.3~90.7	9~11	退火，晶粒尺寸 35 μm	455	—	68	475~675
			完全加工硬化	690	—	13	
			超硬化	795	—	7	
QSn5-0.2	93.6~95.6	4.2~5.8	退火，晶粒尺寸 50 μm	325	130	64	475~675
		P：0.3~0.35	退火，晶粒尺寸 15 μm	365	150	50	
			完全加工硬化	560	515	10	
			超硬化	635	550	6	
QSn1.5	95~97	0.8~2.0	退火，晶粒尺寸 35 μm	275	105	50	475~675
			硬化	620	460	12	
QSi3	92~97	2.8~3.8	退火，晶粒尺寸 70 μm	385	145	63	475~700
			退火，晶粒尺寸 15 μm	435	205	55	
			完全加工硬化	650	400	8	
			超硬化	715	415	6	
QSi3-1.5	94~96	2.7~3.4	微硬化(12.5%)	570	415	30	400~600
		Sn：1.2~1.9	完全加工硬化	790	700	6	
			超硬化	825	760	5	
QPb1	98~99.4	0.6~1.2	退火(管材)	220	69	50	425~625
			完全加工硬化	330	305	20	

注：主要元素指合金中主要合金元素(见代号中元素)及其他注明合金元素的百分含量。

在变形青铜中，铝青铜适合用作耐蚀、耐磨的构件，如建筑构件、装饰构件等。铝青铜的颜色与黄金非常接近，也经常用作伪黄金，以制作日用装饰品。锡青铜有良好的综合力学性能，适合用作各种建筑和机械构件、重载构件等。硅青铜通常用来制作不同力学性能要求的通用结构件。铅青铜可用作电导率的电气开关、插接等结构件。表 17-20 给出了部分可时效强化变形青铜的主要化学成分、力学性能指标和常用热处理温度。

表 17-20 部分可时效强化变形青铜的主要化学成分、力学性能和常用热处理温度

代号	w_{Cu}/%	w_{Cr}或 w_{Be}/%	状态	R_m/MPa	$R_{p0.2}$/MPa	A/%	时效温度/℃
QCr1	98~99.4	0.6~1.2	固溶处理	235	130	40	固溶 990
			固溶并时效	350	250	22	425~625
			固溶并冷轧	365	350	6	
			固溶冷轧并时效	460	405	14	

续表

代号	w_{Cu}/%	w_{Cr}或w_{Be}/%	状态	R_m/MPa	$R_{p0.2}$/MPa	A/%	时效温度/℃
QBe1.7	97~98	1.6~1.79	固溶处理	410~530	190~250	35~65	固溶 780
			固溶并冷轧硬化	680~830	620~800	2~10	315~335
			固溶并时效	1030~1250	890~1140	3~20	
			固溶冷轧并时效	1240~1380	1060~1250	3~20	
			固溶时效并冷轧	930~1040	750~940	9~20	

可时效强化变形青铜有优良的性能。表 17-20 给出了部分可时效强化变形青铜的主要化学成分、力学性能指标和常用热处理温度。其中，QCr1 有极好的冷加工性能和较高的电导率，可用作电工结构件；QBe1.7 可用作高力学性能的电工结构件。

铸造青铜的编号是在 Q 前面加 Z，其余与变形青铜相同。表 17-21 简明地给出了部分铸造青铜的主要化学成分、主要力学性能和退火温度。铸造青铜用于制作耐水汽和海水腐蚀及各种承载能力的齿轮、轴承、连杆类零件。其中可时效强化的铸造铍青铜适合于制作高性能复杂形状的模具，如塑料加工铸模等。

表 17-21 部分铸造青铜的主要化学成分、力学性能和退火温度

代号	w_{Cu}/%	主要元素 w/%	其他元素 w/%	状态	R_m /MPa	$R_{p0.2}$ /MPa	A/%	退火温度/℃
ZQSn11	88~90	10~12		砂型铸	305	150	20	—
				金属型铸	380	205	16	
ZQSn10-2	86~89	9~11	Pb：1~2.5	砂型铸	290	145	20	去应力 260
ZQSn11-1-1	85~88	10~12	Pb：1~1.5，Ni：1	砂型铸	305	140	20	去应力 260
ZQPb15-6	76.5~79.5	14~18	Sn：5~7	连铸	220	150	7	—
ZQPb24-5	68.5~73.5	22~25	Sn：4.5~6	砂型铸	185	90	10	—
ZQAl10-1	86~90	9~11	Fe：0.8~1.5	铸造	450	170	20	595~650
				淬火调质	550	275	12	
ZQAl11-4	83~87	10~11.5	Fe：3~5	铸造	515	205	12	620
				淬火调质	620	310	6	
ZQBe2-1	95~95.8	2~2.25	Co：1~1.2	铸造	515	275	25	固溶 795
				铸造时效	825	725	5	时效 340
				固溶处理	415	170	40	
				固溶时效	1105	1035	1	

注：主加元素指合金中主要合金元素的百分含量(见代号中元素)。

17.2.4.4 白铜

白铜用字母“B”表示。标识白铜时在 B 后面加主加元素符号、主加元素含量-其他辅助元素含量。铸造白铜的编号是在 B 前面加 Z，其余与白铜相同。表 17-22 简明地给出了部分白铜和铸造白铜的主要化学成分、主要力学性能和退火温度。表中数据来自国外白铜合金并冠以国标代号。

表 17-22 部分白铜和铸造白铜的主要化学成分、力学性能和退火温度

代号	w_{Cu}/%	w_{Ni}/%	其他 w/%	状态	R_m/MPa	$R_{p0.2}$/MPa	A/%	退火温度/℃
B10	88~90	9~11		退火，晶粒尺寸 50 μm	350	90	35	600~825
				完全加工硬化	518	500	5	
				超硬化	540	525	4	
B30	65~70.6	29~33		热轧	380	140	45	650~825
				退火	380	125	36	
ZB10-1	84.5~87	9~11	Fe：1~1.8	砂型铸	310	172	20	—
ZB30-1	65~69	28~32	Nb：0.5~1.5	砂型铸	470	255	28	—
ZB30-1.2	64~69	29~33	Be：1.1~1.2	铸造时效	555	310	15	固溶 995
				固溶时效	860	550	7	时效 510

白铜在船用仪表、化工机械、医疗器械等方面有广泛的应用。白铜热导率低，可用作蒸发、冷凝等方面的隔热耐水汽腐蚀构件。

本节所述各种牌号的铜合金中尚有对一些杂质元素含量的限制或加入的某些微量元素的规定。随着工业的发展，许多传统铜合金日益趋向多元素复合合金化的方向发展，以满足各应用领域对铜合金性能多元化的要求。上述各表内的数据来自不同的文献，不一定准确，也不一定有精确的可比性，而且所用合金实例很多是国外现有合金套用中国编号标准，所以仅供参考。这里只是希望对铜合金的化学成分、力学性能水平等给出一个大致的印象。

17.3 钛及钛合金

钛的密度明显低于钢，而部分钛合金的强度超过了许多高强度合金钢，因此钛合金的比强度明显高于其他金属结构材料，通常用于制作飞机的发动机构件、骨架、蒙皮、紧固件、起落架等，尤其会用于对比强度和工作温度要求都很高的超音速飞机。另外，钛合金也大量用于制作火箭、导弹、飞船、卫星、地球外登陆器等高速飞行设施的结构件。可见钛合金对军事工业具有重要意义。钛合金在低温和超低温下的高强度和较好的塑性可被利用来制作低温构件，其在湿气、海水、多类化学物质中良好的抗腐蚀性能，可被利用来制作各种耐蚀构件，如国家大剧院的外墙板。然而，钛合金切削加工性能较差，高温下易出现组织结构的不稳定性，成形性和焊接性能有限。另外，目前钛合金的缺点主要还表现为生产流程复杂、加工成本高、价格昂贵等，限制了其广泛应用。

17.3.1 钛的基本特性

钛是周期表中第 22 号元素，属于过渡族元素。中国钛的蕴藏量比较丰富。钛具有许多优良的性能，是近些年来得到迅速发展的一个合金体系。钛在 882 ℃有同素异型转变，高温为体心立方结构的β相，低温为密排六方结构的α相。钛的熔点很高，为 1668~1672 ℃。地壳所蕴藏的元素中，钛的总量仅次于 O、Si、Al、Fe、Ca、Na、K 和 Mg，占第九或第十位，约有 0.44%~0.61%。钛的密度为 4.507 g/cm^3，大约是铜的一半，因此可作轻质材料。钛的热膨胀系数约为 9 μm/(m·K)，比钢的~23 μm/(m·K)、铝的~17 μm/(m·K)和铜的~12 μm/(m·K)低很多。钛的热导率也非常低，为 17.16 W/(m·K)。金属钛没有磁性。低温六方结构纯钛塑性变形时所能开动的滑移系比立方金属少，以柱面$\{10\bar{1}0\}$滑移为主,滑移方向为$\langle 11\bar{2}0\rangle$,有时也会有锥面$\{10\bar{1}1\}\langle 11\bar{2}0\rangle$滑移出现。但是钛加工硬化率低，因此也有较好的塑性。机械孪生会在钛的塑性变形过程中随时出现，以协调和推进塑性变形过程。高温立方 β 相的变形抗力很低，易于变形加工。从力学性能角度看，钛应有良好的切削性能。但钛的热导率很低，切削产生的热量不容易散失，因此会造成局部温升，不利于快速切削。纯钛可以有很高的强度，工业纯钛的抗拉强度就可以达到 400 MPa 以上。除了合金化、加工硬化等手段外，钛还可以借助自身的同素异构转变得到相变强化。由于它的密度较低，因此钛也有很高的比强度。

钛在常温下的化学活性很低，仅能与氟、氢氟酸等几种物质起化学反应，因此钛有优良的常温耐腐蚀性能。在高温 β 相区钛的活性变大，会在空气中剧烈氧化。在高温下钛极为活泼，容易氧化，其铸造性能并不很好。钛熔体几乎会和所有耐火材料发生反应，因此钛的铸件很容易被污染并造成铸造缺陷，对必要的钛铸件需要采用特殊的铸造工艺。钛本身的焊接性能良好，但高温极为活泼的特性造成钛容易在焊接过程中吸附杂质而污染焊缝，并造成气孔等焊接缺陷，因此焊接时应采用适当的保护措施。

17.3.2 纯钛的相转变及钛基固溶体

将纯钛从 882 ℃以上冷却时立方 β 相会向六方 α 相转变，不论冷却速度的大、小，这种转变都会发生。慢速冷却时转变会以形核、长大的常规扩散过程完成。当冷却速度很大时，各种原子在转变过程中来不及充分扩散，从而导致转变以非扩散马氏体类型的形式发生，因而转变产物为非平衡组织。纯钛快冷转变组织的结构仍为六方，α相晶粒的界面呈现锯齿状形貌，而不是平衡的等轴晶粒，其强度也同时明显提高。

合金元素加入 α 钛中可以在很多方面改变合金的性能。表 17-23 列出了几种溶质原子与钛的原子尺寸差及在 α 钛中的溶解度，可见，原子尺寸差对溶解度有很大影响。其中氢、氮、碳和氧等原子只能与 α 钛构成间隙固溶体，其他原子则可以构成代位固溶体。

表 17-23 几种溶质原子与钛的原子尺寸差及在 α 钛中的溶解度(w/%)

溶质	$(\Delta d/d)$/%	w/%	溶质	$(\Delta d/d)$/%	w/%	溶质	$(\Delta d/d)$/%	w/%	溶质	$(\Delta d/d)$/%	w/%
H	68	0.2	Si	19	2	Ni	15	1	Mo	7	1
C	49	0.5	V	10	4	Cu	12	1	Ta	2	1
N	51	4	Cr	14	<1	Ga	16	10	W	6	1
O	59	12	Mn	23	1	Zr	−8	100			
Mg	−9	0.1	Fe	15	1	Nb	2	4			
Al	2	25	Co	14	1	Sn	−3	22			

注：d 为原子直径，M 为溶质原子，$\Delta d/d=(d_{Ti}-d_{M})/d_{Ti}$。

由表 17-23 可知，氢、氮、碳和氧等原子与钛原子的尺寸差很大，因此它们以间隙原子的方式固溶于 α 相中，并对 α 钛的性能造成很大的影响。图 17-22 给出了这四种元素与钛构成的二元相图。其中氮、氧在钛中有较大的溶解度，氢可在钛中溶解的原子分数也较高(图 17-22)，而碳在钛中的溶解度则较小，且会与钛原子形成碳化物 TiC。

氢原子尺寸小，在钛中扩散的速度很大，在低温就可以大量溶入 α 钛(图 17-22a)。300 ℃时即可溶入 $x_H=0.15\%$。因此，钛在水蒸汽、碳氢化合物或某些酸性环境中就会出现吸氢现象。当氢含量 x_H 超过 0.01%就会因一些氢化物的析出而使钛明显脆化。加热并淬火虽然可避免氢化物的析出，但即使是自然条件的时效也会引起氢化物的再析出，所以对含氢高的钛合金应作真空退火处理，以去除所吸收的氢。

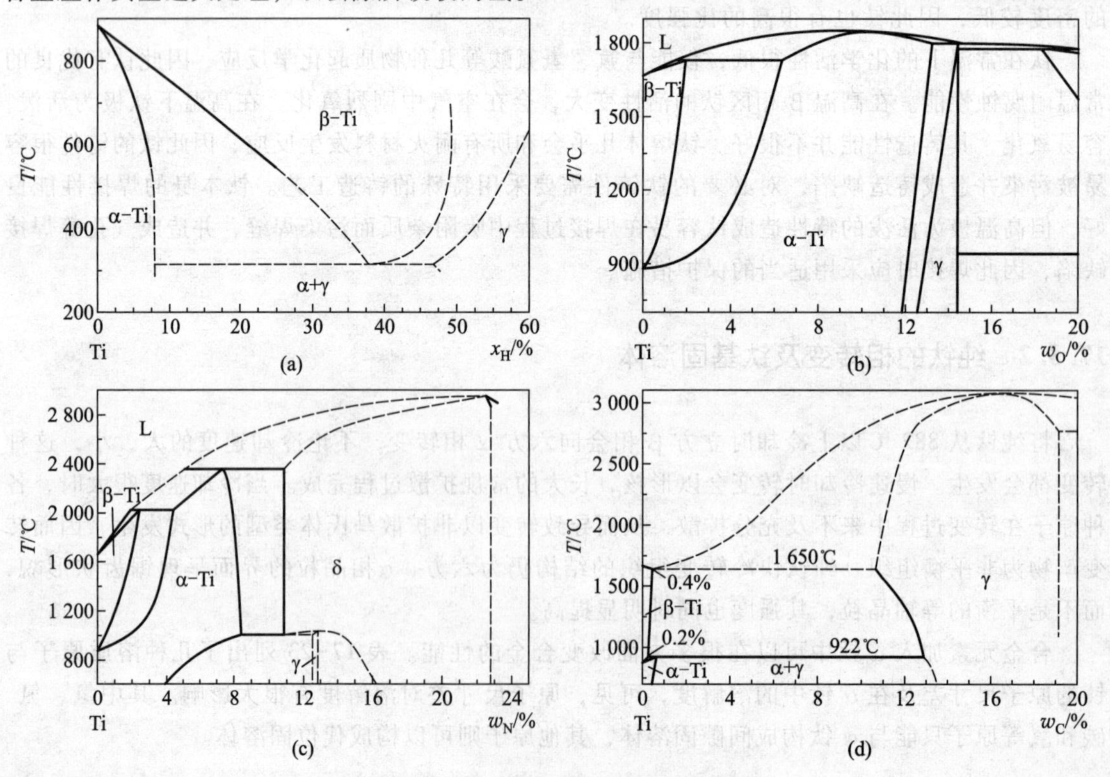

图 17-22 4 种间隙元素与钛的二元相图

随着钛中固溶氧和氮含量的增加，钛的韧性、塑性会下降，而强度提高，即呈现脆化倾向，但α钛通常仍能保持一定的塑性。即使在没有超过溶解度极限的情况下，如果氧、氮含量超过一定限度也会造成钛明显的脆化，其造成脆化的机制尚不完全清楚。氧、氮原子有可能会阻碍六方 α 钛滑移系及孪生系的开动，降低塑性，因而导致脆化。纯钛在空气中加热时除了会氧化外，也会吸收氧而使氧含量提高。与高纯净的 α 钛相比，含氧和氮的 α 钛在冷却过程中容易生成魏氏组织，但这种组织的形态对纯钛力学性能影响不大。

添加 $w_C=0.3\%$的碳可以使退火α钛的强度明显提高，而塑性有所下降。由图 17-22d 可以看出，850 ℃时 α 钛最多可溶解 0.4%C，因此当 w_C 超过 0.4%后对 α 钛不再有显著的强化作用，但 TiC 相的存在会使α钛略显硬化。过多的氢、氧、氮、碳等元素可能会造成如上所述的有害作用，在钛中这些元素的含量通常会受到一定的限制。表 17-24 列出了纯钛中不同氢、氧、氮、碳的限制含量所对应的力学性能。分析表明，在较低含量范围内，氧、氮、碳分别可使钛的强度呈线性上升。

表 17-24 纯钛中氢、氧、氮、碳的最大含量(w/%)及相应的力学性能

序号	H	O	N	C	R_m/MPa	$R_{p0.2}$/MPa	A/%	Z/%
1	0.0125	0.18	0.03	0.10	241	172	24	30
2	0.0125	0.25	0.03	0.10	345	276	20	30
3	0.0125	0.35	0.05	0.10	448	379	18	30
4	0.0125	0.40	0.05	0.10	552	483	15	25

17.3.3 不扩大 β 相区的代位元素

除了氧、氮、碳等扩大 α 相区的间隙原子外(图 17-22)，铝是唯一可以扩大α相区的代位固溶元素。锆、锡虽然不能扩大 α 相区，但可以保持 α 相区基本稳定，属于中性固溶元素。图 17-23 给出了这 3 种元素与钛的二元相图，这些元素可以不同程度地强化 α 相。图 17-24 显示了各种不同固溶元素对 α 相的强化效果。可以看出，铝的强化效果最高，而锆的作用相对较弱，因此铝是制作高强度钛合金的重要合金元素。此外，铝还有利于改善钛的高温抗氧化性能。锆、锡等元素不明显改变 α 及 β 相区的稳定性，但对这两相均有固溶强化的作用。

铝会明显阻碍钛合金机械孪生的开动，使得合金的塑性变形过程难以通过孪生来协调，导致加工硬化加剧。例如，在纯钛的冷轧过程中会生成{0001}基面与轧面成 30°角的织构，这种织构的稳定性与机械孪生变形有一定内在联系。在含 $w_{Al}=6\%$的钛铝合金中，机械孪生难以出现并协调变形，因此合金板中会出现{0001}基面平行于轧面的织构。这时六方α相的各位错滑移矢量均接近平行于轧面，使得在轧制应力条件下进一步的变形十分困难，因而造成了**织构强化**效应。

由图 17-23a 可见，当铝的质量分数 w_{Al} 超过 7%后有可能造成 DO_{19}结构的六方 Ti_3Al 相，使合金的韧性恶化，增加对缺口的敏感性，并会降低在海水腐蚀环境中的断裂应力。为了进一步提高合金强度并避免 Ti_3Al 相出现，可在铝的质量分数接近 7%的钛合金中添加锡、锆或其他强化合金的元素。作为单一 α 相的合金组织，即使是从高温以很大的速度冷却也不能抑制 β

相向 α 相的转变，但淬火快冷可以在一定程度上防止铝的质量分数接近 7%的钛合金中少量 Ti_3Al 相的析出。

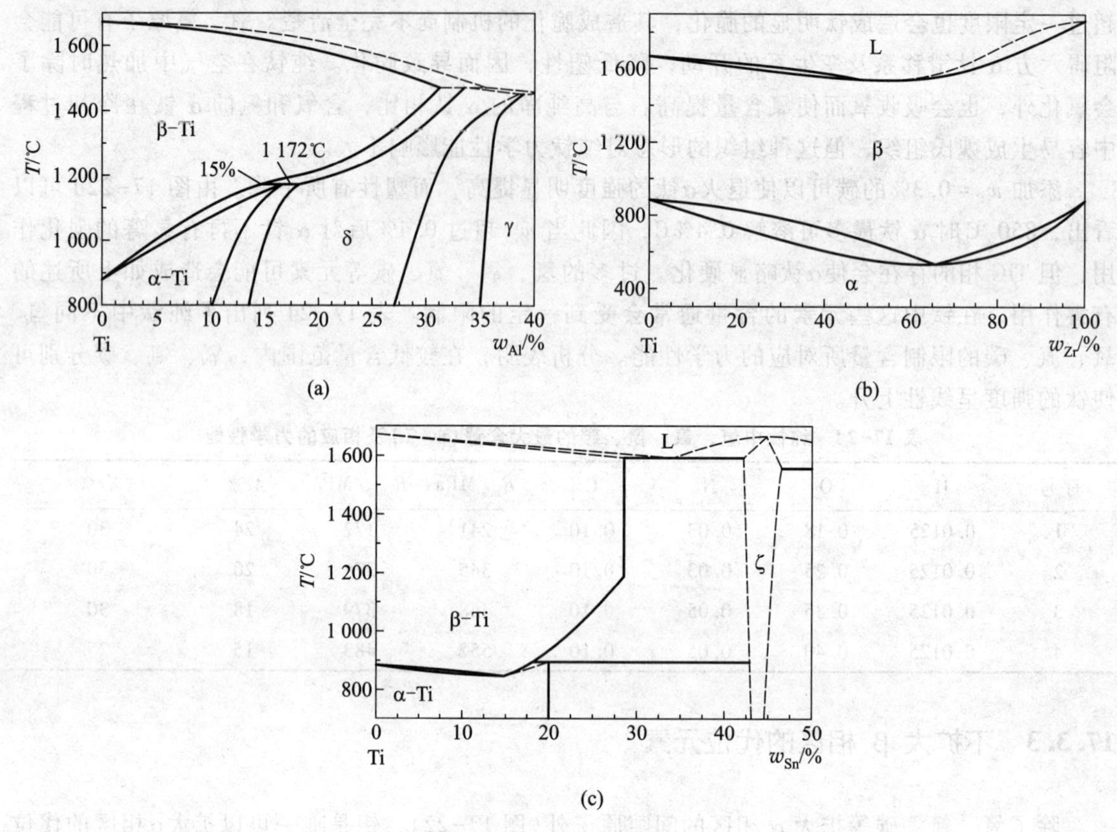

图 17-23 3 种不扩大 β 相区的元素与钛的二元相图

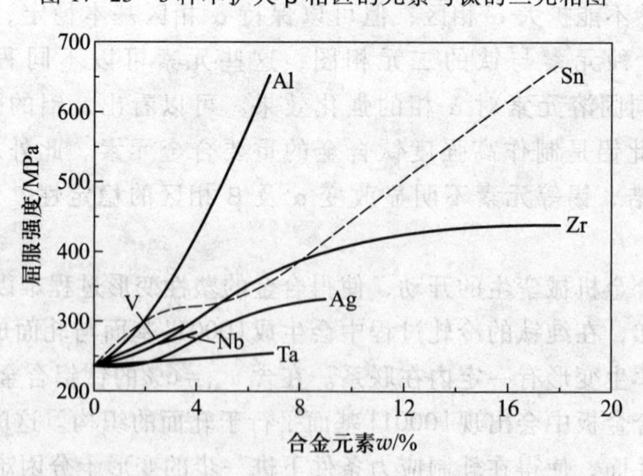

图 17-24 不同固溶元素对 α 相的强化效果

17.3.4 β 同晶型和 β 共析型元素

β 同晶型元素是指扩大 β 相区，并可以与 β-Ti 形成无限互溶代位固溶体的合金元素，钼、钒、铌、钽等本身就具备体心立方结构的元素就属于这一类。从图 17-24 中可以看到部分元素对 α 相的强化作用。图 17-25 是钼、钒 2 种 β 同晶型元素与钛的二元相图。在较低的温度范围内，钼、钒含量较低时构成了 α+β 两相区，钼、钒含量增大到一定程度则会进入 β 单相区。

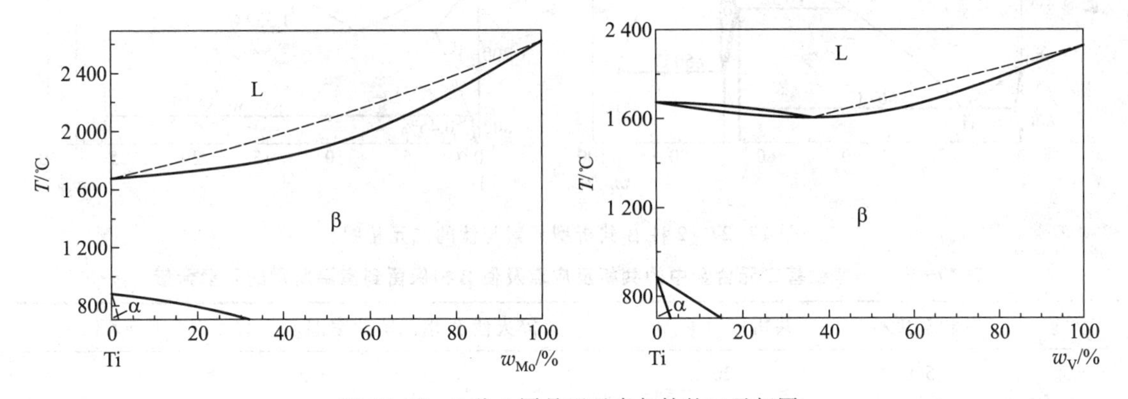

图 17-25 2 种 β 同晶型元素与钛的二元相图

当 β 同晶型元素含量较低时，从 β 单相区缓慢冷却会析出 α 相。随着合金元素的增加，α 相的量会减少，同时合金的强度也会提高。如果从 β 单相区快速冷却，则 β 向 α 相的转变会以马氏体转变的方式进行，图 17-26 显示了这种转变的原理。马氏体开始转变点(M_s)和终了转变点(M_f)低于平衡转变点，且随合金元素含量的增加而降低。在钛合金的 M_f点高于室温的成分范围内，合金的淬火强度(图 17-26 影线区下边界线)会高于退火强度(点画线)，因为淬火 α 相的组织细小，且含有较高的缺陷密度。当合金元素含量增高使 M_f 点低于室温后，则快速冷却后会在室温保留一部分 β 相组织。此时 α 与 β 两相均不具备平衡浓度，且合金的强度随 β 相数量的增多而降低(图 17-26)。如果合金元素的含量在室温两相区的范围内足够高，使得 M_s点也低于室温，则淬火后会得到 100%的过饱和 β 相非平衡组织。β 相的强度通常低于 α+β 两相组织，所以此时的合金强度也低于退火状态的强度(图 17-26)。当合金元素的含量继续增加，使得 β 相向 α 相平衡转变的温度低于室温时，纯固溶强化效应将使得合金的强度急剧增大。α 相与 β 相淬火组织是不稳定的，在后续的加热过程中会转向稳定的状态，因此可以对这种淬火组织作时效强化处理。适当地调整和控制时效工艺参数可以获得不同的合金性能(图17-26影线区上边界线)。

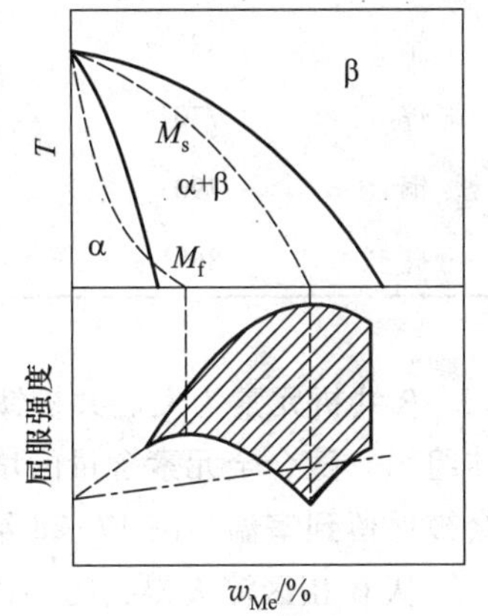

图 17-26 含 β 同晶型元素(Me)钛合金的冷却转变原理

β 共析型元素是指扩大 β 相区，且合金化后使β相发生共析反应的代位式固溶元素。铬、铁、银、钴、铜、锰、镍、铅、硅等就属于这一类元素。图 17-27 是铬、硅 2 种 β 共析型元素与钛的二元相图。α 钛对这类元素有较低的溶解度，合金元素使 β 相区的温度范围扩大。合金含量增加后，会出现共析出反应，即β相在冷却过程中转变成 α 相与相应二元系中某一中间相的共析组织(图 17-27)。表 17-25 列出了一些 β 共析型元素在与钛构成二元合金后，相应共析点及使 β 相保留到室温所需要的合金元素含量。

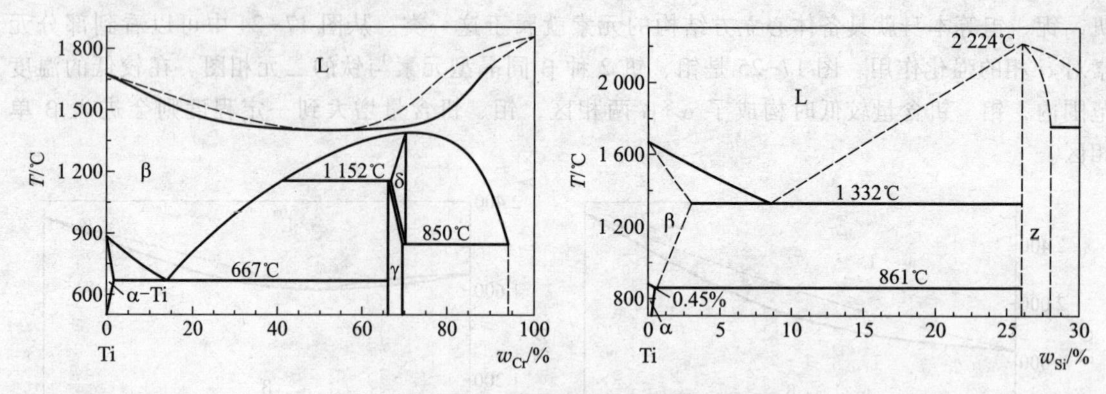

图 17-27 2 种 β 共析型元素与钛的二元相图

表 17-25 一些钛基二元合金中的共析反应点及使 β 相保留到室温所需的元素含量

元素	共析温度/℃	共析成分 w/%	淬火使 β 相保留到室温所需的元素含量 w/%
锰	550	20	6.5
铁	600	15	4
铬	675	15	8
钴	585	9	7
镍	770	7	8
铜	790	7	13
硅	860	0.9	

β 共析元素为发展共析钛合金提供了可能。这种合金系统从 β 相区快速冷却时会生成马氏体组织。随合金元素含量的增加，其 M_s点和 M_f点会明显降低。当 M_s点低于室温时，高温β相会被保留到室温。图 17-28 给出了这种转变的示意图。

从 β 相区淬火得到的马氏体组织称为 α′相，其强度并不很高。在随后共析温度以下的加热可以使得马氏体组织分解，生成 α 相和其他相的复合组织，分解产物与合金的成分密切相关。控制加热条件和马氏体分解过程可以使分解组织的强度不同程度地高于马氏体组织。由表 17-25 可知，适量的合金含量可以使 β 相保留到室温。与密排六方的 α 相相比，体心立方的 β 相具有良好的塑性，因此可以对保留到室温的 β 相合金进行塑性加工。若随后将其在共析温度之下加热，可使亚稳的 β 相分解成 α 相与其他相组成的复合多相组织，如 α 相及相应合金系中与 α 相共析的中间相组织。这种复合组织会具备比 β 相高得多的强度和硬度，甚至可以达到高强度钢铁材料的强度水平。

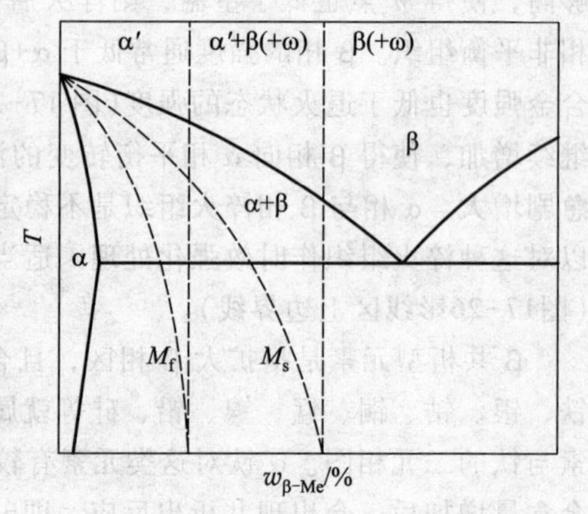

图 17-28 β 共析型元素(β-Me)造成的平衡及非平衡共析转变

17.3.5 钛基工程材料

绝大多数的钛及钛合金被用于航空、航天工业部门，超过总量的50%。钛的第二大应用领域是用作其他各种合金系统的合金元素，约占总量的20%。

钛及钛合金用“钛”汉语拼音的第一个字母T表示。T与铜的符号重叠，所以不能简单用T表示钛合金，而要加上其他字符。工业钛材产品大致可以分成三大类。以α相为基的工业纯钛和相应钛合金，在字母T后面加A及合金序号，称为**α钛合金**。其中TAD为**高纯钛**(碘法钛)，TA1、TA2和TA3为**工业纯钛**。以β相为基的钛合金，在字母T后面加B及合金序号，称为**β钛合金**。以α+β相为基的钛合金，在字母T后面加C及合金序号，可称为**α+β钛合金**。

17.3.5.1 工业纯钛

表17-26列出了中国工业纯钛及钛合金的成分标准(GB/T 3620.1—2007)。纯钛最大的优势在于其优良的耐腐蚀性能。钛对一般的氧化环境具有优越的耐腐蚀性。工业纯钛在盐酸、硫酸、醋酸、铬酸、硝酸等许多酸性介质，各类碱性介质以及各种氯化物中均有良好的抗蚀性。在400 ℃以下，纯钛比不锈钢有更高的比强度。因此工业纯钛被广泛地在蒸汽及海水和各种化工腐蚀介质中用作各种机械、容器、管线、舰船及飞机的构件。工业纯钛也可用作其他各种合金系统中的合金化原料。表17-27列出了各种工业纯钛的力学性能标准。纯钛的工业退火温度一般可取在α与β相变点以下的540~800 ℃之间。

表17-26 中国工业纯钛及钛合金的化学成分(*w*/%,其余为钛)

牌号	主要成分/%		杂质(不大于)/%				
	Al	其他元素	Fe	C	N	H	O
TA1	—	—	0.20	0.08	0.03	0.015	0.18
TA2	—	—	0.30	0.08	0.03	0.015	0.25
TA3	—	—	0.30	0.08	0.05	0.015	0.35
TA4	—	—	0.50	0.08	0.05	0.015	0.40
TA5	3.3~4.7	B：0.005	0.30	0.08	0.04	0.015	0.15
TA6	4.0~5.5	—	0.30	0.08	0.05	0.015	0.15
TA7	4.0~6.0	Sn：2.0~3.0	0.50	0.08	0.05	0.015	0.20
TA28	2.0~3.0	—	0.30	0.08	0.05	0.015	0.15
TB2	2.5~3.5	Cr：7.5~8.5，Mo：4.7~5.7，V：4.7~5.7	0.30	0.05	0.04	0.015	0.15
TC1	1.0~2.5	Mn：0.7~2.0	0.30	0.08	0.05	0.012	0.15
TC2	3.5~5.0	Mn：0.8~2.0	0.30	0.08	0.05	0.012	0.15
TC3	4.5~6.0	V：3.5~4.5	0.30	0.08	0.05	0.015	0.15
TC4	5.5~6.75	V：3.5~4.5	0.30	0.08	0.05	0.015	0.20

续表

牌号	主要成分/%		杂质(不大于)/%				
	Al	其他元素	Fe	C	N	H	O
TC6	5.5~7.0	Cr: 0.8~2.3, Mo: 2~3, Fe: 0.2~0.7, Si: 0.15~0.40	—	0.08	0.05	0.015	0.18
TC9	5.8~6.8	Mo: 2.8~3.8, Sn: 1.8~2.8, Si: 0.2~0.4	0.40	0.08	0.05	0.015	0.15
TC10	5.5~6.5	Sn: 1.5~2.5, V: 5.5~6.5, Fe: 0.35~1, Cu: 0.35~1	—	0.08	0.04	0.015	0.20

表 17-27 各种工业纯钛的力学性能标准

a. 日本纯钛板、带(室温)

种类	w_H/%	w_O/%	w_N/%	w_{Fe}/%	w_{Ti}/%	R_m/MPa	$R_{p0.2}$/MPa	A/%
一级	<0.013	<0.15	<0.05	<0.20	余量	275~412	>176	>27
二级	<0.013	<0.20	<0.05	<0.25	余量	343~510	>216	>23
三级	<0.013	<0.30	<0.07	<0.30	余量	481~618	>343	>18

b. 美国纯钛(室温)

状态	w_{Ti}/%	弹性模量/GPa	R_m/MPa	$R_{p0.2}$/MPa	A/%	Z/%	硬度/HB
退火	99.5	102.7	331	241	30	55	120
退火	99.2	102.7	434	345	26	50	200
退火	99.1	103.4	517	448	25	45	225
退火	99.0	104.1	662	586	20	40	265

c. 中国纯钛板材(室温性能不低于)

牌号	w_{Ti}/%	状态	R_m/MPa	A/%
TA2	>99.55	退火	343~490	30~40
TA3	>99.18	退火	441~588	25~35
TA4	>98.98	退火	539~686	20~30

17.3.5.2 其他 α 钛合金

快速冷却不能阻止 α 钛合金中 β 相向 α 相的转变，因此与工业纯钛相似，α 钛合金一般不可能通过热处理大幅度改变性能。借助以铝为主的合金元素及加工硬化可以提高合金的强度。通过加工和适当的热处理相结合可以在一定程度上控制合金的组织、细化晶粒，进而达到提高合金性能的目的。单纯铝合金化 α 钛合金有时会表现出对缺口很敏感，因此往往采用复合合金化的 α 钛合金来制作不希望有缺口敏感性的构件。表 17-28 列出了中国 α 钛合金板材的力学性能标准及一些实验 α 钛合金的力学性能。α 钛合金有较高的强度和良好的塑性，同时在接近绝对零度的超低温下也能保持良好的强韧性能，可用作飞机上可焊接的高强度锻件、板管件、300~600 ℃的耐氧化构件，以及在-253 ℃或-269 ℃下使用的磁悬浮列车和超导发电机上的构件。

表 17-28 α钛合金的力学性能(合金代号中的数字为质量分数)

牌号/实验合金	状态	$R_{p0.2}$/MPa	R_m/MPa	A/%
TA5	退火	—	>686	12~20
TA6	退火	—	>686	12~20
TA7	退火	—	735~932	12~20
Ti-5Al	退火	620	676	20
Ti-7.5Al	退火	793	827	20
Ti-2.5Sn	退火	414	552	15
Ti-7.5Sn	退火	552	620	15
Ti-5Al-2.5Sn	退火	—	827	15

17.3.5.3 α+β钛合金

α+β钛合金是在室温保持α+β双相的钛合金。其最大特点是可以根据加工和使用的需求，借助热处理工艺对合金的组织与性能作较大范围的调整。由于钛合金的热导率很低，其淬透性往往不高。表17-29列出了中国α+β钛合金板材的退火力学性能标准及一些实验α+β钛合金退火状态的力学性能。

如图17-26所示，当合金从β相区冷却进入α+β两相区后，β相往往逐步转变成非平衡的α魏氏组织。这种组织有复杂的界面结构，因此有利于合金高温力学性能的提高。随着转变温度的降低和α相的增多，合金中剩余β相中合金元素的含量不断升高，使得相应的M_s点持续下降。一旦M_s点降至室温以下，则残留的β相就会在室温被保留下来。从β相区淬火冷却时，β相将转变成亚稳的α″相，若采取空冷处理则会生成亚稳的α′相。α″相及α′相均有不同于α相的晶体结构，并受到合金成分的影响。实际上α″相及α′相组织往往在快冷处理的合金中同时存在，二者依冷却速度的不同而改变其相对比例。快冷组织的强度并不高，在随后的时效处理过程中α″相或α′相中析出细小的二次针状α相后强度方可以得到明显的提高。在两相区较高温度范围内的塑性加工则会促使生成等轴α相组织，有利于合金保持优良的综合力学性能。

TC4或Ti-6Al-4V属于典型的α+β钛合金，是应用最为广泛的钛合金。它具有很高强度和韧性的综合性能、优良的抗腐蚀性能，被广泛地应用于航天工业、压力容器、轮机构件、医用移植器官等方面。表17-30给出了TC4或Ti-6Al-4V钛合金在不同处理条件下的主要力学性能。其通常的退火温度为900~960 ℃，固溶加热温度为930~980 ℃，时效温度为540~675 ℃。

表 17-29 α+β钛合金的退火力学性能(合金代号中的数字为质量分数)

牌号/实验合金	状态	试验温度	$R_{p0.2}$/MPa	R_m/MPa	A/%
TC1	退火	室温	—	588~735	20~25
TC2	退火	室温	—	>686	12~15

续表

牌号/实验合金	状态	试验温度	$R_{p0.2}$/MPa	R_m/MPa	A/%
TC3	退火	室温	—	>883	10~12
TC4	退火	室温	—	>902	10~12
TC7	退火	室温	—	>932	8~10
TC10	退火	室温	—	>1059	8~10
Ti-8Mn	退火	室温	858	940	15
		316 ℃	563	714	18
Ti-3Al-2.5V	退火	室温	583	686	20
		316 ℃	343	480	25
Ti-6Al-4V	退火	室温	920	988	14
		316 ℃	652	721	14
		427 ℃	570	666	18
		538 ℃	426	529	35
		-196 ℃	1407	1510	14
Ti-6Al-6V-2Sn	退火	室温	995	1064	14
	316 ℃	803 ℃	927	18	—

通常 α+β 钛合金多用于轻型结构的中、高强度构件，大尺寸构件，承高压构件，部分高温构件或超低温构件等。除了在飞机工业中的应用外，α+β 钛合金还经常用于空降兵所需的轻型常规兵器的构件。

表 17-30 TC4 或 Ti-6Al-4V 钛合金在不同处理条件下的主要力学性能

处理状态	$R_{p0.2}$/MPa	R_m/MPa	A/%	备 注
铸锭(1 吨)	763	765	6.2	
1100 ℃锻造(β 相区)	870	930	12.3	
1050 ℃锻造(β 相区)	995	1049	19.1	
950 ℃锻造(α+β 相区)	920	973	21.8	
固溶时效(室温)	1098~1103	1151~1172	10~14	来自不同文献的数据
固溶时效(316 ℃)	700	858	10	
固溶时效(427 ℃)	618	796	12	
固溶时效(538 ℃)	480	652	22	
955 ℃炉冷	834	938	19	90%α，10%β
955 ℃水淬	951	1117	17	50%α，50%(α′+α″+β)
955 ℃水淬+540 ℃时效	1069	1186	17	时效 4 小时

续表

处理状态	$R_{p0.2}$/MPa	R_m/MPa	A/%	备 注
900 ℃炉冷	855	965	17	90%α, 10%β
900 ℃水淬	924	1117	15	60%σ, 40%(α'+α''+β)
900 ℃水淬+540 ℃时效	1013	1117	15	时效4小时
740 ℃退火	945	1067	10	轧后退火
955 ℃空冷+675 ℃空冷	917	965	18	双重退火

注：除非特殊标出，表内所列性能为室温性能。

17.3.5.4 β钛合金

钼和钒是β钛合金主要的合金元素，合金元素的加入可使 M_s 点降低到室温以下，这样在工业可实现的冷却速度下很容易获得β单相组织。但是β相并不是完全稳定的，在适当的条件下也还会发生转变，并析出第二相粒子，如含铝的β钛合金中就容易析出α相。第二相的大量析出将会明显损害合金的性能，而少量的第二相析出则会促进合金强度的提高。

β钛合金的主要优点在于具有很高的强度，同时具有优良的高温和室温加工性能以及良好的抗腐蚀性能。合金元素的加入使得β钛合金的强度大大提高，体心立方且较为稳定的β相结构使得合金具有良好的塑性，在不经中间退火的条件下其冷加工变形量可达99%以上。另外，β钛合金对酸性或还原性介质有更高的耐蚀性能；其密度比纯钛高，可达5 g/cm³以上；β钛合金的低温性能较差，在-100 ℃以下性能会显著降低，所以不能用作低温材料。另外，焊接加工有可能明显破坏时效处理的组织和性能。目前β钛合金的成熟种类还比较少，主要用于制作有各种加工性能、耐腐蚀性能和韧性要求的超高强度结构件。表17-31给出了国外一些β钛合金的热处理方式及主要力学性能。由于β相的稳定性，β钛合金的固溶加热温度可在700~800 ℃之间选取，时效加热温度可在300~500 ℃之间选取。

表17-31 一些β钛合金的热处理方式及主要力学性能(合金代号中的数字为质量分数)

国外β钛合金	$R_{p0.2}$/MPa	R_m/MPa	A/%	热处理方式
Ti-13V-11Cr-3Al	1167~1226	1216~1275	8	固溶+时效
Ti-8Mo-8V-2Fe-3Al	1236	1304	8	固溶+时效
Ti-8V-6Cr-4Mo-4Zr-3Al	1379	1448	7	固溶+时效
	834	882	15	退火
Ti-11.5Mo-6Zr-4.5Sn	1314	1383	11	固溶+时效
Ti-15Mo-5Zr	1324	1373	10	固溶+时效
Ti-15Mo-5Zr-3Al	1451	1471	14	固溶+时效
Ti-8V-5Fe-1Al	1172	1220	8	固溶+时效
Ti-11.5Mo-6Zr-4.5Sn	1317	1386	11	固溶+时效
Ti-5Mo-5V-8Cr-3Al(TB2)	<981	—	20	淬火
	1324	—	8	淬火+时效

17.4 镁及镁合金

17.4.1 镁的基本特性

镁的原子序数为12，位于周期表中第3周期第2族。镁的晶体为密排六方结构。纯镁的熔点为650 ℃，沸点为1103 ℃，燃烧热为25 020 kJ/kg，熔化热为368 kJ/kg。镁的其他一些重要物理参数见表17-32。镁在20 ℃时的密度只有1.738 g/cm^3，是常用结构材料中最轻的金属，镁的这一特征与其优良的力学性能相结合成为大多数镁基结构材料应用的基础。镁在20 ℃时的体积热容为1.781 J/(cm^3·K)，在同样条件下铝的体积热容为2.430 J/(cm^3·K)，钛为2.394 J/(cm^3·K)，镍为4.192 J/(cm^3·K)，铁为3.521 J/(cm^3·K)，铜为3.459 J/(cm^3·K)，锌为2.727 J/(cm^3·K)。可见，镁的体积热容比其他所有的金属都低。此外，合金元素对镁的热容的影响也不大，因此镁及其合金的一个重要特性是其加热升温与散热降温都比其他金属快。

表17-32 纯镁的一些物理参数随温度的变化

温度/℃	密度/(g/cm^3)	比热/[J/(kg·K)]	热导率/[W/(m·K)]	热膨胀系数/(10^{-6}/K)	黏度/mPa·s
20	1.738	1025	155	25.0	—
100	1.724	1034	—	29.9	—
200	—	—	—	28.8	—
400	1.692	—	—	32.5	—
600	1.622	1327	—	36.3	—
650(固)	1.610	1360	—	—	—
650(液)	1.580	1322	—	—	1.25

镁在金属中是电化学顺序中的最后一个，因此镁具有很高的化学活泼性。潮湿大气、海水、无机酸及其盐类、有机酸、甲醇等介质均会引起镁剧烈的腐蚀，但镁在干燥的大气、碳酸盐、氟化物、铬酸盐、氢氧化钠溶液、苯、四氯化碳、汽油、煤油及不含水和酸的润滑油中却很稳定。在室温下，镁的表面能与空气中的氧起作用，形成保护性的氧化镁薄膜，但由于氧化镁膜比较脆，而且也不像氧化铝薄膜那样致密，故其耐蚀性很差。

纯镁的力学性能较低，不适宜直接用作结构材料。为了提高纯镁的强度，可以在纯镁中加入合金元素制成镁合金。镁的合金化原理基本与铝的合金化相似，通过加入合金元素，主要可以造成固溶强化、析出强化、晶粒细化强化，以及提高合金的抗蚀性和耐热性等。镁合金中常用的合金元素有铝、锌、锰、锆和稀土元素。

17.4.2 主要的镁合金体系

铝在固态镁中具有较大的固溶度，其极限固溶度为 12.1%(质量分数)，且随温度降低而显著减小，在室温时固溶度为 2.0%左右，因此可以对 Mg-Al 合金进行时效强化。Mg-Al 二元合金状态图见图 17-29a，可见造成其强化的平衡相是 $Mg_{17}Al_{12}$。当铝的质量分数超过 6%时，硬脆的 $Mg_{17}Al_{12}$ 相数量增多，因而会导致合金的强度和塑性显著降低。所以在铸造镁合金中铝的质量分数可达 7%~9%，而在变形镁合金中铝的质量分数一般控制在 3%~5%比较适宜。

锌在镁中的最大固溶度为 6.2%(质量分数)，其固溶度随温度降低而显著减少，故 Mg-Zn 合金也能进行时效强化，其强化相为 MgZn。镁-锌二元合金相图见图 17-29b。当锌的质量分数小于 6%时，随锌含量的增加，不仅合金的强度增加，合金的塑性亦有所改善；但当锌的质量分数超过 6%时，合金的强度和塑性明显降低。所以在镁合金中锌的质量分数一般都控制在 6%以下。与铝相比，锌在镁中的强化效果不如铝，所以 Mg-Zn 二元合金在工业上应用很少。

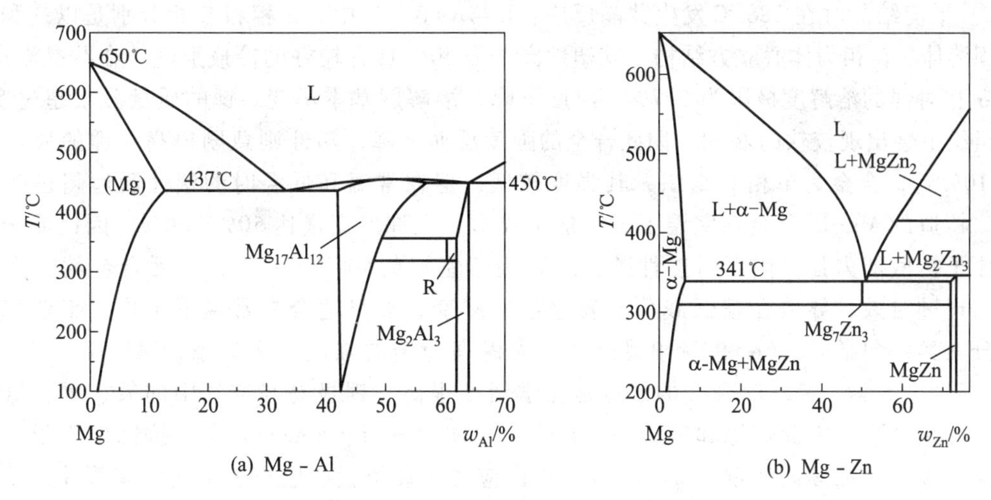

图 17-29 Mg-Al 和 Mg-Zn 二元相图

镁中加入稀土元素(RE)能显著提高镁合金的耐热性，并能细化晶粒，减小显微疏松和热裂倾向，改善铸造性能和焊接性能，且合金一般无应力腐蚀倾向。镁与各种稀土元素的相图都相似，图 17-30 为 Mg-Nd 和 Mg-Y 二元相图。稀土元素在镁中的溶解度随其原子序数增大而增大，而且其溶解度随温度降低而急剧减小。因此对含原子序数较大的稀土镁合金可以作热处理强化，其强化效果及耐热性能的提高按镧、铈、镨、钕等顺序递增。

在镁中加入锰对力学性能影响不大，但降低塑性。在镁合金中加入质量分数为 1%~2.5%锰的主要目的是提高合金的抗应力腐蚀倾向，从而提高耐蚀性能和改善焊接性能。Mg-Mn 二元相图见图 17-31，可见，锰在镁中的最大溶解度为 2.46%，并随温度降低而急剧减小。单从这点看，似乎具有时效强化能力，但由于强化相 α-Mn 基本是纯锰，其时效强化作用很有限，故 Mg-Mn 二元合金不能进行热处理强化。锰可略提高合金的熔点，故锰对提高镁合金的耐热性有好处。

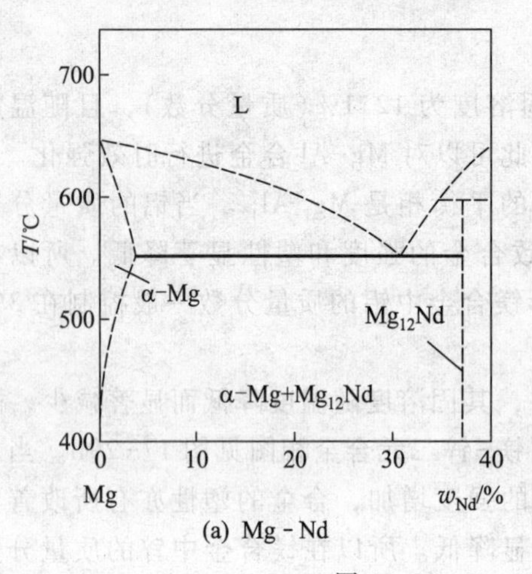

(a) Mg - Nd

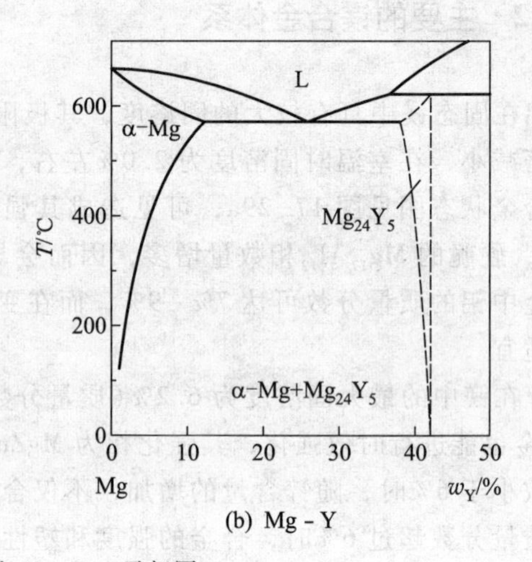

(b) Mg - Y

图 17-30 Mg-Nd 和 Mg-Y 二元相图

锂的密度只有 0.53 g/cm³，Mg-Li 合金系被称为超轻镁合金。Mg-Li 合金属共晶系，见图 17-32。平衡结晶时在 588 ℃发生共晶反应：L →α+β。其中，α 相和 β 相分别是以镁和锂为基的固溶体，β 相为体心立方结构，其塑性高于 α 相，具有较好的冷成形性。在共晶温度下，镁基 α 相对锂的溶解度极限为 5.7%，温度下降，溶解度基本不变。锂的质量分数超过 5.7% 后，组织中会出现较软的 β 相，因此合金的强度反而下降，塑性则急剧提高。锂的质量分数大于 10%后，合金为单相 β 组织，其强度较低，但在常温和低温时的塑性远远超过普通镁合金，铸造的 Mg-Li 合金在室温下就可加工成形，允许形变量达 50%~60%。因锂原子尺寸小，原子扩散能力强，因而耐热性差，在稍高于室温的50~70 ℃下，二元合金就变得不稳定并出现过时效，导致在较低载荷下发生过度蠕变，故只适合在常温下工作。工业 Mg-Li 合金分三类，包括 α、(α+β)和β型合金。为提高合金的强度，还需添加 Al、Zn、Mn、Cd 和 Ce 等合金元素。Mg-Li 合金的缺点是化学活性很高，锂极易与空气中的氧、氢、氮结合成稳定的化合物，因此熔炼和铸造必须在惰性气体中进行；Mg-Li合金的抗蚀性低于一般的镁合金，应力腐蚀倾向严重。Mg-Li 合金现已应用在装甲板、航空和宇航的零部件上。

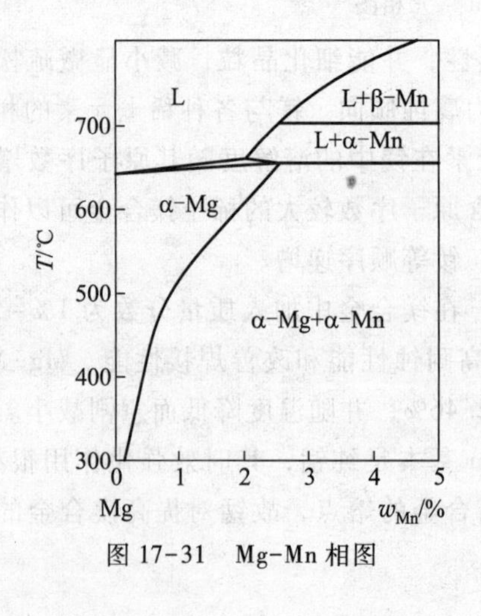

图 17-31 Mg-Mn 相图

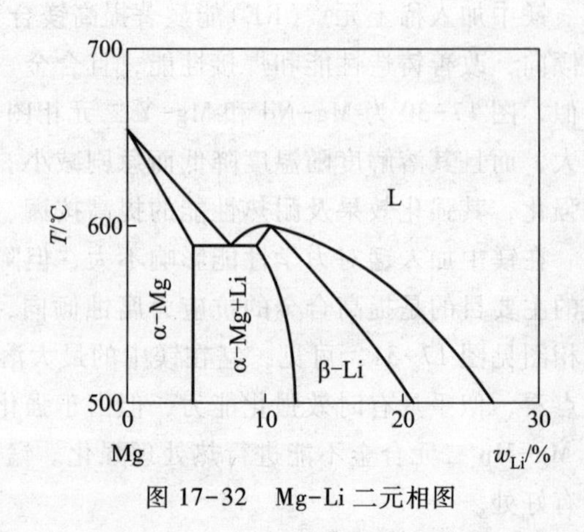

图 17-32 Mg-Li 二元相图

17.4.3　镁基工程材料

镁没有同素异构转变，因此镁合金的热处理强化手段与铝合金一样，亦是通过**淬火**和**时效处理**实现。

镁合金的主要热处理工艺方法有四种，即铸造或锻造后直接作人工时效、退火、淬火不时效、淬火加人工时效等处理。

在对镁合金作热处理时应特别注意其如下特点。镁合金的组织一般都比较粗大，而且组织达不到平衡状态。合金处于不平衡状态的熔点要比平衡状态低，因此，镁合金的淬火加热温度比较低。另外，镁合金的塑性较低，合金元素在镁中的扩散速度非常低，过剩相的溶解亦比较缓慢，所以镁合金淬火加热的保温时间比铝合金长得多，特别是含铝量较高的合金，保温时间长达十几个小时。铸造镁合金的淬火加热保温时间比变形镁合金长，铸造镁合金中易出现不平衡共晶组织。因扩散速度低，镁合金宜采用人工时效而不是自然时效。镁的化学活性高，高温下易氧化或燃烧，在高温的硝盐浴中会发生剧烈的化学反应而引起爆炸。一般在箱式炉内加入黄铁矿(FeS)，以产生二氧化硫气体作为保护气体。由于二氧化硫气体有毒，故加热设备应加以密封。

镁合金和铝合金一样，可分为**铸造镁合金**和**变形镁合金**两大类。根据国家标准GB/T 5153-2003和GB/T 19078-2003，纯镁牌号以Mg加数字表示，Mg后面的数字表示Mg的质量分数($w/\%$)。镁合金牌号以英文字母加数字再加英文字母表示。前面的英文字母是其最主要合金组成元素代号，每个英文字母所代表的元素如表17-33所示。前面英文字母之后的数字表示其最主要合金元素的大致含量。最后面的英文字母为标识代号，用以标识具体组成有所差异或元素含量有微小差别的不同合金。例如牌号为AZ80M的镁合金，其中A表示含量最高的合金元素为Al，Z表示含量次高的合金元素为Zn，8表示Al的质量分数约8%，0表示Zn的质量分数小于1%，M为标识代号。再如牌号为ZK61S的镁合金，其中Z表示含量最高的合金元素为Zn，K表示含量次高的合金元素为Zr，6表示Zn的质量分数约6%，1表示Zr的质量分数约1%，S为标识代号。

表17-33　ASTM标准中镁合金中合金元素代号

代号	英文名称	中文名称	代号	英文名称	中文名称	代号	英文名称	中文名称
A	Al	铝	K	Zr	锆	S	Si	硅
B	Bi	铋	L	Li	锂	T	Sn	锡
C	Cu	铜	M	Mn	锰	W	Y	钇
D	Cd	镉	N	Ni	镍	Y	Sb	锑
E	RE	稀土	P	Pb	铅	Z	Zn	锌
F	Fe	铁	Q	Ag	银			
H	Th	钍	R	Cr	铬			

17.4.3.1 工业纯镁

镁的弹性模量很低，纯镁单晶体的临界切应力只有 4.8~4.9 MPa，因此纯镁多晶体的强度和硬度也很低，不能直接用作结构材料。表 17-34 是**工业纯镁**的牌号与成分，表 17-35 是纯镁的主要力学性能，其主要用途是配制镁合金及其他合金。

表 17-34 工业纯镁的牌号与化学成分(*w*/%)

牌号	Mg	Al	Mn	Si	Fe	Ni	Ti	其他单个	其他总计
Mg99.95	≥99.95	≤0.01	≤0.004	≤0.005	≤0.003	≤0.001	≤0.01	≤0.005	≤0.05
Mg99.50	≥99.50	—	—	—	—	—	—	—	≤0.5
Mg99.00	≥99.00	—	—	—	—	—	—	—	≤0.1

表 17-35 工业纯镁的力学性能

加工状态	抗拉强度 R_m/MPa	屈服强度 /MPa	弹性模量 *E*/GPa	伸长率 *A*/%	断面收缩率 *Z*/%	硬度/HB
铸态	115	25	45	8	9	30
变形状态	200	90	45	11.5	12.5	36

17.4.3.2 镁基合金及其加工处理工艺

目前常用的镁合金有 Mg-Mn 系、Mg-Al-Zn 系、Mg-Zn-Zr 系和加稀土的耐热镁合金系。表 17-36 给出了部分镁合金牌号及其成分，表 17-37 列举了部分铸造镁合金的加工工艺参数。

表 17-36 常见镁合金牌号举例及其主要成分(*w*/%)

系列	牌号	Al	Zn	Mn	Zr	RE
Mg-Mn	M2M	≤0.20	≤0.30	1.30~2.50	—	—
	ME20M	≤0.20	≤0.30	1.30~2.20	—	0.15~0.35 Ce
Mg-Al-Zn	AZ40M	3.0~4.0	0.2~0.8	0.15~0.50	—	—
	AZ41M	3.7~4.7	0.8~1.4	0.30~0.60	—	—
	AZ61M	5.5~7.0	0.5~1.5	0.15~0.50	—	—
	AZ62M	5.0~7.0	2.0~3.0	0.20~0.50	—	—
	AZ80M	7.8~9.2	0.2~0.8	0.15~0.50	—	—
Mg-Zn-Zr	ZK61M	≤0.05	5.0~6.0	≤0.10	0.30~0.90	—
	ZK61S	—	4.8~6.2	—	0.45~0.80	—

续表

系列	牌号	Al	Zn	Mn	Zr	RE
Mg-Zn-RE-Zr	ZE41A	—	3.7~4.8	≤0.15	0.3~1.0	1.0~1.75
	EZ33A	—	2.0~3.0	≤0.15	0.3~1.0	2.6~3.90
	EK30A	—	0.2~0.7	—	0.4~1.0	2.4~4.40
Mg-Al-Mn	AM80	7.5~9.0	0.15~0.5	0.2~0.8	—	—

Mg-Al-Zn 系合金是应用最早、使用最广的一类镁合金。与 Mg-Mn 系合金比较，其主要特点是强度高，可以热处理强化，并具有良好的铸造性能。但抗蚀性不如 Mg-Mn 系合金好，屈服强度和耐热性较低，而且用作铸造合金时，铸造的壁厚对性能影响较大。在Mg-Al-Zn系合金中常用的有 AZ40M 和 AZ41M 变形合金，其化学成分与热处理工艺见表17-36和表 17-38。

镁是具有高 c/a(1.6237)轴比的密排六方结构，其 c/a 轴比远高于同为密排六方结构的钛(1.587)。在室温下可以提供的独立位错滑移系很少，以{0001}基面滑移为主，通常不足以实现任意给定的应变量，因此镁合金的室温塑性很差。室温变形时，基面滑移能力会很快被耗尽，进而只有借助开动机械孪生来继续维持塑性变形，并因此很容易导致变形合金的断裂。图 17-33 给出了 Mg-Al-Zn 系 AZ31 镁合金退火态(a)及加热到 100 ℃经 8%压缩变形后(b、c)的微观组织，可以观察到即使在升高的变形温度下也出现了大量机械孪生开动的痕迹，突出显示了镁合金塑性变形能力的局限性。

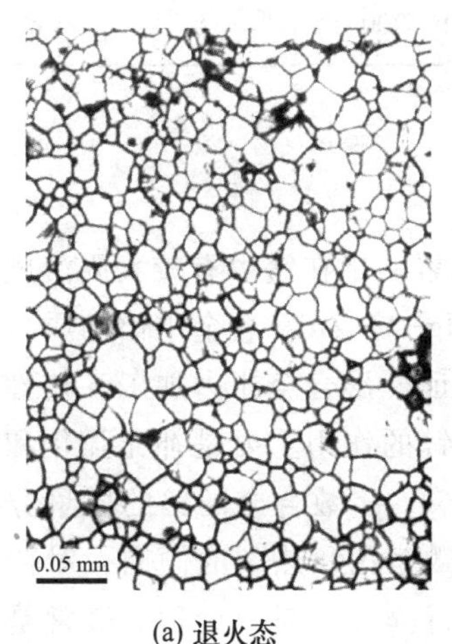

(a) 退火态

(b) 8%压缩变形引起的机械孪晶组织

(c) 孪晶结构的扫描电镜观察

图 17-33 Mg-Al-Zn 系 AZ31 镁合金 100 ℃轧制变形前后的微观组织

目前常用的镁合金有 Mg-Mn 系、Mg-Al-Zn 系、Mg-Zn-Zr 系和加稀土的耐热镁合金系。表 17-37 给出了部分铸造镁合金的加工工艺参数。

表 17-37 铸造镁合金的加工工艺参数举例

合金牌号	铸造温度/℃	淬火工艺			退火或时效(或退火)工艺		
		加热温度/℃	保温时间/h	冷却介质	加热温度/℃	保温时间/h	冷却介质
ZK61S	750~820	—	—	—	300~350	4~6	空气
		500±5	2~3	空气	150±5	24	空气
EK30A	730~760	退火	—	—	—	300~350	24
		淬火+人工时效	—	—	空气	200±5	16
AM80	690~800	—	—	—	340~360	2~3	空气
		分级加热① 360±5 420±5	3 13~21	— 空气	—	—	—
		一次加热② 415±5	8~16	空气	—	—	—
		分级加热① 360±5 420±5	3 13~21	— 空气	1) 175±5 2) 200±5	16 8	空气 空气
		一次加热② 415±5	8~16	空气	1) 175±5 2) 200±5	16 8	空气 空气

注：① 分级加热淬火适用于厚度大于 12 mm 的铸件。

② 一次加热淬火适用于厚度不大于 12 mm 的铸件或金属型铸造的铸件。

Mg-Al-Zn 系合金中铝是主要合金元素，锌和锰是辅助元素。铝在镁中有较大固溶度，能起显著的固溶强化作用，提高合金的强度和屈服极限。铸造 Mg-Al-Zn 系合金中铝的质量分数在 7%~9%之间时，具有较好的铸造性能和力学性能。为了保证变形合金压力加工工艺性，其铝的质量分数为 3%~5%较适宜。在 Mg-Al-Zn 系合金中加入锌的作用主要是补充强化和改善合金的塑性。Mg-Al-Zn 系合金中锌的质量分数一般都小于 2%，多数合金的锌的质量分数为 1%。当锌含量过高时，合金的流动性降低，增加铸件形成显微缩孔和热裂的倾向，对铸造性能十分不利。铝含量较低的 AZ40M、AZ41M 变形镁合金不进行淬火加时效处理，通常是在冷加工或退火状态下使用。AZ40M 和 AZ41M 合金的退火工艺参数见表 17-38。Mg-Al-Zn 系合金人工时效与铝合金不同，例如 $w_{Al}=10\%$，$w_{Zn}=0.8\%$，$w_{Mn}=0.4\%$ 的镁合金在人工时效后，强化相首先沿 α 固溶体晶界析出，并随时效温度的提高逐渐在整个固溶体晶粒析出。镁合金人工时效后，抗拉强度提高很少，但屈服极限有较明显的提高，而塑性显著降低。Mg-Al-Zn 系变形镁合金 AZ40M 和 AZ41M 具有优良的热塑性变形能力和抗应力腐蚀性能，以及适中的焊接性，主要用于生产形状复杂的锻件和热挤压棒材。

Mg-Mn 系合金中常用的变形镁合金有 M2M 和 ME20M，其化学成分及热处理工艺参数列于表 17-36 和表 17-38 中。

表 17-38 变形镁合金热处理工艺参数

<table>
<tr><th rowspan="2">合金牌号</th><th colspan="3">均匀化退火</th><th colspan="3">退火</th><th colspan="3">淬火</th><th colspan="3">时效</th></tr>
<tr><th>加热温度/℃</th><th>保温时间/h</th><th>冷却方式</th><th>加热温度/℃</th><th>保温时间/h</th><th>冷却方式</th><th>加热温度/℃</th><th>保温时间/h</th><th>冷却方式</th><th>加热温度/℃</th><th>保温时间/h</th><th>冷却方式</th></tr>
<tr><td>M2M</td><td>410~425</td><td>12</td><td>空冷</td><td>320~350</td><td>0.5</td><td>空冷</td><td>—</td><td>—</td><td>—</td><td>—</td><td>—</td><td>—</td></tr>
<tr><td>ME20M</td><td>410~425</td><td>12</td><td>空冷</td><td>250~350</td><td>1.0</td><td>空冷</td><td>—</td><td>—</td><td>—</td><td>—</td><td>—</td><td>—</td></tr>
<tr><td>AZ40M</td><td>390~410</td><td>10</td><td>空冷</td><td>280~350</td><td>3.5~5.0</td><td>空冷</td><td>—</td><td>—</td><td>—</td><td>—</td><td>—</td><td>—</td></tr>
<tr><td>AZ41M</td><td>380~420</td><td>6~8</td><td>空冷</td><td>250~280</td><td>0.5</td><td>空冷</td><td>—</td><td>—</td><td>—</td><td>—</td><td>—</td><td>—</td></tr>
<tr><td>AZ61M</td><td>390~405</td><td>10</td><td>空冷</td><td>320~350</td><td>0.5~4.0</td><td>空冷</td><td>—</td><td>—</td><td>—</td><td>—</td><td>—</td><td>—</td></tr>
<tr><td>AZ62M</td><td>—</td><td>—</td><td>—</td><td>320~360</td><td>4.0~6.0</td><td>空冷</td><td>分级加热
1）335±5
2）380±5</td><td>2~3
4~10</td><td>热水</td><td>—</td><td>—</td><td>—</td></tr>
<tr><td rowspan="3">AZ80M</td><td rowspan="3">390</td><td rowspan="3">10</td><td rowspan="3">空冷</td><td rowspan="3">350~380</td><td rowspan="3">3.0~6.0</td><td rowspan="3">空冷</td><td>410~425</td><td>2~6</td><td>空冷或热水</td><td>175~180</td><td>8~16</td><td>空冷</td></tr>
<tr><td>410~425
热加工</td><td>2~6</td><td>空冷或热水</td><td>—</td><td>—</td><td>—</td></tr>
<tr><td>300~400</td><td>—</td><td>空冷</td><td>175~200</td><td>8~16</td><td>空冷</td></tr>
<tr><td>ZK61M</td><td>360~390</td><td>10</td><td>空冷</td><td>—</td><td>—</td><td>—</td><td>热加工
340~420
505~515</td><td>24</td><td>空冷
空冷</td><td>170~180
160~170</td><td>10~24
24</td><td>空冷
空冷</td></tr>
</table>

注：表中合金牌号成分见表 17-36。

17.4.3.3 镁基合金的性能及用途

与钢铁、铝合金、工程塑料等相比，镁表现出轻质、高阻尼性、抗振、高导热性、抗电磁干扰、高电负性和易于回收的性能优势，因此使镁合金在交通工具、微电子和电子信息产品领域受到越来越多的关注。

镁合金广泛用于手提工具、体育器材、交通工具。许多新车型采用了镁合金轮毂；新型摩托车的引擎外壳等部件采用大量镁合金后，全车净重仅 210 kg，一些镁合金摩托车在曲轴箱体、箱盖和轮毂上用约 12 kg 镁合金后可减重 6 kg。由于镁合金的减振特性，可用于制作手电锯、风动工具、汽车变速箱、离合器外壳和转向盘骨架。镁合金因其导热、无磁、易于回收而用于微电子和电子信息产品，可用于制作电子、电脑和通信工具的可携式壳体材料，如用镁合金制作手提式摄录机壳及笔记本电脑外壳等。

高品质阳极材料是阴极保护技术的关键。镁合金因高的电负性可用作阳极材料，主要用于电阻率较高的土壤或淡水，如埋地钢管及其他钢铁构筑件的防腐保护。另外，也可用于石油、化工、天然气、煤气的管道和储罐，海洋钻井平台，热水器等方面的腐蚀防护，如海洋石油的钻井平台防腐用的大块镁阳极重 5 吨，其使用量每年正以 20%的速度增长。镁合金的阻尼特性被用于航空航天、国防等尖端领域，如鱼雷、战斗机和导弹等的减振部位等。表 17-39 列出了各种镁合金的力学性能及大致用途。表 17-40 给出了温度对力学性能的影响。

表 17-39 镁合金的力学性能及用途举例

合金类别	合金牌号	材料产品及状态	厚度或直径/mm	力学性能(不小于)			用途举例
				R_m/MPa	$R_{p0.2}$/MPa	A/%	
铸造镁合金	ZK61S	人工时效	—	240	—	5.0	要求抗拉强度、屈服强度高且抗冲击的零件，如飞机轮毂、轮缘、隔框、支架
		淬火+时效		260		6.0	
	EK30A	—	—	120	—	1.5	在高温下工作和要求气密性好的零件，如发动机增压机匣、压缩机匣、扩散器壳体及进气管道
		退火		100		1.5	
	AM80	—	—	150	—	2.0	飞机、发动机、仪表和其他结构中要求高载荷的零件，如机舱连接隔框、舱内隔框、电机壳体、轮毂、轮缘、增压机匣
		淬火	—	230	—	5.0	
		淬火+时效	—	240	—	2.0	
变形镁合金	M2M	冷轧板材退火	0.8~3.0	190	110	—	板材的焊接件和模锻件，汽油和润滑油系统附件，形状简单、承力不大的耐性零件
			3.5~5.0	180	100	—	
			6.0~10.0	170	90	—	
		热轧板材	12~32	210	100	—	
		热轧棒材	≤130	180	—	δ_5，2	
	AZ40M	冷轧板材退火	0.8~3.0	240	130	—	形状复杂的锻件和模锻件
			3.5~10.0	230	120	—	
		热轧板材	12~32	230	140	—	
		热轧棒材	≤130	260	—	δ_5，2	
	AZ41M	冷轧板材退火(M)	3.5~5.0	240	140	—	飞机构件
			6.0~10.0	240	140	—	
		热轧板材	22~30	250	140	—	
		热挤压板材		260	—	9.0	
	ME20M	冷轧板材退火	0.8~3.0	230	1120	—	板材可制飞机蒙皮、壁板及内部零件，型材和管材可用于制造汽油和润滑油系统的耐蚀零件
			3.5~5.0	220	100	—	
			6~10.0	220	100	—	
		冷轧板材 50%硬化	0.8~3.0	250	160	—	
			3.5~5.0	250	140	—	
		热轧板材	34~70	200	90	—	
		热轧棒材	≤130	220	—	—	
		热挤压管材	—	230	—	8.0	
		热挤压型材	—	230	—	10.0	
	ZK61M	热轧棒材人工时效	≤100	320	250	δ_5，6	室温下承受大载荷的零件，如机翼长珩、翼肋等，使用温度不超过 150 ℃
		热挤压型材	—	320	250	7	

表 17-40 ME20M 和 M2M 合金在不同温度下的力学性能比较

合金牌号	抗拉强度 R_m/MPa					$R_{p0.2}$/MPa	蠕变强度(100 h,A=0.2%)/MPa
	20 ℃	100 ℃	150 ℃	200 ℃	250 ℃	20 ℃	150 ℃
ME20M	250	200	160	140	120	170	40
M2M	210	180	130	80	60	100	45

Mg-Al-Zn 系铸造镁合金的铝含量较高，如 AM80，其热处理强化效果较显著，故通常在热处理状态下使用。AM80 合金强化热处理工艺分两种。一是淬火处理，其目的是提高合金的强度和塑性；二是淬火加人工时效处理，目的也是提高合金的力学性能，与第一种仅进行淬火处理相比较，在强度基本相同的情况下，第二种热处理方式下屈服极限和硬度比较高。在生产条件下，AM80 合金铸态组织中有不平衡的共晶组织存在，通常厚度大于 12 mm 的零件需要采用分段加热淬火法。其热处理工艺参数见表 17-37。Mg-Al-Zn 系铸造镁合金 AM80 具有较好的铸造性能和较高的力学性能，是目前广泛使用的一种铸造镁合金，主要用作形态复杂的大型铸件和受力较大的飞机及发动机零件。

17.4.3.4 新型工业镁合金

Mg-Zn-Zr 系合金是近期发展起来的**高强度镁合金**。它与 Mg-Al-Zn 系合金相比，形成显微疏松的倾向很小，铸造性能较好，屈服强度比较高，而且热塑性变形能力比较大，故Mg-Zn-Zr 系合金可以用作高强度铸造合金和形变合金。常用的 Mg-Zn-Zr 系铸造合金有 ZK61S 和变形合金 ZK61M 等，其化学成分、热处理工艺与力学性能参见表 17-36、表 17-38 与表 17-39。Mg-Zn-Zr 系合金中的主要合金元素是锌和锆。锌的主要作用是固溶强化及通过热处理提高合金的屈服强度，其锌的质量分数以 6%左右为宜。锆的主要作用是细化合金组织，提高强度和屈服极限，改善合金的塑性和抗蚀性，并能提高合金的耐热性。当锆在 Mg-Zn 合金中的质量分数为 0.5%～0.8%时，细化晶粒的效果最佳。Mg-Zn-Zr 系合金具有较高的热处理强化效果，所以该合金均在热处理条件下使用。ZK61M 合金的热处理是在热加工后直接进行人工时效处理。铸造合金 ZK61S 的热处理是在铸造后进行人工时效处理，其热处理工艺参数见表 17-39。

随着喷气技术和宇航以及火箭导弹工业的发展，对镁合金提出了高耐热、高强度、高耐蚀性以及优良的工艺性要求。近年来，国内外开发了新的**耐热高强镁合金**，如镁-稀土系和镁-钍系合金，其中含钍的镁合金在 300 ℃下的蠕变极限超过所有镁合金。

EK30A 是 Mg-RE(Ce)合金，虽有优良的耐热性，但其室温强度很低。为提高室温强度，加入少量的锆和锌。EK30A 合金具有良好的铸造性能，热裂倾向小，无显微疏松，气密性高，而且可以焊接，但室温性能仍然不高。EK30A 合金一般只在铸态或退火态下使用，退火的目的是消除铸造应力，稳定铸件组织和尺寸，对性能影响不大。EK30A 合金主要用于制作在 250 ℃以下工作的高气密性零件，如发动机增压机匣、压缩机匣及扩散器壳体等。

另有一种化学成分为 $w_{Nd}=2.0\%\sim3.0\%$、$w_{Zr}=0.4\%\sim1.0\%$的 EK30 系列高强耐热铸造镁合金。钕在镁中的固溶度比铈大，因此具有较大的热处理强化效果。其热处理工艺为在 525±5 ℃加热，保温 12 h 后空冷，然后在 200 ℃人工时效 16 h。与 EK30A 合金相比，EK30(Nd)合金具有较高的室温力学性能(表 17-41,表 17-42),可以制造在 250 ℃以下长期工作的零件。表 17-42 列出了 EK30(Nd)合金经淬火加人工时效热处理后的力学性能与温度的关系。

表 17-41 EK30(Nd)合金的室温力学性能

热处理状态	力学性能				
	R_m/MPa	$R_{p0.2}$/MPa	a_k/(J/cm^2)	A/%	HB
淬火+人工时效	250	160	3.2	4.0	65.0

表 17-42 EK30(Nd)合金经淬火加人工时效热处理后的力学性能与温度的关系

力学性能	温度/℃				
	100	150	200	250	300
R_m/MPa	224	213	206	169	116
$R_{p0.2}$/MPa	143	141	137	131	81
蠕变强度(100 h)R_m/MPa	—	—	110	60	—
蠕变强度(100 h,A=0.2%)$R_{p0.2}$/MPa	—	—	—	25	—

总 结

有色金属与合金是钢铁以外的金属材料(即非铁基金属材料)。本章以工程上常用的有色金属材料为内容,较系统地介绍了广泛使用的铝及铝合金、铜及铜合金、钛及钛合金、镁及镁合金等常规有色金属材料的基本特性、合金化原理、合金体系的构成、组织结构特点、制备加工和处理过程、工程性能特点、服役和应用的范围等。其中铝及铝合金的产销量占第一位,铜及铜合金占第二位。钛合金是十分重要的轻型高性能工程材料,主要用于航空航天、汽车、体育器械等领域。镁合金则是近些年来发展迅速、具有巨大应用潜力的重要工程材料。本章各节还参照不同有色金属材料的实际情况具体介绍了各合金体系的分类方式、化学成分范围、加工处理原理和工艺参数以及可实现的力学性能,并适当介绍了新型有色金属结构材料的一些发展情况。

重要术语

有色金属(non-ferrous metal)　　比强度(specific strength)

GP[Ⅰ]区(Guinier-Preston zone Ⅰ, GP zone Ⅰ)
GP[Ⅱ]区(Guinier-Preston zone Ⅱ, GP zone Ⅱ)
过时效(overaging)
工业纯铝(commercial purity aluminum)
铸造铝合金(cast aluminum alloy)
变形铝合金(wrought aluminum alloy)
热处理不可强化铝合金(heat treatment non-hardenable aluminum alloy)
热处理可强化铝合金(heat treatment hardenable aluminum alloy)
包覆铝(wrapping aluminum, protection aluminum)
防锈铝(antirust aluminum, corrosion resisting aluminum)
硬铝(hard aluminum)
锻铝(forging aluminum)
超硬铝(superduralumin)
特殊铝(special aluminum)
工业纯铜(commercial purity copper)
紫铜(red copper)
无氧铜(oxygen free copper)
含氧铜(oxygen bearing copper)
韧铜(annealed copper)
低磷脱氧铜(deoxidized low-phosphorous copper)
铸造铜合金(cast copper alloy)
变形铜合金(wrought copper alloy)
高铜合金(high copper alloys)
黄铜(brass)
锡青铜(tin bronze)
铝青铜(aluminum bronze)
白铜(cupronickel)
铍青铜(beryllium bronze)
硅青铜(silicon bronze)
铅青铜(lead bronze)
简单黄铜(single brass)
复杂黄铜(complex brass)
特殊黄铜(special brass)
铅黄铜(lead brass)
铁黄铜(iron brass)
铝黄铜(aluminum brass)
镍黄铜(nickel brass)
硅黄铜(silicon brass)
锡黄铜(tin brass)
青铜(bronze)
变形青铜(wrought bronze)
铸造青铜(cast bronze)
织构强化(texture hardening, texture strengthening)
钛合金(titanium alloy)
工业纯钛(commercial purity titanium)
β钛合金(β titanium alloy)
镁合金(magnesium alloy)
工业纯镁(commercial purity magnesium)
铸造镁合金(cast magnesium alloy)
变形镁合金(wrought magnesium alloy)
高强度镁合金(high strength magnesium alloy)
耐热高强镁合金(high strength heat resistant magnesium alloy)

练习与思考

17-1 阐述提高铝合金强度的主要途径及相关原理，并分析在较高温度下提高铝合金的强度的方法。

17-2 阐述影响铜合金电导率的物理冶金因素、相关原理及提高电导率的基本原则。

17-3 试分析钛合金相变强化和弥散强化对强度贡献的差异及其对力学性能的综合影响。

17-4 提高镁合金塑性的技术手段和相关原理。

17-5 思考：与钢铁材料相比，试分析和讨论有色金属材料的主要优势和性能特点。并讨论：有色金属材料有哪些钢铁材料不能取代的应用范围？

17-6 思考：有色金属材料主要的合金化原理是什么？

17-7 思考：有色金属材料热处理的主要目的和手段是什么？常用的有哪些种类的热处理工艺？主要涉及哪些类型的固态相变？

参考文献

[1] 毛卫民. 工程材料学原理. 北京：高等教育出版社，2009.
[2] 蒙多尔福 LF. 铝合金的组织与性能. 王祝堂，译. 北京：冶金工业出版社，1988.
[3] 王祝堂，田荣璋. 铝合金及其加工手册. 2版. 长沙：中南工业大学出版社，2000.
[4] 史美堂. 金属材料及热处理. 上海：上海科学技术出版社，1980.
[5] 钟笃诚. 有色金属加工. 北京：冶金工业出版社，1989.
[6] 赵祖德. 铜合金及铜合金材料手册. 北京：科学出版社，1993.
[7] 唐仁政，田荣璋. 二元合金相图及中间相晶体结构. 长沙：中南大学出版社，2009.
[8] 布鲁克斯 CR. 有色合金的热处理、组织与性能. 丁夫，译. 北京：冶金工业出版社，1988.
[9] 长崎诚三，平林真. 二元合金状态图集. 刘安生，译. 北京：冶金工业出版社，2004.
[10] 郑明新. 工程材料. 2版. 北京：清华大学出版社，1991.
[11] 草道英武. 金属钛及其应用. 程敏，译. 北京：冶金工业出版社，1989.
[12] 周芝骏，宁崇德. 钛的性质及其应用. 北京：高等教育出版社，1993.
[13] 崔崑. 钢铁材料及有色金属材料. 北京：机械工业出版社，1981.
[14] 刘正，张奎，曾小勤. 镁基轻质合金理论基础及其应用. 北京：机械工业出版社，2002.
[15] 张津，章宗和. 镁及镁合金应用. 北京：化学工业出版社，2004.
[16] 陈振华. 变形镁合金. 北京：化学工业出版社，2005.
[17] 杨平，任学平，赵祖德. AZ31镁合金热成形及退火过程的组织与织构. 材料热处理学报，2003，24(4)：12-17.

18 金属功能材料

按照材料及其制品在应用中的主要作用，可以将其划分为结构材料和功能材料。前文各章已介绍的结构材料均以材料或构件的刚度、强度、韧性、硬度、耐磨性等力学性能为主要特征。功能材料则是具有特殊的物理性能、化学性能或生物医学性能的材料，主要发挥其物理、化学等特殊功能。

金属功能材料是指具有上述特殊功能的金属材料，主要是在电性、磁性、膨胀、弹性性能等方面具有特殊性的金属合金材料，习惯上称其为精密合金。功能材料广泛应用于日常生活、工农业生产、国防、科技等各个领域中，不可或缺，其使用密切关系到一个国家的科技、军事、生产乃至生活的水平。其特点是：材料的单件产品用量少、总量小、生产规模小、产品规格多、种类十分繁多、附加值高、经济和社会效益高、发展迅速、更新换代快。

本章主要介绍电性合金，磁性合金，膨胀、弹性与减振合金，形状记忆合金，生物医用合金和储氢合金等。并将根据需要，简单介绍相关的材料特性及其与材料的结构、组织及缺陷之间的关系。

18.1 电性合金

电性合金是指具有独特电学性能的金属材料。一般包括电阻特性随着温度变化呈现特殊性的精密电阻合金、用作通电加热元件的电热合金、利用热电效应测温的热电偶合金以及利用电接触时导电特性的电触头合金等，工程上用量最大的电性合金则是导电金属。

18.1.1 金属材料导电性的影响因素

电性合金的基本性能是其导电性。理论与大量试验证明：导电性取决于金属自身的特性，同时还对金属的微观组织结构高度敏感。

金属及合金的导电性机理是自由电子响应电场作用发生定向移动。自由电子与失去自由电子后带正电的离子实之间存在静电交互作用。一价金属中离子实与自由电子的交互作用最弱，从而对于其传导运动影响最小，故此一价纯金属显示最强的导电性。

金属及合金通常都是晶态的。其中，离子实形成长程有序的周期性静电势场，或称晶格场。因为晶体结构的不完整性(如各种缺陷)，静电势场的周期性会局部被破坏，晶格场中的非周期点构成自由电子定向移动的障碍点，或者称为散射中心。这样的非周期点密度增大时，相邻点之间的距离减小，由此导致自由电子在金属中的自由程缩短，使合金导电性减弱。

晶态金属及合金中，破坏静电势场周期性的因素可以分为两种方式。第一种是通过改变局部离子实的正电荷大小来改变局部静电势场强度，破坏其原有的周期性。在金属及合金中，所有与基体原子化合价不同的异价原子都因此破坏周期势场，从而降低合金的导电性。第二种方式是使离子实偏离其理想的晶格位置，造成晶格场几何位置的周期性遭受破坏。比如，合金晶体中的各种晶体缺陷——空位、与基体金属原子或者其间隙尺寸存在尺寸失配的代位及间隙固溶原子、位错、晶界与相界、第二相粒子等，都导致金属的导电性减弱。

另外，固体金属中原子的热振动会因为相邻原子之间的结合力在晶体中传播并形成晶格振动波，或者从波粒二象性角度称其为声子，这种晶格振动可以简单地理解为离子实或者原子偏离了其理想的平衡位置。如果自由电子运动时恰好经过偏离平衡位置的离子实周围，其定向运动同样会受到干扰。故此，声子也同样是自由电子导电运动的障碍点。温度升高，晶格热振动加剧，声子密度提高，金属及合金的导电性降低。

一般情况下，从上述自由电子与离子实之间的静电交互作用出发，可以圆满地解释金属及合金导电性的变化。此外，某些情况下还需要考虑自由电子的自旋运动与金属及合金中离子实的电子自旋之间的相互作用。

20世纪初，在Hg中首先发现了超导现象，随后又研制开发出具有实用性的超导合金。到20世纪中叶建立了超导理论：在某些金属及合金中，通过传导电子与离子实之间的交互作用形成电子对，当温度低于某个临界值时，这些电子对的交互作用形成一种有序的超导态。这些彼此互相关联地运动的电子对，能够克服正常态金属中阻碍自由电子运动的静电势场的非周期性因素的干扰，从而显示异常高的导电性。

18.1.2 常用导电材料

今天，电能在人类消耗的能源中占据首位，它需要依靠导线来传输。同时，在电子技术和微电子电路中电信号的传送也是必需的，为此需要具有优异导电性能的材料。目前为止，导电几乎全部依赖金属和合金材料。此外，人们期待着超导材料在导电方面发挥作用。

18.1.2.1 导电金属及合金

纯金属中，室温下导电性最好的是Ag，Cu、Au稍差，接下来就是Al。受到资源限制，Ag和Au难以广泛使用，而Cu、Al及其合金的应用最广泛。Fe及其合金是工程上用量最大的金属材料，但是其室温电阻率高，并不适合用作导电金属。表18-1中给出了相关的对比数据。

表 18-1 金属在 20 ℃下的电阻率及其他特性

金属	Ag	Cu	Au	Al	Fe	Mn
电阻率/(μΩ · cm)	1.59	1.69	2.32	2.65	9.78	147
密度/(g/cm^3)	10.5	8.96	19.3	2.70	7.86	7.45
抗拉强度/MPa	160~180	200~240	—	70~120	250~330	—
电阻率温度系数/($\times10^{-3}K^{-1}$)	3.80	3.93	—	4.23	5.0	—

导电金属的共性要求是尽量好的导电性，也就是电阻率低。如果导线承受载荷不高，只需要考虑其导电性即可。大规模集成电路、印刷电路，各种焊接电路(电子电路)中的连接导线等，以及建筑物的室内导线、城市内的电缆线(电力工业)等，均属于这种情况，此时纯金属为最好选择。

普遍使用的纯铝导线材料是工业纯铝中纯度最高的两种，工业产品牌号为 L1、L2，纯度要求分别达到 99.7%和 99.6%(总质量分数)，主要杂质是 Fe 和 Si，其质量分数之和分别不超过 0.26%和 0.36%，此外还有不超过 0.01%的 Cu(质量分数)。这些杂质源自 Al 的冶金过程，去除它们可得到高纯铝。不过，提纯会大幅度提高材料价格，故此，工业导线并不使用高纯铝。

普遍应用的铜导线材料是纯铜(紫铜)，退火态的软铜用于电力和通信电缆及卷线。铜的熔点、强度都显著高于铝，因此，可应用于强度要求较高的场合。比如，在大规模集成电路中，随着元件特征尺寸降低到深亚微米和纳米级，脉冲电流带来的电子流冲击造成金属连接线断裂问题日渐突出。由铜导线替代铝，比较好地解决了这样的问题。

不过，实际应用中导电性并非总是导电金属材料的唯一性能要求。架空高压输电线要求金属导线具有足够高的强度，以保持相邻支架之间较大的距离，使导线具有一定的抵抗冰冻等载荷破坏的能力，此时，必须对纯金属进行强化处理来提高其强度。强化的原则都是在金属中引入微观组织的不均匀性来提高位错移动阻力。不过，金属的各种强化手段都必然降低金属的导电性。选择强化手段时，要尽量减轻对导电性的不利影响。一般而言，固溶强化对于强度的贡献较低，而对于导电性的影响又非常显著，这种强化方法在导电金属中很少采用。合理的强化方法包括冷加工强化和第二相质点强化。

冷加工强化大量应用于架空铜导线中。大变形量的冷加工过程中，需要进行退火处理。如果金属中氧含量比较高，会导致断裂，故此所使用的紫铜为氧含量非常低的无氧铜。

架空输电线用铝合金主要使用 Mg、Si 作为合金元素，通过时效热处理析出弥散细小的 Mg_2Si 第二相粒子来达到强化目的。w_{Mg} 在 0.65%~0.9%之间，w_{Si} 不高于 1%，合金的抗拉强度可提高到 300~360 MPa。如牌号为 Aldrey 的 Al-Mg-Si 合金导线，经常用于多雪地带。该合金的成分为：$w_{Si}=0.2\%\sim1.0\%$，$w_{Mg}=0.4\%$ 和 $w_{Fe}=0.3\%$。

新近的发展中，人们广泛研究复合架空输电导线的应用。首先是 Al 导线与高强度钢丝的复合钢芯绞线。其中，钢丝在绞线的心部以获取高强度，而 Al 线置于外层，依据交流电的趋肤效应而承担导电任务。基于相同的原理，将 Cu 或 Al 包覆于 Al 线或钢丝外表面上，用作配电线、输电线和架空地线，其导电性效果更好。不过，复合导线的加工过程更为复杂。

除了上述机械复合在一起的导线外，还采用了新的处理方法，即在金属的微观组织中制造出细小的氧化物颗粒来强化金属。氧化物微粒的引入方法有机械掺入法和选择性内氧化法两种，可提高导线强度，而其导电性损失更小。比如，Cu 内氧化引入微小的 ZrO_2、Be_2O_3 或 Al_2O_3 粒子强化，其屈服强度提高至 500 MPa 以上，而电导率达到纯铜(99.99%)的 90%，记作 90% IACS(IACS 代表国际退火 Cu 标准电导率)。

18.1.2.2 超导性与超导材料

处于超导状态的超导材料显示零电阻，能够承载超大电流密度而不产生焦耳热。不过，目前超导材料的临界温度低，低温运行所需冷却成本高。一旦临界温度提高到室温以上，超导材料超强的电流承载能力将彻底改变目前的电流传输状况。

金属合金材料和陶瓷材料中都存在超导特性。其中，以 Y-Ba-Cu-O 为代表的超导陶瓷可在液氮冷却下呈超导态，称为高温超导体。金属及合金材料呈现超导态需要更低的温度，其中，金属键结合的 Nb_3Ge 临界温度最高，也只有 23.2 K，需要昂贵的液氦冷却。表 18-2 中给出了一些超导材料的基本特性。

表 18-2 一些超导材料的基本特性

超导材料	临界温度/K	临界磁场/(MA/m)	超导材料	临界温度/K	临界磁场/(MA/m)
Pb*	7.20	0.064(0 K)	Nb_3Ge	23.2	30.2(4.2 K)
Nb	9.26	0.31(0 K)	$Nb_3(Al_{0.75}Ge_{0.25})$	21	33.4(4.2 K)
Nb-60%Ti	9.3	9.55(4.2 K)	V_3Ga	16.8	19.1(4.2 K)
Nb_3Sn	18.05	19.5(4.2 K)	$YBa_2Cu_3O_{7-\delta}$	90~95	80~160(0 K)

注：* Pb 为第 Ⅰ 类超导体，其余都为第 Ⅱ 类超导体，临界磁场都是 H_{c2} 的数值。

金属类超导中，金属 Nb 是单质中临界温度最高的，而含 Nb 的合金以及金属间化合物的超导温度也比较高，成为主要的金属类超导材料。

Nb-Ti 二元合金的临界温度及临界磁场都随着合金成分的变化而连续变化。其中，临界磁场强度通过加入 Ti 合金化而得到非常显著的提高。Nb-60%Ti(w/%)超导合金由立方结构的 β 相与六方结构的 α 相组成。低温下，β 相为超导态，α 相为正常态。Nb-Ti 超导合金加工成棒材后，置入 Cu 块的钻孔中，再共同加工成线材并进行最终的热处理。超导合金的正常微观组织是β相基体中析出有 α 相粒子，并且存在大量的冷加工胞状位错。析出相粒子和位错线强烈钉扎超导体中的磁通线，从而获得很高的临界电流密度和较强的临界磁场。

此外，金属类超导体由于临界温度很低，只能工作于极低温下。承载大电流时，会因为局部振动撞击等偶然原因导致过热而破坏其超导态。一旦超导态破坏，大电流产生的焦耳热足以导致合金整体温度急剧升高，从而总体破坏合金的超导态。为此，通过将超导合金细丝(直径在几个至几十微米范围)牢固地“镶嵌”在 Cu 块中来解决该问题。实际上，承载大电流的金属超导材料线材都是与包裹在外层的 Cu 棒一起经过冷加工成为线材的，超导合金与 Cu 之间形成牢固的界面结合。

金属间化合物超导体不仅超导转变临界温度更高，维持超导态的临界磁场强度也更高，因此实用性更强。其中，Nb_3Sn 超导体线材的青铜制备法的基本过程如下：在 w_{Sn} 不超过 13% 的锡青铜棒中钻孔并置入 Nb 金属细棒，之后对其进行塑性加工得到预定尺寸的线材。接下来进行适当的热处理，通过扩散使青铜合金中的 Sn 与 Nb 在接触界面上生成厚度为几个微米的 Nb_3Sn 化合物薄层即成。这样得到的金属间化合物层具有很细小的晶粒，晶粒之间的晶界可强烈钉扎磁通线，达到很高的临界电流密度。这种制备方法中，最后通过高温扩散反应制得超导性的金属间化合物，巧妙解决了金属间化合物硬而脆、无法进行塑性加工成形的问题。

18.1.3 精密电阻合金

18.1.3.1 精密电阻合金概述

精密电阻合金是指在其使用温度范围内，合金电阻率随温度相对变化很小的导电合金。精密电阻合金广泛用作精密仪器仪表中的电阻元件。

材料导电性的温度稳定性通常用电阻率温度系数（TCR）表达

$$TCR=\frac{1}{\rho}\cdot\frac{\mathrm{d}\rho}{\mathrm{d}T}$$

式中，ρ 和 T 分别代表电阻率和温度。实际中，通常用一定温度范围内的平均相对变化量来表示（称为电阻率温度系数），即

$$\alpha=\frac{1}{\rho_0}\cdot\frac{\rho(T)-\rho_0}{T-T_0}$$

式中，ρ_0、$\rho(T)$ 分别是参考温度 T_0 和温度 T 下的电阻率，参考温度 T_0 一般取室温。

纯金属材料在室温附近的 α 一般在 $3\times10^{-3}\sim5\times10^{-3}\mathrm{K}^{-1}$ 左右（见表 18-1），过渡族金属可达 $10^{-2}\mathrm{K}^{-1}$。精密电阻合金的该数值要低得多，一般在 $\pm20\times10^{-6}\mathrm{K}^{-1}$ 范围内。

降低电阻率温度系数的方法有两种。一种是提高电阻率 ρ，通常采用加入合金元素形成固溶体的方法。比如，在 Cu 中加入 Ni 形成固溶体，可以使电阻率相对于纯金属提高一个数量级甚至更多。另一种方法是加入合金元素使得电阻率随温度的变化率降低。Cu 中加入 Mn 元素，则同时具有上述两种功效。图 18-1 给出了 Cu 中加入各种合金元素后，电阻率随着温度变化的试验结果。

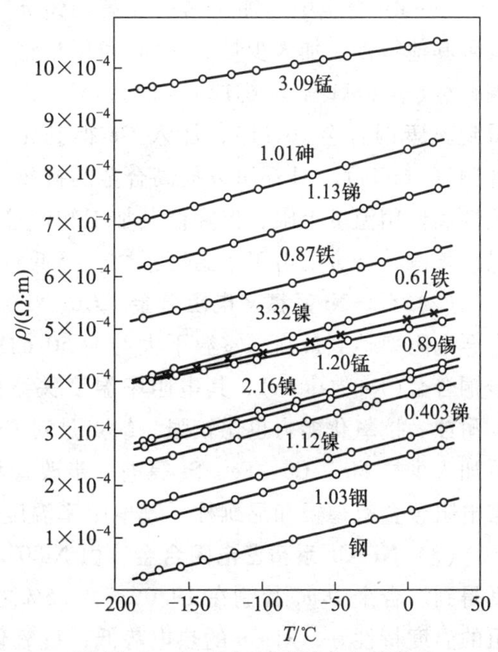

图 18-1 Cu 及加入不同合金元素后电阻率随温度变化的曲线

实际观察表明：金属及合金电阻率随温度的变化一般可以表达为温度的二次函数，即

$$\rho=\rho_0[1+\alpha(T-T_0)+\beta(T-T_0)^2]$$

式中：ρ 是合金元件的电阻；ρ_0是参考温度 T_0(通常取室温)下的电阻率；T 是温度；α、β 分别称为一次和二次电阻率温度系数。

18.1.3.2 常用精密电阻合金

精密电阻合金主要是 Cu-Mn 系、Cu-Ni 系、Ni-Cr 系三大基础系列的合金。此外还有 Fe-Cr-Al 合金、贵金属合金以及 Mn 基和 Ti 基精密电阻合金，不过后面的几种合金往往存在比较明显的缺陷，限制其实际应用。

(1) **Cu-Mn 系精密电阻合金** 为 Cu 基体中加入 Mn 而得到的精密电阻合金。Cu-Mn 二元合金相图表明：当 w_{Mn} 不超过 20% 时，合金保持单相固溶体状态。该系精密电阻合金中，w_{Mn} 不超过 13%。由表 18-1 可见 Mn 独特的导电特性。Cu-Mn精密电阻合金中，固溶 Mn 原子提高电阻率并降低其随着温度的变化速率。二元合金的电阻率温度系数随着 Mn 含量的变化如图 18-2 所示。此外，精密电阻合金还普遍性要求二次电阻率温度系数 β 数值小，并且与 Cu 的接触电势 E_{Cu} 低。这两种特性在图 18-2 中一并给出。

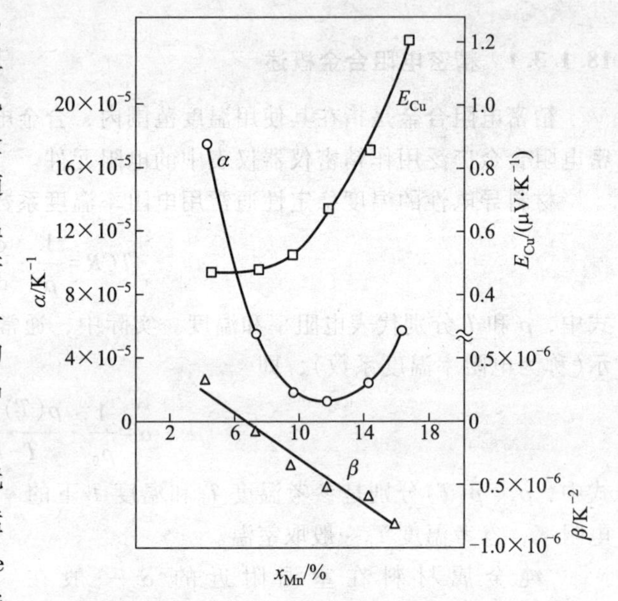

图 18-2 Cu-Mn 合金的电阻特性与 Mn 含量的关系

Cu-Mn 合金中还加入第三或第四组元改善其他特性。加入少量 Ni 得到通用型锰铜合金(合金牌号为 6J12)，加入 Al、Fe 得到新康铜合金(6J11)，加入 Ge 得到锗锰铜(Geranin)。Al 还可以提高合金的抗氧化性和使用温度上限，但降低其加工和焊接性能，对于长期稳定性也有不利影响。加入 Ge 可以显著改善合金的电阻率温度系数，降低对 Cu 的热电势。

(2) **Cu-Ni 系精密电阻合金** Cu-Ni 二元系为连续固溶体系。两个组元大约各占 50%时合金电阻率达到最高，室温下大约为 50 μΩ · cm，并因此降低电阻率温度系数。典型代表是康铜合金(Konstantan)，其电阻率温度关系的线性度高，使用温度范围宽，上限可达 400 ℃，其耐蚀、抗氧化能力也比较强。缺点是对 Cu 的热电势高，限用于交流电路中。合金中还可以再加入少量 Mn、Co、Fe、Si 等进一步改善特性，其中较多采用的是 Mn。早期的 Cu-Ni 系精密电阻合金有德银和尼凯林，其电阻率温度系数比较大，可超过 $100\times10^{-6}K^{-1}$。

(3) **Ni-Cr 系精密电阻合金** 由 Ni80Cr20 二元电热合金中添加适量 Al、Mn、Fe 或 Cu 改良得到。合金中 w_{Cr} 控制在 19.0%~21.5%之间，合金为单相固溶体。该合金电阻率很高，电阻的温度特性好，对 Cu 的热电势低，抗氧化，耐腐蚀能力强，适用温度范围较宽，其冷加工性能也较好，但是焊接性能较差。

表 18-3 中简单给出了主要精密电阻合金的成分及特性。图 18-3 中给出了上述 3 个系列精密电阻合金电阻温度特性的比较。

表 18-3 Cu-Mn、Cu-Ni 系精密电阻合金特性

合金	牌号	主要合金元素 w/%	性能				
			电阻率/(μΩ·cm)	一次温度系数 α/($\times10^{-6}K^{-1}$)	二次温度系数 β/($\times10^{-6}K^{-2}$)	对 Cu 热电势 E/(μV·K^{-1})	使用温度上限/℃
普通型	6J12	Mn：11%~13% Ni：2%~3%	44~50	(分 4 级)*	-0.7~0	≤1	5~45
新康铜	6J11	Mn：11.5%~12.5% Al：2.5%~4.5% Fe：1.0%~1.6%	49	-1.6	-0.35	≤2	500
锗锰铜	4yc6	Mn：5%~7% Ge：5.5%~6.5%	43	±3、±6、±10	≤0.04	≤1.7	0~70
康铜	6J40	Ni：39%~41% Mn：1%~2%	48	±40		45	400
尼凯林		Ni：30% Mn：3%	40	110~200		20	300
德银		Ni：13.5%~16.5% Zn：18%~22%	34	330~360		14.4	< 200
Ni-Cr改良型合金	6J22	Al：2.7%~3.2% Fe：2.0%~3.0% Mn：0.5%~1.5%	133	3.5	0.06	0.28	-55~125
	6J23	Al：2.7%~3.2% Cu：2.0%~3.0% Mn：0.5%~1.5%		2.7	0.05	0.25	
	6J24	Al：2.0%~3.2% Si：0.9%~1.5% Mn：1.0%~3.0%		2.5		0.20	
Fe-Cr-AlI		Cr：20%，Al：5%	135	±10~±20		-1.9	

注：*0 级：-2~2；1 级：-3~5；2 级：-5~10；3 级：-10~20。

Ni-Cr 合金导电性的温度特性存在反常变化，如图 18-4 所示。从高温下快速冷却的合金，温度升高过程中，电阻在中温范围内快速升高，随后又降低。中温区保温后冷却的高电阻状态的合金，经过冷加工变形后，其电阻率下降。合金的这种电阻反常称为 K 状态，是单相固溶体中不同类原子发生偏聚而形成尺寸很小的原子团簇，因而对传导电子形成比较强烈散射作用的结果。偏聚团簇在高温下消失，在中温区形成而呈现高电阻状态。中温区形成了团簇，经过冷变形后被打散，合金的电阻率随之降低。多种固溶体合金中都存在这种 K 状态。精密电阻合金经过适当热处理产生偏聚态，可提高电阻率，从而降低其电阻率温度系数。

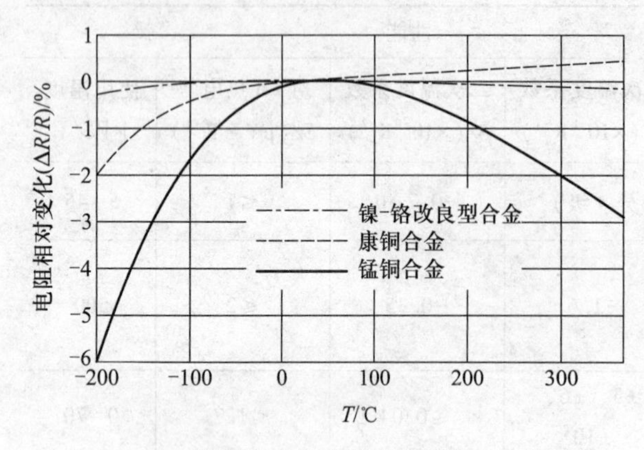

图 18-3　主要精密电阻合金的电阻温度特性对比

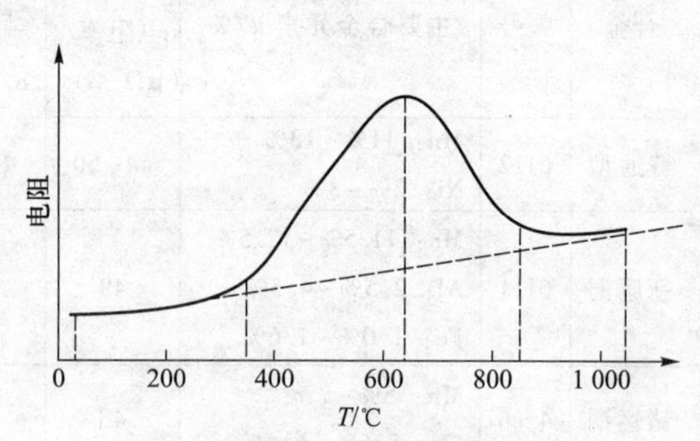

图 18-4　卡玛合金快冷或者冷加工后电阻率在加热过程中的变化曲线示意图

(4) **其他系列精密电阻合金**

Fe-Cr-Al 系精密电阻合金电阻率很高，原材料成本低。其缺点是性能对于 Cr、Al 的含量比较敏感，对 Cu 的热电势较高，加工及焊接性能较差。

此外，还有 Mn 基、Ti 基精密电阻合金。锰在室温下电阻率非常高，其合金电阻率也很高，在 180~220 μΩ · cm 之间。Ti 基精密电阻合金的特点是密度低，电阻率也非常高，而且具有良好的抗氧化、抗腐蚀能力。

贵金属系精密电阻合金包括贵金属铂、银、金中加入其他合金元素形成的合金。主要特点是抗氧化、抗腐蚀能力强，与其他导体的连接点接触好、稳定性高。缺点是原材料稀缺、价格昂贵，只能应用于特殊场合。

除上述晶态精密电阻合金外，将金属制备成非晶态可得到非常优异的精密电阻合金。非晶态合金的电阻率非常高，一般都在 100 μΩ · cm 以上。同时，多数非晶金属室温下的电阻率与 4.2 K 下几乎相同，其电阻温度稳定性非常高，属于本征性精密电阻合金。

非晶态合金的缺点是其处于亚稳状态，其性能的长期稳定性令人担心。同时，使用温度上限比较低，以免因结构弛豫甚至发生晶化转变使电阻值显著变化或其温度特性发生根本性改变。此外，非晶态材料通常为几十微米厚的薄带，直径达到或超过 1 mm 的丝材的制备还强烈受限于比较特殊的某些多元合金。

18.1.3.3　特殊用途的电阻合金

特殊用途的电阻合金以合金的电阻特性为其基本要求，但并非用于导电领域中而是用于传感技术领域。以下简单介绍应变电阻合金和热敏电阻合金，它们分别利用微小变形和温度的变化对于合金及器件电阻的影响，通过检测电阻来测量微小应变和温度等。

(1) **应变电阻合金**　通常由很细的应变电阻合金丝盘绕成回路，制作成电阻应变片。这种器件的电阻对于微小的变形很敏感，广泛用于测量应变(分辨能力达到 10^{-6})的传感器，可用来检测应力、载荷、位移等物理量。

一般用电阻应变灵敏系数 K(一般在 2.0 至 3.4 之间)衡量电阻应变片的灵敏性，即

$$K=\frac{\Delta R/R}{\Delta L/L}$$

式中：R 为应变片元件的电阻；L 为长度；$\Delta R/R$ 及 $\Delta L/L$ 分别是电阻和长度的相对变化量。

制作应变片的电阻合金需要有高电阻率。考虑环境温度的波动性及其补偿，合金的电阻率温度系数 α 和二次温度系数 β 的绝对值都要小，以保证合金电阻率随温度的变化小而且线性度好。此外，合金电阻率的时间稳定性一定要好。

常用的应变电阻合金包括 Ni-Cu 系、Ni-Cr 系、Fe-Cr-Al 系。Ni-Cu 系应变电阻合金中镍的质量分数在 40%~44%之间(合金牌号为 6JYC-4xx 系列)，有的还加入 $w_{Mn}=1.5\%\sim3\%$ 的 Mn(应变康铜、应变锰白铜)。合金室温电阻率大约为 50 μΩ · cm，电阻应变灵敏系数 K 在 2.0 至 2.2 之间，使用温度上限为 250 ℃。Ni-Cr 系精密电阻合金(如 6J22 等)直接作为应变电阻合金，使用温度上限为 400 ℃。Fe-Cr-Al 系精密电阻合金中，再少量添加 V、Mo 和稀土合金元素而成为应变电阻合金，K 值在 2.5~3.5 之间，室温电阻率达 145 μΩ · cm。其强度高、抗氧化性和热稳定性强，一般可以在 700 ℃使用，为高温应变电阻合金。此外，其原材料成本也比较低，产品形成 6JYC-Cxx 系列。

另外，高温应变电阻合金中还有 Pt-W 系列合金，使用温度可以达到 800 ℃，具有很好的高温抗氧化性，电阻随着温度变化的线性度也很好，电阻应变灵敏系数 K 最高可以达到 4.2。

(2) **热敏电阻合金** 这是一类电阻率温度系数 α 数值高的合金，其电阻率对温度敏感性要求与精密电阻合金相反。不过，该合金要求 α 在一定温度区间内基本恒定，也就是二次电阻率温度系数 β 绝对值要小。合金用作感温元件，通过检测元件的电阻来测量温度，并且制作成限流器件等实现自动控温，用于在高温加热炉等设备中实现自动保护。

常用的热敏电阻合金包括 Fe、Co、Ni、Cu、Pt 等纯金属材料，Co 基、Ni 基及 Fe 基合金。其中，Ni90Cr10 的使用温度上限可以高达 1 000 ℃，但其电阻率温度系数较低，为 0.26×10^{-3} K^{-1}；与之相反，Ni58-Fe 的电阻率温度系数为 $3\times10^{-3}\sim5\times10^{-3}$ K^{-1}，但上限使用温度仅为 100 ℃。

18.1.4 电热合金

电热合金是指在通电情况下依靠电阻发热，从而将电能转变成热能的电阻合金，广泛应用于各种工业电炉、实验室电炉和家用电器中，多为线材或者带材。

电热合金的性能要求包括：高电阻率及低电阻率温度系数，在使用温度范围内无相变，导电性能长期稳定，足够高的抗氧化性和高温强度，良好的加工性能以便制成丝材或带材。

电热合金主要包括 Ni-Cr 系和 Fe-Cr-Al 系两种合金，使用温度范围为 950~1 400 ℃。在更高的加热温度下，需要在保护性气氛下使用难熔金属作为加热元件。

Ni-Cr 系电热合金中常用的三种是 Ni80Cr20、Ni70Cr30 和 Ni60Cr15-Fe。除了合金牌号中以质量分数给出的化学组成外，一般都含有 0.75%~1.60%的 Si(质量分数)。使用温度上限为 1 150~1 250 ℃，合金的室温电阻率为 110~120 μΩ · cm。合金中 Cr 的主要作用是提高高温抗氧化性，其机理是高温氧化时合金表层生成致密的尖晶石结构富 Cr 氧化层。Cr 同时还提高合金的电阻率、降低电阻率温度系数。合金元素 Si 能够提高抗氧化性。加入 Fe 可以改善合金的加工性能，同时降低合金的原材料成本，不过对抗氧化性有不利影响。所有合金的微观组织均为面心立方结构的单相固溶体。由于 Ni 基体中溶解 Cr 的能力有限，合金中 Cr 的质量分数不超过 30%；否则，合金中形成第二相，导致塑性降低、加工性能变差。可以改善合金性能的合金元素包括 Al、Ti、Zr 和稀土元素。

Fe-Cr-Al 系电热合金的特点是电阻率高、耐热性好、抗氧化能力强，其使用温度上限更高，一般为 1 300~1 400 ℃。该系列合金的原材料资源丰富、价格较低。合金中添加的 Cr、Al 能够提高电阻率，室温下达到 140~150 μΩ·cm，并降低电阻率温度系数(约$16\times10^{-6}K^{-1}$)。随着它们含量的增加，合金抗氧化性增强，室温强度增加，耐热能力提高。不过，合金的塑性会因此显著降低，加工性能变差。该系列合金对生产工艺要求较高，焊接时晶粒易长大变脆，焊接部位需要在 800 ℃下退火以消除应力。另外，该合金经过高温使用后易发生脆性断裂。

Fe-Cr-Al 系列电热合金中，包括比较简单的 1Cr13Al4、0Cr25Al5。合金的基体为 Fe，其中两种合金元素 Cr、Al 的质量分数包含在合金名称之中。另外，一般都含有不超过 0.7%的 Mn、不超过 0.6%的 Ni，以及原材料中带入的 Si(不超过 0.6%~1.0%)，碳的含量分别不超过 0.12%和 0.06%(均为质量分数)。合金的正常组织为体心立方结构的单相固溶体。碳扩大奥氏体区，易与 Cr 形成碳化物，其含量需要控制在较低的范围内。

改善性能的其他合金元素还有：加入 Mo(质量分数为 2%左右)提高抗蠕变性能，加入少量 V、Ti、Nb 或稀土元素，通过细化晶粒、减小晶粒长大倾向来提高合金的高温性能。相应的电热合金有 0Cr13Al6Mo2、0Cr27Al7Mo2、0Cr21Al6Nb 等。

需要提醒读者注意：电阻-温度关系曲线表明，Fe-Cr-Al 系列电热合金在加热和冷却过程中存在着微观组织的明显变化(出现原子偏聚的 *K* 状态)，甚至存在相变(σ 相的析出-溶解过程)。这些过程不仅影响电阻的变化，对于合金的加工制备过程都会产生显著影响。

18.1.5 电触头合金

电触头材料是反复地接通和断开电路的导电材料，应用于电路的开启与闭合部位。电路开关过程中会产生高温电弧，导致电触头金属发生氧化甚至蒸发，生成氧化薄膜后导电性变差。此外，电触头金属还会经受磨损。电触头材料分为弱电触头和强电触头材料。

弱电触头金属工作于低电压、低电流和小接触应力条件下，要求化学稳定性好，避免腐蚀和氧化产生很高的接触电阻。电触头材料主要是化学惰性高、导电性优异的贵金属，包括银系、金系、铂系和钯系触头材料。这些纯金属中往往添加一些合金元素来适当提高它们的硬度、强度和耐磨性。存在的主要问题是原材料资源稀少、价格昂贵。对此，人们将贵金属电触头材料制备于一般金属基底上得到复合电触头材料，发挥基底材料的高强度与贵金属的优异性能。

强电触头材料使用于大功率电路中，工作于高电压、大电流、强电弧条件下，可能发生熔焊和电侵蚀问题。为此，合金需要熔点高、导电性及导热性好。强电触头材料包括三类。第一类是 Ag、Cu、W 等纯金属和 W-Mo 合金、W-Re 合金；第二类是高导电性与高熔点金属的粉末冶金复合材料；第三类是 Ag 与氧化物微粒的复合材料，如 Ag-CdO 复合材料，具有良好的抗电侵蚀和抗熔焊性能，其中的氧化物微粒通过 Ag-Cd 合金的内氧化工艺制得。不过，Cd 有毒，在电弧作用下挥发会损害操作人员的健康，故此，人们致力于开发其替代材料，如 Ag-ZnO、Ag-SnO-In_2O_3等。

18.1.6 热电偶合金

18.1.6.1 塞贝克效应

金属与半导体材料中，存在温差的两点之间相应地存在电位差，这种效应称为热电效应，由塞贝克(Seebeck)首先发现于 1821 年，称为塞贝克效应。该效应是材料中普遍存在的现象。

理论分析表明，材料中温度不同的地方电子态和原子热振动都存在差别。温度高处，高能电子更多，原子的热振动更加剧烈。高能电子向温度较低处扩散流动，造成不平均分布的状态，从而形成电位差，这就是热电势。另一方面，温差导致宏观的热传导，也就是热振动的传播，或声子的扩散流动。声子与电子的扩散流动存在交互作用。材料中各种缺陷对于导热性和导电性都有影响，故此，影响材料的热电动势特性。因此，合金元素会显著改变材料的热电动势特性，图 18-5 给出了铂铑合金的热电动势特性曲线。

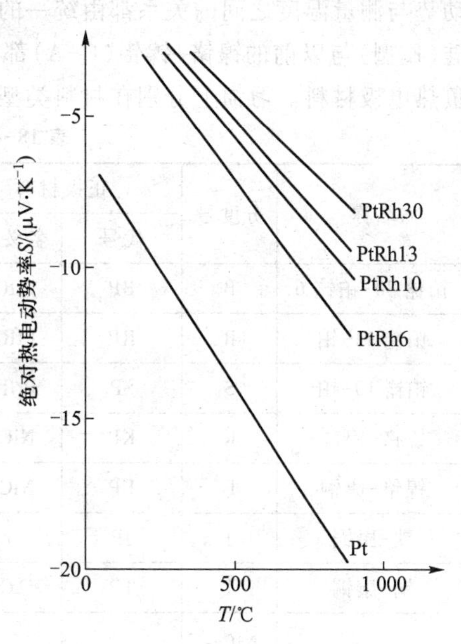

图 18-5 铂铑合金的热电动势特性曲线

塞贝克效应被普遍应用于工业测温中。实际中，采用热电动势特性不同的两种金属材料，构成如图 18-6 所示的开放电路，这种由两种不同金属合金所组成的开放电路式元件就是热电偶。电路 a、b 两点的电位差 V_{ab}是热电偶的输出电压，它是两个端点温度(T_1, T_2)的单值函数。固定一端温度 T_1不变，通过检测电压 V 确定另一端的温度 T_2。

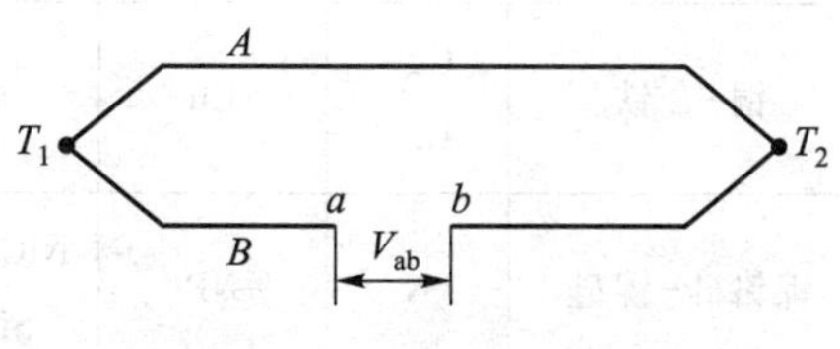

图 18-6 热电偶示意图

材料的热电动势率 S 可以用其热电动势 E 对温度 T 的变化率表示，即

$$S=\lim_{\Delta T\to 0}(\Delta E/\Delta T)$$

与之类似地可以定义由 AB 两种材料构成的热电偶的热电动势率(塞贝克系数)S_{AB}：

$$S_{AB}=\lim_{\Delta T\to 0}(\Delta V_{AB}/\Delta T)$$

它由两种金属材料的热电动势特性所决定。

热电偶的特性取决于其正负电极材料的相对热电动势性能。热电极合金都是单相材料，为纯金属或者均匀的固溶体，化学成分和物理状态均匀一致性高，在其使用范围内不会发生相变，而且具备很高的组织稳定性。工业上要求热电偶在上限使用温度下经过 1 000 h 使用后，热电动势变化所对应的温度变化相对值不超过 0.75%。高温下使用的电极材料自身的熔点要足够高，具备良好的高温抗氧化能力。同时，电极材料需要具有良好的塑性及足够的强度，便于拉制成丝材。当选择两种不同电极材料组成热电偶时，两者的热电动势性能差别应当保证热电偶的热电动势随温度的变化率高以获得高的检测灵敏度，热电偶的热电动势与温度之间尽量接近线性关系，也就是两种电极材料的热电动势随温度的变化具有某种一致性。

18.1.6.2 常用热电偶材料

热电偶种类很多，目前有15种已经得到广泛应用，成为标准化产品。其中，8种已经在国际上达到标准化要求。我国国家标准和行业标准中的热电偶材料有12种，其基本特性在表18-4中列出。其中7种型号热电偶的热电动势特性曲线在图18-7中给出。每种热电偶的热电动势与测量温度之间的关系都由统一的热电偶分度表通过对照表的形式给出。比如，镍铬-镍硅(K型)与以前的镍铬-镍铝(C-A)都采用统一的K型分度表。热电偶测温元件包括一对正、负热电极材料。习惯上分别在材料类型后面用P和N标识。

表18-4 我国的热电偶材料标准

名称	分度号	正极材料		负极材料		最高使用温度/℃		标准号
		代号	名义成分	代号	名义成分	长期	短期	
铂铑30-铂铑6	B	BP	PtRh30	BN	PtRh6	1 600	1 800	GB 2902
铂铑13-铂	R	RP	PtRh13	RN	Pt	1 400	1 600	GB 1598
铂铑10-铂	S	SP	PtRh10	SN	Pt	1 300	1 600	GB 3772
镍铬-镍硅	K	KP	NiCr10	KN	NiSi3	1 200	1 300	GB 2614
镍铬-康铜	E	EP	NiCr10	EN	NiCu55	750	900	GB 4993
铁-康铜	J	JP	Fe	JN	NiCu55	600	750	GB 4994
铜-康铜	T	TP	Cu	TN	NiCu55	350	400	GB 2903
镍铬-金铁	NiCr-AuFe	NiCr	NiCr10	AuFe	Au-0.07 Fe	0	—	GB 2904
铜-金铁	Cu-AuFe	Cu	Cu	AuFe	Au-0.07 Fe	0	—	ZBN05004
镍铬硅-镍硅	N	NP	NiCr14.5 Si1.5	NN	NiSi4.5 Mg0.1	1 200	1 300	ZBN05004
钨铼3-钨铼25	WRe3-WRe25	WRe3	WRe3	WRe25	WRe25	2 300	—	ZBN05003
钨铼5-钨铼26	WRe5-WRe26	WRe5	WRe5	WRe26	WRe26	2 300	—	—

实际使用的热电偶，来自不同的生产厂家或者是不同时间的产品，其之间必然存在差异(如成分波动等)。故此，热电偶的真实特性与标准分度表之间存在偏差。对此，一方面生产

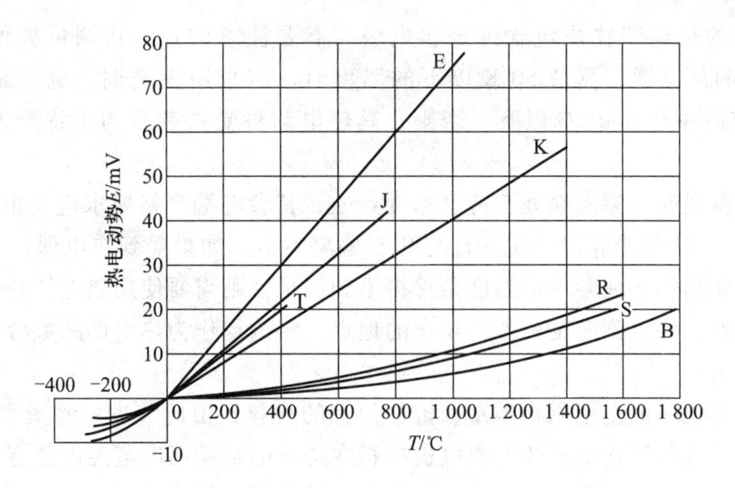

图 18-7 部分标准化热电偶的热电动势特性曲线

厂家要按照有关标准进行产品出厂前的检验，将偏差严格控制在允许的范围内。另一方面，新的热电偶在使用之前都要进行校准，必要时要经过计量单位进行检定。同时，考虑到使用过程中可能发生的变化，已经投入使用的热电偶需要定期检定和校准。

热电偶有不同的类型，选择适当的热电偶需要考虑气氛、测温范围和测温时间等条件。测温环境的气氛条件属于氧化性气氛时，需要选择抗高温氧化的热电偶。在氧化性气氛中，使用温度比较高的是 B、S、R 型，其次是电加热炉中常用的 K 型和 N 型。如果将适用于氧化性气氛的 K 型热电偶在还原性气氛中使用，镍铬阳极材料发生选择性氧化，导致成分变化而造成温度测量结果出错。每一种热电偶都有其适合的测温范围，尤其不能超过测温上限使用。还需要注意：测温上限受到测温时间要求以及热电偶丝直径的影响。比如，K 系热电偶长期与短期使用的最高温度分别为 1 200 ℃和 1 300 ℃；热电偶丝径由 3.2 mm 减小到 0.3 mm，长期使用的上限温度由 1 200 ℃降低至 700 ℃。难熔金属热电偶的使用温度最高，但一般需要非氧化性气体的保护。图 18-8 中给出了热电偶选择的参考图。

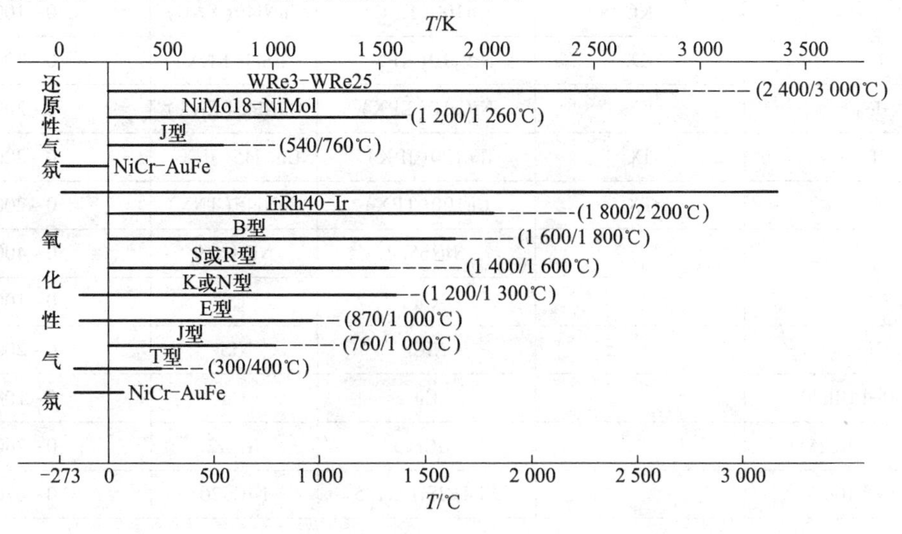

图 18-8 各种热电偶适合的气氛及测温范围

低温下使用的热电偶往往包含纯金属电极。需要注意的是：在测量极低温度时，比如以 Cu 为正电极的热电偶，测量 50 K 以下的温度时，需采用无磁铜，也就是其中杂质铁的质量分数需要控制在 0.000 2%以下。否则，其热电动势受铁杂质的干扰严重，导致测量结果错误。

使用热电偶测温时，测温端处于待测温度点处，其参考端严格要求应当恒定为 0 ℃（由冰水混合物保持），至少要求相对稳定并且与 0 ℃偏离不多。如果受到热电偶尺寸限制，其参考端与测温端之间距离小，使参考端温度条件得不到满足，则需要使用热电偶补偿导线将热电偶的参考端向外延伸，一直到满足参考端要求的地点，将该点作为热电偶的参考端，由电位差计等进行测温。

热电偶补偿导线一般使用原料丰富、价格便宜的材料，由此节省一些贵重的热电偶材料。补偿导线一定要具有与所连接的热电偶电极材料在特定的补偿温度范围内具有相同或者相近的热电动势特性。因此，热电偶的每一种电极材料，其补偿导线都是特定的。表 18-5 中给出了常用补偿导线及其配用的热电偶情况。补偿导线的产品标号中用 3 个字母标示。第一个字母是配用热电偶的分度号。第二个字母是所补偿的电极线的极性，P、N 分别为正、负极的导线，不能接错。第三个字母为 C 或者 X，分别代表导线为补偿型和延伸型。使用时还要注意补偿的温度范围。新版国标 GB/T 4990—2010 中对合金丝热电动势的允差等有修改。

表 18-5　常用补偿导线及其配用的热电偶

热电偶分度号	补偿导线型号	补偿导线合金（代号）		补偿温度范围/℃
		正极	负极	
S	SC	Cu100（SPC）	CuNi0.6（SNC）	0~200
		NiCr	FeCr	0~200
		CuMn8	CuNi0.6	0~200
R	RC	Cu100（RPC）	CuNi0.6（RNC）	0~100
K	KC	Cu100（KPC）	CuNi40（KNC）	0~100
	KX	NiCr10（KPX）	NiSi3（KNX）	0~200
E	EX	NiCr10（EPX）	CuNi45（ENX）	0~200
J	JX	Fe100（JPX）	CuNi45（JNX）	0~200
T	TX	Cu100（TPX）	CuNi45（TNX）	0~200
B		NiNb5.4	NiNb4.9	0~400
		Cu	Cu	0~100
N		NiCr	NiSi	0~200
PtRh40-PtRh20		Cu	Cu	0~100
WRe3-WRe25		NiCr10	NiCr2	0~260
WRe5-WRe26		NiMn2Si1Al1.5	NiCu20	0~870

续表

热电偶分度号	补偿导线型号	补偿导线合金(代号)		补偿温度范围/℃
		正极	负极	
WRe5-WRe20		Cu	CuNi2.4	0~100
		CuNi12	CuNi28	0~500
PdPt31Au14-AuPd35		NiCr10	CuNi2	
IrRh40-Ir		Cu	Al	

18.2 磁 性 合 金

磁性材料是指在特定空间中建立磁场或者改变其空间分布形态的材料。磁性合金根据性能特点可分为软磁合金、硬磁合金，以及磁存储用的磁性合金。此外，磁性材料还有离子键结合的陶瓷类材料，主要是铁氧体磁性材料。另外，本节还将简单介绍一些广泛意义上的磁性合金，受磁场等因素作用或者温度变化时，它们在形状尺寸、吸放热量等方面显示特殊性，从而具有特殊功能，其共同的内在依据是磁有序状态随着外部环境和作用因素的变化。

18.2.1 材料磁性概述

材料的磁性，通常用磁化强度 $\boldsymbol{M}$ 或磁感应强度 $\boldsymbol{B}$ 随着磁场 $\boldsymbol{H}$ 的变化行为来描述，图18-9中示意性给出了这种特性曲线。其中，由退磁态出发，磁场从零开始增大过程的磁化特性曲线，称为起始磁化曲线。当磁场在正、反两个方向上增减时，形成不可逆的磁化强度-磁场关系回线，称为磁滞回线。

依据起始磁化曲线和磁滞回线，可以获得一系列的材料磁化特性参数。包括：

(1) 磁导率 μ 与磁化率 χ　分别是磁感应强度 B 与磁场 H 之比、磁化强度 M 与磁场 H 之比，即

$$\mu=\frac{B}{H},\ \chi=\frac{M}{H} \tag{18-1}$$

不同磁场下，材料的磁导率变化很大。通常取起始磁导率和最大值磁导率作为磁性能参数。磁化曲线的起始段斜率为起始磁导率，自原点出发的切线斜率为最大磁导率。习惯上，经常采用相对磁导率，即磁导率与真空磁导率 μ_0 的比值，此为一个无量纲的性能参数。

(2) 饱和磁化强度 M_S 与饱和磁感应强度 B_S　当磁场足够强时，磁化曲线上的磁化强度达到的恒定值为饱和磁化强度，与之对应的磁极化强度 J_S 习惯上称为饱和磁感应强度，即

$$B_S=J_S=\mu_0 M_S \tag{18-2}$$

(3) 剩余磁化强度 M_r 和剩余磁感应强度 B_r　分别是正向磁场中磁化至饱和后，将磁场降

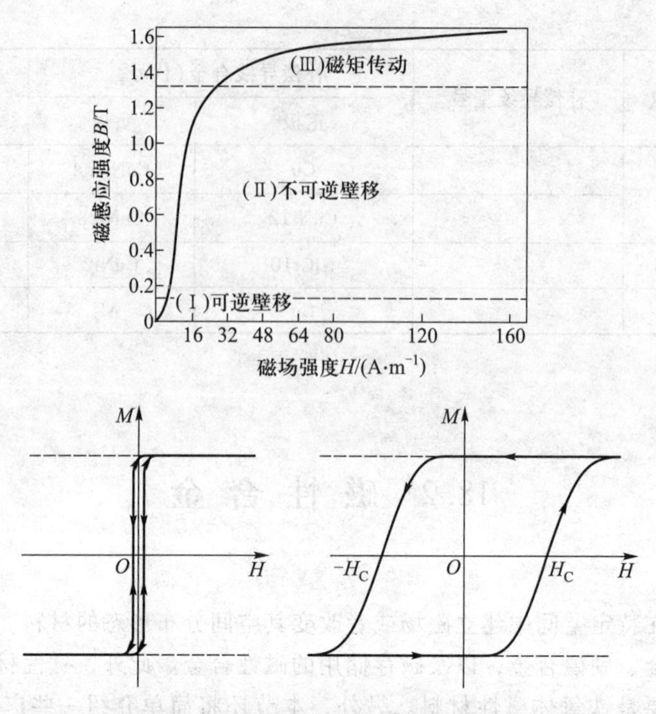

图 18-9 磁性材料的起始磁化曲线与不同类型的磁滞回线示意图

低为 0 时的磁化强度和磁感应强度。由于磁滞效应，其数值一般都明显高于 0。

(4) 内禀矫顽力 H_{ci} 和磁感矫顽力 H_{cb} 将材料正向磁化饱和后，将其磁化强度降低到 0 必须沿相反方向施加的磁场，称为内禀矫顽力(取其绝对值)。磁感矫顽力则是使磁感应强度降低到 0 所施加的反向磁场强度。一般而言两者不等，内禀矫顽力的数值更高。

(5) 最大磁能积 $(BH)_{max}$ 磁滞回线的第二象限段又称为退磁曲线，$B-H$ 退磁曲线上每一点的磁感应强度与磁场强度的乘积(取绝对值)称为磁能积，其最大值就是最大磁能积。

(6) 磁滞损耗能量 一种磁性材料的磁滞回线所包围的面积，对应于单位体积的材料在磁化一周过程中所吸收的能量。当材料在交变磁场中反复磁化时，这种能量通常以热能形式耗散掉，属于损耗的能量，源自于磁滞效应，故称磁滞损耗。

通常根据矫顽力将磁性材料划分为软磁和硬磁材料。软磁材料的矫顽力一般低于 100 A/m，硬磁材料则一般高于 10 000 A/m，半硬磁材料介于两者之间。软磁材料易于被磁化、矫顽力低、起始磁导率和最大磁导率高、磁滞回线很窄。硬磁材料被磁化饱和后，能够很好地保持其磁化状态不变，矫顽力、剩磁和最大磁能积都很高，磁滞回线很宽。

上述有关材料的磁性是从宏观角度观察的结果，有关材料在磁场作用下的磁化特性在铁磁学理论中属于技术磁化的范围。考察物质的磁性，还需要解答物质的磁性起源与自发磁化问题。

物质中，原子是磁性的携带基元，原子的磁矩是原子或者离子中所有核外电子的磁矩之和，可以通过理论计算很精准地给出每种原子或离子的磁矩值。原子磁矩不为零的物质中，如果存在强烈的交换作用，可以使相邻的原子磁矩克服热扰动的影响处于平行排列的低能状态而呈现铁磁性。受交换作用的影响，固体中的原子磁矩还可能出现反平行排列的有序状态。其中，如果原子磁矩互相抵消而宏观上没有磁性，为反铁磁性；如果正反方向上原子磁矩大小不等，为亚铁磁性。只有铁磁性和亚铁磁性物质可能成为重要的磁性材料。随着温度的升高，磁有序物质中原子磁矩的有序度逐渐降低，铁磁性物质升温至居里温度或亚铁磁性物质升温至尼尔温度时，长程有序不复存在，物质的宏观磁性随之消失。

宏观物质的磁化强度是单位体积物质中所有原子磁矩之和(为矢量加和)。将物质中所有原子磁矩严格平行排列起来得到物质的绝对饱和磁化强度，这种情况只有在 0 K 下才能实现。温度升高时，饱和磁化强度会因为热扰动(磁性熵)而逐渐降低。

宏观尺度的磁性材料分割成很多细小的磁畴，一个磁畴内部的所有原子磁矩都处于晶体的某个特定晶体学方向上。相邻磁畴中原子磁矩的方向不同，相邻磁畴之间为磁畴壁。磁性材料中存在大量磁畴，故此，未经磁场磁化时，宏观的磁化强度为 0。

将磁性材料置于磁场中观察其磁化过程时，需要关注几项与磁有关的能量。

处于外磁场中的磁性物质有静磁能。原子磁矩与磁场的夹角越小，静磁能越低。磁性材料磁化后建立的磁场，在其自身内部方向与原子磁矩相反，故称退磁场，原子磁矩与退磁场之间的作用能称为退磁能。宏观尺寸的磁性物质分畴就是受降低退磁能驱动的结果。

晶体材料存在磁晶各向异性现象。它是晶态磁性材料中原子磁矩处于不同晶体学方向上具有不同能量的现象。其中，能量最低的晶体学方向为易磁化方向，能量最高的方向为难磁化方向。可以用难易磁化方向上的能量差来表达磁晶各向异性的强度。晶体结构对称性越高，磁晶各向异性越弱。同时，化学成分能够显著改变磁晶各向异性的强度。如果没有磁场作用，一个独立晶粒中的原子磁矩总是处于其易磁化方向上。

磁有序物质中，强烈的交换能存在于所有相邻的原子之间。对于铁磁性物质，相邻原子磁矩互相平行时交换能最低，两者的相对取向发生变化将导致交换能升高。另外，交换能越强，铁磁性物质的居里温度越高。

磁性材料中普遍存在着磁致伸缩现象，是磁有序化导致的尺寸改变。这种伸缩与方向有关，而其尺寸相对变化量主要由材料自身的化学成分决定。这种与磁化有关的尺寸变化，如果和外部应力或者材料中的内部应力相耦合，就会产生磁弹性能。

相邻磁畴之间的磁畴壁中，需要完成原子磁矩空间取向的转变。由于上述两项能量的缘故，畴壁区域相对于磁畴内部具有更高的能量。将单位面积畴壁的能量称为畴壁能密度，畴壁能密度随着磁晶各向异性能和交换能的增加而升高。考虑应力作用时，还随着磁致伸缩系数的升高而升高。

磁性材料的磁化曲线是其微观变化的宏观表现。其磁化过程，是外磁场驱使磁畴壁移动或者原子磁矩转向外磁场方向(简称磁矩转动)的结果。外磁场中，不同磁畴中原子磁矩的静磁能差别驱动磁畴壁移动，磁矩转向外磁场方向同样降低静磁能。磁畴大小的变化和原子磁矩的转动，导致磁性材料的宏观磁化强度由零开始逐渐增加，直到每个晶粒都成为单畴体、所有原子磁矩都平行于外磁场排列的磁化饱和状态为止。

磁性材料微观组织存在各种不均匀性，各种缺陷通过影响磁畴壁的能量、内部退磁场能量等方式，与磁畴壁交互作用阻碍磁畴壁移动。晶界、孪晶界和异相晶粒之间的相界等界面，第二相粒子以及孔洞等磁性与基体相不同的所有体缺陷，都对磁畴壁移动具有阻力。受磁致伸缩效应的影响，应力(包含内应力和外加应力)也影响磁畴壁移动，磁晶各向异性能等则形成磁矩转动的阻力。磁体的矫顽力对应于克服最大阻力所需要的驱动磁场。

磁性材料中对于磁化过程施加影响的因素很多，再考虑不同因素之间的交互作用问题更加复杂。不过，就某种具体情况而言，一般都是其中的某些甚至是某一种因素起主导作用，从而使问题简化。比如性能优异的软磁材料中，必须考虑磁致伸缩效应及其与应力作用所产生的磁弹性能对矫顽力和磁导率的影响。矫顽力很高的稀土永磁材料，关键是磁性相的磁晶各向异性能非常高，其他的能量处于次要地位，可以忽略不计。

18.2.2 软磁合金材料

软磁合金要求磁畴壁移动和原子磁矩转动的阻力都非常低，从而降低矫顽力，提高磁导率。为此，软磁合金一般都是单相均匀材料，晶体结构都是立方晶体。通常还要加入适当的合金元素以降低磁晶各向异性能和磁致伸缩系数，甚至制备成非晶态合金来完全消除磁晶各向异性，合金中固溶的杂质原子以及杂相质点越少越好。一般的工程材料为多晶体，可通过增大其晶粒尺寸来减少晶界。使用时磁场方向不变的材料，往往制备出特定的织构，使易磁化方向平行于磁场。此外，磁导率非常高的磁性材料中，内部和外部应力对磁导率都产生显著影响，其制品需要退火以消除应力，并且保护其免于承受外部应力作用。

软磁材料经常使用于交变磁场中。工作过程中，一方面由通电建立磁场的线圈电阻发热导致能量损耗，称为铜损；另一方面因为磁性材料反复磁化而消耗能量，称为铁损。这两种无功能量损耗主要都以热量形式散发，造成温度升高，这对材料、器件或设备会造成不利影响。

上述能量损耗中，铁损与软磁材料的特性密切相关。铁损用单位质量材料、单位时间内产生的能量损耗来衡量。铁损可分解为静态磁滞损耗 P_h、涡流损耗 P_e和剩余损耗 P_c。涡流损耗起因于电磁感应涡流的电阻发热。提高合金的电阻率，减小材料中涡流回路的面积，可以有效降低涡流损耗。减小磁性材料中磁畴的尺寸，减轻材料中微观尺度上各处磁化的不均匀性，也能够显著降低涡流损耗。磁滞损耗和剩余损耗都起因于磁化过程中磁感应强度的变化与磁场的变化之间存在的滞后。降低磁性材料的矫顽力能够有效降低静态磁滞损耗。剩余损耗的机理和影响因素比较复杂，此处不再介绍。

软磁合金主要包括电工钢、Fe-Si-Al 合金、Fe-Al 合金、Fe-Ni 合金、Fe-Co 合金等比较传统的材料，也有非晶态和纳米晶软磁合金这样的新型材料。图 18-10 中给出了目前工程实际中应用的各种软磁材料的磁性能对比。其中，纵轴给出的磁导率为 1 kHz 交变磁场中的有效磁导率（相对磁导率）。不同软磁材料具有各自的特点。

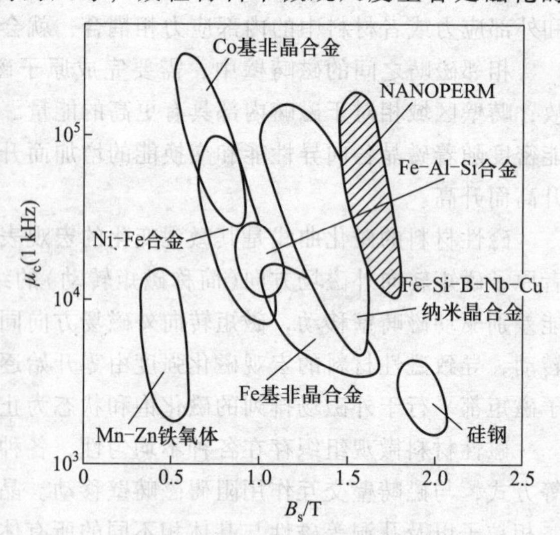

图 18-10 软磁材料磁性能的比较

18.2.2.1 电工钢

电工钢包括电工纯铁、低碳电工钢和硅钢(矽钢)，这些材料在历史上极大地推动了电力工业发展，至今广泛应用于发电机、变压器、电动机等主要电力设备中，为电力工业中不可或缺的材料。

电工纯铁指碳的质量分数在0.02%至0.04%之间的纯铁，一般由电弧炉或者转炉冶炼，产品主要是棒、板或带材。电工纯铁具有非常好的加工、成形与焊接性能，因此制造工艺简单，加工成本低。主要用于直流情况下，如直流电机和大型电磁铁的铁芯、继电器的衔铁等，用量大。电工纯铁饱和磁感应强度高、磁导率较高。不过，其电阻率仅为10 μΩ · cm，在交流电磁场中涡流损耗高，故此不适于交流应用，尤其不能用于较高频率的电磁场中。电解法可提高其纯度，将碳的质量分数降至0.006%。化学提炼可制得高纯粉末，用于制作磁粉芯。

我国的电工纯铁工业产品分为DT1至DT8。其中，DT1、DT2为沸腾纯铁，作为合金原料。DT3至DT6为电磁铁用纯铁，冶炼时加Al脱氧镇静处理。DT7、DT8为电子管用纯铁。多数产品又分不同等级：普通级、高级、特级和超级，后面三个等级分别在产品牌号后面加字母A、E、C表示，其差别在于矫顽力H_c和最大磁导率μ_m不同，表18-6为其简单汇总。

表18-6 国产电工纯铁的磁性

性能	普通	高级	特级	超级
H_c/(A/m)(不超过)	96	72	48	32
μ_m(相对磁导率)	6 000	7 000	9 000	12 000

电工纯铁的磁性能主要受杂质原子的影响。在H_2保护下，经1 300 ℃退火能将最大相对磁导率由7 000提高到320 000。电工纯铁存在磁时效现象，它是指纯铁在使用过程中发生矫顽力升高、磁导率降低的现象。磁时效的原因是：纯铁中含有较多的碳、氮原子(处于过饱和固溶态)，在使用中将以室温时效方式析出细小的碳化物和氮化物颗粒，造成磁性恶化。对此问题可以采用两种不同方法解决：①降低碳、氮含量，或者再加入少量的铝、钛，将固溶的碳、氮含量降低至无时效的水平以下；②使用前进行人工时效处理，使碳化物、氮化物充分析出，避免使用过程中磁性能衰退，常用工艺为100 ℃保温时效100 h。

低碳电工钢是指碳的质量分数低于0.1%的铁碳合金，其主要应用于低、中功率间隙动作电动机中。随着家电用品的迅速增加其用量增加。低碳电工钢的优点为：冷轧制成钢带、生产成本低、硬度较低、制品的冲压特性好而节省模具。

由于合金含碳量高，包含非磁性的碳化物第二相，降低了合金的软磁性能。对此，将钢带随炉冷却，甚至在共析温度以下进行退火，使其球化、长大。此外，工业生产中经常将0.5 mm和0.65 mm厚的钢带在湿氢中进行脱碳退火处理，将碳的质量分数降低为0.05%~0.08%。这些方法都能有效地提高软磁性能。

电动机铁芯中主要使用硅钢，在工频交变磁场中需要考虑损耗问题。低碳电工钢的铁损(含涡流损耗和磁滞损耗)明显高于硅钢，但是，其饱和磁感应强度高于硅钢，达到所需磁感应强度的磁场反而比较低，降低了电动机线圈中的电流强度，由此降低了铜损。在功率不超过

75 W 的电动机中，低碳电工钢的总能量损耗比硅钢还低，因此在该领域得到普遍应用。

硅钢是指在纯铁中加入合金元素 Si 形成的二元合金，它是用量最大的软磁材料，约占磁性材料总量(低碳电工钢和电工纯铁除外)的 90%至 95%。硅钢最早出现在 19 世纪末，对当时交流发电和输电的大发展起到极大的促进作用，其主要应用于工频交流电磁场中，并且以强磁场为主。故此，其性能要求中以铁损功率居首，图 18-11 中给出了硅钢合金问世以来经历的重要技术进步以及铁损性能的相应变化历程。

电力工业普遍使用轧制钢带，厚度一般为 0.5 mm、0.35 mm 或 0.3 mm。电讯工程应用中通常使用 0.2 mm 以下，最薄可至 0.025 mm 的薄带。故此，对其加工成形性能要求也很高。

图 18-12 中给出了 Fe-Si 二元相图的富铁部分。硅钢软磁合金中硅的质量分数在 1%至 5%之间，使得硅钢的微观组织为单相均匀固溶体，具有体心立方结构。相图显示：当硅的质量分数大于 2.5%时，合金在凝固温度以下始终保持单相固溶体。图 18-13 中给出了合金的一些性质随着硅含量的变化曲线。硅降低了磁晶各向异性常数 K_1、减小了磁致伸缩系数 λ，使得矫顽力降低、软磁性能提高，降低磁滞损耗。不过，饱和磁感和居里温度的降低是其负面作用的表现。加入硅能显著提高合金电阻率，$w_{Si}=4\%$的合金室温下的电阻率为 56 $\mu\Omega\cdot cm$，高出纯铁近 5 倍，因此能够显著降低涡流损耗。

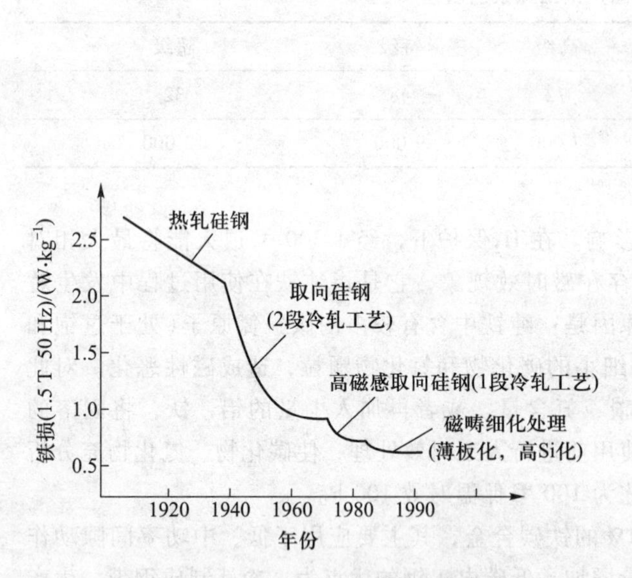

图 18-11 工业用硅钢的铁损变化曲线

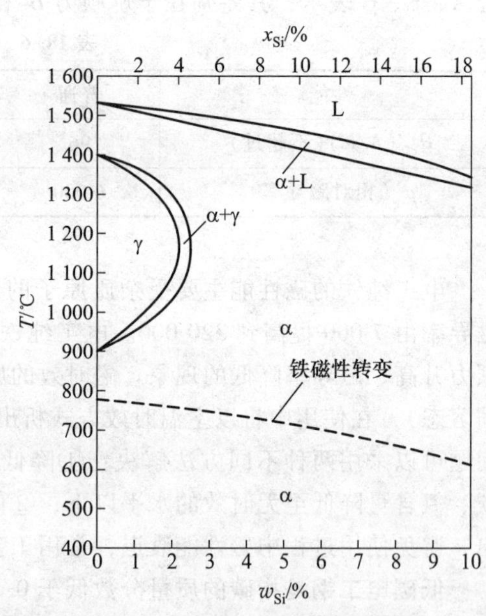

图 18-12 Fe-Si 二元相图的富铁部分

通过图 18-13 可知：合金中 w_{Si} 增加时，电阻率持续升高，磁晶各向异性常数持续降低，<100>和<111>方向上的饱和磁致伸缩系数绝对值也持续减小，并且当 $w_{Si}=6.5\%$时二者都接近于零。故此，具有更好的软磁性能、铁损更低的硅钢，其 w_{Si} 约为 6.5%。

Fe-Si 合金中，随硅含量的提高，合金的塑性和加工性能迅速降低。当 $w_{Si}=5\%$时，合金的室温塑性已经降低到 0。故此，冷轧成形的硅钢工业产品中 w_{Si} 不超过 3.5%，热轧硅钢中也不超过 4.5%。不过，人们始终坚持研制更高硅含量的硅钢。近期研究表明：高硅合金中出现的有序结构的金属间化合物 Fe_3Si 是致脆的原因。在有效抑制合金形成有序结构的条件下，可以完成高硅合金的塑性加工。

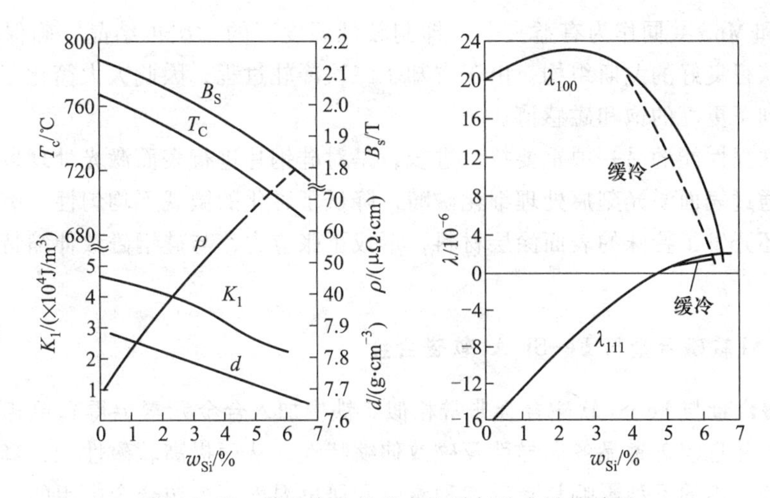

图 18-13 铁硅合金的基本性质与硅含量的关系

由图 18-11 可知，通过冷轧制造取向硅钢，是降低硅钢铁损、提高产品性能的关键。首先，由热轧工艺向冷轧工艺的转变，能使硅钢片表面质量显著提高，从而明显提高硅钢片叠片结构中合金所占据的空间比例（填充比），也提高了表面绝缘涂层质量。第二，饱和磁感提高10%以上，铁损降低 10%~30%。第三，冲裁性能显著改善，毛刺减少，同时冲模和剪切刀具的寿命提高。将冷轧的带卷产品替代片状热轧板带，冲压制品的自动化程度得到提高，材料利用率也显著提高，冷轧因此成为硅钢产品的主流工艺，技术先进国家基本淘汰了热轧硅钢。

所谓的取向硅钢，也就是形成特定织构的硅钢，这是降低铁损的主要手段，其产品主要应用于变压器铁芯等磁通方向固定不变的场合。硅钢的易磁化方向为<100>方向，故此，硅钢的取向织构中，晶粒的<100>方向应尽量平行于磁化方向，由此可以显著降低矫顽力，并因此减少磁滞损耗和总铁损。取向硅钢的这种织构需要通过冷轧来实现。硅钢发展历史上有两次相关的重大技术突破，分别是二次冷轧获得戈斯（Goss）织构和一次冷轧取向硅钢生产技术。

20 世纪 30 年代，通过二次冷轧获得的{110}<001>取向硅钢，称戈斯织构。其中冷轧钢带的<100>方向择优平行于轧向分布。由于铁损显著降低，技术得到迅速推广应用。其工艺流程为：冶炼→铸锭→开坯→热轧板坯（约 2.2mm）→黑退火（700 至 800 ℃脱碳）→酸洗→一次冷轧（65%压下率）→中间退火（800~900 ℃）→二次冷轧（50%~60%压下率,达到 0.35 mm 厚）→脱碳退火（湿氢,800 ℃）→高温退火（1 150~1 200 ℃）→涂层→拉伸回火→成品。

该工艺中，两次冷轧和高温退火是获取戈斯织构的关键。戈斯织构并非是冷轧变形织构，而是由{111}<11$\bar{2}$>取向的晶粒在 650 ℃以上退火发生再结晶过程中转变而成的。一次冷轧中产生这种取向的晶粒，经二次冷轧，这种取向的晶粒比例显著增加。二次冷轧后脱碳退火过程中，合金发生一次再结晶，但需要避免二次再结晶，以免将这种取向的晶粒吞噬掉。为此，在硅钢中加入合金元素锰，与硫形成 MnS 夹杂颗粒，阻碍晶界移动和晶粒长大，有效抑制高温下的二次再结晶，这里 MnS 成为有益夹杂。最后高温退火时，MnS 溶解，合金充分完成二次再结晶。由于退火温度高于 900 ℃，{111}<11$\bar{2}$>取向（即有利取向）的晶粒长大能力提高，由此获得锋锐的戈斯织构。

第二次技术突破是 20 世纪 60 年代日本新日铁公司发明的一次冷轧制取取向硅钢技术。其中，使用 AlN 和 MnS 共同作为有益夹杂，抑制较低温度下的二次再结晶，确保经高温退火二次再结晶后仍获得良好的戈斯织构。由于省却了二次冷轧过程，因此大大简化了冷轧工艺，并且取向硅钢达到了更高的饱和磁感值。

降低硅钢铁损性能的另一项重要技术进步，是对硅钢片进行表面激光处理以对磁畴结构进行细化处理。通过表面激光刻痕处理细化磁畴，降低了磁化的微观不均匀性，有效减少了涡流损耗。此外，还开发了特殊的表面涂层材料，形成了张应力，与硅钢磁致伸缩特性相耦合，使其磁化更容易进行。

18.2.2.2 Fe-Al 软磁合金与 Fe-Si-Al 软磁合金

Fe-Al 软磁合金与 Fe-Si 软磁合金非常相似。铁中加入合金元素铝得到单相固溶体，可显著提高电阻率，并且改善磁晶各向异性及磁致伸缩特性，从而提高软磁性能，降低合金的涡流损耗与磁致损耗。铝的不利影响是降低饱和磁感和居里温度。按照合金中铝的比例将工业产品主要分为三类。第一类是 w_{Al} 低于6%的低铝合金，与 w_{Si} 为4%的无取向硅钢类似，用于交流强磁场中。第二类是 w_{Al} 约为12%的合金，最大相对磁导率可达 25 000，饱和磁感为 1.45T，适合作为高导磁合金。第三类合金中 w_{Al} 为 16%，最大相对磁导率达 50 000，是廉价的高导磁合金。该合金因为形成 Fe_3Al 金属间化合物而塑性很差，不能冷加工成形。

Fe-Si-Al 软磁合金是一种磁导率非常高的软磁合金，典型成分是 $w_{Al}=5.4\%$，$w_{Si}=9.6\%$，其余为铁，称为 Sendust 合金。它的磁晶各向异性及磁致伸缩系数都接近于 0，因此起始磁导率非常高。该合金几乎没有塑性、硬度大、耐磨性良好，故此广泛用作读取磁头材料。

18.2.2.3 Fe-Ni 软磁合金与 Fe-Co 软磁合金

Fe-Ni 软磁合金是指 w_{Ni} 在 30%至 90%范围内的 Fe-Ni 二元软磁合金，以及在此基础上添加少量钼、铜、铬、钨等形成的多元软磁合金。自 1913 年问世以来，已经形成软磁合金中的一个庞大家族，依据化学成分和磁性能特点可以划分为多种不同类型。

图 18-14 给出了 Fe-Ni 二元合金相图。在 Fe-Ni 软磁合金的成分范围内，固相线以下都是面心立方结构的单相均匀固溶体。在较低温度下存在两种变化：一种是富铁侧 γ→α 转变，一种是富镍侧发生以 $FeNi_3$ 为中心的有序转变。其中，富铁侧的相变存在严重的热滞后，合金中 w_{Ni} 超过 30%时，通常冷却速度下 α 相的析出温度都低于 0 ℃，故通常不考虑该相变。

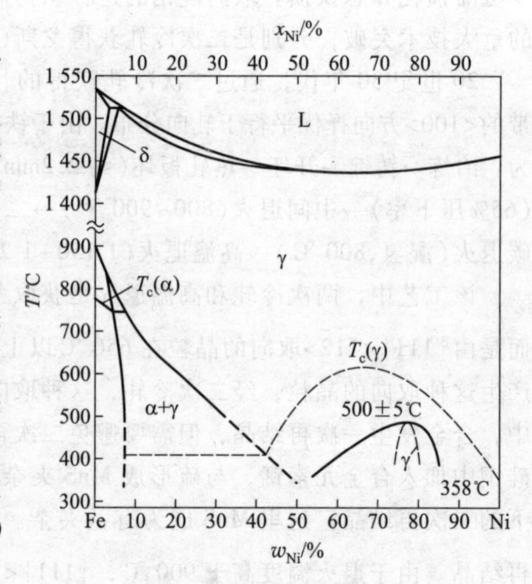

图 18-14 Fe-Ni 二元相图

Fe-Ni 合金的饱和磁化强度、磁晶各向异性、磁致伸缩系数，以及居里温度、电阻率等基本特性随着成分的变化在图 18-15 中给出。基于这种变化，Fe-Ni 系合金形成以下 4 种类型的主要软磁合金。

第一类是**坡莫合金**，合金中 w_{Ni} 一般在 76%至 82%之间，并且添加少量钼、铜等改善工艺性能。代表性商业化产品是 Fe-Ni79Mo4 和 Fe-Ni72Mo3Cu14，前者称为钼坡莫，后者为 1040 合金。由图 18-15 可见，Ni 的质量分数约为 79%时，Fe-Ni 合金的磁晶各向异性常数及饱和磁致伸缩系数都接近于 0。故此，坡莫合金矫顽力非常低，起始磁导率及最大磁导率非常高。Fe-Ni79Mo5的最大相对磁导率可以达到 1 000 000，目前仍然是晶态合金中最高的。需要注意一点：应当避免合金在冷却过程中发生有序转变。加入钼能够显著减缓有序化转变速度，保证炉冷条件下(冷速大约为 1 K/s)获得良好性能，改善了工艺性能。不过，坡莫合金的饱和磁感和居里点在 Fe-Ni 系软磁合金中都比较低。

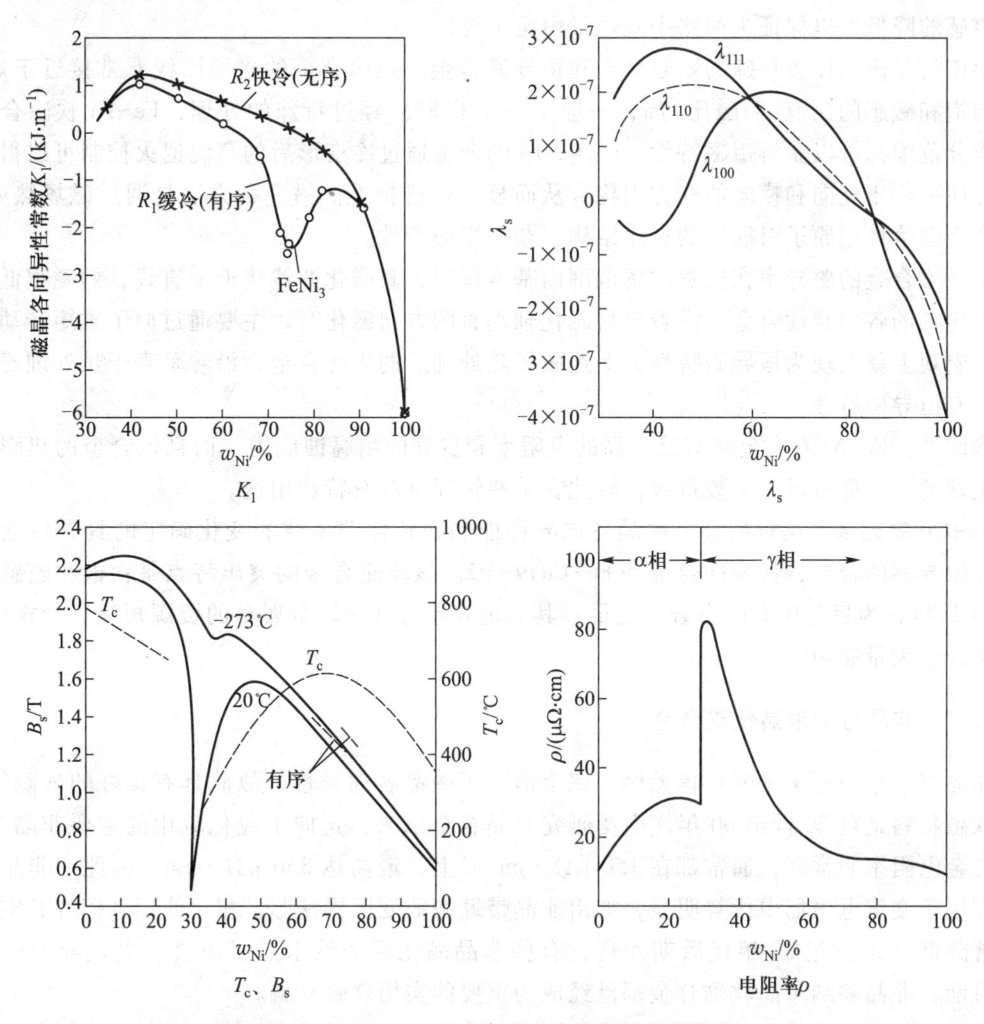

图 18-15 Fe-Ni 二元合金基本特性的变化曲线

坡莫合金一般使用较高纯度的原材料冶炼，以减少杂质原子和杂质相质点。制造过程中一般需要使用氢气作为保护气氛，在高温下充分退火以彻底消除应力，并进一步去除一些杂质，通常通过冷轧制成薄带再缠绕成磁芯使用。制成品运输和使用过程中须避免冲击和振动，以免因内应力作用而损害磁性能。

高导磁合金通常用于交流弱磁场中，对于弱磁响应灵敏，如仪器仪表中的互感器、音频变压器、磁头、磁屏蔽等。坡莫合金作为磁头使用时，还要加入铌及少量钛或铝来提高硬度和耐磨性。

第二类软磁合金是中等镍含量的高导磁软磁合金。镍的质量分数在50%左右时，合金的磁导率虽低于坡莫合金，但是仍然保持较高数值。其饱和磁感比坡莫合金提高近1倍，是Fe-Ni软磁合金中最高的。Fe-Ni50是为数不多的纯二元软磁合金，适用于中等强度的交流电磁场中，尽量不加其他合金元素从而保持高饱和磁感。

第三类是磁性温度补偿合金。合金中w_{Ni}在30%至33%，合金居里点略高于室温，其饱和磁感随着温度升高剧烈降低。将其并联在磁路中作为分流磁路，弥补磁源总磁通随温度升高所导致磁感的降低，以保证主回路中磁通量恒定不变。

第四类是磁性比较特殊的矩磁合金和恒导磁合金。矩磁合金的磁滞回线非常接近于矩形，剩磁与饱和磁感的比值(剩磁比)高，一般不低于0.85。经过特殊的处理，Fe-Ni软磁合金在多个成分范围都可以获得矩磁特性。$w_{Ni}=50\%$的合金通过冷变形后的高温退火控制可以得到易磁化方向平行于轧向和横向的立方织构，从而显示矩磁特性。另一种方法是通过磁场热处理，完成合金固溶体中原子对取向的有序结构，获得矩磁特性。

恒导磁合金的磁导率在较宽磁场范围内基本恒定，其磁化曲线接近于直线，剩磁很低。单一易磁化轴的各向异性合金，沿着与易磁化轴垂直的方向磁化时，主要通过原子磁矩转动完成磁化，宏观上就表现为恒导磁特性。上述磁场热处理后的矩磁合金，沿着垂直于热处理磁场方向上具有恒导磁特性。

除此外，Fe-Ni36合金具有反常高的电阻率和良好的耐腐蚀能力，而且该合金的热膨胀系数比正常的合金低将近一个数量级，故此在某些情况下具有特殊用途。

Fe-Co软磁合金是根据合金磁晶各向异性能和磁致伸缩系数的变化确定的具有较低矫顽力和高磁导率的合金，代表性合金是Fe-Co49-V2。该软磁合金的突出特点是：饱和磁感应强度达到2.4T，为目前所有晶态合金之最；其居里点超过纯铁。金属钴的资源短缺、价格昂贵，影响该合金大量应用。

18.2.2.4 非晶与纳米晶软磁合金

非晶态合金中原子排列长程无序，完全消除了磁晶各向异性，故此具有良好的软磁性能。非晶软磁材料是自20世纪60年代广泛研究非晶合金以来，走向工业化应用的主要非晶合金。非晶合金电阻率非常高，通常都在150 μΩ · cm以上，最高达350 μΩ · cm。因此，非晶软磁合金应用于交流电磁场中优势明显，如由非晶带缠绕的变压器铁芯，相比使用硅钢片其空载损耗显著降低。20世纪80年代后期发现，有些非晶晶化后的纳米晶组织具有更优异的软磁性能。目前，非晶和纳米晶软磁合金都已经成为重要的实用软磁材料。

非晶态软磁合金首先需要具备很强的非晶形成能力，同时要求具有较高的饱和磁化强度和居里温度。故此，非晶软磁合金往往以3d过渡族金属TM为其组元之一，加入显著提升非晶形成能力的合金元素。目前主要有三类：TM与类金属硅、硼、磷、碳等组成的合金，TM-稀土(RE)合金，以及TM与锆、铪等金属形成的合金。

第一类非晶软磁中，3d过渡族金属主要是铁、钴、镍，合金中类金属的摩尔分数一般达到16%以上，甚至达30%。这类非晶软磁合金已经得到广泛应用。国外商业产品取名为Metglas，意为金属玻璃，突出了其非晶态特征。非晶软磁的饱和磁感取决于合金的化学组成，并且主要受铁、钴、镍三种元素及其相对比例的影响。以Fe为基本成分，添加合金元素提高非晶形成能力获得铁基非晶软磁合金，其饱和磁感较高。将铁基合金中Fe用Ni部分地替代，形成铁镍基非晶软磁合金，其特点是矫顽力低，但饱和磁感也较低。该非晶软磁用量大，主要替代坡莫合金，节省大量金属镍。过渡族金属以Co为主的合金为钴基非晶软磁合金，其突出特点是磁致伸缩系数非常接近于零。表18-7中给出了一些典型的非晶态软磁合金的基本情况。

另外的两类非晶软磁合金分别是3d过渡族金属与稀土金属形成的非晶合金，如Gd-Co合金，以及3d金属铁、钴、镍中只加入摩尔分数在10%左右的锆、铪形成的非晶软磁合金。为了调整磁特性，非晶软磁中经常加入铬、钒、锰等合金元素。

表18-7 一些非晶软磁合金的性能

合金	B_s/T	H_c/(A/m)	μ_m	T_c/K	T_{cry}/K	ρ/(μΩ·cm)	$\lambda_s/10^{-6}$	P_c/(W/kg)
$Fe_{79}Si_9B_{13}$	1.56	2.4	600 000	688	823	137	27	$P_{14/50}=0.24$
$Fe_{40}Ni_{40}Si_{14}B_6$	0.78	0.64	900 000	523	685	180	7	$P_{0.2/10K}=0.15$
$Co_{70.5}Fe_{4.5}Si_{10}B_{15}$	0.88	1.20	$\mu_{1K}=70\ 000$			147	0	$P_{0.2/100K}=60$

纳米晶软磁合金：1988年Yoshizawa等人在对含有少量Cu和Nb的Fe-Si-B非晶合金进行晶化热处理中发现，晶化相比例为70%左右、析出相晶粒尺寸在10 nm至20 nm的合金，具有比非晶态软磁合金更加优异的软磁性能，由此人们获得了新型的纳米晶软磁合金。

纳米晶软磁合金中，磁晶各向异性是矫顽力和磁导率的决定性因素。理论分析指出，包含大量随机取向纳米晶粒的合金，其有效的磁晶各向异性常数正比于晶粒直径的6次方。试验证实，合金的起始磁导率反比于晶粒直径的6次方。Fe-Si-B-Cu-Nb合金中，Nb、Zr等合金元素在非晶晶化过程中有效阻止富Fe磁性相晶粒长大，对获取优异软磁性能至关重要。

此外，纵观所有软磁材料，纳米晶软磁合金是唯一的多相组织。软磁性能优异的合金中，包围在纳米晶化相周围的非晶相，其饱和磁化强度等基本磁性能与晶化相之间基本协调。如果两相之间相差非常大，尤其是如果非晶相呈现非铁磁性，合金的总体软磁性能将大幅度恶化。

新型的纳米晶软磁合金已经成为软磁合金家族的重要成员。Fe-Si-B-Cu-Nb纳米软磁合金商业产品取名为Finemet，意为非常细小的合金，另一类的$Fe_{90}Zr_7B_3$纳米软磁合金也达到商业化水平，命名为Nanoperm，意为纳米高导磁合金。

18.2.3 硬（永）磁合金

对于天然硬磁（也称永磁）材料的认识和应用至少可以追溯到公元前数百年，其磁性能远低于今天使用的人造硬磁材料。图18-16中以最大磁能积为标尺给出了最近一个世纪中硬磁材料的发展历程，最早使用的W钢等几种合金钢类硬磁材料已被淘汰。下面简单介绍的硬磁合金包括 Alnico 铸造永磁，FeCrCo 变形永磁，以及 $SmCo_5$、Sm_2Co_{17}和 $Nd_2Fe_{14}B$ 等稀土永磁。

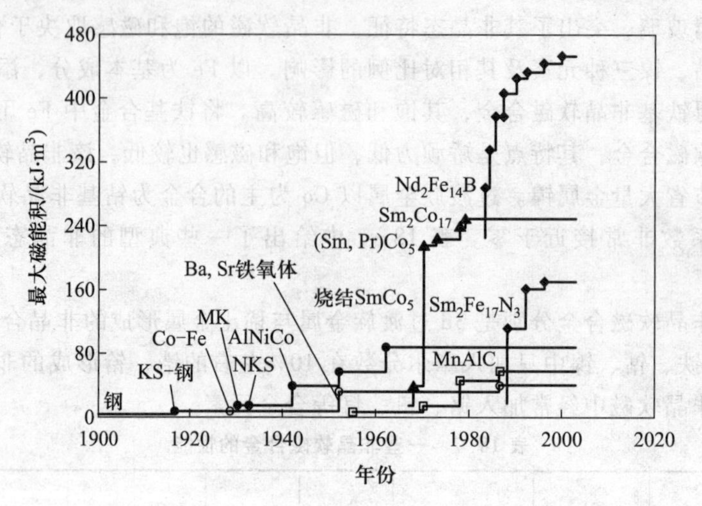

图 18-16 永磁材料性能的发展历史

18.2.3.1 Alnico 铸造永磁合金和 FeCrCo 变形永磁合金

Alnico 铸造永磁合金以 Fe、Al、Ni、Co 为基本组成。早期合金不含 Co，其中 Fe、Al、Ni 的摩尔分数比例大约为 2∶1∶1。高温下合金为体心立方结构的单相固溶体，冷却时调幅分解为两个体心立方相：铁磁性富 Fe 相与富 Ni 和 Al 的非铁磁相。其中，铁磁性富 Fe 相晶粒为针状或片层状，几何形状具有明显的各向异性，非磁性相是合金的连续基体。

铁磁性晶粒的形状各向异性，使退磁能呈现各向异性，在合金磁化与反磁化过程中，起到与磁晶各向异性能相同的作用，保证合金具有较高矫顽力，呈现良好硬磁特性。

在上述 3 元合金基础上再加入 Co，能显著提高合金的磁性能。添加 Co 的质量分数一般不少于 5%，最高达 40%。此外，还少量添加 Cu、Ti、Nb 等合金元素改善合金性能，从而形成了今天仍然广泛使用的系列化 Alnico 铸造永磁合金。

Alnico 铸造永磁合金由熔融合金铸造而成。铸锭经过固溶及时效热处理完成调幅分解转变，获得良好的硬磁性能。合金调幅分解时，沿着{100}晶面析出富集 Fe、Co 的铁磁性相晶粒，呈现明显的形状各向异性，其片层厚度一般为几十至几百纳米。通过定向凝固和磁场热处理技术大幅度提高了磁性能。该合金凝固过程中晶体生长最快的为<100>方向，因此，通过定向凝固技术获得了<100>方向排列良好的柱状晶。在此基础上，在磁场中进行热处理及调幅分解过程中铁磁性晶粒的长轴沿着外磁场方向平行排列。将这两种工艺结合，使得磁体中铁磁性晶粒长轴平行排列，成为各向异性的磁体，剩磁非常接近饱和磁感，从而大幅度提高了最大磁能积。可以达到的磁性能为：$B_r = 1.10$ T，$H_c = 108$ kA/m，$(BH)_{max} = 72$ kJ/m^3。

Alnico 铸造永磁中加入 Co，在调幅分解时，Co 在铁磁性相中富集，提高了其饱和磁感和居里温度。居里温度升高，是保证磁场热处理效果的必要条件。Alnico8 磁钢中 w_{Co}达 34%，铁磁性相居里温度为 810 ℃，调幅分解开始温度为 860 ℃，磁场热处理的温度为 800 ℃。另外，Alnico 铸造永磁合金凝固过程中存在比较复杂的相变过程。在合金中加入 Co 和 Cu 可降低调幅分解的开始温度，也使其分解速度减小，此外抑制面心立方相生成反应。所有这些变化，降低了合金性能对于工艺参数的敏感性，使得获取较佳磁性能的处理工艺条件变得宽松。人们称之为改善工艺性能。

Alnico 永磁合金居里温度高，一般达到 850 ℃甚至更高，磁性能的热稳定性非常好，最高使用温度可以达到 400 ℃以上。在温度变化大或者较高温度的应用场合中还难以被其他永磁材料替代。该合金的缺点是：脆性大，不能塑性加工成形；含有较多 Co，原材料资源少、价格高。

FeCrCo 变形永磁合金与 Alnico 非常相似：通过调幅分解获得双相组织，依靠其中铁磁性相的形状各向异性获取较高的矫顽力，两者的磁性能水平也很接近。FeCrCo 硬磁合金的突出优点是具有良好的塑性，能够塑性加工成形，比如可以冷拔成丝材。

18.2.3.2 Sm-Co 系稀土永磁

20 世纪 60 至 70 年代，以 Sm-Co 金属间化合物为代表的稀土永磁合金诞生，使永磁性能产生了飞跃。第一代稀土永磁 $SmCo_5$ 将最大磁能积由此前的 80 kJ/m^3 提高到 160 kJ/m^3，以 Sm_2Co_{17} 为代表的第二代稀土永磁合金再将其提高至 240 kJ/m^3。

Sm-Co 系稀土永磁合金中，磁性相分别为 $SmCo_5$ 和 Sm_2Co_{17} 金属间化合物，图 18-17 中分别给出了其晶体结构，它们同属于六方系。晶体对称性低，使其磁晶各向异性显著高于前面所述的立方系软磁金属及合金。表 18-8 中给出了一些典型的稀土-过渡族金属间化合物的磁晶各向异性常数。它们的磁晶各向异性非常高，另一个重要原因是化合物中含有轨道角动量不为 0 的稀土 Sm，依靠其中轨道与自旋角动量的交互作用，获得非常高的磁晶各向异性。如果将稀土原子替换为 Y、La、Gd 等，化合物的磁晶各向异性明显降低。

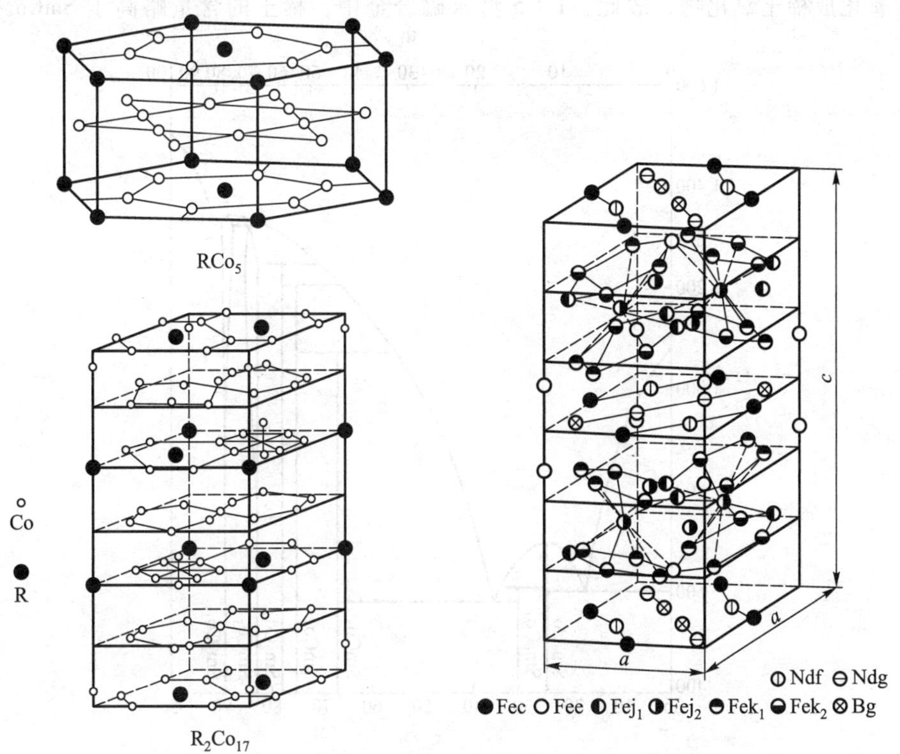

图 18-17 三种典型稀土永磁合金中铁磁性化合物相的晶体单胞

表 18-8 一些铁磁性物质的磁晶各向异性能参数

材料	晶体结构	$K_1/(\mathrm{J/m^3})$
Fe	体心立方	4.8×10^4
Ni	面心立方	-4.5×10^3
Co	六方	4.1×10^5
$SmCo_5$	六方	1.3×10^7
YCo_5	六方	5.0×10^6
Sm_2Co_{17}	六方	3.2×10^6
Y_2Co_{17}	六方	3.8×10^5
$Nd_2Fe_{14}B$	四方	5.0×10^6
$Y_2Fe_{14}B$	四方	1.1×10^6
$Dy_2Fe_{14}B$	四方	4.2×10^6

$SmCo_5$和Sm_2Co_{17}晶体的易磁化方向都是[0001]方向。故此，磁化饱和后处于[0001]方向上的原子磁矩，在反向磁化转向[000$\bar{1}$]过程中，需要克服异常高的磁晶各向异性能所造成的巨大阻力，因此矫顽力非常高。

图 18-18 中给出的 Sm-Co 系二元相图显示，$SmCo_5$相在较高温度下对其两个组元具有一定的固溶度，而温度降低到室温时这种固溶度几乎消失。试验研究表明：合金中如果出现了Sm_2Co_7相，其矫顽力会降至很低，从而磁性能很差。稀土金属化学活泼性高，合金制备过程中易于被氧化成稀土氧化物，故此，1∶5 型永磁合金中，稀土的含量略高于$SmCo_5$化合物的

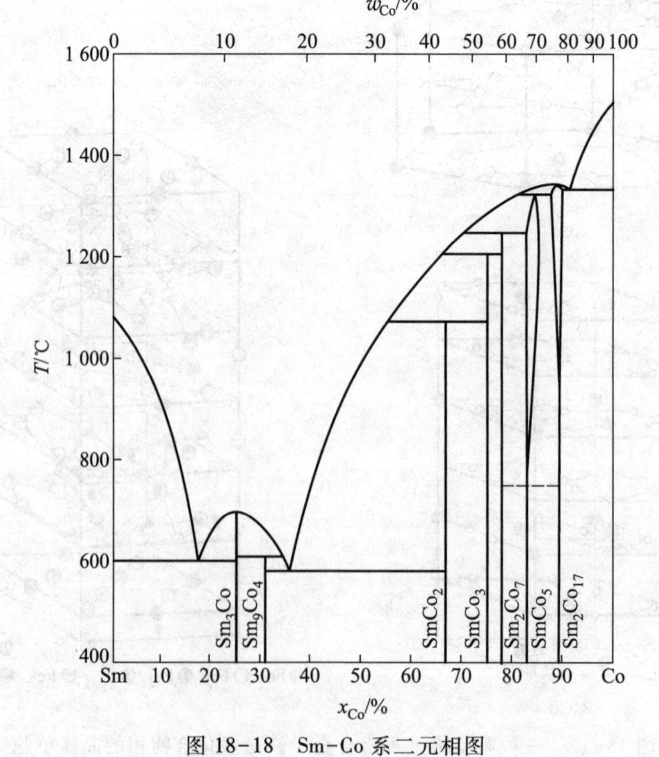

图 18-18 Sm-Co 系二元相图

化学计量成分。1∶5 型 Sm-Co 永磁合金，主要由 $SmCo_5$ 相组成，还有少量非磁性的富稀土相，此外还有稀土氧化形成的稀土氧化物。

1∶5 型 Sm-Co 磁体一般通过粉末冶金方法制备。首先将熔融合金铸造凝固成铸锭，再进行机械破碎制备单晶粉末。在外磁场中取向，使磁粉易磁化方向平行排列。接下来压制成压坯，并在高温下烧结，使粉末之间达到牢固的化学键结合，同时消除压坯中粉末颗粒之间的孔隙，提高磁体的致密度和结合强度。由此获得的烧结磁体，具有很高的剩磁，剩磁比接近于1，从而获取高的最大磁能积。

1∶5 型稀土永磁的内禀矫顽力可以高达 4.8 MA/m，它对应于磁化饱和的 $SmCo_5$ 相晶粒中反向磁畴形核所需要的外加反向磁场。不过，依据 $SmCo_5$ 相的磁晶各向异性常数与其饱和磁化强度计算出的矫顽力的理论数值(称为各向异性场)，还显著高于目前实际达到的水平，原因在于内禀矫顽力是典型的微观组织敏感性能。

此外，通过机械球磨将其制备成几个至十几微米的细粉后，$SmCo_5$ 化合物的磁粉具有很高的矫顽力和良好的永磁性能，可以用黏结剂粘接成磁环、磁瓦等各种形状的磁性器件而在实际中使用。

以 Sm_2Co_{17} 为基体的 2∶17 型 Sm-Co 永磁合金中，稀土与过渡族金属的摩尔分数比控制在 1∶7.2 左右。合金由 Sm_2Co_{17} 和 $SmCo_5$ 两种磁性相组成。其中，Sm_2Co_{17} 相的饱和磁感更高，有利于提高合金剩磁和最大磁能积。但是，Sm_2Co_{17} 相的磁晶各向异性不如 $SmCo_5$ 相高，故此单纯的 Sm_2Co_{17} 相难以获得很高的内禀矫顽力。经过适当热处理，2∶17 型 Sm-Co 永磁合金形成胞状组织，胞内为 Sm_2Co_{17} 相，而 $SmCo_5$ 相构成胞壁。在这种微观组织状态下，合金的磁化与反磁化过程中，磁畴壁在两种磁性能不同的相界面上遇到很强的钉扎力，成为高矫顽力的产生原因。故此，将 2∶17 型稀土永磁的矫顽力机制称为壁移钉扎机制。

18.2.3.3 Nd-Fe-B 系稀土永磁

20 世纪 80 年代初，第三代 Nd-Fe-B 系稀土永磁合金问世，再次大幅度提高了硬磁性能，其最大磁能积达到 450 kJ/m^3。与 Sm-Co 系稀土永磁相比，它的原材料丰富、成本低。该永磁合金不仅成为用量最大的稀土永磁，其产值也超过铁氧体而居永磁材料的首位。

Nd-Fe-B 永磁合金的主要组成相为三元的 $Nd_2Fe_{14}B$ 金属间化合物，晶体结构为四方结构，其单胞在图 18-17 中给出。该化合物具有非常高的磁晶各向异性能，使磁性合金具有很高的内禀矫顽力。稀土原子 Nd 与 Fe 原子之间为铁磁性耦合，化合物的饱和磁化强度很高，因此，可以达到非常高的最大磁能积。

Nd-Fe-B 永磁合金中，Nd 的含量略高于 $Nd_2Fe_{14}B$ 化合物的化学计量成分，保证 $Nd_2Fe_{14}B$ 为主要组成相(又称基体相)。适量的多余 Nd，一方面抵消磁体制作过程中的氧化消耗，更重要的是形成非磁性相的富稀土相，在合金的凝固和磁体烧结后的冷却过程中，经过三相共晶反应，以很薄的片层形式均匀分布于基体相晶粒间的界面上，将磁性相晶粒分割开，使得各磁性相晶粒的磁化和反磁化相对独立，由此获得高矫顽力。

常用粉末冶金工艺将 Nd-Fe-B 永磁合金制备成各向异性烧结磁体。通过磁粉在磁场中取向获得高剩磁(一般在 1.0 T 至 1.5 T,剩磁比接近于 1)以及高的最大磁能积，控制好晶粒尺寸(3~5 μm)和微观组织，获取高矫顽力(一般在 800 kA/m 以上,高者达 3 000 kA/m 以上)。Nd-Fe-B 永磁合金的矫顽力具有显著的微观组织敏感性：在 1 100 ℃左右烧结后一般要进行较低温度(最终回火在600 ℃左右)的回火处理，矫顽力能够因此提高1倍甚至更多。对合金的微观组织进行观察发现，回火前后仅仅是在晶界区域发生了很细微的变化。

高性能Nd-Fe-B烧结永磁的制备技术发展过程中，薄片铸造技术发挥了重要作用。这种技术用类似于快淬制取非晶的设备，以较快冷速将合金熔体制备成厚度为0.3 mm左右的薄片。凝固组织中，基体相为3~5 μm厚的片层，富稀土相以很薄的片层均匀分布于基体相晶粒之间。这种合金凝固技术解决了普通的熔体铸锭凝固工艺中的一系列问题：(1)普通铸锭中包晶反应不完全所遗留的粗大Fe枝晶因为快冷得以消除；(2)普通铸锭中较大尺寸的富稀土相颗粒不复存在，也消除了普通铸锭中该相在消除Fe枝晶的退火过程中的粗化问题。合金凝固工艺的改变，使得薄片铸造工艺下，合金中的稀土只需略微超过$Nd_2Fe_{14}B$相化学计量含量，提高了磁性相体积分数，由此提高剩磁和最大磁能积。

不过，$Nd_2Fe_{14}B$化合物的居里温度比较低，只有312 ℃。受此影响，当温度明显比室温高时，合金的矫顽力、饱和磁感及最大磁能积都显著降低，故此纯的三元Nd-Fe-B永磁合金使用温度上限一般不超过80 ℃。从提高室温矫顽力与适当提高磁性相的居里温度两个方面，分别通过添加适当的合金元素来解决由此带来的问题。添加Tb、Dy、Ho等重稀土元素来部分替代Nd能够有效提高内禀矫顽力。不过，这些重稀土元素与Fe原子的磁矩以反铁磁性方式耦合，会显著降低合金的饱和磁化强度，并因此使最大磁能积降低。添加Co部分取代Fe，能够非常明显地提高居里温度，增加饱和磁感的温度稳定性。但是，Co部分取代Fe会降低合金的矫顽力。

另外，不同于上述$SmCo_5$永磁合金，Nd-Fe-B永磁合金在铸锭状态以及由铸锭机械破碎成微米大小的磁粉，其矫顽力一般不超过100 kA/m，故此其剩磁和最大磁能积也很低，不具备实用价值。

通过快淬工艺及其后续热处理，还可以将Nd-Fe-B永磁合金制备成磁性相晶粒尺寸只有几十纳米的纳米永磁合金薄带，通常称为快淬Nd-Fe-B。经过简单破碎成磁粉，与环氧树脂等有机黏结剂混合后，制备成黏结磁体制品。

另一种制备Nd-Fe-B永磁合金磁粉的方法是氢化—歧化—脱氢—还原工艺，简称HDDR工艺。其中，首先利用Nd-Fe-B合金具有吸氢的特性，使铸造合金吸氢；加热到一定温度后，合金中的$Nd_2Fe_{14}B$会与H_2发生反应而分解，称为歧化；采用抽真空等方法降低气氛中的H_2分压，歧化中分解的产物失去氢后会重新生成$Nd_2Fe_{14}B$，此过程称为脱氢、还原。经过这样的处理，合金中$Nd_2Fe_{14}B$相会由合金凝固铸锭中粗大的柱晶转变为平均尺寸为0.3 μm左右的细晶，从而使合金的矫顽力大幅度提高。同时，经过处理，合金由块状铸锭转变成细粉，适合于制备黏结磁体。

18.2.3.4 其他稀土永磁材料

20世纪90年代，人们还发现和研制出多种硬磁性能优异的稀土-过渡族金属化合物类型的永磁材料，代表性的成果包括2∶17型的Fe基永磁合金和双相纳米复合永磁材料的成功研制与开发。

第二代稀土永磁是以Co为过渡族金属的2∶17型永磁合金。将其中的Co置换成资源丰富、价格低廉的Fe时，2∶17型金属间化合物的居里温度很低，不具备实用价值。20世纪90

年代的研究发现：通过氮化可以显著提高居里温度，原因是氮作为间隙原子固溶于 2∶17 型化合物中，改变了相邻的 Fe 原子间距，从而改变了它们之间交换作用的性质。$Sm_2Fe_{17}N_y$(y=2.7~3.0)的居里温度为 470 ℃，该合金室温下的永磁性能与 Nd-Fe-B 永磁合金相当。该合金含氮，较高温度下氮会逸出，故此不能进行高温烧结制成致密的块状磁体。目前，主要将该合金制作成 1 μm 左右的细磁粉，用作生产黏结磁体的原料。

利用快淬技术研究较低稀土含量的 $Nd_4Fe_{78}B_{18}$ 合金过程中，获得了由硬磁相 $Nd_2Fe_{14}B$ 与软磁相 Fe_3B 混合的双相合金。将其中的两相晶粒尺寸都控制在十几至几十纳米(不超过 30 nm)时，合金对外表现出统一的硬磁行为——高矫顽力、高剩磁，因而具有较高的最大磁能积，成为一种新型的永磁材料——双相纳米复合永磁合金。它的磁化行为截然不同于软、硬磁性两种物质简单混合的结果，不是软磁、硬磁曲线的简单叠加。双相纳米复合永磁合金中，通过跨越相界面的交换作用，使得磁硬性截然不同的两种相的磁化-反磁化过程强烈地关联起来。这种合金的磁性宏观上表现为各向同性，但受交换作用的影响，其剩磁比明显高于 0.5，明显不同于传统意义上的单轴各向异性磁性材料。这种新型永磁材料的研制成功，拓展了人们对于材料磁性的认识。同时，在快淬稀土永磁合金中，拓宽了合金中稀土含量的范围。就 Nd-Fe-B 永磁合金而言，从与烧结磁体相当的过化学计量比例“连续地”降低到低稀土量的 $Nd_4Fe_{78}B_{18}$，这有利于永磁合金的系列化。这类新型永磁合金还包括 Sm_7Fe_{93} 经过氮化处理得到的 $Sm_2Fe_{17}N_3$ 与 α-Fe 的纳米双相复合永磁体等。

18.2.4 新型磁性功能合金

新型磁性功能材料，是指在几何尺寸、热容、电阻等许多方面具有不同寻常从而具有特殊性质的一系列磁有序功能材料，目前包括磁致伸缩、磁制冷和磁蓄冷合金等。

18.2.4.1 磁致伸缩效应与超大磁致伸缩材料

磁致伸缩效应是普遍存在于铁磁性、反铁磁性与亚铁磁性物质中的一种基本效应，是 Joule JP 在 1842 年发现的。磁致伸缩效应是指磁有序物质中，原子磁矩由随机排列状态转变为有序排列状态的过程中，尺寸、体积和形状发生变化的现象，图 18-19 中示意性给出了铁磁性材料的这种效应。请注意，磁致伸缩变形类似于固体弹性变形。如图 18-19b 所示，磁致伸缩系数为正的材料，在磁无序状态下为球形的物体(虚线所示)，在磁有序状态下(实线所示)不仅沿着自发磁化方向伸长，同时在其垂直方向上缩短。

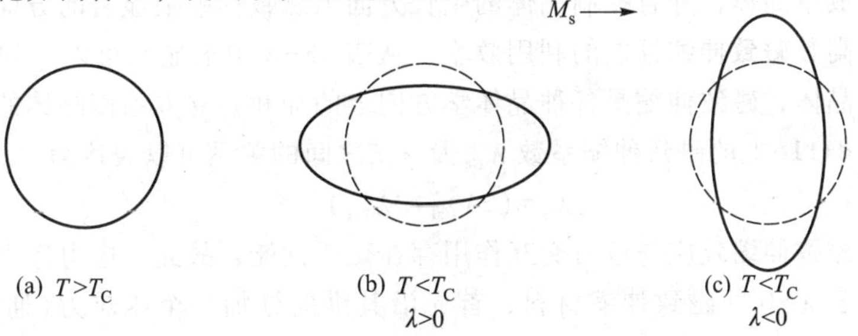

图 18-19 铁磁性物质的磁致伸缩效应示意图

铁磁材料中，磁致伸缩效应通过居里温度以下磁化过程中形状尺寸的变化表现出来。通常将热退磁状态下磁化至饱和过程中相对伸长量作为饱和磁致伸缩系数，记作 λ_S。一般而言，磁致伸缩效应很弱，λ_S通常为 10^{-6}~10^{-5}。金属的磁致伸缩系数对于合金成分比较敏感。

具有异常高磁致伸缩系数的材料可以获得特殊应用。目前，磁致伸缩系数异常高的材料主要有两类：铁基合金大磁致伸缩材料，稀土-过渡族金属合金超大磁致伸缩材料。

铁基大磁致伸缩合金包括 Fe-Ga、Fe-Al、Fe-Ga-Al、Fe-Ga-Be 等。其中，Fe-Ga 合金的磁致伸缩系数较高，超过 200×10^{-6}，而 Fe-Al 系较低，一般不超过 60×10^{-6}。性能较好的合金磁致伸缩系数一般在 150×10^{-6}~250×10^{-6}范围内。此外，某些 3d 过渡族金属及合金材料也具有较强烈的磁致伸缩效应。其中，Fe60Co40 单晶在<100>方向上的 λ_S达到 146×10^{-6}。

超大磁致伸缩现象首先发现于 20 世纪 60 年代：$Tb_{0.6}Dy_{0.4}$合金在 77K 下 λ_S高达 $6\ 300\times10^{-6}$；70 年代又在 RFe_2金属间化合物（R 为稀土金属）中发现超大磁致伸缩效应，由于其居里温度高于室温，使得超大磁致伸缩材料进入实用化阶段。稀土-过渡族金属合金及金属间化合物类型的超大磁致伸缩材料包括稀土-锌合金及 RFe_2、RFe_3、R_6Fe_{23}三种类型的金属间化合物。它们的典型特性在表 18-9 中给出。

表 18-9 稀土-过渡族金属合金及金属间化合物超大磁致伸缩材料的特性

化合物	磁致伸缩系数 λ_S	居里温度/K	金属及合金	磁致伸缩系数 λ_S (~77 K)	居里温度/K
$SmFe_2$	$-1\ 560\times10^{-6}$	676~700	TbZn	$2\ 000\times10^{-6}$(多晶 λ_S)	210
$TbFe_2$	$1\ 753\times10^{-6}$	696~711		$5\ 400\times10^{-6}$(单晶 λ_{100})	
$DyFe_2$	433×10^{-6}	633~638	DyZn	$4\ 800\times10^{-6}$(单晶 λ_{100})	
$SmFe_3$	-211×10^{-6}	650	Tb	$1\ 230\times10^{-6}$(多晶 λ_S)	219.5
$TbFe_3$	693×10^{-6}	648~655	Dy	$1\ 400\times10^{-6}$(多晶 λ_S)	89.5
$DyFe_3$	352×10^{-6}	600~612	$Tb_{0.5}Dy_{0.5}$	$5\ 300\times10^{-6}$(单晶 $\lambda_{10\bar{1}0}$)*	
Tb_6Fe_{23}	840×10^{-6}		$Tb_{0.6}Dy_{0.4}$	$6\ 300\times10^{-6}$(单晶 $\lambda_{10\bar{1}0}$)*	
Dy_6Fe_{23}	330×10^{-6}	545			

注：* 该数据在施加约 4.5 MPa 压应力的条件下测得。

晶体材料磁致伸缩系数呈现各向异性，在不同晶体学方向上差别明显。故此，超大磁致伸缩材料一般制备成单晶体，并且控制晶体的生长方向为磁致伸缩最显著的方向，或者使两者尽量接近，由此提高其磁致伸缩性能的利用效率。从表 18-8 中很显然可以看到这一点。如果是普通的无织构多晶体，磁致伸缩是各种晶体学方向上的加和。立方系多晶体的饱和磁致伸缩系数 λ_S与<100>和<111>上的磁致伸缩系数 λ_{100}及 λ_{111}之间的关系可以表达为

$$\lambda_S=(2\lambda_{100}+3\lambda_{111})\ /5$$

如前所述，磁致伸缩效应与应力交互作用存在磁弹性能，故此，应力作用会诱发磁化。基于这种效应，对于 $\lambda>0$ 的磁致伸缩材料，首先沿其纵向施加一个压应力（通常为几十兆帕），将导致其沿着横向磁化，从而在纵向上形成收缩。此时，再沿着纵向磁化，实现磁致伸缩的正

应变。这样可以大幅度提高磁化前后的总应变量。

超大磁致伸缩材料的尺寸变化由磁场磁化诱发。磁化过程中要求总应变量高的同时，还希望材料的应变对磁场的灵敏度高，也就是在较低磁场下就能磁化至饱和。对于含有稀土的合金和化合物，关键要降低磁晶各向异性能。通过试验发现：不同稀土金属的同类型金属间化合物可具有不同的易磁化方向，它们之间互相替代可以使化合物的磁晶各向异性能降至非常低。比如，$DyFe_2$和 $TbFe_2$的磁晶各向异性常数 K_1 分别为 $2.1\times10^6\ J/m^3$ 和 $-7.6\times10^6\ J/m^3$，而 $Tb_{0.27}Dy_{0.73}Fe_2$的 $K_1=-0.06\times10^6\ J/m^3$。通过稀土金属相互替代得到的三元化合物，解决了单一稀土化合物难以磁化的问题，由此大幅度提高了磁致伸缩应变的磁场敏感性。

图 18-20 中给出了典型的超大磁致伸缩材料的磁致伸缩特性曲线。

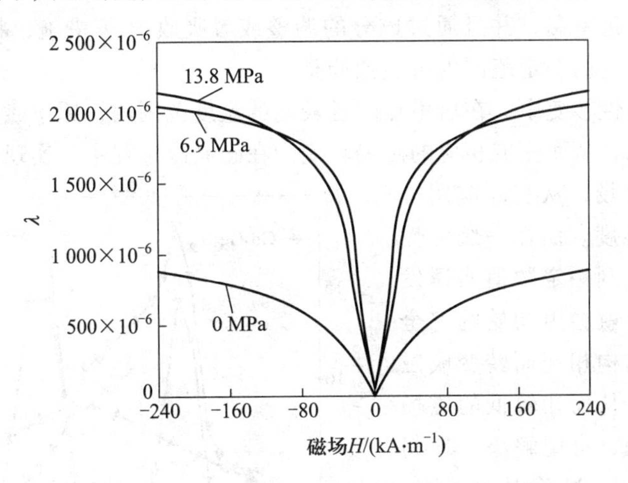

图 18-20 $Tb_{0.3}Dy_{0.7}Fe_2$的磁致伸缩特性曲线

18.2.4.2 磁卡效应与磁蓄冷、磁制冷材料

从相变的基本知识可知，温度升高时磁有序物质(铁磁性、反铁磁性等)发生由低温有序向高温无序(顺磁态)的相变，即磁性相变，这种相变属于二级相变。相变过程中存在着相变潜热，一般表现为居里点附近的 Λ 形铁磁性转变热容。这种与磁相变相关联的热效应，就是所谓的磁卡效应。可以利用铁磁性转变的这种热效应实现蓄冷和制冷的工程应用，相应的材料称为磁蓄冷和磁制冷材料。

在很低温度区间内，一般固体材料的热容急剧降低。这样，低温系统的温度会因为与外界的热交换发生比较显著的变化，从而导致系统的温度稳定性较差。此时，如果系统中配置有在所需要温度恒定的范围内发生铁磁性转变、从而利用其磁卡效应吸收和放出热量的物质，就可以大幅度提高系统的温度稳定性。这种具有合适的居里温度、大的磁卡效应的物质，称为磁蓄冷材料。

众所周知，大量的空调、冰箱等具有制冷功能的设施，因为使用氟利昂而对于环境保护带来了巨大问题。利用铁磁性物质的磁卡效应能够实现室温下磁制冷来解决该问题。为此，需要居里温度在室温附近并且具有显著磁卡效应的磁性材料，称为磁制冷材料。

到目前为止，用作低温磁制冷的材料主要是重稀土与 3d 过渡族金属形成的金属间化合物。其中，利用稀土金属中 4f 电子的轨道与自旋运动所具有的高熵，以及稀土金属中超交换作用强度低所决定的居里温度(铁磁性物质)或者奈尔温度(反铁磁性物质)低的特点，获得优异的磁制冷特性。代表性的材料包括 Er-Ni 合金系中的 Er_3Ni、ErNi 和 $ErNi_2$，它们的磁性转变温度在 5~13K 的低温范围，适合作为低温磁制冷工质(制冷剂)。类似的合金还有 $DyNi_2$、$ErCo_2$、HoCu 及 $HoCu_2$等金属间化合物。单质稀土金属 Gd 居里点接近室温，为首先被关注的室温磁制冷材料。

值得特别提出的是：1997 年研究 $Gd_5Si_2Ge_2$合金时，发现该合金的磁性转变过程伴随着结构转变。也就是说，二级相变诱发出一级相变，或者有一级相变相伴随。对此现象人们称之为一级磁相变。随后，人们又先后在 MnAs、MnP 和 Mn(P,As)化合物，$La(Fe,Si)_{13}$化合物，以及 Ni_2MnGa 化合物等铁磁性物质中发现了一级磁相变现象。其中，Mn(P,As)和 $La(Fe,Si)_{13}$化合物的居里点都接近室温，并且通过成分的调整或者吸收 H 等措施，将居里点调整到室温附近，以及在室温附近的一定范围内可随意调整。

在通常的二级磁性转变中，在居里点附近较宽的温度范围内，原子磁矩才由有序排列状态逐渐转变成无序状态，从而完成相应的磁熵转变。在磁制冷过程中，实现比较完全的磁熵转变则需要很高强度的磁场，从实际应用方面存在较大的技术难度。而在一级磁性相变中，当磁场增加到一定数值而诱发了结构转变时，合金就会由初始的完全磁无序状态借助于结构相变而转变成磁有序度很高的状态，从而在较低的磁场下实现很大的磁熵变，有望解决实现制冷所需强磁场的问题。试验对比表明：一级磁转变物质(如 $Gd_5Si_2Ge_2$合金)的磁熵变，在同等的磁场条件下，较二级磁转变物质(如 Gd)的磁熵变，在各自的峰值温度下高出 10 倍。因此，一级磁相变现象的发现，将磁制冷的实际应用向前推进了一大步。

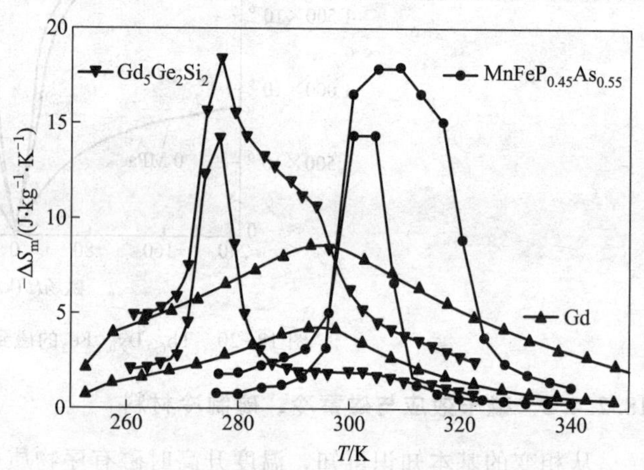

图 18-21 一些磁制冷合金的磁熵变特性曲线

图 18-21 中给出了一些磁制冷合金的磁熵变特性曲线，图 18-22 中则给出了一些磁蓄冷合金的比热容随着温度变化的特性曲线。

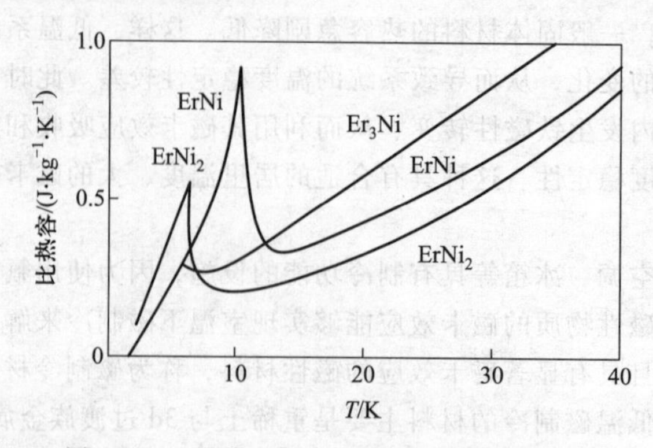

图 18-22 磁蓄冷合金比热容的温度特性曲线

18.3 膨胀、弹性与减振合金

固体材料中原子的结合键特性决定了其弹性；与之相关的原子振动特性及其随着温度的改变，决定了其热膨胀特性。本节介绍一些具有特殊的热膨胀特性、弹性特性的合金。减振合金具有特殊的宏观弹性，能够用于吸收环境中的振动能量，达到降噪效果。

18.3.1 金属的热膨胀特性与膨胀合金

材料的线性尺度 l 及其体积 V 随着温度 T 变化而改变的普遍性质称为**热膨胀特性**。定量描述这种特性采用线膨胀系数 α_T 或体膨胀系数 β_T，分别为

$$\alpha_T = \frac{1}{l} \cdot \frac{dl}{dT}$$

$$\beta_T = \frac{1}{V} \cdot \frac{dV}{dT}$$

各向同性材料中体膨胀系数是线膨胀系数的 3 倍。

金属及合金的热膨胀特性主要取决于其化学组成。具有立方结构和六方结构的金属，熔化前的体积总膨胀量大约为 6%。故此，线膨胀系数 α_T 与熔点 T_m(K)的粗略关系为

$$\alpha_T \approx 0.02/T_m$$

由此确定的热膨胀系数与室温下的实测数据通常都比较接近。不过，金属及合金的热膨胀系数随着温度改变，在趋近 0 K 时热膨胀系数也趋近于 0。

金属熔点增高，热膨胀系数 α_T 降低。单质金属中 W 的熔点最高，α_T 最低，室温下约为 $4\times10^{-6}K^{-1}$；钢铁材料的 α_T 约为 $12\times10^{-6}K^{-1}$；Al、Mg 等金属及合金更高。固体材料的热膨胀是热振动增强而导致相邻原子间距增大的结果。

某些合金的热膨胀特性不遵循上述一般规律，加以利用能够满足某些特殊要求。具有特殊热膨胀性能的合金统称膨胀合金，具体分为低膨胀合金、定膨胀合金和高膨胀合金。

低膨胀合金是指热膨胀系数显著低于普通金属材料，α_T 一般在 $4\times10^{-6}K^{-1}$ 以下的合金，又称因瓦合金(Invar alloy,意为尺寸不变)。代表性的低膨胀合金是 Fe-Ni36 因瓦合金和 Fe-Ni32-Co4 超因瓦合金。在室温附近，它们的 α_T 分别为 $1.2\times10^{-6}K^{-1}$ 和 $0.8\times10^{-6}K^{-1}$。这两种合金都是单相合金。实际上，Fe-Ni 固溶体单相合金在比较宽的成分范围内都具有反常低的热膨胀系数，当 $w_{Ni}=36\%$ 时 α_T 达到最低，如图 18-23 所示。超因瓦合金则是用质量分数为 5%~10%的 Co 合金化，同时将 Ni 的含量适当降低至 31%~35%而得。此外还有含较多合金元素 Cr 以提高耐蚀性的 Fe-Co54Cr9 不锈因瓦合金等。

Fe-Ni 合金系的反常热膨胀特性起因于其强烈的磁致伸缩效应，该合金在铁磁性的自旋有序状态下晶格发生了明显膨胀。从室温开始，随着温度的升高，饱和磁化强度显著地降低，对应于电子自旋有序度明显降低，磁致伸缩效应减弱，使得晶格发生收缩。低膨胀合金的居里温

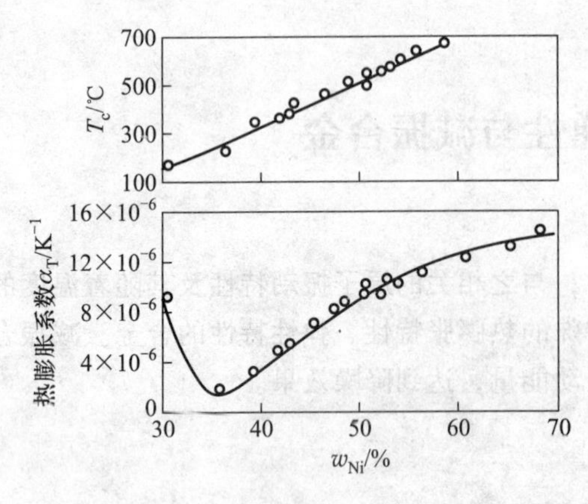

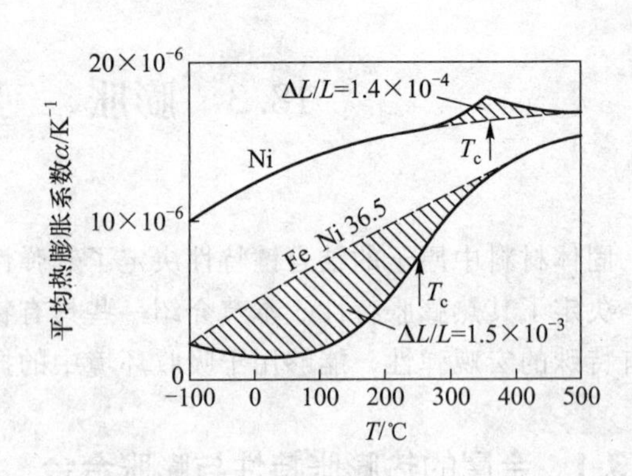

图 18-23 Fe-Ni 系合金的室温热膨胀系数随合金成分的变化曲线

度比较低，在室温到大约 100 ℃的温度范围内，磁致伸缩导致的晶格收缩量与晶格热振动导致的正常晶格膨胀量形成良好的补偿，因此总体的宏观热膨胀系数很低。

需要注意：因瓦合金只是在一定的温度范围内具有很低的热膨胀系数。超过居里点后，其热膨胀系数的反常机制消失，合金快速恢复正常的热膨胀状态，见图 18-23。

定膨胀合金是指热膨胀系数在 $4.0\times10^{-6}K^{-1}$ 至 $12\times10^{-6}K^{-1}$ 之间并且具有良好可控性的一系列膨胀合金。定膨胀合金早期主要用于大功率电子管中实现与玻璃、陶瓷封接，今天普遍用作集成电路的引线框架材料，实现与半导体 Si 的热膨胀匹配连接。通过降低接合的两种材料之间的热膨胀系数差(一般控制在 10%以内)，避免结合部位因温度变化产生过高热应力而导致连接失效。这类合金又称可伐合金(Kovar alloy,意为协同改变)。由于合金相变过程中一般都伴随尺寸突变，定膨胀合金在其允许的温度变化范围内不允许发生相变。定膨胀合金主要有类因瓦合金的铁磁性合金和高熔点金属及合金两类。

类因瓦合金的定膨胀铁磁性合金主要是 Fe-Ni 合金和 Fe-Ni-Co 合金，通过改变合金成分尤其是其中 Ni 的含量(w_{Ni}在 42%~54%范围内)，可以灵活调整控制其热膨胀系数。具有代表性的合金是 $w_{Ni}=42\%$的 Fe-Ni42 合金，其室温热膨胀系数为 $5.4\times10^{-6}K^{-1}$，广泛用作集成电路引线框架。Fe-Ni-Co 系代表性的可伐合金是 Fe-Ni29Co18，室温热膨胀系数为 $5.5\times10^{-6}K^{-1}$，适合于与硬玻璃封接。

高熔点金属及合金类主要有 Ni-Mo 系定膨胀合金，属于非磁性材料，适用于无磁性要求的场合。合金中 w_{Mo}在 17%~25%之间，并且可以用 W 替代部分 Mo。该合金的热膨胀系数在 $(12.1\sim13.6)\times10^{-6}K^{-1}$范围内，使用温度范围为 20~600 ℃。

热双金属是将热膨胀性能显著不同的两种金属片状材料，沿着层面牢固结合所形成的一类片状机械复合带材。当温度改变时，两层的热膨胀差造成弹性应力，使双金属片发生显著的宏观挠曲。热双金属应用于温度传感及自动控制机构中，可实现自动控温功能。

在热双金属中，两种金属的热膨胀系数差越大，其温度敏感性越高。故此，热双金属中需要低膨胀合金作为被动层材料，还需要热膨胀系数非常高的合金作为主动层材料。需要注意的是：低膨胀合金中，膨胀系数很低的因瓦合金，其居里点也低，由此可能导致热双金属的使用温度范围比较窄。主动层合金可以选择 Cu-Zn 合金(即不同牌号的黄铜)，Fe-Ni-Cr 和 Fe-Ni-Mn等铁镍基合金，以及 Mn-Ni-Cu 等锰基合金。这些合金的热膨胀系数一般都接近或

者超过 $20\times10^{-6}K^{-1}$。表 18-10 中简单给出了一些高膨胀合金。此外，对热双金属还要综合考虑其导电性、导热性、弹性模量等性能，以及它们的塑性加工成形性能、焊接性能等，根据综合性能要求加以选择。

表 18-10 热双金属中使用的一些高膨胀合金 ($\times10^{-6}K^{-1}$)

合金材料	Cu62Zn38	Cu90Zn10	Fe-Ni19Cr11	Fe-Ni20Mn8	Mn72Ni10Cu18
热膨胀系数	20.6	18~19	16~18	18~20	27.5

18.3.2 合金的弹性与弹性合金

弹性是所有固体物质的固有特性，金属材料的弹性应变与作用应力之间呈现线性比例关系，服从胡克定律，表征金属弹性性能的参量为杨氏弹性模量 E 和剪切弹性模量 G。金属材料的弹性模量是结合键强度的外在表现，与金属熔点之间具有如下关系：

$$E=\frac{100k_B T_m}{\Omega}$$

式中：k_B为玻尔兹曼常量；T_m为金属的熔点(K)；Ω为金属中单个原子所占据的体积。金属的弹性模量在一般情况下随着温度升高而降低，在金属材料的使用温度区间($0\sim0.5T_m$)内，遵循下面的大致规律：

$$\frac{d(E/E_0)}{d(T/T_m)}\approx0.5$$

式中，E_0为 0 K 下金属的弹性模量。

弹性合金是指在使用中以弹性性能作为主要特性要求的一类合金材料，具体分成高弹性合金和恒弹性合金两类。

高弹性合金是指具有高弹性极限和高抗拉强度，同时具有较高弹性模量的合金材料。高弹性合金使用时往往需要承受循环变化的较高应力，要求其承载作用过程中尽量不发生塑性变形来降低应力-应变循环过程中能量损耗，提高使用寿命。高弹性合金需要具有很高的弹性极限，故此其屈服强度也很高。为此，合金需要加入适当的合金元素进行强化。一类方法是添加自身熔点高、弹性模量高的代位合金元素实现固溶强化，添加量一般较大，以保证获得足够高的强化效果。另一类方法是加入合金元素形成第二相粒子达到强化效果，如在含镍合金中加入 Ti、Al 从而形成 $Ni_3(Al,Ti)$强化粒子。高弹性合金中，还可能为了提高抗蚀性能(如 Cr)、改善合金塑性加工性能(加入 Mn)等目的加入适当的合金元素。

目前为止，这类合金主要有铜基合金、铁基合金、镍基合金和钴基合金四类。铜基高弹性合金包括黄铜、磷青铜、铍青铜等，此类合金具有良好的导电性和导热性，无磁，且易于塑性加工成形，主要用于仪表电器中。不过，相对而言，铜基高弹性合金的弹性模量较低，弹性极限也比较低。铁基高弹性合金主要局限于不锈钢，以达到耐蚀性要求。具体包括经过冷加工变形强化处理的 18-8 型奥氏体不锈钢，弥散强化的 Ni36CrTiAl 不锈钢，相变强化的 Cr13 型马氏体不锈钢，以及弥散相和相变共同强化的马氏体时效钢。铁基高弹性合金的特点是弹性模量与弹性极限高、成本低。镍基高弹性合金包括 NiBe2、Ni-Cu、Ni-Cr 及镍基多元合金。这类合金的特点是耐热、耐蚀，且多数无磁，其弹性极限和抗拉强度略低于铁基合金。钴基高弹性合金的各方面性能都较好，应用广泛。不足之处是钴的资源短缺、价格高，这给钴基高弹性合金的使用带来了限制。表 18-11 中给出了几种高弹性合金及其性能。

表 18-11 几种高弹性合金及其性能

类型	合金牌号	主要成分	E/GPa	R_p^*/MPa	R_m/MPa
铜基	QBe1.9	Cu-Be2.0Ni0.3Ti0.18	121	833	
铁基	Ni36CrTiAl	Fe-Ni35.5Cr12.5Ti3.0Al1.4Mo(0~8)	176/206	590/880	590/1 470
镍基	NiBe2	Ni-Be2.0	196	885/1 080	1 670/1 800
钴基	Co40NiCrMo	Co40Ni15Cr20Mo7Mn2.0-Fe	204	1 670	2 450/2 650

注：* 铜基合金为 Rp0.002，两种铁基、镍基合金为 Rp0.005。

恒弹性合金是指弹性模量在一定温度区间内保持恒定不变或者相对变化非常小的合金。恒弹性合金主要是一些铁磁性或反铁磁性的合金。受力作用时，这些磁有序合金不仅发生正常的弹性变形，还因为具有显著的磁致伸缩效应发生磁化而产生附加变形，因此其弹性模量比较低，称这种现象为弹性模量损失。随着温度升高，尤其在接近合金磁有序-无序转变的临界温度(居里点或者尼尔温度)区间内，磁有序度显著降低而减弱了这种模量损失，从而减缓了弹性模量随着温度升高时的降低速度，甚至有的合金弹性模量在某个温度范围内不降反升。这样，某些合金就依靠磁致伸缩效应在特定温度区间内形成了弹性模量基本不变的恒弹性特性。

铁磁性恒弹性合金包括 Fe-Ni、Co-Fe 两大系列。Fe-Ni 系合金以 Fe-Ni 二元合金为基础，通过添加合金元素改性而成，代表性合金为 Fe-Ni30Cr12 与 Ni42CrTi。前者中加入 Cr 改变了合金弹性模量温度系数对于合金中 Ni 含量的过分敏感性，降低了合金成分控制的苛刻性要求，显著提高了工业产品的合格率。另外，上述两种合金中都加入适当合金元素来生成第二相粒子强化，并一定程度地提高了弹性模量，使合金具有更好的综合性能。

铁磁性恒弹性合金中的另一大类是 Co-Fe 系恒弹性合金，通常称为艾林瓦合金(Elinvar alloy,意为弹性模量恒定不变)。其中，以 Co-Fe-Cr 为基体的合金称为 Co-艾林瓦。合金中往往再加入一些其他合金元素改性，并且依据加入的合金元素来命名合金，如 V-艾林瓦代表 Co-Fe-V-Ni，类似的还有 Mo-艾林瓦、W-艾林瓦、Mn-艾林瓦。

如果将铁磁性恒弹性合金放置于磁场中，合金将发生磁化，应力作用诱发的磁致伸缩效应将减弱甚至消失，由此导致合金弹性模量的温度特性严重改变，甚至不再具备恒弹性特点。故此，有磁场的情况下不能使用铁磁性恒弹性合金，此时，需要反铁磁性和顺磁性恒弹性合金。

反铁磁性恒弹性合金主要是 Fe-Mn 合金。合金由铁和质量分数为 25%至 27%的锰组成，为单相奥氏体组织。合金原料资源丰富、价格低、尼尔温度接近室温，故此具有很好的实用性。弹性模量的温度系数为$\pm5\times10^{-6}K^{-1}$。

立方结构的单质 Nb 及 Nb-Ti、Nb-Zr 等合金中存在反常弹性，它们不具备磁有序特征。其中，Nb 单晶体的<110>和<111>方向上的弹性模量随着温度升高不但不降低，还略有升高。这样的合金，通过变形获得特定织构后，可以用作恒弹性合金。其特点是：在很宽的温度范围内呈现恒弹性，属于高温恒弹性合金(可以维持到 600 ℃)。这类恒弹性合金的强化通过$(Nb, Ti)_3Al$析出相粒子实现，故此，合金中加入 Al 进行合金化。

18.3.3 合金内耗现象与减振合金

在宏观弹性变形阶段，固体材料的应力-应变关系几乎都不是理想的线性关系，使得加载与卸载过程的应力-应变关系曲线不重合，应变的变化滞后于应力，呈现不可逆特征。故此，材料承受循环应力作用时产生能量损耗，并且大多转变成热能耗散掉，称为内耗。从微观角度看，固体材料的内耗是在受应力变形过程中存在各种内部摩擦阻力，使得变形落后于应力的结果。大多数金属材料的内耗很弱。但是，有些金属材料具有较高内耗，因此能够有效吸收机械振动能量，用于降低噪音等特殊用途，人们称之为减振合金。

材料的内耗特性一般用应力循环一周中所消耗掉的能量 ΔW 与材料变形过程中最高弹性应变能 W 的比值来量化表达，称为品质因数倒数 Q^{-1}，即

$$Q^{-1}=\frac{1}{2\pi}\cdot\frac{\Delta W}{W}$$

内耗通常可以通过葛氏摆来试验测定。机械振动能量与振幅 A 的平方成正比，故此，用振幅变化表达内耗，定义了比阻尼系数(specific damping coefficient,SDC)，即

$$\mathrm{SDC}=\frac{A_n^2-A_{n+1}^2}{A_n^2}$$

式中，A 的脚标 n 表示振动的持续次数。按照比阻尼系数 SDC 的大小，将材料分为 3 种：小于 1%的为低阻尼材料，1%～10%之间的为中阻尼材料，大于 10%的为高阻尼材料。

减振合金可以分为均质材料和复合材料。均质材料可以按照组织结构特征细分为复相型、位错型、孪晶型和铁磁性类型。

复相型减振合金是指包含至少两个组成相、具有优异阻尼性能的合金。

灰口铸铁是其代表性材料，SDC 可以达到 10%，通过添加 Ni 能够进一步将 SDC 提高至 20%。它广泛用作机床底座等构件。灰口铸铁由片状石墨和 α-Fe 两相组成，在交变的外部应力作用下，石墨与 α-Fe 的两相界面区域发生塑性流动而吸收振动能。如果石墨球化转变成球墨铸铁，石墨与 α-Fe 基体之间的界面减少，其减振性能大幅度衰减。

另一种复相型减振合金是 Zn-Al 合金。该合金的高阻尼特性是由合金中富 Al 和富 Zn 的两相在相界面区域的黏性滑动引起的。不同温度下，两相的黏性滑动特性有所差别，故此，两相会分别在不同的温度范围对阻尼起主导作用。另外，这种晶界黏性滑动受原子扩散控制，属于动态滞后，因此内耗性能强烈依赖于应力频率。其频率特性与机械共振相类似：在特定的频率范围内内耗较高，并且在共振频率下存在峰值，过高或过低的应力频率下阻尼本领都会大幅度减弱。

位错型减振合金是主要依靠位错不可逆方式的往返移动来形成内耗的减振合金。在低于屈服强度的应力下，部分位错发生移动而产生变形(附加于弹性变形上)，合金内部各种晶体缺陷对位错移动形成内摩擦阻力而产生内耗。这种能量损耗属于静态损耗，应力循环一周中能量的损耗量随着应力-应变振幅的加大而迅速升高，但是与应力频率基本无关。镁基减振合金材料属于典型代表。其中，Mg-0.6Zr 减振合金，在应力振幅为屈服强度 10%的情况下，SDC 可

以达到 60%，该数值在减振合金中目前居首位。

孪晶型减振合金是因为孪晶界的不可逆移动而具有很强内耗能力的减振合金。这类合金中存在大量的可移动孪晶界，在交变应力作用下这些孪晶界发生往复移动，产生附加变形，界面移动过程的阻力作为内摩擦力，造成应力与孪晶界的移动变形不同步从而消耗能量。这类合金的代表是 Mn-Cu37Al4Fe4Ni2 合金，产品称为 Sonoston 合金，其 SDC 可以达到 40%，实际应用于制造凿岩机、船舶推进器及冲压机等。同类型的还有 $w_{Zn}=13\%\sim21\%$、$w_{Al}=2\%\sim8\%$的 Cu-Zn-Al 合金，$w_{Mn}=5\%\sim30\%$的 Fe-Mn 合金以及 Ni-Ti 合金等。

铁磁性减振合金是指具有铁磁性、由应力作用导致磁致伸缩而引发内耗的减振合金。在应力作用下，铁磁性合金的磁致伸缩效应使合金磁化并由此导致附加的磁致伸缩变形。合金中阻碍磁畴壁移动的各种阻力形成内摩擦阻力，导致磁致伸缩变形与应力不同步而产生内耗。这类合金中，提高磁致伸缩系数将加大附加变形量而提高内耗。此外，应当注意：磁畴壁移动的阻力需要适应外部应力，以保证在服役条件的应力水平作用下，合金中磁畴壁发生明显移动来产生附加变形。铁磁性阻尼同样属于静态损耗。

铁磁性减振合金有很多种，如简单的铁磁性纯铁和纯镍，它们的 SDC 分别达到 16%和 18%。Fe-Cr12 合金的 SDC 为 8%，因为含有 Cr 而具有良好的耐蚀性能。铁磁性减振合金中，内耗性能最高的是 Fe-Cr-Al 合金(silentalloy,意为静音合金)，其 SDC 可高达 40%。

18.4 其他金属功能材料简介

金属功能材料非常多，上面已经给出了有关电、磁、热、力学性能的很多种材料，但仍然不能涵盖全部功能材料，以下再简单介绍几种特殊的功能材料。

18.4.1 形状记忆合金

形状记忆合金首次发现于 20 世纪 60 年代，其特殊功能的宏观表现为：在较高温度下加工成一定形状的合金，温度降低后通过应力作用使其产生塑性变形，再加热时合金能够恢复成较高温度下的原有形状，如图 18-24a 所示。这样的过程中，合金显示出一种形状记忆特性。利用形状记忆合金的这种特殊性能，能够制作成卫星天线、管道接头等。形状记忆合金的另一种伴生特性表现是：在一定温度范围内，其弹性应变与应力关系在较低应力范围呈现正常的线性关系；当应力增加到一定程度时，在应力增加很少甚至几乎不增加的情况下，能够产生大量的弹性变形，称为伪弹性效应。这个阶段合金显示一种近似恒定应力的弹性，这种特性使形状记忆合金适用于制作镜框、牙齿矫形丝等。

形状记忆效应的基本依据是合金在低温下发生热弹性马氏体相变，马氏体相变为无扩散的切变，相变前后两相保持严格的晶体学位相关系。在形状记忆效应过程中，合金在较高温度(奥氏体转变终了温度 A_f以上)下为奥氏体相(又称母相)，在低温(马氏体转变终了温度 M_f以

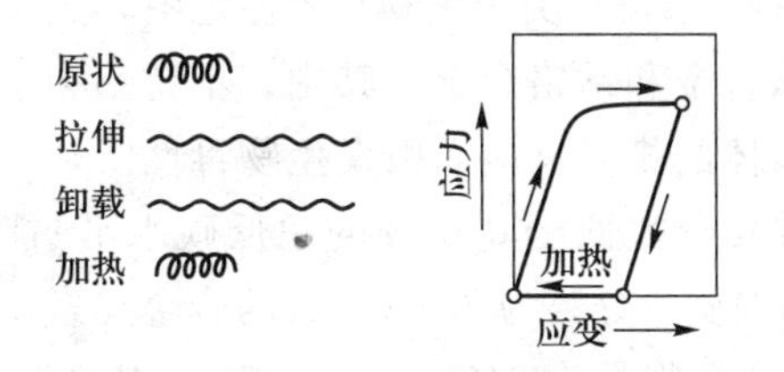

	初始形状	低温变形	加热	冷却
单程		——		
双程		——		——
全程		——		

(a) 形状记忆效应

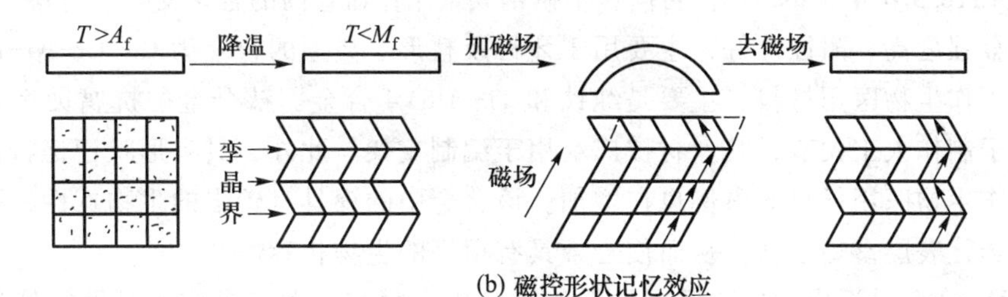

(b) 磁控形状记忆效应

图 18-24 形状记忆效应示意图

下)下为马氏体相。低温下马氏体受力的作用发生塑性变形的过程，是由源自同一个母相晶粒的不同马氏体变体通过界面移动发生的。加热到 A_f 以上马氏体逆相变回到原来的奥氏体，外形也随之恢复高温母相的原有形状。形状记忆合金的伪弹性效应，是母相在略高于马氏体相变开始温度(M_s,它高于 M_f)的条件下，应力诱发马氏体相变造成的。应力基本恒定阶段的宏观弹性变形，是由马氏体变体的界面移动所造成的塑性变形产生的。

目前为止，形状记忆合金主要有 Ti-Ni 系、Cu 基和 Fe 基形状记忆合金。Ti-Ni 形状记忆合金是二元合金，两个组元的摩尔比例大致是 1∶1。该合金发现早、研究深入，已经完全实用化。合金的马氏体相变开始温度对于合金成分敏感性非常高，需要进行严格控制，这是该合金的主要不足，因为马氏体相变温度直接影响合金的使用温度范围和工艺操作要求。Cu 基形状记忆合金成分范围比较宽泛，既有 Cu-Zn 二元合金，也有 Cu-Zn-X 三元合金，其中的合金元素 X 可以是 Ni、Al、Si、Sn、Ga 等。Cu 基合金的优点是成本低、加工成形性能好。不过，该合金容易断裂、使用寿命较差。Fe 基形状记忆合金也包括广泛的组成成员，其中 Fe-Mn-Si 显示很强的实用性。

最近，又发现了另一种类型的形状记忆效应。合金形状变化及恢复不再受控于应力作用和温度的变化，而是通过施加和去掉磁场的作用来完成。图 18-24b 中示意性给出了这种磁控形状记忆效应及其机理。这种新型形状记忆效应的典型材料是属于 Heusler 类型合金的 Ni_2MnGa。与前面介绍的超大磁致伸缩材料比较，它又是另一种受磁场控制而有较大幅度变形的材料。

18.4.2 生物医用合金

生物医用合金是指单独或者与药物一起用于人体组织及器官的修复、替代或增强作用的合金材料。这类材料一定要满足生物功能性和生物相容性两个基本要求。生物功能性是指材料能够满足使用功能。比如，替代骨的材料一定要具有与人体骨骼相当或者更高的强度。生物相容性是指无毒、不会引起人体组织病变的性能要求。置入人体内部的合金材料，因为处于人体内各种体液的侵蚀环境中，还需要具有足够强的化学稳定性。这方面的要求可归类于生物相容性之中。

金属类的生物医用材料，目前包括奥氏体不锈钢、钛合金和钴铬合金。其中，不锈钢和钴铬合金的生物相容性很高，植入体内也基本上不会因为人体的排异反应而引发生物毒性。

奥氏体不锈钢的成本低，通过减少碳的含量(达到质量分数低于0.03%的超低碳水平)能够比较好地解决抗腐蚀性方面的缺陷。不锈钢中一般要添加质量分数为2.5%左右的合金元素钼以进一步提高抗腐蚀性能，尤其提高抗点蚀能力。常用的合金牌号为316L(Fe-Cr17Ni12Mo2.5)和317L(Fe-Cr18.5Ni14.5Mo2.5)。目前，不锈钢大量用作血管内的各种支架等材料。

钴铬合金强度高、耐蚀性好，主要用于牙科及整形。典型的合金为Co-Cr-Ni-Fe-Mo。

钛合金用作生物医用材料，主要是纯钛和Ti-Al6V4合金。钛合金的抗腐蚀性强、疲劳强度高，多用于制作人工关节，其丝材被广泛用于编制支架。此外，具有形状记忆特性的钛镍合金近年来用作生物医用材料的事例也在增加。该合金中的镍具有较强的生物毒性，不过，植入人体内的合金，表层富集了钛，从而使合金具有很好的生物相容性。

此外，Mg合金最近成为生物医用材料的研究焦点材料，尤其是作为骨骼的修复材料。试验发现：Mg合金具有良好的生物活性，在其表面上能够附着生长出新的骨骼。这样，Mg合金在植入初期能起到骨骼生长骨架的作用。而随着骨骼的生长完成，Mg合金缓慢发生降解并被排出体外，这样，患者能够得到彻底恢复。

18.4.3 储氢合金

储氢合金是有超强氢存储能力，并能够在适当条件下将氢重新释放出来的合金。它能够大量地储存氢，使氢作为清洁、高效的二次能源得以广泛应用。储氢合金大量吸收氢气，一般与其结合成金属氢化物。表18-12中给出了一些储氢合金中饱和溶解状态下氢的体积密度，其数值不仅远远高于高压气瓶中的氢，甚至超过极低温4K下固态氢中的原子密度。

储氢合金是以金属键结合的晶体，金属原子之间存在着间隙。氢是尺寸最小的原子，很多金属的间隙足以将其容纳。金属晶体中间隙的体积密度与金属原子自身数量级相同，具体数值还可以超过原子体积密度。故此，仅从氢原子存在的位置考虑，金属中可溶解的氢原子数量出现上述异常高的数值不足为奇。

表18-12 一些储氢金属及合金中氢原子的体积密度及对比 ($\times 10^{28} m^{-3}$)

合金	Ti (TiH_2)	Zr (ZrH_2)	Mg (MgH_2)	$LaNi_5$ ($LaNi_5H_{6.7}$)	FeTi ($FeTiH_2$)	标准态 H_2	氢气瓶 (15.2MPa)	固态氢
H密度	9.1	7.3	6.6	7.6	6.3	0.0054	0.81	5.3

储氢合金不仅仅要求具有超强的氢储存能力，从使用角度出发，其吸收与释放氢的速度要比较快，并且要具有适当的氢化物离解温度。

储氢合金的储氢能力与释放氢的温度问题，都与氢和合金的化学结合能相关联。如果合金与氢的结合能比较高，将能够抵消氢溶入合金时导致的畸变能升高，从而获得高的氢存储能量。但是，合金与氢的化学结合过于强烈，会造成两者化合物解离困难，严重时将失去其作为储氢合金的实用性。

储氢合金还有多方面的性能要求。首先是储氢合金的初始活化问题。储氢合金使用时要反复充氢和放氢，一般希望充氢过程能够快速完成。不过，多种合金最初的几次充氢—放氢过程一般又比较缓慢，解决这种特性带来的问题一般采用特殊的活化处理。另外，在反复吸收—放氢过程中，合金的晶格发生明显畸变，会产生很高的晶格内应力，导致合金断裂破碎，甚至粉化。此外，储氢合金还会因为氢气中的某些杂质而导致性能降低(称为中毒)。这些问题都直接影响储氢合金的使用性能，限于篇幅不再详述有关内容。

储氢合金种类很多。单质的金属包括钛、锆、镁，它们在常温下都是六方结构。合金类中，BCC 结构的固溶体储氢合金也有很多种，如二元 V-Ti 合金，以及进一步添加 Cr、Mn、Ni 等合金元素形成的三元合金等。另一类重要的储氢合金为金属间化合物，习惯上将其细分为 AB_5、AB_2、AB、A_2B 等几种类型。

AB_5型储氢合金主要是以 $LaNi_5$为代表的稀土-3d 过渡族化合物，目前广泛用作可充电电池的负极材料。合金的储氢能力强，使电池的电能存储量大。该合金易于活化、不易吸附杂质、实用性能好。AB_2型储氢合金包括 Ti-Mn、Zr-Mn 等多种合金，具有 Laves 相晶体结构，优点是储氢能力强。AB 型合金主要是 FeTi 合金，具有 CsCl 型晶体结构，储氢能力强，其不足是初期活化困难，为此，尝试加入 Mn、Nb、Zr 等合金元素加以改善。A_2B 型储氢合金的代表是 Mg_2Ni，因为 Mg 的密度低，因此该合金的特点是质轻、单位质量合金的储氢量最大，其发展方向是应用于车辆动力电池。

总　结

本章按照物理现象中的导电性、磁性、弹性、热学性能等，对相关金属材料选择性加以介绍，内容较全面地涵盖了工业上普遍应用的 4 类传统金属功能材料(精密合金)。其中，电性合金涉及精密电阻合金、电热合金及热电偶材料等；磁性合金涉及软磁合金和硬磁合金；弹性合金涉及高弹性合金和恒弹性合金；膨胀合金涉及低膨胀、定膨胀合金和热双金属。依据上述物理现象，还介绍了密切相关的一些材料，包括电阻应变合金、热敏电阻等导电性相关的材料，超大磁致伸缩合金、磁制冷与磁蓄冷合金等与磁性及热学性能相关的材料，以及在弹性范围内具有显著内耗特性的减振合金等。此外，还简单介绍了形状记忆合金、储氢合金、生物医用合金等一些特殊性能的金属功能材料，期望开拓读者视野。由于金属功能材料种类繁多，本章总结不再具体提及已经介绍的各种材料。

功能材料涉及众多的独特性能现象。本章介绍各类功能材料时，一般对于某种特殊物理性能的共性基础理论知识作简单归纳介绍，在此基础上再展开介绍具体材料，并尽量介绍各种材料的特殊性尤其是其中包含的独特学术思想，而不是所有细节。对于一类材料中多种材料的共性要求和方法，往往只在一种材料中加以介绍，余则省略。另外，本书面向高年级本科生，希望读者对于感兴趣的内容进一步查阅相关的文献资料，以便较全面地了解相关材料，深入理解其特殊性能的本质和影响因素。

重要术语

结构材料(structural materials)
功能材料(functional materials)
超导合金(superconducting alloy)
精密电阻合金(precision electrical resistance alloy)
电热合金(electrical heating alloys)
电触头合金(contact alloy)
热电偶合金(alloys for thermocouple)
应变电阻合金(strain electrical resistance alloy)
热敏电阻合金(thermistor resistance alloy)
磁性合金(magnetic alloy)
软磁合金(soft magnetic alloy)
硅钢片(silicon steel sheet)
取向硅钢(oriented silicon steel)
高导磁合金(high permeability alloy)
Fe-Si-Al 高导磁合金(Sendust)
坡莫合金(permalloy)
超坡莫合金(supermalloy)
恒导磁合金(constant permeable alloy)
非晶软磁合金(amorphous soft magnetic alloy)
纳米晶软磁合金(nanocrystalline soft magnetic alloy)
永磁合金或硬磁合金(permanent magnetic alloy)
稀土永磁(permanent magnet based on rare earth-transition metal intermetallic compound)
Sm-Co 永磁(Sm-Co permanent magnet)
Nd-Fe-B 永磁(Nd-Fe-B magnet)
Sm-Fe-N 永磁(Sm-Fe-N magnet)
双相纳米复合永磁(dual-phase nanocrystalline composite permanent magnet)
超磁致伸缩材料(giant magnetostrictive material)
磁致伸缩效应(magnetostrictive cffect)
磁卡效应(magneto-caloric effect)
磁制冷合金(magnetic refrigeration alloy)
磁蓄冷合金(magnetic regenarator alloy)
热膨胀(thermal expansion)
因瓦合金(Invar alloy)
可伐合金(Kovar alloy)
玻璃/陶瓷封接合金(glass/ceramic sealing alloy)
热双金属(thermobimetal)
弹性合金(elastic alloy)
高弹性合金(high elastic alloy)
恒弹性合金(constant elasticity alloy)
艾林瓦合金(Elinvar alloy)
减振合金(damping alloy)
铁磁性减振合金(damping ferromagnetic alloy)
镁基减振合金(damping Mg-matrix alloy)
形状记忆合金(shape memory alloy, SMA)
形状记忆效应(shape memory effect, SME)
伪弹性(pseudo-elasticity)
生物医用材料(biomaterials)
生物功能性(bio-functionality)
生物相容性(biocompatibility)
储氢合金(hydrogen storage alloy)

练习与思考

18-1 以导电特性为基本性能的电阻合金包括哪几类？请从以下几个方面归纳比较这几

类合金的特性差别：

(1) 电阻率温度系数的要求及大小。

(2) 室温下电阻率的要求及大小。

(3) 对电阻率随着温度变化的线性度是否有要求？(请分析其原因)

18-2 用作导线的合金，需要通过添加合金元素提高强度时，采用那种类型的强化比较合理？应尽量避免采用什么类型的强化方式？(关系到合金元素的选择原则)

18-3 精密电阻合金在直流电路中应用时，要求对 Cu 的热电势要尽量低，其原因是什么？

18-4 精密电阻合金的微观组织有什么共性特征？所加入的各种合金元素都以什么形态存在于合金之中？

18-5 以 Cu 为基体，将 Mn 与 Ni 作为基本合金元素形成两大系列的精密电阻合金，这两种合金元素的作用有什么异同点？

18-6 某些合金中存在 K 状态。归纳与这种特殊状态相关联的合金电阻特性的反常变化。如何从材料的微观组织角度理解这些反常变化的原因？

18-7 合金中 K 状态的热力学原因是什么？如果不断提高温度，合金中的这种状态的变化趋势如何？(提示:与合金中呈现有序状态的特征及其热力学原因进行对比分析)

18-8 金属及合金的电阻特性，比如器件形状尺寸的影响、温度的影响，有哪些特殊的实际应用？

18-9 使用纯度很高的金属 Pt 电阻，可以在低温范围测温，请说明其原因。

18-10 人们利用金属在室温下的电阻率与 4.2 K 下电阻率的比值来检测高纯度金属的纯度。随着纯度的提高，这个比值应当如何变化？说明原因。

18-11 电热合金材料应当具备哪些基本宏观特性和共性的微观组织特征？哪些合金元素适合于这些目的？

18-12 金属及合金材料的热电势系数受什么因素影响？

18-13 用热电偶检测温度时，对于热电偶类型的选择需要考虑哪些因素？

18-14 正确使用热电偶测温，需要做好哪几项工作？其中的原因是什么？

18-15 用热电偶测温时，什么情况下需要使用补偿导线？补偿导线的使用需要注意什么事项？

18-16 如何区分软磁材料和硬(永)磁材料？

18-17 从宏观角度看，物质的磁性分成哪些类别？从微观角度看，磁性又可以分成哪些类？两者之间的对应关系如何？

18-18 请归纳总结以下几项与铁磁体有关的能量：静磁能(及退磁能)、磁晶各向异性能、磁弹性能、交换能、磁畴壁能。(必要时请阅读铁磁学方面的书籍,补充完善相关知识)

18-19 宏观尺寸的磁性材料，内部微观组织的独有特征是什么？(提示:它对于分析磁性材料的宏观磁化特性具有决定性的影响)

18-20 磁性材料在外磁场中发生磁化的基本方式有哪些？磁性材料中哪些微观组织因素会形成磁化过程的阻力？

18-21 获取良好磁性能的软磁材料，从合金成分和微观组织的选择与控制方面，有什么共性原则？选择一种软磁材料，说明实施途径与具体措施。

18-22 硅钢软磁损耗性能的改善主要依赖哪些生产技术的进步？其基本原理是什么？

18-23 硅钢合金中 Si 的作用表现在哪些方面？高硅合金指什么？其目前的状态如何？

18-24 Fe-Ni 软磁合金可以细分为几类？其性能特点是什么？

18-25 Fe-Co 软磁合金的突出特点是什么？

18-26 非晶软磁与晶态软磁相比，有何特点？应用领域有什么不同？

18-27 纳米晶软磁的磁性能与其中晶粒尺寸存在什么样的特殊规律性？请查阅相关文献，给出一些具体的试验规律。

18-28 获取良好磁性能的硬磁材料，从合金成分和微观组织的选择与控制方面，有什么共性原则？选择一种硬磁材料，说明实施途径与具体措施。

18-29 Alnico 铸造永磁的微观组织特征如何？依据哪种能量获得较高的矫顽力？

18-30 请说明定向凝固和磁场热处理提高 Alnico 铸造永磁剩磁的原因。

18-31 请归纳总结 Alnico 铸造永磁中加入 Co 合金化的作用并说明其必要性。

18-32 稀土永磁材料具备高矫顽力的共性基础是什么？

18-33 从微观组织角度出发，说明 $SmCo_5$ 磁体确保高矫顽力应当避免出现的问题及其实际保证措施。

18-34 2∶17 型 Sm-Co 永磁的磁性能较 $SmCo_5$ 磁体有何变化？其微观组织特征如何？

18-35 NdFeB 烧结磁体微观组织的理想状态中有哪些重要特征？对硬磁性能的影响分别是什么？

18-36 高性能 NdFeB 烧结磁体需要从合金熔炼后的凝固组织加以控制，为此，专门研发出了厚片快冷铸造技术。请对比分析普通铸锭凝固技术的微观组织对于烧结磁体性能产生不利影响的原因。建议查阅相关文献资料，对比两种技术得到的铸锭组织。

18-37 双相纳米复合稀土永磁的宏观磁性有什么不同寻常之处？具备这样的特性所必需的微观组织结构特征如何？

18-38 磁有序材料的比热容随着温度的变化有什么独特之处？这种宏观的比热容表现与微观上磁有序-无序转变过程中的熵变相关联。请归纳磁制冷和磁蓄冷材料中对于这种特性的利用方式(或工作原理)。

18-39 什么是一级磁相变？能否用两相的自由能-温度关系曲线并且考虑磁场的影响来说明一级磁相变过程。在此基础上分析一级磁相变过程的磁熵变化特点，并与正常的二级磁相变的磁熵变化相比较。

18-40 因瓦合金的反常热膨胀性能的机理是什么？

18-41 铁磁性恒弹性合金的异常弹性的机理是什么？

18-42 减振合金的内耗分为几种类型？能够归纳出其中的共性吗？

18-43 形状记忆合金的伪弹性变形，从微观角度看是弹性变形吗？为何宏观上又表现为弹性变形？说明形状记忆合金用作牙齿矫形丝材的优势。

18-44 请查阅相关资料，总结归纳磁控形状记忆合金的形状记忆效应的机理。

18-45 生物医用材料的两项基本性能要求是什么？

18-46 哪种合金能够同时用作 SMA 和生物医用材料？你能设想如何利用其 SME 更好地

完成其生物功能性？

18-47 已知 Fe 为体心立方结构，晶格常数为 0.286 nm，氢原子的半径为 0.046 nm。请从结构角度分析储氢合金能够具有非常高固溶度的原因。

18-48 有些 Fe 基合金(比如 FeTi)适合用作储氢合金。按照 Fe 的晶体结构参数(体心立方,晶格常数为 0.286 nm)估算，按照 FeH_2的饱和固溶态计算，储氢合金中氢原子的体积密度为多大？将其与 150 大气压下氢气瓶中的氢密度对比。

18-49 六方结构的 Ti、Zr 和 Mg 均具有很强的储氢能力。存储氢饱和状态下均生成 MH_2类型的氢化物。已知这三种金属的原子半径分别为 0.160、0.147、0.158 nm，而氢原子的半径为 0.046 nm。请分析判断氢在这几种金属中所处的位置。(提示:考察金属中的间隙尺寸来确定 H 原子的位置。作为估算,将这几种六方晶体的轴比按照 1.663 计算)

参考文献

[1] 中国机械工程学会，中国材料研究学会，中国材料工程大典编委会. 中国材料工程大典. 第 1 卷: 材料工程基础. 北京: 化学工业出版社，2006.

[2] 中国机械工程学会，中国材料研究学会，中国材料工程大典编委会. 中国材料工程大典. 第 2 卷: 钢铁材料工程(上). 北京: 化学工业出版社，2006.

[3] ASHBY M F，JONES R H. Engineering Materials 1: An Introduction to Properties，Applications and Design. 3rd ed. 北京: 科学出版社，2007.

[4] 吴承建，陈国良，强文江，等. 金属材料学. 2 版. 北京: 冶金工业出版社，2010.

[5] 柯成. 金属功能材料词典. 北京: 冶金工业出版社，1999.

[6] 王晓敏. 工程材料学. 北京: 机械工业出版社，1999.

[7] 马如璋，蒋民华，徐祖雄. 功能材料学概论. 北京: 冶金工业出版社，1999.

[8] 周寿增，董清飞. 超强永磁体——稀土铁系永磁材料. 2 版. 北京: 冶金工业出版社，2004.

[9] 卢凤喜，王浩，刘国权. 国外冷轧硅钢生产技术. 北京: 冶金工业出版社，2013.

19 新型金属材料

新型金属材料，一般是指近期内发现的、具有良好工程应用前景的金属材料。新型金属材料往往体现着新的学术思想，包含着新理论、新工艺，是当前材料研究的热点。由于研究时间比较短，其实际工程应用一般比较少，往往还存在不成熟之处。本章仅初步介绍相对较新、发展历史较短的一些新型金属材料。

本章内容涉及以下几类新型金属材料：金属基复合材料，金属间化合物结构材料，金属玻璃与高熵合金。

19.1 金属基复合材料

复合材料是将两种或多种性质截然不同的材料加以优化组合而成的多相材料，它综合了各组成相的优点，避免了它们各自的缺点，通过叠加效应和乘积效应等协同作用，制成新型复合材料。金属基复合材料由连续的金属基体与基体的增强体所构成。增强体一般是具有高强度、高模量的非金属材料，如碳纤维、硼纤维和陶瓷纤维等。金属基复合材料具有一系列与金属相似的优点，例如，兼有高强度、高弹性模量、高韧性、低热冲击敏感性、低表面缺陷敏感性、良好导电导热性等特点。经过优化组合，可获得各种特殊性能和优异的综合性能。与组合前的合金和增强体相比，金属基复合材料的性能特点表现为高比强度、高弹性模量、高韧性、高导热导电性、低热膨胀系数、高耐磨性、优异的高温强度、良好的表面稳定性等。

19.1.1 金属基复合材料体系

19.1.1.1 基体材料

基体金属的选择对金属基复合材料的服役性能有着举足轻重的作用。不仅要考虑金属基体的力学、物理、化学性质及其与增强体的相容性，还要考虑工作环境对使用性能的要求。

结构材料方面，若应用于航空航天工程中，要求材料的比强度、比模量和尺寸稳定性高，需要选择密度低的金属与合金作为基体，如铝合金和镁合金。应用于汽车发动机中的材料，工作温度较高，需要其有较高的高温强度、良好的抗气体腐蚀性、较好的耐磨性和导热性等。工作温度在 450 ℃以下的材料，其基体可选择镁合金和铝合金。高性能的发动机中，不仅要求材料具有更高的比强度和比模量，而且对高温强度和抗气体腐蚀性能要求更高。工作温度在 450~650 ℃范围内的材料，基体金属应选择钛合金、不锈钢。工作温度高于 800 ℃时，基体金属只能选择铁基和镍基耐热合金及金属间化合物。

功能材料方面，若应用于电子集成电路中，需要高导电、低膨胀的金属基复合材料作为散热元件和基板。选择高热导率的铝、铜、银等金属作为基体，并配合以高导热、低膨胀的非金属增强体材料，成为解决高集成度电子器件的关键材料。用于电子封装的金属基复合材料，主要是钴基和铜基复合材料。用于耐磨部件，主要是以钴、镁、铜、铝、锌等金属及合金为基体的材料。用于集电和电触头的金属基复合材料，其金属基体是铝、铜、银金属及合金。

19.1.1.2 增强体材料

增强体是金属基复合材料的重要组成部分，起到提高材料的强度、模量、高温强度、耐磨性等作用。根据其形态，主要有连续长纤维、短纤维、晶须、颗粒增强体等。增强体应具有高比强度、高模量、高温强度、高硬度、低热膨胀等，它与基体金属配合，取长补短，获得优良的综合性能。此外，增强体还应具有良好的化学稳定性，与基体金属有良好的浸润性和化学相容性，没有严重的不良界面反应。基体金属与增强体之间存在界面，负有传递载荷的作用。

连续纤维增强体 连续纤维的长度很大，沿着其轴向有很高的强度和弹性模量。根据其化学组成，可分为碳(石墨)纤维、碳化硅纤维、氧化铝纤维和氮化硅纤维。纤维的直径为 5.6~14 μm，通常组成束丝状使用。硼纤维、碳化硅纤维的直径为 95~140 μm，以单丝状使用。

(1) **碳纤维** 它是以碳元素形成的各种碳和石墨纤维的总称。根据其石墨化程度，可以分为以石墨微晶和无定型碳组成的碳纤维以及完全石墨化的石墨纤维。

碳纤维是用含碳的有机纤维(如聚丙烯腈纤维)、沥青纤维经过特殊的热处理过程制成的。这种过程包括：预氧化的稳定化处理(250℃)、碳化处理(250 ~1 500 ℃高纯氮气保护)，得到以石墨微晶加无定型碳组成的碳纤维；石墨化处理(1 500~2 500 ℃氩气保护)，得到完全石墨结晶和取向的石墨纤维。

碳纤维为黑色光泽的柔韧细丝，单根碳纤维直径为 5~10 μm，其产品为 500~1 200 根的束丝。碳纤维中所含石墨微晶尺寸大、结晶取向度高、缺陷越少，则碳纤维强度、弹性模量和导热导电性都显著提高。高强度碳纤维的抗拉强度最高达 7 000 MPa，密度为 1.8 g/cm^3。超高弹性模量碳纤维的最高弹性模量达 900 GPa，密度为 1.85~2.1 g/cm^3。碳纤维具有高导热性和导电性，超高模量沥青纤维的导热系数可达铜的 3 倍。碳纤维还具有低的热膨胀系数，并有优异的高温力学性能。在惰性气体中，其强度可保持到 2 000 ℃。不过，这样的高温下碳纤维会在界面上与金属发生不同程度的界面反应而受到损伤，所以碳纤维若用于金属基复合材料时，须采用表面涂层处理，形成厚度为 10 nm~1 μm 的表面涂层加以防护。涂层材料包括 SiC、Al_2O_3、TiB、Ni 等。

（2）**硼纤维**　采用化学气相沉积法将还原生成的硼沉积在载体纤维（如钨丝或碳纤维）表面上，可制成高性能硼纤维。作为载体纤维，钨丝直径为10～13 μm，碳纤维直径为30 μm。化学气相沉积法的原料是高纯BCl_3和H_2，在1 000 ℃以上由氢还原硼，并不断沉积在载体表面上，从而形成直径为43～140 μm的硼纤维。硼纤维的拉伸弹性模量为420 GPa，平均抗拉强度为3 400 MPa，密度为2.5～2.67 g/cm^3。为防止高温下硼与金属反应生成脆性界面，可在硼纤维表面包覆碳化硅层。

（3）**碳化硅材料**　碳化硅纤维可用化学气相沉积法和烧结法制造。化学气相沉积法中将氢和硅烷混合气加热到1 300 ℃以上，在钨丝上反应生成碳化硅，成为钨芯碳化硅单丝。这种碳化硅纤维有优异的室温和高温力学性能。其熔点为2 700 ℃，密度为3.45 g/cm^3，拉伸弹性模量为430 GPa，抗拉强度超过3 500 MPa。高温下强度稳定，1 350 ℃时仅损失30 %。烧结法用聚碳硅烷合成。将聚碳硅烷纺织成直径为10～15 μm的丝束，经200 ℃氧化的不熔化处理，在保护气氛中加热到1 200～1 300℃烧结成碳化硅纤维。这种碳化硅纤维密度为2.55 g/cm^3，弹性模量为176～206 GPa，抗拉强度为2 740～3 230 MPa。

（4）**氧化铝纤维**　氧化铝纤维以Al_2O_3为主要成分，其含量在70 %以上，有的还含有其他氧化物如SiO_2等。Al_2O_3含量低于70%时称为硅酸铝纤维。可以采用不同的生产方法制备。一种是淤浆法，生产氧化铝的质量分数为99.9%的多晶α-氧化铝长纤维。另一种是溶胶—凝胶法，生产含有SiO_2和B_2O_3的氧化铝长纤维。用预聚合法生产以Al_2O_3为主要成分，还含有B_2O_3、SiO_2的多晶连续长纤维。制备方法不同，氧化铝纤维的物理和力学性能有差别。不同牌号的氧化铝连续纤维的抗拉强度在为2 100～2 400 MPa，弹性模量在为189～385 GPa，密度为3.05～4.2 g/cm^3。

晶须增强体　晶须是在人工控制条件下生成的细小单晶须，长度为几十μm，直径为0.2～1.0 μm。由于晶体结构接近完整晶体，晶须的强度接近理论强度。金属基复合材料常用的晶须有氧化铝、碳化硅、氮化硅等。这些陶瓷晶须的制备方法主要是化学气相法。在一定温度下，气体原料通过触媒液滴与气体界面进入液滴，成为含有晶须气体原料的熔体，当达到饱和状态时，液滴中就析出晶体。在气体原料连续供应的条件下，晶体逐步长成细小晶须。

氧化铝（蓝宝石）晶须的抗拉强度为14～28 GPa，拉伸弹性模量为482～1 033 GPa，体积密度为3.8 g/cm^3。碳化硅（α-型）晶须的抗拉强度为7～35 GPa，拉伸弹性模量为482 GPa，体积密度为3.15 g/cm^3。石墨晶须的抗拉强度为20 GPa，拉伸弹性模量为980 GPa，体积密度为2.25 g/cm^3。

颗粒增强体　金属基复合材料所用的颗粒增强体通常是陶瓷颗粒，主要为氧化铝、碳化硅、氮化硅、碳化钛、硼化钛、碳化硼及氧化钇等。这些陶瓷颗粒具有高强度、高弹性模量、高硬度、耐热等优点，颗粒尺寸一般不超过10 μm。碳化硅的硬度为2 700 HV，抗弯强度为400～500 MPa，线膨胀系数为$4.0\times10^{-6}\ K^{-1}$。碳化硼的硬度为3 000 HV，抗弯强度为300～500 MPa，线膨胀系数为$5.73\times10^{-6}\ K^{-1}$。碳化钛的硬度为2 600 HV，抗弯强度为500 MPa，线膨胀系数为$7.40\times10^{-6}\ K^{-1}$。用作增强体的陶瓷颗粒成本低廉，易于批量生产，促进了颗粒增强金属基复合材料生产技术的发展。

金属丝增强体 金属基复合材料中用做增强体的金属丝主要有高强度钢丝、不锈钢丝、难熔金属钨丝等，为连续丝或不连续丝。钨丝的抗拉强度为 4 020 MPa，弹性模量为 407 GPa，密度为 19.4 g/cm^3；钢丝的抗拉强度为 4 120 MPa，弹性模量为 196 GPa，密度为 7.74 g/cm^3；Cr18Ni9 不锈钢丝的抗拉强度为 3 430 MPa，弹性模量为 196 GPa，密度为 7.8 g/cm^3。由于金属丝易于与金属基体发生作用，使之作为金属基复合材料的增强体受到限制。随着制备技术的进步，高强度钢丝、不锈钢增强的铝基复合材料，和钨丝、钨钍丝增强的镍基耐热合金得到了实际应用。

19.1.2 金属基复合材料的界面

金属基体和增强体之间的界面产生于复合材料的制造过程，界面区域的厚度为纳米级到微米级。金属基复合材料中，界面的作用是将金属基体和增强体连接成为力学连续体，保证载荷从金属基体跨过界面传递到增强体上。复合材料承受载荷时，基体与增强体发挥各自的功能，界面的作用非常关键。复合材料的韧性受到裂纹通过界面发生偏转和纤维拔出的影响，而塑性受到靠近界面的峰值压力的松弛的影响。故此，无论是在制作过程中，还是在高温下使用，都需要金属基复合材料中组元间界面上的化学反应可以控制，以获得适宜的界面黏合强度。这种化学反应造成了界面区域复杂的化学成分、相组成和显微结构。这些界面反应显著改变界面的性质。

根据界面反应的程度，可以将其分为如下三类：

(1) **弱界面反应** 金属基体与增强体之间发生浸润，形成直接与原子结合的界面结构，成为最佳界面结合。轻微的界面反应能有效地改善金属基体与增强体之间的浸润结合力，但不会损伤纤维等增强体的性能。界面强度适中，能够有效传递载荷并阻止裂纹向纤维内部传播。

(2) **中等程度界面反应** 增强体和基体金属之间可以溶解，并发生界面反应，生成反应产物，对增强体没有损伤，界面结合强度增加，不会产生脆性破坏。

(3) **强界面反应** 界面反应产生粗大的脆性相和脆性层，并造成增强体的损伤，造成金属基复合材料的性能剧烈下降。

在金属基复合材料的制作过程中和高温工作环境下，都会发生界面化学反应，并形成复杂的界面结构，这是金属基复合材料所特有的问题。界面反应的特点主要取决于金属基体和增强体的化学性质以及制造工艺和参数。

19.1.2.1 铝基复合材料中的界面反应

铝是高度活泼的金属，能够还原大部分氧化物和碳化物，所以能与大部分增强体起反应。由于铝表面有致密的 Al_2O_3膜，因此反应速度通常较慢。

铝与碳反应能生成 Al_4C_3，其成分可在一定范围内变化，在室温至 2 000 K 之间，其标准生成热均为负值。低温下，铝与碳之间的反应非常慢，在界面仅生成少量细小的 Al_4C_3。在 400~500 ℃之间，两者作用明显。碳纤维的结构影响反应过程。碳纤维的石墨化程度升高，碳与铝的反应温度也升高。未经石墨化处理的碳纤维在较低温度下就开始与铝发生反应。

铝基体中加入 Ti、Cr、Zr、Ce、Nb、V、Mo 等碳化物形成元素时，能改善界面反应速度。它们能与碳在碳纤维表面上生成稳定的碳化物，成为有效的扩散阻挡层。如铝中加入质量分数为 0.5%的 Zr，能有效抑制高温下碳与铝的反应，形成稳定的界面。

铝与硼的复合材料中，界面可能形成 AlB_2 和 AlB_{12} 两种硼化物，平衡态的产物为二者之一。纯铝(L4~L6)中的最终产物为 AlB_2，而铝合金 Al6061(LD2)中为 AlB_{12}。

铝与碳化硅反应生成 Al_4C_3 和 Si，900 K 下 ΔG^0 为-88.5 kJ/mol。低于 620 ℃时，铝与碳化硅实际上不发生反应。提高硅在铝熔体中的浓度，可以促进逆反应，以抑制反应程度，改善二者的相容性。如铸造铝基复合材料的基体为铝硅合金，故在界面仅存在几个纳米的薄反应产物层。铝与碳化硅的浸润性不好，但 Al-Mg/SiC 复合材料经过热处理后，界面反应产物仅有薄层 Al_4C_3，提高了界面黏结强度，阻碍界面在外力下滑动，明显提高了弹性模量。铝与氧化铝在 1 000 ℃以下时浸润性不好，采用液态法制造 Al-Al_2O_3 复合材料时会产生界面反应。若在铝中添加质量分数小于 3%的锂，既可抑制反应，又可改善铝对氧化铝的浸润性。

19.1.2.2 镁基复合材料中的界面反应

镁基复合材料的使用温度较低，材料界面的稳定性一般没有问题。镁与碳不发生反应，几乎没有热力学稳定的碳化物。加入锂的镁锂合金与碳化硅的界面反应生成热很低，ΔG^0 约为-7 kJ/mol，使得以 Mg-Li 合金为基的复合材料中碳化硅晶须在高温下也不受侵蚀。

19.1.2.3 钛基复合材料中的界面反应

钛和钛合金基体与大部分增强体容易发生界面反应，而且在不同体系中反应特性有明显差别。增强体为 SiC 时，在制造过程中会产生明显的界面反应，界面层厚度约 1 μm，对复合材料的性能有害。TiB_2 与钛的界面反应速率相比之下明显比 SiC 小，B_4C 与钛的界面反应速率处在两者之间。目前尚未有较理想的陶瓷增强体。采用纤维覆盖涂层，可以防止或延缓钛和钛合金与增强体之间的界面反应。

19.1.2.4 铜基复合材料中的界面反应

铜及其合金基体与钨丝增强体之间发生的界面反应，会因基体中合金元素的变化而不同。在钨丝增强铜基系统中，钨和铜在界面上不发生相互溶解及化学反应。铜基合金中含有铬和铌时，它们由铜基合金向钨丝中扩散、溶解，在界面形成溶解有铬、铌的钨基固溶体，对复合材料的性能影响不大。铜基合金中含有铝、钴、镍等元素时，它们向钨丝中扩散，降低钨丝中扩散层的再结晶温度，钨丝在界面上再结晶粗化而致使钨丝脆化。含钛、锆的铜基合金与钨丝增强体的界面反应会生成金属间化合物，导致复合材料的强度和塑性降低。

19.1.2.5 纤维覆盖层

为保护纤维不受化学侵蚀，出现了多种覆盖涂层及其沉积方法。首先要找出不与金属基体或增强体发生反应的材料。从热力学看，高度稳定的氧化物可作为覆盖层起保护作用。Y_2O_3 的生成热 ΔG_{1000K} 为-1080 kJ/mol，稳定性非常高。研究表明，用 Y_2O_3 做纤维覆盖层很有效，但应用比较有限。覆盖技术多用于长纤维，对短纤维和颗粒增强体覆盖的方法不多。

钛基复合材料中，硼纤维上沉积 TiB_2 或 B_4C 等覆盖层，可有效减小界面反应速率，SiC 单丝采用 Y/Y_2O_3 双层覆盖层也有良好的效果。

覆盖层制备方法有化学沉积法、物理气相沉积法、喷镀和喷射技术等。

19.1.3 金属基复合材料的制造工艺

将增强体加入金属基体内的方法有多种，依据金属基体是否在复合材料制备过程的某个阶段形成液相，可以将制备方法分为液相工艺和固相工艺。

19.1.3.1 液相工艺

陶瓷增强体接触到金属时，基体金属应处于部分熔化状态，这样有利于密切的界面接触，使二者获得较强的黏接。但也有可能促进界面反应，甚至产生脆性界面反应层。

压挤渗透法 依靠压力作用使熔融的基体金属渗透到纤维预制件中，并在保持压力作用下凝固成形。由于熔融金属流动性好，因此当压力差为 1MPa 时即可使渗透快速完成，能形成很强的界面结合，而且界面层没有氧化膜。

喷雾沉积法 将熔融金属通过压缩气体喷射雾化，在压缩气流中注入陶瓷粉末，在喷雾沉积区内形成锭。陶瓷粉末的加入量上限为 20%~25%。后续处理中经过挤压使陶瓷增强体的分布趋于均匀。这样生产的复合材料界面黏结力强，界面反应层薄或没有，非金属夹杂含量低。

热喷射法 将陶瓷粉末或线材输入到火焰加热区，粉末被加热后由急速膨胀的气体加速喷射，在冷却模内凝成复合材料锭子。加热是由电弧、燃气或等离子体介质完成的，在等离子体中陶瓷粉末大多可熔化。这种方法除产生大块金属基复合材料外，还可生产组分梯度化的金属基复合材料涂层。

浆体铸造(复合铸造) 将陶瓷粉末逐步加入到熔融金属中，同时对浆体进行连续搅拌，陶瓷粉末加入完毕后整体混合物凝固，可以连续或半连续生产，这种工艺已用于 Al-SiCp 复合材料的生产。搅拌的作用是促进颗粒的浸润，防止颗粒成团或颗粒沉积。此外，保证快速凝固对复合材料的均匀性十分重要。

原位合成法 此方法是在金属基体内生成原位的弥散增强体颗粒，具体操作是将增强体组分的粉末与金属粉按规定比例混均压坯，将压坯在反应装置中加热到反应温度(金属呈液态)，通过化学反应生成弥散的增强体分布于金属基体中，形成金属基复合材料，其特点是致密度很高。比如，将铝粉($x_{Al}=50\%$)、钛粉和碳粉($x_{(Ti+C)}=50\%$) 混合，在 200 MPa 压力下冷压成坯，加热到高于 700 ℃使铝熔化，反应生成 TiC 后弥散分布于铝基体中，由此制得碳化钛颗粒增强铝基复合材料。

19.1.3.2 固相工艺

固相工艺是在陶瓷增强复合材料制备过程中，金属基体与增强颗粒之间完全不出现液相的方法。

混粉与压制法　此方法是将金属粉末与陶瓷纤维或颗粒混合后装入包套，抽真空后高温致密化，采用热等静压(HIP)或热挤压。此方法可准确控制陶瓷含量，采用热等静压可增强界面黏结力。

薄膜扩散黏合法　此方法用于制造纤维增强钛合金。具体操作是将排列好的纤维置于钛合金薄膜之间，缠绕丝线，再经热压成形，在热压中钛合金薄膜发生塑性流变而完成致密化。

物理气相沉积法　在高真空装置中，通过高能电子束轰击所需沉积的金属与合金，使其升华成为气相，并达到较高的分压。将长纤维连续输送通过此区域，气相金属在长纤维表面沉积，速度达到 5~10 μm/min。再将已涂层的长纤维束集起来，通过热压或热等静压使之致密化。通过控制涂层厚度来控制纤维的体积分数。此法的优点是纤维分布很均匀，曾用于钛合金、铝合金的沉积，制成长纤维增强钛基复合材料和铝基复合材料。

机械合金化法　使用高能球磨机，将各种原材料粉末混合球磨，在高速球磨的挤压下发生强烈变形、焊合，又不断破碎，所积累的高应变能诱发固、液、气相反应，生成一系列高熔点的稳定化合物，如呈弥散分布的各种碳化物，得到机械合金化粉末，经过装包套和热挤压成材。此法用于制造颗粒增强铝基复合材料和碳化钛颗粒增强铜基复合材料。

19.1.4　金属基复合材料的加工

通常的后续热加工是为了复合材料的致密化，使纤维顺向排列或成形。热加工在高温和大变形量下完成。

热挤压通常用于连续增强金属基复合材料。当含有纤维时，在挤压过程中纤维逐渐断裂并沿挤压轴平行排列。挤压温度提高，应变速率减小，则纤维的断裂程度降低，有利于保持纤维的长径比值。最终纤维的长径比值取决于纤维的强度。

热挤压、热旋压和热轧等加工方法适用于晶须增强金属基复合材料，可提高晶须分布的均匀性，消除材料中的残余空隙，提高强度而且明显改善其塑性。

常规热加工成形方法，如热压、热锻、热轧等用于颗粒增强金属基复合材料比较简单容易，使颗粒增强体在金属基体内的分布呈各向同性。

热等静压是复合材料致密化、消除残余孔隙的有效方法。若加包套密封操作，还可以消除与表面联通的孔隙。

超塑性加工能进行大变形量加工成形。由于变形速率低，不至于造成微观组织缺陷。研究表明，热循环过程中产生的内应力以及复合材料中的增强体，能够促进材料的超塑性。这是一种内应力和不匹配诱发的超塑性，它适合于颗粒增强或短纤维增强金属基复合材料的成形。

利用高压下变形，使颗粒增强金属基复合材料能够冷成形，并得到良好的综合性能。如在 650 MPa 压力下，热挤态 2024Al 与体积分数为 10% 的 SiC 粒子组成的复合材料，压缩极限塑性达 42 %。这种高压下压缩塑性的提高，对材料内部缺陷有抑制和愈合作用，并在材料与模具接触面上产生强制润滑作用。

19.1.5 金属基复合材料的应用

通过增强体的作用，可以大幅度提高金属基复合材料的刚度和比刚度，还可以使屈服强度和抗拉强度及比强度大幅提高。刚度对于许多工程部件来说是列在首位的关键设计参数，刚度的改善会产生重大效益。这些部件包括转动件、支撑件和结构主体件等，如主动轴、高精仪表架、导弹的惯性导向球等。飞机起落架则要求高的比强度及高的低周疲劳抗力，对于一些薄壁件来说，不仅需要高的刚度，高应力下具有高强度和高韧性也特别重要。

金属基复合材料有良好的高温性能、高的蠕变温度，其中长纤维增强金属基复合材料尤为突出。

金属基复合材料中加入增强体可大幅提高其耐磨性，磨损率可降低一个数量级。

增强体的密度低，因而金属基复合材料的密度可显著降低。

陶瓷的热膨胀系数低，作为增强体，可用来调整金属基复合材料的热膨胀系数，从而获得与多种材料相匹配的复合材料。例如，哈勃太空望远镜上的 Al-C 纤维天线支撑杆结构要求有极高的轴向刚度，同时有零热膨胀系数，使得在反复出入日照的条件下保持尺寸稳定性。

由于金属基复合材料能够满足很多的特殊需求，因此是必不可少的。

19.1.5.1 铝基复合材料

（1）长纤维铝基复合材料

碳纤维增强铝基复合材料的密度小，比强度、比模量高，导电和导热性好，高温下的强度和尺寸稳定性好，在航天和航空领域广为应用，主要用于制造各种零部件、电缆、螺旋桨叶片等。碳长纤维-铝基复合材料的力学性能见表 19-1，所制成的部件质量轻、刚性好，可制成薄壁件。

表 19-1 碳长纤维-铝基复合材料的力学性能

纤维	基体	碳纤维体积分数/%	抗拉强度 R_m/MPa	弹性模量 E/GPa
碳纤维 T50	201 铝合金	30	633	169
碳纤维 T300	201 铝合金	40	1053	148
碳纤维 HT	5056 铝合金	35	800	120
沥青碳纤维	6061 铝合金	41	633	320

（2）短纤维铝基复合材料

短纤维增强体主要有氧化铝和硅酸铝。氧化铝短纤维增强铝基复合材料的室温强度并不比基体 Al-Si-Cu 铝合金高，但在 200 ℃以上的强度明显优于基体，见图 19-1。

氧化铝短纤维-铝基复合材料已广泛用于柴油机活塞、缸体等。如用 12%（体积分数）Al_2O_3短纤维加 9%（体积分数）碳纤维增强 Al-Si 过共晶铝基复合材料来制造内燃机缸体，性能有很大突破，使发动机的效能显著提高。

（3）晶须增强铝基复合材料

这类材料性能优异，制造工艺简单，应用规模日益扩大。目前应用的晶须增强体主要是碳化硅和氧化铝。这类复合材料的强度与基体合金的种类及热处理状态、晶须含量、晶须排列与分布、界面状态等因素密切相关。随着增强体颗粒含量增加，基体铝合金中沉淀强化相 θ′和 S′相的时效析出温度降低，时效硬化过程加快。

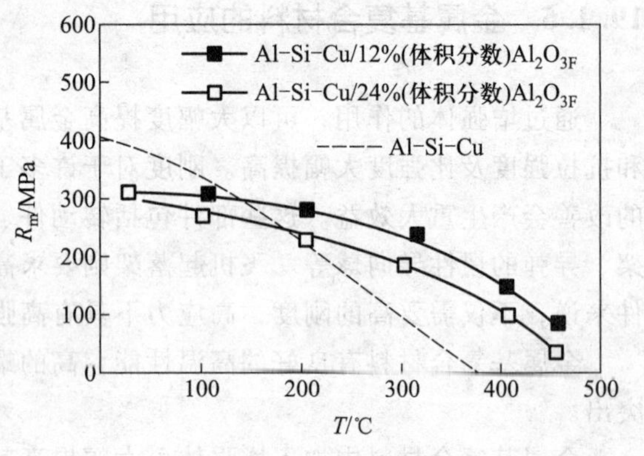

图 19-1 铝基复合材料的强度随温度的变化曲线

随着碳化硅晶须体积含量的增加，碳化硅晶须增强 2124 铝基复合材料抗拉强度和弹性模量都增加，温度对抗拉强度的影响见图 19-2。该基体合金为 Al-Cu-Mg-Mn 系，沉淀强化相为 S′相。碳化硅晶须增强后，经过固溶及自然时效，复合材料的强度提高。温度对弹性模量的影响见图 19-3，碳化硅晶须大幅度增大弹性模量。这种复合材料经不同热处理后的力学性能见表 19-2。这类碳化硅晶须增强铝基复合材料可以通过挤压加工成材。该复合材料用于制造导弹和航天器的构件和发动机部件，汽车的气缸、活塞、连杆以及飞机尾翼平衡器等。

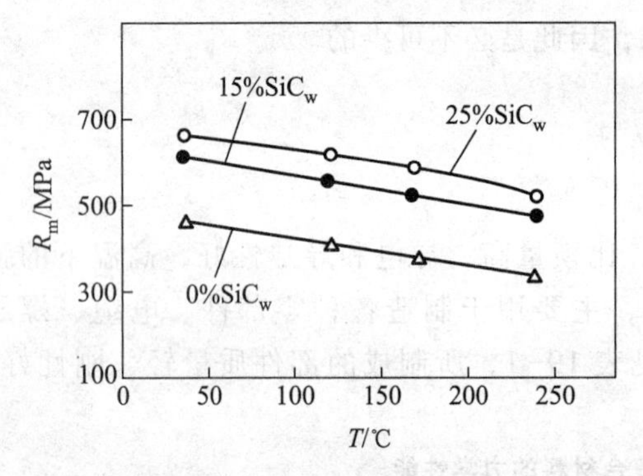

图 19-2 2124 铝基复合材料的强度-温度关系曲线

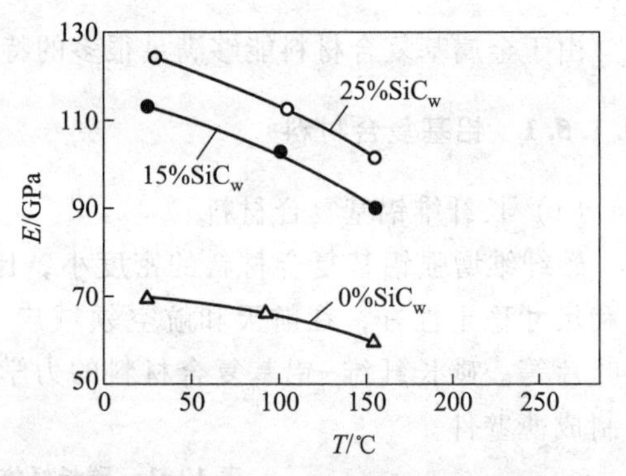

图 19-3 弹性模量随温度的变化

表 19-2 碳化硅晶须增强铝基(2124)复合材料的性能

材料	热处理工艺	E/GPa	$R_{p0.2}$/MPa	R_m/MPa	A/%
8%SiC_w/2124	T4 自然时效	97	407	669	9
8%SiC_w/2124	T8 冷作，人工时效	94	511	662	9
20%SiC_w/2124	T4 自然时效	130	497	890	3
20%SiC_w/2124	T8 冷作，人工时效	128	718	897	3

（4）颗粒增强铝基复合材料

颗粒增强金属基复合材料的性能与基体合金的牌号密切相关，这一点与长纤维增强不同。另外，还与颗粒尺寸及体积分数有关。随着增强颗粒体积分数增加，颗粒尺寸减小，复合材料的弹性模量和强度增加。

碳化硅颗粒增强铝基复合材料由于比强度和比刚度高，适用于制造航天器结构件、汽车零部件等；由于其耐磨性好、密度低、导热性好，适用于制造制动器转盘等。表 19-3 中给出了不同基体的铝合金经碳化硅颗粒增强所得复合材料的力学性能。

表 19-3　碳化硅颗粒增强铝基复合材料的力学性能

复合体系	SiC 体积分数/%	R_m/MPa	$R_{p0.2}$/MPa	E/GPa	A/%
SiC_p-6061(粉末冶金法)	20	496	414	103	5.5
SiC_p-2124(粉末冶金法)	20	552	406	103	7.0
SiC_p-7090(粉末冶金法)	20	724	655	103	2.5
SiC_p-6061(粉末冶金法)	40	441	—	125	0.7
SiC_p-A356(搅拌铸造)	20	350	320	98	0.5

19.1.5.2　镁基复合材料

镁在结构合金中的密度最低，因此镁基复合材料是比强度和比模量最高的材料，并且其尺寸稳定性好、耐蚀性好，有良好的应用前景。

硼纤维与镁化学反应能力弱，浸润性较好，硼纤维增强镁基复合材料具有很高的比强度和比模量。含硼纤维 40%～50% 的镁基复合材料，抗拉强度达 1 100～1 200 MPa，弹性模量为 220 GPa，伸长率为 0.5%。当硼纤维的体积含量增加到 75%时，其抗拉强度可增加到 1 300 MPa。

石墨纤维增强镁基复合材料有最高的比强度和比模量，最好的抗热变形阻力，成功用于卫星的 10 m 直径抛物面天线和支架。由于其热膨胀系数很小，环境温差造成结构变形小，使天线能在高频带工作，效率比石墨纤维增强铝基复合材料高 5 倍。

碳化硅颗粒增强镁基复合材料可以提高强度、弹性模量和耐磨性。体积分数为 20 %的碳化硅颗粒增强的镁合金(AZ3113)复合材料，抗拉强度由 250 MPa 提高到 300 MPa，屈服强度由 165 MPa 增加到 251 MPa，弹性模量由 45 GPa 增加到 79 GPa。由于碳化硅和氧化铝颗粒增强镁基复合材料的耐磨性优良，而且耐油，因此可用于制造油泵的泵壳体、止推板和安全阀等零件。

19.1.5.3　钛基复合材料

钛合金在 450～650 ℃ 温度范围仍有较高强度，应用纤维或颗粒增强后，还可以进一步提高其使用温度。

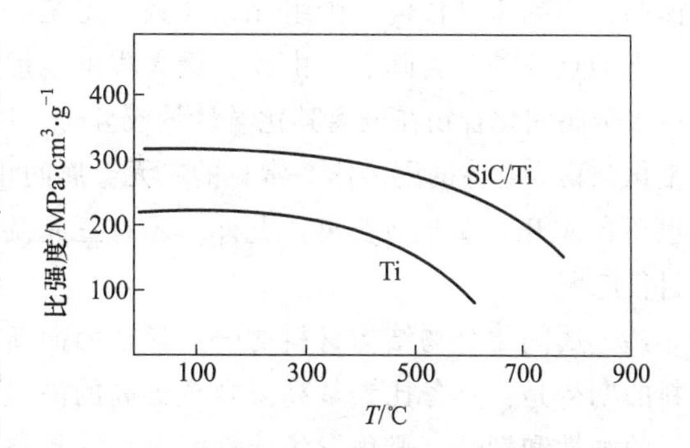

图 19-4　钛基复合材料与钛合金比强度的比较

钛基复合材料中，采用碳化硅长纤维(SCS-6)进行纤维强化，制备时将纤维排列整齐后置于钛合金薄膜之间，再进行热压成材。碳化硅长纤维增强钛基复合材料的比强度和高温强度同基体钛合金相比有所提高，见图 19-4。其中，SiC 长纤维体积分数为 40%时，钛基复合材料刚度可增加一倍，强度增加 50%，密度降低 10%。这种材料可用来制造飞机发动机部件。

用 SiC 和 TiC 颗粒增强的钛基复合材料，其性能与基体钛合金相近，未能显示强化效果。

19.1.5.4 铜基复合材料

碳纤维增强的铜基复合材料既可以保有铜的导电、导热性能的优势，又有碳纤维的低线膨胀系数、抗磨和自润滑等特点，适用于滑动电触头、电刷、集成电路散热板等部件。集成电路中，用高传导材料银或铜制成的散热板，固定在氧化铝绝热板上，由于二者线膨胀系数差别大，导致绝热板发生断裂。应用碳纤维铜基复合材料，只要调整好碳纤维的体积分数和分布方式，可以使复合材料的线膨胀系数接近氧化铝绝热板的线膨胀系数，可有效减小热应力，避免绝热板断裂。另外，电车导电弓架上的滑块采用碳纤维-铜基复合材料，有优良的导电性和润滑及耐磨性，并兼有高强度和低接触电阻，其服役性能得到改善。

19.2 金属间化合物结构材料

19.2.1 概述

金属间化合物材料同样分为结构材料和功能材料。金属间化合物类型的功能材料种类繁多，有很多已经得到大量实际应用，如 Nb_3Sn 等超导合金，Sm-Co 永磁、NdFeB 永磁，A_2B 型 Laves 相超大磁致伸缩材料，以及多种磁制冷、磁蓄冷合金，$LaNi_5$储氢合金等等，前面已经作过介绍。这里，主要介绍用作结构材料的金属间化合物材料的新成果。

金属间化合物结构材料是指以金属与金属或者金属与半金属之间形成的化合物为基体、以力学性能为基本性能要求的金属材料。依据相图很容易将传统的金属材料与金属间化合物材料区别开来：前者是以端际固溶体为基体，后者以相图中间部分的有序结构化合物为基体。

严格意义上的二元金属间化合物是两种金属以整数比(化学计量)组成的化合物，它的晶体结构不同于其任何一个组元，并且一定是有序结构。其中，两个组元的原子分别占据无序状态下的点阵的某类阵点，由此，最大程度地形成异类原子之间的最近邻结合。值得注意的是：许多金属间化合物在偏离其化学计量成分时，仍然保持其结构的稳定性。也就是说，形成了以计量化合物为基体的固溶体。常见的二元金属间化合物主要包括 AB、A_2B 和 A_3B 三种类型，不过，也还有 A_3B_5、A_6B_7等类型。此外，还有三元及更多元的金属间化合物。因此，金属间化合物数目很庞大。

金属间化合物结构材料的研究最初面向新型的高温下使用的结构材料。人们对这类结构材料的期待是：具备比镍基高温合金更高的高温强度，良好的抗氧化、抗腐蚀性能，还要具备良好的塑性和韧性，避免发生脆性断裂，并具备良好的加工成形性能，即保持良好的金属特性。金属间化合物的结合键为金属键，由于化合物中组元间的电负性差较大，结合键具有一定离子性。金属间化合物材料的这种结合键特点决定了其性能介于金属与陶瓷之间，故此成为新型高温结构材料的研究方向是顺理成章的。

高温结构材料的主要应用领域是航空、航天领域，尤其是用于制作发动机高温部件。与提高使用温度同等重要的是降低材料的密度。金属间化合物中可以大量使用 Al、Ti 等低密度金属，较以 Fe 和 Ni 为基的合金具有巨大优势。因此，金属间化合物结构材料的前期研究主要集中于 Ti-Al、Fe-Al 和 Ni-Al 三个体系的 A_3B 和 AB 型铝化合物。不过，这些铝化合物的高温强度未能超过高温合金。故此，近期的研究工作拓展到一些熔点更高的金属间化合物，如 Nb_3Al、$MoSi_2$、Mo_5Si_3及 Laves 相等金属间化合物等。表 19-4 中简单总结了这些金属间化合物的基本物理性质。

表 19-4 几种金属间化合物的基本物理性质比较

化合物	Ti_3Al	TiAl	Ni_3Al	NiAl	Fe_3Al	FeAl	$MoSi_2$	Mo_3Si_5
熔点/℃	1600	1460	1395	1640	1540	1250	2030	2160
密度/(g/cm^3)	4.2	3.9	7.5	5.9	6.7	5.6	6.3	8.2
比弹性模量	35	46	24	50	21	47	65	
晶体结构	$D0_{19}$	$L1_0$	$L1_2$	B2	$D0_3$	B2	$C11_b$	D8m

19.2.2 金属间化合物的结构与力学性能特点

19.2.2.1 金属间化合物的晶体结构和电子结构

金属间化合物中多种常见的晶体结构都是由单质金属的结构衍生而来的。其中，不同类别的原子有序地占据其中不同的阵点位置，形成长程有序结构。不同类别的原子所形成的各自点阵排列，又经常使用单独的点阵进行描述，称为亚点阵。如果将这些衍生单元再进行一些空间堆叠，即可得出结构更加复杂的化合物晶胞。图 19-5 中分别给出了由体心立方和面心立方点阵衍生得出的金属间化合物结构。常见的 A_3B 和 AB 型铝化合物的晶体结构简单概括总结于表 19-4 中。

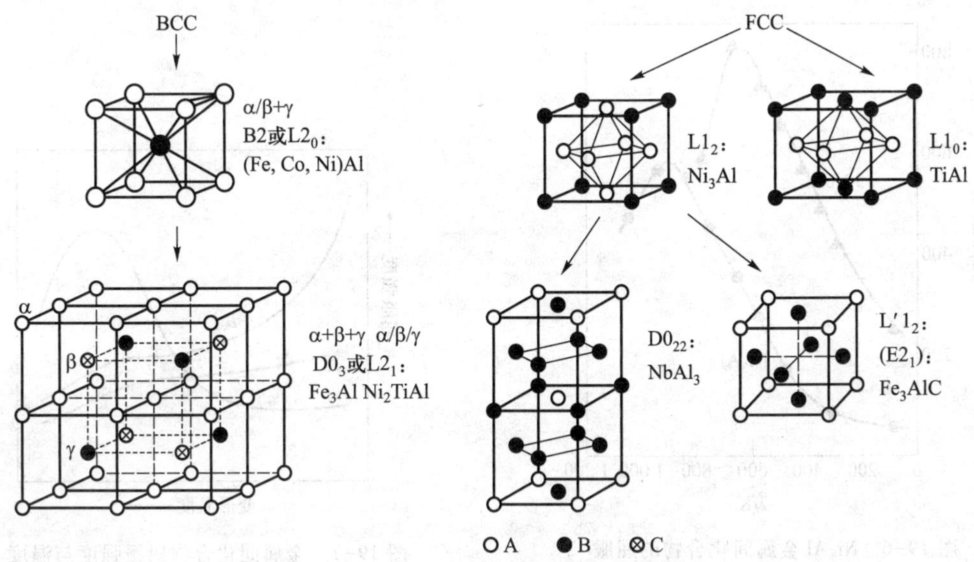

图 19-5 体心立方 BCC 与面心立方 FCC 的各种有序衍生结构

从能量角度看，金属间化合物的长程有序结构中，最近邻原子一般都是不同的原子。其原因是形成金属间化合物的异类原子之间电负性差较大，故此，异类原子之间的结合能较同类原子更大。

借助于第一原理对化合物中价电子的电荷几率密度分布计算结果显示：其中不同类别原子之间存在电荷转移，比如，Ni_3Al 中的 Al 原子显示正电性。需要注意的是，金属间化合物中异类原子之间的电荷转移量一般都不是电子电荷的整数倍。故此，异类原子之间的结合键具有一定的离子性，但是，以价电子公有化为主的金属键仍然占据主导地位。

19.2.2.2 金属间化合物的力学性能特点

金属间化合物结构材料力学性能的特点表现为：相对于传统的金属及合金材料，它的强度和比强度提高了，但是抗脆性断裂能力明显降低。从强度和韧性两个方面的性能综合考虑，脆性断裂成为需首要解决的问题。此外，金属间化合物结构材料的强度随着温度的变化具有特殊性，值得特别关注且具有实际应用价值。

普通金属材料的屈服强度随着温度升高都单调降低，金属间化合物材料的强度变化反常。1957 年 Westbrook 等首先发现：随着温度的升高，金属间化合物的屈服强度首先在一个相当宽的温度范围内升高，达到最大值后又迅速降低，称为 R 现象。图 19-6 中给出了 Ni_3Al 类型金属间化合物的屈服强度随着温度的变化。其中，屈服强度的峰值温度区域随着材料的不同而异。这种 R 现象是金属间化合物中特有的、又普遍存在的特殊现象。屈服强度的反常升高一般出现在原子具有明显扩散能力的中温区(800~1100 K)，而温度进一步升高后屈服强度又会迅速降低。

不过，详细的试验研究显示，金属间化合物的屈服强度随着温度的变化总体上可以划分为三种类型，如图 19-7 示意性给出的那样。上述随温度升高而升高的反常变化记作 A 型。此外，还有在相当宽泛的温度范围内屈服强度基本保持不变，但在低温下随温度降低而迅速升高的 B 型，以及屈服强度随着温度升高而单调降低的 C 型。

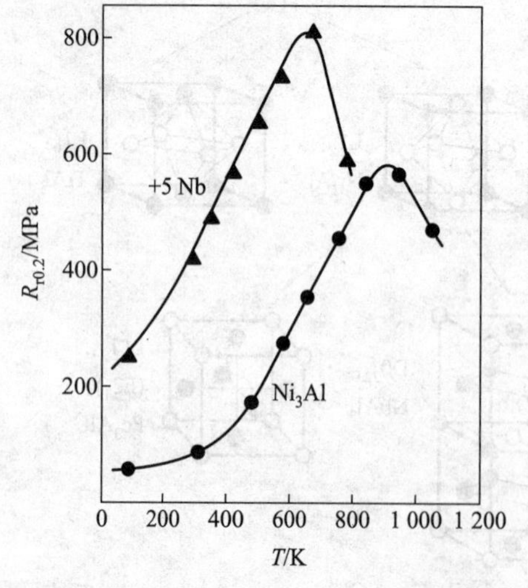

图 19-6 Ni_3Al 金属间化合物的屈服强度随温度的变化

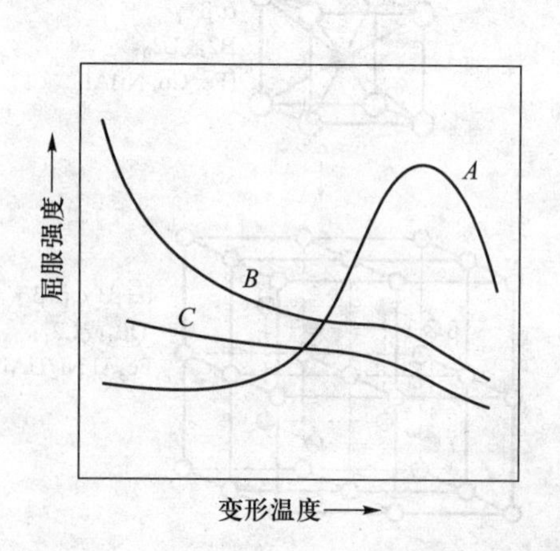

图 19-7 金属间化合物屈服强度与温度关系的不同类型示意图

金属间化合物的力学行为存在着明显不同于普通金属之处。其根本原因是金属间化合物中不同类别原子有序排列以及结合键所呈现的一定程度的离子特性。

金属间化合物中异类原子的有序排列显著影响位错的滑移运动。这种结构的晶体中，最近邻的原子为异类原子，因而位错的柏氏矢量往往不再是晶体中最近邻原子之间的距离，而是间距更大的同类近邻原子的间距，因此位错滑移的晶格阻力增大，造成位错滑移困难。

另外，更加细致的分析表明：晶体结构和位错中心结构的限制使得位错交滑移的阻力也非常高。通过第一原理计算分析，从化合物中外层成键电子的电荷几率密度分布情况考察结合键的性质及其方向性特征。通过从原子占位和晶体结构的层面仔细分析了位错中心区结构、滑移的晶格阻力以及位错滑移的基本特征，结果表明：在易于发生交滑移的较高温度下，材料反而对外表现出更高的屈服强度。Kear 和 Wilsdorf 提出的 KW 交滑移理论模型对于 R 现象给予了圆满的解释。由于涉及位错理论及结构、能量计算等宽泛且比较深入的知识，此处不再细述。

金属间化合物结构材料中，人们遇到的首要问题是常温下的脆性带来的问题。室温脆性使得这些金属材料无法加工成形，严重阻碍了其实际工程应用。造成金属间化合物常温脆性的首要原因是有序的晶体结构及结合键中的离子性成分。如上所述，位错滑移的阻力很大，塑性变形困难加大。同时，化合物的独立滑移系少，造成多晶材料塑性变形易于在晶界部位产生强烈的应力集中并诱发晶界生成裂纹而导致断裂，故此多晶金属间化合物室温脆性断裂往往表现为脆性的沿晶断裂。另外，金属间化合物晶界结合强度低，易于断裂，晶界部位易于发生杂质偏聚，导致晶界强度降低。也就是说，金属间化合物抵抗裂纹萌生与扩展的能力弱。这样，在塑性变形与断裂的竞争关系中，较低应力下发生的断裂过程在先，使得塑性变形没有来得及进行。

另外，金属间化合物显示出异常高的室温环境敏感性，这种环境脆性通常是指在水汽环境下会诱发室温脆性，也称水汽环境脆性。其原因在于化合物中含有 Al、Si 等活性元素，它们在室温下与空气中的水分发生表面反应，产生活性氢原子，渗入材料表面而导致氢脆。受这种环境脆性的影响，在存在水分的大气条件下(即便湿度很低时)，材料的塑性表现出对于变形速度的敏感性。

迄今为止，金属间化合物结构材料在多数情况下都不是由单一的化合物相组成的，而是多相的微观组织，甚至从改善其塑性、韧性角度出发，在材料中含有部分无序结构的固溶体。这类材料的强度往往也不是完全依赖化合物的有序结构及结合键特征，而是经常采用普通金属中的强化手段来提高其强度，比如固溶强化、细晶强化等方法。此外，对于高温应用场合，还要从多方面提高其高温强度，增加其抗蠕变能力；应用于发动机中的高温部件，还需要具有良好的疲劳抗力等等。因此，有关金属间化合物结构材料的研究工作，一项重要的内容是其强化问题。

19.2.3 典型的金属间化合物结构材料

19.2.3.1 Ni-Al 系金属间化合物材料

该系列主要包括 Ni_3Al 和 NiAl 两种类型的金属间化合物材料，分别介绍如下：

Ni_3Al 金属间化合物 对于金属间化合物作为结构材料的研究，最早开始于 Ni_3Al。这种化合物是镍基高温合金中的强化相，在高温合金中其体积分数可以超过50%，在某些铸造镍基高温合金中该相的体积分数可以达到60%以上。

日本学者在1979年将微量B加入到Ni_3Al，显著地提高了它的常温塑性，这是解决金属间化合物常温脆性问题方面的第一个突破性进展。

试验表明：Ni_3Al单晶室温下具有很高的塑性，但是其多晶体很脆，为强烈的沿晶断裂。如果控制化合物中Al的原子分数小于其化学计量值，再添加质量分数为0.02%~0.12%的B可以大幅度提高塑性，断裂方式转变为穿晶断裂。图19-8中给出了$x_{Ni}=24\%$的Ni_3Al化合物的断后伸长率随着B含量的变化。分析表明B偏聚于晶界区域，说明B通过改变晶界的性质来提高材料的塑性变形能力。

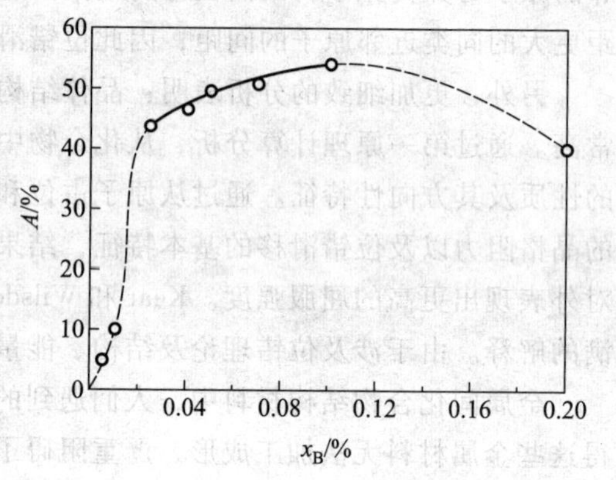

图19-8 $x_{Ni}=24\%$的Ni_3Al化合物的断后伸长率随着B含量的变化

人们还研究了多种代位固溶合金元素的作用。经过分析，这些代位固溶合金元素可以分为三类。一类是置换化合物中的Al，如Si、Ti、Mn、V、Hf、Nb、Zr等；一类是置换Ni的，包括Co、Cu、Pt等；第三类是既可以置换Al也可以置换Ni的，如Fe、Mo、Cr、W等。就固溶强化效果来说，置换Al的固溶原子具有比较强烈的强化效果。另外，C和B两种非代位固溶原子也具有强烈的强化效果。

典型的合金成分范围为：x_{Al}为14%~18%，x_{Cr}为6%~9%，x_{Mo}为1%~4%，x_{Zr}、x_{Hf}为0.1%~1.5%以及x_B为0.01%~0.02%。Cr的作用是提高抗氧化性，降低性能对氧的敏感性，Mo能有效提高高温强度，Zr和Hf起到固溶强化作用，Zr还能提高塑性，B的作用是强化晶界、降低环境脆性。请注意：B的作用只有在合金中Al含量低于化学计量比例时才显现出来，也就是说，减少导致环境脆性的Al的含量是必要的前提条件。

目前，Ni_3Al金属间化合物材料已经部分地得到工程实际应用，用于制作高温模具、汽车活塞、阀门、增压涡轮等部件。它们都是双相合金，含有85%~95%的Ni_3Al(γ'相)和5%~15%的γ相(FCC结构无序固溶体)。这些合金材料的牌号以IC开头表示，比如，IC-50是成分比较简单的Ni_3Al合金，其中除了Ni、Al、B三个必不可少的组成元素外，只加入质量分数为0.6%的锆。

Ni_3Al金属间化合物材料的制备方法包括锻造和铸造，甚至还采用了定向凝固技术。我国自主研制的w_{Mo}为13.9%的高钼定向凝固Ni_3Al金属间化合物也已经投入实际使用。

NiAl金属间化合物 NiAl合金为B2结构，其熔点高、抗氧化性好、热导率很高，适合作为高温结构材料。其主要问题是常温脆性很大，同时高温下的强度也不高，这些缺点都源于自身结构和结合键特征，属于本征特性。

通过添加Ti获得Ni_2AlTi赫斯乐(Heusler)相，形成与NiAl相的双相合金，使得合金的高温强度达到了镍基高温合金的水平，但是常温脆性问题依旧没有实质进展。

另一类尝试是通过NiAl与Ni_3Al的双相组织来降低室温脆性，其中还可能有无序的FCC固溶体相，起强韧化作用。为此，在合金中添加Fe进行合金化，如x_{Fe}为20%~30%，x_{Al}为

20%~30%的 Ni-Fe-Al 合金。目前认为比较有希望解决常温脆性的合金是 NiAl 与Heusler相及FCC 无序固溶体 γ 相的多相组织合金，是通过进一步加入 Ti、Nb、Mo 得到的。还有一种思路是发展 NiAl 基复合材料。

19.2.3.2 Fe-Al 系金属间化合物材料

该系列金属间化合物材料也主要包括 Fe_3Al 和 FeAl 两种类型。它们的突出优势在于优异的抗腐蚀性能和较好的耐热性能，均达到或者超过奥氏体不锈钢的水平。

Fe_3Al 金属间化合物 富铁的 Fe_3Al 合金一般以 $x_{Al}=28\%$、$x_{Cr}=5\%$、含微量 B、其余为 Fe 的成分为基础，再添加其他的强化合金元素而成。表 19-5 中给出了典型的 Fe_3Al 基合金的例子。注意表中 $R_{r0.2}$为规定残余延伸强度，不同于规定塑性延伸强度 $R_{p0.2}$。

表 19-5 典型的 Fe_3Al 金属间化合物的成分、热处理与性能

合金	热处理工艺 1：850℃/1h+500 ℃/5~7 天空冷			热处理工艺 2：750 ℃/1h+油冷		
	$R_{r0.2}$/MPa	R_m/MPa	A/%	$R_{r0.2}$/MPa	R_m/MPa	A/%
$Fe-Al_{28}Cr_5Zr_{0.10}B_{0.05}$(FA1)	312	546	7.2	480	973	16.4
$Fe-Al_{28}Cr_5Nb_{0.5}C_{0.2}$(FA129)	320	679	7.8	384	930	16.9
$Fe-Al_{28}Cr_5Nb_{0.5}Mo_{0.5}Zr_{0.1}B_{0.2}$	379	630	5.0	589		

相比其他的金属间化合物结构材料而言，Fe_3Al 基合金具有良好的室温塑性。为此，要求合金中 Al 的含量超过化合物的化学计量比例，以免出现 α 相固溶体而导致脆性的 {100} 解理断裂。另外，加入质量分数为 2%~6%的 Cr 能够起到固溶软化作用，也能明显增加合金塑性。加入 B 能够抑制水汽环境脆性。

合金中添加合金元素 Ti、Mo、Zr、Nb、Ta、Si 和 C 可以提高强度，不过，它们大多会使合金塑性降低。可在 Fe_3Al 中添加质量分数为 0.1%的 Zr 来细化晶粒。正常情况下，按表 19-5 中给出的热处理工艺进行热处理后，Fe_3Al 的晶体结构为 $D0_3$，其中需要在 500 ℃下长时间保温，以便完成由高温下的 B2 向低温下 $D0_3$的结构转变。如果将该金属间化合物材料进行温轧(又称热机械处理)，避免发生再结晶而保持拉长的晶粒形态，然后在 750 ℃保温 1 h 后在油中快冷(表 19-5 中热处理工艺 2)，能够达到显著的强韧化效果，并且基本抑制水汽环境脆性。

Fe_3Al 合金一般采用感应炉冶炼，再加以重熔处理得到合金锭。铸态合金的塑性不佳，可通过 650~1 100 ℃之间的热加工制成丝材、板材。其中，最后的加工温度在 650 ℃可以获得拉长的晶粒。合金管材可以通过离心铸造制造，也可以采用热穿孔方法完成。

FeAl 金属间化合物 具有 B2 结构，允许的成分范围很宽，铝的摩尔比例在 36.5%~50% 之间。研究表明，为了减轻其脆性和室温环境脆性，需要将合金成分控制在 x_{Al}不超过 40%的范围内。因此，$Fe_{60}Al_{40}$就成了该合金的基本组成，其室温下断后伸长率大约为 3%。FeAl 化合物具有强烈的水汽环境脆性，加入 B 可以明显改善。可以加入合金元素 Zr、Nb、Hf、C 来提高强度，但对塑性产生负面影响。对此，可以加入 B 来改善晶界塑性。细化晶粒能够有效提高强度，两者之间服从霍尔-佩奇关系，此外还能在一定程度上改善塑性。引入热机械变形处理能够显著提高塑性。此外，FeAl 基合金在高温淬火会引入空位而导致硬化和脆化，需要在低温长时间退火降低空位浓度以使其软化。

对于 FeAl 基合金一般采用铸锭挤压成形工艺，或者粉末冶金工艺制备产品。

19.2.3.3 Ti-Al 系金属间化合物材料

相对于前面所述的两个铝化物基材料来说，Ti-Al 系金属间化合物的比强度显著提高，尤其是 TiAl 化合物。故此，其在先进发动机的应用最值得期盼。

Ti_3Al 金属间化合物 纯的 Ti_3Al 化合物的晶体结构为 $D0_{19}$，习惯上称作 α_2 相。该化合物同样显示出室温脆性，因而加工困难。在 Ti_3Al 基合金中添加 Nb，强度和塑性能够同时得到改善，达到良好的强韧化效果。故此，Ti-(23~25)Al-(10~30)Nb 成为 Ti_3Al 基合金的基础成分，在此基础上再添加其他合金元素来改善性能，见表 19-6。

Ti_3Al 基合金根据 Nb 的添加量可以大致分为 3 类。第一类是 x_{Nb} 在 10%至 12%之间的合金，其组成相为 α_2 相。其中，进一步合金化的 $Ti-Al_{25}Nb_{10}V_3Mo_1$ 称为超级 α_2 合金，它有很好的蠕变性能。第二类合金中 x_{Nb} 在 14%至 17%之间，合金中出现稳定的 B2 结构的β相固溶体，从而获得 α_2+β 双相组织，大幅度地改变了合金的性能。第三类为 x_{Nb} 高于 17%的合金，其中出现 O 相，成为 α_2 与 O 相的双相合金，其蠕变强度和塑性均优于超级 α_2 合金。如果进一步提高 Nb 含量，可以得到以 O 相为主的双相合金，强度与塑性能够进一步提升。

Ti_3Al 基合金的微观组织控制包括 α_2 相的形态、尺寸、间距及数量，β 相的晶粒尺寸等，它们对合金的性能会产生显著影响。

表 19-6 一些 Ti_3Al 基双相合金的性能

合金	屈服强度 /MPa	抗拉强度 R_m/MPa	断后伸长率 A/%	断裂韧性 K_{IC}/(MPa·$\sqrt{m}$)	蠕变寿命/h
Ti-25Al	538	538	0.3		
Ti-24Al11Nb	787	824	0.7		
Ti-24Al14Nb	831	977	2.1		
Ti-24Al17Nb	952	1 010	5.8	28	62
Ti-25Al17Nb1Mo	989	1 133	3.4	20	476
Ti-22Al23Nb	863	1 077	5.6		
Ti-22Al27Nb	1 000		5.0	30	
Ti-22Al20Nb5V	900	1 161	18.8		
	1 092	1 308	8.8		

注：蠕变寿命是在 650 ℃、380 MPa 下的蠕变断裂寿命。

TiAl 金属间化合物 TiAl 化合物习惯上记作 γ-TiAl，为 $L1_0$ 结构，同样具有室温脆性。研究表明：由 γ-TiAl 和 α_2-Ti_3Al 组成的双相合金，性能远远优于单相。故此，一般以 x_{Al} 在 45% ~48%之间的二元合金为基础，得到 γ+α_2 的双相组织。

TiAl 合金存在复杂的固态相变，组织控制对性能有决定性影响。典型的组织有四种基本类型：双态组织(DP)、近 γ 组织(NG)、近全片组织(NL)和全片组织(FL)。在形貌上分为片层组织和等轴组织，前者包括近全片组织(NL)和全片组织(FL)，双态组织(DP)和近 γ 组织

(NG)属于后者。片层组织一般要自高温 α 单相区冷却得到，晶粒较粗大；双态组织一般在 α+γ 双相区处理，晶粒细小。片层组织的片层间距随着冷却速度不同而改变，片层组织强度高而塑性低，双态等轴组织的性能特点则相反。合金的强度与等轴组织的晶粒大小以及片层组织的片层间距之间的关系都服从霍尔-佩奇关系。细化组织，即细化晶粒或者减小片层间距，都可以提高强度。随着晶粒细化，合金的拉伸塑性提高，片层组织的断裂韧性也相对比较高。

TiAl 基合金中常用的合金元素可以分为三类。第一类(记为 M)可以改善塑性、促进再结晶，包括 Cr 和 Mn；第二类(记为 X)是起固溶强化作用的 Nb、Ta，以及少量的 W 和 Sn；第三类(记为 Z)是 Si、B、N、C 等，生成第二相粒子达到强化效果。这些第二相包括 Ti_5Si_3、Ti_3AlC 或Ti_2AlC 等，B 的作用是细化晶粒，但可能增大片层间距。这些合金元素的大致加入量范围是：x_M 为 0~2%，x_X 为 0~5%及 x_Z 为 0~2%。

TiAl 基合金包括铸造合金和变形合金。其中，已经工程化应用的铸态合金有(各数值为摩尔百分数，下同)：Ti - 47Al2Nb2Cr，Ti - 47Al2W0.5Si，Ti - 45Al2Nb2Mn + 0.8TiB_2，Ti - 47Al2Nb1Mn0.5Mo0.5W0.2Si 等。它们的使用温度可以达到 750 ℃。挤压或者锻造制备的 TiAl 基合金包括 Ti-46Al4Nb1W(Alloy7)、Ti-46.5Al2Cr3Nb0.2W 等。近年来，人们在合金中加入了更多的 Nb，得到高铌 TiAl 合金，如Ti-45Al-8/10Nb，通过进一步加入 Hf、Si、W、C 强化，期望使用温度达到 900 ℃。

19.2.3.4 其他金属间化合物材料

在金属间化合物的研究中，比强度高、适合于高温应用是首要追求目标。在寻求更高性能的金属间化合物时，人们将目光分别投向熔点更高、密度更小的化合物。目前，硅化物成为关注焦点。研究较多的化合物包括 $MoSi_2$、$CoSi_2$、Mo_5Si_3、Ti_5Si_3、Nb_5Si_3、Cr_3Si、V_3Si 等，这些化合物熔点高、晶体结构复杂、形变困难、脆性高，由此决定了性能改善特别是解决脆性问题的难度更大，理论分析的难度也加大了。相关的研究工作还涉及 Nb_3Al 这种熔点更高的化合物，以及 Al 含量更高的 A_3B 型三铝化合物。其中，对于 Al_3Ti 合金已经开展了比较广泛深入的研究。

此外，以 Laves 相为基础的合金研究，是近来的一个新发展方向，其特点是强度高、脆性大。化合物中位错移动及孪晶变形过程复杂，包含着许多值得研究的学术问题。

19.3 金属玻璃——非晶合金

依据原子、离子或者分子这些组成基元在空间中的排列特征，固体物质被划分为晶态和非晶态两大类。晶态物质中基元处于有序排列状态，非晶态物质中的基元处于长程无序排列状态。通常条件下制备的固态金属材料都是晶态的，在某些特殊条件下可以获得非晶态的固态金属。非晶态金属材料，其性能与其晶态下存在显著差别，故此成为金属材料研究的一个重要分支。此外，最近研究发现，一些易于制取非晶态的多元合金，在长程有序的结晶状态下(高熵合金)，其性能与普通金属差别显著，甚至类似于非晶合金，也引起了人们的关注。

19.3.1 非晶态金属材料的制备方法

金属及合金由熔融液态凝固时，通常条件下都发生结晶而转变成晶态固体。截止到20世纪60年代，实际工程应用的金属材料一直都是晶态的固体。直到P Duwez等人以高达10^6 K/s的冷速将金属熔体冷却得到非晶态固体，为认识金属材料开辟了一个全新的领域。由液态熔体制备非晶态合金(又称金属玻璃)时，非常高的冷却速度成为获取非晶合金的技术难点，非晶合金的制备方法成为其首要问题。在很长的一段时间里，只能获得厚度不过几十微米的薄带，限制了这种新型材料的生产及应用。经过不懈的研究试验，目前已经能够制备出很多种毫米级尺寸的非晶合金，最大尺寸甚至已经达到了100 mm的量级。但是，人们仍然不能随心所欲地制备任意化学组成的较大尺寸非晶合金，而纯金属的非晶制备更是困难。故此，首先关注非晶合金的制备方法。

获取非晶态金属及合金的途径有两种。一种是使无序的气态金属及合金沉积成非晶，或由液态物质凝固成非晶。由气态制备非晶合金的方法包括溅射(物理气相沉积)、化学气相沉积等气态沉积。与普通金属材料的制备工艺接近的非晶制备方法，是采用急冷(又叫激冷)凝固技术，将熔融金属从高温液态快速冷却成固体，使其液态下的无序结构维持到室温下的固体中而获得非晶态。此外，还可以通过电镀的电化学方法由溶液中析出非晶态合金。

另一种获取非晶的途径是将晶态固体金属中的原子长程有序排列打乱，主要是通过强烈的塑性变形来完成。代表性的技术为高能球磨方法，可以获得非晶态粉末。如果将不同的金属进行高能球磨处理，还可以得到非晶化的合金，称为机械合金化，其中的不同金属原子均匀混合。此外，还可以通过喷丸等处理获取非晶化的金属表面层等。

非晶合金的制备方法不止一种。不过，类似于普通的金属及合金材料，通过高温熔体制备非晶态金属的方法始终是关注的焦点，被视为产业化的主要途径。早在20世纪30年代末就已经通过蒸发沉积获得了非晶态合金薄膜，不过，人们仍将合金高温熔体激冷制备出非晶作为非晶合金的发展标志。20世纪60年代末，采用单辊快淬技术以10^5 ~ 10^6 K/s的冷却速度将熔融态金属制备成非晶薄带，促使非晶合金走向实际工程应用，典型代表合金是用此方法制备的软磁合金带材。到20世纪80年代末，随着一系列非晶形成能力很强的合金研制成功，又通过模铸技术以10^0至10^3 K/s的冷速制得了块体非晶合金。以下基本上将有关非晶合金的讨论局限于由高温熔体通过激冷制备非晶的范围。

19.3.2 非晶合金的理论基础

非晶合金作为一个全新的学术领域，在合金高温熔体激冷制备非晶的范围内，也涉及广泛的基础理论问题。限于篇幅，以下简单介绍合金熔体激冷制备非晶中的相转变、合金的非晶形成能力以及非晶合金再加热过程中发生的结构弛豫及晶化。

非晶态合金中，原子的空间排列不具有长程有序。不过，大量试验证据显示，非晶态合金中存在短程有序，表现在两个方面：第一，最近邻原子配位数与晶态固体中很接近。通过理论和试验研究非晶中原子的径向分布函数(RDF)，明确表达了这种特征；第二，大块非晶材料中已经通过高分辨率电镜给出的原子排列图像清晰地显示了其中的短程有序排列，并且得到电子衍射图像的印证。

非晶合金中结合键保持了金属键特性，故此，原子的排列可以通过硬球无规密堆模型来模拟。其中存在几种类型的多面体结构单元。

19.3.2.1 合金熔体的玻璃化转变

图 19-9 中示意性给出了金属自高温熔体冷却过程中摩尔体积 V 及熵 S 的变化，包含着高温熔体凝固成晶态固体和凝固成非晶态固体两种情况。结晶凝固过程中，晶态固体与高温液体的摩尔体积 V 在熔点 T_m 处发生突变。凝固成非晶过程中，摩尔体积 V 随着温度降低始终连续变化，在发生玻璃化转变温度 T_g 处，V 曲线发生明显转折。

粗略地讲，金属材料的熔点 T_m 是高温熔体与晶态固体之间的热力学平衡温度。低于熔点温度时，无序态的过冷合金熔体及其凝固后的非晶合金都处于亚稳状态，具有自发转变成能量更低的晶体的趋势。因此，由高温熔体制备非晶合金，必须要从动力学因素出发，抑制熔融金属冷却凝固过程中发生结晶。

凝固结晶是一个形核长大的过程，可以由其转变动力学曲线(TTT 曲线)表述。如果合金凝固过程中的冷却速度超过了任何一种晶态相(稳定相及亚稳相)的开始转变所对应的最大冷却速度，也就是 C 曲线上最短的开始结晶时间所需要的冷速，就可以得到非晶态合金。请注意：临界冷速及相关的开始结晶时间都是基于人为规定的可以试验观察检测的结晶量来界定的。实际中经常取结晶体积分数不超过 10^{-6} 作为获取 100% 非晶态的条件，或者从动力学形核角度规定形核率低于某个临界值(如 1 $cm^{-3} \cdot s^{-1}$)为获取完全非晶态的条件。

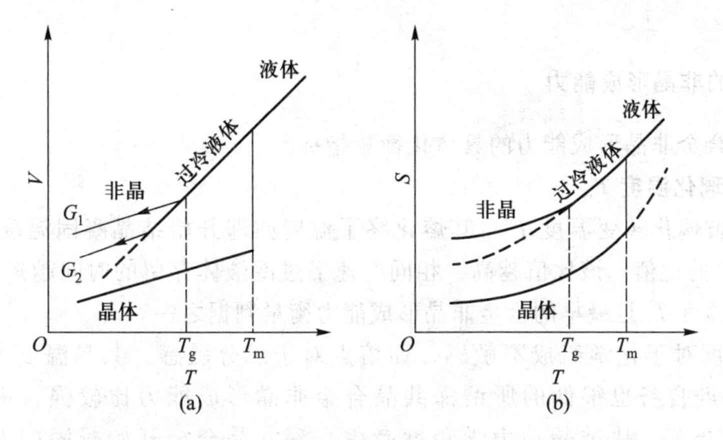

图 19-9 非晶态合金形成过程热力学参数的变化示意图

高温熔体冷凝成非晶过程中，温度 T 低于熔点 T_m 时，过冷的合金液体首先继续按照液体的规律发生体积收缩，并且一直维持到玻璃化转变温度 T_g。

冷却至 T_g 温度时，合金熔体发生玻璃化转变，冷凝成非晶态固体。在 T_g 温度附近，合金的黏滞系数发生 $10^4 \sim 10^5$ 的突变。T_g 温度以下，非晶合金呈现固体特性。非晶合金固体的摩尔体积 V 随着温度的变化率显著低于其过冷液体，而几乎与晶态合金相同。不过，非晶态合金的摩尔体积 V 高于晶态合金。

以晶态固体为参照时，过冷液体及非晶态固体在温度低于 T_m 时都具有较高的能量而处于亚稳态。然而，这两种亚稳态分别属于平衡态和非平衡态，存在着显著差别。维持原子无长程有序排列状态下，过冷液体和非晶态的固体都有与温度相对应的热平衡态排列状态，因而具有随着温度变化的结构位形熵。当温度改变时，过冷液体和非晶态固体中都会发生原子相对位置关系的改变(或者存在这种趋势)，来达到其相应温度下平衡态的结构位形熵值。这样的过程称为弛豫过程。

处于 T_m 和 T_g 之间的过冷液体，因为温度较高，原子的可移动性强，过冷液体内部弛豫过程速度快，能够充分完成，因而处于平衡的亚稳态。换言之，凝固过程中冷速的倒数相对于过冷液体的弛豫时间要大得多。弛豫时间 τ 随着温度 T 变化所遵循的普遍性规律为

$$\tau=\tau_0\exp\left(\frac{Q}{k_B T}\right)$$

式中：k_B 为玻尔兹曼常量；Q 为弛豫过程的激活能；τ_0 为材料常数。

当温度降低到 T_g 以下时，合金内部各种弛豫过程所需要的时间已经非常大而很难完成，合金中各原子之间的相对位置被冻结，故此处于非平衡的亚稳态。

非晶合金的玻璃化转变温度 T_g 是一个动力学参量，它对应于结构位形熵被冻结的温度，或者说这种熵的改变被终止的温度。随着冷速增大，T_g 有所升高，在图19-9中，冷却速度 G_1 高于 G_2，这一点得到试验证实。不过，冷速 G 对 T_g 的影响是很有限的。

合金高温熔体冷凝过程中形核率和晶核长大的理论分析，已经在本书中有关合金凝固的章节中做了比较详细介绍，此处不再赘述。

有效地推迟合金熔体的结晶，可以相应地降低临界冷却速度制取非晶，也就是提高合金的非晶形成能力。

19.3.2.2 合金的非晶形成能力

已经有多种合金非晶形成能力的具体化衡量指标。

(1) 约化玻璃化温度 T_{rg}

它是合金的玻璃化转变温度 T_g 与其熔化终了温度亦即开始结晶凝固温度 T_l(以下简称熔点,并用 T_m 替换)的比值。该比值越高，相同冷速下过冷液体存留的时间越短，形成非晶越容易。约化玻璃化温度 T_{rg} 是最早的合金非晶形成能力衡量判据之一。

合金的 T_g 温度对于化学组成不敏感，而熔点对于成分敏感。共晶温度远远低于合金组元熔点、共晶温度自身也很低的所谓深共晶合金非晶形成能力比较强，由此人们获得了一批早期的非晶合金。从结晶动力学角度考虑，深共晶合金开始凝固的温度低，原子的移动能力低，因此形核率和晶核长大能力低，因此避免结晶所需的临界冷速减小，提高了非晶形成能力。

(2) 过冷液相区宽度 ΔT_x

它是指非晶合金加热时开始晶化温度 T_x 与其玻璃化转变温度 T_g 之间的差值。该数值越大，表明非晶稳定性越高，对形核与生长的抵抗能力越强。

由此还引申出了更多表征非晶形成能力的参数，如将过冷液相区宽度与玻璃化转变温度的比值定义为 γ 参数。再简化为开始晶化温度 T_x 与其玻璃化转变温度 T_g 的比值，或者 T_x 与 T_m

(T_1)的比值，以及综合考虑取 T_x 与 T_g 和 T_1 二者之和的比值等。

(3) **井上明久三原则**

20 世纪 80 年代后期，以日本科学家井上明久(A. Inoue)为首的学者，在具有短程有序的合金中寻找非晶形成能力高的合金，取得突破进展，大幅度降低了制取非晶合金的临界冷速，从而制得了多种块体非晶合金。所归纳总结的 3 个经验规律(称为井上三原则)为：

① 合金包含 3 个或更多个组元(不同的化学元素)。

② 合金组元之间有较大的原子尺寸差，而且满足大、中、小的原则，其中主要组元之间的原子尺寸失配度大于 13%。

③ 合金组元之间具有较大的负混合焓。

负混合焓意味着合金中易于产生包含不同原子的有序原子团簇，称为短程序畴。普通金属或合金中，基本单元为单个原子，固相中的金属键也没有方向性要求。因此，冷凝结晶过程中由熔体进入晶体中只需要完成位置的调整，结晶阻力非常低，故易结晶而难成非晶。与此不同，具有大负混合焓的合金熔体中已经形成短程序畴，这些短程序畴类似于硅酸盐玻璃中的硅氧团，如果凝固结晶，需要它们作为小的整体同时完成“位置”和“方向”的调整。这样，合金的凝固结晶在一定程度上类似于硅酸盐玻璃，结晶难度因此大幅度提升，即合金的非晶形成能力大幅度增强。

从热力学角度围绕负混合焓对于提高非晶形成能力的分析，成为合金非晶形成理论的一条主线。合金中的混合焓源自于合金元素之间的化学作用。在非晶合金早期发展中，已经注意到容易形成非晶的过渡族金属与类金属的合金中，组元间的混合焓恒定为负，即存在强烈的化学作用而导致固液两种状态下均存在短程序畴。井上明久的三原则中明确地将其列出。多元非晶合金中，形成多组元化学短程序畴(MCSRO)，导致吉布斯自由能降低从而对外表现为负的混合焓。另一方面，详细地分析了这样的合金熔体发生结晶凝固过程，发现晶核的形成和长大过程中需要经历这种有序畴的分解，由此造成成分起伏变化加大，从而导致能量升高而提高形核与长大的能量势垒，并且加大了原子扩散距离。故此，从热力学和动力学两方面都显著抑制了结晶过程，从而显著提高了合金的非晶形成能力。

自然界中大部分的固体都是非晶态的，无机非金属类的玻璃与绝大多数的高分子材料都是非晶态，这与非晶合金的制备困难形成了截然相反的对比。因此，分析对比这 3 类材料的组成与结构特点，能够对非晶合金的研究提供非常有价值的参考，有助于发现解决问题的全新途径。

19.3.2.3 非晶态合金加热过程中的结构弛豫与晶化

如前所述，高速激冷制备的非晶合金，因为冷却到室温的过程非常短暂，自 T_g 温度以下的弛豫过程几乎都受到彻底抑制。故此，将非晶态合金在 T_g 温度以下进行保温处理，能够继续发生弛豫来完成结构位形熵的改变。

进一步升高热处理温度至 T_g 以上，非晶态合金会在温度升高到某个特定温度 T_x 时开始发生结晶而转变成晶体，称为开始晶化温度。注意：T_x 通常根据非晶合金加热过程的热分析方法(差热分析 DTA 或者差热扫描热分析 DSC)来确定，它并非是热力学温度，而是根据晶化过程确定的动力学温度。

非晶合金加热过程中发生的结构弛豫与结晶过程存在本质区别。结构弛豫过程中，合金中原子的移动范围限定于原子间距范围内，结晶过程中原子的移动范围显著超出相邻原子间距。这样，结构弛豫不会改变微观区域（比如几十个原子的范围）内的化学成分，而结晶过程则正好相反，而且析出的结晶相粒子内原子呈现晶体的周期排列特征。显然，随着热处理温度的提高，合金中原子的可动性增强，非晶态合金必然先在较低温度下发生结构弛豫，并且随着温度的升高，当原子具有明显扩散能力时，发生结晶析出晶态相是不可避免的必然过程。

研究结果表明：非晶合金加热至不同温度下发生的各种弛豫过程以及晶化析出过程，对其性能往往产生显著影响。故此，非晶态合金加热过程中内部微观组织与结构的变化及其与性能的关系，一直是非晶态合金的重要研究内容。

19.3.3 非晶合金的性能特点

19.3.3.1 物理性能

首先，非晶合金属于金属键结合，故此具有良好的导电性和导热性能。不过，由于原子排列混乱无规，晶格静电势场的周期性不复存在，因此与相同成分的晶态合金相比，电阻率高出近两个数量级，典型数值在 120 μΩ · cm 以上，最高达到 350 μΩ · cm，这样的电阻率普遍高出精密电阻合金 2 至 3 倍。另外，非晶合金在室温下的电阻率几乎与 4.2 K 下的相同，对于温度的变化非常不敏感，电阻率温度系数极小。

非晶合金的密度一般略低于相同化学组成的晶态合金。在以摩尔体积表示的非晶形成过程的特征曲线中，可以清晰地看到这部分的自由体积。受其影响，非晶薄带的密度比晶体的密度低 2%~3%。不过，块体非晶合金的密度仅比其晶体低 0.5%左右。

非晶合金的热膨胀与热容特性为：非晶态合金加热过程中，热膨胀会存在显著的反常，对应于合金的晶化过程——开始结晶转变时，尺寸收缩，是其中“剩余体积”释放的表现。不过这种反常起因于晶化转变的发生，不具有可逆性，故此热膨胀反常也是一次性的，不会在反复加热中重复出现。在其余的温度区间内，热膨胀系数与晶态合金没有显著差别。

图 19-10 中给出了非晶合金 $Au_{76.89}Si_{9.45}Ge_{13.66}$ 加热过程中摩尔热容的变化曲线。在较低温度区域中，与晶态合金几乎相同。当温度接近玻璃化温度 T_g 时，合金的比热容出现反常升高，并在高于 T_g 的一段温度区间内逐渐降低，不过其数值始终明显高于晶态合金。Ehrenfest 依据这种特性，将非晶合金的玻璃化转变认定为二级相变。

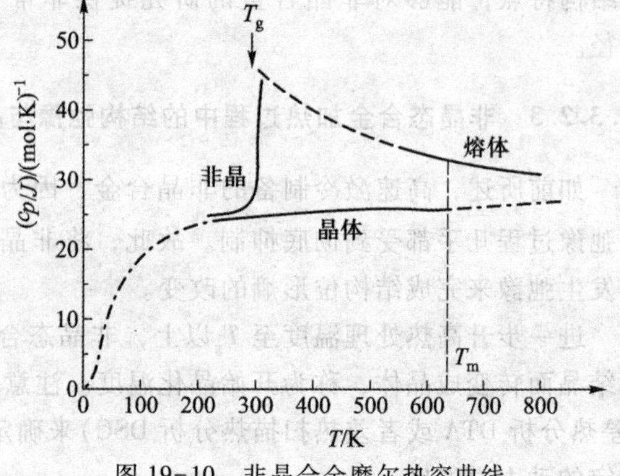

图 19-10 非晶合金摩尔热容曲线

非晶合金不会因为原子长程有序的消失而失去其铁磁性。不过，相邻原子间距的改变对于居里温度有一定程度的影响，非晶合金的居里温度一般低于其晶态合金金。非晶合金中因为原子的空间排列失去了周期性，不再具备晶体的各向异性，呈现各向同性。这样的特性使其适合作为软磁材料——因为磁晶各向异性消失，矫顽力很低，具有非常高的磁导率。

19.3.3.2　力学性能

非晶合金的弹性呈现各向同性，不同于晶态合金。弹性模量一般低于相同化学组成的晶态合金，两者一般相差 20%~40%。

非晶合金具有非常高的屈服强度，其抗拉强度与屈服强度基本相同。Fe 基、Ni 基、Co 基以及 Cu 基的非晶合金，其抗拉强度一般都超过 2 GPa，较高的情况下可以超过 4 GPa。强度与杨氏弹性模量的比值一般在 2% 以上，显著高于普通晶态合金。非晶合金也具有非常高的硬度。

非晶合金不具有晶态金属材料良好的宏观塑性。在常温条件下，无论是拉伸、压缩或者扭转试验，都很难观测到试样的宏观总体塑性变形。不过，普遍认为非晶态合金具有很高的塑性变形能力。在拉伸试验或压缩试验中，非晶合金中存在塑性剪切带，从留在表面上的滑移台阶高度(可达 200 nm)与塑性剪切带宽度(约 20 nm)的比值出发，这些剪切带中发生的塑性变形量是非常显著的。

这种塑性剪切带是高度局域化的，其变形活动能力自塑性变形开始一直维持到发生断裂。非晶合金中的塑性变形高度集中，塑性剪切带的数量在变形过程中不会大量增加。故此，试样的总体宏观塑性变形量非常有限。图 19-11 中给出了 Zr 基非晶合金压缩试验后表面上的剪切带和断口形貌。断口中呈现了脉络状形貌特征，这种特征同样为拉伸试样断口上的典型特征。

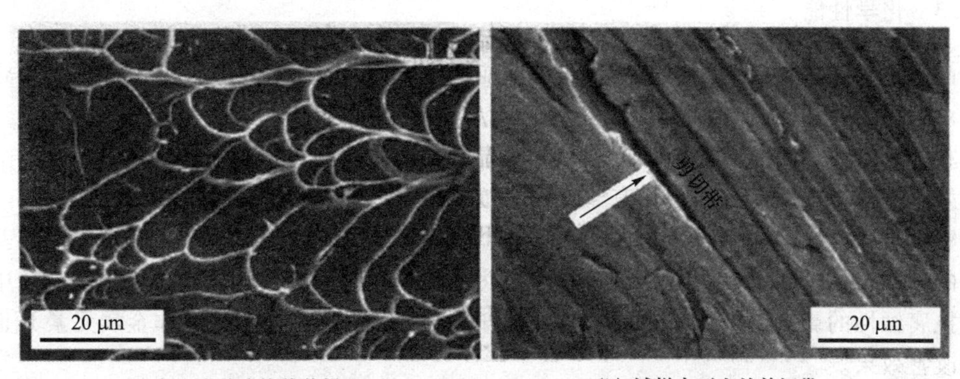

(a) 断口上的脉络状花样　　(b) 试样表面上的剪切带

图 19-11　Zr 基非晶合金压缩试验断裂形貌

非晶合金的塑性变形机理还处于广泛研究阶段，特别是针对非晶合金的不均匀变形特点提出了多种不同的解释。一种观点认为塑性变形区域中塑性变形破坏了成分的短程有序或者结构的短程有序，另一种观点是塑性流变造成温度局部升高而导致合金局部软化(绝热剪切模型)。这两种观点同样也说明了非晶合金不发生加工硬化的现象。此外，有关非晶合金的塑性变形机理还从多方面进行过分析，包括剩余体积模型以及位错模型等，此处不再展开。

拉伸和压缩试验都证实非晶合金中没有明显的加工硬化现象。不过，FeSiB、FePC 等多种非晶细丝进行冷拔处理减小横截面积时，抗拉强度会先升高后降低。

在较低温度下的不均匀塑性变形阶段，强度对应变速率没有强烈依赖关系，或者有可能随着应变速率的增加而略有降低。

非晶合金的高温力学行为一般是指温度达到 $0.7T_g$ 以上的变形行为。图 19-12 中给出了 Zr 基 Vit1 非晶合金在不同温度下的应力-应变曲线。当温度达到或者高于 T_g 时，未结晶的非晶合金将从上面所述的非均匀塑性变形转变为均匀的(牛顿)黏滞性流动，非晶合金由脆性断裂转变为韧性断裂。

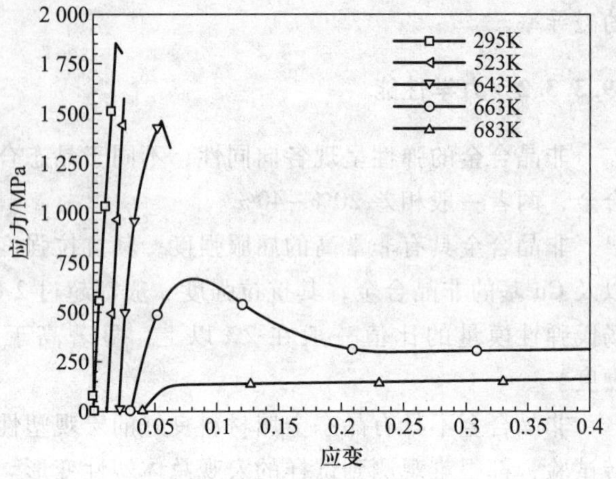

图 19-12 Zr 基 Vit1 非晶合金($Zr_{41}Ti_{14}Cu_{12.5}Ni_{10}Be_{22.5}$)在不同温度下的应力-应变曲线

高温下，应变速率与温度达到适当配合时，非晶合金具有非常好的加工成形性能，多种非晶合金在高温下都呈现出超塑性。其中，La-Al-Ni 非晶合金的延伸率达到了 15 000%。

非晶合金具有相当高的断裂韧性，其直观表现为宏观柔韧性，非晶丝或者薄带都可以对弯 180°甚至对折而不发生断裂。非晶合金断裂韧性 K_{IC} 的典型数值在 50 MPa·$\sqrt{m}$ 以上，其中 $Zr_{60}Al_{10}Co_3Ni_9Cu_{18}$ 非晶合金达到 85~90 MPa·$\sqrt{m}$。早期在非块体非晶试样上对断裂韧性的测试获得了更高的断裂韧性数值，可以与马氏体时效钢相媲美。不过，非晶试样测试的数值为Ⅲ型裂纹，而非Ⅰ型裂纹。

19.3.3.3 化学性能

非晶合金的化学性能一般包括其抗腐蚀性能和化学催化性能，有时还将其储氢特性也归结在其中。这里仅介绍其抗腐蚀性能。

与相同化学成分的晶态合金相比较，非晶态合金具有非常好的抗腐蚀性能，腐蚀速率最多可以低几个数量级。非晶合金还具有非常强的抗氯离子点蚀能力。

观察发现，非晶合金的抗腐蚀性依赖于合金中含量最高的主要金属元素，铁基、钴基、镍基非晶的抗腐蚀性依次提高，其他元素对于抗腐蚀性也具有显著影响。类似于晶态合金中合金元素对抗腐蚀性的影响，加入 Cr 提高抗腐蚀性的效果最佳，其次是 Mo，非金属元素 P 也具有显著的改善效果。

研究表明：非晶态合金的腐蚀主要是电化学腐蚀。抗腐蚀的主要机理类似于晶态合金：依赖先期腐蚀产生的致密腐蚀产物膜的保护作用，或者说其钝化效果。比如，含 Cr 非晶合金的腐蚀产物膜内富集 Cr，使得膜具有致密的结构；Mo 的作用不是其自身在腐蚀产物膜内富集，而是促进 Cr 的富集。非晶合金在腐蚀性介质中能够迅速地生成完整的保护性薄膜，是其具有良好抗腐蚀性能的另一个先决条件。人们对于非晶态合金腐蚀特性的研究积累了大量的数据，请读者阅读相关文献资料，在此不再赘述。

非晶态合金具有非常好的抗腐蚀性能与其结构特点密切相关。非晶态合金的微观组织非常均匀，一致性很高。合金是单相的，没有析出相，没有成分偏析、偏聚所造成的起伏；另外，其无定形的结构特点，使非晶合金中没有晶体中的晶界、位错等局部缺陷造成的微观高能区域。这两个方面决定了非晶合金具有非常强的抗电化学腐蚀能力，因为消除了电化学腐蚀中形成微电池的材料自身因素，这一点特别有利于改善非晶态合金的抗点蚀能力。

19.3.4 典型非晶合金

对于普通的晶态金属材料，人们往往根据材料性能特点对合金系分类并进行系统研究。与此不同，非晶合金发展到目前为止，主要还是以提高合金的非晶形成能力为主线。故此以下按照非晶合金发展的代表性阶段作简单介绍，同时尝试按照合金系的成分分类。

这部分内容中还将简单介绍基于非晶态合金获得的新型金属材料，主要是非晶晶化后的合金，通过复合化获得的复合材料，以及与块体非晶合金密切相关的高熵合金。

19.3.4.1 早期的深共晶低熔点非晶合金

非晶合金的早期发展阶段，合金系以比较简单的二元合金为基础，采用性质相近的元素部分置换或者再适当添加其他合金元素的方式获得各种不同的非晶合金。已经掌握的合金体系相图为此提供了基本依据，并且主要从低熔点的深共晶合金入手。这些非晶合金的临界冷速比较高，其制备手段受局限，非晶材料多为很薄的带材或者很细的丝材。受到这些限制，早期非晶合金作为结构材料的应用几乎为空白，但作为功能材料受到高度重视，构成了单独的一类功能材料，涵盖软、硬磁合金，膨胀合金，电性合金，超导非晶合金及钎焊料等。

早期的非晶合金中，非晶软磁合金最具代表性，至今已经形成了庞大的合金体系，并且实现了很好的工业化生产及工程实际应用，这其中的主体合金是由简单的二元合金$Fe_{80}B_{20}$为基础发展起来的。有关非晶软磁合金材料已经在18.2.2节中作过简单介绍，此处不再重复。

19.3.4.2 低临界冷速的块体非晶合金

自20世纪80年代后期开始，符合井上三原则的多元合金系非晶材料得到广泛研究，由此形成了多元系短程有序系列非晶合金。这些合金的临界冷速大幅度降低，从而能够获得直径为毫米量级的块体材料，又称块体非晶合金。

经过二十多年的研究发展，低临界冷速的块体非晶合金已经形成了一个非常庞大的家族。块体非晶合金所涉及的合金系非常广泛，使得非晶合金在组元材料的选择方面获得了很大的自由度。最早的块体非晶为Pd基合金，如今的块体非晶合金已经包括Mg基、Cu基、Zr基、Al基、Fe基、Ti基、Ni基，以及La基、Nd基、Ce基等多种稀土基的非晶合金。以下简单介绍其中的一些非晶合金。

Pd基合金是最早制备成毫米级块体非晶的，至今仍然是非晶形成能力最强的合金。$Pd_{40}Cu_{30}Ni_{10}P_{20}$合金获取非晶的最低冷速只有0.1 K/s，制取的最大非晶样品直径达到75 mm。不过，Pd的原料封度和价格限制了其工业应用。

Mg及其合金的突出特点是密度低，几乎是金属材料中最低的。Mg基块体非晶保持了该优点，其强度也高达800 MPa以上，耐蚀性能也得到显著改善。不过，其突出问题是脆性高，列所有块体非晶之首，当应力超过强度值时可碎裂为很多块，对于裂纹缺陷非常敏感。可以制成块体非晶的 Mg 基合金包含 Mg-(Cu,Ni)-(La,Ce,Y,Nd)、Mg-Cu-Y-(Al,Ag,Zn,Cd)等。

Cu 基块体非晶合金的断裂强度均达到 2 GPa 以上，压缩塑性在 1 %左右。Cu-Zr 二元合金即可制得块体非晶，该系合金还包括 Cu-Zr-(Al,Ti,Nb)、Cu-Zr-Ti-(Ni,Zn,Hf)以及更多组元的合金。

Zr 基块体非晶合金，其非晶形成能力强、制备工艺比较成熟，称为 Vitalloy1(即 Vit1)的 Zr 基合金 $Zr_{41}Ti_{14}Cu_{12.5}Ni_{10}Be_{22.5}$具有很高的过冷液体稳定性，临界冷速降低到 1 K/s，采用传统的冶金铸造可以得到直径为 5~40 mm 的非晶棒材。该类非晶合金力学性能优异，目前为止，有关块体非晶合金力学性能的研究工作大多围绕这类块体非晶展开。这类块体非晶材料最早拥有了 Vitalloy 这样的商业产品牌号，比较接近实际应用。它们是基于 Zr-Cu 和 Zr-Ni 二元合金通过合金化得到的。

Fe 基块体非晶合金是人们追求廉价非晶材料的产物，也是期待通过非晶化改善 Fe 基合金晶态材料各种性能的结果，前面已经介绍了很多成功地作为早期非晶合金的 Fe 基材料(带材与丝材)。在块体非晶合金中，成功的 Fe 基非晶合金并不算多，首个临界尺寸达到厘米级的合金是$(Fe_{44.3}Cr_{10}Mo_{12.8}Mn_{11.2}C_{15.8}B_{5.9})_{98.5}Y_{1.5}$。从其成分的复杂性可以看出，Fe 基合金并不是非晶形成能力最高的合金体系。

19.3.4.3　非晶晶化合金

在获得非晶合金的基础上，通过对晶化过程进行研究，获得了部分晶化的复合材料和基本上完全晶化的合金。有些合金具有非常好的性能，甚至得到广泛的工程应用，特别是当其中的晶化相为细小的纳米级晶粒时。

通过对非晶合金的晶化过程进行研究，获得了部分晶化或者全部晶化的纳米晶合金，其中，不乏走向实际工程应用的材料。在 18.2 节中，具有优异软磁性能的 FeCuNbSiB 纳米晶软磁合金，硬磁性能优异的 NdFeB 快淬永磁合金(包括 Nd 含量接近烧结 NdFeB 永磁的快淬永磁薄带和低 Nd 含量的双相纳米复合稀土永磁材料)，它们都是非晶合金晶化的产物，其生产过程中的第一步是将其制成非晶。显然，这些纳米晶材料的成功制备首先归功于对非晶合金的研究。

可望作为结构材料使用的块体非晶合金经过晶化或者部分晶化后，合金的性能也发生巨大变化。其中一类就是所谓的非晶态基体的复合材料，这将在下面予以介绍。

19.3.4.4　非晶合金复合材料

对非晶合金的研究工作已经从单纯的非晶扩展到非晶复合材料。最初非晶合金与其他材料的复合化研究，是将非晶薄带作为晶体材料的增强体制备复合材料，主要利用非晶材料的高强度特点。这里主要介绍以非晶为基体的复合材料。相关研究已经展示了美好的前景：一方面充分利用非晶合金的高强度优势，另一方面，通过复合解决其宏观塑性的严重不足。

非晶基复合材料中，块体非晶基体目前比较多地集中于 Zr 基块体非晶，第二相则包括颗粒、纤维等外加材料，及原位生成的纳米晶或者晶化相。在第二相中，颗粒增强体包括一些难熔金属粒子，如 Ta、W、Nb、Mo 以及 WC、ZrC 颗粒等；纤维增强体主要是 W 丝、不锈钢丝等；非晶合金内部原位生成或者析出相包括 β-Ti、β-TiZrNb 等。

制备复合材料的方法之一，是采用压铸法或液态渗透铸造法实现非晶与外加第二相颗粒或纤维的复合，制备过程中使非晶合金熔体填充到第二相的间隙中凝固成非晶基体。另一类方法是内生合成法，包括非晶晶化析出第二相，或者第二相在熔体激冷过程中即告形成，以及通过某种化学反应实现第二相的原位反应合成。

复合材料中，希望通过第二相与基体的性质差别，促使塑性剪切带数量增加、分叉和扩展方向偏转，从而避免纯非晶合金中塑性剪切带高度局域化、塑性变形高度集中并且迅速导致断裂的问题。通过复合化，已经使块体非晶合金的宏观塑性得到根本改善，使块体非晶作为结构材料实用化向前迈出了一大步。图 19-13 中给出了 Zr 基非晶合金复合材料与其基体非晶合金的变形行为的对比。

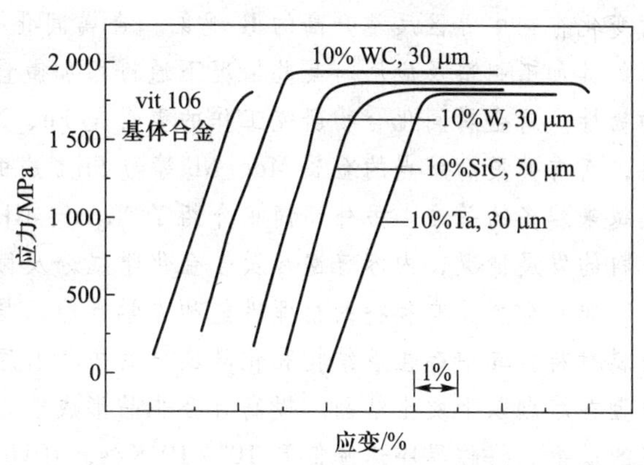

图 19-13　Zr 基非晶合金及其复合材料的压缩试验曲线

19.3.4.5　高熵合金

块体非晶合金的组元数多，而且合金元素的摩尔原子含量都比较高，因此，合金因为原子的可能占位方式多而具有非常高的熵值，这成为其突出特点。最近研究表明：当这样的合金以晶态形式出现时，强度等性能非常接近于非晶态合金，明显地区别于普通的晶态合金。这类合金被人们称为高熵合金。

产生这种特性的原因，粗略地推断是因为其中不同原子的各种性质有差别，这使得合金的微观不均匀性达到极致状态。目前高熵合金已经成为由非晶态合金衍生出来的一个热点课题。一方面，对高熵合金中的各种规律性认识目前还非常缺乏；另一方面，高熵合金有可能从另一个途径架起普通晶态合金与非晶合金之间的桥梁，使得人们对于上述两种截然不同的金属材料的认识连通为一体。故此，高熵合金非常值得读者予以关注。

总　　结

本章介绍了金属基复合材料、金属间化合物结构材料、块体金属玻璃等新型金属材料。

金属基复合材料是指以金属为基体，通过添加颗粒、纤维、晶须及高强度金属丝等构成的性能优异的一类金属材料。典型的金属基复合材料基体合金包括 Al、Mg、Cu、Ti 等金属及其合金。常用的颗粒型添加物包括氧化铝、碳化硅、氮化硅、碳化钛、硼化钛、碳化硼及氧化钇等陶瓷粒子，以及内部原位合成的粒子；纤维型添加物包括 C 纤维、SiC 纤维、Al_2O_3纤维和 B 纤维等；增强晶须包括氧化铝、碳化硅、氮化硅等；金属丝强化相材料包括高强度钢丝、不锈钢丝、难熔金属钨丝等。金属基复合材料的制备方法包括压渗、喷射沉积、复合铸造和原位合成等液相复合方法，另一类是机械合金化等粉末成形的固相复合方法。金属基复合材料的后续加工成形方法主要是热加工，包括热挤压、热锻、热轧、热等静压等。

金属间化合物材料是金属与金属或类金属形成的具有化合物特点的材料，其结合键以金属键为主，同时呈现一定的离子键特性。金属间化合物作为结构材料使用，其屈服强度随着温度的变化存在中温区反常升高的 R 现象。金属间化合物结构材料的常温脆性及环境敏感性严重制约其加工制造及应用。某些情况下通过添加微量合金元素而改变晶界性质能够有效提高塑性和韧性。对金属间化合物研究工作的重心是 Fe、Ni、Ti 与 Al、Si 构成的金属间化合物结构材料，而有关更高熔点的金属 Mo、Nb 等与 Si 形成的金属间化合物、Laves 相类型的材料也得到了越来越多的关注。另外还简单介绍了 Ni_3Al、NiAl、Fe_3Al、FeAl、TiAl 等金属间化合物结构材料的发展情况，内容普遍涉及合金化学成分及微观组织结构对材料强度、塑性的影响。

非晶合金具有独特的物理性能和力学性能，是以金属键结合的、以长程无序结构为特征的金属材料，其中存在着结构和化学成分的短程有序。由熔体制取非晶，需要从动力学出发避免合金在熔点以下发生结晶。提高合金非晶形成能力的井上三原则集中代表了相关理论与实践研究的成果。将临界冷速降低到 $10^0 \sim 10^3$ K/s，可以制备毫米级尺寸的块体非晶。目前，已经制备得到的块体非晶合金包括 Pd 基、Mg 基、Cu 基、Zr 基、Al 基、稀土基合金，也已成功制备出 Fe 基块体非晶。

非晶合金再加热时将发生弛豫和晶化，由此可以获得工程实际应用的纳米晶合金。基于块体非晶合金，已经开始通过复合化解决非晶合金中塑性变形高度集中于少量塑性剪切带的问题，有效改善了单纯非晶的宏观塑性。

易于制备块体非晶的多元合金在结晶状态下也具有独特的性能，形成了新的研究热点——高熵合金。

重要术语

金属基复合材料(metal matrix composite, MMC)
基体(matrix)
增强体(reinforcement)
晶须(wisker)
强化粒子(strengthening particle)
纤维强化复合材料(fiber reinforced composites)
金属间化合物材料(intermetallic compound material)
水汽环境脆性(humidity environmental embrittlement)
Ni_3Al 金属间化合物(Ni_3Al intermetallic compound)
NiAl 化合物(NiAl intermetallic compound)
Fe_3Al 金属间合金(Fe_3Al intermetallic compound)
FeAl 金属间化合物(FeAl intermetallic compound)
Ti_3Al 金属间化合物(Ti_3Al intermetallic compound)
TiAl 金属间化合物(TiAl intermetallic compound)

非晶态合金(amorphous alloy)
金属玻璃(metallic glass)
物理气相沉积(physical vapor deposition, PVD)
化学气相沉积(chemical vapor deposition, CVD)
机械合金化(mechanical alloying, MA)
熔体快淬技术(melt-spun technique)
快淬非晶带(melt-spun ribbons)
块体非晶金属玻璃(bulk metallic glass, BMG)
非晶形成能力(glass forming ability, GFA)
玻璃化转变温度(glass transition temperature)
Pd 基块体非晶(Pd-based BMG)
Mg 基块体非晶(Mg-based BMG)
Cu 基块体非晶(Cu-based BMG)
Zr 基块体非晶(Zr-based BMG)
非晶弛豫(relaxation of amorphous alloy)
非晶晶化(crystallization of amorphous alloy)
金属玻璃基复合材料(metallic glass based composites)
高熵合金(high entropy alloy)

练习与思考

19-1　金属基复合材料中，目前常用的强化相有哪些类型？

19-2　金属基复合材料的基体合金目前有哪些类型？

19-3　结合具体的金属基复合材料，说明复合的目的及原理。

19-4　结合具体的金属基复合材料，说明其制备方法及注意事项。

19-5　金属基复合材料中，基体相与增强体的界面发挥的作用是什么？需要注意的问题有哪些？相应的对策是什么？

19-6　与传统金属及合金材料相比，金属间化合物有哪些特点？

19-7　如何通过某些宏观性能的检测区分金属间化合物与离子键化合物？(提示:考虑原子间结合键的类别及其基本特性)

19-8　请给出 FCC 结构的普通金属中全位错的滑移系。分析如果其衍生 $L1_2$ 结构(如 Ni_3Al)的晶体中，同样的滑移系所产生的位错滑移结果如何？请分析两类材料的强度是否会因此产生差别？

19-9　B2 结构的普通金属中位错滑移的柏氏矢量是什么？如果一种二元金属间化合物具有如同 CsCl 那样的晶体结构，其中位错滑移的柏氏矢量是什么？二者之间的差别对于位错滑移的阻力有什么影响？这种变化又是否会影响材料的宏观塑性和韧性？

19-10　B2 结构的 CsCl 晶体，如果按照同样结构的纯金属那样发生位错滑移，在位错滑移过程中会发生什么变化？这种变化，对于结合键离子性比较强烈的金属间化合物中位错的移动方式有什么影响？

19-11　请就金属间化合物结构材料中合金化元素发挥作用的类别进行归纳总结。

19-12　Ni_3Al 金属间化合物中加入 B 的目的是什么？具有什么重要意义？

19-13　NiAl 类金属间化合物结构材料从微观组织看有哪些类别？你对此有何感想和评价？

19-14 与奥氏体不锈钢比较，Fe-Al 金属间化合物结构材料的主要优势和劣势分别是什么？

19-15 查阅 Fe-Al 二元系相图，说明成分介于 Fe_3Al 和 FeAl 之间的合金的组织转变过程。

19-16 Fe_3Al 类金属间化合物结构材料中，哪种特殊微观组织具有特殊的强韧化效果？如何实现？Al 的常用含量是多少？需要特别注意什么？

19-17 Ti_3Al 类金属间化合物结构材料中，Al 的常用含量是多少？改善合金性能的主要合金元素是什么？其合金化的作用及其机理是什么？

19-18 TiAl 类金属间化合物结构材料中，Al 的常用含量是多少？本书所介绍的有关内容中给你留下比较深刻印象的是什么？你自己可能从哪些方面入手继续深入了解这种类型的金属间化合物结构材料？

19-19 你对其他类型的金属间化合物结构材料有什么期待？(自由发挥解答问题)

19-20 通过本书对于金属间化合物结构材料的介绍，你对于这类结构材料形成了什么样的总体印象？对于其发展方向你有何想法？如果从事相关的研究工作，你觉得哪些问题必须予以考虑？如果从事相关材料的应用开发工作，你又打算从哪里入手？(自由解答)

19-21 由熔体制备非晶态合金时，首要解决的问题是什么？合金凝固的理论中哪些与此密切相关？迄今为止，非晶金属及合金的制备有哪些突破性的进展？你对于非晶态金属及合金的制备技术发展有何预期？

19-22 早期的非晶态合金主要有哪些体系？在这些非晶合金体系中，你认为反映出来的提高合金非晶形成能力的理论指导思想是什么？

19-23 近期非晶态合金的体系有哪些突破？尤其是有关块体非晶合金中，提高非晶形成能力的基本原则有哪些？其中体现的理论指导思想有什么变化？

19-24 硅酸盐类玻璃很容易形成非晶态，且很难以晶化。近期获得的块体非晶合金，就非晶形成能力而言，与硅酸盐玻璃是否有相互接近、互相借鉴之处？

19-25 非晶合金的力学性能有哪些突出特点使其显著区别于晶态金属及合金？

19-26 非晶合金物理性能方面有哪些突出特点？试举出一些例子具体说明。

19-27 非晶合金的耐腐蚀性能有什么特点？与非晶合金的结构之间有什么联系？

19-28 非晶合金再加热时，较低温度下发生的弛豫过程分成哪两类？其区别是什么？非晶发生弛豫转变的内在依据是什么？

19-29 非晶合金再加热时，在较高温度下发生晶化的内在依据是什么？一种非晶合金在不同化学组成下的晶化过程可能很复杂，如何借助于热力学加以说明？

19-30 由熔体冷却制备非晶的玻璃化转变温度以及非晶合金再加热时的晶化温度，两者之差的名称是什么？有何作用？这两个温度是否都是“恒定”的热力学温度？

19-31 基于块体非晶合金用于结构材料的出发点，其复合化的基本目标是什么？基本原则又是什么？复合材料中第二相“增强体”的作用与其他复合材料中的相比有什么特点？

19-32 高熵合金是什么样的合金？你如何理解该类合金的命名？其力学性能特点如何？对于高熵合金的力学性能特点，你是如何认为的？

19-33 你如何理解高熵合金的意义和作用？它能否在晶态合金和非晶态合金之间架起一道桥梁实现性能的连续变化？它能否与纳米合金材料密切联系起来？(自由解答)

参 考 文 献

[1] 吴承建，陈国良，强文江，等．金属材料学．2版．北京：冶金工业出版社，2009.
[2] CLYNE TW，WITHERS PS. 金属基复合材料导论．余永宁，房志刚，译．北京：冶金工业出版社，1996.
[3] 张国定，赵正昌．金属基复合材料．上海：上海交通大学出版社，1996.
[4] 赵玉涛，戴起勋，陈刚．金属基复合材料．北京：机械工业出版社，2007.
[5] 陈国良，林均品．有序金属间化合物结构材料．北京：冶金工业出版社，1999.
[6] 中国机械工程学会，中国材料研究学会，中国材料工程大典编委会．中国材料工程大典．第2卷：钢铁材料工程(上)．北京：化学工业出版社，2006.
[7] 王一禾，杨膺善．非晶态合金．北京：冶金工业出版社，1989.
[8] 惠希东，陈国良．块体非晶合金．北京：化学工业出版社，2007.

第五篇 非金属材料学

人类有非常悠久的加工和使用石料等天然无机非金属材料以及棉、麻、丝、木材、动物角、皮革、毛以及天然橡胶等天然高分子材料的历史。随着无机非金属材料学和高分子材料学的不断完善与发展，新的人造无机非金属材料和合成高分子材料不断涌现，其应用也迅猛增长，成为与金属材料并列的两大类极为重要的工程材料。

本篇简要介绍了无机非金属材料和高分子材料的材料学基础与常用材料。其中第 20 章和第 22 章讲述了无机非金属材料学和高分子材料学的基础知识。第 21 章和第 23 章则分别介绍了已广泛应用的水泥、普通陶瓷、玻璃、耐火材料以及部分功能陶瓷材料等常用无机非金属材料，和塑料、橡胶、有机纤维等通用高分子材料，以及导电高分子材料、生物医用高分子材料、液晶高分子材料等功能高分子材料。

20 无机非金属材料学基础

约三百万年前人类因能对天然石料做初步的加工并制成工具而进入了石器时代。石料作为无机非金属材料是人类最早加工使用的材料。随着社会的发展和火的使用，土器、陶器、瓷器、玻璃制品、水泥等无机非金属材料相继出现。第二次世界大战后，人们在制造无机非金属材料时使用的原料由天然原料逐步转换成高纯度的合成化合物，制造工艺技术也从经验模式逐步转换成了科学方式。同时，各种新型的成型和烧成技术不断涌现、应用范围不断拓宽，即形成了**先进陶瓷**领域。传统的**无机非金属材料**主要指日用陶瓷、搪瓷、普通工业陶瓷、玻璃材料、耐火材料、水泥、砖瓦、石灰、石膏，以及一些工模具、电工、光学仪器、生物等领域所用的材料。这些均是以硅酸盐化合物为主要组分而制成的材料，因此也统称为**硅酸盐材料**或**陶瓷材料**。现代先进陶瓷材料还包含了由氧化物、氮化物、碳化物、硼化物、硅化物以及各种其他无机化合物构制成的材料。

20.1 无机非金属材料的基本组织与结构

20.1.1 基本相组织

无机非金属材料的组织与加工制备过程密切相关，通常由**晶体相**、**非晶相**（或称为**玻璃相**）和**气相**组成。对许多陶瓷材料来说，**晶体相**应该是其相结构的主体，它决定了陶瓷材料的物理、化学、力学等基本性能。**非晶相**的熔点通常比较低，它可以在烧制过程中把晶体相黏结起来并降低烧成温度，而且有阻止晶粒长大的作用。非晶相可以增加陶瓷的透光性，但会降低陶瓷的强度、耐热耐火性能，所以对其含量有一定限制。只有作为玻璃制品的陶瓷材料，其非晶相的含量才会很高。**气相**通常指烧成加工后陶瓷组织内部残留下来的孔洞，其形成、形态、数量等受到原料成分、坯件压制、高温烧成过程等多种因素的影响。除了有特殊要求的多孔陶瓷外，气孔总是会伤害陶瓷的力学性能。它不仅会降低陶瓷的强度，而且通常是陶瓷断裂时裂纹扩展的根源，因此应尽量降低陶瓷的**气孔率**。

20.1.2 晶体相的结构

氧化物是组成大多数陶瓷材料晶体相的主要化合物。其原子间主要由离子键结合，但也有一定成分的共价键。图 2-25 和图 2-26 曾给出了一些氧化物的晶体结构示例，如 SiO_2(图 2-26)和 MgO(图 2-25b)晶体。可以看出，氧化物中的金属离子经常处于 O 原子所构成的八面体或四面体空隙的中心位置(图 20-1)。这种八面体或四面体构成了各种氧化物的化学结构单元。

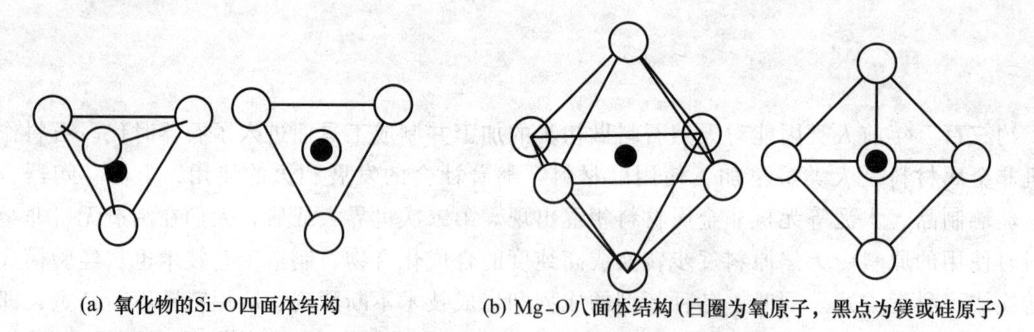

(a) 氧化物的Si-O四面体结构　(b) Mg-O八面体结构(白圈为氧原子，黑点为镁或硅原子)

图 20-1　氧化物结构单元

多数氧化物的阳离子会处于氧原子所围成的相应四面体或八面体的空隙位置(图 20-1)。作为陶瓷材料的晶体相，各种氧化物之间还能以四面体或八面体小单元的形式并以一定的分子比例组合成结构更为复杂的复合氧化物或盐类化合物。如两个 MgO 分子和一个 SiO_2 分子可构成**橄榄石**结构 $2MgO \cdot SiO_2$，即 Mg_2SiO_4。一个 MgO 分子和一个 Al_2O_3 分子能构成**尖晶石**结构 $MgO \cdot Al_2O_3$，即 $MgAl_2O_4$。三个 Al_2O_3 分子和两个 $2SiO_2$ 可构成**莫来石**结构，即 $3Al_2O_3 \cdot 2SiO_2$，即 $Al_6Si_2O_{13}$。可以在相关的氧化物二元相图中找到这些结构的位置(图 20-2)。

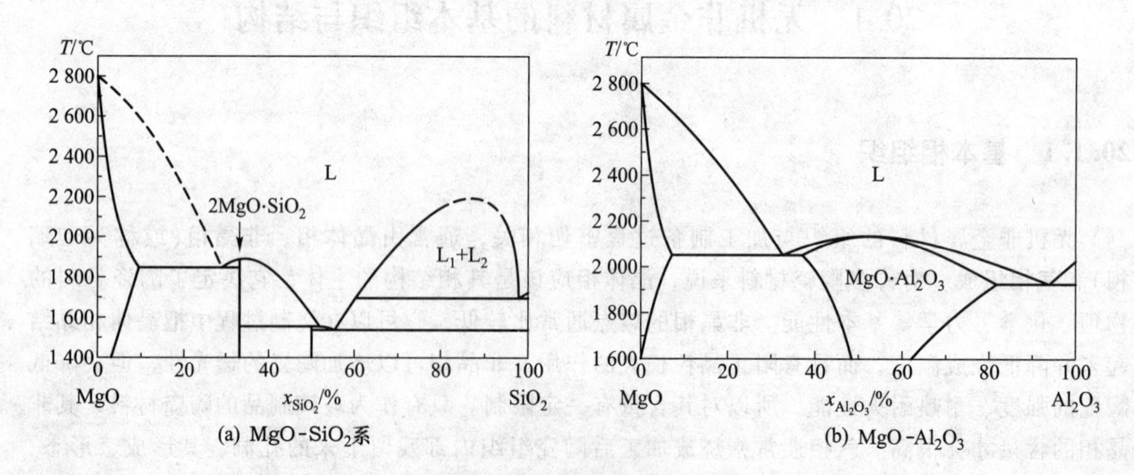

(a) MgO-SiO_2系　(b) MgO-Al_2O_3

图 20-2　一些氧化物二元相图(横坐标为分子的摩尔分数 x/%)

硅酸盐在自然界中大量存在，是多数传统陶瓷材料的主要原料。图 20-1a 所示的 Si-O 小四面体是构成硅酸盐的基本单元，按原子在晶体结构中的比例可表示成 SiO_2。若把该四面体看成离子团则可以表示成$[SiO_4]^{-4}$。由图 2-26 可知，Si 离子之间不直接成键，SiO_2晶体是通过各个$[SiO_4]^{-4}$四面体共有顶角氧原子的方式连接起来的，键的性质为离子键与共价键的混合键合，两种键的成分各占约 50%。每个氧原子被两个$[SiO_4]^{-4}$四面体所共有(图 2-26)。当$[SiO_4]^{-4}$四面体与其他氧化物多面体单元以不同方式适当组合时就会生成不同的硅酸盐晶体结构。$[SiO_4]^{-4}$四面体可以单个与其他氧化物结合生成硅酸盐，如可生成橄榄石($Mg_2[SiO_4]$)；可以成对地与其他氧化物结合生成硅酸盐，如可生成**硅钙石**($Ca_3[Si_2O_7]$)；也可以六个$[SiO_4]^{-4}$四面体成环状与其他氧化物结合生成硅酸盐，如生成**绿柱石**($Al_2Be_3[Si_6O_{18}]$) 等各种复杂硅酸盐晶体。

碳化物、氮化物、硼化物和硅化物通常会具有共价键、金属键和离子键混合的键性质。根据具体的成分和结构，可能以共价键为主，也可有不同强度的金属键。例如，硼原子之间以及硅原子之间会以很强的共价键结合。

20.1.3 晶体相的缺陷

与金属材料相似，在陶瓷材料中也存在着各种晶体缺陷。溶质原子可以占据陶瓷晶体点阵中的原子位置，并形成代位固溶体。如 MgO 与 NiO 具有同样的晶体结构、离子价和相近的点阵常数，因此二者可以形成无限互溶的固溶体。在固溶体中 Mg^{+2}与 Ni^{+2}离子的位置可以互相取代。尺寸很小的外来原子也可以进入陶瓷晶体的间隙位置，形成间隙式固溶体。固溶体的溶解度与原子或离子的尺寸、化合价、电负性以及晶体结构类型有关。

由于陶瓷晶体中有较强的共价键和离子键，溶质原子的溶入会局部破坏结构中电荷的平衡，并改变原有结合键的性质，这时可以通过引入特定的空位结构而使电荷平衡。例如氧化物结构中正二价的基体阳离子被正三价的阳离子所取代，晶体局部电荷的不平衡会促使附近一个正二价阳离子的位置变成空位，称为正离子空位。反之，正二价的基体阳离子被正一价的阳离子所取代，则会促使附近一个负二价的氧离子的位置变成空位，称为负离子空位。在金属材料中溶质原子总会造成材料导电性能的下降，而陶瓷材料的导电性很低，当溶质原子溶入可带来更多的自由电子和金属键性时，材料的导电性会因此而提高。

陶瓷晶体中也存在位错，如人们在 LiF、Al_2O_3、MgO 里均观察到了位错的存在。陶瓷晶体的点阵常数较大，因而位错的柏氏矢量较长，位错能量很高。因此，陶瓷晶体中的位错密度一般都比较低。另一方面，陶瓷晶体有较强的共价键和离子键性，离子键使同号离子间有较大的斥力，而共价键要保持其方向性和饱和性，因此陶瓷晶体中的位错很难移动。

在一些陶瓷材料里可以观察到孪晶或堆垛层错的存在。陶瓷材料的制备通常要借助细颗粒粉料的烧成过程，因此陶瓷中也会存在晶界、亚晶界等。细晶陶瓷会有较高的强度，因为细小的晶粒有利于阻碍裂纹的扩展。同时陶瓷晶体往往有较大的热膨胀各向异性，并会造成晶间应力。所以，细化晶粒也有利于降低陶瓷材料的内应力。

空位、位错、晶界等晶体缺陷的存在为原子的扩散提供了方便的通道。

20.1.4　非晶相

通常，氧化物或非氧化物陶瓷都有自己的晶体结构，其结合键具有离子键、共价键和金属键相混合的性质。这类化合物凝固时往往其液相的黏度很大，相变位垒很高，形核困难，因此容易以非晶态的方式凝固，转变成非晶组织。

图 20-3a 给出了以 $[SiO_4]^{-4}$ 四面体为基本单元的石英晶体结构示意图，这种结构表现出了长程有序。在特定的凝固条件下也可以获得长程无序的结构（图 20-2b，**石英玻璃**）。这时 $[SiO_4]^{-4}$ 四面体仍是构成无序结构的基本单元，但其连接方式却呈现出无序网架状结构。一些氧化物熔体从高温冷却时其黏度会缓慢上升，到一定温度范围后黏度则会迅速增大。这时熔体内可能要生成某种程度的图 20-3b 所示的网架结构，只有对这些无规则键合作适当调整才能转变成规则排列的晶体结构。在石英的无序网架结构中原子间有较强的化学结合力，很难完成这种调整过程，因此最终会导致非晶相的生成。若向石英中加入适量的碱金属（Na，K）或碱土金属（Ca，Mg，Ba）的离子，如加入 Na_2O，则 Na 离子的存在会破坏无序网架结构较强的结合键（图 20-3c），提高熔体的流动性并增加熔体的结晶倾向。

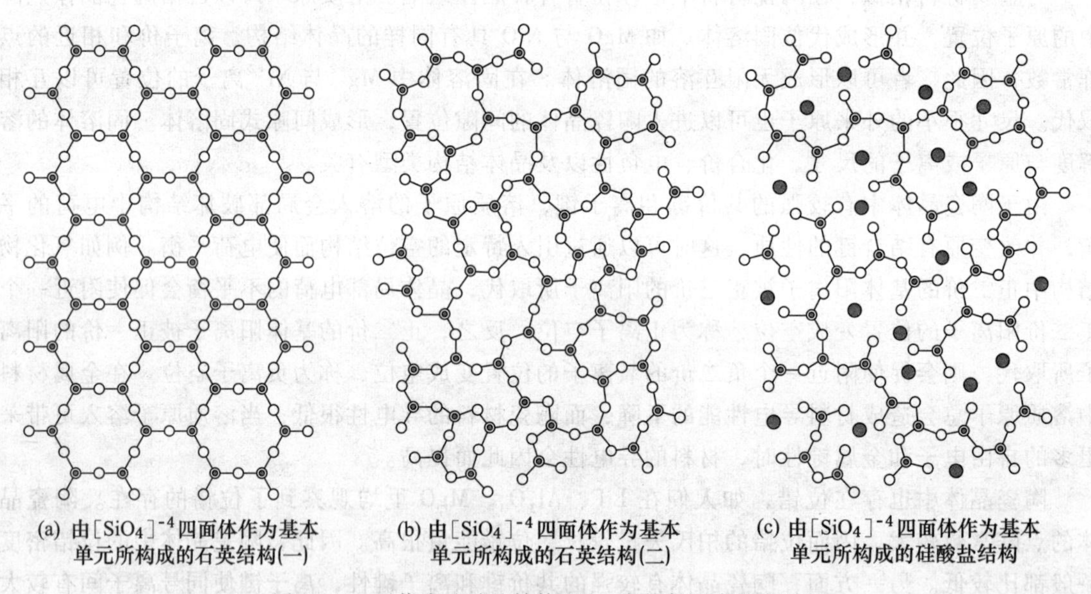

(a) 由 $[SiO_4]^{-4}$ 四面体作为基本单元所构成的石英结构(一)　(b) 由 $[SiO_4]^{-4}$ 四面体作为基本单元所构成的石英结构(二)　(c) 由 $[SiO_4]^{-4}$ 四面体作为基本单元所构成的硅酸盐结构

图 20-3　石英或硅酸盐结构（图 c 中的灰圈为钠离子）

多元复合非晶态氧化物可能出现**分相过程**，即成分复杂的氧化物分解成由相界隔开的两种成分和结构不同的氧化物。如在图 20-2a 所示的相图中，当非晶材料成分落入有偏晶反应的两相区范围时过冷的液相就可能在适当加热处理时出现分相过程，分解出 L_1 和 L_2 两相。非晶态物质比相应的晶体状态有较高的内能，因此从热力学角度讲，它有向晶体转变的驱动力，通常这种转变的阻力很大。一些非晶氧化物经过适当加热处理后确实会发生向晶态的转变，这一过程被称为**析晶过程或晶化过程**。

非晶相在多数陶瓷材料中是起非主要作用的辅助相，对于许多玻璃材料来说则是主体相。

20.2 无机非金属材料的性能特点

20.2.1 基本力学性能

陶瓷材料有很强的化学结合键，在宏观上反映出很高的弹性模量，因此与金属材料相比陶瓷材料通常会有很好的刚度。表 20-1 比较了一些金属材料和陶瓷材料的弹性模量。由于特有的制备过程，陶瓷材料内的气孔会降低陶瓷材料的弹性模量。

陶瓷材料中原子间共价键和离子键的键合作用决定了陶瓷属于脆性很高的材料。大多数陶瓷材料在室温的塑性为零，只有极少数具有简单结构的陶瓷材料才在室温下具有塑性，如MgO。同样由于这种键合作用，陶瓷材料有很高的理论抗拉强度和断裂强度。陶瓷的成型与烧成过程会造成复杂的相结构与组织结构。陶瓷材料中气孔的存在会使其抗拉强度降低，并未明显高于金属材料的抗拉强度，但断裂韧性却大大低于金属材料。陶瓷材料的制备过程和相应的气孔率以及组织结构会对其强度和韧性产生敏感的影响。表 20-2 给出了一些陶瓷材料的强度与断裂韧性数据，并与相应的金属材料作出了比较。总体上可以看出，陶瓷材料在强度和韧性方面均不如金属材料。与金属材料相类似，晶粒尺寸的减小也有利于强度的提高(图 20-4)。由图20-4b也可以看出试样表面的光洁度也会明显影响陶瓷材料的强度。

然而，陶瓷材料的抗压强度却比其抗拉强度高很多，抗压强度与抗拉强度的比值远高于金属材料。以金属材料中脆性和抗压强度较高的铸铁作为参照系，表 20-3 列出了一些陶瓷材料抗压强度与抗拉强度的比值。由此可见，陶瓷中的相结构、组织结构以及缺陷结构虽对抗拉强度有敏感影响，但对抗压强度影响不大。从这个角度看，陶瓷结构材料因此具备了特定的工程意义。

在很多情况下陶瓷材料中气孔的存在对其力学性能会有不同的伤害，但有时人们也需要制成多孔陶瓷，以利用孔隙在高温耐火、过滤、催化、绝热、燃气等方面的有益作用。

表 20-1 金属材料及陶瓷材料的弹性模量(括号内百分数为气孔率)

金属材料	弹性模量/GPa	陶瓷材料	弹性模量/GPa	工业陶瓷材料	弹性模量/GPa
镁合金	41	$BaTiO_3$	123	热压 BN (5%)	83
纯铝	62	ZrO_2	220	超级耐火砖	96
铝合金	77	$MgAl_2O$	258	烧结 ZrO_2 (5%)	152
钛合金	114	Si_3N_4	300	镁砖	172
钢	210	MgO	305	烧结 MgO (5%)	210
		Al_2O_3	393	烧结尖晶石 (5%)	238
		TiC	430	热压 B_4C (5%)	289
		SiC	435	烧结 TiC (5%)	310
		硼硅酸盐玻璃	61		

续表

金属材料	弹性模量/GPa	陶瓷材料	弹性模量/GPa	工业陶瓷材料	弹性模量/GPa
		莫来石	69	烧结 BeO（5%）	310
		氧化硅玻璃	74	自结合 SiC（20%）	345
				烧结 Al_2O_3（5%）	365
				烧结 $MoSi_2$（5%）	407

表 20-2 一些材料的强度与断裂韧性

材料	R_m/MPa	K_{IC}/MPa · $m^{1/2}$	材料	R_m/MPa	K_{IC}/MPa · $m^{1/2}$
普通碳钢	235	210	Al_2O_3(3 μm)	488	3.9
高强钛合金	1040	47	Al_2O_3(11 μm)	400	3.3
马氏体时效钢	1670	93	Al_2O_3(25 μm)	302	4.6
钠-钙玻璃	140	0.75	MgO	275	1.8
耐热微晶玻璃	300	2.5	Y_2O_3	300	1.5
块状石英	90	0.75	SiC	600	4.1
石英纤维	1000	0.75	$BaTiO_3$	124	1.1
$Y_2O_3-ZrO_2$	300	1.5			

注：Al_2O_3后面括弧内的数字为晶粒尺寸，金属材料的强度为 R_m，其余为断裂强度。

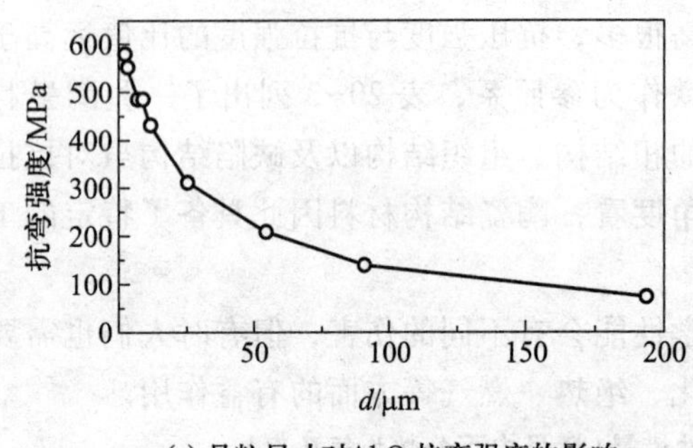

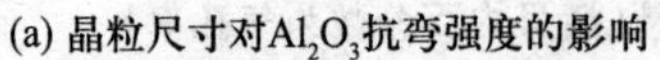
(a) 晶粒尺寸对Al_2O_3抗弯强度的影响

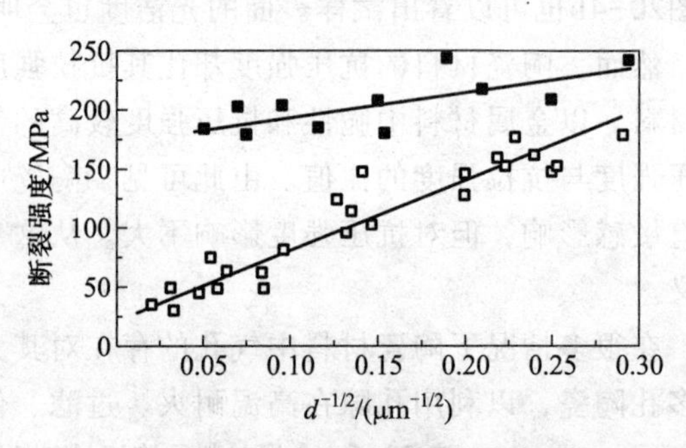

(b) 晶粒尺寸对MgO断裂强度的影响
（黑色符号表示抛光试样的性能）

图 20-4 晶粒尺寸对 Al_2O_3抗弯强度和 MgO 断裂强度的影响（d 表示晶粒尺寸）

表 20-3 一些陶瓷材料的抗压与抗拉强度

材料	抗压强度/MPa	抗拉强度/MPa	抗压强度/抗拉强度
铸铁	400~1 000	100~300	3.3~4
透明石英玻璃	200	50	4.0
多铝红柱石	1 350	125	10.8
烧结尖晶石	1 900	134	14.2
烧结氧化铝	2 990	265	11.3
烧结 B_4C	3 000	300	10.0

20.2.2 高温与热学性能

共价键和离子键以及结构复杂性使得大多数陶瓷材料在其位错开动以前就已经发生断裂，但是随着温度的升高各种陶瓷材料都会表现出不同程度的塑性。陶瓷晶体材料的塑性变形是通过有限的位错滑移来实现的，其滑移面与滑移方向也遵循密堆积原则，即密排面与密排方向为易滑移面和易滑移方向。

与金属材料相似，无机非金属材料的高温屈服应力也可以通过固溶强化和弥散强化得到提高。图 20-5a 显示了在一些无机化合物中添加溶质原子后的强化效果。在 MgO 中掺入 Fe_2O_3后会生成 $MgFe_2O_4$的沉淀粒子，并使 MgO 基体得到强化。图 20-5b 展示了添加 Fe_2O_3对 MgO 的强化效果。

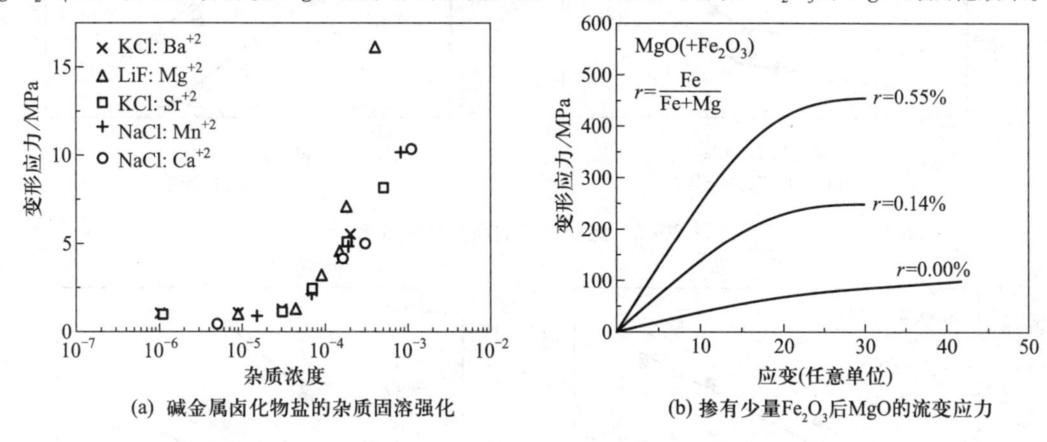

(a) 碱金属卤化物盐的杂质固溶强化 (b) 掺有少量Fe_2O_3后MgO的流变应力

图 20-5 固溶强化(a)与弥散强化(b)对陶瓷变形应力的影响

总体来说，随温度的开始升高陶瓷材料会呈现出极为有限的塑性，这种塑性不足以阻止断裂裂纹的扩展，因此材料的屈服强度会呈现下降的趋势。当温度上升到一定程度，材料的塑性可以明显阻止或延缓裂纹扩展时，材料的断裂强度就会明显上升。

在高温恒应力作用下陶瓷材料也会发生蠕变。分析表明蠕变速率 $\dot{\varepsilon}$ 受蠕变激活能 Q_c、蠕变应力 σ、晶粒尺寸 d 等多种因素的影响，且有关系：

$$\dot{\varepsilon} \propto \left(\frac{\sigma}{E}\right)^n \left(\frac{1}{d}\right)^m \exp\left(\frac{Q_c}{RT}\right) \tag{20-1}$$

式中 E 为弹性模量。图 20-6a 以双对数的方式给出了 UO_2在不同温度条件下蠕变应力与应变速率的关系。由曲线的斜率可以直接求出式(20-1)中的 n 值。陶瓷材料蠕变也是由扩散过程及所产生的塑性变形所控制的。在较低应力条件下蠕变主要借助晶界扩散及相应的晶界滑动完成，在较高应力条件下蠕变则由体扩散和相应的位错攀移以较快方式进行。因此图 20-6a 中各曲线都有一个转折点，并可以读出两个不同的 n 值，对应两种不同的蠕变方式。图 20-6b 以双对数的方式给出了 Al_2O_3和 MgO 晶粒尺寸与应变速率的关系，由曲线的斜率可以直接求出式(20-1)中的 m 值。

陶瓷材料所特有的气孔率和非晶相也会影响蠕变行为。气孔率的升高会使基体相实际所承担的应力增加，因此提高气孔率与提高蠕变应力应对应变速率有相似的影响。图 20-7a 给出

了 Al_2O_3气孔率与应变速率的相对关系，并可看出与图 20-6a 相似的变化趋势。在高温条件下陶瓷材料的非晶相会出现黏滞软化现象并在应力作用下发生塑性变形。这种变形机制显然不同于上述晶界滑动或位错攀移机制，因而会影响式(20-1)中的 n 值。图 20-7b 给出了复合氧化物陶瓷材料非晶相对 n 值的影响。当非晶相含量 g 从 5%上升到 17%时，n 值也从 0.92 上升到 2.04，因此非晶相的出现会明显提高应变速率。

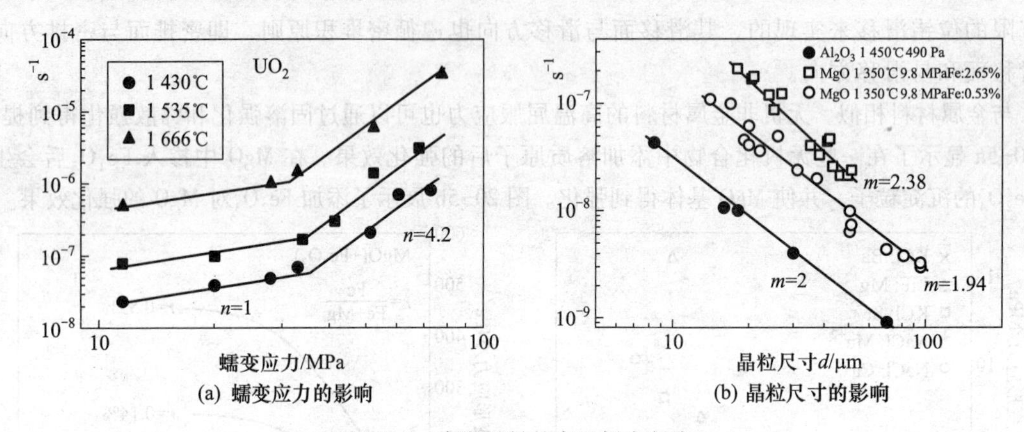

(a) 蠕变应力的影响 (b) 晶粒尺寸的影响

图 20-6 陶瓷材料的高温蠕变行为

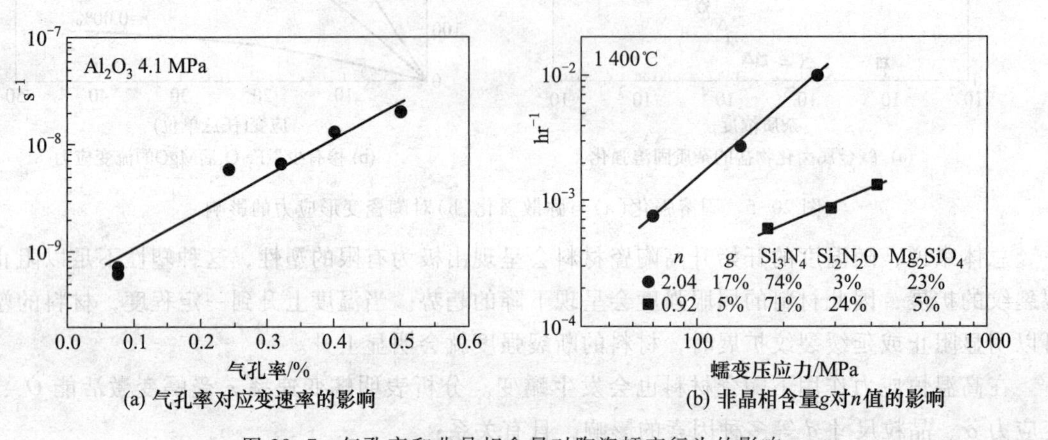

(a) 气孔率对应变速率的影响 (b) 非晶相含量g对n值的影响

图 20-7 气孔率和非晶相含量对陶瓷蠕变行为的影响

在高温使用的陶瓷材料通常要承受温度骤变所带来的冲击。温度的剧烈变化会导致材料各部位很大的温差ΔT，并因此生成很大的热应力。在这种热应力下造成的材料破坏称为**热冲击破坏**。另一方面，高温陶瓷材料也会在温度循环变化及相应的热应力条件下服役，从而可能会引起材料开裂、剥落、碎裂、变质，并导致最终失效。这种损坏形式称为**热震动破坏**。在一定温差ΔT 条件下材料所承受的切应力 σ 可表示成

$$\sigma = \Delta T \frac{E\alpha}{1-\nu} \tag{20-2}$$

式中：E 表示弹性模量；α 是热膨胀系数；ν 是泊松比。由此可见，除了ΔT 以外，高弹性模量和热膨胀系数都会提高材料的热应力，当材料的成分与结构确定之后温差就是热应力的决定因素。若温差达到某一临界值ΔT_c且使热应力也达到断裂强度 σ_f时材料会发生断裂，因此可以用**抗热震系数** R 来表示材料的抗热冲击和抗热震性能。这样根据式(20-2)有

$$R=\Delta T_{c}=\frac{1-\nu}{E\alpha}\sigma_{f} \tag{20-3}$$

此时 R 值只是材料性质的一种表述，与实际温度环境无关。表 20-4 列出了对一些陶瓷材料 R 值的计算结果，从中可以看到热膨胀系数 α 是影响 R 值的重要因子。

表 20-4 一些陶瓷材料的抗热震系数 R 的计算

材料	断裂强度 σ_f/MPa	弹性模量 E/GPa	热膨胀系数 $\alpha/\times10^{-6}$℃	泊松比 ν	热导率/[kW/(m·K)] (500℃)	R
热压 Si_3N_4	850	310	3.2	0.27	17	626
反应烧结 Si_3N_4	240	220	3.2	0.27	15	249
反应烧结 SiC	500	410	4.3	0.24	84	216
热压 Al_2O_3	500	400	9.0	0.27	8	101
热压 BeO	200	400	8.5	0.34	63	39
烧结 WC(6%CO)	1400	600	4.9	0.26	86	352

20.2.3 常规物理性能与一般化学特性

纯金属的电阻率一般处于 $10^{-8}\sim10^{-7}\ \Omega\cdot m$ 的范围，玻璃的电阻率约为 $10^{10}\sim10^{14}\ \Omega\cdot m$，而最好的绝缘陶瓷的电阻率可达 $10^{15}\sim10^{16}\ \Omega\cdot m$。由此可见，许多陶瓷材料尤其是氧化物陶瓷均是良好的绝缘体。与金属不同，陶瓷的导电过程主要依靠内部缺陷来完成，因此陶瓷有负的电阻率温度系数，即电阻率随温度的上升而下降。

陶瓷材料的相对介电常数可以在很宽的范围变化，表 20-5 给出了一些陶瓷的相对介电常数。在高介电常数的陶瓷晶体中晶体单胞的正、负电荷中心不重合，即每一个晶胞均有一个偶极矩。晶体的三维长程有序导致晶体内各单胞的偶极矩自发沿同一方向整齐排列，并使晶体在没有外电场的作用下处于高度极化状态，称为**自发极化**。这种极化可随外电场重新定向，并转向外电场方向。陶瓷的这种**铁电性质**被人们利用来制作电容器及各种电功能器件。

表 20-5 一些陶瓷的介电常数

名称	主晶相化学组成	相对介电常数	tan δ
氧化铝	α-Al_2O_3	8~10	$1\times10^{-4}\sim3\times10^{-4}$
滑　石	$MgO\cdot SiO_2$	5~7	$2\times10^{-4}\sim5\times10^{-4}$
二氧化钛	TiO_2	80~100	$2\times10^{-4}\sim5\times10^{-4}$
钛酸钙	$CaTiO_3$	130~150	$3\times10^{-4}\sim6\times10^{-4}$
钛酸锶铋	$(Sr_{1-x}Bi_{2/3x})TiO_3$	800~900	$1\times10^{-4}\sim2\times10^{-4}$
钛酸钡	$BaTiO_3$	2 000~8 000	$1\times10^{-4}\sim3\times10^{-4}$
锆钛酸铅	$Pb(Zr_{1-x}Ti_x)TiO_3$	1 000~5 000	$2\times10^{-4}\sim5\times10^{-4}$
铌镁酸铅	$Pb(Mg_{1/3}Nb_{2/3})O_3$	6 000~20 000	$3\times10^{-4}\sim6\times10^{-4}$

在强电场作用下陶瓷内部可能会发生电离现象，并出现自由电子。电场推动电子加速运动、积累能量并与其他电子碰撞，当碰撞能量足以使被撞原子再发生电离则高能电子可以

不断得到再生。这一过程的持续发展最终会导致材料内因被**电击穿**而丧失绝缘能力。另一方面，高能电子的流动也会在绝缘陶瓷内部造成温度升高，若热量不能及时散失，则温度会不断升高、电阻下降，并如此进行恶性循环使材料因**热击穿**而丧失绝缘能力。陶瓷中的气孔、裂纹、夹杂等处的介电常数低而电阻率高，因而易有电场局部集中和相应的电击穿或气体放电现象出现，这会使局部温度和内应力上升。若内应力高过材料断裂应力则绝缘体就会在电场和应力综合作用下失效，这也被称为**电-机械-热击穿**。陶瓷作为电介质在电场作用下通常不会被击穿，但会因不同程度的发热而损耗能量。可用正弦交变电压作用下的有功电流与无功电流的比值来表示**介质损耗**，即用**损耗角** δ 的正切 $\tan\delta = I_{有功}/I_{无功}$ 表示，其中 I 表示相应的电流。δ 值通常会随温度的升高或交变电流频率的下降而升高。表 20-5 给出了相关材料的 $\tan\delta$ 值。

多晶陶瓷各晶粒取向排列的随机性会造成晶粒折射指数不连续，同时晶粒和气孔的附加散射使可见光不能透过，因此一般陶瓷在可见光区是不透明的，但立方晶相与非晶相会有较好的透光性。对于多数陶瓷材料，若加工到很薄的尺寸使材料完全致密并尽可能减少第二相粒子也只能做到半透明状态。分析表明，当晶粒尺寸与入射光的波长接近时散射效应最大。所以透明陶瓷的晶粒尺寸应大于 10 μm，但这会使材料的强度明显降低。通常 MgF_2、ZnS、MgO、CaF_2 和 ZnSe 对红外线会有较高的透过率，MgO 和 CaF_2 也有较好的可见光透过率。

即使在高温条件下陶瓷的结构也表现出很高的稳定性。氧化物陶瓷中金属原子被氧原子所包围，不易再与周围介质发生化学作用，因此不存在氧化问题。但非氧化物材料在高温下会有氧化问题，如含硅的化合物会被氧化成 SiO_2，所生成的表层氧化膜会阻止氧向内部扩散，降低氧化速率，因而这类材料也有可能在高温下使用。陶瓷气孔率的升高会增加氧化表面积，不利于抗氧化性能的提高。较严重的氧化会明显降低材料的强度，并会导致失效。多数陶瓷化合物的化学稳定性很高，使陶瓷宜作为耐火以及耐酸、碱、盐等腐蚀介质的材料。

总 结

本章以氧化物、氮化物、碳化物、硼化物、硅化物等各种无机化合物为背景，简单介绍了无机非金属材料的基本组织与结构特点，包括其主体的晶体相及其缺陷结构、非晶相和气相。以无机非金属材料的结构为基础，简述了其基本力学性能、高温与热学性能，以及常规物理性能和一般化学特性。无机非金属材料的基本性能主要表现为高弹性模量、低韧性、低塑性、高抗压强度、优良的高温性能和多方面的物理性能。

本章旨在为系统了解无机非金属工程材料特性和应用提供基本知识。

重 要 术 语

先进陶瓷(advanced ceramics)
无机非金属材料(inorganic non-metallic materials)
硅酸盐材料(silicate material)
陶瓷材料(ceramic material)
晶体相(crystalline phase)
非晶相(amorphous phase)
玻璃相(glass phase)
气相(gas phase)
气孔率(porosity)
石英玻璃(quartz glass)
分相过程(phase separation process)
析晶过程(process of crystal precipitation, crystallization process)
晶化过程(crystallization process)
热冲击破坏(thermal shock failure)
热震动破坏(temperature vibration failure)
抗热震系数(thermal shock resistance coefficient)
自发极化(spontaneous polarization)
铁电性质(ferroelectric property)
介电击穿(dielectric breakdown)
热击穿(thermal breakdown)
电-机械-热击穿(electrical-mechanical-thermal breakdown)
介质损耗(dielectric loss)
损耗角(loss angle)

练习与思考

20-1 为什么陶瓷材料比较容易出现非晶结构相和气相?
20-2 与金属材料相比，无机非金属材料有哪些主要的优点和缺点?
20-3 在温度起伏的条件下，什么因素会导致陶瓷材料热震动破坏? 为什么?
20-4 思考：无机非金属材料主要的结构特点有哪些?
20-5 思考：无机非金属材料的力学性能与其结构有怎样的内在联系?
20-6 思考：无机非金属材料的晶体缺陷对力学性能有怎样的影响?
20-7 思考：无机非金属材料的化学性能与其结构有怎样的内在联系?

参 考 文 献

[1] 毛卫民．工程材料学原理．北京：高等教育出版社，2009.
[2] 斯温 M V. 陶瓷的结构与性能．郭景坤，译．北京：科学出版社，1998.
[3] 毛卫民．材料的晶体结构原理．北京：冶金工业出版社，2007.
[4] 曾汉民．高技术新材料要览．北京：中国科学技术出版社，1993.
[5] 郑新明．工程材料．2 版．北京：清华大学出版社，1991.
[6] 阿斯克兰 D R. 材料科学与工程．刘海宽，译．北京：宇航出版社，1988.
[7] 陈贻瑞，王建．基础材料与新材料．天津：天津大学出版社，1994.
[8] 张清纯．陶瓷材料的力学性能．北京：科学出版社，1987.
[9] 铃木弘茂．工程陶瓷．陈世兴，译．北京：科学出版社，1989.

21 无机非金属工程材料

中国古代传统制备陶瓷的原料主要由黏土、长石和石英组成。**黏土**是细颗粒的含水铝硅酸盐，如常见的**高岭土**为 $Al_2O_3 \cdot 2SiO_2 \cdot 2H_2O$。长石是含 K^+、Na^+或 Ca^{++}的无水铝酸盐，如正长石为 $K_2O \cdot Al_2O_3 6SiO_2$。**石英**通常是无水 SiO_2。不同地区所使用的原料会有很大差别。将这三种主要原料以适当比例与辅料和水混合，经过坯件压制和高温烧成过程即可制成传统的无机非金属陶瓷构件。

无机非金属材料在工业生产和民用设施上发挥着重要作用，其中工业陶瓷材料主要应用于民用建筑结构、电子工业、通信行业、家庭装修装饰、食品卫生用具、高温耐火结构等方面。从产量上看，水泥、普通陶瓷、耐火材料、玻璃等传统材料是无机非金属结构材料的主体，其产品构成中氧化物占据着统治地位。近些年来，随着工业科技的发展，新型无机非金属材料得到了迅速的发展，这种发展主要着眼于克服传统无机非金属材料的种种缺点，使力学性能得到明显提高。另一方面，无机非金属功能材料的发展日新月异，并得到了广泛的应用。本章对此仅逐一作简要介绍(除非特别注明,本章论及各种化学成分、相组成量的分数和比值时均指质量分数或比值)。

21.1 水　　泥

21.1.1 水泥的成分

在物理和化学作用下能从浆体转变成具有一定强度的块状固体物质称为**胶凝材料**。在拌水后能在空气及水中硬化的水硬性胶凝材料称为**水泥**，它是主要的建筑材料和重要的工程结构材料。**硅酸盐水泥**是应用最为广泛的水泥，其大致成分范围(质量分数)是 62%~67%的 CaO、20%~24%的 SiO_2、4%~7%的 Al_2O_3和 2.5%~6.0%的 Fe_2O_3。硅酸盐水泥成品中这些氧化物并不单独存在，而是以 30~60 μm 细小结晶体的形式组合成多种矿物的集合体。其中有 3CaO · SiO_2(简称 C_3S)、3CaO · SiO_2(简称 C_2S)、3CaO · Al_2O_3(简称 C_3A)和 4CaO · Al_2O_3 · Fe_2O_3(简

称 C_4AF)，大致成分范围(质量分数)为60%～87%的 C_3S，15%～37%的 C_2S，7%～15%的 C_3A 和10%～18%的 C_4AF。

CaO是硅酸盐水泥的主要成分，用以保证水泥强度。但CaO若处于游离状态则会在水泥硬化之后才与水缓慢反应并发生膨胀，这会增加水泥的内应力而降低其强度，因此应该尽量使CaO进入 C_3S 或 C_2S。SiO_2 也是硅酸盐水泥的主要成分，用以生成 C_3S 和 C_2S，其含量应与CaO适当配合，以保证水泥强度的实现。SiO_2 含量的提高有利于提高水泥的抗腐蚀性能，但在施工过程中会降低水泥硬化和强度提高的速度。Al_2O_3 和 Fe_2O_3 主要生成 C_3A 和 C_4AF。Al_2O_3 有利于提高水泥硬化速度，但降低其抗硫酸腐蚀的能力。Fe_2O_3 则不利于提高水泥硬化速度，但提高其抗硫酸腐蚀的能力。这两种氧化物的含量过多会推进煅烧生产时液相的生成，不利于煅烧加工。制造硅酸盐水泥的主要原料是成分主要为 $CaCO_3$ 的天然石灰石和含有 SiO_2、Al_2O_3、Fe_2O_3 等组分的黏土。中国天然黏土原料中铝含量较高而铁含量较低，因此配料时还需要加入铁质原料以及硅质原料，以校正成分。

在煤矿夹层中的脉石含煤较少，常被作为废料分离出来，称为**煤矸石**。发电厂燃烧煤时排除大量的灰烬。开采铁矿时低品位的铁矿石粉、硫铁矿渣会被废弃。高炉炼铁的矿渣、炼钢产生的钢渣等通常也都被视为废料。这些废料的主要成分为 SiO_2 和 Al_2O_3，可以被利用来生产水泥。

21.1.2 水泥的煅烧

图21-1示意性地给出了回转窑生产水泥的流程。以煤粉作燃料，将黏土粉、石灰石粉、铁矿粉、辅料及适量的水均匀混合后送入回转窑**煅烧**。煅烧后经冷却破碎，并与适量石膏和混合料混磨即可制成水泥产品。其中煅烧是水泥生产的主要技术环节。

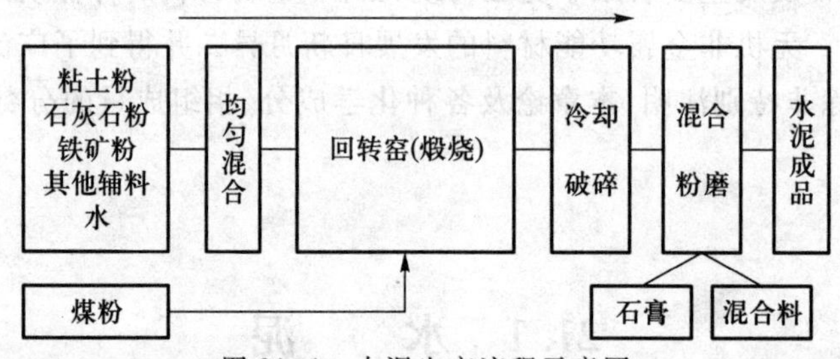

图21-1 水泥生产流程示意图

图21-2显示了水泥生产的煅烧加工阶段物料温度的变化过程，可大致划分成五个阶段。Ⅰ：干燥段，温度范围约为100～150 ℃，主要是原料中的自由水分蒸发。Ⅱ：预热段，温度范围约为200～750 ℃，主要是黏土矿物脱水，如高岭土的反应为 $Al_2O_3\cdot 2SiO_2\cdot 2H_2O \Rightarrow Al_2O_3+2SiO_2+2H_2O\uparrow$。Ⅲ：碳酸钙分解段，温度范围约为750～1 100 ℃，这时石灰石按照 $CaCO_3 \Rightarrow CaO+CO_2\uparrow$ 的方式分解，且有 $2CaO+SiO_2 \Rightarrow C_2S$ 生成。同时 C_3A 与 C_4AF 生

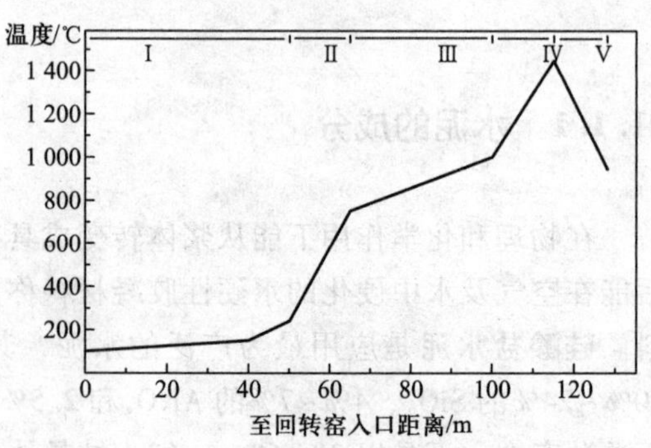

图21-2 水泥生产煅烧过程中物料的温度

成，如有 $3CaO+Al_2O_3 \Rightarrow C_3A$。Ⅳ：烧成段，温度超过 1 100 ℃，1 100~1 200 ℃时 C_3A 与 C_4AF 大量生成，温度达到 1 400 ℃后 C_3A 与 C_4AF 开始转变成液相，进而液相中有反应 $CaO+C_2S \Rightarrow C_3S$(固态)发生，使游离 CaO 减少。Ⅴ：冷却段，$C_3S$ 是高温稳定相，温度降低后会有反应 $C_3S \Rightarrow CaO+C_2S$ 发生，因此应使物料较快冷却，保留 C_3S 相，避免游离 CaO。

21.1.3 水泥的水化

在使用水泥的施工过程中将水泥与水混合搅拌后会发生水化反应。反应初期水泥为具有流动性和可塑性的浆体，随着水化反应的不断进行浆体会逐渐失去流动性并仍保持可塑性，然后浆体的可塑性也会丧失，即水泥完成了其凝结过程。

水泥中 60%~87% C_3S 的水化大致表现为：$3CaO \cdot SiO_2+nH_2O \Rightarrow xCaO \cdot SiO_2 \cdot yH_2O+(3-x)Ca(OH)_2$，其中 $n=3-x+y$。这一水化过程的主体部分将于 28 天后完成，而一年以后水化过程会基本停止。C_2S 的水化可表现为：$2CaO \cdot SiO_2+mH_2O \Rightarrow xCaO \cdot SiO_2 \cdot yH_2O+(2-x)Ca(OH)_2$，其中 $m=2-x+y$。C_3A 的水化可为：$3CaO \cdot Al_2O_3+6H_2O \Rightarrow 3CaO \cdot Al_2O_3 \cdot 6H_2O$，这一反应的速度很快，会造成水泥的快速凝固，称为急凝，不利于工程应用。通常会在水泥生产的最后工序中向水泥中添加一定量的石膏($CaSO_4 \cdot 2H_2O$)，水化时石膏、CaO 和 C_3A 首先反应生成**钙矾石** $3CaO \cdot Al_2O_3 \cdot 3CaSO_4 \cdot 32H_2O$ 覆盖在 C_3A 颗粒的表面，阻止快速凝固反应。C_4AF 与 C_3A 有类似的水化反应，但 C_4AF 急凝的倾向会比 C_3A 弱，同时石膏也可以缓解 C_4AF 的急凝效应。水泥中游离的 CaO 与 MgO 也会发生水化，生成 $Ca(OH)_2$ 和 $Mg(OH)_2$，但反应速度很缓慢，在水泥硬化后仍持续这种反应，造成体积的不均匀膨胀，降低水泥强度。

表 21-1 一些中国水泥的强度指标

品种	标号	抗压强度/MPa		抗折强度/MPa	
		3 天	28 天	3 天	28 天
硅酸盐水泥	42.5	17.0	42.5	3.5	6.5
	42.5R	22.0	42.5	4.0	6.5
	52.5	23.0	52.5	4.0	7.0
	52.5R	27.0	52.5	5.0	7.0
	62.5	28.0	62.5	5.0	8.0
	62.5R	32.0	62.5	5.5	8.0
普通水泥	32.5	11.0	32.5	2.5	5.5
	32.5R	16.0	32.5	3.5	5.5
	42.5	16.0	42.5	3.5	6.5
	42.5R	21.0	42.5	4.0	6.5
	52.5	22.0	52.5	4.0	7.0
	52.5R	26.0	52.5	5.0	7.0

21.1.4 水泥的强度

抗压强度是衡量水泥质量最重要的技术指标。通常水泥硬化前28天的强度称为早期强度。28天以后的强度称为长期强度。通常把煅烧之后的产物称为**熟料**。中国国家标准规定，由硅酸盐熟料、适量石膏混合磨细后制成的水硬性胶凝材料称为**硅酸盐水泥**。由硅酸盐熟料、少量混合材料、适量石膏混合磨细后制成的水硬性胶凝材料称为**普通水泥**或普通硅酸盐水泥。若其中的混合材料分别为矿渣、火山灰或粉煤灰时则可分别称为**矿渣水泥**、**火山灰水泥**或**粉煤灰水泥**。表21-1给出了中国国家标准规定的一些标号水泥的力学性能，表中的强度数据为要求达到的性能下限。标号中的R表示该水泥为快硬水泥。

21.2 普 通 陶 瓷

21.2.1 普通陶瓷的基本特征

普通陶瓷是以黏土类及其他天然原料经过粉碎、成型、烧成等工序制成的具有较高强度的固体制品。普通陶瓷是一种多相的硅酸盐材料，含有晶相、非晶相和气相。普通陶瓷在日用、建筑、卫生、化工、电工等行业有广泛的应用。普通陶瓷大致可以划分成**瓷器材料**、**炻瓷器材料**和**陶器材料**。表21-2给出了这三种材料的一些常规特征。这是一种很粗糙的划分，仅供参考，从中大致可以看出陶器与瓷器的差别。普通陶瓷虽然有各种不同的加工方式，但其基本的制备过程仍可概括为原料的筛选与去杂质、按照要求的尺寸对原料颗粒细化、各种配料的混合加工、成型加工与干燥、烧成等主要工序。在普通陶瓷材料的表面常会施用一层釉，**釉**也是以各种氧化物为主的无机非金属材料，通常由非晶相组成，熔融软化温度较低，能对陶瓷材料起到保护和装饰的作用。

表21-2 普通陶瓷的特征

类别名称	吸水率	密度/(g/cm^3)	烧成温度/℃	透光性	断口形貌
瓷器材料	≤1%	2.1~2.8	1 300~1 450	透光	致密、细腻、石状或贝壳状
炻瓷器材料	≤3%	2.0~2.8	1 150~1 400	透光差	较精细、石状
陶器材料	>3%		680~1 260	不透光	不致密粗糙

21.2.2 瓷器材料

瓷器材料的烧结温度高，坯体坚硬、致密，基本不吸水，可划分为日用瓷器、电工瓷器、化工瓷器和卫生瓷器。表21-3给出了各类瓷器材料大致的原料配方及化学成分范围，组分配比的不同会使得各种瓷器材料在性能上也有所差别。表21-4粗略地概括了各类瓷器材料常见的力学性能。

日用瓷器的烧成相主要是莫来石、方石英、石英和非晶相，因此日用瓷器致密度好、热稳定性好、色泽好，并有一定的强度，能够满足对日用瓷器的性能要求。色泽鲜艳的日用瓷器表面往往会含有含少量铅、镉等离子的化合物，如 PbO、CdS 等。在酸性介质的作用下铅会溢出表面，光与氧化的作用也会使得镉溢出表面。因此通常对日用瓷器有铅、镉溢出的限制，以保证无毒应用。日用瓷器通常用作民用家庭器具、艺术制品等。

表 21-3　各类瓷器材料大致的原料配方及化学成分范围(*w*/%)

瓷器类别	黏土	长石	石英	SiO_2	Al_2O_3	K_2O+Na_2O	CaO+MgO	密度/(g/cm^3)
日用瓷器	40~60	20~30	25~40	58~79	16~63	2.0~8.7	0.1~4.5	2.3~2.6
高硅电工瓷器	45~60	18~30	20~40	68~75	20~24	2.5~5.0	<1.2	2.3~24
高铝电工瓷器				40~55	40~55	3.5~4.5	<1.5	2.5~2.8
高硅化工瓷器	60~65	20~25	10~20	63~73	24~32	2.3~5.2	0~2	2.1~2.3
高铝化工瓷器				50~61	34~44	3.0~7.8	0~2	2.3~2.4
卫生瓷器	30~50	20~30	30~50	64~70	21~25	2.5~3.0	1.5~1.9	2.0~2.3

表 21-4　各类瓷器材料大致的力学性能

瓷器类别	吸水率/%	气孔率/%	抗压强度/MPa	抗弯强度/MPa	冲击韧性/(J/cm^2)	弹性模量/GPa	膨胀系数/℃
日用瓷器	0~0.5		328~510	20~70	0.18~0.21	75~80	$4\times10^{-6}\sim9\times10^{-6}$
电工瓷器	0	少量	342~392	70~170	0.18~0.22	50~108	$4.5\times10^{-6}\sim6\times10^{-6}$
化工瓷器	0.2~0.5		400~500	37~47	0.20~0.23	49~59	$2\times10^{-6}\sim3.5\times10^{-6}$
卫生瓷器	<1.5	<3	460~660	65~85	0.15~0.30	65~80	$3\times10^{-6}\sim6\times10^{-6}$

电工瓷器的相组成为约 8%~12%的石英、6%~18%的方石英、10%~30%的莫来石和 40%~50%的非晶相，可见非晶相占据了很大部分。电工瓷器主要利用了瓷器材料绝缘性能好、强度高、化学稳定、不易老化、不变形等性能特点。碱性氧化物与杂质对电性能有害，应该注意限制其含量。表 21-5 和表 21-6 给出了电工瓷器材料大致的力学性能和电学性能。电工瓷器主要用作电绝缘材料。

表 21-5　电工瓷器材料大致的力学性能

电工瓷器类别	抗压强度	抗弯强度/MPa	抗张强度/MPa	冲击韧性 J/cm^2	弹性模量/GPa
普通高压瓷器	400~500	70~90	25~35	0.18~0.22	49.0~78.5
铝质高强瓷器	700~800	120~170	45~65	0.25~0.29	98.1~107.9

表 21-6 电工瓷器材料大致的电学性能(20 ℃,50Hz)

电工瓷器类别	击穿电压 kV/mm	介电系数	介电损耗角正切值	电阻率/Ω·m
普通高压瓷器	25~35	6~7	0.02~0.04	$\geqslant 10^{15}$
铝质高强瓷器	25~35	6.5~7.5	0.02~0.04	$\geqslant 10^{15}$

瓷器材料可在大多数酸性介质中不受腐蚀，所以可以用作化工器具。若遇到碱性腐蚀介质时，则需要在瓷器材料中适当添加 MgO，以增强其耐碱性能。

卫生瓷器通常会与水介质接触，所以除了一般力学性能要求外，许多卫生瓷器对吸水性有要求。通常要求吸水率低于3%，进而卫生瓷器的气孔率应该比较低。特定的水环境也要求卫生瓷器在 0~110 ℃的温度范围内能够承受温度急剧的震动而不发生开裂。卫生瓷器通常用作卫生间及相关的水容器材料。

21.2.3 炻瓷器材料

炻瓷器材料的致密度较高，含有较多的 K_2O 和 Na_2O，且吸水率较低。炻瓷器通常在 1 150℃以上烧成，抗压强度一般为 568~800 MPa，抗拉强度为 11~52 MPa，抗弯强度为 40~96 MPa，弹性模量约为 40~55 GPa。炻瓷器的热导率较低，大约为 0.9~1.5 W/(m·K)，且耐酸腐蚀，因此炻瓷器主要用于建筑、日用、化工等行业领域。

建筑用炻瓷器的化学组成(质量分数 $w/\%$)大约是 65%~76%的 SiO_2、15%~21%的 Al_2O_3、4%~6%的 K_2O、1%~6%的 Na_2O等。为了建筑的装饰作用，炻瓷器中还会添加一些着色剂，如 Cr_2O_3、Fe_2O_3、MnO_2、Co_2O_3等。建筑炻瓷器材料可用作污水管道、马赛克等构件。炻瓷器可用于制作体积大、形状复杂、坯体厚度变化剧烈的耐酸腐蚀的容器及耐酸砖等。为了保证其耐酸性，通常其原料配方的设计要保证化学组成中 SiO_2/Al_2O_3比值为 3∶1，且 Fe_2O_3含量应在 3%以下。为了降低脆性并提高其耐急冷、急热的能力，往往还要在化工炻瓷器的原料中加入适量的经烧成并细化的熟料。日用炻瓷器主要以含 SiO_2高的黏土为原料，即有大于 70%的 SiO_2及小于 20%的 Al_2O_3，同时还会有 8%~9%的碱金属氧化物及碱土金属氧化物，以及 Al_2O_3、FeO、TiO_2等调色剂。日用炻瓷器主要用作餐具及日用工艺品等。

21.2.4 陶器材料

陶器材料的致密性差、气孔率高、强度水平低、热稳定性和化学稳定性差，但对原料的要求很低、烧成温度低、制造工艺简单、便于大量生产、价格低廉，因此在对性能要求不高的领域有广泛的应用。表 21-7 给出了各类陶器的常规特征和应用范围，表 21-8 给出了黏土质和长石质细陶的原料组成，表 21-9 给出了相应细陶材料的性能。可以看出，大量采用天然黏土作为原料可明显降低烧成温度，同时也提高细陶器的吸水率。陶器常常会有很高的总气孔率，最多可达 30%~35%。气孔率的增加会明显降低陶器的强度。细陶器的化学组成(质量分数 $w/\%$)主要是 60%~75%的 SiO_2和 20%~30%的 Al_2O_3。

表 21-7 各类陶器的常规特征和应用范围

陶器类别	吸水率/%	坯料粒度/mm	应用范围
粗陶器	>15	>2.0~2.5	砖、瓦、陶土管、建筑琉璃制品等
普通陶器	<15		日用陶质制品等
细陶器	<12	<0.1~0.2	日用细陶制品、装饰陶制品等

表 21-8 细陶材料的原料组成(质量分数 w/%)

细陶土质	普通黏土/%	高岭土/%	石英/%	长石/%	烧成温度/℃
黏土质	75~85	—	15~25	—	920~960
长石质	20~30	20~30	30~50	5~15	1 230~1 260

表 21-9 细陶材料的性能

细陶土质	吸水率/%	抗压强度/MPa	抗弯强度/MPa	冲击韧性/(J/cm^2)	线膨胀系数/℃
黏土质	19~21	60~90	6~20	0.108~0.157	$5\times10^{-6}\sim6\times10^{-6}$
长石质	9~12	100~110	15~30	0.147~0.196	$7\times10^{-6}\sim8\times10^{-6}$

21.3 耐火材料

21.3.1 耐火材料的基本特征

在 1 580 ℃以上使用的无机非金属材料称为**耐火材料**。耐火材料在冶金、建筑、化工、能源、机械等各个工业部门有广泛的应用，主要用以制造高温结构件，如用以构筑各种焙烧炉、加热炉、烧结炉、锅炉等高温作业设备的耐高温内衬及炉体等。作为在高温下使用的耐火材料应具有高的熔点、良好的高温化学稳定性及力学稳定性，包括在高温下不软化、不收缩和高的体积稳定性，良好的高温强度、抗蠕变性能、高温耐磨性和抗热震动性能，良好的抗高温腐蚀的能力等，有时还会对耐火材料的高温气密性、导热性及导电性有一定要求。

耐火材料的主要成分通常是一些熔点很高或分解温度很高的化合物，其中主要是氧化物，也可以是碳化物、氮化物、硅化物或硼化物等。表 21-10 列出了一些纯化合物的熔点。许多二元系氧化物相图中会出现熔点很高的中间相，这些中间相有时还会有一定的成分宽容范围，因此也可以用来作耐火材料的主要成分。它们主要是一些盐类矿物，如锆酸盐、铬酸盐、铝酸盐、硅酸盐、钛酸盐、磷酸盐等。表 21-11 列出了一些盐类化合物的熔点。

表 21-10 一些纯化合物的熔点

化合物	熔点/℃	化合物	熔点/℃	化合物	熔点/℃	化合物	熔点/℃	化合物	熔点/℃
MgO	2 800	BaO	1 930	TiC	3 160	ZrN	2 980	TiB_2	2 850
ZrO_2	2 677	TiO_2	1 825	WC	2 865	TiN	2 950	CrB_2	2 760
CaO	2 570	ZnO	1 800	SiC	2 760	AlN	2 400	MoB	2 180
BeO	2 550	SiO_2	1 713	MoC	2 692	Si_3N_4	1 900	Zr_5Si_4	2 250
Cr_2O_3	2 275	WO_2	>1 500	B_4C	2 450	ZrB_2	3 040	WSi_2	2 150
Al_2O_3	2 050	ZrC	3 570	BN	~3 000	WB	2 860	$MoSi_2$	2 030

表 21-11 一些盐类化合物的熔点

盐类化合物	熔点/℃	盐类化合物	熔点/℃	盐类化合物	熔点/℃	盐类化合物	熔点/℃
$BaO \cdot ZrO_2$	2 700	$MgO \cdot ZrO_2$	2 120	$CaO \cdot 6Al_2O_3$	1 903	$3Al_2O_3 \cdot 2SiO_2$	1 850
$MgO \cdot Cr_2O_3$	2 350	$NiO \cdot Al_2O_3$	2 100	$2TiO_2 \cdot Al_2O_3$	1 895	$BaO \cdot Al_2O_3$	1 815
$CaO \cdot ZrO_2$	2 345	$3CaO \cdot SiO_2$	2 070	$2MgO \cdot SiO_2$	1 890	$3BeO \cdot TiO_2$	1 800
$CaO \cdot Cr_2O_3$	2 170	$ZnO \cdot Al_2O_3$	1 950	$2MgO \cdot P_2O_5$	1 882	$ZrO_2 \cdot SiO_2$	1 775
$MgO \cdot Al_2O_3$	2 135	$CaO \cdot TiO_2$	1 915	$BeO \cdot Al_2O_3$	1 870	$2BaO \cdot SiO_2$	>1 755
$2CaO \cdot SiO_2$	2 130	$BaO \cdot 6Al_2O_3$	1 915	$TiO_2 \cdot Al_2O_3$	1 860	$2MgO \cdot TiO_2$	1 740

制造一些高性能耐火材料时会采用高纯度的人工原料，但大部分用以制造耐火材料的原料是天然矿石，因此制成的耐火材料内难免会有少量杂质成分。如图 20-2 所示，高熔点 MgO 中含有少量 SiO_2 或 Al_2O_3 就会使固相线明显降低。少量的杂质化合物通常也会造成低熔点共晶相，或在化合物熔点以下析出少量液相，进而促进化合物熔化，使材料软化，并危害耐火材料的高温性能。在耐火材料中除了主体相、少量杂质化合物外还会为了特定的目的而加入少量外加组分，以促进某些相的生成或转化，抑制某些相的生成，促进烧结过程的完成等。

21.3.2 耐火材料的制备

图 21-3 简要地给出了耐火材料的生产制备过程。首先需对原料作精选与加工，包括原料的破碎、选矿、冲洗、均匀混合等过程。随后需对原料进行煅烧。通常原料被加热到接近其主晶相熔点 T_m 的温度。这个温度高于耐火材料的使用温度和最终烧成温度，以滤除原料中的低熔点相，保证材料的高温化学、热学和力学性能。煅烧后要根据需要将原料破碎成不同的颗粒尺寸。

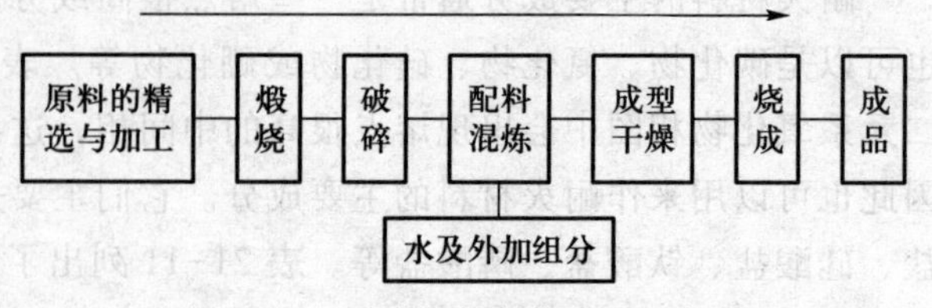

图 21-3 耐火材料制作流程示意图

在配料混炼过程中要注意不同颗粒尺寸原料的适当配合，以尽量降低整体的孔隙率。加入适量水及外加组分后混炼成具有高均匀性和良好成型性的泥料。**成型**工序是根据使用要求将泥料制成具有一定形状、密度、强度的坯料。对含水较高的泥料可注浆、振动成型，含水约15%的塑性泥料可压力塑变成型，含水较少(如3%~6%)的泥料可采用半干压、捣打等方式成型，而对于粉原料则可采用等静压成型。对成型的坯料通常需要作干燥处理，以蒸发坯料中的水分，提高其强度以便堆码烧成。

烧成是在高温下借助物理、化学反应达到**烧结**，形成高温化学稳定的物相结构，同时获得相应的密度和高温力学性能的过程。随着烧成温度的上升扩散、相变等热力学过程，同质晶体或异质晶体之间发生界面迁移生长、相变结合等现象，进而使材料烧结。在特定的高烧成温度下坯料中还会出现液相，液相会与坯料中各晶体浸润，并借助表面张力将各晶相拉近、填充孔隙，同时也会使致密度提高、内应力降低。液相有利于烧结过程，但液相太多会损害材料的高温性能。在烧成过程中应注意调整升温速度、加热最高温度、保温时间、冷却速度、加热气氛等工艺参数，以便有效地控制各加热阶段中材料内部所进行的物理、化学反应。

尚有一些特殊的耐火材料制造方法。例如，原料经配料后加入化学结合剂，不经烧成工艺而制成化学结合耐火材料。再如，在原料配料过程中加入适当外加剂，如增塑剂、促硬剂、缓硬剂等，混合后制成可直接使用的**不定型耐火材料**，用以现场直接构筑耐火结构。不定型耐火材料具有制造过程简便、成品率高、热能耗低、适应性强、便于维修等特点。另外还可以将耐火原料高温熔化，在模型中浇注成型，经冷却及退火处理后制成**熔铸耐火制品**。

21.3.3 耐火材料的应用

硅质耐火材料是以二氧化硅为主要成分的酸性耐火材料。SiO_2在固态常压下有石英、方石英及鳞石英等多种同素异型转变和非晶型转变。转变时会产生体积效应，转变温度受温度变化速率的影响，有时甚至不能转变，这些转变及其特征都会对硅质耐火材料的使用性能产生影响。由于这种固态转变特色，在制造硅质耐火材料时需要加入如CaO等矿化剂作为外加组分，以在烧成过程中促进所需鳞石英快速生成。同时也可借助生成的少量液相使相应的体积效应得到松弛，保障材料的性能。硅质耐火材料有强的抵抗酸性炉渣及CaO、FeO、Fe_2O_3等氧化物侵蚀的能力，但易受碱性炉渣的强烈侵蚀及Al_2O_3、K_2O、Na_2O等氧化物的侵蚀破坏。由于其固态转变的复杂性，硅质耐火材料的抗热震性能差，耐火度也不很高。

硅酸铝质耐火材料是以Al_2O_3和SiO_2为基本化学组分的耐火材料，其Al_2O_3含量(质量分数*w*/%)通常在15%以上。含15%~30%Al_2O_3时为**半硅质耐火材料**，其耐火度不高但呈半酸性，有利于减弱碱性介质的侵蚀作用。含30%~48%Al_2O_3时为**黏土质耐火材料**，其主晶相为莫来石，耐火度及抗腐蚀性能均会进一步提高。含大于48%Al_2O_3时为**高铝质耐火材料**，成分接近于纯莫来石，其高温性能优于黏土质耐火材料。含大于90%Al_2O_3时则为**刚玉质耐火材料**，它比莫来石有更高的高温化学稳定性和耐火度，有很高的抵抗各种炉渣侵蚀的能力，是一种高级耐火材料。Al_2O_3的热膨胀系数较高，因而其抗热震性能会受到影响。

以MgO和CaO为主要化学成分可以制成碱性的**镁质耐火材料**。MgO和CaO属于离子键化合物，由表 21-10 可知它们均有很高的熔点，因此这类耐火材料有很高的耐火度。同时它们还有很强的抵抗碱性炉渣侵蚀的能力，因此在高温冶金设备上有十分广泛的应用。MgO 和 CaO 容易水化成 $Mg(OH)_2$和 $Ca(OH)_2$，并伴有明显的体积膨胀，因此这类耐火材料应注意防潮。利用脱水焦油沥青等含碳有机物作结合剂可以有效地起到防潮作用。以 MgO 与 Me_2O_3型氧化物组成的耐火材料为**尖晶石耐火材料**，其中 Me 表示某种金属元素。以镁铝尖晶石($MgO \cdot Al_2O_3$)或镁铬尖晶石($MgO \cdot Cr_2O_3$)为主晶相的耐火材料在化学上呈中性或弱碱性。其中镁铝尖晶石对还原气氛、游离 SO_2/SO_3及 K_2O/Na_2O 有高的抗腐蚀性，且具有较好的抗热震性与耐磨性。以**锆英石**砖 $ZrO_2 \cdot SiO_2$或 $ZrSiO_4$为原料可制成含锆的**酸性耐火材料**，这种材料抗渣性强、热膨胀较小、高温热导率低、耐磨、抗热震，但荷重软化点略偏低，近些年来也得到了越来越广泛的应用。

为了节约热能，制造高温加热设备时通常需要使用**隔热材料**。热量通常借助传导、辐射和对流三种方式传输。大幅度降低这三种热量传输的隔热材料通常具有高的气孔率(65%~78%)、低的体密度(<1.3)和低热导率(<1.26W/m·K)、热震动收缩小(<2%)等特征，因此隔热材料也称为轻质隔热材料。气体的热导率很低，空气在 500 ℃的热导率为 0.06 W/m·K。隔热材料通常由多相组成，高的气孔率使热量很难传导，进而可达到隔热的目的。隔热材料生产的不同之处在于要使材料中有高的气孔率，或制成耐火纤维材料以阻碍热量传输。在泥浆中加入煤粉、木屑等易燃物质，可在烧成过程中因烧损而生成气孔。也可以在泥浆中加入碳酸盐和酸等，利用某种化学反应生成气孔。以无烟煤、煤焦、煤沥青焦和石油沥青焦作原料经颗粒混炼、成型，在隔绝空气的条件下煅烧或干燥除水，可制成碳素耐火材料。这种材料呈中性，纯碳的熔融温度约为 3 500 ℃，在 3 000 ℃以上才开始升华，导热导电性好、不被钢渣浸润、热膨胀系数低而抗热震性高、高温强度高而密度低。但炭素材料的抗氧化性能差、易燃，所以被用在不接触空气的高温环境，如高炉炉底、各种高温熔池底部等。

表 21-12 简要地给出了各种典型耐火材料的性能比较。

表 21-12　各种典型耐火材料的性能比较

材料类型	特征成分	含量 w/%	耐火度/℃	软化点/℃	体密度	气孔率/%	抗压强度/MPa
硅砖	SiO_2	95.06	1 710	1 660	2.318	18~20	50~70
硅铝质	Al_2O_3	>70	>1 730	1 700	2.9~3.3	<10	250~500
刚玉质	Al_2O_3	>98	>1 920	>1 750	2.7~3.5	—	200~300
镁质	MgO	≥91	~1 700	≥1 550	2.6~3.0	≤18	≥58.8
尖晶石	MgO/Al_2O_3	79/19.5	>1 920	>1 700	3.0	15.2	68.6
含锆	ZrO_2/SiO_2	66/33	>1 790	1 620	4.63	20.4~24.0	114~117
隔热材料	Al_2O_3	58.38	>1 700	—	0.9~1.0	66~67	8.1
炭砖	C	≥92	—	—	1.6~1.7	14~15	42~57

注：**软化点**指材料的荷重软化温度，即承受载荷时的软化温度。

21.4 玻　璃

作为传统无机非金属工程材料，传统上把**玻璃**定义为熔融物在冷却过程中不发生结晶的无机物质。因此玻璃通常是无机物质，且其非晶状态与形成的过程有关。

21.4.1 玻璃的生成

在 19.3 节中已经讨论了金属玻璃(非晶金属材料)的生成机理，本节讨论无机非金属玻璃的生成。

当材料从熔化液体的温度平衡冷却到其熔点 T_m时会出现正常结晶现象。但当熔化液体温度的降低速度较大时，通常液体在 T_m点不发生结晶，且会作为过冷液体继续冷却，同时液体的黏度会逐渐升高。一些无机材料的过冷液体达到某一 T_g温度时不再会出现结晶现象，而是在随后的冷却过程中继续保持其非晶状态并最终凝固。T_g温度即是**玻璃转变温度**，具有 T_g温度的材料均可实现非晶态。SiO_2、B_2O_3、P_2O_5、GeO_2、As_2O_3等氧化物可以单独形成玻璃，因此被称为**玻璃形成氧化物**。在上述多元化合物系统中并不是任何组分的多元化合物均可形成玻璃，只有特定的多元化合物成分范围才比较容易形成玻璃。另一方面，当熔化液体以很小的速度冷却时，即使在能形成玻璃的成分范围内也不一定能够生成非晶态的玻璃，只有在大于某一个临界值 v_c的冷却速度下才会首先达到 T_g温度，并生成玻璃。

21.4.2 玻璃的光学特性

普通的玻璃硬而脆，但由于其独特的透光性因而得到了十分广泛的应用。通常光束穿过物质时会被电子强烈地吸收并散射，因此多数物质没有透光性。若**透过率** T 表示玻璃的**透光性**，则 T 可以表示成：

$$T=K\cdot 10^{-\beta t} \tag{21-1}$$

式中：K 表示表面损失系数，它主要由表面反射决定；β 表示玻璃的吸收系数；t 表示玻璃的厚度。虽然不同的玻璃会有不同的 K 值，但对绝大多数玻璃来说其正常 K 值约为 0.992，所以反射对玻璃的透过率影响不大。

原子是构成材料的基本单元。在原子中原子核只占据很小的空间，而绝大部分空间则被原子的核外电子所占据。光束进入被照射物体后会与原子核外的电子作用，当光束中光子的能量能够把电子从一个能级激发到另一个能级时光子即被吸收，即物体有较高的吸收系数 β 值；否则光子就会穿过该物体，表现出物体有较低的吸收系数 β 值。对于具有最高透过率的光学玻璃，在 0.4~0.75 μm 的可见光波长范围内其吸收系数 β 值可达 0.000 1 /mm。这样 1 mm 厚的玻璃的透过率可达 99.97%以上。SiO_2的电子结构状态决定其在包含可见光波在内的很宽的波长范围内基本不吸收光子，因此以 SiO_2 为主的玻璃通常有很好的可见光透过率。图 21-4a 给出了毫米级厚石英玻璃（含 96% SiO_2）的光透过率随波长的变化，其高透过率的范围覆盖了可见光的波长范围，因此为无色玻璃。不同玻璃材料会在不同的波长范围内对光束有低的吸收效应，因此许多玻璃均可以用作光学材料或透光的结构材料。

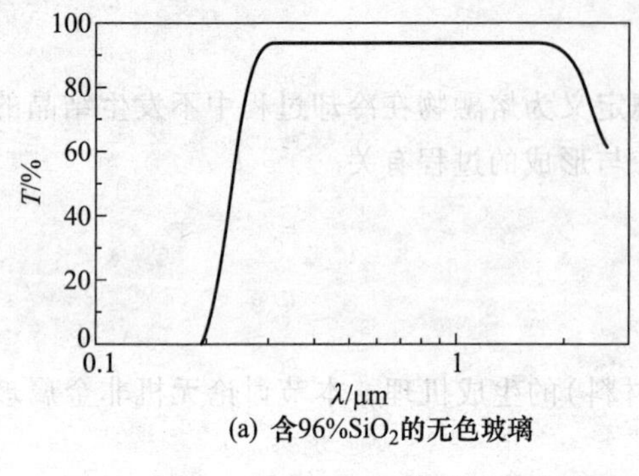

(a) 含96%SiO_2的无色玻璃

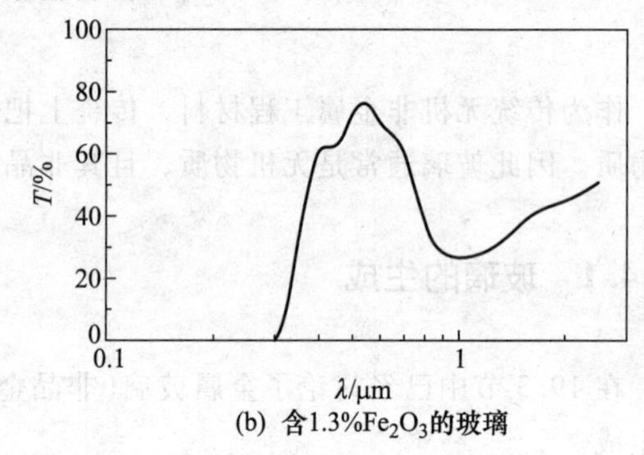

(b) 含1.3%Fe_2O_3的玻璃

图 21-4 玻璃的光透过率 T 随波长变化的示意图（λ 为光束波长）

当玻璃中含有某些对特定波长可见光强烈吸收的组分时玻璃会呈现出特定的颜色。由图 21-4b 可以看出当无色玻璃中含有 1.3% Fe_2O_3时，铁离子的电子能级会对波长较长的可见光有较强的吸收，只使波长较短的可见光通过，这样透过玻璃的可见光将呈现绿色。这种能够给玻璃带来颜色的组分称为**着色剂**。表 21-13 给出了玻璃中常用的一些着色剂原料及其可能产生的颜色。

表 21-13 常用的着色剂原料及其可能产生的颜色

产生的颜色	选用着色剂原料	产生的颜色	选用着色剂原料
棕	氧化镍	翠绿	氧化铬
琥珀	硫	蓝绿	氧化铁
宝石红	硒、金、氧化亚铜	绿蓝	氧化铜、氧化亚铜
桃红	硒	紫蓝	氧化钴
黄	硫化镉、氧化铈、氧化钛、硫、铀	绛紫	二氧化锰
黄绿	氧化铬、氧化铁	紫	氧化钕、氧化镍
荧光绿	铀		

21.4.3 玻璃的制造

玻璃的制造过程大致可分成三个阶段，包括用玻璃原料配制成配合料、配合料的熔化与澄清、玻璃的成型加工。工业上生产玻璃所用的**配合料**大体是由几种至十几种原料混合配制而成，这些原料可大致划分成玻璃形成剂、助熔剂和稳定剂三类。可以单独形成玻璃的许多纯氧化物可用作**玻璃形成剂**的主要成分。**助熔剂**通常是可以在较低温度发生反应的碱性氧化物，它们可以促进玻璃的熔化和均匀化，但助熔剂含量高的玻璃其化学稳定性较低。**稳定剂**通常是一些化学稳定性高的碱土氧化物，如 CaO、MgO、BaO、Al_2O_3等，它们与助熔剂配合可以控制玻璃在成型加工时的成型性能。表 21-14 给出了生产玻璃时经常使用的原料。

表 21-14 生产玻璃的常用原料

原料	化学式	原料	化学式	原料	化学式
氢氧化铝	$Al_2O_3 \cdot 3H_2O$	硼酸	$B_2O_3 \cdot 3H_2O$	密陀僧	PbO
长石	$K_2O \cdot Al_2O_3 \cdot 6SiO_2$	硼砂	$Na_2O \cdot 2B_2O_3 \cdot 10H_2O$	铅丹	Pb_3O_4
钙铝硅石	$2CaO \cdot Al_2O_3 \cdot SiO_2$	无水硼砂	$Na_2O \cdot B_2O_3$	骨灰	$3CaO \cdot 2P_2O_5 + xCaCO_3$
蓝晶石	$Al_2O_3 \cdot SiO_2$	熟石灰	$CaO \cdot H_2O$	红粉	Fe_2O_3
高岭土	$Al_2O_3 \cdot 2SiO_2 \cdot 2H_2O$	石灰石	$CaCO_3$	苛性碱	KOH
冰晶石	Na_3AlF_6	煅烧白云石	$CaO \cdot MgO$	硝石	KNO_3
氧化锑	Sb_2O_3	白云石灰岩	$CaO \cdot MgO \cdot 2CO_2$	石英砂	SiO_2
白砒	As_2O_3	白云熟石灰	$CaO \cdot MgO \cdot 2H_2O$	纯碱	Na_2CO_3
碳酸钡	$BaCO_3$	碳酸钾	K_2CO_3	硝酸钠	$NaNO_3$
氧化钡	BaO	水化碳酸钾	$2K_2CO_3 + 3H_2O$	芒硝	Na_2SO_4
重晶石	$BaSO_4$	氟硅化钠	Na_2SiF_6	氧化锌	ZnO

配合料在熔窑内的加热过程中完成**熔化**与**澄清**。熔化过程是从配合料投入熔窑开始，直至配合料中原始晶相物质全部消失为止。澄清过程从配合料熔化开始、直至熔化以后，澄清过程要使熔融液体中的各种缺陷消除，并使得成分均匀化。可以发现，熔化与澄清两个过程实际上是同时交错进行的。在配合料升温和加热过程中将发生下列物理或化学反应：自由水分蒸发，CO_2、SO_3、SO_2、化学结合 H_2O 等脱除，多组分配合料生成低共熔混合物，液相互溶产生非结晶均匀熔融玻璃，配合料中 Na_2O、K_2O、B_2O_3、PbO、SiF_4、BF_3、F_2等组分挥发。

在玻璃的加工生产过程中，溶解于熔融玻璃中的 CO_2、SO_2等反应产生的气相在达到过饱和时会形成亚稳相并溢出或以小**气泡**的形式存在于玻璃中并造成缺陷。**条纹**是玻璃中的非晶态夹杂物，其成分与玻璃基体不同。**结石**是玻璃中偶然出现的结晶夹杂物。这些缺陷的存在均会对玻璃的使用带来不利的影响。通过原料的纯净化可消除高熔点晶相结石，澄清过程的成分均匀化处理可消除低熔点晶相结石、条纹及气泡。完成熔化澄清过程后，使熔融玻璃达到适当的温度并促使温度分布均匀化后即可成型制成所需的玻璃制品。常见的玻璃产品通常以 55%～74%的 SiO_2为主要化学成分(质量分数 $w/\%$)，同时可含有少量或适量的 Al_2O_3、CaO、MgO、Na_2O、K_2O、ZnO、B_2O_3等氧化物及各种着色剂。对于特殊用途的玻璃还需要添加特定的其他物质，如防止辐射的铅玻璃中需要添加 29.5%的 PbO。

21.5 特种结构陶瓷

21.5.1 特种陶瓷的特征及其发展

通常**特种陶瓷**被看成是一类新型的陶瓷材料。它采用了高度精选的原料和严谨设计的组织结构，在生产过程中能够精确控制化学组成和制造工艺参数，因而具有优良的性能。与普通陶瓷材料相比，特种陶瓷的特点在于采用成分准确的人工原料；在制备技术上以真空烧结、保护气氛烧结、热等静压等先进技术为主，从而保证了其优异的性能。与普通陶瓷材料相似，特种陶瓷通常具有高的熔点，优良的抗氧化和抗腐蚀的能力，高的弹性模量、硬度和耐磨性能，良好的耐热性能和优良的高温力学性能，因此特种陶瓷是十分重要的高温结构材料。另外，许多特种陶瓷具有优良的介电性能、隔热性能、压电性能和光学性能等，因此特种陶瓷作为功能材料也得到了广泛的应用。

特种陶瓷的最大缺点是塑性和韧性很差，脆性高而易断裂。材料内部的孔洞、微裂纹和有害夹杂不能通过热机械处理的方法消除，对材料的力学性能有非常敏感的影响，并经常会导致材料脆性断裂。因此近些年来人们发展特种陶瓷材料的重点之一是设法改善其塑性和韧性，金属陶瓷的研究与开发是其中一个重要的方向。由至少一种金属相和至少一种通常为陶瓷性质的非金属相组成的烧结材料称为**金属陶瓷**。这种陶瓷的烧结温度一般高于金属相的熔点而低于陶瓷相的熔点，因此在烧结过程中会有液相出现。金属相的加入虽然会使材料的使用温度有所下降，但却可以明显地增加材料的韧性，因此在一些重要的工业领域得到应用。

21.5.2 特种陶瓷的特殊制备方法

特种陶瓷主要的制备工艺是粉末制备、成型和烧结。制作特种陶瓷通常需要高纯的人工原料，因此高纯粉末原料的制备是一个非常重要的工艺环节。通过固相、液相、气相等不同化学制备方式可以人工合成所需的陶瓷原料。在固相法中可利用碳与相关金属元素或硅在高温下的化合直接制成 TiC、ZrC、VC、NbC、HfC、TaC、Cr_3C_2、Mo_2C、WC、SiC 等各种碳化物。许多硅化物、氮化物以及硼化物均可以用这种方法制备。对于许多放热型的合成反应可以采用**燃烧合成**，或称为**自蔓燃高温合成**的办法，在诱发反应之后利用反应产生的热量自发连续地维持合成反应的进程。这种合成过程能耗低、工艺简单、合成质量也比较好。将不同水溶性化合物混合后反应生成不溶解的氢氧化物等沉淀物，将沉淀物作热分解后可通过液相法获得高纯的氧化物粉。如在沉淀剂 NaOH 的作用下水溶性 AlOOH 与 H_2O 作用后可生成 $Al(OH)_3$沉淀，$Al(OH)_3$经煅烧分解成 Al_2O_3和 H_2O，从而制成纯净的 Al_2O_3粉。液相法中还包括溶胶-凝胶法、蒸发法、界面反应法等多种制备高纯氧化物陶瓷原料的方法。另外还可以把待反应的固相物质加热蒸发成气相，在高温下气相物质会发生化学反应并生成超细的粒子，或者将气相物质急剧冷却而获得超细粒子。这种方法属于气相法，适合制作非氧化物陶瓷原料粉。特种陶瓷一般要求原料粉末的颗粒尺寸细小，以便在烧结时缩短原子扩散的路径，提高粉末接触面积和烧结速度，提高密度并细化晶粒，同时也有可能使烧结温度适当降低。特种陶瓷的粉末往往为基本等轴且尺寸小于 1 μm 的颗粒。特种功能陶瓷对粉末原料的纯度会有更高的要求，杂质含量经常被限制在万分之一以下。

在烧结工艺上采用自蔓燃高温合成技术也可以直接制备允许或要求一定孔隙度(5%～70%)的特种陶瓷构件。制备 Si_3N_4、Si_2ON_2、SiC 等含硅陶瓷材料可以采用**反应烧结**的办法，即将含硅原料与适当的气氛或其他原料混合，在烧结过程中同时完成陶瓷基本相的反应生成和烧结。这种制备方法的工艺简单而成本低廉，但致密度低而力学性能不高。一些对致密度有很高要求的功能陶瓷可在成分设计时引入特定的添加剂，促使烧结过程中出现黏性液相。液相的流动性可使粉末粒子重新紧密排列，进而获得高致密度的陶瓷。这种烧结方法称为**液相烧结**，其烧结温度会因液相添加剂的存在而降低，因此不适合用于烧结高温结构陶瓷。**热致密化成型烧结**方法把成型和烧结工序结合在一起，是获得高致密度和高性能的工艺方法。热致密化成型烧结是使被烧结陶瓷原料在压力下加热烧结，压力可以来源于压模中直接的机械压力，也可以由高压的氮气、氩气等气体介质传递。以气体介质传递压力的烧结方式称为**热等静压烧结**，Al_2O_3、BeO、BN、Si_3N_4、SiC、ZrO_2等陶瓷都可以用这种方法烧结。热致密化成型烧结可以获得高致密度和高性能的特种陶瓷，但其制作成本相对也比较高。**微波烧结**是使陶瓷成型坯吸收微波能量并整体加热而实现致密化烧结的新工艺，其优点在于加热和烧结速度快，容易达到高致密化，烧结温度低，晶粒组织细而强韧性高，高效节能等。多数陶瓷材料导热性差，因此微波整体加热更能发挥其优势，有关的烧结技术尚在发展之中。**等离子体烧结**是将陶瓷成型坯放置在等离子发生器中，利用等离子体所特有的高温来快速烧成陶瓷。等离子体烧结可以使烧结温度快速达到 2 000 ℃以上并烧成难烧结物质，烧结过程短而成型坯不易被污染且致密度高，可以连续烧结长尺寸陶瓷制品，效率高且利于实现自动化。升温速度快也会导致成型坯开裂、烧结物质挥发等，有关的技术正在开发与完善之中。

21.5.3 特种结构陶瓷简介

特种结构陶瓷材料内部的孔洞、微裂纹和有害夹杂等对于力学性能的损害主要表现在其拉伸性能的降低，而对压缩性能却没有明显的影响。特种结构陶瓷材料抗压强度同抗拉强度的比值明显高于铸铁等金属材料，因此适合在压应力的条件下使用。在室温下特种结构陶瓷通常反映出很低的塑性，但在高温条件下却可以呈现一定的塑性变形，而且变形应力会随着变形速率的降低而降低。根据无机化合物的基本力学性能，可以发展具有各种特殊性能的特种结构陶瓷材料。表 21-15 给出了构成特种结构陶瓷材料一些基础组分大致的性能水平，这些材料通常在高温下都能保持很高的强度水平。特种结构陶瓷材料可用于制作刀具、磨料、高温轴承、发动机部件、燃气机叶片、高温真空熔炼容器、高温机械构件等不同的特殊结构件。BeO 陶瓷不仅具有良好的电绝缘性，而且有很好的导热性(表21-15)，因此被大量地应用于制作航空电子和卫星通信系统中的导热且电绝缘的构件。

表 21-15 特种结构陶瓷材料基础组分性能水平的参考数据

基础组分	晶系	熔(分解)点/℃	密度/(g/cm^3)	抗弯强度/MPa	弹性模量/GPa	热膨胀系数/$\times10^{-6}$℃	热导率/[W/(m·K)]	K_{IC}/MN·$m^{-3/2}$
Si_3N_4	六方	2 830	3.25~3.35	900~1 200	304~330	3.2~3.5	15.5~29.3	—
SiC	六方	2 700	3.17~3.32	700~1 100	350~700	4.0~4.8	44.4~75.3	—
B_4C	立方	2 450	2.52	300~500	360~460	5.73	—	—
ZrO_2	立方	2 700	6.27	180	186	2~10	2.09	—
TiC	立方	3 300	4.92	550	460	7.2	33.5~46.1	4.8~8.0
Al_2O_3	六方	2 050	3.98	500	402	8.6~13.3	25.1	3.4
WC	六方	~2 700	15.17	800	490	2.9	—	6.0
BN	六方	3 000	2.20~2.27	45~60	23	4.4	20~30	2.4
金刚石C	立方	>3 700	3.60	—	—	0.8~4.8	20	—
AlN	六方	2 450	3.26	270	350	4.8~6.0	20~30	4~4.5
ZrB_2	六方	3 040	5.8	460~350	3.5	6.88	24.3	—
$MoSi_2$	四方	2 030	6.15	—	4.2	8.1	33.5~62.8	—
高纯 BeO	六方	2 540	3.03	—	—	5.1~8.9	209.34	—

将 WC、TiC 等碳化物与 Co、Ni 等耐高温粉末混合并烧结可制成金属陶瓷质**硬质合金**。这种合金硬度高达 69~81 HRC，可在 900~1 000 ℃的高温使用，制成的切削刀具比高速钢的切削速度还可高 4~7 倍，且寿命也可提高 5~80 倍，例如 94%WC-6%Co、TiC-WC-Co 等均属于这类合金材料。金属陶瓷质硬质合金总体上比较脆，因此在实际应用时往往先用它制成特定的刀头，再把刀头焊到金属质刀体上，用刀体承受主要的冲击载荷。金属陶瓷质硬质合金还可以用于制作有相关特殊性能要求的量具、模具、钻头等工具，在采煤、采矿、石油地质钻探等方面有一定的应用。

燃料发动机通常是依靠燃料在高温燃烧所产生的能量作为动力来驱动相关的机械装置做功。提高燃烧温度不仅可以提高发动机的工作效率，而且也可以大幅度提高发动机的输出功率。传统发动机上所使用金属材料的允许工作温度通常较低，耐高温性能最好的镍基高温合金最高的使用温度为 1 100 ℃。若采用特种陶瓷制作发动机部件、燃气机叶片等则可使发动机的工作温度达到 1 300 ℃或更高的温度，使燃料发动机的性能水平得到一个飞跃。陶瓷较高的化学稳定性可以抵抗燃油的腐蚀，高的工作温度可以使输出功率大幅度提高，陶瓷材料密度低可以使发动机构件的重量降低一半以上，陶瓷材料的耐高温性能使得冷却系统简化从而大大提高发动机的工作效率，高温工作使燃料燃烧充分而减少废气对环境的污染。同时，取代金属材料之后可以大量节省钴、镍等贵重金属原料。目前使用 Si_3N_4、SiC 等制作的陶瓷发动机已经取得了试验上的成功。

在 Si_3N_4 与 $AlN \cdot Al_2O_3$ 组成的多元化合物系统中，Si_3N_4 与 $AlN \cdot Al_2O_3$ 可以以一定比例互溶，并形成含有 Si-Al-O-N 四种元素的一个新的单相固溶体，被称为**赛隆**。赛隆在室温的抗弯强度与镍基高温合金相当，而在 1 200 ℃的高温条件下仍能获得 1 000 MPa 以上的抗弯强度，远远优于镍基高温合金。同时它还具有突出的高温抗氧化腐蚀能力，是良好的高温超硬工具材料。赛隆可以用作高速切削刀具，可以在 1 000 ℃以上的温度条件下对金属作切削加工，性能优于 Co-WC 硬质合金和氧化铝陶瓷。赛隆也可以用作有色金属材料的热变形加工模具及一些金属浇注设备的构件。

21.6 无机非金属功能材料概要

21.6.1 特种功能陶瓷特性简述

除了力学性能外，陶瓷的许多力学性能以外的特殊性能也得到了人们广泛的重视和利用。

若制备出一些密度达到理论密度的 99.5%以上的、气孔率很低的、晶粒尺寸小而均匀且材料内的空隙尺寸小于入射光波长的氧化物陶瓷，则可以将其制成特殊的透明材料，这些氧化物可以是 Al_2O_3、BeO、MgO、Y_2O_3、ZrO_2 或 ThO_2 等。它们通常对入射线的吸收很低，光学上基本呈各向同性，对称性很高，因此是良好的**透明氧化物陶瓷**，可以透过红外线、可见光等光线。透明氧化物陶瓷可以用作红外检测窗口、高温观察与测视孔等高温光学构件。其中 BeO

有很好的核辐照性能，对中子的减速能力及对 X 射线的透过能力都很强，可用作原子反应堆的减速剂或防辐照材料。

铁电陶瓷在外电场不存在的情况下能够自发极化，而且自发极化方向能够被外电场所改变。$BaTiO_3$、$PbTiO_3$、$PbZrO_3$、$NaNbO_3$、$KNbO_3$、$AgNbO_3$、$PbNb_2O_6$、$PbTa_2O_6$、$Ba_2NaNb_5O_{15}$、$Bi_4Ti_3O_{12}$、$Cd_2Ta_2O_7$、$Pb_2Nb_2O_7$、$Cd_2Nb_2O_7$等均属于铁电陶瓷材料。铁电陶瓷可以用于制作高比电容的陶瓷电容器等电器元件，陶瓷电容器的比电容可以接近电解电容器的水平。铁电陶瓷经强电场处理后会具有压电效应，即在外应力作用下有电荷释放，把机械能转变成了电能，相应的逆向过程也会发生，这种陶瓷被称为**压电陶瓷**。压电陶瓷的压电效应可以被利用来制作各种换能器、传感器及频率控制器的相关元件。

磁性陶瓷又泛称为**铁氧体**，它是以 Fe_2O_3为基础与其他金属氧化物复合成的非金属磁性材料。铁氧体也是一种半导体材料，由于其电阻率比金属磁性材料高数百万倍且有很高的高频磁导率，因此用铁氧体作高频磁芯可以大幅度降低涡流损失和介电损耗。其缺点是饱和磁化强度较低，只有纯铁的20%~33%，居里点也不高，因此不适合在高温、低频、大功率的条件下使用。常见的铁氧体陶瓷有 $MnFe_2O_4$、$NiFe_2O_4$、$CoFe_2O_4$、$CuFe_2O_4$、$MgFe_2O_4$、$BaFe_{12}O_{19}$、$SrFe_{12}O_{19}$、$Li_{0.5}Fe_{2.5}O_4$、γ-Fe_2O_3、$Y_3Fe_5O_{12}$等。

生物陶瓷是具有特殊生理行为的陶瓷材料，可以用来构成人体骨骼或牙齿的某些部位。生物陶瓷无毒、无刺激、无致病倾向，与人的生理环境有很好的相容性，且在生物环境下具有能够满足需要的综合力学性能。目前开发研究的生物陶瓷材料有碳素材料、α-Al_2O_3、$Ca_{10}(PO_4)_6(OH)_2$、$Ca_3(PO_4)_2$，以及含有适量 Na_2O、K_2O、MgO、SiO_2等氧化物的 CaO-P_2O_5磷酸钙系陶瓷等。

21.6.2 半导体及大规模集成电路材料

半导体陶瓷的导电能力介于导体与绝缘体之间，其在常温下是绝缘体，掺入适当外加组分后会具备半导体的特性。绝大部分半导体陶瓷由各种金属氧化物组成。半导体陶瓷的电阻会受到温度、光照、气氛、湿度等外部条件的影响，并将这些外部变化的物理量转换成可供测量的电信号，因此在各种传感器中得到广泛的应用。对温度敏感的半导体氧化物有 NiO、FeO、CoO、MnO、CaO、$BaTiO_3$、ZrO_2等。对湿度敏感的半导体化合物有 $LiCl$、P_2O_5、ZnO-Li_2O、$MgCr_2O_4$-TiO_2、Ti_2O-V_2O_5、TiO_2、$NiFe_2O_4$、ZnO、Fe_2O_3、$LiNbO_3$等。对红外线敏感的半导体化合物有 $LiNbO_3$、$LiTaO_3$、$SrTO_3$等。对于一些氧化物添加适当组分后会使其电阻受到环境气氛的影响，并因此可以用来制作相关防灾报警设备的关键材料，如 SnO_2、γ-Fe_2O_3、ZnO 等可以用来检测 CO、C_3H_8、H_2 等多种可燃气体以及还原性气体，TiO_2可以用来检测 O_2等。

集成电路芯片是微电子工业和计算设备的基础元件，其相关技术也成为现代信息社会发展的关键技术之一。单晶硅是制作集成电路所需的关键性基础材料之一，通过对单晶硅作掺杂处理和复杂的加工过程可以制成高密度排列、借助复杂逻辑关系连接在一起的单向导电的0-1存储小单元体群，即**集成电路**。从材料学观点观察，集成电路实际上是一种通过极为复杂的现代高效合成技术制备出来的高科技电子功能材料。现代技术已经可以在 1 cm^2的面积上制作出上十亿个 0-1 存储单元，极大地推动了微电子工业的发展。

21.6.3 超导材料

人类发现超导现象之后，一直不断寻求高超导临界温度的超导物质，即**高温超导**。1987 年人们发现了 $YBa_2Cu_3O_7$基陶瓷的超导临界温度高于 90 K，即高于液氮温度，使高温超导具备了明显的工程应用价值。超导材料及其所具备的完全抗磁特性可用于产生大于 5T 的磁感应强度，借此可制作高发电效率的超导发电机，也可制作成超导电缆或电线，用于极低损耗的超导变压器和超导输电线路。**超导材料**可用于高速磁悬浮列车技术，磁悬浮列车可在无摩擦阻力、低能耗、无噪声、无污染、无振动的状态下高速运行。超导强磁体所实现的磁封闭技术可把温度高达1~2亿度的等离子体用磁场包围起来，以实施可控核聚变热核反应，推动人类核聚变发电和新能源技术的发展。超导材料还可以在大型粒子加速器、医学核磁共振设备、定向聚能武器、潜艇电磁推进系统，以及测辐射热计、陀螺仪、磁悬浮支架、磁场计、重力仪、开关、信号处理器等方面获得应用。

21.6.4 光纤材料

利用全反射的特性可以使光在其内部以波的方式传输的纤维状介质材料称为**光导纤维**，简称为**光纤**。硅酸盐玻璃纤维就具备这种全反射特性。早期硅酸盐光纤的光损耗系数约为 200~1 000 dB/km，不能真正投入使用。1976 年人们制备出了光损耗系数降低到 1.6 dB/km 的高纯净石英玻璃纤维，并实现了光纤通信技术。目前性能良好的低损耗光纤的光损耗系数小于0.2 dB/km。

通过特定的化学气相沉积过程，可按照事先成分设计生成锗、氟掺杂的折射率可调的石英玻璃粒子，粒子沉积后成为预制棒。预制棒经 1 900~2 000 ℃加热熔化，在重力作用下直径约为 125 μm 的光纤丝进行连续漏流；经适当表面处理后将 60 μm 厚的聚合物同轴地包覆在光纤丝的外表面；最后需通过绞盘把制作完的光纤产品缠绕在设备底部的转轮上，制成纤维线轴。一根非常纯净的预制棒可以获得 250 km 长的光纤。通常石英玻璃很脆，但是细纤维态的光纤却很柔韧，直径越细，柔韧性就越好。

通信光纤是光纤最主要的应用领域。目前最广泛应用的光纤通信系统是基于波长为 1.3 μm的红外光束在单信号型光纤中传播的。1988 年铺设的世界上第一个跨大西洋的光通信系统就可以供 4 万个电话同时通话。光纤通信技术也推动了快速互联网的发展，如宽带网络或视频互动传输等。在医学上，把一个发光的小探头和细小的光纤制成内窥镜系统并插入病人的器官，就可以不必经过外科手术直接、准确、快速地观察和诊断疾病，如医院的胃镜检查设备。应用相应的技术也可以制成内窥系统在航天航空及机械制造等工业部门用于设备和仪器复杂内部部位的监视、检测和维修工作。用光纤和传统织物混合制成的布料可制作自行发光和变色的服装，用于舞台表演以及娱乐场所和家居生活的装饰等。

总 结

本章以工程用无机非金属材料为内容，简要介绍了广泛使用的水泥、普通陶瓷、玻璃、耐火材料等传统无机非金属材料的化学成分、组织结构特点、制备加工过程、性能特点、服役和应用的范围，以及承载、透光、耐热、耐蚀等及相关性能的原理。作为功能材料，本章还一般性地介绍了部分功能陶瓷的主要物理性质、化学成分和应用领域，同时扼要阐述了集成电路、超导、光纤等现代微电子及信息工业所需功能陶瓷材料的基本情况。

重 要 术 语

黏土(clay)
高岭土(kaolin)
长石(feldspar)
石英(quartz)
胶凝材料(binding material, cementing materials)
水泥(cement)
硅酸盐水泥(Portland cement)
煤矸石(gangue)
煅烧(calcination)
急凝(rapid setting)
钙矾石(ettringite)
熟料(clinker)
普通水泥(ordinary Portland cement)
矿渣水泥(slag cement)
火山灰水泥(pozzolana cement)
粉煤灰水泥(Portland fly-ash cement)
普通陶瓷(traditional ceramics)
瓷器材料(porcelain material)
炻瓷器材料(stoneware material)
陶器材料(crockery material, pottery material)
釉(glaze)
耐火材料(refractory materials)
成型(shaping forming, molding)
烧成(firing)
烧结(sintering)
不定型耐火材料(unshaped refractory)
熔铸耐火制品(fusion-cast refractory)
硅质耐火材料(siliceous refractory)
硅酸铝质耐火材料(aluminosilicate refractory)
半硅质耐火材料(semi-silica refractory)
黏土质耐火材料(fireclay refractory)
高铝质耐火材料(high alumina refractory)
刚玉质耐火材料(corundum refractory)
镁质耐火材料(magnesite refractory)
尖晶石耐火材料(spinel refractory)
锆英石砖(zirconite brick)
酸性耐火材料(acid refractory)
隔热材料(thermal insulation material)
软化点(softening point)
玻璃转变温度(glass transition temperature)
透过率(transmissivity)
透光性(transparence)
着色剂(colorant)

配合料(batch,glass batch)
玻璃形成剂(glass forming agent)
助熔剂(flux)
稳定剂(stabilizer,stabilizing agent)
熔化(melting,melting process)
澄清(clarification,fining,refining)
气泡(glass bubble,bubble)
条纹(glass stripe,cord)
结石(stone defect,concretion)
特种陶瓷(special ceramic,advance ceramic)
金属陶瓷(cermets,metal ceramic)
燃烧合成(combustion synthesis)
自蔓燃高温合成(self-propagating high temperature synthesis)
反应烧结(reaction sintering,reaction synthesis)
液相烧结(liquid-phase sintering)
热致密化成型烧结(forming sintering with hot densification)
热等静压烧结(hot isostatic pressing sintering)
微波烧结(microwave sintering)
等离子体烧结(plasma sintering)
硬质合金(hard alloy)
赛隆(sialon)
透明氧化物陶瓷(transparent oxide ceramics)
铁电陶瓷(ferroelectric ceramics)
压电陶瓷(piezoelectric ceramics)
磁性陶瓷(magnetic ceramics)
铁氧体(ferrite)
生物陶瓷(bioceramics)
半导体陶瓷(semiconducting ceramics)
集成电路(integrate circuit)
高温超导体(high temperature superconductor)
光导纤维(optical fiber)
光纤(optical fiber)

练习与思考

21-1 阐述无机非金属材料的主要加工和制备过程。
21-2 怎样保证耐火材料能够在高温和承受载荷的条件下服役?
21-3 简述特种陶瓷与普通陶瓷的各种差异，以及这些差异可能带来的影响。
21-4 集成电路是材料还是电路？为什么？
21-5 思考：怎样提高普通陶瓷材料的性能？
21-6 思考：水泥工业与环境保护有怎样的联系？应该怎样更好地发展水泥工业？
21-7 思考：同样是无机非金属材料，为什么有些透光而有些不透光？
21-8 思考：试阐述现代微电子信息工业的材料基础。

参 考 文 献

[1] 殷维君．水泥工艺学．武汉：武汉理工大学出版社，1991.

[2] 黄励知．普通陶瓷．广州：华南理工大学出版社，1992.

[3] 徐维忠．耐火材料．北京：冶金工业出版社，1992.

[4] 王维邦．耐火材料工艺学．2 版．北京：冶金工业出版社，1994.

[5] 作花济夫．玻璃非晶态科学．蒋幼梅，译．北京：中国建筑工业出版社，1986.

[6] TOOLEY F V. 玻璃制造手册(上、下册)．刘时衡，译．北京：中国建筑工业出版社，1983.

[7] 王零森．特种陶瓷．长沙：中南工业大学出版社，1990.

[8] 李世普．特种陶瓷工艺学．武汉：武汉理工大学出版社，1990.

[9] SCHROEDER H，IFF-Bullein. Forschungszentrum Jülich GmbH. KFA，Germany，1996.

[10] 毛卫民，张弘．大规模集成电路导电薄膜的织构效应．北京科技大学学报，2000，22(6)：539-542.

[11] 金建勋，郑陆海．高温超导材料与技术的发展及应用．电子科技大学学报，2006，35(4)：612-627.

[12] 冯瑞华，姜山．超导材料的发展与研究现状．低温与超导，2007，35(6)：520-522，526.

[13] 田莳．材料的物理性能．北京：北京航空航天大学出版社，2001.

22 高分子材料学基础

人类有非常悠久的加工和使用棉、麻、丝、木材、动物角、皮革、毛以及天然橡胶等天然高分子材料的历史。20世纪初期，人们开始尝试人为合成高分子材料。20世纪30年代高分子材料学有了初步完整的理论，高分子材料及相关的产业得到了迅速的发展。近几十年来随着高分子材料学的不断完善与发展，相关的生产和应用也迅猛增长，成为了与金属材料、无机非金属材料并列的一大类工程材料。高分子材料以石油和天然气为主要原料来源，同时煤和可再生的生物资源也可以成为主要的原料来源，因此高分子材料具有较丰富的原料来源。目前，高分子材料的世界总产量按体积计算已经超过金属材料产量的总和。人们正在努力提高高分子材料的性能，使之向耐高温、耐磨损、耐老化的方向发展。同时人们也在不断探索和开发各种功能高分子材料。

22.1 高分子材料结构的基本特点

22.1.1 高分子材料的基本特征

有机化合物或简称为**有机物**是指碳化合物及其衍生物的总称。包括所有无环状结构的烃及其衍生物，如乙烷、乙烯、乙炔、乙醇(CH_3CH_2OH)、乙酸乙酯($CH_3COOC_2H_5$)等的有机化合物类型，称为**脂肪族化合物**，或称为**开链化合物**。这类化合物按照其结构的性质，可划分成含单键的**饱和化合物**及带双键或三键的**不饱和化合物**。该类化合物的分子中碳原子相连成链，而不成环。包括所有具有碳环结构的烃及其衍生物，如苯、萘、菲、蒽、苯酚(C_6H_5OH)、苯甲酸(C_6H_5-COOH)等的另一类有机化合物，称为**芳香族化合物**。苯是最简单的芳香族化合物，其结构很稳定，不易发生反应。苯环上的氢原子容易与氟、氯、溴、碘等卤族元素以及硝酸和硫酸等发生反应，进而生成卤化物、硝基($-NO_2$)化物、磺基($-SO_3H$)化物等。在有机化合物中**高分子化合物**是指分子量很大的化合物，其分子量通常在数千以上，甚至可以趋近于无穷大。例如甲烷的分子量为16，苯的分子量为78，而属于高分子化合物的聚氯乙烯的分子量约在 12 000 至 160 000 的范围，通常把分子量大于五千或一万的化合物称为高分子化合物。一些高分子化合物的化学组成和结构十分复杂，但大多数高分子化合物虽然分子量很高，其化学组成并不复杂。它的每个分子都是由一种或几种较简单的**低分子**，即由低分子量分子重复连接而成。构成高分子化合物的简单低分子化合物称为**单体**。如聚氯乙烯大分子是由氯乙烯单体($CH_2=CHCl$)重复连接而成为…$-CH_2-CHCl-CH_2-CHCl-CH_2-CHCl-$…,其中($-CH_2-CHCl-$)称为聚氯乙烯的**链节**，这种类型的高分子化合物又称为**聚合物**。单体是合成高分子化合物的原料，通常要经过**聚合反应**，把单体聚合起来生成聚合物或**高聚物**。以聚合物为基本组分的材料称为**高分子材料**或**聚合物材料**。部分高分子材料仅由聚合物构成，但大多数高分子材料除了以聚合物为基本组分外，还需要有各种添加剂，如增塑剂、稳定剂、填充剂、着色剂、阻燃剂、润滑剂等。多数高分子材料由脂肪族和芳香族的有机高分子化合物构成，也称为**有机材料**。一些不溶于水的非晶态高分子有机物质被称为**树脂**。

根据聚合物的热行为可将其划分成热塑性聚合物和热固性聚合物。**热塑性聚合物**通常具有线型分子结构，加热后可以转变成熔融状态，冷却后又可凝固成型，这种过程可以反复进行且基本结构和性能不发生改变。对这类聚合物可以作热塑性加工成型，如聚乙烯、聚丙烯等。**热固性聚合物**往往具有三维网络结构，在成型加工之前这类聚合物具有分子量较小的线型分子结构，加热成型后会转变成不溶化、不溶解的网络结构，不能再作成型加工，如聚酯树脂、酚醛树脂等。

高分子材料密度很低，约为 $1.0\sim2.0\ g/cm^3$，只有钢的 1/6，普通陶瓷的 1/2，因此其比强度较高。聚合物的弹性模量低，约为 $2\sim20\ MN/m^2$，而弹性变形大，可达到100%~1 000%。聚合物的摩擦系数很低，是耐磨、自润滑、消音、减振的良好材料。聚合物的化学键基本为共价键，不能电离也没有自由电子和可移动的离子，因而是良好的绝缘体，其绝缘性能与陶瓷相当。聚合物对热和声也有良好的绝缘性能。聚合物的电绝缘性使其不容易发生电化学过程，因此有较好的耐电化学腐蚀性能。同时其耐化学腐蚀性能也比较好，尤其是一些特殊的聚合物，如聚四氟乙烯，不仅耐强酸、强碱腐蚀，而且在王水中也很稳定。高分子材料易加工成型，性能变化范围大，另外加工成型的能耗也比较低，如生产单位体积聚苯乙烯的能耗只是钢的 1/10，铝的 1/20。

一般物质有气、液、固三种状态。在很高的温度下高分子化合物的大分子链上原子间的共价键会被破坏，具体表现为聚合物的燃烧或烧焦，因此高分子化合物不能形成气态。使高分子化合物发生燃烧或烧焦的温度称为**降解温度**，它是高分子化合物存在的上限温度，从而限制了高分子材料可使用的温度。高分子材料的强度一般比较低，高性能工程塑料的抗拉强度也可以达到 100 MPa 以上。与其他材料相比，蠕变变形是高分子材料的一个弱点，在外力和温度的作用下其蠕变行为比较明显。热塑性塑料的冲击韧性约为 $2\sim20\ kJ/m^2$，热固性塑料的冲击韧性约为 $0.5\sim5\ kJ/m^2$，明显低于钢铁材料的冲击韧性。聚合物的力学及化学性能会随温度的上升而明显下降，因而其耐热性能较差，通常聚合物最高的使用温度也不能超过 300 ℃。老化现象是聚合物的另一个明显缺点，在长期的放置或使用过程中聚合物性能不断恶化，并逐渐丧失使用价值。老化通常表现为在外界因素作用下变脆、龟裂、变软、发黏、褪色、失去光泽等不可逆的现象，并伴随着性能恶化。老化是高分子材料的一个主要缺点，并成为推广使用的一个很大的障碍。

22.1.2 化学主链和近程结构

图 22-1 为聚合物的结构及其层次的示意图。高分子结构可分为链结构与聚集态结构两个组成部分。其中，链结构是指单个分子的结构和形态，又分为**近程结构**和**远程结构**。近程结构属于化学结构，又称一次结构或**一级结构**，包括结构单元的化学组成、结构单元的连接方式和连接序列、结构单元的立体构型与空间排列、高分子的支化与交联。远程结构又称二次结构或**二级结构**，包括分子的大小与形态、链的柔顺性及分子在各种环境中所采取的构象。聚集态结构是指高分子材料整体的内部结构，包括晶态结构、非晶态结构、取向态结构、液晶态结构以及织态结构——前四者描述高分子聚集态中的分子之间是如何堆砌的，又称三次结构或**三级结构**。

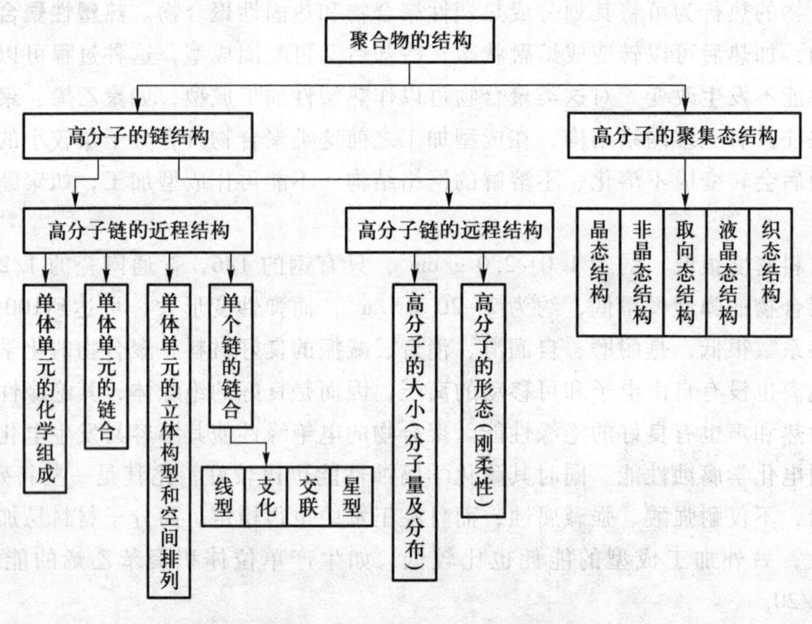

图 22-1 聚合物的结构分类简图

以下先介绍聚合物链结构的近程结构。

高分子的大分子链可以用分子通式表示，如聚氯乙烯的通式可表示成$(-CH_2-CHCl-)_n$。由通式可以获知高分子的化学成分。由高分子的单体或**结构单元**可以连接出分子量很高的大分子，当单体中有不对称原子或原子团 R 时就会有多种可能的连接方式。图 22-2 以乙烯类聚合物为例给出在单体相同的情况下的不同的连接方式。其中第一种以单体首尾连接的方式最为规则、整齐，相应的高分子材料的强度也会比较高。

一些大分子结构会由两种或多种不同成分与结构的单体或结构单元连接而成，组成**共聚物**。相应的连接方式也会更加复杂化。假设有 A、B 两种不同的单体，则会根据高分子具体的成分和结构有各种不同的连接方式，如交替型序列…ABABABABABABABAB…、嵌段型序列…AAAABBBBAAAABBBB…、无规型序列…BAABABBAABAAABAB…等。另外，还可能会有接枝型序列，如其主链全部由 A 单体连接而成，而 B 单体独自连接成链，并以分枝的形式以一定链长和间隔连接到 A 单体主链上。通常高分子会自发地选取体系能量最低的方式连接。实际常见的高分子材料中很多均具有无规型共聚结构。多种单体以不同方式进行连接会改变其键合性质，因而改变其工程性能。

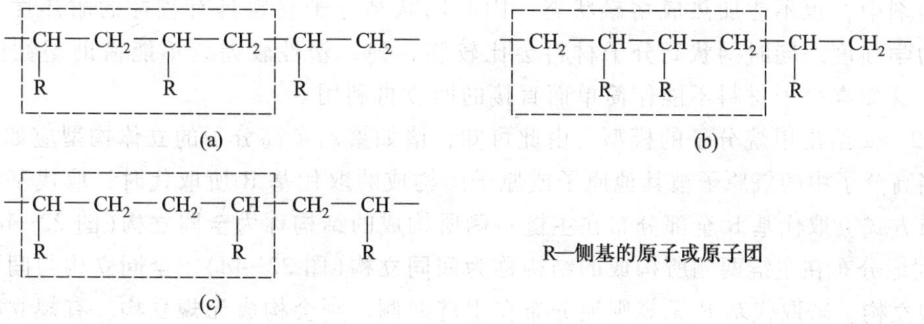

$$-CH(R)-CH_2-CH(R)-CH_2-CH(R)-CH_2-$$

(a)

$$-CH_2-CH(R)-CH(R)-CH_2-CH(R)-CH_2-$$

(b)

$$-CH(R)-CH_2-CH_2-CH(R)-CH_2-CH(R)-$$

(c)

R—侧基的原子或原子团

图 22-2　单体相同的乙烯类聚合物的不同连接方式

高分子化合物由单体连接成的**主链**可以有不同的几何形状，由此可以将其划分成线型、支链型、网状三种基本类型。**线型高分子**的结构表现为整个分子呈现细长线条的形状。通常线条表现为无规则曲弯的形状(图 22-3a)，在拉应力作用下线型分子也会沿力的方向伸展成直线。线型高分子的分子链之间有范德瓦耳斯键，即分子间因正负电荷中心不重叠而造成的相互弱静电吸引属物理键，也会有分子链间机械联锁所造成的作用力，但没有诸如共价键、离子键等化学键合。分子链间能做相对移动，因而可溶解于某些特定的溶剂中，且在加热时软化并熔化。这类高分子材料易于加工成型，可反复回收使用，且有良好的弹性和塑性。如果在大分子的主链上连接出一些长短不一的小支链结构(图 22-3b)，使整个大分子成枝状，则会构成**支链型高分子**(图 22-3c)，或称**支化**大分子。支链型高分子也可以溶解于某些溶剂中，并可以加热成熔融状态。但枝状结构使大分子不易整齐排列成较完

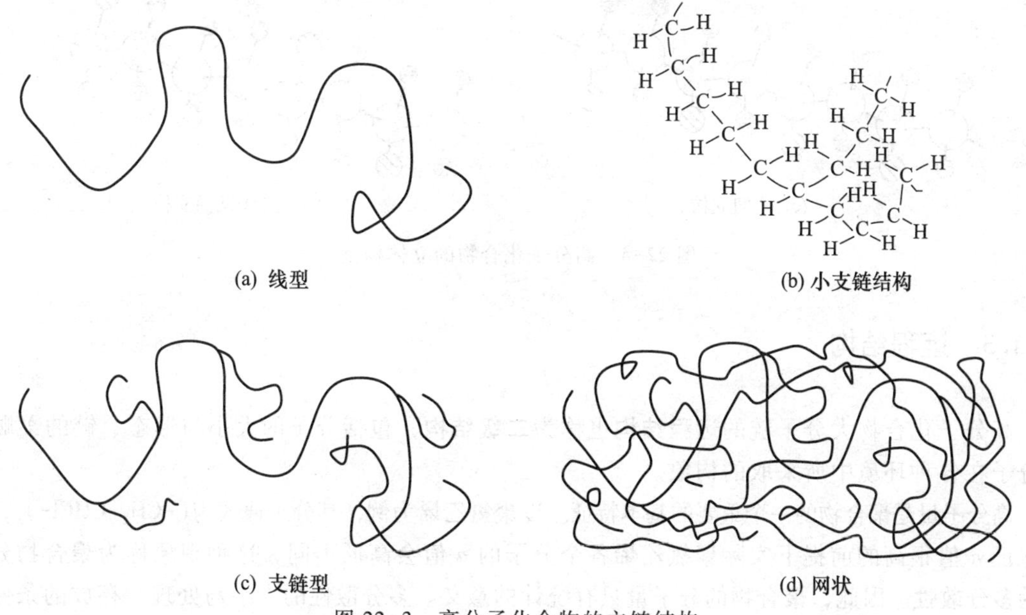

图 22-3　高分子化合物的主链结构

整的晶体，也会使其密度下降。支链型高分子之间的范德瓦耳斯键力较弱，所以相应溶液的黏度、强度及耐热性均比较低。**网状高分子**的结构是大分子链之间通过支链或化学键**交联**成三维不规则的网状大分子结构(图 22-3d)。网状的化学键连接使结构十分稳定，不能溶解于溶剂中，也不能加热成熔融状态，因此网状高分子材料具有较好的耐热性、尺寸稳定性和力学强度。同时网状高分子材料会比较脆，弹、塑性较差，不能借助塑性变形作成型加工。这类高分子材料不能作简单而直接的回收再利用。

图 22-4a 给出甲烷分子的模型。由此可知，诸如聚乙烯高分子的**立体构型**应如图 22-4b 所示。当高分子中的氢原子被其他原子或原子团构成的取代基 R 所取代时，取代基会出现不同的排布方式。取代基 R 全部分布在主链一侧所构成的结构称为**全同立构**(图 22-4c)，取代基 R 相间地分布在主链两侧所构成的结构称为**间同立构**(图 22-4d)。全同立构与间同立构均属于**有规立构**。若取代基 R 无规则地分布在主链两侧，则会构成**无规立构**。有规立构的高分子化合物容易结晶，强度和软化点都比较高，是良好的高分子材料的原料。无规立构的高分子化合物不容易结晶，其性能往往低于有规立构的结构。例如图 22-4c 中取代基 R 被甲基 CH_3 所取代后可生成聚丙烯。全同立构聚丙烯的熔点为 165 ℃，密度为 0.92 g/cm^3；而无规立构聚丙烯的熔点只有约 80 ℃，密度为 0.85 g/cm^3。由此可见，高分子化合物的立体构型会明显地影响其一系列物理、化学及力学性质。

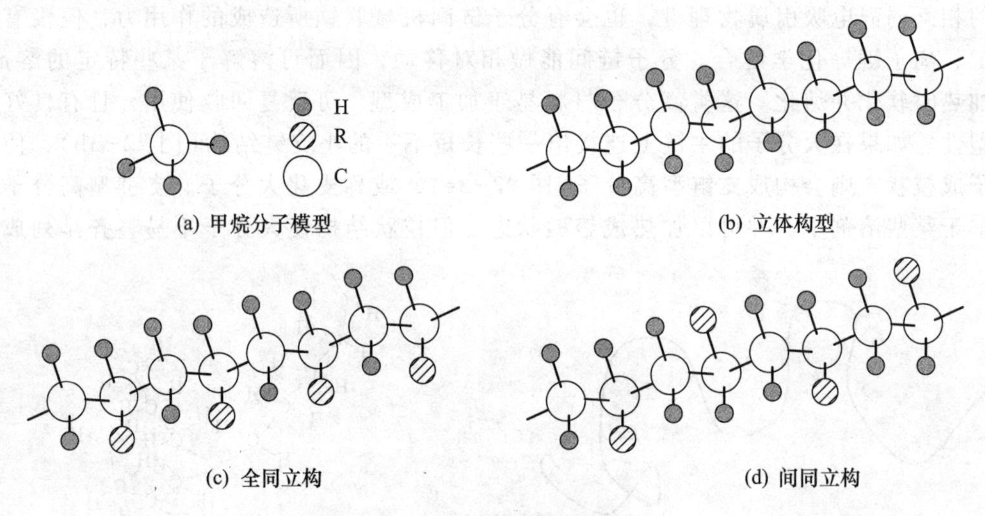

图 22-4 高分子化合物的立体构型

22.1.3 远程结构

高分子化合物大分子链的**远程结构**也称为**二级结构**，包括分子的大小与形态、链的柔顺性及分子在各种环境中所采取的构象。

高分子量是聚合物的一个重要的基本特征。以聚氯乙烯为例，其分子通式为$(-CH_2-CHCl-)_n$，但在保证 n 值很高的前提下实际聚氯乙烯各个分子的 n 值会高低不同，这种现象称为聚合物分子量的**多分散性**。因此，聚合物的分子量只有统计的意义。多分散性的大小与处理、存放的条件有关，但主要取决于聚合物的聚合加工过程。同时多分散性对高分子材料的性能有规律性的影响。

高分子化合物主链结构以C-C单键连接为主时，C-C单键以共价键连接，因此均有一定的键长和键角。图22-5a给出了甲烷分子中两个共价键之间的夹角，即键角为109.5°。图22-5b展示了聚乙烯一个链节的结构，其C-C单键也有相应的键长和键角 α。聚乙烯大分子的立体结构应如图22-5c所示，可以看出每个C-C单键均会保持其特定的键角。然而在保证键长、键角不变的前提下大分子链的结构并不是一成不变的，例如在图22-5c所示的结构中，分析其中主链的结构就会发现C-C单键在图22-5d所示的范围内旋转时，其键长和键角均可保持不变，这种旋转称为单键的**内旋转**。对于C-N、C-O、Si-O等其他各种不同的单键也会有类似的内旋转出现。内旋转起因于大分子内的热运动，因此是物理结构现象，如乙烷在27 ℃时内旋转的频率可达 $10^{11}\sim10^{12}/s$。内旋转所导致的大分子空间排列的各种形态称为**构象**。若不考虑取代基对内旋转的阻碍作用，则内旋转可在图22-5d示意的范围内自由进行。在自由状态下大分子链会有非常多的空间构象，各种构象可以使其伸长或收缩卷曲，但大分子链通常呈无规则的线团状。在外力作用下大分子链可以伸长，并同时使构象数减少，去掉外力，大分子链则又可以恢复到卷曲状态。大分子链的这种伸长、卷曲的特性称为**柔顺性**，柔顺性是造成高分子化合物高弹性的根本原因。柔顺性的高低与单键内旋转的难易程度有关。实际上大分子主链上单键之间的内旋转会彼此牵制而不能自由实行，所以大分子链不能以单键的形式孤立运动，而是以一些相连的链节组成的**链段**的协同运动来实现大分子的变化。图22-5e示意性地给出了链段的协同运动方式。

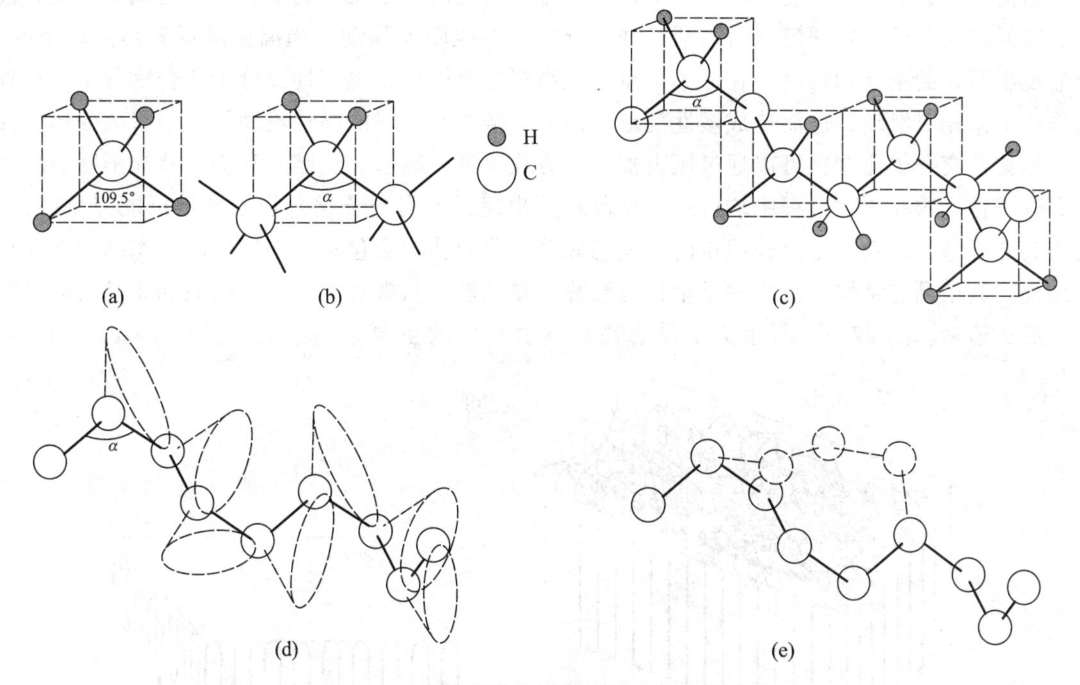

图22-5　高分子化合物的自旋转及链段运动

主链的结构会对柔顺性产生重要影响，如主链中C-O键的柔顺性优于C-C键而劣于Si-O键，因此高弹性橡胶中会有Si-O键。大分子主链上总带有其他原子或原子团并产生近程相互作用，这会使内旋转受到阻碍，进而不同程度地影响其柔顺性。如聚氯丁二烯分子主链$-CH_2-C=CH-CH_2-$中因含有孤立双键而不能内旋转，但与单键相比双键两侧的两个碳原子各少了一个侧基或氢原子，使主链上侧基或原子间距离变大，附近单键内旋转阻力减小而柔顺性增高，因此聚氯丁二烯可用作橡胶。聚氯乙烯中侧基或原子间相应的距离则比较小，降低了柔顺性，所以聚氯乙烯适合作工程塑料。如果主链中含有芳环，则会大大阻碍内旋转并明显降低柔顺性，使大分子在较高温度下仍能保持好的刚性，因而可制作成耐热的工程塑料。

22.2 高分子材料的聚集态组织

大分子的**聚合态结构**也称为**三级结构**，是指主要在物理键力的作用下大分子相互聚集所形成的组织结构。

22.2.1 结晶度

当低于降解温度时，线型热塑性高分子化合物呈黏度很低的液态，分子链可以在没有外力作用的情况下运动，其强度和弹性模量几乎为零，这类高分子化合物适合于铸造成型。随着温度的降低，大分子间物理键合力逐渐变强，分子链不能随便移动。当温度降低到熔点以下时，会显现出明显的刚性和强度。在低于熔点的较高温度范围内，热塑性高分子化合物分子会在外力作用下做相对滑动，进而造成塑性变形，即分子链之间相对的黏性流动导致了永久变形。因此，热塑性高分子化合物可以通过压力加工的方式成型。线型、支链型和交联特征不明显的网状高分子化合物在固化过程中均可能有结晶现象出现，但高分子化合物通常不可能完全结晶，因为大分子链的运动还是比较困难的。固态高分子化合物中会包括一定比例的晶态结构和非晶态结构，其中晶态结构所占据的重量百分数称为**结晶度**。从微观上看，其晶区和非晶区的界限并不那么清晰。图 22-6a 所示为半晶态高聚物材料中的主要结构组成，其中 AC(amorphous

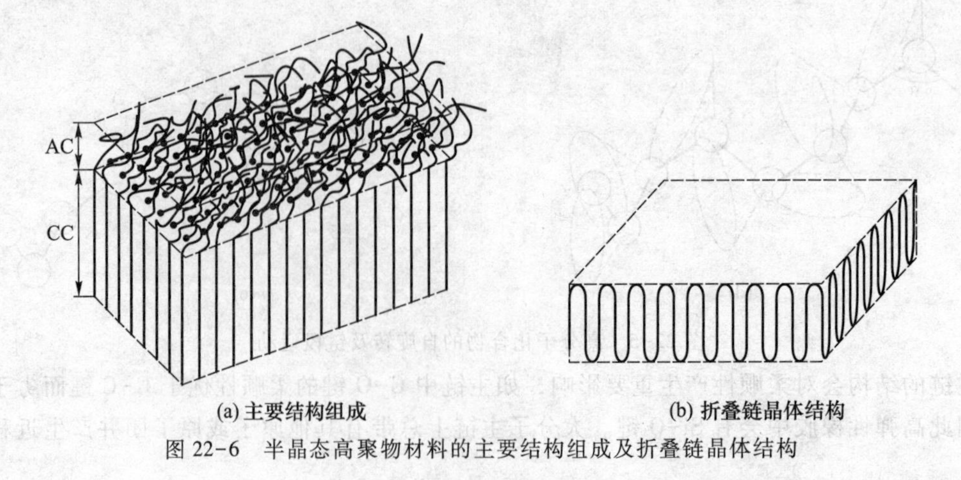

(a) 主要结构组成　　(b) 折叠链晶体结构

图 22-6 半晶态高聚物材料的主要结构组成及折叠链晶体结构

component)和 CC(crystalline component)分别代表半晶态聚合物材料中的非晶部分和晶体部分。

大体上可以把高分子化合物的大分子结构归结成三种形态，即分子链短程有序的非晶态结构(图 22-6a 中 AC 部)、分子链折叠排列的**折叠链晶体**结构(图 22-6b)以及分子链伸直平行排列的**伸直链晶体**结构(图 22-6a 中 CC 部)。任何一种实用高分子材料都是由这三种基本结构以不同形式和比例组合而成的。伸直链晶体的长度可达到几百至几千纳米。在伸直链晶片中，分子链不可能 100%完全伸直，也有部分折叠链存在。伸直链晶体一般是在高温高压的特殊条件下结晶而成的，是热力学上最稳定的形态，其晶片的厚度不随一般的热处理而改变，熔点也高于其他结晶形态的熔点。

图 22-7 和图 22-8 分别是用来制作电缆绝缘材料的聚乙烯和用于制作涤纶纤维的聚对苯二甲酸乙二酯两种高分子聚合物晶态分子链排列方式及晶胞结构示意图。可以看出，晶态结构中原子间的距离沿大分子链方向与垂直于大分子链方向不相同，因此高分子化合物不能结晶出立方晶系的晶体。非晶态结构中没有长程有序结构，却存在有序度很高的短程有序结构。交联特征明显的网状高分子不会生成长程有序的晶态结构，只能处于非晶态。

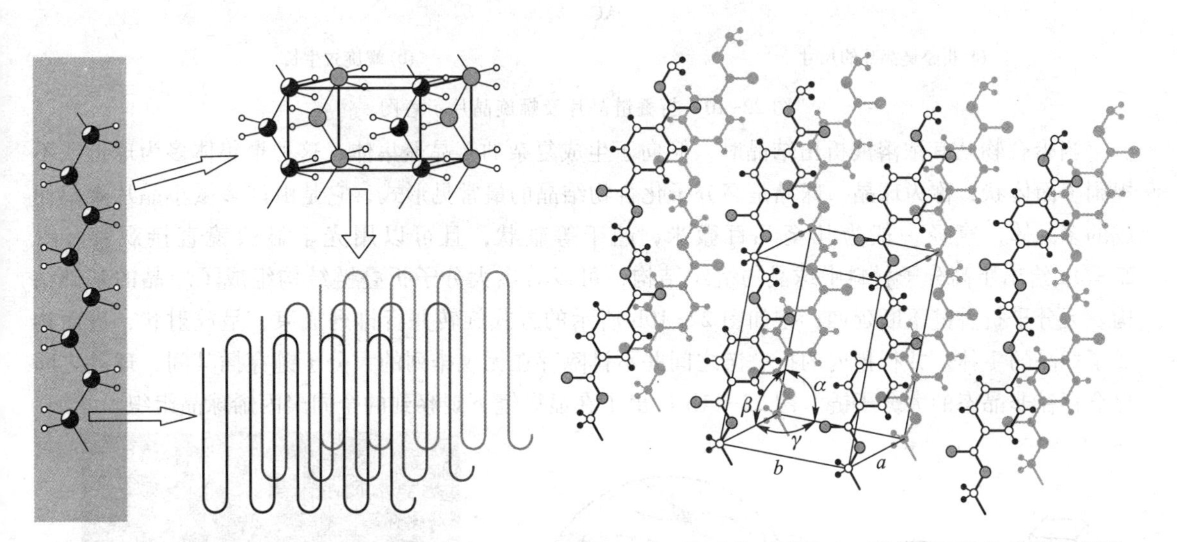

图 22-7　聚乙烯晶体部分的结构及晶胞示意图　　图 22-8　聚对苯二甲酸乙二酯晶胞及晶格参数示意图

22.2.2　微观组织

多数高分子材料以多晶的形式存在，其晶态组织会表现成折叠链晶片、伸直链晶片、球晶、纤维状晶(图 22-9a)等。在聚合物材料实际加工成型条件下，外应力场远不足以使所有分子链伸直，常常得到由折叠链晶片包围伸直链结构复合构成的**串晶**(图 22-9b)。

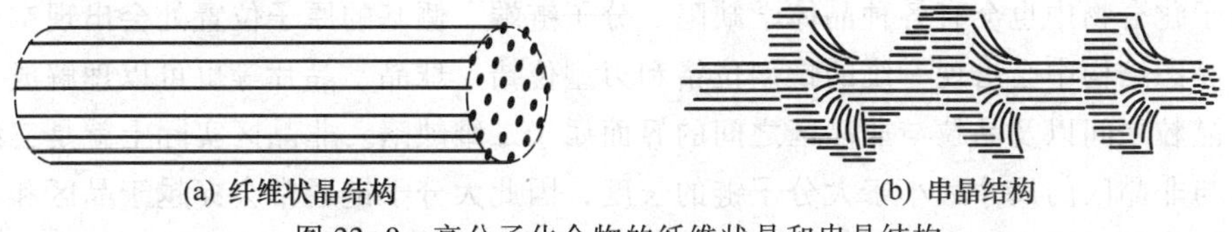

(a) 纤维状晶结构　　(b) 串晶结构

图 22-9　高分子化合物的纤维状晶和串晶结构

折叠链晶片是聚合物材料晶体部分中最常见的链排列形态。它既可以从溶液中结晶形成，也可以从过冷熔融态中结晶析出，周围被非晶包围。大多数折叠链晶片具有很大的长厚比，从溶液中析出的晶片厚度大约为 5~25 nm，长约 1~50 μm，宽约 0.1~1 μm，如图 22-10a 所示。折叠链在形成晶片过程中其晶片法线会垂直于晶片延伸方向旋转，使晶片呈螺旋式生长，如图 22-10b 所示。大多数晶态聚合物的折叠链晶片都是沿长轴方向以螺旋前进的方式生长。

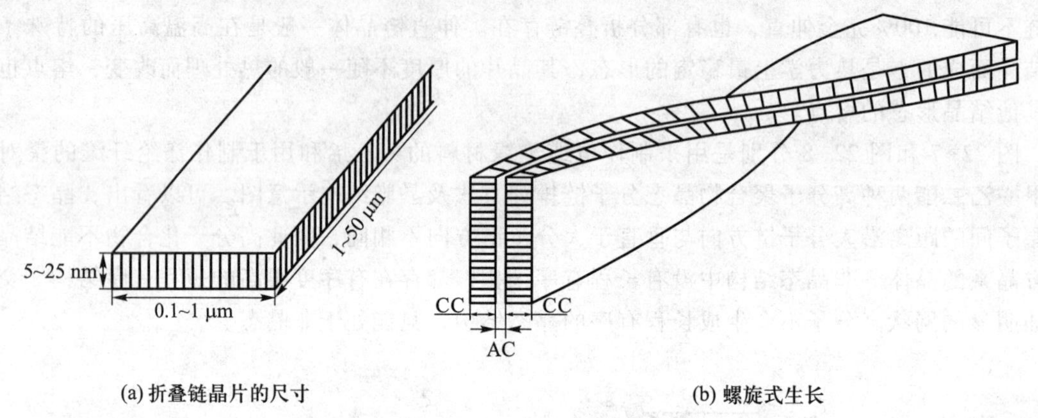

(a) 折叠链晶片的尺寸　　(b) 螺旋式生长

图 22-10　折叠链晶片及螺旋晶片示意图

当聚合物从其浓溶液析出结晶时，倾向于生成复杂的多晶聚集体，这种聚集体多为球形或不规则多面体状，称为**球晶**。球晶是高分子化合物结晶的最常见形式，它是由许多微小晶片聚集而成的多晶体，直径一般为几至几百微米，趋于等轴状，且可以用光学显微镜直接观察。图 22-11a 给出了高分子材料中球晶的组织结构，可以看出大分子折叠链结构组成了球晶的基础结构。大分子折叠链不断延伸，按如图 22-10b 所示的方式旋转并行排列成束，呈放射状，进而构成了球晶的主体。并行排列的折叠链之间并不排除存在无规排列的大分子链穿插其间，球晶之间也会存在非晶态的大分子链。图 22-11b 给出了在显微镜下观察到的全同聚丙烯球晶组织。

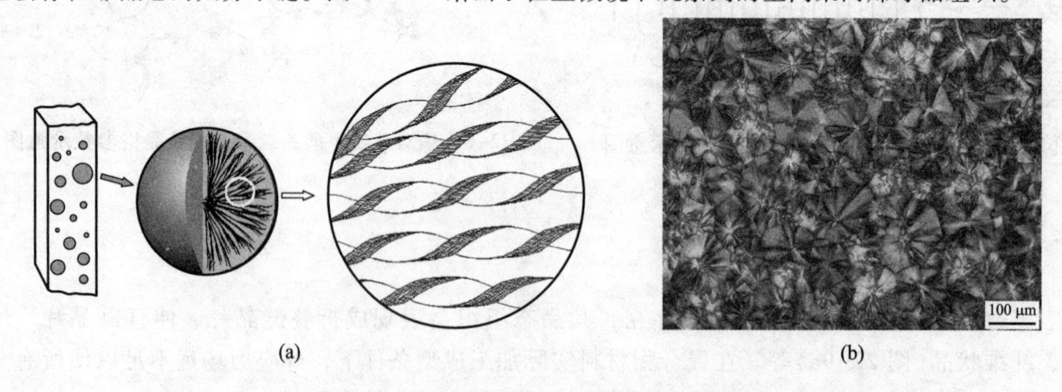

(a)　　(b)

图 22-11　全同聚丙烯球晶结构及显微组织

高分子化合物中也会有各种晶体学缺陷。分子链端、侧基的原子位置处会出现空位而造成点缺陷。晶态结构中会出现一维的螺型位错和刃型位错。球晶、晶片等也可以理解成是多晶体的晶粒，晶粒之间以及晶粒与非晶区之间的界面属于二维缺陷。非晶区实际上就是三维晶体缺陷。晶区与非晶区的尺寸远小于大分子链的长度，因此大分子链通常会穿越于晶区和非晶区之间，并将各区紧密地连接在一起，从而可以保证高分子材料的一定强度。

高分子化合物的分子链、链段、晶粒等会在外力作用下发生某种规则性排列的现象。如在单轴拉应力下分子链或晶粒会沿拉力方向伸长排列；在双向拉应力作用下会沿两拉应力所决定的平面排列，双向的拉应力相等时分子链或晶粒在该平面内的排列方向是无规的。高分子化合物的这种顺应应力排列的结构称为**取向态结构**，在晶区和非晶区均会发生这种顺应应力排列的结构，大分子链及晶粒被视为**取向单元**。高分子化合物的这一结构特征对一些聚合物材料的制备有重要意义。

22.2.3　非晶转变温度

高分子化合物液体在冷却过程中除了会遇到熔点 T_m 外，也会遇到非晶转变温度 T_g，冷却速度和结晶温度会对结晶度产生重要影响。链结构简单、对称性高的大分子结晶能力强，支链结构和网状结构都会大大降低结晶度。过冷度、杂质元素、应力等因素对高分子化合物结晶过程和结晶组织也有与无机材料相似的影响。表 22-1 给出了一些高分子化合物的 T_g 温度及相应结构的链节。

表 22-1　一些高分子化合物的 T_g 温度及其结构链节(链节中六边形表示苯环)

高分子化合物	T_g/℃	大分子结构的链节	高分子化合物	T_g/℃	大分子结构的链节
硅橡胶	-123	$—Si(CH_2)(CH_2)—O—$	聚醋酸乙烯酯	29	$CH_2—CH(—O—C(=O)—CH_2)—$
聚丁二烯	-85	$—CH_2—CH{=}CH—CH_2—$	聚氯乙烯	81	$—CH_2—CH(Cl)—$
聚甲醛	-50	$—CH_2—O—$	聚甲基丙烯酸甲酯	105	$—CH_2—C(CH_3)(COOCH_3)—$
聚丙烯	-15	$—CH_2—CH(CH_3)—$			
聚丙烯酸甲酯	5	$—CH_2—CH(COOCH_3)—$	聚碳酸酯	150	$—O—C_6H_4—C(CH_3)_2—C_6H_4—C(=O)—O$

22.3　高分子材料的性能特征

22.3.1　力学性能

明显的蠕变、内耗和应力松弛行为是高分子化合物力学行为的重要特点，即力学性能也是时间的函数。在恒定外力作用下高分子化合物则需用一定时间达到其弹性应变峰，在应力消除之后也需要一定时间使弹性变形完全消失，这称为**滞弹性**。滞弹性与高分子化合物的结构状态有密切的关系。因受周围环境的阻碍作用，大分子的链段通常不能在外力作用下即时运动以产生应变，而需要借助较复杂的热激活过程逐步调整构象以适应外力。阻碍链段运动的因素越多，则滞弹性越显著。

非晶态高分子化合物的力学行为会受到温度的明显影响。图 22-12 给出了非晶态聚合物在恒应力条件下的热-力学曲线。低于非晶转变温度区的高分子处于**非晶态**，大分子链上各结构单元的热运动很弱，因而表现出低弹性应变 ε 和高弹性模量 E(约为 1 000~10 000 MPa)，并伴有滞弹性。温度越过一个非晶转变过渡区而高于非晶转变温度 T_g时(图 22-12)，则大分子结构的热运动加强而弹性模量大幅度降到 0.1~1.0 MPa 的水平，同时弹性应变明显提高。因此在相应的温度范围内高分子化合物处于**高弹态**，且滞弹性十分突出。继续升高温度并越过一个黏弹转变过渡区会使非晶态聚合物转变成可黏滞流动的黏滞液体(图 22-12)，称为**黏流态**。开始转变成黏流态的温度称为**黏流温度** T_f(图 22-12)。温度高于 T_f时链段会剧烈运动，大分子链的重心也会发生相对移动，并造成不可逆变形。分子量大的高分子化合物，其 T_f温度会很高，且黏度更大。如图 22-12 所示，网状交联聚合物只会有高弹态而不会有黏流态，而分子量过小的线型聚合物则可能没有高弹态。由此可以想象，常规的高刚性**工程塑料**需要在其 T_g温度以下使用，而高弹性**橡胶**则需要在其 T_g温度以上使用(表 22-1)。

图 22-13 展示了非晶态聚合物在 T_g点以下或晶态聚合物在 T_m 点以下的恒温应力-应变拉伸曲线。从 O 点出发，随着应力的上升弹性应变成比例地提高至 A 点，即在 A 点试样获得最大纯弹性变形。应力继续上升则试样开始屈服至 B 点达到屈服强度。B 点以后使变形继续进行的应力降低，同时拉伸试样上出现颈缩现象，产生应变分布不均匀。在后续的稳定变形阶段中颈缩区不会被拉断，而是颈缩区逐步向两侧扩展直至整个拉伸试样。实际上，颈缩区的高分子结构因拉伸应力而产生取向态结构，使结构呈现特定的有规排列，进而在外力方向上得到强化，称为**取向强化**。取向强化使聚合物应力集中的地方不容易破坏，有利于提高材料使用的安

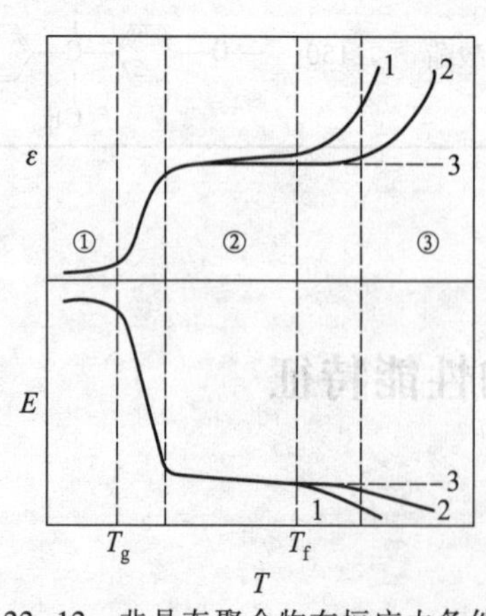

图 22-12 非晶态聚合物在恒应力条件下的热-力学曲线示意图

1—低分子量线型聚合物；2—高分子量线型聚合物；3—网状交联聚合物(①非晶态,②高弹态,③黏流态)

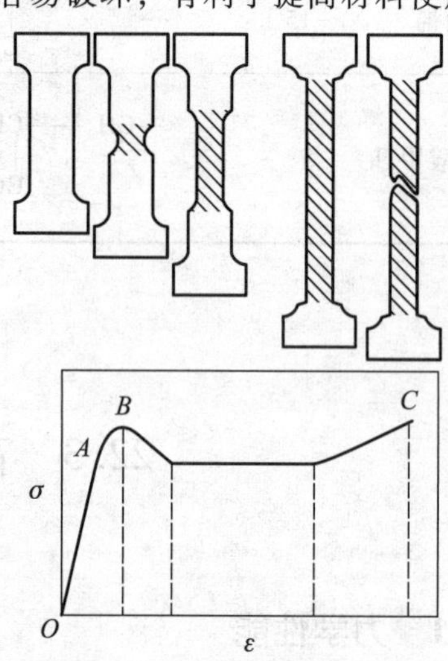

图 22-13 聚合物应力-应变拉伸曲线示意图

A—弹性极限；B—屈服强度；C—抗拉强度

全性。拉伸变形最终会达到材料的断裂点 C，并获得其抗拉强度和断裂伸长率。在较低的温度范围大分子的链段因热激活很弱而不易活动，但是外力的作用会促使链段发生运动，并导致高应变。但低温下链段不易活动，使得应力取消后相应的应变不能消失，这种应变本质上应属于弹性应变，称为**受迫高弹性**。当材料被加热到 T_g 或 T_m 点以上时受迫弹性即会消失。热激活会促进链段运动，有利于聚合物变形，因此温度降低会使屈服强度和抗拉强度明显提高，同时塑性降低。随温度下降屈服强度会以比抗拉强度更快的速度升高，当温度低于某一临界值时抗拉强度就会低于屈服强度，并因此使聚合物在屈服行为出现之前就发生脆性断裂。图 22-14 显示了聚甲基丙烯酸甲酯(PMMA)有机玻璃在不同温度下的拉伸应力-应变曲线。

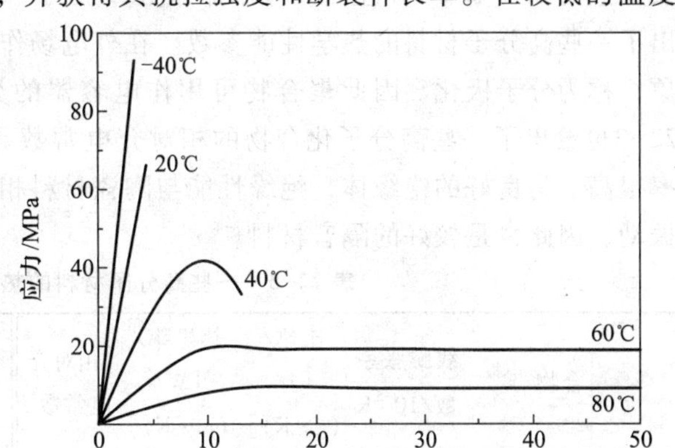

图 22-14 聚甲基丙烯酸甲酯(PMMA)在不同温度下的应力-应变曲线(拉伸速度 5 mm/min)

聚合物的强度来自于大分子链的化学键及分子链间的物理键。由此可以推断，高分子材料的理论强度应是实际强度的大约 100~1 000 倍。但是聚合物结构并不是完整均匀的，其中存在有各种类型的缺陷，这会导致经常性的应力集中现象，使局部化学键或物理键破坏，并最终扩展成宏观断裂，因此聚合物的实际强度明显低于理论强度。高分子材料的冲击韧性明显低于金属材料，通常只有 1 J/cm^2 左右，高强度的聚合物也只有 10~20 J/cm^2，冲击韧性低的主要原因是其强度太低。无机非金属材料的塑性极低，因此在非金属材料中，聚合物属于高韧性材料。一些聚合物材料的摩擦系数很低，最低可以小于 0.1，且有自润滑能力而降低磨损，因此可用作减摩、耐磨材料。表 22-2 列出了一些常见高分子化合物的力学性能指标。

表 22-2 常见高分子化合物的力学性能

高分子化合物	抗拉强度/MPa	断裂伸长率/%	拉伸模量/MPa	抗弯强度/MPa	弯曲模量/MPa
聚苯乙烯	34.5~61.0	1.2~2.5	2 740~3 460	60.0~97.4	
PMMA	48.8~76.5	2~10	3 140	89.8~117.5	
聚丙烯	33.0~41.4	200~700	1 180~1 380	41.4~55.2	1 180~1 570
聚氯乙烯	34.5~61.0	20~40	2 450~4 120	69.6~110.4	
聚甲醛	61.2~66.4	60~75	2 740	89.2~90.2	2 550
聚碳酸酯	65.7	60~100	2 160~2 360	96.2~104.2	1 960~2 940
聚苯醚	84.6~87.6	30~80	2 450~2 750	96.2~134.8	1 960~2 060
聚四氟乙烯	13.9~24.7	250~350	390	10.8~13.7	

22.3.2 常规物理性能

高分子化合物中通常没有自由电子活动，其导热主要靠原子或分子间的振动完成，所以其导热性较差，热导率一般在 0.1~0.3 W/m·K 的范围，低于无机材料，可以用作隔热材料。

其比热为1~3 J/g·K左右，线膨胀系数一般为(4~30)×10^{-5}/K，均比无机材料高。表22-3给出了一些高分子材料的热学性能参数。在外电场作用下高分子化合物的电荷分布会发生极化现象，称为分子极化。因此聚合物可用作电容器的介电材料，其相对介电常数约为2~10。表22-3也给出了一些高分子化合物的相对介电常数。高分子的共价键特征及非电离性使其电阻率很高，是良好的绝缘体，绝缘性能与陶瓷材料相当。大分子长链的卷曲结构使之难以随声波振动，因此也是较好的隔音材料。

表 22-3　一些高分子材料的热学性能参数和介电常数

聚合物	线膨胀系数/10^{-5}K	比热/[J/(g·K)]	热导率/[W/(m·K)]	相对介电常数 ε	聚合物	线膨胀系数/10^{-5}K	比热/[J/(g·K)]	热导率/[W/(m·K)]	相对介电常数 ε
聚甲基丙烯酸甲酯	4.5	1.39	0.19	3.8	聚甲醛	10	1.47	0.23	
聚苯乙烯	6~8	1.20	0.16	2.5	聚四氟乙烯	10	1.06	0.27	2.1
聚氨基甲酸酯	10~20	1.76	0.30		环氧树脂	6	1.05	0.17	
低密度聚乙烯	13~20	1.90	0.35	~2.3	氯丁橡胶	24	1.70	0.21	
高密度聚乙烯	11~13	2.31	0.44	~2.3	纯铝	2.55	1.047	237	
聚丙烯	6~10	1.93	0.24	2.3	纯铜	1.77	0.385	391	
氯磺化聚乙烯				8~10	氧化铝				8~10
酚醛树脂				6.0	二氧化钛				80~100

两种物体接触并摩擦后会因电荷转移而带静电。高分子化合物的高电阻率使之很容易积累大量静电荷，如聚丙烯腈纤维可摩擦产生1 500 V的高压。一般介电常数大的聚合物易带正电，而介电常数小的聚合物易带负电。将介电常数按由大到小的顺序进行排列有：聚氨酯、羊毛、蚕丝、皮肤、棉花、聚甲基丙烯酸甲酯、聚乙烯醇缩醛、聚丙烯腈、聚氯乙烯、聚乙烯、聚丙烯、聚四氟乙烯等。序列中任何两种物质相互摩擦均会使高介电常数物质带正电，而低介电常数物质带负电，介电常数差大则静电电荷量大。在聚合物中加入抗静电剂以提高其表面的导电性可以消除静电现象。

多数高分子化合物不吸收可见光谱。非晶态、无杂质和宏观缺陷的高分子化合物通常是透明的，如聚甲基丙烯酸甲酯(有机玻璃)、聚苯乙烯等对可见光的透过率可达92%以上，利用这一特性可以制作光学制品，如光学仪器镜片、透明构件等。高分子化合物的折射率较高，一般为1.5左右，利用全反射的原理可以使聚合物在光照下明亮异常，进而用来制造各种信号灯、车辆用灯、医学手术用光导管、交通标志等。

高分子化合物可以有多种能量状态很不相同的非晶结构。高分子化合物以较快速度冷却到T_g温度以下所生成的非晶态结构属于高能非晶态，或称为**准非晶态**。快速过冷使大分子链结构来不及调整到低能态，在长期存放过程中借助小范围的微布朗运动可使高分子化合物逐步向低能非晶态转变，称为**真非晶态**。这种转变过程不涉及比分子结构更微小的化学变化，因此称为**物理老化**。物理老化使高分子材料的体积变小、密度增加、弹性模量和抗拉强度上升、伸长率和冲击韧性下降，因而使材料变脆。物理老化通常是一个缓慢的过程，提高温度可以加快物理老化。物理老化是一个可逆过程，通过重新加热并冷却可以再次得到准非晶态的结构。

22.3.3 常规化学性能

高分子化合物中通常有大量的碳、氢元素，所以大多数可以燃烧，燃烧发热值高则燃烧速度高。如果高分子化合物的燃烧发热不足以使未燃部分维持燃烧，则燃烧会自动熄灭，燃烧发热值很低的高分子化合物则不会出现燃烧现象。表 22-4 列出了一些有机物质的燃烧速度及相应的燃烧发热值。在很多情况下聚合物的可燃性不利于实际使用的安全性，因此在一些高分子材料中会掺入一些阻燃剂，在燃烧过程中阻燃剂可以借助不同的原理制止燃烧的进行。例如借助释放结晶水而吸收燃烧所需的热量，在高温燃烧时形成泡沫等覆盖层以阻隔空气，燃烧时释放非燃气体以稀释燃气，高温时与高分子化合物优先发生化学反应甚至生成水以阻止燃烧进行，在高温状态明显促进其他阻燃剂高效发挥阻燃作用等。

表 22-4 一些高分子化合物的燃烧特征参数

高分子化合物	燃烧发热值 /(kJ/g)	燃烧速度 /(mm/min)	高分子化合物	燃烧发热值 /(kJ/g)	燃烧速度 /(mm/min)
聚丙烯	43.9	17.8~40.6	脲醛树脂	—	自熄灭
聚苯乙烯	40.1	12.7~63.5	酚醛树脂	13.4	—
聚乙烯	—	7.6~30.5	聚四氟乙烯	4.2	不燃烧
聚甲基丙烯酸甲酯	26.2	15.2~40.6	煤	23.0	—
聚氯乙烯	18~28	自熄灭	木材	14.6	—

高分子化合物电导率很低，因此难以发生电化学腐蚀。一般来说，其耐化学腐蚀的能力也比较好，尤其是一些特殊的聚合物，如聚四氟乙烯，可耐强酸、强碱及沸腾王水的腐蚀。但是外来应力有可能提高高分子化合物的化学活性，使之容易发生化学反应。静电载荷、冲击载荷、周期性载荷都可能使高分子化合物的某些局部应力超过临界值，进而造成化学键断裂并产生可参与化学反应的离子或活性粒子。在一些情况下应力并没有直接破坏化学键，但会使化学键进入活化状态，进而在同样温度、腐蚀介质下更容易与环境发生化学反应。

在空气环境中使用的高分子化合物内部通常会渗入一定量的氧气，如果大分子链上的化学键遭到破坏或处于激发状态，则其 C-H 键很容易与氧发生反应。以聚丙烯为例，其主链上的 C-H键比较活泼，很容易被激发后直接氧化成 C-O-O-H，这个氧化过程可以简写成 RH→ROOH。这种氧化过程会引发自动催化的链式反应，即过氧化物 ROOH 表现为 R·和·OOH状态，·表示活性激发态。R·会再吸收氧气形成 ROO·，并与主链上的 RH 继续反应生成 ROOH+R·。这种链式反应往复迅速进行，改变了大分子链的结构和性质并导致主链断裂，其反应式为 $4ROOH \rightarrow R\cdot + 3ROO\cdot + 2H_2O$，此反应可附带生成水。高分子化合物的这种氧化反应称为**化学老化**。聚合物常会接触到阳光，阳光中波长为 200~400 nm 的近紫外线光子能量与高分子化合物的键能处于同一数量级，因此近紫外线有可能直接破坏大分子链的化学键。在紫外线照射下遭受直接破坏的通常是键能最低的化学键。在紫外线或可见光的照射下有时并不直接导致化学键的破坏，但光子的能量可以使键合电子跃迁到较高的能级上，使化学键处于被激发的活化状态，并在存在氧的条件下发生氧化过程，这种过程就是**光氧化**。热与氧气的综合作用会加速高分子化合物的上述氧化过程，称为**热氧化**，因此提高温度会促进化学老化。在各种介质中介质原子会渗透进来，若能与高分子化合物基体发生化学反应，则亦会促进化学老化。

在化学老化过程中大分子链会不断发生断裂或裂解，使分子量持续下降而转变成小分子，直至化解成非聚合的单体，如聚四氟乙烯可蜕化成四氟乙烯单体。另外在化学老化中也会发生反向过程，即大分子链之间发生交联反应，从而生成网状结构。老化的高分子化合物在外观上通常表现出褪色、失去光泽、粉化，并会出现污渍、斑点、裂缝等缺陷，有时也会有溶胀、溶解、透水、透气现象发生，且耐寒、耐热性能降低，电阻率、电击穿强度下降，力学上则表现出强度、韧性降低。

22.3.4 自降解特性

高分子材料的广泛使用使相应的废弃物越来越多，这种有机垃圾会对环境造成严重的污染和危害，因此，自降解聚合物材料得到迅速发展。**自降解**是指聚合物在设定的时间内能够自动老化或降解成对环境没有或有很小污染的小分子甚至单体有机物质。目前主要的降解方式为**微生物降解**和**光降解**两种，**可降解**的高分子材料主要是一次性使用的塑料。

细菌或真菌等微生物的活性作用可以使一些水溶性高分子化合物分解从而实现微生物降解，如聚乙烯醇可借助微生物降解。这类高分子化合物熔点低而耐热性差，不能直接使用，但把它们与其他聚合物混合就可以改善使用性能，同时又保持其微生物可降解性。一些淀粉类的有机物质容易与活性微生物反应，将这类有机物质与聚合物混合可制成自降解聚合物。聚合物材料的各种添加剂中有些为植物或天然高分子物质，所以也有可能因遭受微生物侵蚀而降解老化。

光氧化是造成高分子化合物老化的重要原因，因此光氧化也可以用来制作光降解塑料。相应措施刚好与抗光氧化的方法相反，即要采取各种措施促进光氧化的进程。如在大分子结构中增加光敏感基团，在添加剂中增加过渡族金属离子或促使相关化学键活化的引发剂等光增感剂，以加快光氧化速度等。

目前自降解聚合物技术尚不成熟，还有许多问题待深入研究与开发。

总　结

本章以高分子有机化合物为背景，首先简单介绍了高分子和聚合物材料的基本概念和特征，及其微观的近程结构和远程结构，包括高分子结构的基本概念、立体构形、内旋转和构象等。随后以从微观向宏观延伸的方式大致介绍了高分子材料聚集态的结构和组织，包括其结晶度、非晶特征、各种链聚集结构和组织结构。本章还简单介绍了高分子材料的基本力学性能特点，包括其取向态特性和取向强化、滞弹性、硬化特点，及温度对力学性能的影响。最后简述了高分子材料的基本物理、化学性质以及降解特性。本章旨在为系统了解高分子工程材料的特性和应用提供基本知识。

重 要 术 语

有机物(organic matter,organic compound)
有机化合物(organic compound)
脂肪族化合物(aliphatic compound)
开链化合物(open chain compound)
饱和化合物(saturated compound)
不饱和化合物(unsaturated compound)
芳香族化合物(aromatic compound)
高分子化合物(macromolecular compound)
低分子(low molecular weight)
单体(monomer)
链节(segment)
聚合物(polymer)
聚合反应(polymerization)
高聚物(high polymer)
高分子材料(polymer materials)
聚合物材料(polymer materials)
有机材料(organic material)
树脂(resin)
热塑性聚合物(thermoplastic polymer)
热固性聚合物(thermosetting polymer)
近程结构(short-range structure)
降解温度(degradation temperature)
一次结构(primary structure)
结构单元(constitutional unit)
共聚物(copolymer)
线型高分子(linear polymer)
支链型高分子(branched polymer)
支化(branching)
网状高分子(network polymer)
交联(crosslinking)
立体构型(spatial configuration)
全同立构(isotactic)
间同立构(syndiotactic)
有规立构(stereoregular)
无规立构(atactic)
远程结构(long-range structure)
二次结构(secondary structure)
多分散性(polydispersion)
内旋转(internal rotation)
构象(conformation)
柔顺性(flexibility)
链段(chain segment)
聚合态结构(aggregated state structure)
三次结构(tertiary structure)
结晶度(crystallinity)
折叠链晶体(folded-chain crystal)
伸直链晶体(chain extended crystal)
串晶(shish-kebab)
折叠链晶片(folded-chain lamella)
球晶(spherulite)
取向态结构(oriented structure)
取向单元(orientation unit)
滞弹性(anelasticity)
高弹态(high elastic state)
黏流态(viscous flow state)
黏流温度(viscous flow temperature)
工程塑料(engineering plastics)
橡胶(rubber)
取向强化(orientation hardening)
受迫高弹性(compelled high-elasticity)
准非晶态(quasi amorphous state)
真非晶态(stable amorphous state)
物理老化(physical aging)
化学老化(chemical aging)
光氧化(photooxidation)
热氧化(thermaloxidation)

自降解(self degradation) 光降解(photodegradation)
微生物降解(microbial degradation)

练习与思考

22-1 什么是高分子材料的近程结构和远程结构?
22-2 高分子材料的主要化学特性是什么?
22-3 从原子层面的微观角度到宏观角度简述高分子材料各层次结构的内在联系。
22-4 简述高分子材料的拉伸力学行为特点。
22-5 简述高分子材料滞弹性产生的原因。
22-6 简述高分子材料的降解原理。
22-7 思考:高分子材料与聚合物材料有哪些异同?
22-8 思考:高分子材料的立体构型会对其力学性能产生哪些影响?
22-9 思考:为什么高分子材料不容易呈现很高的结晶度?
22-10 思考:为什么要关注高分子材料的自降解特性?

参考文献

[1] 张留成. 高分子材料导论. 北京:化学工业出版社,1993.
[2] JIA J., RAABE D., MAO W.. Texture and crystallinity evolution in isotactic polypropylene induced by rolling and their influence on mechanical properties. Chinese Journal of Polymer Science, 2006, 24(4): 403-411.
[3] 贾涓,毛卫民,Raabe D.. 轧制和退火过程中等规聚丙烯的力学性能. 高分子材料科学与工程,2008,24(2):75-78.
[4] 金日光,华幼卿. 高分子物理. 北京:化学工业出版社,1990.
[5] EDS V C. Handbook of Polyolefins. New York: Marcel Dekker, 2000.
[6] RAABE D. Mesoscale simulation of spherulite growth during polymer crystallization by use of a cellular automaton. Acta Materialia, 2004(52): 2653-2664.
[7] DURELL M, MACDONALD J E, TROLLEY D, et al. The role of surface-induced ordering in the crystallisation of PET films. Europhysics Letters, 2002, 58(6): 844-850.
[8] 王贵恒. 高分子材料成型加工原理. 北京:化学工业出版社,1982.

23 合成高分子材料

高分子材料是现代工程材料的重要组成部分。高分子材料一般由高分子聚合物与其他小分子填料和助剂通过一定方式的成型加工后获得。按高分子的来源分为天然高分子材料和合成高分子材料。天然高分子材料包括**天然橡胶**、纤维素、淀粉、蚕丝、甲壳素、胶原等。合成高分子材料包括塑料、橡胶、纤维、高分子胶黏剂、高分子涂料和高分子基复合材料等。合成高分子材料不仅广泛用于科学技术、国防建设、国民经济各个领域，而且已成为现代社会日常生活中衣、食、住、行、用各个方面不可缺少的材料。

自20世纪30年代以来，合成高分子材料不仅品种繁多、应用广泛，而且具备许多其他类型材料不可比拟、不可取代的优异性能。高分子材料一般具有质量轻、韧性高、比强度高、结构性能可设计性高、易改性、易加工等特点，且其具有多种不同的加工方法，其性能可以在较大范围内变化和调控。根据应用特点还可将合成高分子材料分为通用高分子材料和功能高分子材料，后者除具有聚合物的一般力学性能、绝缘性能和热性能外，还具有物质及能量和信息的转换、传递和储存等特殊功能。

本章着重介绍合成高分子材料的主要性能和应用特点。

23.1 塑　　料

23.1.1 塑料的特点与成型

塑料是以高分子聚合物(或称合成树脂)为主要成分，再加入**填料**、**增塑剂**和其他添加剂加工而成的合成高分子材料。在正常使用温度下塑料一般为玻璃态，不同种类和不同结构的塑料性能差异很大，其硬度、抗拉强度、伸长率和抗冲击强度等力学性能变化范围宽，可以从弱而脆到强而韧，但**比强度**较高。塑料一般具有质量轻、化学稳定性好、不易腐蚀锈蚀、导热性低、绝缘性好的特点，大部分塑料耐热性差、热膨胀率大、易燃烧，且尺寸稳定性差、易变形和老化、加工成型性好、加工成本低。按高聚物或树脂的特性可把塑料分为**热塑性塑料**和**热固**

性塑料。热塑性塑料通常具有线型分子结构，加热后可以转变为熔融状态，冷却后又可凝固成型，这个过程可以反复进行而不改变其基本结构和性能。热固性塑料具有体型结构，加热成型或**交联**后转变为不可熔化、不可溶解的三维网络结构。塑料按用途又可分为通用塑料、工程塑料等。

常见的塑料的成型加工方法包括挤出成型、注射成型、模压成型、中空成型和压延成型等。**挤出成型**是使用挤出机将加热熔融的树脂通过模具挤出所需形状的制品。该方法生产效率高，可自动化和连续化生产，但制品的尺寸控制精度较低。**注射成型**是使用注射机将热塑性塑料熔体在高压下注入到模具内经冷却、固化获得制品。注射成型的优点是生产速度快、效率高、操作可自动化、能成型形状复杂的零件，特别适合于大量生产，但设备及模具成本较高。**模压成型**(压制成型)是将粉状、粒状或纤维状的塑料放入模具型腔中，在一定的成型温度下经闭模加压使其成型并固化而得到制品。**中空成型**是利用压缩空气的压力使闭合在模具中加热软化的树脂型坯吹胀为空心制品，可用于生产薄膜制品及各种瓶、桶、壶等中空容器等。**压延成型**是将树脂与各种添加剂经预混后通过压延机转向相反的压延辊而加工成薄膜或片材，压延主要用于聚氯乙烯薄膜、片材、板材、地板砖等材料的加工。

23.1.2 通用塑料

通用塑料一般是指产量大、用途广、成型性好、价格便宜的塑料。通用塑料的五大品种为聚乙烯(PE)、聚丙烯(PP)、聚氯乙烯(PVC)、聚苯乙烯(PS)及丙烯腈-丁二烯-苯乙烯共聚物(ABS)，均为热塑性塑料。其结构与性能特点如表 23-1 所示。

23.1.2.1 聚乙烯

聚乙烯(PE)是由乙烯单体聚合而成的热塑性树脂。聚乙烯化学组成和分子结构最简单，是目前世界塑料品种中产量最大、应用最广的塑料，约占世界塑料总产量的三分之一。乙烯单体一般通过石油裂解而得，来源丰富、价格便宜、易成型加工、性能优良。聚乙烯为白色蜡状半透明材料，柔而韧、无毒、无味、透明度随分子量增大而提高。聚乙烯高分子链构象规整，易于结晶，结晶度随不同类型的聚乙烯分子链的支化程度而不同。聚乙烯具有优越的介电性能和电绝缘性，耐低温性能优异；化学稳定性好，能耐大多数酸碱的侵蚀，吸水性小；常温下不溶于一般溶剂，70 ℃以上可少量溶解于甲苯、乙酸戊酯、三氯乙烯等溶剂中。但聚乙烯耐热老化性差，对环境应力敏感，容易发生光氧化、热氧化、臭氧分解，在紫外线作用下容易发生降解。

聚乙烯的性能因品种而异，主要取决于分子结构和密度，主要品种有低密度聚乙烯、高密度聚乙烯、超高分子量聚乙烯、改性聚乙烯等。

低密度聚乙烯(LDPE)通常由乙烯单体经高压聚合而成，聚合时压力为 100~300 MPa，聚合温度为 160~270 ℃，又称为高压聚乙烯。由于用高压法生产的聚乙烯分子链中含有较多的长短支链，每 1 000 个碳链原子中含有的平均支链数为 21，结晶度和密度较低。LDPE 柔性好，电绝缘性好，耐低温性、耐冲击性较好，广泛用于农用薄膜、地膜、包装膜、食品袋、软管、电缆绝缘层和护套、人造革等。**高密度聚乙烯**(HDPE)由乙烯单体通过有机金属催化剂、金属络合物等催化体系在低压条件下聚合而得。聚合压力为常压或 10 MPa 以下，又称为低压聚乙烯。HDPE 平均分子量较高，主要为线型分子，支链短而少，因而结晶度和密度较高。HDPE 具有较高的使用温度、硬度、力学强度和耐化学药品性，因此应用更为广泛，除用于薄膜和包装材料，还用于中空容器、注塑容器、管材、机械零件和建筑材料。**超高分子量聚乙烯**（UHMWPE）通过低压聚合、气相聚合等合成方法进行合成，其相对分子量一般在 300 万～600 万以上，大分子结构为线型分子。其具有模量高、韧性好、耐冲击、耐磨性好、具自润滑性、耐低温、耐化学药品等特点，尤其是其耐磨性大大优于聚甲醛、聚四氟乙烯等工程塑料，是一种性能优良的工程塑料，主要应用于耐磨及耐腐蚀零部件、医疗器械、汽车部件、体育器材和防护器材等。表 23-2 给出了不同品种聚乙烯的性能比较。

表 23-1 通用塑料结构与性能

通用塑料名称	低密度聚乙烯	聚丙烯	聚氯乙烯	聚苯乙烯	丙烯腈-丁二烯-苯乙烯共聚物
结构单元	$-[CH_2-CH_2]_n-$	$-[CH(CH_3)-CH_2]_n-$	$-[H_2C-CH(Cl)]_n-$	$-[CH(C_6H_5)-CH_2]_n-$	$-[H_2C-HC(CN)]_x-[H_2C-HC=HC-H_2C]_y-[H_2C-CH(C_6H_5)]_z-$
玻璃化转变温度/℃	-70	-10	85	100	115
密度/(g/cm³)	0.91～0.925	0.90	1.4～1.6	1.04～1.06	1.04
透明性	半透明	半透明	半透明	透明	不透明
吸水率/%	< 0.01	0.01	0.25～0.5	0.03～1	0.2～0.45
拉伸强度/MPa	7～15	29	45	40～60	34.3～49
缺口冲击强度/(kJ/m²)	80～90	2.0～6.4	22～108	12～20	>14
熔点/℃	105～115	176	160～180	240	175
热变形温度/℃	50	57～64	70	70～98	70～107
使用温度范围/℃	-70～82	-14～120	-15～55	0～70	-40～100
脆化温度/℃	-80～-55	-8～8	-50	-30	-40～-70
成型收缩率/%	1.5～5.0	1～2.5	0.6～1.6	0.3～0.6	0.4～0.8
体积电阻/Ω·cm	$>10^{17}$	$>10^{16}$	$>10^{12}$	$>10^{17}$	$>10^{16}$

表 23-2 不同品种聚乙烯比较

聚乙烯类型	密度/(g/cm³)	结晶度/%	分子量/万	拉伸强度/MPa	缺口冲击强度/(kJ/m²)
低密度聚乙烯(LDPE)	0.91~0.925	65	2.5~3	7~15	80~90
高密度聚乙烯(HDPE)	0.94~0.96	80~90	10~30	21~37	40~70
超高分子量聚乙烯(UHMWPE)	0.92~0.94	80~85	>150	30~50	>100

23.1.2.2 聚丙烯

聚丙烯是由丙烯单体聚合而得的一种热塑性树脂，简称 PP，丙烯单体主要从石油产物和天然气的裂解气体中提取。PP 产量列聚乙烯和聚氯乙烯之后，位居第三。PP 的合成为低压定向配位聚合，工艺方法有溶液法、气相法和本体法，即分别在溶剂中、气态和熔体状态中进行反应。聚丙烯为线型大分子结构，主链相隔碳原子上有侧甲基存在，大分子空间结构可根据甲基排列位置分为全同(等规)聚丙烯、间同(间规)聚丙烯和无规聚丙烯三种不同异构体，其性能参数见表 23-3。

表 23-3 三种聚丙烯性能对照

对比项目	等规 PP	间规 PP	无规 PP
等规度/%	95	5	5
密度/(g/cm³)	0.92	0.91	0.85
结晶度/%	90	50~70	无定形
熔点/℃	176	148~150	75
在正庚烷中的溶解情况	不溶	微溶	溶解

聚丙烯无毒、无味、密度低，为非极性结晶聚合物，因主链上的甲基比氢原子空间位阻大，其玻璃化转变温度高于聚乙烯。聚丙烯的强度、刚度、硬度、耐热性、电性能均优于低压聚乙烯，熔点高于聚乙烯。聚丙烯具有良好的电性能和高频绝缘性，以及优良的抗吸湿性、抗酸碱腐蚀性、抗溶解性，但聚丙烯主链上有带甲基的叔碳原子，相连的氢易受氧的攻击，故耐氧化和耐气候老化性较差。聚丙烯耐疲劳弯曲性好，但对缺口敏感，低温抗冲击性较差。聚丙烯的结晶度高，熔体冷却成型过程中易收缩，其主要用于制作薄膜、管材、片材、编织袋、电器配件、汽车配件、一般机械零件、耐腐蚀零件和绝缘零件等。

聚丙烯存在低温脆性、耐冲击性差、易老化、易燃、成型收缩率大等弱点，其作为结构材料和工程材料受到很大限制，因此需进行改性。聚丙烯的改性包括化学改性和物理改性两大类。**化学改性**是指通过**接枝**、**嵌段共聚**等，在 PP 大分子链上引入其他基团，或通过交联剂将线型 PP 结构转变为体型结构等，由此改善 PP 的抗冲击性和抗老化性。如在 PP 主链上嵌段共聚 3%左右的乙烯单体，得到乙丙嵌段共聚物，可耐-30 ℃低温冲击。PP 的强度会随乙烯含量的增加而增大。**物理改性**是在 PP 基体中加入其他材料或特殊功能的助剂，经过混合、混炼等加工得到 PP 复合材料。如在 PP 中加入云母粉、碳酸钙、滑石粉、炭黑等无机填料，也可在 PP 中加入玻璃纤维、碳化硅纤维、单晶纤维等进行增强。此外 PP 可与其他塑料、橡胶、热塑弹性体等共混，改善 PP 的韧性和低温脆性。

23.1.2.3 聚氯乙烯

聚氯乙烯(PVC)一般由氯乙烯单体聚合而得，是世界上产量第二大的塑料产品，价格便宜，应用广泛。工业生产上主要有**悬浮法**、**乳液法**、**本体法**等聚合方法。悬浮聚合是指单体在分散剂的作用下和机械搅拌条件下，单体分散成液滴悬浮于水等溶剂中进行的聚合过程。乳液聚合是在乳化剂的作用和机械搅拌条件下，使单体在水中分散成乳状液条件下进行的聚合过程。本体聚合是单体在引发剂或热、光、辐射的作用下，不加其他介质进行的聚合过程。聚氯乙烯为非晶态结构，没有明确熔点，其热稳定性较差，受热或经长时间阳光暴晒均易分解产生氯化氢，使聚氯乙烯变色，物理、力学性能迅速下降，故使用温度一般在-15～55 ℃。此外 PVC 的熔融温度接近于分解温度，故加工性能较差，在成型时需加入稳定剂提高分解温度及应用时对热和光的稳定性。聚氯乙烯化学稳定性好，不溶于水、酒精、汽油，耐一般酸、碱腐蚀，主要溶剂为二氯乙烷、环己烷、四氢呋喃等。PVC 中含氯原子，阻燃性较好，优于聚乙烯、聚丙烯等，可用于阻燃建筑材料，如门窗、装饰材料、管材等。

聚氯乙烯树脂为白色或浅黄色粉末。根据聚氯乙烯树脂中氯乙烯单体的含量高低，可分为普通级 PVC 和卫生级 PVC。其中卫生级 PVC 中氯乙烯单体的质量分数不超过 10^{-6}或 10^{-5}。不同用途的聚氯乙烯加入不同的添加剂后，可呈现不同的物理性能和力学性能。

根据聚氯乙烯中增塑剂的含量，可分为软质 PVC 和硬质 PVC。一般增塑剂含量在5%以下为硬质 PVC，具有良好的抗拉、抗弯、抗压和抗冲击能力以及耐候性和耐燃性，可用作管道、板材及注塑制品等结构材料。增塑剂在 25%以上为软质 PVC，其柔软性、断裂伸长率和耐低温性增加，但脆性、硬度、拉伸强度降低，可采用挤出成型方法加工成软管、电缆、电线等，或利用注射成型方法加工成塑料凉鞋、鞋底、拖鞋、玩具、汽车配件等。常见的聚氯乙烯制品主要有 PVC 薄膜、PVC 涂层制品(人造革)、PVC 泡沫制品，用作泡沫拖鞋、凉鞋、鞋垫及包装材料和防震缓冲建材，以及 PVC 透明片材、PVC 板材与管材，如水管、异型管、波纹管、电线套管等。

23.1.2.4 聚苯乙烯

聚苯乙烯(PS)由苯乙烯单体经自由基缩聚反应聚合而得。PS 的产量位于 PE、PVC、PP 之后，在通用塑料中居第四位。常见的产品有通用级 PS、高抗冲 PS 以及改性聚苯乙烯 ABS 等。聚苯乙烯熔融时的热稳定性和流动性非常好，所以易成型加工，特别是注射成型容易，适合大量生产，成型收缩率小、成型品尺寸稳定性好。

聚苯乙烯是无定形、非极性线型聚合物。由于分子链上有苯环取代基，故空间位阻较大，分子内旋转困难，玻璃化转变温度较高。工业上合成的聚苯乙烯以无规异构体为主，主链碳原子不对称，空间结构不规整，不结晶，其在室温下为坚硬透明的玻璃状，透明度高达 90%左右，具有良好光泽。在正常使用温度范围，聚苯乙烯的力学性能特点表现为刚性和脆性高，是典型的硬而脆的塑料，拉伸、弯曲等力学性能均高于聚烯烃，但同时存在韧性差、易产生内应力等问题。

聚苯乙烯主链为饱和的碳碳结构，呈化学惰性，但侧基苯环的存在使大分子的化学稳定性受到影响。聚苯乙烯可以进行苯环的特征反应，如加氢反应、氯化反应、硝化反应和磺化反应等，故PS的化学性质比PE、PP活泼，易溶于酮、醛、酯、氯化烃、甲苯等有机溶剂。PS电绝缘性优良，且一般不受温度、湿度的影响。其热导率较低，是良好的绝热保温材料。

普通聚苯乙烯的主要缺点是脆性大，冲击强度低，易出现应力开裂，耐热性差等，可通过物理和化学方法对PS进行改性。物理改性方法包括用玻璃纤维、有机纤维、无机填料、橡胶等增强PS。化学改性方法包括将苯乙烯单体与聚丁二烯、丙烯腈、甲基丙烯酸甲酯等进行共聚，得到改性PS，如用橡胶改性的高抗冲PS(HIPS)，丙烯腈-苯乙烯共聚物(AS树脂)，甲基丙烯酸甲酯-丁二烯-苯乙烯共聚物(MBS树脂)，丙烯腈-丁二烯-苯乙烯共聚物(ABS树脂)，在工业上应用最广泛的是ABS塑料。

ABS树脂是丙烯腈、丁二烯、苯乙烯三种单体的接枝共聚物。其中丙烯腈占15%~35%，为ABS树脂提供硬度及耐热性、耐酸碱盐等化学腐蚀的性质；丁二烯占5%~30%，为ABS树脂提供低温延展性和抗冲击性；苯乙烯占40%~60%，为ABS树脂提供硬度、加工的流动性及产品表面的光洁度。三种成分的比例可根据性能要求而调节。ABS的结构特点是在刚硬的塑料连续相中分散着柔韧的橡胶相，其中橡胶相起到增韧作用。在受到冲击等作用时，交联的橡胶颗粒承受并吸收这种能量，使应力分散，大大改善了聚苯乙烯的脆性和抗冲击性。

ABS树脂外观微黄、不透明，具有良好的尺寸稳定性，强度高而韧性好，且有耐冲击性、耐热性、介电性、耐磨性，其表面光泽性好、易涂装和着色、易于加工成型。ABS树脂可用注塑、挤出、真空吹塑及辊压等成型法加工，由于其综合性能优良，用途广泛，因此大量用于家用电器制品，如电视机外壳、冰箱内衬、吸尘器等，还可以用作仪表、电话、汽车工业用工程塑料制品。

23.1.3 工程塑料

工程塑料一般指能承受一定外力作用，具有良好的力学性能和耐高、低温性能，尺寸稳定性较好，可以用作工程结构的塑料，如聚酰胺、聚甲醛、聚碳酸酯、聚酯、聚砜类、聚酰亚胺、聚醚酮聚苯硫醚、聚醚醚酮以及超高分子量聚乙烯和ABS等，其结构与性能参数见表23-4。

23.1.3.1 聚酰胺

聚酰胺(PA,俗称尼龙)为主链上含有酰胺$\leftarrow$NHCO$\rightarrow$基团的高聚物，由二元酸和二元胺通过**缩聚反应**而得，或由内酰胺自聚而得。PA的品种繁多，有PA6、PA66、PA11、PA12、PA46、PA610、PA612、PA1010等，以及近几年开发的半芳香族尼龙PA6T和特种尼龙等许多新品种。其中PA6或尼龙6是工程塑料中发展最早的品种，目前产量居工程塑料之首。

尼龙为韧性半透明或乳白色结晶性树脂，结晶度可达60%，因有酰胺基团，故易吸水。作为工程塑料的尼龙分子量一般为2万~7万。尼龙具有很高的力学强度和韧性，但抗蠕变性差，不适宜用于精密零件。尼龙耐热性好，有吸振性和消音性，电绝缘性好，化学稳定性好，耐弱酸、耐碱和一般溶剂，不易环境老化，但其可溶解于强极性溶剂中且吸水性大，因而影响了 PA 制品的尺寸稳定性和电性能。尼龙有优异的耐磨性和自润滑性，无润滑剂时的摩擦系数为0.1~0.3，仅为合金的1/3，一般塑料的1/4，可广泛用于工业齿轮。

尼龙的改性品种数量繁多，如增强尼龙、单体浇注尼龙(MC 尼龙)、反应注射成型(RIM)尼龙、芳香族尼龙、透明尼龙、高抗冲(超韧)尼龙、电镀尼龙、导电尼龙、阻燃尼龙等。尼龙可与其他聚合物共混或复合，可满足不同特殊要求，可作为结构材料代替金属、木材等传统材料。

表 23-4 工程塑料结构与性能参数

工程塑料名称	聚酰胺	聚甲醛	聚碳酸酯	聚对苯二甲酸乙二酯
结构单元	$\left[\mathrm{NH}\left(\mathrm{CH_2}\right)_{n-1}\mathrm{CO}\right]_x$	$\left(\mathrm{CH_2O}\right)_n$	$\left[\mathrm{O}-\mathrm{C_6H_4}-\mathrm{C(CH_3)_2}-\mathrm{C_6H_4}-\mathrm{O}-\mathrm{C(=O)}\right]_n$	$\left[\mathrm{C(=O)}-\mathrm{C_6H_4}-\mathrm{C(=O)}-\mathrm{O}-\left(\mathrm{CH_2}\right)_2-\mathrm{O}\right]_n$
密度/(g/cm^3)	1.13	1.41~1.43	1.20~1.22	1.69
玻璃化转变温度/℃	47~70	40~60	145~150	69
热变形温度/℃	66~104	158~170	126~135	85
熔点/℃	210~260	165~175	225~250	255~260
拉伸强度/MPa	70~210	62~70	60~68	190
缺口冲击强度/(kJ/m^2)	>5	7.7~9	65~80	4~6

23.1.3.2 聚甲醛

聚甲醛(POM)通常由甲醛聚合而得，是一种热塑性结晶聚合物。聚甲醛大分子链中没有侧基，是一种高密度、高结晶性的线性聚合物。按分子链化学结构不同，可分为均聚 POM 和共聚 POM。均聚 POM 的分子链由相同单元组成，通过甲醛合成三聚甲醛后聚合而得。共聚 POM 由三聚甲醛与其他单体无规共聚。聚甲醛为表面光滑、有光泽的硬而致密的材料，呈淡黄或白色，可在-40~100 ℃温度范围内长期使用。聚甲醛的拉伸强度、硬度和韧性高，抗弯曲强度和耐疲劳性好，在低温下仍有很好的抗蠕变特性、几何稳定性和抗冲击特性，吸水性小，电性能优良，具有优异的综合性能，并可在很宽的温度和湿度范围内保持良好的综合性能。聚甲醛的耐磨性和自润滑性优于绝大多数工程塑料，且有良好的耐油、耐过氧化物性能。但聚甲醛不耐酸、不耐强碱和不耐紫外线的辐射。

聚甲醛可替代一些金属如锌、黄铜、铝和钢的零部件，广泛应用于电子电气、机械、仪表、日用轻工、汽车、建材、农业、医疗器械、运动器械等领域。特别由于聚甲醛的突出的耐磨性、耐高温特性，其大量用于制作齿轮和轴承以及管道阀门、泵壳体等。

23.1.3.3 聚碳酸酯

聚碳酸酯(PC)是分子链中含有碳酸酯基的高分子聚合物，根据酯基的结构单元，可分为脂肪族、芳香族、脂肪族-芳香族等多种类型。其中由于脂肪族和脂肪族-芳香族聚碳酸酯的力学性能较低，限制了其在工程塑料方面的应用。目前仅有芳香族聚碳酸酯获得了工业化生产。由于聚碳酸酯结构上的特殊性，其现已成为五大工程塑料中增长速度最快的通用工程塑料。

聚碳酸酯分子链具有规整对称结构，但空间位阻较大；可结晶，但结晶条件很严格，一般成型条件下不容易结晶，为无定形结构。较大的结构单元限制了分子的柔顺性，因此玻璃化转变温度和熔融温度高，熔体黏度大。聚碳酸酯分子链中同时含有柔性的碳酸酯基团和刚性的苯环结构，故强度刚度高，韧性大，与其他工程塑料相比其力学性能比较突出(表 23-4)。分子链中还含有羰基和酯基，有极性，易吸湿和水解，不耐紫外光，不耐强酸和强碱。聚碳酸酯外观为无色或微黄透明固体，耐热性、抗冲击性好，且有良好的电绝缘性，无添加剂时即有良好的阻燃性能。聚碳酸酯加工性能好，一般可采用高温、高压、快速成型，但存在熔体黏度高、内应力大等问题。

对聚碳酸酯的改性主要采用物理改性法，与其他塑料共混或纤维增强，可提高其耐磨性、加工性能，减少加工形变，提高耐酸、耐碱性等。

聚碳酸酯用途广泛，大量应用于透明高强度建材、汽车零部件、飞机和航天器零部件、光盘、光学透镜和仪器、医疗器械、包装材料，以及各种加工机械如电动工具外壳、机体、支架、电器零部件等。

23.1.3.4 聚酯

聚酯是分子主链上含有酯基的聚合物，一般由多元醇和多元酸缩聚而得。根据主链上是否含有不饱和键，可分为不饱和聚酯和饱和聚酯。不饱和聚酯为热固性树脂；饱和聚酯为线型聚酯，属热塑性树脂，主要品种为聚对苯二甲酸乙二酯和聚对苯二甲酸丁二酯。聚酯是一类性能优异、用途广泛的工程塑料，也可将其制成聚酯纤维和聚酯薄膜。

聚对苯二甲酸乙二酯(PET)采用对苯二甲酸二甲酯与乙二醇缩聚制得，其软化温度和熔点高，具有良好的成纤性、力学性能、耐磨性、抗蠕变性、低吸水性以及良好的电绝缘性能。由于其有良好的成纤性能，也可制成聚酯纤维和聚酯薄膜。经玻璃纤维增强的聚酯可用作工程塑料。聚对苯二甲酸乙二酯广泛用于汽车、机械设备零部件，电子电气零部件如继电器、开关等。此外还大量用于音像磁带膜、复合包装膜、中空包装容器等。

聚对苯二甲酸丁二酯(PBT)采用对苯二甲酸二甲酯与丁二醇进行酯交换反应或酯化反应而得，具有优良的综合性能，其玻璃化温度和熔点分别为 36~49 ℃及 220~225 ℃。与 PET 相比，PBT 低温结晶速度快、成型性能好。尤其经玻璃纤维增强后，其力学性能和耐热性能显著提高。另外其吸水性在工程塑料中最小，制品尺寸稳定性好，且容易制成耐燃型品种，价格较低，其缺点是制品易翘曲、成型收缩不均匀。可用于高精密工程部件、电器壳体、办公设备、汽车部件等。

23.1.4 热固性塑料

热固性塑料为具有反应性基团的**体型结构**大分子，经加热成型或交联后转变为不可熔化、不可溶解的三维网络结构。热固性树脂一般具有良好的力学性能、电绝缘性、黏结性和化学稳定性等，可用做工程塑料。常见的热固性树脂有酚醛树脂、环氧树脂、不饱和聚酯、聚酰亚胺等。表 23-5 给出了一些热固性树脂的相关参数。

表 23-5 一些热固性树脂参数

性能指标	酚醛树脂（无填料）	酚醛树脂（玻璃纤维填料）	双酚 A 型环氧树脂（无填料）	双酚 A 型环氧树脂（玻璃纤维填料 80%，质量分数）	不饱和聚酯	不饱和聚酯（玻璃纤维填料 50%，质量分数）
密度/(g/cm^3)	1.3	1.69~2.00	1.15	2.08	1.2	2.00
拉伸强度/MPa	45~52	48~125	215.6	551.6	50~60	258.6
悬臂梁冲击强度/(J/m^2)	—	28~99	—	2 385	64	434.6
吸水率/%	0.2~0.5	0.03~1.2	0.18	0.5	0.17	0.2
线膨胀系数/K	3~8	0.8~2.1	6	4.0	5.3	1.4
热变形温度/℃	100~125	177~316	127	204	50~60	204
体积电阻/Ω·cm	10^{12}	10^{12}~10^{13}	—	—	—	>10^{13}
介电常数/(10^6 Hz)	5	—	3.4	—	—	4.5~4.8

酚醛树脂是由苯酚和过量甲醛在催化剂条件下进行缩聚，经加热、加压固化而得。酚醛树脂是世界上最早实现工业化生产的塑料，至今已有近 90 年的历史。中国热固性树脂中酚醛树脂产量占第一位。选用不同的催化剂和苯酚、甲醛配比，可得到不同性能的酚醛树脂。常见的酚醛树脂品种有日用级、电器级、绝缘级、高频级、耐化学腐蚀级、耐热级、耐磨级等。此外改性酚醛树脂一直是研究热点。

热固性酚醛树脂具有良好的耐化学腐蚀性能、力学性能、耐热性能、低变形和高绝缘性，广泛应用于防腐蚀工程、胶黏剂、阻燃材料、结构材料、隔热保护、砂轮片制造等行业。酚醛树脂具备优异的耐高温性，可在非常高的温度下保持结构的完整和尺寸稳定。如在 1 000 ℃左右的惰性气体条件下，酚醛树脂会产生很高的残碳，维持了酚醛树脂的结构稳定性，因而酚醛树脂广泛应用于耐火材料、摩擦材料、黏结剂和铸造行业等高温领域。此外酚醛树脂在高温下低烟、低毒，也应用于航天器、矿山防护栏和建筑业等隔热防护。酚醛树脂作为黏结剂可与各种各样的有机和无机填料相容，润湿速度特别快。水溶性酚醛树脂或醇溶性酚醛树脂被用来与玻璃纤维、碳纤维及织品复合制备高性能复合材料，如玻璃钢等。

环氧树脂分子中含有两个或两个以上环氧基团，性质活泼，可与多种类型的固化剂发生交联反应而形成不溶、不熔、具有三维网状结构的高聚物。**环氧树脂**种类很多，大部分是双酚 A 与环氧氯丙烷的缩聚产物。环氧树脂常用的固化剂有多元酸、多元酸酐、多元胺等。实际使用的环氧树脂还包含多种助剂，如稀释剂、填料、增强剂、阻燃剂、增韧剂等。

固化后的环氧树脂具有良好的物理、化学性能，对金属和非金属材料表面具有优异的黏接强度，介电性能良好，变形收缩率小，制品尺寸稳定性好，硬度高，柔韧性较好，对碱及大部分溶剂稳定，因而在航空、航天、军工、建筑、工业等领域广泛应用，用途包括电子电器绝缘材料、浇注料、浸渍层压料、黏接剂、涂料、树脂基复合材料等。

23.2 橡　　胶

橡胶是一种具有可逆形变的高弹性聚合物材料，在室温下富有弹性，在外力作用下能产生较大形变，除去外力即恢复原状。橡胶属于完全无定型聚合物，玻璃化转变温度往往低于室温，分子量大于几十万。橡胶的结构有**线型结构**、**支链结构**和**交联结构**。未硫化橡胶为线型结构，由于分子量很大，在无外力作用下呈线团状。当外力作用时，线团的缠绕发生变化，分子链发生反弹并产生强烈的复原倾向，表现出**高弹性**。橡胶通过硫化过程可使线型分子通过官能团反应而彼此连接起来，形成三维网状交联结构，链段的自由活动能力下降，交联后的橡胶具有高弹性和良好的物理力学性能，塑性和伸长率下降，强度、弹性和硬度上升，永久变形和溶胀度下降。此外橡胶大分子链可产生支链结构，形成凝胶，不利于橡胶的交联。

橡胶的加工包括塑炼、**混炼**、压延或挤出、成型和**硫化**等基本工艺过程。生胶首先经过塑炼提高其塑性；然后通过混炼将炭黑及各种橡胶助剂与橡胶均匀混合成胶料；胶料经过压出制成一定形状的坯料；再经过压延挂胶或涂胶，与其他纺织材料或金属材料复合成型；最后经过硫化将具有塑性的半成品制成高弹性的最终橡胶制品。

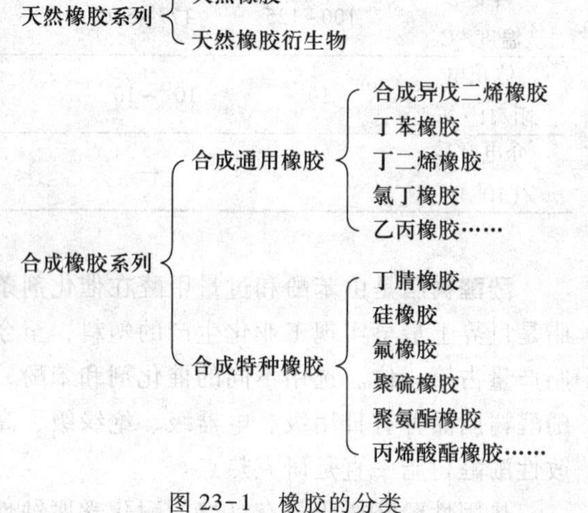

图 23-1　橡胶的分类

按照橡胶的来源，可分为天然橡胶和合成橡胶。按照橡胶的用途，可分为通用橡胶和特种橡胶。图 23-1 给出了常用橡胶的分类情况。

23.2.1 天然橡胶

天然橡胶是一种以聚异戊二烯为主要成分的天然高分子化合物，分子式为$\leftarrow C_5H_8 \rightarrow_n$。天然橡胶主要来源于三叶橡胶树，这种橡胶树表皮的胶乳的成分中聚异戊二烯占 91%～94%(质量分数)，其余为蛋白质、脂肪酸和糖类等非橡胶物质。胶乳经凝聚、洗涤、成型、干燥即得天然橡胶，根据不同的制胶方法可制成烟片、风干胶片、绉片、技术分级橡胶和浓缩橡胶等。

天然橡胶无一定熔点，加热后软化，至 130 ℃完全软化为熔融状态，具有一系列物理化学特性，尤其是优良的回弹性、绝缘性、隔水性及可塑性等特性。经过适当处理后天然橡胶还具有耐油、耐酸、耐碱、耐热、耐寒、耐压、耐磨等宝贵性质，具有广泛用途。目前世界上部分或完全用天然橡胶制成的物品已达 7 万种以上，如日常生活中使用的雨鞋、暖水袋、松紧带，医疗卫生行业所用的外科医生手套、输血管等，交通运输上使用的各种轮胎，工业上使用的传送带、运输带、耐酸和耐碱手套，各种密封、防振零件，航空航天飞行器、军工武器的零件等。

23.2.2 合成橡胶

合成橡胶是由化学合成方法而制得的，采用不同的单体原料可以合成出不同种类的橡胶。由丁二烯聚合成的丁钠橡胶是最早合成的橡胶，后来又出现异戊橡胶、丁苯橡胶、顺丁橡胶等，主要用于制造轮胎和一般工业橡胶制品。合成橡胶品种多，需求量巨大，目前产量已大大超过天然橡胶，其中产量最大的是丁苯橡胶。表 23-6 比较了几种橡胶的性能参数。

异戊橡胶是聚异戊二烯橡胶的简称，其由异戊二烯溶液聚合而得。异戊橡胶生胶的强度低于天然橡胶，质量均一性、加工性能等优于天然橡胶。异戊橡胶的结构和性能与天然橡胶近似，具有良好的弹性和耐磨性，优良的耐热性和较好的化学稳定性。异戊橡胶可以代替天然橡胶用于制造载重轮胎和越野轮胎以及各种橡胶制品。

丁苯橡胶由丁二烯和苯乙烯共聚而得，简称 SBR，是产量最大的通用合成橡胶。按生产方法分为乳液聚合丁苯橡胶和溶液聚合丁苯橡胶。其综合性能和化学稳定性好，尤其耐候性、耐臭氧性、耐热性、耐老化性和耐油性均优于天然橡胶。

顺丁橡胶也称顺式聚丁二烯橡胶，简称 BR，其由丁二烯聚合而得。与其他通用型橡胶比，硫化后顺丁橡胶的耐寒性、耐磨性和弹性特别优异，同时耐老化性能也大大提高。顺丁橡胶的缺点是其抗撕裂性能、抗湿滑性能较差。顺丁橡胶常与天然橡胶、氯丁橡胶、丁腈橡胶等并用，顺丁橡胶绝大部分用于生产轮胎，少部分用于制造耐寒制品、缓冲材料以及胶带、胶鞋等。

乙丙橡胶以乙烯和丙烯为主要原料合成，耐老化且电绝缘性能和耐臭氧性能突出。其化学稳定性好，耐磨性、弹性、耐油性和丁苯橡胶接近。乙丙橡胶内可大量填充炭黑等，制品价格较低，用途十分广泛，一般作为轮胎、内胎和汽车零部件、电线电缆包皮、高压或超高压绝缘材料，以及胶鞋、卫生用品等浅色制品。

氯丁橡胶以氯丁二烯为主要原料，通过均聚或少量其他单体共聚而得。其力学性能、耐热、耐光、耐老化性能优良，尤其耐油性能优于天然橡胶、丁苯橡胶和顺丁橡胶。此外具有较强的耐燃性、化学稳定性和耐水性，氯丁橡胶的缺点是电绝缘性能、耐寒性能较差。氯丁橡胶用途广泛，常用来制作运输皮带和传动带、电线电缆的包皮、耐油胶管、垫圈以及耐化学腐蚀的设备衬里等。

23.2.3 特种橡胶

特种橡胶指除了具有普通橡胶的一般特点外，还具有某些特殊性能的橡胶，如丁腈橡胶、氟橡胶、硅橡胶、聚硫橡胶等。

丁腈橡胶由丁二烯与丙烯腈经乳液聚合法共聚而得，耐寒、耐油性和耐老化性能突出。其中根据丙烯腈含量的不同有多种牌号，丙烯腈含量越多，耐油性越好，但耐寒性则相应下降。丁腈橡胶可在 150 ℃的油中长期使用。此外丁腈橡胶还有良好的耐磨性、耐水性、气密性及黏结性能。广泛用于汽车、航空、石油、复印等行业中的各种耐油橡胶制品、多种耐油垫圈、垫片、套管、软包装、软胶管、印染胶辊、电缆胶材料等。

表 23－6　几种橡胶性能参数比较

橡胶性能	天然橡胶	丁苯橡胶	氯丁橡胶	丁腈橡胶	硅橡胶
结构式	$-[CH_2-C(CH_3)=CH-CH_2]_n-$	$-[(CH_2-CH(CH=CH_2))_x-(CH_2-CH(C_6H_5))_y]_n-$	$-[CH_2-C(Cl)=CH-CH_2]_n-$	$-[(CH_2-CH=CH-CH_2)_x-(CH_2-CH(CN))_y]_n-$	$-[SiR_2-O]-[(SiR'_2-O)_m]_n-$
相对密度	0.93	0.94	1.23	0.96～1.02	0.98
邵氏 A 硬度	20～100	40～100	20～90	30～100	20～95
拉伸强度/MPa	6.9～27.6	6.9～24.1	6.9～27.6	6.9～27.6	3.5～10.3
伸长率/%	100～700	100～700	100～700	100～600	50～800
使用温度范围/℃	－75～90	－60～100	－60～120	－50～120	－120～280
压缩永久形变	良	良	良	良	优
回弹性	优＋	良	优	良	良
电绝缘性	优	中	良	差—中	优
耐水溶胀性	优	良—优	良	优	优
耐酸性	良	良	良	良	中
耐碱性	良	良	良	良	中
耐油性	差	差	良	优	中
耐臭氧性	差	中	良—优	中	优
耐候性	中	中	优	差	优
主要特性	回弹性高，耐磨性好	耐热性能可达 100 ℃	耐热性能达 100 ℃，耐臭氧性好	良好的耐油性(120 ℃)、耐磨性和耐老化性	耐热性、耐寒性及耐油性好，可制作浅色制品

硅橡胶是大分子中含有硅氧烷基团的一类聚合物。按硅氧烷单体的结构不同，可分为二甲基硅橡胶、甲基乙烯基硅橡胶、甲基苯基乙烯基硅橡胶、氟硅橡胶、腈硅橡胶等；按照其硫化特性不同，可分为热硫化型硅橡胶和室温硫化型硅橡胶两类。例如，二甲基硅橡胶为二甲基二氯硅烷在酸催化下进行水解缩合，并分离出双官能度的八甲基环四硅氧烷，进一步聚合后得到高分子线型二甲基聚硅氧烷。二甲基硅橡胶生胶为无色透明的弹性体，可用过氧化物进行硫化。按硅橡胶的性能和用途的不同可分为通用型、超耐低温型、超耐高温型、高强力型、耐油型、医用型等。硅橡胶具有优异的耐热性、耐寒性、介电性、耐臭氧和耐大气老化等性能，其突出的优点是使用温度宽广，能在-60~250 ℃下长期使用。但硅橡胶的力学性能、耐油、耐溶剂性能较差。在普通工程领域的应用不及其他通用橡胶，但在许多特定环境有重要应用。例如硅橡胶在生物医学和医疗器械领域中有重要应用，医用级硅橡胶具有优异的生理惰性，无毒，无味，无腐蚀，抗凝血，与生物组织的相容性好，能经受苛刻的消毒条件，可用于医疗器械和用作替代的人工植入脏器等。

23.3 有机纤维

23.3.1 纤维的分类

有机纤维是一类有高的分子量和高的力学强度、形态细而长的材料，根据有机纤维的来源可分为天然纤维和化学纤维。**天然纤维**包括植物纤维(如麻纤维、棉纤维、竹纤维等)和动物纤维(蚕丝、羊毛、驼毛等)；**化学纤维**是指用天然的或人工合成的高分子物质为原料，经过化学或物理方法加工而制得的一大类纤维，简称化纤。化学纤维又可根据高分子化合物来源不同，分为以天然高分子为原料的人造纤维和以合成高分子为原料的合成纤维。按照纤维的用途，可分为普通纤维，包括人造纤维与合成纤维；以及特种纤维，包括耐高温纤维、高强力纤维、高模量纤维、耐辐射纤维等。本节简要介绍化学纤维，图23-2给出了有机纤维的大致分类情况。

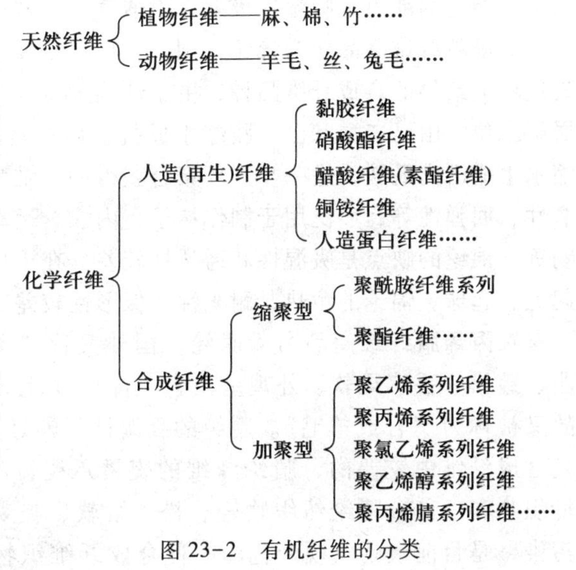

图23-2 有机纤维的分类

23.3.2 人造纤维

人造纤维以天然高分子化合物(如纤维素)为原料制成，也称为再生纤维，主要有黏胶纤维、硝酸酯纤维、醋酯纤维(素酯纤维)、铜铵纤维和人造蛋白纤维等。黏胶纤维以纸浆或棉绒为原料，用碱或硫化物等处理后进行纺丝而得，其主要性能特点包括手感柔软、光泽好，像棉纤维一样柔软，丝纤维一样光滑，吸湿性、透气性优于棉纤维和其他化学纤维，染色性能好。其中黏胶纤维吸湿性较强，比棉纤维更容易上色，而且色彩纯正、艳丽。但黏胶纤维湿牢度差，弹性也较差，织物易折皱且不易恢复，耐酸、耐碱性也不如棉纤维，因此主要用于室内装饰和服装工业。

醋酸纤维(素酯纤维)是将天然植物纤维用醋酸反应得到醋酸纤维素酯进行纺丝，主要用途为人造丝、薄膜和赛璐珞等。

铜铵纤维是采用氢氧化四氨铜溶液作溶剂，将棉短绒溶解成浆液纺丝制得的人造丝，其丝质精细优美，但成本较高。

23.3.3 合成纤维

合成纤维是以合成的高分子化合物为原料制成的化学纤维，如聚酰胺纤维、聚酯纤维、聚丙烯腈纤维、聚乙烯醇纤维、聚丙烯纤维等。合成纤维具有强度高、耐磨、密度小、弹性好、不发霉、不怕虫蛀、易洗快干等优点，但其缺点是染色性较差、静电大、耐光和耐候性差、吸水性差。

合成纤维的制备过程通常是先把高分子聚合物制成纺丝熔体或溶液，然后经过过滤、计量，由喷丝头(板)挤出成为液态细流凝固而成力学性能较差的初生纤维。然后进行后加工，如拉伸和热定形，以提高纤维的力学性能和尺寸稳定性。拉伸是使初生纤维中大分子或结构单元沿着纤维轴取向；热定形主要是使纤维中内应力松弛。湿纺纤维的后加工还包括水洗、上油、干燥等工序。

聚酯纤维的化学名为聚对苯二甲酸乙二酯，商品名为**涤纶**。涤纶由于原料易得、性能优异、用途广泛因此发展非常迅速，现在的产量已居化学纤维的首位。涤纶最大的特点是弹性高于所有纤维，耐磨性较好，此外耐热性和化学稳定性也是较强的，能抗微生物腐蚀、耐虫蛀。由涤纶纺织的面料不但牢固度比其他纤维高出3~4倍，而且挺括、不易变形，有“免烫”的美称；涤纶的缺点是吸湿性极差、不透气，经常摩擦之处易起毛、结球。

聚酰胺纤维商品名为**锦纶**，国外又称“尼龙”，“耐纶”，“卡普纶”，“阿米纶”等。锦纶是世界上最早的合成纤维品种，由于性能优良、原料资源丰富，因此在合成纤维的产量中一直居第二位。由己二酸和己二胺缩水成盐，再经缩聚、熔纺而成的纤维为锦纶66。由氨基己酸缩水生成己内酰胺，进一步开环聚合获得的纤维为锦纶6。这两种纤维都具有优异的强度、耐磨性、回弹性等，广泛用于制作袜子、内衣、运动衣、轮胎帘子线、工业带材、渔网、军用织物等。锦纶的缺点是吸湿性和通透性较差。在干燥环境下，锦纶易产生静电，短纤维织物也易起毛、起球。锦纶的耐热、耐光性、保形性较差，熨烫承受温度应控制在140 ℃以下。

聚丙烯腈纤维商品名为**腈纶**，国外又称“奥纶”，“考特尔”，“德拉纶”等。腈纶卷曲、蓬松、手感柔软、外观呈白色，酷似羊毛，多用来和羊毛混纺或作为羊毛的代用品，故又被称为“合成羊毛”。腈纶的吸湿性不够好，但润湿性却比羊毛、丝纤维好，其耐磨性是合成纤维中较差的，腈纶纤维的熨烫承受温度在130 ℃以下。腈纶广泛用于制作绒线、针织物和毛毯。腈纶纺织物轻、松、柔软、美观，能长期经受较强紫外线集中照射和烟气污染，是目前最耐气候老化的一种合成纤维织物，适用于作船篷、帐篷、船舱和露天堆置物的盖布等。

聚乙烯醇纤维商品名为**维纶**，国外又称“维尼纶”，“维纳尔”等，是以醋酸乙烯为原料进行聚合、醇解、纺丝，然后经缩甲醛而制得。维纶性质接近于棉，吸湿性比其他合成纤维高。维纶洁白如雪、柔软似棉，因而常被用作天然棉花的代用品，称“合成棉花”。维纶的耐磨性、耐光性、耐腐蚀性都较好。主要产品为短纤维，用于制作渔网、滤布、帆布、轮胎帘子线、软管织物、传动带以及工作服等。

特种纤维指具有耐腐蚀、耐高温、难燃、高强度、高模量等一些特殊性能的新型合成纤维。特种纤维除作为纺织材料外，还广泛用于国防工业、航空航天、交通运输、医疗卫生、海洋水产和通信等部门。常见的特种纤维有耐腐蚀纤维、耐高温纤维、高强度高模量纤维等。

耐腐蚀纤维是用四氟乙烯聚合制成的含氟纤维，商品名为**特氟纶**，中国称氟纶。特氟纶几乎不溶于任何溶剂，化学稳定性极好。氟纶织物主要用于工业填料和滤布。

耐高温纤维包括聚间苯二甲酰间苯二胺纤维、聚酰亚胺纤维等种类，其熔点和软化点高，可长期在 200 ℃以上使用且能保持良好的性能。如酚醛纤维、PTO 纤维等**阻燃纤维**在火焰中难燃，可用作防火耐热帘子布、绝热材料和滤材等。

聚对苯二甲酰对苯二胺液晶溶液通过干-湿法纺丝可制成**高强度高模量纤维**，国外商品名为凯芙拉，中国称**芳纶** 1414，其具有高强度和高模量，可用作飞机轮胎帘子线和航天、航空器材的增强材料。此外以黏胶纤维、腈纶纤维、沥青等为原料经高温碳化、石墨化可以得到高强度、高模量**碳纤维**，广泛用于宇宙飞船、火箭、导弹、飞机、体育运动器材等的结构复合材料中。

改变纤维形状和结构使其具有某种特殊的功能，可获得**功能纤维**。例如将铜铵纤维或聚丙烯腈纤维制成中空形式，在医疗上可用作人工肾透析血液病毒的材料。聚酰胺 66 中空纤维可用作海水淡化透析器，聚酯中空纤维可用作浓缩、纯化和分离各种气体的反渗透器材等。表 23-7列出了几种合成纤维的性能参数。

表 23-7 几种合成纤维性能参数比较

	聚酰胺纤维（PA6）	聚酯纤维（涤纶）	聚丙烯腈纤维（腈纶）	聚乙烯醇纤维（维纶）	聚丙烯纤维（丙纶）
相对密度	1.13~1.15	1.4	1.16~1.18	1.24	0.9~0.91
体积电阻/Ω · cm	7.0×10^{14}	10^{15}	1.8×10^{13}	—	9.2×10^{13}
强度(干)/(cN/dtex)	4.9~5.7	2.6~3.6	3.6~4.8	2.6~3.8	3.1~4.5
伸长率/%	26~40	30~50	30~42	17~22	15~35
熔融温度/℃	215~228	225~265	260	225~230	160~177
弹性模量/(cN/dtxe)	—	—	—	53~76	61.6~79.2
弹性回复率/%	95~100	98~100	—	70~90	88~98
回潮率/%	3.5~5.0	0.3~0.9	—	3.5~4.5	< 0.03

注：cN/dtex 代表厘牛/分特，dtex = 10 000m 纤维束的重量克数。

23.4 功能高分子材料

上述各种具有一般高分子结构性能特点且应用面广的塑料、橡胶、化学纤维，以及涂料、黏合剂等属于通用高分子材料。随着科技进步与技术发展，在涉及国计民生的各个领域出现了具有特殊功能的一类高分子材料，其性能和特征都超越了通用高分子材料的范畴，称为**功能高分子材料**。功能高分子材料除了具有普通高分子材料的一般特性，还在电性能、光学性能、生物功能、化学反应性、化学分离、各向异性等方面具有特殊的性能。如导电高分子材料、生物医用高分子材料、液晶高分子材料、高分子凝胶材料、可降解高分子材料、光电转换高分子材料、高分子催化剂及高分子分离材料等。

23.4.1 导电高分子材料

普通高分子材料一般为电绝缘体，在**导电高分子材料**两端加上一定电压后会有定向电流通过，呈现类似半导体、导体甚至超导体的导电特性。导电高分子材料除了具有高分子材料密度小，可挠性、成膜性、透明性、黏着性好，易加工成型等特点外，还具备导电性，其电导率可在绝缘体、半导体、导体之间较宽的十多个数量级范围里（10^{-9}到10^{5}S/cm）变化。导电聚合物以**导电涂料**、**导电胶**、**导电薄膜**、**导电塑料**、**导电橡胶**等形式在导电电气部件、传感器等方面得到广泛应用，已成为先进工业控制、航空航天工程、医疗器械等高新技术领域不可缺少的重要材料。根据导电高分子材料的结构特征和导电机理，可以分成复合型和结构型两大类。

复合型导电高分子材料由通用的高分子材料与各种导电性物质通过填充、共混等物理方法复合而得。其导电性能与导电填料的种类、用量、粒度和状态以及它们在高分子材料中的分散状态有很大的关系。常用的导电填料有炭黑、金属粉、金属箔片、金属纤维、碳纤维等。主要品种有导电塑料、导电橡胶、导电纤维织物、导电涂料、导电胶黏剂以及透明导电薄膜等。

结构型导电高分子材料指高分子结构本身或经过掺杂后具有导电能力的高分子材料。根据导电机理不同，可分为电子导电型、离子导电型和氧化还原导电型。电子导电聚合物通常为具有线性**共轭结构**的高分子，是指两个以上双键（或三键）以单键相连接时所发生的电子的离位作用，可以通过化学合成或者光、电化学合成方法制备。其导电特征是线型或面型大共轭体系，在热或光的作用下通过共轭 π 电子的活化而进行导电，电导率一般在半导体的范围，也称为**本征态**导电聚合物。本征态导电聚合物经过掺杂处理之后形成电荷转移络合物，借助自由电子或空穴等载流子导电，使电导率大幅提高，一般可提高几个数量级，甚至接近金属导体的电导率，其导电性能取决于化学结构和掺杂状态。根据电导率的大小可分为高分子半导体、高分子金属和高分子超导体。常见的本征态导电高分子有**聚乙炔**（PA）、**聚吡咯**（PPY）、**聚噻吩**（PTH）、**聚对苯乙烯**（PPV）、**聚苯胺**（PANI）以及它们的衍生物。聚乙炔和聚吡咯经化学或者电化学掺杂处理后，其电导率可以达到 10^2S/cm~10^5S/cm 以上。聚苯胺结构多样、掺杂机制独特、稳定性高、技术应用前景广泛，在目前的研究中备受重视。电子导电聚合物主要作为塑料电池、太阳能电池电极、传感器件、微波吸收材料、半导体元器件和电显示材料使用。但目前加工成型性、力学性能方面还存在问题，因此尚未真正进入实际应用。表23-8给出一些典型的导电高聚物的结构式与电导率。

表 23-8 典型的导电高聚物

名称	结构式	电导率/S·cm^{-1}
聚乙炔	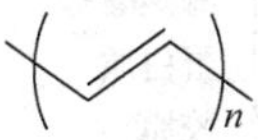 n	10^5
聚吡咯	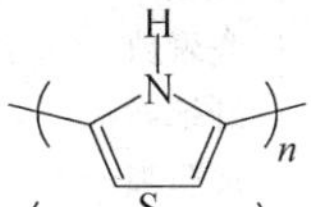 H N n	10^2
聚噻吩	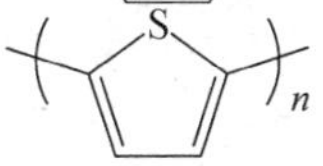 S n	10^3
聚对苯	 n	10^3
聚对苯乙烯	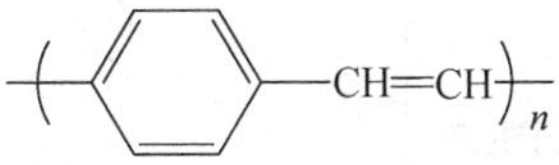 —CH═CH— n	10^3
聚苯胺	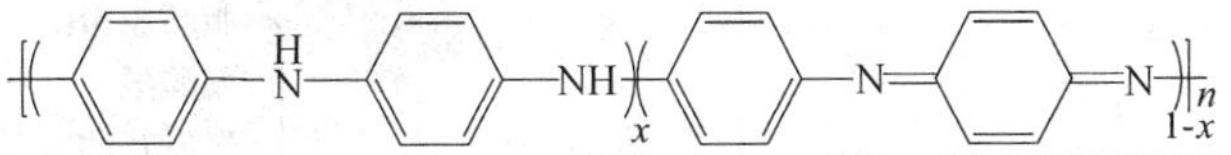 H N —NH— x —N═ ═N— n $1-x$	10^3

离子导电高分子也称为**聚合电解质**，在结构上具有柔性主链，分子内含有极性基团或者配位原子，可以使离子型化合物解离成可以单独移动的正负离子，呈现离子导电现象，主要作为固体电解质使用。

氧化还原导电聚合物一般是在聚合物主链中或者侧链上带有能进行可逆氧化还原反应的活性基团，当一段聚合物的两端加上一定电压时，聚合物内相邻的活性基团发生一系列可逆氧化还原反应，依次将产生的电子传递给相应电极，完成导电过程。氧化还原型导电聚合物主要作为各种用途的电极材料或特殊用途的电极修饰材料，这种表面修饰电极广泛用于分析化学、催化合成反应、太阳能转化与利用、分子电子器件和有机光电子器件的制备研究等方面。

23.4.2 生物医用高分子材料

生物医用高分子材料指用于生理系统疾病的诊断、治疗、修复或替换生物体组织或器官以增进或恢复其功能的一类特殊功能高分子材料。相关研究领域涉及材料学、化学、医学、生命科学。根据材料的来源、反应性质和应用目的，生物医用高分子材料可分为多种类型。

根据来源不同可分为天然生物医用高分子材料和合成生物医用高分子材料。前者指从生物体中提取的一类天然高分子材料，包括胶原、明胶、丝素蛋白、角蛋白、黏多糖、壳聚糖和纤维素及其衍生物等；后者包括诸如硅橡胶、聚氨酯、聚乙烯、聚丙烯、聚酯等高分子材料。

根据材料与组织的反应特性可分为**生物惰性**、**生物活性**、**可生物降解**医用高分子材料。生物惰性医用高分子材料指在体内不与组织发生任何反应的高分子材料。生物活性医用高分子材料指能与组织发生有益的相互作用或对组织和细胞有生物活性的一类材料，例如能与天然骨发生骨性结合的羟基磷灰石、高分子药物、高分子修饰的生物大分子治疗剂、多肽等生物分子修饰的高分子等。可生物降解的医用高分子材料可在体内逐渐降解，降解产物对人体无毒副作用，可被机体吸收代谢或排泄。图 23-3 给出了生物医用高分子材料的主要种类。

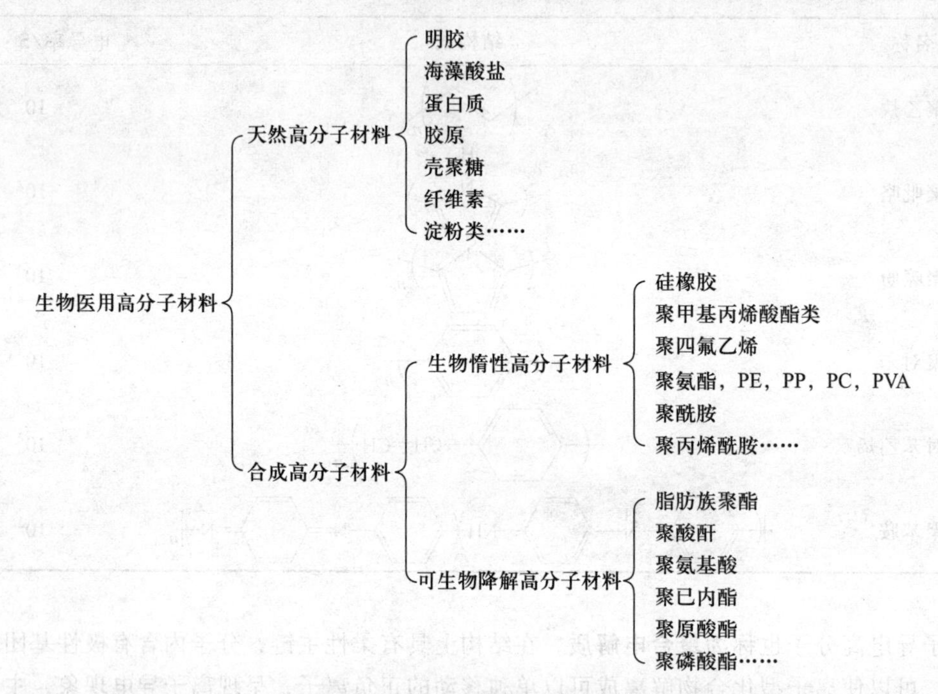

图 23-3 生物医用高分子材料的种类

生物医用高分子材料的一个重要评判指标是其**生物相容性**。生物相容性是指材料与生命体之间相互作用后产生的各种复杂的生物、物理、化学反应的概括，用以表征材料在特定应用中与生命体相互作用的生物学行为。生物相容性包括两个方面的内容，即材料在生物体和生理环境作用下发生的一系列结构和性能的变化，以及生物体对植入生物材料的宿主反应和产生有效作用的能力。宿主反应一般包括组织反应、血液反应和免疫反应等。根据在人体内应用环境和接触的部位不同，对生物医用材料的要求有很大差别。概括地说，生物医用材料应具有良好的生物相容性以及稳定的物理、化学稳定性和良好的力学性能，即使长期植入人体内也不会引起人体产生不良的组织反应而发生炎症、坏死和功能下降和损害等，不干扰人体正常的新陈代谢和繁殖。

根据生物医用高分子材料的用途可分为硬组织修复医用高分子材料、软组织修复材料、组织工程支架材料、血液相容性高分子材料、高分子药物和药物缓释控释载体材料、医用黏合剂、诊断与检测医用高分子材料等。

硬组织修复医用高分子材料包括用于骨科和齿科的高分子材料，其具有高的力学性能和耐疲劳性以及耐体内腐蚀性，如超高分子量聚乙烯人工关节臼、树脂型牙冠修复材料等。软组织修复高分子材料主要用于软组织替代和医用修复，这类材料具有与软组织良好的组织相容性和力学相容性，如聚乙烯醇水凝胶人工软骨修复材料、聚甲基丙烯酸 β-羟乙酯-甲基丙烯酸戊酯人工晶体材料、聚甲基丙烯酸 β-羟乙酯、聚甲基丙烯酸 β-羟乙酯-N-乙烯吡咯烷酮、聚甲基丙烯酸甘油酯-N-乙烯吡咯烷酮等。

医学修复中的**组织工程**是指采用工程化的方法在体内外构建组织或器官，用于人体组织的修复或替代。组织工程支架材料可提供细胞黏附、生长、分化的场所，并构建细胞生长的外形，是组织工程化的基本构架，也是组织工程学研究的重要内容。组织工程支架材料应具有良好的生物相容性、体内可降解性、三维连通多孔结构、足够的力学性能和可加工性，并对灭菌、消毒有一定的耐受性等。用于组织工程支架的高分子材料包括天然可降解高分子材料，如胶原、壳聚糖、透明质酸、纤维素、多糖等，以及合成可降解高分子材料，如**聚乳酸**、**聚羟基乙酸**、**聚羟基烷酸酯**、聚原酸酯、聚氨基酸等。

血液相容性高分子材料主要用于与血液循环系统相关的器官和组织修复及治疗，如人工心脏、人工血管、血管支架、透析材料等。这类材料要求具有优异的血液相容性，不引起凝血、溶血等血液反应，还要具有与人体血管相似的弹性和延展性以及良好的耐疲劳性等。

高分子药物和**药物缓释**控释载体材料包括本身具有药理活性的高分子药物，以及辅助药物发挥作用的药物载体材料，它们具有延缓或控制药物释放速度和部位、提高疗效、减小药物毒性和刺激性对人体正常组织的不良影响、保护药物并增加药物贮存稳定性等方面的作用，同时还要求其在体内具有可降解性和可吸收性。

医用黏合剂是指将组织黏合起来的组织黏合剂，这类材料应在体内能迅速聚合，不产生过量的热和毒副产物，并且在创伤愈合时可被吸收而不干扰正常的愈合过程。常用的黏合剂有 α-氰基丙烯酸烷基酯类、甲基丙烯酸甲酯-苯乙烯共聚物及亚甲基丙二酸甲基烯丙基酯等。

诊断与检测医用高分子材料指通过与生物分子连接，可在体内对特异细胞、病毒、抗体等产生特异性反应，从而实现对疾病的诊断和检测的高分子材料。

表 23-9 给出了常见的生物医用高分子材料一些应用的例子，其中生物惰性医用高分子材料主要用于人工组织与器官及心血管系统与血液净化材料、医用黏合剂、导管、插管、外用医疗辅助材料等；可降解生物医用高分子材料主要用于可吸收手术缝线、骨科固定钉板、组织工程支架材料、药物缓释材料等。

表 23-9 生物医用高分子材料的应用

应用领域	高分子材料
人工心脏	嵌段 PU、硅橡胶……
人工肾脏	纤维素、PMMA、PCN、聚砜、EVA、PU、PP、聚碳酸酯……
人工肝脏、胰脏	聚甲基丙烯酸羟乙酯、丙烯酸中空纤维……
人工肺	硅橡胶、PP 中空纤维、聚砜……
人工关节、骨	超高分子量 PE、PMMA、聚酰胺、聚酯……
人工皮肤	硝基纤维素、甲壳素、聚酯、聚硅酮复合物……
人工角膜	PMMA、硅橡胶、PVA、聚甲基丙烯酸羟乙酯……

续表

应用领域	高分子材料
人工血管	聚酯纤维、聚四氟乙烯、PU……
人工胆管、尿道	硅橡胶、聚酯纤维……
人工食道、喉头	聚四氟乙烯、聚硅酮、聚酯、PE……
人工气管	PE、聚四氟乙烯、聚硅酮、聚酯……
腹膜	聚硅酮、PE、聚酯纤维……
组织工程支架材料	胶原、壳聚糖、海藻酸钠、聚乳酸、聚己内酯，聚羟基烷酸酯……
药物释放载体	磷脂、脂质体、聚氨基酸、聚乳酸、聚乙醇酸、壳聚糖、海藻酸盐……

23.4.3 液晶高分子材料

液晶是一种介于液态和晶体之间的过渡中间相态，同时具有晶体和液体的部分性质和特性。**液晶高分子**的外观呈高分子熔体或溶液的流动性，但内部存在高分子结晶态的有序排列和各向异性，因而具有很多独特的性能，如温度效应、光电效应、理化效应、磁效应、超声效应和高模量、高强度等。根据液晶高分子在空间排列的有序性可分为**近晶型**、**向列型**、**胆甾型**三种不同的结构类型(参见第 2 章图 2-40)。在近晶型结构的液晶高分子中，长棒状高分子互相平行排列成层状结构，分子的长轴垂直于层片平面。在层内，大分子的排列保持着二维有序性，分子链段可在层内活动，但不能来往于各层之间，因而这类柔性的二维大分子片层之间可以相互滑动，但垂直于层片方向的运动则要困难。向列型结构的液晶高分子中，棒状分子之间沿长轴方向互相平行排列，但在其他方向上的排列则是无序的。在外力作用下可发生流动，并且很容易沿流动方向取向。胆甾型结构的液晶高分子呈长扁形，依靠端基的相互作用彼此平行排列成层状结构，分子长轴在层片平面内，而相邻两层间由于分子长轴的取向方向不同按照一定规则发生角度扭转形成螺旋面结构。此外还有盘状液晶结构等。

根据液晶形成条件的不同，液晶高分子可分为**溶致液晶**和**热致液晶**。溶致液晶指刚性高分子等在溶剂中溶解达到特定浓度后形成有序结构而产生的液晶现象，热致液晶指在高分子受热熔融后形成有序结构而产生的液晶现象。根据液晶单元与高分子的连接位置不同，又可分为主链型液晶、侧链型液晶和混合型液晶。这两种分类方法和特性又是互相交叉的。

主链型高分子液晶是指液晶基元处于主链中的一类聚合物材料，如聚芳香酰胺类、聚肽类、聚酯类等，包括主链型溶致液晶和主链型热致液晶。主链型溶致液晶的特点是分子具有足够的刚性和溶解性，这类材料主要有芳香族聚酰胺聚苯二酰对苯二胺、纤维素、聚对氨基苯甲酸、聚苯并噻唑，以及有特殊构象的天然大分子和生物大分子聚肽类等。主链型热致液晶的特点是刚性大分子在较广的温度范围内处于稳定的熔融状态，在此温度范围不能分解，这类液晶高分子主要有聚酯类液晶、聚甲亚胺、聚芳醚砜、聚氨酯等。主链型高分子液晶材料多用于制备一些高强度、高模量的结构材料。在高分子液晶相变时，在液晶区间温度或溶液浓度范围内其黏度较低，且高度取向，可利用这一特性进行纺丝，不仅工艺操作性强而且可以获得高模量、高强度的纤维，可用于消防用耐火防护服或各种规格的高强缆绳、超强纤维等。

侧链型高分子液晶是指液晶基元处于侧链中的一类聚合物材料，按液晶基元的性质可分为非双亲和双亲性。双亲性分子指一头含有亲水基、另一头含有亲油基的分子。双亲性侧链液晶一般为溶致液晶，非双亲性液晶一般为热致液晶。影响侧链型高分子液晶行为的因素有侧链结构、主链结构、聚合度和化学交联。如将含有胆甾型介晶单元的乙烯基单体胆甾醇苯甲酸酯通过接枝反应连接到硅氧烷聚合物主链上，可得到有机硅聚合物侧链型高分子液晶。侧链型高分子液晶将小分子液晶性质和高分子的良好加工性质及柔韧性结合为一体，是一类具有多种功能响应的新型材料，如用作光信息储存液晶、光致变色液晶、铁电液晶等。

总　　结

高分子材料科学的发展以有机化学、高分子化学、高分子物理、材料力学等学科为基础，涉及的材料种类多、性能差异大、应用广泛，是工农业生产各行业、航空航天和国防等高新尖端技术领域不可缺少的重要材料。本章在有限的篇幅里概括地介绍了塑料、橡胶、有机纤维等几类通用高分子材料，以及导电高分子材料、生物医用高分子材料、液晶高分子材料等功能高分子材料的种类、主要结构和性能特点、加工特性和应用领域，希望非高分子材料专业的本科学生通过本章的学习和介绍，能够初步掌握和了解高分子材料的主要分类和特点，为进一步学习和研究打下基础。

重要术语

天然橡胶(natural rubber)
塑料(plastic)
橡胶(rubber)
纤维(fiber)
填料(filler)
增塑剂(plasticizer)
比强度(specific strength)
热塑性塑料(thermoplastic)
热固性塑料(thermosetting plastic)
交联(crosslinking)
模压成型(compression molding)
挤出成型(extrusion)
注射成型(injection molding)
中空成型(hollow molding)
压延成型(extension molding)
聚乙烯(polyethylene(PE))
聚丙烯(polypropylene(PP))
聚氯乙烯(polyvinylchloride(PVC))
聚苯乙烯(polystyrene(PS))
丙烯腈-丁二烯-苯乙烯共聚物(acrylonitrile-butadiene-styrene(ABS))
低密度聚乙烯(low density polyethylene(LDPE))
高密度聚乙烯(high density polyethylene(HDPE))
超高分子量聚乙烯(ultra-high molecular weight polyethylene(UHMWPE))

接枝(grafting)
嵌段(block)
悬浮法(suspension method)
乳液法(microemulsion method)
本体法(bulk polymerization)
聚酰胺(polyamide(PA))
聚甲醛(polyformaldehyde(POM))
聚碳酸酯(polycarbonate(PC))
聚酯(polyester)
聚对苯二甲酸乙二酯(polyethylene terephthalate(PET))
聚对苯二甲酸丁二酯(polybutylene terephthalate(PBT))
体形结构(cross-linked structure)
酚醛树脂(phenolic resin)
环氧树脂(epoxy resin)
线性结构(linear structure)
支链结构(branched-chain structure)
高弹性(high elasticity)
混炼(mixing)
硫化(vulcanization)
异戊橡胶(isoprene rubber(IR))
丁苯橡胶(styrene-butadiene rubber(SBR))
顺丁橡胶(4-polybutadiene rubber(CPBR))
乙丙橡胶(ethylene propylene rubber(EPR))
氯丁橡胶(chloroprene rubber(CR))
丁腈橡胶(nitrile butadiene rubber(NBR))
硅橡胶(silicone rubber)
天然纤维(natural fiber)
化学纤维(chemical fiber)
导电高分子材料(conducting polymermaterial)
液晶高分子(liquid crystal polymer)
导电涂料(conductive coating)
导电胶(electrically conducting adhesive)
导电薄膜(conductive film)
导电塑料(conductive plastic)
导电橡胶(conductive rubber)
共轭结构(conjugated structure)
本征态(eigenstate)
聚乙炔(polyacetylene(PA))
聚吡咯(polypyrrole(PPY))
聚噻吩(polythiophene(PTH))
聚对苯乙烯(poly(p-phenyl vinyl)(PPV))
聚苯胺(polyanilene(PANI))
聚合电解质(polyelectrolyte)
生物惰性(bioinert)
生物活性(bioactivity)
可降解(degradable)
组织工程(tissue engineering)
聚乳酸(polylactic acid(PLA))
聚羟基乙酸(polyglycolic acid(PGA))
聚羟基烷酸酯(polyhydroxyalkanoate(PHA))
血液相容性(blood compatibility)
高分子药物(polymer drug)
药物缓释(drug controlled-release)
医用黏合剂(medical adhesiveagent)
生物相容性(biocompatibility)
近晶型(smectic liquid crystal)
胆甾型(cholesteric liquid crystal)
溶致液晶(lyotropic liquid crystal)
热致液晶(thermotropic liquid crystal)
通用塑料(general purposed plastics)
工程塑料(engineering plastics)
化学改性(chemical modification)
物理改性(physical modification)
交联结构(cross-linked structure)
丙烯腈(acrylonitrile)
丁二烯(butadiene)
苯乙烯(styrene)
合成橡胶(synthetic rubber)
人造纤维(artificial fiber)
合成纤维(synthetic fiber)
特种橡胶(specialty rubber eastomer)
有机纤维(organic fiber)
铜铵纤维(cuprammonuium)
聚酯纤维(polyester fiber)

涤纶(terylene)
聚酰胺纤维(polyamide fiber)
锦纶(nylon)
聚丙烯腈纤维(polyacrylonitrile fiber)
腈纶(acrylic)
聚乙烯醇纤维(polyvinyl alcohol fiber)
维纶(vinylon)
特种纤维(special fiber)
耐腐蚀纤维(corrosion resistant fiber)
耐高温纤维(high temperature resistance fiber)
阻燃纤维(flame retardant fiber)
特氟纶(teflon)
高强度高模量纤维(high strength and high modulus fiber)
芳纶(aramid fiber)
碳纤维(carbon fiber)
功能纤维(functional fiber)
功能高分子材料(functional polymer materials)
氧化还原导电聚合物(redox conductive polymer)
生物医用高分子材料(biomedical macromolecular material)
主链型高分子液晶(backbone polymer liquid crystal)
侧链型高分子液晶(side chain polymer liquid crystal)

练习与思考

23-1 简述高分子材料的主要特点和分类。
23-2 分别比较塑料及橡胶和纤维的结构、性能特点。
23-3 阐述热塑性塑料的特征，以及五大通用塑料的分子结构和性能特征。
23-4 比较几种主要的工程塑料的分子结构、性能和应用特点。
23-5 为什么 ABS 具有良好的综合物理力学性能？其三种单体对材料性能各有何影响？
23-6 简述热固性树脂的种类、性能和应用领域。
23-7 简述橡胶加工的基本工艺。
23-8 简述五种合成橡胶的分子结构及特性。
23-9 简述化学纤维的基本特点和分类。
23-10 简述结构型导电高分子材料的结构特点和导电机理。
23-11 简述生物医用高分子材料的生物相容性。
23-12 按照分子结构和形成条件可以把液晶高分子划分为哪几种？

参考文献

[1] 陈平，廖明义．高分子合成材料学．2 版．北京：化学工业出版社，2010.

[2] 黄丽．高分子材料．2 版．北京：化学工业出版社，2010.
[3] 张德兴，张东兴，刘立柱．高分子材料科学导论．哈尔滨：哈尔滨工业大学出版社，1999.
[4] 王澜，王佩璋，陆晓中．高分子材料．北京：中国轻工业出版社，2009.
[5] 陈乐怡，张从容，雷燕湘．常用合成树脂的性能和应用手册．北京：化学工业出版社，2002.
[6] 龚云表，王安富．合成树脂及塑料牌号手册．上海：上海科学技术出版社，1993.
[7] 潘祖仁．高分子化学．北京：化学工业出版社，1997.
[8] ZHENG Y，HUANG X，WANG Y，et al. Performance and characterization of irradiated poly(vinyl alcohol)/polyvinylpyrrolidone composite hydrogels used as cartilages replacement. J. Applied Polymer Science，2009，113(2)：736 - 741.
[9] ZHENG Y，WANG Y，YANG H，et al. Characteristic comparison of bioactive scaffolds based on polyhydroxyalkoanate/bioceramic hybrids. J. Biomedical Materials Research，2007，80B (1)：236-243.
[10] WENDY L. Ultimate mechanical properties of rubber toughened semicrystal line PET at room temperature. Polymer，2002，43：5679-5691.
[11] ALEXADRE M，DUBOIS P. Polymer-layered silicate nanocomposite：preparation，properties and uses of a new class of materials. Mater. Sci. Eng.，2000，28R(1-2)：1-63.
[12] MAITI SN，SAROOP UK，MISRA A. Studies on polyblends of poly(vinylchloride) and acrylonitrile -butadiene-styreneter-polymer. Polym Eng Sci，1992，32(1)：27-35.
[13] FAYT R.，JEROME R.，TEYSSIE P.. Molecular design of multicomponent polymer systems. II. Emulsifying effect of a poly(hydrogenated butadiene-b-styrene) copolymer in high-density polyethylene/polystyrene blends. J. Polymer Science，1981，19A(8)：1269-1272.
[14] 郑裕东，刘青，王迎军，等．聚羟基烷酸酯的酶降解动力学研究．高分子学报，2002(6)：760-763.
[15] 郑裕东，李吉波，黄炯亮．掺杂聚苯胺溶致液晶产生与表征．高等学校化学学报，1997(18)：823-825.
[16] 王国建，刘琳．特种与功能高分子材料．北京：中国石化出版社，2004.
[17] 戈进杰．生物降解高分子材料及其应用．北京：化学工业出版社，2002.
[18] 傅政．橡胶材料性能与设计应用．北京：化学工业出版社，2003.
[19] 西鹏，李文刚，高晶．高技术纤维．北京：化学工业出版社，2004.
[20] 张留成．高分子材料导论．北京：化学工业出版社，1993.
[21] 金日光，华幼卿．高分子物理．北京：化学工业出版社，1990.

结束语

首先，感谢您选择使用了本书。然后，再谈一点复习本书和进一步拓展学习的建议。

“有用”，是材料最重要的属性。本书包括 5 篇 23 章的内容，交叉涵盖了材料科学与工程的主要基础，也涵盖了金属材料、无机非金属材料、高分子材料、复合材料等结构材料及功能材料。旨在提供“有用”的基础知识、概念、原理、模型、规律、思路与分析解决相关问题的工具与途径，以备读者学习并综合运用。在全部或选择性地按独立篇章阅读学习有关内容之后，现在是由您将全书各部分内容交汇、集成并应用的时候了。当然，在当前的互联网、计算机、移动智能系统(包括手机)时代，不需要且更不应该死记硬背书中内容，真正需要的是对其正确理解和灵活运用。在此建议根据“有用”即需求牵引的原则，选择一个材料设计研发、材料制备加工处理或材料选择应用的真实或假想课题，提出其中的关键科学或技术问题，并设法利用本书去帮助解决。本书的目录和书末索引，则可以帮助更快更方便地在本书中进行内容及专业名词的检索与定位。譬如，无论您关注的是发生在何种材料中的热激活过程，均可以通过关键词“(热)激活能”在本书(甚至互联网)中查找相关内容，进而进行理解、比较、鉴别及应用。

材料科学与工程是一个有机的整体。此处特借用如下文献[1]中展示的材料科学与工程要素的两种示意图(分别源于美国 MIT 的 M. C. Flemings 和中国的师昌绪两位世界著名的资深材料学家)，既作为对《材料科学与工程基础》全书的凝练总结，供学习和复习本书时参考，亦作为对材料学界前辈们的致敬。需要特别指出的是，理解各个要素(尤其是显微组织)的同时，更要关注各要素之间的内在联系以及材料科学与工程的整体性。

对于欲进一步全面了解材料科学与工程的读者，建议在本书基础上阅读如下书籍及文献：

[1] CAHN RW. 走进材料科学. 杨柯，译. 北京：化学工业出版社，2008.

[2] SURESH S. (ed.). The Millennium Special Issue: Selection of Major Topics in Materials Science and Engineering: Current Status and Future Directions. Acta Materialia, 2000, 48 (1): 1-384.

[3] Executive Office of the President. National Science and Technology Council. Materials Genome Initiative for Global Competitiveness. Washington D.C., June 24, 2011.

[4] ASHBY M. Materials Selection in Mechanical Design. 4th ed. Amsterdam: Elsevier, 2010.

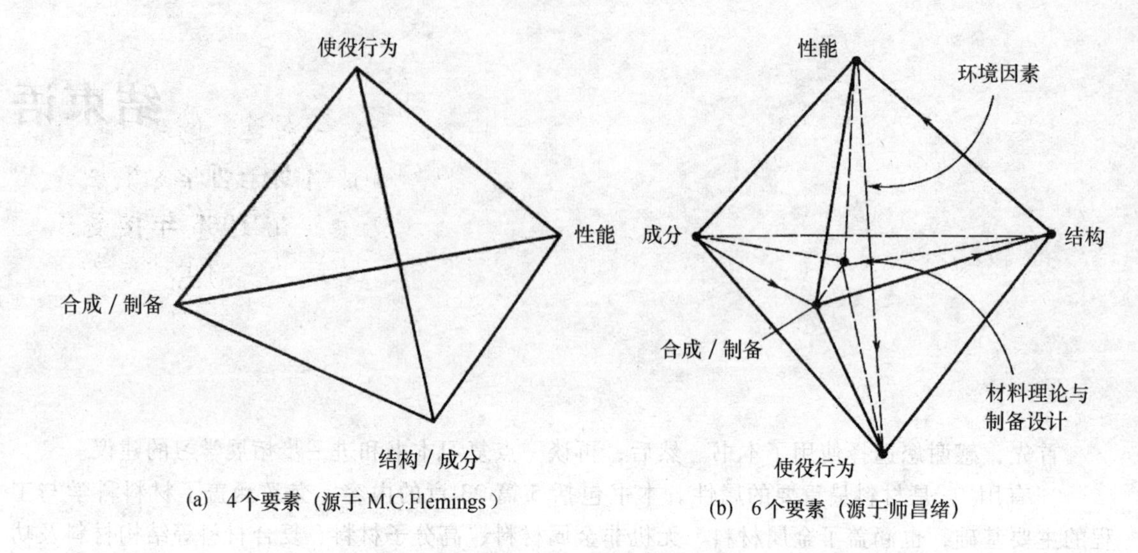

(a) 4个要素（源于 M.C.Flemings） (b) 6个要素（源于师昌绪）

材料科学与工程要素的两种示意图

[5] 师昌绪，李恒德，周廉．材料科学与工程手册．北京：化学工业出版社，2004.

上述书籍及文献中，[1]是全面介绍材料科学如何演化而来并最终确定其学科地位历程的一本经典名著。文献[2]是材料科学与工程领域顶级期刊 Acta Materialia 的“千禧年特刊”，包含 21 篇特邀综述性论文，对材料科学与工程的现状与未来发展方向进行了系统性的探讨。文献[3]是美国政府提出的为振兴先进制造业、提高全球竞争力而实施的一项材料协同创新计划(材料基因组计划,MGI)的白皮书，其科学实质在于融合材料计算模拟、实验表征和数据及数据技术于一体，低耗快速、高预见性地创新发展新材料并服务于社会及制造业，孕育着材料科学与工程领域研究模式的一次重大革命，其思路可供借鉴参考。通过[4]的书名即可知该书着眼于材料的选择与应用，已数次再版，在全球机械设计制造乃至材料工程领域已产生重要影响。[5]则是中国材料研究学会组织全国知名专家集体编写的一种大型手册，包括基础、制备与加工、组织结构、性能与测试、使用行为、金属材料、无机非金属材料、高分子材料、复合材料、半导体材料、特种功能材料、生物医用材料、生态环境材料共 13 篇 164 章，内容丰富翔实，可供材料科技工作者随时备查。

本书的诞生，赖于前辈和同仁们的理解、支持和贡献，其进一步的修订完善，则更需要同行专家和本书读者的批评指正。若您对本书内容与编排上有何批评建议，敬请通过电子邮箱 g. liu@ ustb. edu. cn 与本书编者直接联系，以便借鉴和采纳。在此提前表示衷心感谢！

编　者

2014 年 5 月

索　引

B

C

D

E

F

G

H

J

K

L

M

N

O

P

Q

R

Y

Z

化学元素周期表

Periodic Table of the Elements

图例

图例	26 Fe	
熔点或气体冷凝点	1 538° [bcc]	原子序数 26
转变温度 (℃)	1 394° [fcc] 912° [bcc]	
晶体结构	[bcc]	
	55.85	原子质量
	7.87	密度ρ(g/cm^3)
	213	E弹性模量(GPa)
	14.0	α膨胀系数(10^{-6}K^{-1})
	1.26	原子半径(10^{-10}m)
	2.86	a晶格常数(10^{-10}m) } 20℃
	–	c晶格常数(10^{-10}m) } 20℃
	$3d^64s^2$	电子结构

[fcc] fcc　[bcc] bcc　[hcp] hcp　[金刚石] 金刚石结构　[正交] 正交，单斜，三斜　[简单立方] 简单立方　[tet] tet　[hex] hex　[菱形] 菱形

周期	IA	IIA	IIIB	IVB	VB	VIB	VIIB	VIII	VIII	VIII	IB	IIB	IIIA	IVA	VA	VIA	VIIA	惰性气体
1	1 H 1.01 0.089 9×10^{-3} – – –259.2° [hcp] – 3.75 6.12 1s																	2 He 4.00 0.178 5×10^{-3} – – –269.7° [hcp] – – – 1s^2
2 [He]	3 Li 180° [bcc] 6.94 0.534 11.5 [fcc] 46.6 1.55 –195° [hcp] 3.51 – 2s	4 Be 9.01 1.848 310 11.5 1.12 128.4° [hcp] 2.29 – 2s^2											5 B 10.81 2.34 – 2.3 2 300° [正交] 0.88° 8.93 5.06 2s^{2}2p	6 C 12.01 3.51$^+$ – – [金刚石] 0.77* [hcp] – – 2s^{2}2p^2	7 N 14.01 1.250×10^{-3} – – –210° [hcp] 0.70* – – 2s^{2}2p^3	8 O 16.00 1.429×10^{-3} – – 0.66* –218.8° [简单立方] – – 2s^{2}2p^4	9 F 19.00 1.696×10^{-3} – – 0.64* –219.6° – – 2s^{2}2p^6	10 Ne 20.18 0.899 9×10^{-3} – – –248.6° [fcc] – – – 2s^{2}2p^6
3 [Ne]	11 Na 22.99 98° 0.971 2 8.93 [bcc] 72 –237° 1.90 [fcc] 4.28 – 3s	12 Mg 24.31 1.74 44.3 26 650° 160 [hcp] 3.20 – 3s^2											13 Al 26.98 2.70 70.5 23.3 660° 1.43 [fcc] 4.04 – 3s^{2}3p	14 Si 28.09 2.33 113 – 1 423° 1.32 [金刚石] 5.43 – 3s^{2}3p^2	15 P 30.97 1.83^{++} – – – 1.28 [正交] – – 3s^{2}3p^3	16 S 32.97 2.07** – – 119° 1.27 [正交] β – – 3s^{2}3p^4	17 Cl 35.45 3.214×10^{-3} – – –101° 0.99* [tet] – – 3s^{2}3p^5	18 Ar 39.95 1.784×10^{-3} – – –189.4° – [fcc] – – 3s^{2}3p^6
4 [Ar]	19 K 39.10 0.86 3.53 83 63.5° 2.35 [bcc] 5.33 – 4s	20 Ca 40.08 1.55 850° [hcp] 19.6 22 440° 1.97 [fcc] 5.56 – 4s^2	21 Sc 44.96 2.99 – – 1.62 [hex] – – 3d4s^2	22 Ti 47.88 4.507 1 660° [bcc] 106 10 885° 1.47 [hcp] 2.95 4.73 3d^{2}4s^2	23 V 50.94 6.1 127 7.8 1 720° 1.34 [bcc] 3.03 – 3d^{3}4s^2	24 Cr 52.00 7.19 186 – 1 845° 1.27 [bcc] 2.89 – 3d^{5}4s	25 Mn 1 243° [bcc] 54.94 1 138° 7.43 [fcc] 208 21 1 095° 1.26 β 8.89 727 – 3d^{5}4s^2	26 Fe 1 538° [bcc] 55.85 7.87 1 394° 213 [fcc] 14.0 1.26 912° [bcc] 2.86 – 3d^{6}4s^2	27 Co 55.93 8.85 1 495° 204 [fcc] 12 440° 1.25 [hcp] 2.51 4.07 3d^{7}4s^2	28 Ni 58.89 8.90 202 12.5 1 455° 1.24 [fcc] 3.52 – 3d^{8}4s^2	29 Cu 63.65 8.96 123 16.5 1 083° 1.28 [fcc] 3.61 – 3d^{10}4s	30 Zn 65.39 7.13 92.2 – 419° 1.38 [hcp] 2.66 4.95 3d^{10}4s^2	31 Ga 69.72 5.91 (9.8) 18 29.8° 1.41 [正交] – – 3d^{10}4s^{2}4p	32 Ge 72.61 5.32 – – 936° 1.37 [金刚石] 5.66 – 3d^{10}4s^{2}4p^2	33 As 74.92 5.72 – – 817° 1.39 [菱形] 4.14 – 3d^{10}4s^{2}4p^3	34 Se 78.96 479 – – 220° 1.40 [菱形] – – 3d^{10}4s^{2}4p^4	35 Br 79.90 3.12 – – –7.2° 1.11* [正交] – – 3d^{10}4s^{2}4p^5	36 Kr 8.80 3.743×10^{-3} – – –157.3° – [fcc] – – 3d^{10}4s^{2}4p^6
5 [Kr]	37 Rb 85.47 1.53 (2.35) 90 39° 2.48 [bcc] 5.62 – 5s	38 Sr 770° [bcc] 87.62 2.60 540° [hcp] 15.7 – 235° 2.15 [fcc] 6.09 – 5s^2	39 Y 88.91 4.47 – – 1 475° 1.80 [hcp] 3.66 5.81 4d5s^2	40 Zr 91.22 6.49 1 845° 92.2 [bcc] 7.2 852° 1.60 [hcp] 3.23 5.15 4d^{2}5s^2	41 Nb 92.91 8.57 104 7.1 2 415° 1.46 [bcc] 3.30 – 4d^{4}5s	42 Mo 95.94 10.22 301 6.5 2 600° 1.38 [bcc] 3.15 – 4d^{5}5s	43 Tc (98.91) 11.49 407 – 2 200° 1.36 [hcp] 2.74 4.39 4d^{6}5s	44 Ru 101.07 12.2 (432) 9.8 1 950° 1.34 [hcp] 2.70 4.27 4d^{7}5s	45 Rh 102.91 12.44 379 8.5 1 966° 1.34 [fcc] 3.80 – 4d^{8}5s	46 Pd 106.42 12.02 113 11.2 1 552° 1.37 [fcc] 3.88 – 4d^{10}	47 Ag 107.87 10.49 79 18.7 961° 1.44 [fcc] 4.08 – 4d^{10}5s	48 Cd 112.41 8.65 50 – 321° 1.54 [hcp] 2.97 5.61 4d^{10}5s^2	49 In 114.82 7.31 10.5 40 156.2° 1.66 [tet] 4.59 4.94 4d^{10}5s^{2}5p	50 Sn 118.71 7.30 232° 54.3 [tet] – 13° 1.62 [金刚石] 5.82 3.18 4d^{10}5s^{2}5p^2	51 Sb 121.75 6.62 54.9 – 630° 1.59 [菱形] 4.50 – 4d^{10}5s^{2}5p^3	52 Te 127.60 6.24 41.2 – 450° 1.60 [菱形] 4.45 5.91 4d^{10}5s^{2}5p^3	53 I 126.90 4.94 – – 113.7° 1.28* [正交] – – 4d^{10}5s^{2}5p^5	54 Xe 131.29 5.896×10^{-3} – – –111.9° – [fcc] – – 4d^{10}5s^{2}5p^6
6 [Xe]	55 Cs 132.91 1.903 (1.47) – 30° 2.67 [bcc] – – 6s	56 Ba 137.33 3.6 12.7 19 710° 2.22 [bcc] 5.02 – 6s^2	镧系 57 La 138.91 920° 6.19 [fcc] 37.5 5.8 350° 1.87 [hcp] 3.76 6.06 5d6s^2	72 Hf 178.49 2 130° 13.09 [bcc] 138 (6.0) 1 310° 1.58 [hcp] 3.20 5.06 5d^{2}6s^2	73 Ta 180.95 16.6 175 3.6 3 000° 1.46 [bcc] 3.30 – 5d^{3}6s^2	74 W 183.85 19.3 388 7.0 3 400° 1.39 [bcc] 3.16 – 5d^{4}6s^2	75 Re 186.21 21.04 461 6.8 3 160° 1.37 [hcp] 2.76 4.46 5d^{5}6s^2	76 Os 190.20 22.57 560 – 2 500° 1.36 [hcp] 2.73 4.31 5d^{6}6s^2	77 Ir 192.2 22.5 528 6.6 2 454° 1.36 [fcc] 3.83 – 5d^{7}6s^2	78 Pt 195.08 21.45 168 8.94 1 773° 1.38 [fcc] 3.92 – 5d^{9}6s	79 Au 196.97 19.32 78.7 14.2 1 063° 1.44 [fcc] 4.07 – 5d^{10}6s	80 Hg 200.59 13.55 – – –38.9° 1.67 [菱形] 3.0 – 5d^{10}6s^2	81 Tl 204.38 11.85 303° 8.0 [fcc] 29 232° 1.71 [hcp] 3.45 5.52 5d^{10}6s^{2}6p	82 Pb 207.20 11.36 16.2 28 327° 1.75 [fcc] 4.95 – 5d^{10}6s^{2}6p^2	83 Bi 208.98 9.80 31.9 – 271° 1.70 [菱形] 4.74 – 5d^{10}6s^{2}6p^3	84 Po (208.98) (9.2) – – 246° 1.76 [正交] – – 5d^{10}6s^{2}6p^4	85 Al (209.99) – – – 302° – – – 5d^{10}6s^{2}6p^5	86 Rn (222.02) 9.960×10^{-3} – – –71° – [fcc] – – 5d^{10}6s^{2}6p^6

7	87 Fr [223]	88 Ra [226]	锕系	104 Rf [221]	105 Db [262]	106 Sg [266]	107 Bh [264]	108 Hs [269]	109 Mt [268]	110 Ds [271]	111 Rg [272]	112 Cn [277]	113 Uut	114 Fl [289]	115 Uup	116 Lv [298]	117 Uus	118 Uuo

镧系：	57 La 138.91	58 Ce 140.12	59 Pr 140.91	60 Nd 144.24	61 Pm [145]	62 Sm 150.36	63 Eu 151.96	64 Gd 157.25	65 Tb 158.93	66 Dy 162.50	67 Ho 164.93	68 Er 167.26	69 Tm 168.93	70 Yb 173.04	71 Lu 174.97
锕系：	89 Ac [227]	90 Th 232.04	91 Pa 231.04	92 U 238.04	93 Np [237]	94 Pu [244]	95 Am [243]	96 Cm [247]	97 Bk [247]	98 Cf [251]	99 Es [252]	100 Fm [257]	101 Md [258]	102 No [259]	103 Lr [262]

92 U
1 133° [bcc] 238.04 19.07 772° [tet] 205 14.8 665° 1.42 [正交] – – 6d7s^2

注：表中数字上标的“°”为温度单位℃的简写。( )熔点或冷凝点下的密度。　+金刚石　++白磷　** α–硫　*四面体配位半径